2021 최신판

국내 대학 화장품학과
전공과목 교재 채택

No.1 수험서

맞춤형화장품 조제관리사 FINAL 실전모의고사 1400제

이현주 저

출제경향 반영!
최신 식약처 가이드 완벽 반영

최고의 적중률!
실전 모의고사 10회차 수록

출제유형 반영!
Final 모의고사 4회차 수록

마루나

머리말

현대는 다양한 형식과 재료들로 자기 자신을 표현하고 나타내려는 자기 표현의 시대라 말합니다. 화장은 단순히 미화 본능을 충족시키기 위함이 아니라 남녀를 불문하고 사회활동을 하는 데 있어 빼놓을 수 없는 중요한 요소로 역사적인 변화에 따라 유행과 의미가 달라지는 사회적, 문화적인 특수성을 읽을 수 있는 하나의 텍스트로 자리 잡았습니다.

전 세계가 불황임에도 화장품 산업은 수요를 지속해서 창출해내는 미래 유망산업으로 새로운 시대에 따라 뷰티 트랜드도 함께 변화하고 있으며, 비대면 문화가 일반화되면서 세균, 바이러스, 환경 문제 등 안전성에 대한 소비자들의 인식 변화로 가치 소비문화가 정착되는 추세입니다.
이러한 패러다임 변화에 따라 맞춤형 화장품 조제관리사가 개인의 요구에 따라 다양한 제품을 조제・소분해 판매하는 이전에 없었던 새로운 판매 방식인 맞춤형 화장품 판매업이 신설되었습니다.

맞춤형 화장품 조제관리사 자격시험은 화장품법 제3조 4항에 따라 맞춤형 화장품의 혼합, 소분 업무에 종사하고자 하는 자를 양성하기 위해 실시하는 시험으로서 "맞춤형 화장품 조제관리사 FINAL 실전 모의고사 1400제"는 맞춤형 화장품 조제관리사 자격시험을 위해 필요한 지식, 스킬을 제공하는 데 목적이 있으며 식품의약품안전처 교수・학습가이드, 화장품법, 화장품법 시행령, 화장품법 시행규칙 및 관련 고시를 토대로 하였습니다. 본 교재의 특징은 아래와 같습니다.

① **최근 출제경향을 반영**하여 새롭게 구성된 **실전 모의고사 10회차**를 통해 적중률 높은 문제들을 풀어보면서 시험을 철저하게 대비할 수 있습니다.
② **실제 시험의 출제 유형을 반영**한 **FINAL 모의고사 4회차**의 문제들을 풀어보면서 실전 감각을 끌어올릴 수 있으며, 시험을 완벽하게 대비할 수 있습니다.

한 권의 저서에 화장품 관련 지식을 모두 담기란 쉽지 않은 작업이지만 수험생을 위한 필수 교재로 해당 직무의 내용을 빠르게 인지하고, 시험 출제 유형을 파악함으로써 실전 감각을 익힐 수 있도록 구성하였습니다.

본 교재가 예비 맞춤형 화장품 조제관리사 지원자를 비롯하여 대학에서 화장품을 공부하는 학생, 맞춤형 화장품 판매업에 도전하고자 하는 분들에게 도움이 되길 기대합니다.

수험생 여러분의 합격을 기원합니다.

저자 **이 현주**

출제기준

시험 주기

- 2회/년

시험 시행기관

- 한국생산성본부 자격컨설팅센터
- (문의) 전화번호 : 02-724-1170
- 홈페이지 : https://license.kpc.or.kr/qplus/ccmm

시험 방법

- 필기시험(선다형 + 단답형)

응시자격

- 제한 없음

합격 기준

- 전 과목 총점(1,000점)의 60%(600점) 이상을 득점하고, 각 과목 만점의 40% 이상을 득점한 자

시험과목 및 문항 유형

과 목 명	선다형	단답형	과목별 총점	시험 방법
1. 화장품법의 이해	7문항	3문항	100점	필기시험
2. 화장품 제조 및 품질관리	20문항	5문항	250점	
3. 유통 화장품 안전관리	25문항	–	250점	
4. 맞춤형 화장품의 이해	28문항	12문항	400점	
합 계	80문항	20문항	1000점	

※ 문항별 배점은 시험 당일 문제에 표기하여 공개됩니다.

시험 문항번호

구 분	과목명	문항번호
선다형	1. 화장품법의 이해	1~7번
	2. 화장품 제조 및 품질관리	8~27번
	3. 유통 화장품 안전관리	28~52번
	4. 맞춤형 화장품의 이해	53~80번
단답형	1. 화장품법의 이해	81~100번
	2. 화장품 제조 및 품질관리	
	3. 유통 화장품 안전관리	
	4. 맞춤형 화장품의 이해	

목 차

PART 1. 실전 모의고사

PART 2. FINAL 모의고사

PART 3. 정답 & 해설

PART 1 실전 모의고사

제 1 회 실전모의고사

01 다음 중 「화장품법」에 따라 화장품 제조업을 등록할 수 있는 자는?

① 피성년후견인 또는 파산선고를 받고 복권되지 아니한 자
② 업무 정지 기간에 영업을 하여 등록이 취소된 날부터 1년이 지나지 아니한 자
③ 정신질환자이나 전문의가 화장품 제조업자로서 적합하다고 인정한 자
④ 마약류의 중독자, 정신질환자
⑤ 「화장품법」을 위반하여 금고 이상의 형을 선고받고 그 집행이 끝나지 아니한 자

02 다음 중 맞춤형 화장품 판매업자가 판매 가능한 화장품으로 옳은 것은?

① 안전용기·포장을 사용한 어린이 화장품
② "최고" 등의 절대적 표현의 표시·광고를 한 맞춤형 화장품
③ 맞춤형 화장품 조제관리사가 맞춤형 화장품 판매를 위하여 포장 및 기재·표시사항을 위조한 방향용 화장품
④ 화장품 책임판매업자가 소비자에게 그대로 유통·판매할 목적으로 제조한 내용물을 소분한 맞춤형 바디 클렌저
⑤ 맞춤형 화장품 판매업으로 신고하지 않은 매장에서 맞춤형 화장품 조제관리사가 혼합한 물티슈

03 화장품 품질과 구성 요소가 바르지 않은 것은?

① 안전성 : 유화, 가용화, 분산, 겔화, 나노좀, 리포좀 등
② 안정성(화학적) : 변질, 변색, 변취, 오염, 결정, 석출 등
③ 안정성(물리적) : 분리, 침전, 응집, 발분, 발한, 고화, 균열 등
④ 사용성 : 피부 친화성, 촉촉함, 부드러움, 사용 편리성 등
⑤ 유용성 : 보습 효과, 미백, 주름 개선, 자외선 방어, 세정 효과, 색채 효과 등

04 다음 중 화장품 유형이 옳지 않은 것은?

① 목욕용 제품류 – 목욕용 오일·정제·캡슐, 버블 배스
② 인체 세정용 제품류 – 액체 비누, 화장비누, 외음부 세정제
③ 눈 화장용 제품류 – 아이브로 펜슬, 마스카라, 아이 메이크업 리무버
④ 방향용 제품류 – 향수, 향낭, 분말향, 콜롱
⑤ 두발 염색용 제품류 – 퍼머넌트 웨이브, 염모제, 탈염·탈색용 제품

05 개인정보보호법에 근거한 고객 정보 보호 기준으로 옳은 것을 〈보기〉에서 모두 고른 것은?

보 기

ㄱ. 개인정보처리자는 고객 정보의 처리 목적을 명확하게 한다.
ㄴ. 개인정보처리자는 사생활 침해를 최소화하는 방법으로 고객 정보를 활용하고 목적 외의 용도로 활용 시에는 필요한 범위에서 적합하게 개인정보를 처리한다.
ㄷ. 개인정보처리자는 고객 정보의 처리 방법 및 종류 등에 따라 정보 주체의 권리가 침해받을 가능성과 그 위험 정도를 고려하여 안전하게 관리한다.
ㄹ. 개인정보처리자는 고객 정보의 명확성 및 안전성이 보장되도록 한다.
ㅁ. 개인정보처리자는 고객 정보 처리에 관한 사항을 철저히 보안 · 유지하고 열람청구권 등 정보 주체의 권리를 보장한다.

① ㄱ, ㄴ
② ㄱ, ㄷ
③ ㄴ, ㄹ
④ ㄷ, ㄹ
⑤ ㄹ, ㅁ

06 다음 〈보기〉에서 (   ) 안에 들어갈 용어로 옳은 것은?

보 기

식품의약품안전처장(자격시험 업무를 위탁받은 자를 포함)은 맞춤형 화장품 판매업의 신고 및 변경 신고에 관한 사무, 맞춤형 화장품 조제관리사 자격시험에 관한 사무 등을 수행하기 위하여 불가피한 경우 (㉠) 및 (㉡)의 자료를 처리할 수 있다.

	㉠	㉡
①	개인정보	고유번호
②	주민등록번호	외국인 등록번호
③	유전정보	범죄경력 자료
④	민감정보	고유식별정보
⑤	건강에 관한 정보	민감정보

07 「화장품법」에 따른 화장품 정의로 옳은 것은?

① 「화장품법」에 실린 물품 중 의약외품이 아닌 것을 말한다.
② 사람의 피부 · 모발의 구조와 기능에 약리적인 영향을 줄 목적으로 사용하는 물품 중 기구 · 기계 또는 장치가 아닌 것을 말한다.
③ 용모를 밝게 변화시키는 물품으로 「약사법」 제2조 제4호의 의약품에 해당하는 물품은 제외한다.
④ 질병을 진단 · 치료 · 경감 · 처치 또는 예방하며 인체에 대한 작용이 경미한 것을 말한다.
⑤ 위생과 청결을 목적으로 특정 부위에 사용되며 부작용이 없어야 한다.

08 다음 〈보기〉에 들어갈 함량으로 옳은 것은?

보 기

착향제의 구성 성분 중 사용 후 씻어 내는 제품에 식약처장이 고시한 알레르기 유발성분이 (　　) 초과 함유하는 경우에는 추가로 해당 성분의 명칭을 기재 · 표시하여야 한다.

① 1.0%
② 0.1%
③ 0.01%
④ 0.001%
⑤ 0.0001%

09 다음 〈보기〉에서 (　　) 안에 들어갈 용어로 옳은 것은?

보 기

「화장품 안전기준 등에 관한 규정」에 따라 식품의약품안전처장은 특별히 사용상의 제한이 필요한 원료에 대하여는 그 사용기준을 지정하여 고시하고, 사용기준이 지정 · 고시된 원료 외의 보존제, (㉠), (㉡) 등은 사용할 수 없다.

	㉠	㉡
①	색소	계면활성제
②	색소	자외선 차단제
③	염모제	색소
④	자외선 차단제	향료
⑤	색소	향료

10 탈염 · 탈색제의 사용 시 주의사항 일부 내용이다. 〈보기〉의 밑줄에 들어갈 말로 옳은 것은?

보 기

가) 다음 분들은 사용하지 마십시오. 사용 후 피부나 신체가 과민 상태로 되거나 피부 이상 반응을 보이거나, 현재의 증상이 악화될 가능성이 있습니다.
(1) 두피, 얼굴, 목덜미에 부스럼, 상처, 피부병이 있는 분
(2) 생리 중, 임신 중 또는 임신할 가능성이 있는 분
(3) 출산 후, 병중이거나 또는 회복 중에 있는 분
나) 다음 분들은 신중히 사용하십시오.
(1) ____________________은 피부과 전문의와 상의하여 사용하십시오.
(2) 이 제품에 첨가제로 함유된 프로필렌글리콜에 의하여 알레르기를 일으킬 수 있으므로 이 성분에 과민하거나 알레르기 반응을 보였던 적이 있으신 분은 사용 전에 의사 또는 약사와 상의하여 주십시오.

① 생리 전후, 산전, 산후, 병후의 환자
② 얼굴, 상처, 부스럼, 습진, 짓무름, 기타의 염증
③ 반점 또는 자극이 있는 피부
④ 특이체질, 신장질환, 혈액질환 등의 병력이 있는 분
⑤ 약한 피부, 유사 제품에 부작용이 나타난 적이 있는 분

11 화장품 제조에 사용된 성분의 표시 기준 및 방법으로 옳은 것은?

① 글자의 크기는 6포인트 이상으로 한다.
② 혼합 원료는 혼합된 성분의 명칭을 기재・표시한다.
③ 착향제는 1퍼센트 이하로 사용될 경우 향료의 성분명을 기재・표시한다.
④ 중화반응에 따른 생성물은 비누화반응으로 기재・표시할 수 있다.
⑤ 색조 화장용, 눈 화장용, 두발 염색용 또는 손・발톱용 제품류에서 호수별로 착색제가 다르게 사용될 경우 ± 또는 +/-의 표시 다음에 사용된 모든 착색제 성분을 기재・표시할 수 있다.

12 화장품에 사용된 성분에 대한 설명으로 옳지 않은 것은?

① 보존제 : 미생물의 성장을 억제 또는 감소시켜 품질이 저하되는 것을 방지한다.
② 고분자 화합물 : 수용성 특성을 갖는 경우 수분과의 결합을 통해 점성을 나타낸다.
③ 유성 원료 : 피부로부터 수분의 증발을 억제하며 사용 감촉을 향상시킨다.
④ 수렴제 : 땀이나 물에 의해 화장이 지워지는 것을 방지하고 산패를 막는다.
⑤ 금속이온 봉쇄제 : 미량으로 존재하는 금속이온과 결합하여 불활성화 시킨다.

13 다음 〈보기〉에서 사용상의 제한이 필요한 보존제와 사용 한도가 바르게 연결된 것은?

보 기

ㄱ. 피리딘-2-올 1-옥사이드 : 0.5%
ㄴ. 페녹시에탄올 : 0.5%
ㄷ. 클로로자이레놀 : 0.5%
ㄹ. 클로로펜(2-벤질-4-클로로페놀) : 0.5%
ㅁ. 소듐하이드록시메칠아미노아세테이트 : 0.5%

① ㄱ, ㄴ, ㄷ
② ㄱ, ㄷ, ㅁ
③ ㄱ, ㄹ, ㅁ
④ ㄴ, ㄷ, ㄹ
⑤ ㄷ, ㄹ, ㅁ

14 입고된 포장재의 품질관리 기준으로 옳지 않은 것은?

① 업소에서 자체적으로 포장재에 대한 기준 규격을 설정한다.
② 포장작업 후에는 이물질의 혼입이 없도록 작업 구역을 확인 및 점검한다.
③ 1차 포장 용기의 청결성을 확보한다.
④ 세척 방법에 대한 유효성을 정기적으로 점검하고 확인한다.
⑤ 완제품에는 포장재에 제조번호를 부여한다.

15 신속보고되지 아니한 화장품 안전성 정보의 보고 시기로 옳은 것은?

① 15일 이내
② 30일 이내
③ 매 반기 종료 전 1월 이내
④ 매 반기 종료 후 15일 이내
⑤ 매 반기 종료 후 1월 이내

16 다음 중 기능성 화장품별 고시 원료 및 최대 함량이 바르게 연결된 것은?

① 피부의 미백에 도움을 주는 기능성 화장품 - 유용성감초추출물 - 0.5%
② 체모를 제거하는 기능을 가진 기능성 화장품 - 치오글리콜산 80% - 3.0%
③ 자외선으로부터 피부를 보호하는데 도움을 주는 기능성 화장품 - 에칠헥실트리아존 - 5%
④ 주름 개선에 도움을 주는 기능성 화장품 - 레티놀 - 250IU/g
⑤ 여드름성 피부를 완화하는데 도움을 주는 기능성 화장품 - 살리실릭애씨드 - 1.0%

17 다음 〈보기〉는 화장품 전성분 항목 중 일부이다. 착향제 구성 성분 중 알레르기 유발 성분으로 옳은 것은?

보 기

정제수, 소듐라우레스설페이트, 소르비톨, 코카미도프로필베타인, 향료, 코카마이드미파, 소듐클로라이드, 폴리소르베이트60, 라우릴글루코사이드, 소듐벤조에이트, 페녹시에탄올, 시트릭애씨드, 부틸페닐메틸프로피오날, 소듐시트레이트, 폴리쿼터늄-10, 디소듐이디티에이, 시트로넬올, 이소프로판올아민, 캐모마일꽃추출물, 부틸렌글라이콜, 글리세린, 프로판디올, 포타슘소르베이트, 베타-글루칸

① 라우릴글루코사이드, 시트로넬올
② 소듐클로라이드, 부틸페닐메틸프로피오날
③ 시트로넬올, 소듐벤조에이트
④ 부틸페닐메틸프로피오날, 시트로넬올
⑤ 이소프로판올아민, 프로판디올

18 다음 중 화장품 내 사용되는 원료의 종류 및 특성에 대한 설명으로 옳지 않은 것은?

① 저급 알코올인 에탄올은 무색의 수용성 액체로 화장품에 많이 사용되며 피부에 청량감과 가벼운 수렴 효과를 부여한다.
② 화장품에서 보습제로 사용되는 글리세린은 무색의 단맛을 가진 무독성 액체로 수분을 흡수하는 성질이 강하다.
③ 왁스는 고급 지방산과 1가 고급 알코올의 에스터로 카나우바왁스는 립스틱의 고형화, 광택 부여 및 내온성 향상 등에 사용된다.
④ 콜타르의 성분을 원료로 하여 합성된 유기합성 색소로 황색을 띄는 β-카로틴은 인체 안전성이 높고 색조가 선명해 립스틱이나 기초 화장품에 사용된다.
⑤ 황산화철, 흑산화철은 무기 안료로 타르계 색소에 비해 빛과 열에 안정하고 메이크업 화장품에 사용된다.

19 〈보기〉는 「천연 화장품 및 유기농 화장품 기준에 관한 규정」 자료의 보존에 대한 내용이다. ( ) 안에 들어갈 말로 옳은 것은?

보 기

화장품 책임판매업자는 천연 화장품 또는 유기농 화장품으로 표시 · 광고하여 제조, 수입 및 판매할 경우 이 고시에 적합함을 입증하는 자료를 구비하고 제조일(수입일 경우 통관일)로부터 (㉠) 또는 사용기한 경과 후 (㉡) 중 긴 기간 동안 보존해야 한다.

	㉠	㉡
①	1년	3년
②	2년	4년
③	3년	1년
④	4년	2년
⑤	5년	3년

20 〈보기〉는 「화장품의 색소 종류와 기준 및 시험 방법」에서 사용하는 용어의 정의이다. ( ) 안에 들어갈 말로 옳은 것은?

보 기

화장품이나 피부에 색을 띠게 하는 것을 주목적으로 하는 성분을 색소라 하며 순색소는 중간체, ( ), 희석제 등을 포함하지 아니한 순수한 색소를 말한다.

① 순색소
② 레이크
③ 무기 안료
④ 기질
⑤ 중간체

21 〈보기〉는 「화장품법 시행규칙」 제12조에 명시된 화장품 책임판매업자의 준수사항에 대한 내용이다. ( ) 안에 들어갈 용어로 옳은 것은?

보 기

국민 보건에 직접 영향을 미칠 수 있는 안전성 · ( )에 관한 새로운 자료, 정보사항(화장품 사용에 의한 부작용 발생 사례를 포함) 등을 알게 되었을 때에는 식약처장이 정하여 고시하는 바에 따라 보고하고 안전성 정보 보고 및 필요한 안전대책을 마련해야 한다.

① 독성
② 유효성
③ 실마리 정보
④ 안정성
⑤ 부작용

22 맞춤형 화장품 조제관리사인 자호는 매장을 방문한 고객과 다음과 같은 〈대화〉를 나누었다. 자호가 고객에게 혼합하여 추천할 제품으로 다음 〈보기〉 중 적절한 것을 모두 고르시오.

대 화

고객 : 샴푸를 구매하고 싶어요.
예전보다 모발이 많이 빠지고 두피도 가렵고 건조해요.
자호 : 아, 그러신가요? 그럼 고객님 두피 상태를 측정해보도록 할까요?
고객 : 그럴까요? 지난번 방문 시와 비교해 주세요.
자호 : 네. 이쪽에 앉으시면 저희 측정기로 측정을 해드리겠습니다.

〈두피 측정 후〉

자호 : 고객님은 2달 전 촬영 시보다 두피에 각질이 많이 보이고 두피 보습도도 10% 가량 낮아져 있군요.
고객 : 그럼 어떤 샴푸를 쓰는 게 좋은지 추천 부탁드려요.

보 기

ㄱ. 클로로필류(Chlorophylls) 함유 제품
ㄴ. 덱스판테놀(Dexpanthenol) 함유 제품
ㄷ. 소듐하이알루로네이트(Sodium Hyaluronate) 함유 제품
ㄹ. 살리실릭애씨드(Salicylic Acid) 함유 제품
ㅁ. 알파-비사보롤(α-bisaborol) 함유 제품

① ㄱ, ㄷ
② ㄱ, ㄹ
③ ㄴ, ㅁ
④ ㄷ, ㄹ
⑤ ㄹ, ㅁ

23 다음 중 자외선 차단 성분과 사용 한도가 바르게 연결된 것은?

① 호모살레이트 10%
② 시녹세이트 8%
③ 드로메트리졸 10%
④ 옥토크릴렌 5%
⑤ 에칠헥실디메칠파바 5%

24 천연 화장품 및 유기농 화장품 제조에 사용되는 원료 기준으로 옳지 않은 것은?

① 질산염 및 니트로사민은 오염물질로 천연 화장품 및 유기농 화장품 원료로 사용할 수 없다.
② 티타늄디옥사이드는 미네랄 유래 원료로 천연 화장품 및 유기농 화장품 원료로 사용할 수 있다.
③ 레시틴 및 유도체는 천연 원료에서 석유화학 용제를 이용하여 추출할 수 있다.
④ 살리실릭애씨드 및 그 염류는 사용상의 제한이 필요한 원료로 천연 화장품 및 유기농 화장품에서 사용할 수 없다.
⑤ 천연 원료에서 석유화학 용제의 사용 시 반드시 최종적으로 모두 회수되거나 제거되어야 한다.

25 다음 〈보기〉 중 맞춤형 화장품 판매업자가 올바르게 업무를 진행한 경우를 모두 고르면?

보 기

ㄱ. 혼합 · 소분에 사용된 장비 및 도구는 사용 후 세척하고 잘 건조하여 다음 사용 시까지 오염을 방지하였다.
ㄴ. 맞춤형 화장품 판매 시 혼합 · 소분에 사용되는 내용물 또는 원료의 특성과 사용 시의 주의사항을 소비자에게 설명하였다.
ㄷ. 사용기한이 경과한 내용물을 조제관리사가 매장에서 직접 조제하여 최종 맞춤형 화장품의 사용기한을 정하였다.
ㄹ. 책임판매업자가 기능성 화장품으로 심사 또는 보고를 완료한 제품이 회수 대상임을 인지한 경우 맞춤형 화장품 조제관리사에게 폐기 조치하도록 지시하였다.

① ㄱ, ㄴ
② ㄱ, ㄹ
③ ㄴ, ㄷ
④ ㄴ, ㄹ
⑤ ㄷ, ㄹ

26 회수 대상 화장품 중 위해성 등급이 다른 것은?

① 니켈이 50㎛ 초과 검출된 색조 화장품
② 화장품의 포장 및 기재 · 표시사항을 위조한 화장품
③ 등록을 하지 아니한 자가 제조한 화장품
④ 병원미생물에 오염된 화장품
⑤ 맞춤형 화장품 조제관리사를 두지 아니하고 판매한 맞춤형 화장품

27 다음 중 회수 대상 화장품으로 옳지 않은 것은?

① 안전용기 · 포장을 위반한 화장품
② 기능성 원료의 함량이 부족하여 효과를 기대할 수 없는 화장품
③ 의약품으로 잘못 인식할 우려가 있게 기재된 화장품
④ 제조업자 또는 책임판매업자 스스로 국민 보건에 위해를 끼칠 우려가 있어 회수가 필요하다고 판단한 화장품
⑤ 위해 평가를 하지 않은 화장품 원료를 사용하여 제조된 화장품

28 CGMP 기준 제조소 내 직원의 개인위생관리로 옳지 않은 것은?

① 규정 작업 복장을 착용하고 작업모, 작업복, 작업화의 청결을 유지한다.
② 작업 시작 전 수세와 소독을 실시한다.
③ 패물 등의 착용 및 과도한 화장을 금한다.
④ 작업장 내에서는 음식물 섭취, 흡연 등을 하지 않는다.
⑤ 개인 사물은 현장 내 사물함에 보관하고 작업 중에는 휴대용품만 착용한다.

29 작업실 청정도 기준으로 옳은 것은?

① 청정도를 엄격 관리해야 하는 시설은 낙하균 1,000개/hr 또는 부유균 500개/㎥
② 제조실은 낙하균 20개/hr 또는 부유균 300개/㎥
③ 포장실은 낙하균 30개/hr 또는 부유균 50개/㎥
④ 화장품 내용물이 노출되는 작업실은 낙하균 30개/hr 또는 부유균 200개/㎥
⑤ Clean bench는 낙하균 100개/hr 또는 부유균 200개/㎥

30 유통 화장품 중 pH 기준 3.0~9.0에 적합해야 하는 제품으로 옳은 것은?

① 클렌징 워터
② 아이라이너
③ 셰이빙 폼
④ 영·유아용 린스
⑤ 프리셰이브 로션

31 다음 중 유통 화장품 안전관리 기준 검출 허용 한도가 없는 물질은?

① 디옥산
② 니켈
③ 비소
④ 포름알데하이드
⑤ 아연

32 〈보기〉는 「인체 적용 제품의 위해 평가 등에 관한 규정」 제12조에 따른 위해 평가 실시 방법이다. (　　) 안에 들어갈 용어로 옳은 것은?

보 기

1. 위해 요소의 (㉠) 등을 확인하는 과정
2. 인체가 위해 요소에 노출되었을 경우 유해한 영향이 나타나지 않는 것으로 판단되는 인체 노출 안전기준을 설정하는 과정
3. 인체가 위해 요소에 노출되어 있는 정도를 산출하는 과정
4. 위해 요소가 인체에 미치는 위해성을 종합적으로 판단하는 과정

① 중대한 위해 사례
② 안전성 정보
③ 인체 외 독성
④ 유해 독성
⑤ 인체 내 독성

33 CGMP 기준 설비 세척 후 판정 방법으로 옳지 않은 것은?

① 강열 잔분법
② 닦아내기 판정
③ 린스 정량법
④ 표면 균 측정법
⑤ 육안 판정

34 CGMP 기준 품질관리를 위한 검체 채취 방법으로 옳지 않은 것은?

① 검체 체취 용기 및 기구는 세척, 멸균, 건조한 것을 사용하고 반드시 지정된 장소에서 채취한다.
② 개봉 부분은 벌레 등의 혼입, 미생물 오염이 없도록 채취한 후에는 원상태에 준하는 포장을 해야 하며 검체가 채취되었음을 표시하여야 한다.
③ 검체 채취 시 외부로부터 분진, 이물, 습기 및 미생물 오염에 유의하여야 한다.
④ 채취한 검체는 청결 건조한 검체 채취용 용기에 넣고 마개를 잘 닫고 봉한다.
⑤ 시험 의뢰 접수 후 3일 이내에 검체를 채취한다.

35 다음 위반 행위 중 과태료 부과 기준이 다른 경우는?

① 기능성 화장품으로 심사 받은 사항을 변경하였으나 변경 심사를 받지 않은 경우
② 화장품 책임판매업자가 생산실적을 식품의약품안전처장에게 보고하지 않은 경우
③ 맞춤형 화장품 조제관리사가 교육 명령을 위반한 경우
④ 폐업하려는 맞춤형 화장품 판매업자가 폐업 신고를 하지 않은 경우
⑤ 판매자가 판매하려는 가격을 표시하지 않은 경우

36 다음 중 검체 채취 절차서에 포함되어야 하는 요소로 옳은 것은?

① 명칭 또는 확인코드
② 제조번호 또는 제조단위
③ 검체 채취 일자
④ 가능한 경우, 검체 채취 지점
⑤ 검체 채취 시기

37 작업소의 방충 대책으로 적절하지 않은 것은?

① 벽, 천장, 창문, 파이프 구멍에 틈이 없도록 한다.
② 개방할 수 있는 창문을 만들고 야간에 빛이 밖으로 새어나가지 않게 한다.
③ 배기구, 흡기구에 필터를 달고 문 하부에는 스커트를 설치한다.
④ 공기조화장치를 이용해 실내압을 외부(실외)보다 높게 한다.
⑤ 골판지, 나무 부스러기를 방치하지 않는다.

38 다음 중 맞춤형 화장품 조제관리사가 사용할 수 없는 원료로 옳은 것은?

① 벤질알코올
② 세틸에틸헥사노에이트
③ 벤토나이트
④ 사카라이드하이드롤리세이트
⑤ 코카미도프로필베타인

39 「우수 화장품 제조 및 안전관리 기준(CGMP)」 제22조 폐기 처리 기준으로 옳은 것은?

① 재입고할 수 없는 제품의 폐기 처리 규정을 작성하여야 하며, 폐기 대상은 따로 보관하고 규정에 따라 기준 일탈 처리한다.
② 변질 · 변패 또는 병원미생물에 오염되지 아니한 경우 재작업할 수 있다.
③ 기준 일탈 제품이 발생했을 때에는 신속히 절차를 정하고, 정한 절차에 따라 확실한 처리를 하고 실시한 내용을 모두 문서에 남긴다.
④ 재작업의 절차 중 생산보증책임자의 승인을 얻을 수 있을 때까지 재작업품은 다음 공정에 사용할 수 없다.
⑤ 품질에 문제가 있거나 회수 · 반품된 제품의 폐기 또는 재작업 여부는 품질보증책임자에 의해 승인되어야 한다.

40 다음 중 사용상의 제한이 필요한 원료와 사용 한도가 바르게 연결된 것은?

① 페녹시에탄올 - 0.5%
② 엠디엠하이단토인 - 0.5%
③ 글루타랄 - 0.1%
④ 우레아 - 0.2%
⑤ 살리실릭애씨드 - 0.2%

41 다음은 「기능성 화장품 심사에 관한 규정」에 대한 내용이다. 자료 제출이 생략되는 기능성 화장품에서 성분 · 함량을 고시한 〈보기〉의 제형으로 옳지 않은 것은?

보 기

- 피부의 미백에 도움을 주는 제품
- 피부의 주름 개선에 도움을 주는 제품

① 로션제
② 액제
③ 겔제
④ 크림제
⑤ 침적마스크

42 화장품의 안전을 확보하기 위한 일반사항으로 옳지 않은 것은?

① 화장품은 소비자뿐만 아니라 직업적으로 사용하는 전문가(미용사, 피부 미용사 등) 모두에게 안전해야 한다.
② 두피 및 안면에 적용하는 제품들은 눈에 들어갈 가능성이 있으므로 안점막 자극이 평가되어야 한다.
③ 주로 피부에 적용하기 때문에 피부 자극 및 감작이 우선적으로 고려되어야 하며 빛에 의한 광자극이나 광감작 역시 고려되어야 한다.
④ 개인별 화장품 사용에 관한 편차를 고려하여 일반적으로 일어날 수 있는 최대 사용환경에서 화장품 성분의 위해가 평가되어야 한다.
⑤ 제품의 위해 평가는 개개 제품마다 다를 수 있으나 일반적으로 화장품의 위험성은 각 원료 성분의 안전성 자료에 기초한다.

43 〈보기〉는 기준 일탈 제품의 폐기 처리 과정이다. ( ) 안에 들어갈 말로 옳은 것은?

보 기

시험, 검사, 측정에서 기준 일탈 결과 나옴 → (㉠) → "시험, 검사, 측정에서 틀림없음 확인" → (㉡) → 기준 일탈 제품에 (㉢) → 격리 보관

	㉠	㉡	㉢
①	불합격 라벨 첨부	기준 일탈 조사	기준 일탈 처리
②	기준 일탈 조사	기준 일탈 처리	불합격 라벨 첨부
③	기준 일탈 처리	기준 일탈 조사	불합격 라벨 첨부
④	기준 일탈 조사	불합격 라벨 첨부	기준 일탈 처리
⑤	기준 일탈 처리	불합격 라벨 첨부	기준 일탈 조사

44 다음 〈보기〉에서 ( ) 안에 공통으로 들어갈 용어로 옳은 것은?

보 기

자외선 차단지수(SPF)는 UV-B를 차단하는 제품의 차단 효과를 나타내는 지수로서 자외선 차단 제품을 도포하여 얻은 (㉠)을 도포하지 않고 얻은 (㉠)으로 나눈 값이다.

① 최소지속형즉시흑화량
② UV-A지수
③ 일광화상
④ 최대홍반량
⑤ 최소홍반량

45 화장품 법령에 따라 화장품 포장에 기재 · 표시를 생략할 수 있는 사항을 모두 고른 것은?

보 기

ㄱ. 착향제의 구성 성분 중 알레르기 유발 성분
ㄴ. 인체에 무해한 소량 함유 성분
ㄷ. 안정화제, 보존제 등 원료 자체에 들어있는 부수 성분으로 그 효과가 나타나게 하는 양보다 적은 양이 들어있는 성분
ㄹ. 성분명을 제품 명칭의 일부로 사용한 경우 그 성분명과 함량
ㅁ. 제조과정 중 제거되어 최종 제품에 남아있지 않은 성분
ㅂ. 화장품에 천연 화장품으로 표시 · 광고하려는 경우 사용기준이 지정 · 고시된 보존제의 함량

① ㄱ, ㄴ, ㅁ
② ㄱ, ㄷ, ㅁ
③ ㄴ, ㄷ, ㅁ
④ ㄷ, ㄹ, ㅁ
⑤ ㄷ, ㅁ, ㅂ

46 여드름성 피부를 완화하는 데 도움을 주는 식약처 고시 기능성 화장품 원료 및 사용기준으로 옳은 것은?

① 나이아신아마이드 2~5%
② 살리실릭애씨드 0.5%
③ 닥나무추출물 2%
④ 알파-비사보롤 0.5%
⑤ 에칠아스코빌에텔 1~2%

47 다음 중 맞춤형 화장품 판매 내역서 기재사항으로 옳지 않은 것은?

① 제조번호
② 판매일자
③ 판매량
④ 사용기한 또는 개봉 후 사용기간
⑤ 내용물 및 원료

48 화장품 책임판매업자는 다음 〈보기〉의 어느 하나에 해당하는 성분을 (㉠) 이상 함유하는 제품의 경우에는 해당 품목의 안정성 시험 자료를 최종 제조된 제품의 사용기한이 만료되는 날부터 (㉡)간 보존해야 한다. (   ) 안에 들어갈 말로 옳은 것은?

보 기

ㄱ. 레티놀(비타민 A) 및 그 유도체
ㄴ. 아스코빅애씨드(비타민 C) 그 유도체
ㄷ. 토코페롤(비타민 E)
ㄹ. 과산화화합물
ㅁ. 효소

	㉠	㉡
①	0.5%	1년
②	0.5%	3년
③	0.5%	5년
④	1.0%	1년
⑤	1.0%	3년

49 천연 화장품 제조에 사용되는 합성 보존제로 옳은 것은?

① 벤조익애씨드 및 그 염류
② 디알킬카보네이트
③ 시트릭애씨드
④ 이소프로판올
⑤ 과산화수소

50 다음 중 기능성 성분의 원료와 사용 한도가 바르게 연결된 것은?

① 여드름성 완화 성분 - 호모살레이트 - 10%
② 미백 성분 - 마그네슘아스코빌포스페이트 - 3%
③ 자외선 차단 성분 - 살리실릭애씨드 - 0.5%
④ 주름 개선 성분 - 치오글리콜산 - 1.0%
⑤ 체모 제거 성분 - 폴리에톡실레이티드레틴아마이드 0.5%

51 유통 화장품 안전관리 기준 비의도적 오염물질 검출 허용 한도로 적합한 것은?

① 니켈 : 색조 화장용 제품은 30㎍/g 이하
② 수은 : 10㎍/g 이하
③ 카드뮴 : 10㎍/g 이하
④ 포름알데하이드 : 물휴지는 50㎍/g 이하
⑤ 비소 : 1㎍/g 이하

52 작업실별 청정도 관리 기준으로 옳은 것은?

① 원료 보관소 - 낙하균 20개/hr 또는 부유균 30개/㎥
② 내용물 보관소 - 낙하균 20개/hr 또는 부유균 200개/㎥
③ 클린 벤치 - 낙하균 10개/hr 또는 부유균 30개/㎥, 필요시 HEPA-filter
④ 화장품 내용물이 노출 안 되는 곳 - 낙하균 10개/hr 또는 부유균 100개/㎥
⑤ 미생물 시험실 - 낙하균 30개/hr 또는 부유균 200개/㎥

53 맞춤형 화장품 제조에 사용 가능한 원료로 옳은 것은?

① 토륨
② 풀루란
③ 리도카인
④ 디페닐피랄린
⑤ 독실아민

54 피부와 자외선에 대한 설명으로 옳은 것은?

① 자외선은 세포의 기능을 변화시켜 신체 면역체계 및 질병에 대한 저항력을 강화시킨다.
② 파장에 따라 자외선, 적외선, 가시광선 등으로 구분하고 자외선은 파장 영역에 따라 UV-A, UV-B, UV-C로 구분한다.
③ UV-A는 200㎚~290㎚의 단파장 자외선으로 피부암의 원인이 되는 것으로 알려져 있다.
④ UV-B는 290㎚~320㎚의 중파장 적외선으로 홍반을 유발하고 비타민 D를 합성한다.
⑤ UV-C는 320㎚~400㎚의 장파장 자외선으로 진피층으로 침투하여 콜라겐 섬유를 손상시킨다.

55 독성 증상의 종류, 정도 발현, 추이 및 가역성을 관찰하고 기록하는 안전성 시험으로 옳은 것은?

① 피부 감작성시험
② 단회 투여 독성시험
③ 점막 자극시험
④ 광독성시험
⑤ 첩포시험

56 탈모 증상의 완화에 도움을 주는 기능성 고시 원료를 〈보기〉에서 모두 고른 것은?

보 기
ㄱ. 징크피리치온　ㄴ. 비오틴　ㄷ. 염화벤잘코늄　ㄹ. 진제론　ㅁ. 엘-멘톨

① ㄱ, ㄴ, ㄷ
② ㄱ, ㄴ, ㅁ
③ ㄴ, ㄷ, ㅁ
④ ㄴ, ㄹ, ㅁ
⑤ ㄷ, ㄹ, ㅁ

57 진피층을 구성하는 세포로 옳은 것을 〈보기〉에서 모두 고른 것은?

보 기
ㄱ. 대식세포　ㄴ. 지방세포　ㄷ. 각화세포　ㄹ. 섬유아세포　ㅁ. 수상세포

① ㄱ, ㄴ, ㄹ
② ㄱ, ㄷ, ㄹ
③ ㄴ, ㄷ, ㅁ
④ ㄴ, ㄹ, ㅁ
⑤ ㄷ, ㄹ, ㅁ

58 화장품 1차 또는 2차 포장에 기재·표시해야 하는 사용 시의 주의사항 중 공통사항으로 옳은 것은?

① 눈에 들어갔을 때에는 즉시 씻어낼 것
② 만 3세 이하의 어린이에게는 사용하지 말 것
③ 직사광선을 피해 어린이 손이 닿지 않는 곳에 보관할 것(보관 및 취급 시의 주의사항)
④ 정해진 용법과 용량을 잘 지켜 사용할 것
⑤ 일부에 시험 사용하여 피부 이상을 확인할 것

59 화장품의 안정성 중 물리적 변화 현상으로 옳은 것은?

① 석출
② 결정
③ 오염
④ 퇴색
⑤ 발한

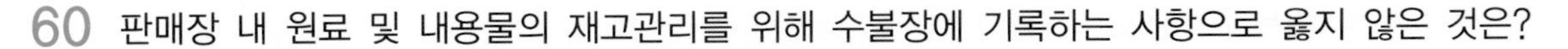

60 판매장 내 원료 및 내용물의 재고관리를 위해 수불장에 기록하는 사항으로 옳지 않은 것은?

① 입고 수량, 중량
② 사용일, 사용량
③ 원료의 유형, 입고일
④ 재고량, 폐기량
⑤ 생산일, 생산량

61 「화장품 사용 시의 주의사항 및 알레르기 유발 성분 표시에 관한 규정」 [별표 2]에 따른 착향제의 구성 성분 중 알레르기 유발 성분으로 옳은 것은?

① 아미노페놀
② 벤질알코올
③ 세틸에틸헥사노에이트
④ 토코페롤
⑤ 카테콜

62 기능성 화장품 심사 시 제출해야 하는 안전성에 관한 자료로 옳은 것은?

① 효력시험 자료
② 다회 투여 독성시험 자료
③ 인체 첩포시험 자료
④ 인체 적용시험 자료
⑤ 시험 방법에 관한 자료

63 영업자 및 판매자가 행한 표시 · 광고 중 사실과 관련한 사항에 대한 실증의 대상으로 옳은 것은?

① 의약품으로 잘못 인식할 우려가 있는 내용
② 외국과의 기술 제휴를 하지 않고 외국과의 기술 제휴 등을 표현한 경우
③ 기능성 화장품, 천연 화장품 또는 유기농 화장품이 아님에도 불구하고 제품의 명칭, 제조 방법, 효능, 효과 등에 관하여 기능성 화장품, 천연 화장품 또는 유기농 화장품으로 잘못 인식할 우려가 있는 경우
④ 인체 적용시험 결과가 관련 학회 발표 등을 통하여 공인된 경우
⑤ 화장품 광고의 매체 또는 수단에 의한 표시 · 광고 중 사실과 다르게 소비자를 속이거나 소비자가 잘못 인식하게 할 우려가 있어 식품의약품안전처장이 실증이 필요하다고 인정하는 경우

64 다음 중 표시 · 광고 준수사항으로 옳지 않은 것은?

① 기능성 화장품, 천연 화장품의 명칭, 제조 방법, 효능 · 효과 등에 관하여 잘못 인식할 우려가 있는 표시 · 광고를 하지 말 것
② 외국 제품을 국내 제품으로 잘못 인식할 우려가 있는 표시 · 광고를 하지 말 것
③ 배타성을 띈 "최고" 또는 "최상" 등의 절대적인 표현을 하는 표시 · 광고를 하지 말 것
④ 품질 · 효능 등에 관하여 객관적으로 확인되는 표시 · 광고를 하지 말 것
⑤ 저속하거나 혐오감을 주는 표현 · 도안 · 사진 등을 이용하는 표시 · 광고를 하지 말 것

65 다음 중 피부장벽에 대한 설명으로 옳지 않은 것은?

① 각질층은 천연보습인자(NMF)와 지질층 및 피지에 의해 수분을 유지한다.
② TEWL은 피부장벽 기능의 이상을 나타내는 것으로 피부 건조를 유발한다.
③ 세포 간 지질은 각질층 자체에서 생긴 지질로 세라마이드, 콜레스테롤, 지방산 등으로 이루어져 있으며 장벽 기능을 회복시키고 유지시킨다.
④ 천연보습인자(NMF)는 피부장벽을 이루는 주요 요소이다.
⑤ 피부장벽은 체액의 손실을 막고 외부 환경으로부터 인체를 보호하는 2차 방어선이다.

66 멜라닌 색소 합성을 증가시키고 색소 침착, 화상을 일으키는 자외선 파장 영역으로 옳은 것은?

① 450~530
② 400~450
③ 320~400
④ 290~320
⑤ 200~300

67 피부 보습 표시 · 광고 실증을 위한 시험 중 유해 사례 평가 항목이 아닌 것은?

① 홍반
② 부종
③ 인설 생성
④ 가려움
⑤ 색소 침착

68 맞춤형 화장품 조제관리사가 혼합 · 소분하여 조제하고 판매하는 과정으로 옳은 것을 〈보기〉에서 모두 고른 것은?

보 기

ㄱ. 맞춤형 화장품 판매업으로 신고한 매장에서 맞춤형 화장품 조제관리사가 기계를 사용하여 색소를 혼합하고 사용된 원료의 특성과 맞춤형 화장품 사용 시 주의사항을 고객에게 설명하였다.
ㄴ. 맞춤형 화장품 조제관리사가 맞춤형 화장품을 조제할 때 알러지로 인한 가려움증을 방지하기 위하여 항히스타민제를 추가하였다.
ㄷ. 맞춤형 화장품 판매업으로 신고한 매장에서 맞춤형 화장품 조제관리사가 파운데이션 100mL를 20mL씩 소분하여 판매하였다.
ㄹ. 어린이가 사용할 수 있는 화장품에 살리실릭애씨드를 혼합하고 안전성 자료를 작성하여 판매하였다.
ㅁ. 화장품 책임판매업자가 화장품법 제4조에 따라 해당 원료를 포함하여 기능성 화장품에 대한 심사를 받은 내용물을 혼합하여 맞춤형 화장품을 조제하였다.

① ㄱ, ㄷ, ㄹ
② ㄱ, ㄷ, ㅁ
③ ㄱ, ㄹ, ㅁ
④ ㄴ, ㄹ, ㅁ
⑤ ㄷ, ㄹ, ㅁ

69 고객 상담 결과에 따른 최종 맞춤형 화장품에 대한 설명으로 옳지 않은 것은?

① 수중유형으로 수상이 유상에 분산된 형태이다.
② 로션 제형의 pH는 5.5이다.
③ 대장균은 불검출되었다.
④ 미생물 한도는 500개/g(mL)이다.
⑤ 수중유형으로 o/w 제형이다.

70 영 · 유아 또는 어린이 사용 화장품의 실태조사에 대한 설명으로 옳은 것은?

① 실태조사는 3년마다 실시한다.
② 제품별 안전성 자료, 사용 후 이상 사례 등에 대하여 주기적으로 실태조사를 실시한다.
③ 실태조사에 대한 분석 및 평가 결과를 식품의약품안전처 인터넷 홈페이지에 공개해야 한다.
④ 실태조사에는 영 · 유아 또는 어린이 사용 화장품에 대한 표시 및 광고의 현황 및 추세가 포함되어야 한다.
⑤ 실태조사의 대상, 방법 및 절차 등에 필요한 세부사항은 총리령으로 정한다.

71 에멀젼의 안정성 변화 현상으로 옳지 않은 것은?

① 합일
② 크리밍
③ 파괴
④ 응집
⑤ 유화

72 다음 중 노화에 따른 피부 조직학적 변화로 옳은 것은?

① 표피 두께의 감소
② 각질 형성 세포 분열 감소
③ 피지 분비량 감소
④ 섬유아세포 분열 감소
⑤ 콜라겐 분해 효소 생성 증가

73 화장품 안정성 시험에 대한 설명으로 적절하지 않은 것은?

① 장기보존시험, 가혹시험, 가속시험 등이 있다.
② 제품의 유통조건을 고려하여 적절한 온도, 습도, 시험 기간 및 측정시기를 설정하여 시험한다.
③ 가혹시험 조건은 광선, 온도, 습도 3가지 조건으로 검체의 특성을 고려하여 결정한다.
④ 기능성 화장품의 시험항목은 기준 및 시험 방법에 설정된 전 항목을 반드시 실시한다.
⑤ 장기보존시험은 3로트 이상 해야 한다.

74 다음은 화장품 포장의 기재 · 표시사항이다. (　　) 안에 들어갈 적합한 용어로 옳은 것은?

보 기

내용량이 (㉠)밀리리터 이하 또는 (㉡)그램 이하인 화장품의 1차 포장 또는 2차 포장에는 화장품의 명칭, 화장품 책임판매업자 또는 맞춤형 화장품 판매업자의 상호, 가격, 제조번호와 사용기한 또는 개봉 후 사용기간(개봉 후 사용기간을 기재할 경우에는 제조 연월일을 병행 표기)만을 기재 · 표시할 수 있다.

① 50, 50
② 30, 30
③ 10, 10
④ 50, 30
⑤ 30, 10

75 다음 중 인체 적용시험 자료를 실증자료로 제출할 때 표시 · 광고할 수 있는 표현을 〈보기〉에서 모두 고른 것은?

보 기

ㄱ. 여드름성 피부에 사용 적합
ㄴ. 피부 자극 완화
ㄷ. 붓기, 다크서클 완화
ㄹ. 셀룰라이트 개선
ㅁ. 항균(인체 세정용 제품에 한함)

① ㄱ, ㄷ, ㄹ
② ㄱ, ㄷ, ㅁ
③ ㄱ, ㄹ, ㅁ
④ ㄴ, ㄹ, ㅁ
⑤ ㄷ, ㄹ, ㅁ

76 다음은 「기능성 화장품 기준 및 시험 방법」 [별표 1] 통칙에 따른 화장품 제형의 정의이다. (　　) 안에 들어갈 용어로 옳은 것은?

보 기

가. (㉠)(이)란 유화제 등을 넣어 유성 성분과 수성 성분을 균질화하여 반고형상으로 만든 것을 말한다.
나. (㉡)(이)란 액체를 침투시킨 분자량이 큰 유기분자로 이루어진 반고형상을 말한다.

	㉠	㉡
①	로션제	크림제
②	크림제	로션제
③	로션제	액제
④	크림제	겔제
⑤	에멀젼	겔제

77 「화장품 안전기준 등에 관한 규정」 [별표 1]에 따라 화장품에 사용할 수 없는 원료를 〈보기〉에서 모두 고르면?

보 기

피크릭애씨드, 톨루엔, 트리티노인, 라이코펜, 땅콩 오일, 페녹시에탄올

① 피크릭애씨드, 페녹시에탄올
② 피크릭애씨드, 트리티노인
③ 톨루엔, 라이코펜
④ 라이코펜, 땅콩 오일
⑤ 트리티노인, 땅콩 오일

78 다음은 맞춤형 화장품 사후관리에 대한 내용이다. ( ) 안에 들어갈 용어로 옳은 것은?

보 기

- 맞춤형 화장품의 (㉠) 발생 사례에 대해서는 지체 없이 식품의약품안전처장에게 보고한다.
- 맞춤형 화장품 사용과 관련된 중대한 유해 사례 등 (㉠) 발생 시 그 정보를 알게 된 날로부터 (㉡) 이내 식품의약품안전처 홈페이지를 통해 보고하거나 우편 · 팩스 · 정보통신망 등의 방법으로 보고해야 한다.

	㉠	㉡
①	실마리 정보	15일
②	회수	30일
③	부작용	15일
④	실마리 정보	30일
⑤	부작용	30일

79 다음 중 맞춤형 화장품 판매 시 소비자에게 설명해야 하는 내용을 〈보기〉에서 모두 고른 것은?

보 기

ㄱ. 사용기한 또는 개봉 후 사용기간
ㄴ. 해당 화장품 제조에 사용된 모든 성분
ㄷ. 맞춤형 화장품의 용법 또는 용량
ㄹ. 혼합 또는 소분에 사용되는 내용물 · 원료의 내용 및 특성
ㅁ. 맞춤형 화장품 사용 시의 주의사항

① ㄱ, ㄴ
② ㄱ, ㅁ
③ ㄴ, ㄷ
④ ㄷ, ㄹ
⑤ ㄹ, ㅁ

80 화장품 제조 시 사용하는 기구로 옳지 않은 것은?

① 분무기(atomizer)
② 균질기(homogenizer)
③ 충진기(stuffer)
④ 분쇄기(disintegrator)
⑤ 교반기(agitator)

81 다음 〈보기〉는 보존제 성분에 대한 설명이다. ㉠에 들어갈 용어를 작성하시오.

보 기

- 염류의 예 소듐, 포타슘, 칼슘, 마그네슘, 암모늄, 에탄올아민, 클로라이드, 브로마이드, 설페이트, 아세테이트, 베타인 등
- (㉠) : 메칠, 에칠, 프로필, 이소프로필, 이소부틸, 페닐

82 〈보기〉는 영 · 유아 또는 어린이 사용 화장품의 관리에 관한 내용이다. ㉠, ㉡에 들어갈 용어를 작성하시오.

보 기

- 화장품 책임판매업자는 영 · 유아 또는 어린이가 사용할 수 있는 화장품임을 표시 · 광고하려는 경우 제품별로 안전과 품질을 입증할 수 있는 (㉠)자료를 작성 및 보관하여야 한다.
- 식약처장은 영 · 유아 또는 어린이가 사용할 수 있는 화장품에 대하여 제품별로 (㉠) 자료, 소비자 사용실태, 사용 후 이상 사례 등에 대하여 (㉡)마다 실태조사를 실시하고, 위해 요소의 저감화를 위한 계획을 수립하여야 한다.

83 위해 평가는 다음 〈보기〉의 과정을 거쳐 실시한다. ㉠, ㉡에 적합한 단어를 작성하시오.

보 기

위험성 확인 과정 – (㉠) 과정 – 노출 평가 과정 – (㉡) 과정

84 고객과의 상담 결과 맞춤형 화장품 조제관리사가 고객에게 추천할 적합한 성분을 다음 〈보기〉에서 고르시오.

상담 결과

모공이 확장되어 있고 여드름 등 염증이 자주 발생하고 피지 분비가 왕성하여 번들거림이 있는 피부에 적합한 에멀젼

보 기

ㄱ. 살리실릭애씨드
ㄴ. 시어버터
ㄷ. 아스코르빅애씨드
ㄹ. 세라마이드
ㅁ. 알란토인

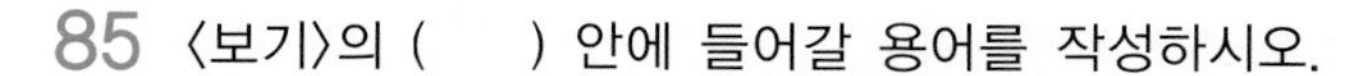

85 〈보기〉의 (　　) 안에 들어갈 용어를 작성하시오.

> **보 기**
>
> 출하를 위해 제품의 포장 및 첨부 문서에 표시공정 등을 포함한 모든 제조공정이 완료된 화장품을 (　　)이라 하며, 화장품 책임판매관리자는 원료 및 자재의 입고부터 (　　)의 출고에 이르기까지 필요한 시험 · 검사 또는 검정에 대하여 제조업자를 관리 · 감독해야 한다.

86 다음 〈보기〉는 (㉠)을(를) 함유한 제품의 포장에 기재 · 표시해야 하는 사용 시의 주의사항이다. ㉠에 적합한 성분을 작성하시오.

> **보 기**
>
> ▣ 손 · 발의 피부 연화 제품(요소제제의 핸드크림 및 풋크림)
>   – (㉠)을(를) 함유하고 있으므로 이 성분에 과민하거나 알레르기 병력이 있는 사람은 신중히 사용할 것

87 〈보기〉는 「화장품법 시행규칙」에 따른 기능성 화장품 보고서 제출 대상에 대한 내용이다. ㉠에 적합한 용어를 작성하시오.

> **보 기**
>
> 이미 심사를 받은 기능성 화장품의 효능 · 효과를 나타나게 하는 성분(제2조 제4호 및 제5호의 기능성 화장품)과 식품의약품안전처장이 고시한 효능 · 효과를 나타나게 하게 성분(제2조 1호~3호까지의 기능성 화장품)이 혼합된 품목만 해당
>
> 가. 효능 · 효과를 나타나게 하는 원료의 종류 · 규격 및 함량
> 나. 효능 · 효과
> 다. 기준(pH에 관한 기준은 제외) 및 시험 방법
> 라. 용법 · 용량
> 마. (　　㉠　　)

88 다음 〈보기〉에서 (　　) 안에 들어갈 용어를 쓰시오.

> **보 기**
>
> 「화장품 안전 기준 등에 관한 규정」 제6조 유통 화장품 안전관리 기준에 따라 화장비누는 (　　) 관리 기준 0.1% 이하에 적합하여야 한다.

89 다음 〈보기〉에서 (　　) 안에 들어갈 용어를 작성하시오.

보 기

만 3세 이하의 영 · 유아용, 만 4세 이상부터 만 13세 이하까지의 어린이가 사용할 수 있는 제품임을 특정하여 표시 · 광고하려는 경우에는 사용기준이 지정 · 고시된 원료 중 (　　)의 함량을 화장품의 포장에 기재 · 표시해야 한다.

90 다음 〈보기〉에서 (　　) 안에 들어갈 용어를 작성하시오.

보 기

치오글라이콜릭애씨드 또는 염류를 주성분으로 하는 냉2욕식 퍼머넌트 웨이브용 및 헤어 스트레이트너용 제품의 안전관리 기준 제1제의 pH는 (　　)이다.

91 〈보기〉는 인체 세포 · 조직 배양액의 안전성 확보를 위한 안전성 시험 자료이다. (　　) 안에 들어갈 용어를 쓰시오.

보 기

(1) 단회 투여 독성시험 자료
(2) 반복 투여 독성시험 자료
(3) 1차 피부 자극시험 자료
(4) 안점막 자극시험 자료
(5) 피부 감작성시험 자료
(6) 광독성 및 광감작성시험 자료
(7) 인체 세포 · 조직 배양액의 구성 성분에 관한 자료
(8) (　　　　) 시험 자료
(9) 인체 첩포시험 자료

92 다음 〈보기〉에서 ㉠, ㉡에 들어갈 용어를 한글로 쓰시오.

보 기

진피는 표피 아래에 존재하는 층으로 콜라겐 및 엘라스틴 등의 섬유성 단백질이 구성된 세포 외 기질(ECM, extracellular matrix)과 이의 (　㉠　)과(와) (　㉡　)을(를) 담당하는 섬유아세포(dermal fibroblasts)가 존재하며 이 외에 대식세포(macrophage), 비만세포(mast cell)가 존재한다.

93 〈보기〉는 「화장품 표시 · 광고 실증에 관한 규정」에서 사용하는 용어의 정의이다. (　　) 안에 들어갈 용어를 쓰시오.

> **보 기**
>
> (　　)은(는) 실험실의 배양접시, 인체로부터 분리한 모발 및 피부, 인공 피부 등 인위적 환경에서 시험 물질과 대조 물질 처리 후 결과를 측정하는 것을 말한다.

94 각질층에 존재하는 천연보습인자 중 가장 많은 비중을 차지하는 성분은 수용성의 (㉠)이다. ㉠에 들어갈 적합한 용어를 작성하시오.

95 다음 〈보기〉에서 (　　) 안에 공통으로 들어갈 용어를 쓰시오.

> **보 기**
>
> "레이크"라 함은 (　　)을(를) 기질에 흡착, 공침 또는 단순한 혼합이 아닌 화학적 결합에 의하여 확산시킨 색소를 말하며 레이크의 종류는 지정 · 고시된 (　　)의 나트륨, 칼륨, 알루미늄, 바륨, 칼슘, 스트론튬 또는 지르코늄염을 기질에 확산시켜서 만든 레이크로 한다.

96 〈보기〉는 화장품 1차 포장에 필수적으로 표시 · 기재해야 하는 사항이다. ㉠에 들어갈 용어를 작성하시오.

> **보 기**
>
> 1. 화장품의 명칭
> 2. (　　㉠　　)
> 3. 영업자의 상호
> 4. 사용기한 또는 개봉 후 사용기간(개봉 후 사용기간의 경우 제조 연월일 병기)

97 〈보기〉는 「기능성 화장품 기준 및 시험 방법」 통칙에 따른 용기의 구분이다. (　　) 안에 들어갈 적합한 용어를 쓰시오.

> **보 기**
>
> (　　)용기라 함은 일상의 취급 또는 보통의 보존 상태에서 기체 또는 미생물이 침입할 염려가 없는 용기를 말한다.

98 다음 〈보기〉는 모발구조이다. (   ) 안에 들어갈 용어를 쓰시오.

> **보 기**
>
> 모표피 - 모피질 - (   )

99 화장품 사용 시에 일어날 수 있는 오염 등을 고려한 사용기한을 설정하기 위하여 장기간에 걸쳐 물리적, 화학적, 미생물학적 안정성 및 용기 적합성을 확인하는 시험을 (   )이라고 한다. 단, 개봉할 수 없는 용기로 되어있는 스프레이 제품, 일회용 제품 등은 (   )을(를) 수행할 필요가 없다. (   ) 안에 공통으로 들어갈 적합한 단어를 작성하시오.

100 피부결이 거친 고객에게 글라이콜릭애씨드(Glycolic Acid)를 5.0% 첨가한 필링 에센스를 맞춤형 화장품으로 추천하였다. 〈보기 1〉은 맞춤형 화장품의 전성분이며, 이를 참고하여 고객에게 설명해야 할 주의사항을 〈보기 2〉에서 모두 고르시오.

> **보 기 1**
>
> 정제수, 에탄올, 글라이콜릭애씨드, 피이지-60하이드로제네이티드캐스터오일, 세테아레스-30, 1,2-헥산다이올, 부틸렌글라이콜, 카멜리아추출물, 살리실릭애씨드, 카보머, 트리에탄올아민, 알란토인, 판테놀, 향료

> **보 기 2**
>
> ㄱ. 화장품을 사용 시 또는 사용 후 직사광선에 의하여 사용 부위가 붉은 반점, 부어오름 또는 가려움증 등의 이상 증상이나 부작용이 있는 경우 전문의 등과 상담할 것
> ㄴ. 알갱이가 눈에 들어갔을 때에는 물로 씻어내고 이상이 있는 경우에는 전문의와 상담할 것
> ㄷ. 햇빛에 대한 피부의 감수성을 증가시킬 수 있으므로 자외선 차단제를 함께 사용할 것
> ㄹ. 만 3세 이하 어린이에게는 사용하지 말 것
> ㅁ. 사용 시 흡입하지 않도록 주의할 것
> ㅂ. 신장질환이 있는 사람은 사용 전에 의사, 약사, 한의사와 상의할 것

제 2 회 실전모의고사

01 개인정보를 목적 외의 용도로 이용하거나 이를 제3자에게 제공할 수 없는 경우는?

① 정보 주체 또는 제3자의 이익을 부당하게 침해할 우려가 있을 경우
② 정보 주체로부터 별도의 동의를 받은 경우
③ 다른 법률에 특별한 규정이 있는 경우
④ 정보 주체 또는 그 법정대리인이 의사표시를 할 수 없는 상태에 있거나 주소불명 등으로 사전 동의를 받을 수 없는 경우로 명백히 정보 주체 또는 제3자의 급박한 생명, 신체, 재산의 이익을 위하여 필요하다고 인정되는 경우
⑤ 통계 작성 및 학술연구 등의 목적을 위하여 필요한 경우로써 특정 개인을 알아볼 수 없는 형태로 개인정보를 제공하는 경우

02 다음 중 화장품 유형으로 옳지 않은 것은?

① 인체 세정용 제품류 - 바디 클렌저, 물휴지
② 눈 화장용 제품류 - 아이라이너, 아이 메이크업 리무버
③ 색조 화장용 제품류 - 페이스 파우더, 바디 페인팅
④ 두발용 제품류 - 흑채, 포마드
⑤ 면도용 제품류 - 프리셰이브 로션, 탑코트

03 다음 〈보기〉는 「개인정보보호법」에 대한 기본 개념이다. (　　) 안에 들어갈 용어로 옳은 것은?

보 기

- (㉠)(이)란 업무를 목적으로 개인정보 파일을 운용하기 위하여 스스로 또는 다른 사람을 통해 개인정보를 처리하는 공공기관, 법인, 단체 및 개인 등을 말한다.
- (㉡)(이)란 처리되는 정보에 의하여 알아볼 수 있는 사람으로서 그 정보가 주체가 되는 사람을 말한다.

	㉠	㉡
①	위탁자	수탁자
②	수탁자	정보 주체
③	개인정보처리자	정보 주체
④	정보 주체	위탁자
⑤	개인정보보호자	개인정보처리자

04 화장품법령에 따른 기능성 화장품의 정의 및 범위로 옳지 않은 것은?

① 주름 개선 - 피부에 탄력을 주어 피부의 주름을 완화 또는 개선하는 기능을 가진 화장품
② 미백 - 피부에 침착된 멜라닌 색소의 색을 엷게 하여 피부의 미백에 도움을 주는 기능을 가진 화장품
③ 모발의 색상 변화·제거 또는 영양 공급 - 모발의 색상을 변화(탈염·탈색 포함)시키는 기능을 가진 화장품으로 물리적으로 모발의 색상을 변화시키는 제품은 제외
④ 체모를 제거하는 기능을 가진 화장품 - 물리적으로 체모를 제거하는 제품은 제외
⑤ 피부나 모발의 기능 약화로 인한 건조함, 갈라짐, 빠짐, 각질화 등을 방지하거나 개선 - 튼 살로 인한 붉은 선을 엷게 하는 데 도움을 주는 화장품

05 맞춤형 화장품 판매장에서 수집된 고객의 개인정보관리 방법으로 옳지 않은 것은?

① 1년의 기간 동안 이용하지 아니하는 고객, 보유기간 경과, 개인정보 처리의 달성 등 그 개인정보가 불필요하게 되었을 때에는 개인 정보의 보존 등 보호를 위한 필요한 조취를 취해야 한다.
② 맞춤형 화장품 판매장에서 판매 내역서 작성 등 판매관리 등의 목적으로 고객 개인의 정보를 수집할 경우 개인정보보호법에 따라 개인정보 수집 및 이용목적, 수집 항목 등에 관한 사항을 안내하고 동의를 받아야 한다.
③ 소비자 피부진단 데이터 등을 활용하여 연구·개발 등 목적으로 사용하고자 하는 경우, 소비자에게 별도의 사전 안내 및 동의를 받아야 한다.
④ 수집된 고객의 개인정보는 개인정보보호법에 따라 분실, 도난, 유출, 위조, 변조 또는 훼손되지 않도록 취급하여야 한다.
⑤ 고객의 동의 없이 타 기관 또는 제3자에게 개인정보를 제공하여서는 아니 된다.

06 위해 화장품 공표에 대한 내용으로 옳지 않은 것은?

① 식품의약품안전처장은 영업자로부터 회수계획을 보고받은 때 그 사실의 공표를 명한다.
② 공표 명령을 받은 영업자는 지체 없이 위해 발생 사실 등을 전국을 보급지역으로 하는 1개 이상의 일반일간신문, 해당 영업자의 인터넷 홈페이지, 식품의약품안전처의 인터넷 홈페이지에 공표한다.
③ 위해성 등급이 다등급인 화장품의 경우에는 해당 일반일간신문에의 게재를 생략할 수 있다.
④ 화장품을 회수한다는 내용의 표제, 제품명, 제조번호, 사용기한 또는 개봉 후 사용기간(병행 표기된 제조 연월일을 포함), 회수 사유, 회수 방법, 회수하는 영업자의 명칭, 회수하는 영업자의 전화번호, 주소, 그 밖에 회수에 필요한 사항을 공표한다.
⑤ 공표를 마친 영업자는 사실을 입증할 수 있는 공표문을 회수 종료일부터 2년간 보관한다.

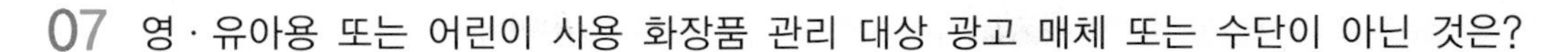

07 영 · 유아용 또는 어린이 사용 화장품 관리 대상 광고 매체 또는 수단이 아닌 것은?

① 신문 · 방송 또는 잡지
② 전단 · 팜플릿 · 견본 또는 입장권
③ 포스터 · 간판 · 네온사인 · 애드벌룬 또는 전광판
④ 방문광고 또는 실연에 의한 광고
⑤ 비디오물 · 서적 · 음반 · 간행물 · 영화 또는 연극

08 〈보기〉는 화장품 포장의 표시 기준 및 방법에 대한 내용이다. (　　) 안에 들어갈 용어로 옳은 것은?

> **보 기**
> (　　)는 사용기한과 쉽게 구별되도록 기재 · 표시해야 하며, 개봉 후 사용기간을 표시하는 경우에는 병행 표기해야 하는 제조 연월일도 각각 구별이 가능하도록 기재 · 표시해야 한다.

① 제조번호　　② 관리번호
③ 공급번호　　④ 식별번호
⑤ 사용번호

09 다음 중 위해 평가 수행 원칙에 관한 설명으로 옳은 것은?

① 위해 평가 결과 보고서는 서식으로 작성하고 평가 결과는 공개하지 않는다.
② 위해 평가는 화장품 등의 제조공정을 포함하여 공급 및 사용단계 전반에 걸쳐 사용되는 분석방법, 시료 채취 및 시험, 노출빈도 등을 고려한다.
③ 노출 평가 시에는 여러 상황을 고려하여 현실적인 노출 시나리오를 작성하고 평가 대상 물질에 민감한 집단 및 고위험 집단의 경우 대상에서 제외한다.
④ 위해 평가는 위험성 확인, 위험성 결정, 노출 평가, 위해도 결정, 결과 보고의 5단계에 따라 수행한다.
⑤ 위해 평가 결과 보고서는 관련 자료의 불확실성 등을 고려하여 정량적으로 표현할 수 없고 과학적으로 가능한 범위 내에서 정성적으로 표현한다.

10 체모를 제거하는 기능성 화장품의 고시 원료로 옳은 것은?

① 치오글리콜산　　② 덱스판테놀
③ 살리실릭애씨드　　④ 페닐메칠피라졸론
⑤ 아데노신

11 다음 〈보기〉의 전성분 중 알레르기 유발 성분으로 옳은 것은?

보 기

다이메티콘, 비스-다이글리세릴폴리아실아디페이트-2, 하이드로제네이티드폴리아이소부텐, 페닐트라이메티콘, 탈크, 트라이데실트라이멜리테이트, 하이드로제네이티드호호바오일, 다이메티콘크로스폴리머, 아이소스테아릴아이소스테아레이트, 파라핀, 나일론-12, 아이소헥사데칸, 비닐다이메티콘/메티콘실세스퀴옥세인크로스폴리머, 마이크로크리스탈린왁스, 알루미나, 폴리에틸렌, 칼슘소듐보로실리케이트, 실리카, 칼슘알루미늄보로실리케이트, 합성플루오르플로고파이트, 틴옥사이드, 마그네슘실리케이트, 벤질벤조에이트, 토코페롤, 향료, 티타늄디옥사이드, 적색 218호, 적색 202호, 나무이끼추출물

① 파라핀, 아이소헥사데칸
② 틴옥사이드, 벤질벤조에이트
③ 나무이끼추출물, 벤질벤조에이트
④ 토코페롤, 아이소헥사데칸
⑤ 폴리에틸렌, 벤질벤조에이트

12 「기능성 화장품 심사에 관한 규정」 [별표 4]에 따라 자료 제출이 생략되는 기능성 화장품의 종류에서 성분 · 함량을 고시한 품목의 경우 제출이 면제되는 자료를 〈보기〉에서 모두 고르면?

보 기

ㄱ. 기원 및 개발 경위에 관한 자료
ㄴ. 안전성에 관한 자료
ㄷ. 유효성 또는 기능에 관한 자료
ㄹ. 사용성 근거자료
ㅁ. 기준 및 시험 방법에 관한 자료

① ㄱ, ㄴ, ㄷ
② ㄱ, ㄷ, ㄹ
③ ㄴ, ㄷ, ㄹ
④ ㄴ, ㄷ, ㅁ
⑤ ㄷ, ㄹ, ㅁ

13 화장품 색소 중 콜타르, 그 중간생성물에 유래되었거나 유기합성하여 얻은 색소 및 레이크, 염, 희석제와의 혼합물을 (㉠)이라고 한다. ( ) 안에 들어갈 말로 옳은 것은?

① 레이크
② 염료
③ 순색소
④ 타르 색소
⑤ 기질

14 두발 염색용 제품이 갖추어야 할 공통적인 특성으로 옳지 않은 것은?

① 피부에 알레르기를 일으키지 않을 것
② 세발 시 쉽게 떨어질 것
③ 사용이 간편하고 색조가 풍부할 것
④ 염색 후 공기, 샴푸 등에 의해 변색되지 않을 것
⑤ 사용 시 모발과 모근을 손상시키지 않고 피부에 자극이 적을 것

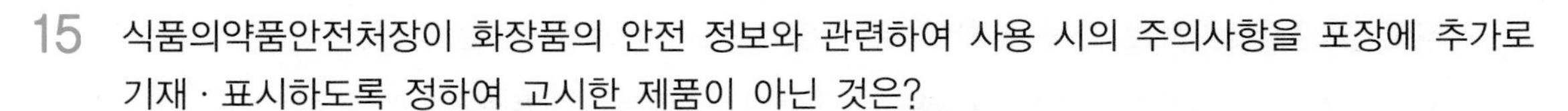

15 식품의약품안전처장이 화장품의 안전 정보와 관련하여 사용 시의 주의사항을 포장에 추가로 기재 · 표시하도록 정하여 고시한 제품이 아닌 것은?

① 알부틴 2% 이상 함유 제품
② AHA 0.5% 이상 함유 제품
③ 실버나이트레이트 함유 제품
④ 포름알데하이드 0.05% 이상 검출된 제품
⑤ 스테아린산아연 함유 제품

16 유해물질 등에 대한 노출 시나리오 작성 시 고려해야 하는 사항으로 옳지 않은 것은?

① 1달 사용량
② 피부 흡수율
③ 제품 접촉 피부 면적
④ 소비자 유형
⑤ 제품의 적용 방법

17 내용량이 20mL(g)인 화장품의 포장에 기재 · 표시를 생략할 수 있는 성분으로 옳은 것은?

① 샴푸와 린스에 들어있는 인산염의 종류
② 과일산(AHA)
③ 기능성 화장품의 경우 그 효능 · 효과가 나타나게 하는 원료
④ 산화철
⑤ 금박

18 천연 화장품 및 유기농 화장품 제조에 사용할 수 있는 원료로 옳은 것은?

① 카바릴
② 카본블랙
③ 피토스테롤
④ 포타슘브로메이트
⑤ 아지리딘

19 「천연 화장품 및 유기농 화장품의 기준에 관한 규정」에 따른 천연 화장품 및 유기농 화장품의 기준으로 옳은 것은?

① 천연 및 유기농 인증을 받은 화장품은 식약처장이 정하는 기준에 따라 인증 표시를 할 수 있다.
② 표시 및 포장 전 상태의 천연 화장품은 다른 화장품과 구분하여 보관하여야 한다.
③ 천연 화장품을 제조하기 위한 천연 원료는 다른 원료와 명확히 표시 및 구분하여 보관하여야 한다.
④ 유기농 함량 확인이 불가능할 경우 물, 미네랄 또는 미네랄 유래 원료는 유기농 함량 비율 계산에 포함하지 않는다.
⑤ 천연 화장품 및 유기농 화장품을 표시 · 광고하여 수입 및 판매하려고 하는 맞춤형 화장품 판매업자는 입증 자료를 구비하고 제조일로부터 3년 또는 사용기한 경과 후 1년 중 긴 기간 동안 보존하여야 한다.

20 다음 중 자외선 차단 성분과 차단 필터 및 한도가 바르게 연결된 것은?

① 에칠헥실디메칠파바 – UVB – 5%
② 에칠헥실트리아존 – UVB – 5%
③ 호모살레이트 – UVB – 8%
④ 티타늄디옥사이드 – UVB – 15%
⑤ 옥토크릴렌 – UVB – 5%

21 맞춤형 화장품 매장에 근무하는 조제관리사가 〈제품〉을 판매할 때 소비자에게 설명해야 할 내용으로 적절한 것을 다음 〈보기〉에서 모두 고르시오.

제 품

▣ 제품명 : 헤어 플루이드
▣ 내용량 : 150mL
▣ 제품 설명 : 모발에 얇은 막을 형성해 외부 유해요인으로부터 모발을 보호해 주는 가벼운 텍스처의 스프레이(분무용기)
▣ 전성분 : 정제수, 디프로필렌글라이콜디벤조에이트, 글리세린, 디메치콘, 소르비탄트리올리베이트, 향료, 옥토크릴렌, 부틸메톡시벤조일탄, 판테놀, 해바라기씨추출물, 메도우폼씨드오일, 마카다미아씨오일, 쉐어버터, 부틸렌글라이콜, 프로판디올, 브이피/헥사데센폴리머, 아크릴레이트/C10-30알킬아크릴레이트크로스폴리머, 에칠헥실글리세린, 토코페롤, 황색 4호, 적색 504호, 리모넨, 유제놀, 리날룰

보 기

ㄱ. 만 5세 미만의 어린이가 개봉하기 어려운 안전용기 · 포장 제품임
ㄴ. 알레르기를 유발할 수 있는 성분이 포함되어 주의를 요함
ㄷ. 사용 시 같은 부위에서 연속해서 3초 이상 분사하지 말 것
ㄹ. 모발을 효과적으로 보호할 수 있는 두 개의 필터(UV-A, UV-B)가 함유되어 있음
ㅁ. 눈썹, 속눈썹 등은 위험하므로 사용하지 말 것

① ㄱ, ㄴ
② ㄱ, ㄹ
③ ㄴ, ㄹ
④ ㄷ, ㄹ
⑤ ㄹ, ㅁ

22 다음 중 화장품 원료 선택 시 고려해야 할 조건으로 옳지 않은 것은?

① 사용성이 높고 미생물의 성장을 촉진시켜야 한다.
② 안전성이 양호하여야 한다.
③ 피부의 생리작용을 방해하지 않고 생리적 변화를 주지 않아야 한다.
④ 산화 안정성 등 안정성이 우수하고 품질이 일정하여야 한다.
⑤ 사용 목적에 따른 기능이 우수하여야 한다.

23 맞춤형 화장품 조제관리사가 매장을 방문한 고객과 다음과 같은 〈대화〉를 나누었다. 맞춤형 화장품 조제관리사가 고객에게 혼합하여 추천할 제품으로 다음 〈보기〉 중 옳은 것을 모두 고르면?

대 화

고객 : 모발이 많이 손상된 거 같아요. 뻣뻣하고 머리카락에 힘이 없어요.
조제관리사 : 아, 그러신가요? 그럼 고객님 모발 상태를 측정해 보도록 할까요?
고객 : 그렇게 해주실래요?
윤진 : 네. 먼저 문진표 작성 후 저희 측정기로 측정을 해드리겠습니다.

〈피부 측정 후〉

조제관리사 : 두피에 피지가 부족하고 모발에 수분과 유분이 부족한 건성모발이네요. 모발 강도가 약해서 더 이상 손상되지 않도록 관리가 필요해요.
고객 : 음, 걱정이네요. 제품만 잘 사용하면 좋아질까요?
조제관리사 : 머리카락을 말릴 때는 드라이어보다는 수건으로 물기를 말리고, 빗살이 굵은 빗을 사용하시는 것이 좋아요.
고객 : 네~ 어떤 제품을 쓰는 것이 좋을지 추천 부탁드려요.

보 기

ㄱ. 알파-하이드록시애시드(α-hydroxyacid, AHA) 함유 제품
ㄴ. 티타늄디옥사이드(Titanium Dioxide) 함유 제품
ㄷ. 디페닐디메치콘(Diphenyl Dimethicone) 함유 제품
ㄹ. 아르간커넬오일(Argania Spinosa Kernel Oil) 함유 제품
ㅁ. 알파-비사보롤(α-bisaborol) 함유 제품

① ㄱ, ㄷ
② ㄱ, ㄹ
③ ㄴ, ㅁ
④ ㄷ, ㄹ
⑤ ㄹ, ㅁ

24 다음 중 계면활성제에 대한 설명으로 옳지 않은 것은?

① 음이온성 계면활성제는 물에 용해 시 친수기 부분이 음이온으로 해리되며 세정력과 거품 형성력이 우수하다.
② 양이온성 계면활성제는 물에 용해 시 친수기 부분이 양이온으로 해리되며 역성비누라고 불린다.
③ 양쪽성 계면활성제는 음이온과 양이온 성질을 모두 갖고 있으며, 산성에서는 음이온, 알칼리에서는 양이온 특성을 나타낸다.
④ 비이온성 계면활성제는 전하를 갖지 않고 주로 고급 알코올이나 고급 지방산 등에서 에틸렌옥사이드를 부가반응시켜 제조되며 부가반응 시 결합된 에틸렌옥사이드의 함량에 따라 친유기와 친수의 균형이 달라지는 성질을 갖고 있다.
⑤ 비이온성 계면활성제는 피부에 대해 이온성 계면활성제보다 안전성이 높다.

25 기능성 화장품의 고시 원료 및 사용 한도가 바르게 연결된 것은?

① 미백 – 마그네슘아스코빌포스페이트 – 3%
② 주름 개선 – 레티닐팔미테이트 – 2,500IU/g
③ 자외선 차단 – 페닐벤즈이미다졸설포닉애씨드 – 5%
④ 탈모 완화 – 살리실릭애씨드 – 1%
⑤ 여드름 완화 – 나이아신아마이드 – 2%

26 천연 화장품 및 유기농 화장품 제조 시 허용되는 물리적 공정으로 옳지 않은 것은?

① 자연적으로 얻어지는 용매를 사용한 증류 공정(물, Co2 등)
② 정제수나 오일에 담가 부드럽게 하는 매서레이션 공정
③ 동물 유래 탈취, 탈색 공정
④ 가스 처리하는 멸균 공정
⑤ 뿌리, 열매 등 단단한 부위를 우려내는 달임 공정

27 맞춤형 화장품 판매업자의 혼합 · 소분 안전관리 기준으로 옳은 것을 모두 고르면?

보 기

ㄱ. 내용물 및 원료를 공급하는 화장품 책임판매업자가 혼합 또는 소분의 범위를 검토하여 정하고 있는 경우 그 범위 내에서 혼합 또는 소분하였다.
ㄴ. 최종 혼합된 맞춤형 화장품이 유통 화장품 안전관리 기준에 적합한지를 사전에 확인하고, 적합한 범위 안에서 원료와 원료를 혼합하였다.
ㄷ. 혼합 · 소분 전에 내용물 및 원료의 사용기한 또는 개봉 후 사용기간을 확인하고, 사용기한 또는 개봉 후 사용기간이 지난 것은 재평가하였다.
ㄹ. 책임판매업자에게서 내용물과 원료를 모두 제공받아 책임판매업자의 품질검사성적서로 대체하고 화장품 안전기준 등에 적합한 것을 확인하였다.

① ㄱ, ㄴ
② ㄱ, ㄷ
③ ㄱ, ㄹ
④ ㄴ, ㄷ
⑤ ㄷ, ㄹ

28 식품의약품안전처장이 위해 평가 대상으로 선정할 수 없는 경우는?

① 국제기구 또는 외국 정부가 인체의 건강을 해칠 우려가 있다고 인정하여 판매하거나 판매할 목적으로 생산·판매 등을 금지한 화장품
② 새로운 원료 또는 성분을 사용한 것으로 안전성에 대한 기준 및 규격이 정해지지 않은 화장품
③ 새로운 기술을 적용한 것으로 안전성에 대한 기준 및 규격이 정해지지 않은 화장품
④ 인체의 건강을 해칠 우려가 있다고 인정되는 화장품
⑤ 병원성 미생물, 곰팡이 독소 등 생물학적 요인으로 인체의 건강을 미칠 우려가 있는 화장품

29 CGMP 기준 화장품 시험용 검체의 용기 기재사항으로 옳지 않은 것은?

① 채취자
② 명칭
③ 확인코드
④ 제조번호
⑤ 채취일자

30 CGMP 기준 작업소 위생관리 점검사항으로 옳지 않은 것은?

① 바닥, 벽, 천정 및 작업대, 창틀 등은 먼지가 쌓여있지 않고 깨끗한가?
② 기계, 기구류의 청소 상태는 양호하며 오염이 되지 않도록 하고 있는가?
③ 작업 중 원료 또는 제품 상호 간 교차오염의 위험이 없도록 조치하였는가?
④ 밸브나 배관, 전선 코드들이 건조된 상태로 유지되어 있는가?
⑤ 청소도구는 청결하며 지정된 장소에 비치하고 있는가?

31 제품에서 화학적, 물리적, 미생물학적 문제 또는 이들이 조합되어 나타내는 바람직하지 않은 문제의 발생을 (㉠)이라고 한다. ( ) 안에 들어갈 단어로 옳은 것은?

① 변패
② 오염
③ 일탈
④ 불만
⑤ 교정

32 다음 중 과징금 부과 대상이 아닌 경우는?

① 1차 포장 공정만을 하는 제조업자가 화장품을 제조하기 위한 작업소의 기준을 위반한 경우
② 화장품 제조업자가 자진회수계획을 통보하고 그에 따라 회수한 결과 국민 보건에 나쁜 영향을 끼치지 아니한 것으로 확인된 경우
③ 내용량 시험이 부적합한 경우로서 인체에 유해성이 없다고 인정된 경우
④ 기능성 화장품에서 기능성을 나타나게 하는 주원료의 함량이 심사한 기준치에 대해 5% 미만으로 부족한 경우
⑤ 화장품 제조업자가 소재지 변경을 하지 않은 경우

33 〈보기〉는 「화장품 안전기준 등에 관한 규정」 제6조의 내용이다. 유통 화장품 안전관리 기준으로 옳은 것을 모두 고른 것은?

보 기

ㄱ. 기능성을 나타내는 주원료 함량 기준
ㄴ. 미생물 한도
ㄷ. 기능성 화장품 순도
ㄹ. 액상 제품의 pH 기준
ㅁ. 사용상의 제한이 필요한 원료가 비의도적으로 검출 시 조치사항

① ㄱ, ㄴ, ㄷ
② ㄱ, ㄴ, ㄹ
③ ㄱ, ㄷ, ㄹ
④ ㄴ, ㄷ, ㅁ
⑤ ㄷ, ㄹ, ㅁ

34 다음 중 전문 교육과정을 이수하여 책임판매관리자의 자격기준을 인정받을 수 있는 품목으로 옳은 것은?

① 염모제
② 향수
③ 물휴지
④ 흑채
⑤ 화장비누

35 〈보기〉는 「우수 화장품 제조 및 품질관리 기준(CGMP)」 제2조의 내용이다. (　　) 안에 들어갈 용어로 옳은 것은?

보 기

(　　) 또는 (　　)란 하나의 공정이나 일련의 공정으로 제조되어 균질성을 갖는 화장품의 일정한 분량을 말한다.

① 생산단위, 제조
② 포장단위, 뱃치
③ 제조단위, 뱃치
④ 출하단위, 출하
⑤ 공정단위, 벌크

36 「화장품 안전기준 등에 관한 규정」 [별표 1]에 따라 화장품에 사용할 수 없는 원료로 옳은 것은?

① 폴리부틸아크릴레이트
② 나이트셀룰로오스
③ 폴리비닐피롤리돈
④ 폴리이소부텐
⑤ 토목향(Inula helenium) 오일

37 CGMP 기준 제품 감사 방법으로 옳은 것은?

① 판매자의 요구사항, 회사정책 및 관련 정부 규정의 준수에 대한 평가
② 무작위로 추출한 검체를 통한 설비의 가동이나 제조공정의 품질을 평가
③ 조직의 직접적인 통제하에 피감사 대상 부서에 대한 감사
④ 제품의 생산 및 유통에 이용되는 시스템의 유효성에 대한 종합적인 평가
⑤ 발주 후, 제품 생산 전 또는 생산 중에 공급업체나 도급업체에 대한 감사

38 1차 포장된 제품을 세트포장하기 위한 작업실의 청정도 기준으로 가장 적절한 것은?

① 완제품 보관소의 등급 이상으로 관리한다.
② 포장실의 등급으로 관리한다.
③ 클린벤치 등급으로 관리한다.
④ 제조실 등급 이상으로 관리한다.
⑤ 원료 칭량실 등급으로 관리한다.

39 CGMP 기준 변질 예방을 위한 포장재 보관 환경으로 옳지 않은 것은?

① 출입제한
② 오염 방지
③ 청소 및 세척
④ 방충방서 대책
⑤ 온도, 습도

40 다음 중 과태료 부과 대상이 아닌 경우는?

① 기능성 화장품 변경 심사를 받지 않은 경우
② 화장품의 생산실적 또는 수입실적 또는 화장품 원료의 목록 등을 보고하지 않은 경우
③ 사용기한 또는 개봉 후 사용기간을 표시하지 않은 경우
④ 폐업 신고를 하지 않은 경우
⑤ 식품의약품안전처장의 명령을 위반하여 보고를 하지 않은 경우

41 천연 화장품 및 유기농 화장품에 보존제 및 변성제로 사용할 수 없는 원료는?

① 니트로사민
② 벤질알코올
③ 살리실릭애씨드 및 그 염류
④ 소르빅애씨드 및 그 염류
⑤ 이소프로필알코올

42 맞춤형 화장품 혼합 · 소분 장비 및 도구의 위생관리 규정으로 옳지 않은 것은?

① 충분한 자외선 노출을 위해 적당한 간격을 두고 장비 및 도구가 서로 겹치지 않게 한 층으로 보관한다.
② 사용 전 · 후 세척 등을 통해 오염을 방지한다.
③ 세척한 작업 장비 및 도구는 잘 건조하여 다음 사용 시까지 오염을 방지한다.
④ 작업 장비 및 도구 세척 시에 사용되는 세제 · 세척제는 표면 이상을 초래하지 않고 잔류하는 것을 사용한다.
⑤ 자외선 살균기 내 자외선 램프의 청결 상태를 확인 후 사용한다.

43 화장품의 1차 또는 2차 포장에 기재 · 표시해야 하는 사용 시의 주의사항 중 공통사항으로 옳지 않은 것은?

① 만 3세 이하 어린이에게는 사용하지 말 것
② 화장품 사용 시 또는 사용 후 직사광선에 의하여 사용 부위가 이상 증상이나 부작용이 있는 경우 전문의와 상담할 것
③ 상처가 있는 부위 등에는 사용을 자제할 것
④ 어린이의 손이 닿지 않는 곳에 보관할 것
⑤ 직사광선을 피해 보관할 것

44 「기능성 화장품 심사에 관한 규정」에 따라 "자외선 차단지수(SPF)" 및 "자외선 A 차단등급(PA) 설정의 근거자료" 제출이 면제되는 제품을 〈보기〉에서 모두 고른 것은?

보 기

ㄱ. 내수성 또는 내수 지속성 제품
ㄴ. 자외선 A 차단등급(PA) 10 이하인 제품
ㄷ. 자외선 차단지수(SPF) 10 이하인 제품
ㄹ. 내용량이 10mL(g) 이상 50mL(g) 이하인 제품
ㅁ. 자료 제출이 생략되는 기능성 화장품 종류에서 성분 · 함량을 고시한 품목

① ㄱ
② ㄷ
③ ㄴ, ㅁ
④ ㄷ, ㅁ
⑤ ㄹ, ㅁ

45 화장품 표시 · 광고 중 행정처분 기준이 다른 것은?

① 의약품으로 오인할 우려가 있는 내용의 표시
② 기능성 화장품이 아님에도 불구하고 효능에 관하여 잘못 인식할 우려가 있는 표시
③ 외국과의 기술제휴를 하지 않고 외국과의 기술제휴 등을 표현하는 표시
④ 사실 유무와 관계없이 다른 제품을 비방하는 표시
⑤ 실증자료를 제출할 때까지 표시 · 광고 행위의 중지 명령을 위반하여 화장품을 표시 · 광고

46 생산공정 중 일어난 "중대한 일탈"이 아닌 경우는?

① 제품표준서의 기재 내용과 다른 방법으로 작업이 실시되었을 경우
② 동일 온도 설정하에서의 원료 투입 순서에서 벗어났을 경우
③ 공정관리 기준에서 두드러지게 벗어나 품질 결함이 예상될 경우
④ 생산 작업 중 설비 · 기기의 고장이나 정전 등의 이상이 발생하였을 경우
⑤ 벌크 제품과 제품의 이동 · 보관에 있어서 보관 상태에 이상이 발생하고 품질에 영향을 미친다고 판단될 경우

47 CGMP 기준 원료의 재보관 방법으로 옳지 않은 것은?

① 밀폐할 수 있는 용기에 들어있는 원료를 절차서에 따라 재보관하고 재보관임을 제시한 라벨을 필수적으로 부착한다.
② 원래 보관환경에서 보관하고 다음 제조 시 우선적으로 사용한다.
③ 품질 열화하기 쉬운 원료는 먼저 사용한다.
④ 개봉마다 변질 및 오염이 발생할 가능성이 있기 때문에 여러 번 재보관과 재사용을 반복하는 것은 피한다.
⑤ 여러 번 재보관하는 원료는 조금씩 나누어 보관한다.

48 포장재 입고 시 관능검사 점검 항목으로 옳지 않은 것은?

① 재질
② 용량
③ 인쇄 내용
④ 치수
⑤ 성상

49 〈보기〉는 「기능성 화장품 심사에 관한 규정」 [별표 4]의 일부로써 자료 제출이 생략되는 기능성 화장품 중 성분 · 함량을 고시한 제품이다. 제품에 해당하는 화장품의 유형으로 옳지 않은 것은?

보 기
피부를 곱게 태워주거나 자외선으로부터 피부를 보호하는데 도움을 주는 제품

① 영 · 유아용 로션
② 영 · 유아용 크림 및 오일
③ 기초 화장용 제품류
④ 두발용 제품류
⑤ 색조 화장용 제품류

50 장기보존시험의 저장 조건을 벗어난 단기간의 가속 조건이 화장품의 물리 · 화학적, 미생물학적 안정성 및 용기 적합성에 미치는 영향을 평가하기 위한 시험으로 옳은 것은?

① 보존시험
② 가속시험
③ 단기가속시험
④ 개봉 후 안정성 시험
⑤ 가혹시험

51 에멀젼 형태에 따른 제형의 물리적 특성으로 옳은 것은?

① 유중수형은 물(외상)에 오일(내상) 성분이 섞여 있는 형태이다.
② 유중수형은 유동성을 낮추기 위해 증점제가 사용된다.
③ 수중유형은 O/W형 에멀젼보다 유분이 많고 피부로부터 수분 손실 방지를 돕는다.
④ 수중유형은 물과 혼합되지 않으며 대개 끈적한 크림 형태로 클렌징 크림, 헤어 크림 등이 있다.
⑤ 다상에멀젼은 수중유형에 비해 보습 효과가 우수하고 영양 물질과 생리 활성 물질을 안정한 상태로 보존시킨다.

52 화장품의 불안정화 요인 및 현상으로 적절하지 않은 것은?

① 고온 - 분리, 변색, 변취, 침전, 유효 성분 파괴 등
② 저온 - 결정, 석출, 침전, 분리, 용기 파손 등
③ 일광(자외선) - 변색, 변취, 유효 성분 파괴 등
④ 미생물 - 변취, 변색, 분리, 부작용 등
⑤ pH - 분리, 응집, 오염, 용기 파손 등

53 다음 〈보기〉는 맞춤형 화장품의 전성분 항목이다. 소비자에게 사용된 성분에 대해 설명하기 위하여 다음 화장품 전성분 표기 중 사용상의 제한이 필요한 보존제 성분으로 옳은 것은?

〈보 기〉

정제수, 부틸렌글라이콜, 에탄올, 레몬추출물, 프로필렌글라이콜, 판테놀, 황금추출물, 소르비톨, 페녹시에탄올, 피피지-26-부테스-26, 피이지-40하이드로제네이티드캐스터오일, 토코페릴아세테이트, 라벤더오일, 테트라소듐이디티에이, 메칠파라벤, 마스틱타임꽃오일, 시트릭애씨드, 에칠파라벤소듐시트레이트, 프로필파라벤, 리날룰, 리모넨

① 토코페릴아세테이트
② 페녹시에탄올
③ 프로필파라벤
④ 테트라소듐이디티에이
⑤ 에칠파라벤

54 모발 구성 성분 중 가장 많은 비중을 차지하는 물질은?

① 미량원소
② 수분
③ 지질
④ 케라틴
⑤ 멜라닌 색소

55 화장품 책임판매업자는 다음 〈보기〉의 어느 하나에 해당하는 성분을 0.5% 이상 함유하는 제품의 경우에는 해당 품목의 안정성 시험 자료를 최종 제조된 제품의 사용기한이 만료되는 날부터 1년간 보존해야 한다. ( ) 안에 들어갈 말로 옳은 것은?

〈보 기〉

ㄱ. 레티놀(비타민 A) 및 그 유도체
ㄴ. 아스코빅애씨드(비타민 C) 그 유도체
ㄷ. (㉠)
ㄹ. 과산화화합물
ㅁ. (㉡)

	㉠	㉡
①	비타민 B	금박
②	비타민 E	효소
③	비타민 D	과일산(AHA)
④	비타민 E	타르 색소
⑤	비타민 D	우레아

56 〈보기〉는 모발의 일생에 대한 설명이다. ( ) 안에 들어갈 용어로 옳은 것은?

보 기

모발의 발생과 성장을 돕는 (㉠)은(는) 모발을 발생시키는 성장기, 성장을 종료하고 모구부가 축소하는 시기인 퇴행기, (㉠)이(가) 활동을 멈추고 모발을 두피에 머무르게 하는 휴지기를 거친다.

① 모낭
② 모유두
③ 색소세포
④ 모피질
⑤ 모소피

57 다음 중 촉감적 요소를 평가하는 관능 용어로 옳지 않은 것은?

① 촉촉함, 보송보송함
② 매끄러움 또는 끈적임
③ 빠르게 또는 느리게 스며듦
④ 부드러움 또는 딱딱함
⑤ 커버력 또는 투명감

58 색조 화장용 제품에 대한 설명으로 옳지 않은 것은?

① 립스틱은 오일-왁스의 스틱 형태가 대부분이며 염료와 색조 안료를 오일에 분산시키고 적당량의 향이 첨가되어 만들어진다.
② 립라이너는 립스틱을 바르기 전 입술선을 보다 선명하게 하고 립스틱이 입술라인으로 번지는 것을 방지해 입술을 강조하는 효과를 준다.
③ 메이크업 베이스는 유성 성분, 수성 성분, 유화제, 착색 안료 등으로 구성되어 있으며 파운데이션의 효과를 극대화시켜 화장을 오랫동안 지속시킨다.
④ 베이비 파우더는 우수한 매끄러움과 보습성으로 피부를 보호하기 위해 탈크가 주원료로 사용된다.
⑤ 볼연지는 볼에 도포하여 색조 효과를 주고 음영을 주어 입체감을 나타내며 건조를 방지한다.

59 「인체 적용 제품의 위해성 평가 등에 관한 규정」에서 ( )란 화장품에 존재하는 위해요소가 인체의 건강을 해치거나 해칠 우려가 있는지 여부와 그 정도를 과학적으로 평가하는 것을 말한다. ( ) 안에 들어갈 말로 옳은 것은?

① 통합 위해 평가
② 위해 평가
③ 접촉 평가
④ 독성 평가
⑤ 보호 평가

60 다음 중 계면활성제의 성질에 대한 설명으로 옳지 않은 것은?

① 소수기와 친수기를 동시에 갖는 계면활성제 분자는 배향성을 갖고 수용액 내부보다는 표면에 더 많이 모이게 되는데 이러한 현상을 흡착이라고 한다.
② 서로 잘 섞이지 않는 물질들의 계면에 흡착되어 계면 자유에너지를 낮추어 줌으로써 세정, 대전 방지 등의 다양한 기능을 발휘한다.
③ 비이온성 계면활성제의 물에 대한 용해도가 급격히 상승하는 온도를 크라프트점이라고 하며 계면활성제의 수화 결정이 수중에서 녹는 온도로 이때 미셀이 형성된다.
④ 계면활성제의 3대 작용에는 유화, 가용화, 분산이 있다.
⑤ 계면활성제의 전체적인 성질이 친유성인가 친수성인가를 나타내는 지수가 HLB이며 계면활성제의 분자 내에 존재하는 친수기와 친유기의 상대적 강도에 따라 결정된다.

61 노화에 따른 멜라노사이트 변화 현상으로 옳지 않은 것은?

① 자연 노화 시에는 멜라노사이트 세포가 감소한다.
② 자연 노화 시에는 멜라노좀 생산이 불완전하다.
③ 광노화 시에는 멜라노사이트 세포 수가 증대한다.
④ 광노화 시에는 멜라노좀 생산이 증가한다.
⑤ 광노화 시에는 멜라노사이트 세포가 균일하다.

62 표피층을 구성하는 세포를 모두 고른 것은?

보 기
ㄱ. 각질 형성 세포 　ㄴ. 대식세포
ㄷ. 멜라닌세포 　ㄹ. 머켈세포
ㅁ. 섬유아세포

① ㄱ, ㄴ, ㄹ 　② ㄱ, ㄷ, ㄹ
③ ㄴ, ㄷ, ㅁ 　④ ㄴ, ㄹ, ㅁ
⑤ ㄷ, ㄹ, ㅁ

63 천연 화장품 및 유기농 화장품 제조에 사용할 수 있는 합성 보존제로 옳은 것은?

① 소듐라우로일사코시네이트 　② 데하이드로아세틱애씨드
③ 소듐아이오네이트 　④ 징크피리치온
⑤ 페녹시이소프로판올

64 다음 중 피부의 노화에 대한 설명으로 옳은 것은?

① 피부는 나이가 들면 뮤코다당류 등이 증가하면서 탄력성, 신축성, 수분 보유력이 저하된다.
② 표피에 존재하는 각질세포는 약 8주를 간격으로 새로운 세포로 교체되는 현상을 반복한다.
③ 두발이 감소하고 두피 탄력이 떨어지며, 피부는 백색으로 변한다.
④ 자외선에 의해 나타나는 피부 변화를 광노화라 하며, 복부 등 자외선에 거의 노출되지 않는 부위에서 나이에 따라 나타나는 피부 변화를 자연 노화라 한다.
⑤ 자연 노화는 피부가 두꺼워지고 변성된 탄력 섬유의 축적에 의한 탄성 섬유증이 나타난다.

65 다음 중 피부장벽에 영향을 주는 요인으로 옳지 않은 것은?

① 낮은 습도
② 높은 온도
③ 노화
④ 스트레스
⑤ 스테로이드

66 화장품 포장에 기재되어야 하는 "그 밖에 총리령으로 정하는 사항" 중 맞춤형 화장품에서 제외되는 사항을 〈보기〉에서 모두 고른 것은?

보 기

ㄱ. 인체 세포 · 조직 배양액이 들어있는 경우 그 함량
ㄴ. 식품의약품안전처장이 정하는 바코드
ㄷ. 수입 화장품인 경우 제조국의 명칭, 제조회사명 및 그 소재지
ㄹ. 천연 또는 유기농으로 표시 · 광고하려는 경우 원료의 함량
ㅁ. 기능성 화장품인 경우 "질병의 예방 및 치료를 위한 의약품이 아니라는 문구"

① ㄱ, ㄷ
② ㄴ, ㄷ
③ ㄷ, ㄹ
④ ㄷ, ㅁ
⑤ ㄹ, ㅁ

67 다음 중 간충물질(matrix)에 대한 설명으로 옳지 않은 것은?

① 시스틴 아미노산 함유량이 많으며 간충물질의 성분으로는 C케라틴, 폴리펩티드 등이 있다.
② 모피질(cortex) 내 피질세포(케라틴 단백질) 사이에 채워져 있다.
③ 간충물질이 유실되어 버리면 건조한 모발이 된다.
④ 케라틴 분자타입이 세포 간 결합물질로 섬유와 섬유 사이를 강하게 연결하고 있다.
⑤ 벌집 모양의 다각형 세포로 보온의 역할을 하고 모발 굵기에 따라 유무가 달라진다.

68 세포 간 지질 조성 중 가장 많은 비중을 차지하는 성분으로 옳은 것은?

① 콜레스테롤
② 세라마이드
③ 우레아
④ 지방산
⑤ 인지질

69 피부 타입을 결정하는 요인으로 적절하지 않은 것은?

① 경피 수분 손실량(TEWL)
② 천연보습인자
③ 피지 분비량
④ 피부 수분량
⑤ 피부혈관의 면적

70 피부 흡수에 영향을 미치는 요인으로 옳지 않은 것은?

① 피부의 두께가 얇을수록 흡수가 잘된다.
② 피부의 온도를 높이면 흡수가 잘된다.
③ 피부의 습도를 낮추면 흡수가 잘된다.
④ pH는 이온화를 촉진시켜 흡수를 어렵게 한다.
⑤ 피부의 수분량을 증가시키면 흡수가 잘된다.

71 자외선에 노출된 뒤 즉시 색소 침착이 나타나는 자외선 파장 영역으로 옳은 것은?

① 550~600
② 500~550
③ 450~550
④ 400~500
⑤ 300~400

72 UV-B 조사 영역에 홍반(sun burn)을 나타낼 수 있는 최소한의 자외선 조사량으로 옳은 것은?

① SPF
② PA
③ MPPD
④ MED
⑤ PFA

73 피부 타입에 따른 화장품 사용 방법으로 적절하지 않은 것은?

① 지성 피부는 청결에 주력하고 유분감이 많은 제품을 사용한다.
② 건성 피부는 보습에 주력하고 유·수분 발란스가 잘 맞는 제품을 사용한다.
③ 민감성 피부는 자극 완화, 진정에 주력하고 자극이 적고 가벼운 사용감이 있는 제품을 사용한다.
④ 색소 침착 피부는 자외선 차단, 색소 제거, 색소 생성을 억제시켜주는 화이트닝 제품을 사용한다.
⑤ 탄력 저하 주름 피부는 세포분열, 진피조직 재합성, 주름 기능성 제품, 보습 제품을 사용한다.

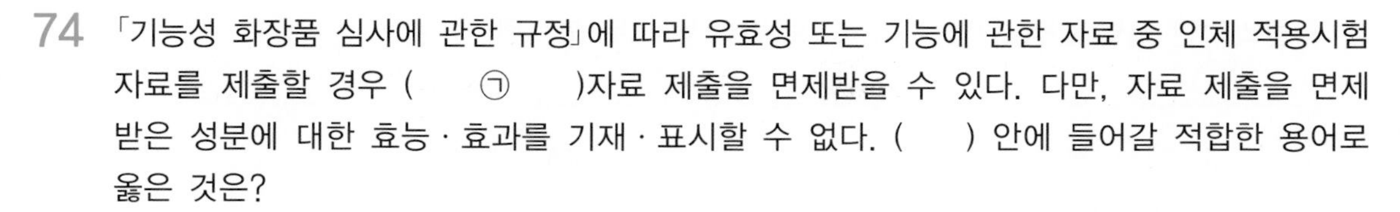

74 「기능성 화장품 심사에 관한 규정」에 따라 유효성 또는 기능에 관한 자료 중 인체 적용시험 자료를 제출할 경우 (㉠)자료 제출을 면제받을 수 있다. 다만, 자료 제출을 면제받은 성분에 대한 효능 · 효과를 기재 · 표시할 수 없다. ( ) 안에 들어갈 적합한 용어로 옳은 것은?

① 인체 누적 첩포
② 효력시험
③ 인체 첩포
④ 기원 및 개발 경위
⑤ 안전성

75 「기능성 화장품 심사에 관한 규정」에 따라 동일 회사의 기심사 품목과 주성분 종류, 규격 및 분량, 용법 · 용량이 동일하고 착향제, 보존제만 다른 경우 기원 및 개발 경위, 안전성, 유효성 또는 기능을 입증하는 자료 제출이 면제되는 기능성 화장품을 〈보기〉에서 모두 고르면?

보 기

ㄱ. 체모를 제거하는 기능을 가진 화장품(물리적으로 체모를 제거하는 제품은 제외)
ㄴ. 탈모 증상의 완화에 도움을 주는 화장품(코팅 등 물리적으로 모발을 굵게 보이게 하는 제품은 제외)
ㄷ. 피부장벽(피부의 가장 바깥쪽에 존재하는 각질층의 표피를 말한다)의 기능을 회복하여 가려움 등의 개선에 도움을 주는 화장품
ㄹ. 튼 살로 인한 붉은 선을 엷게 하는데 도움을 주는 화장품
ㅁ. 모발의 색상을 변화시키는 기능을 가진 화장품(일시적으로 모발의 색상을 변화시키는 제품은 제외)

① ㄱ, ㄷ
② ㄱ, ㅁ
③ ㄴ, ㅁ
④ ㄷ, ㄹ
⑤ ㄹ, ㅁ

76 다음 중 유통 화장품 안전관리 기준으로 옳지 않은 것은?

① 기능성 화장품은 기능성을 나타나게 하는 주원료의 함량이 심사 또는 보고한 기준에 적합하여야 한다.
② 물휴지의 경우 세균 및 진균 수는 각각 100개/g(mL) 이하에 적합하여야 한다.
③ 물을 포함하지 않은 제품과 사용한 후 곧바로 물로 씻어 내는 제품의 pH는 3.0~9.0에 적합하여야 한다.
④ 대장균, 녹농균, 황색포도상구균은 불검출되어야 한다.
⑤ 프탈레이트류는 디부틸프탈레이트, 부틸벤질프탈레이트 및 디에칠헥실프탈레이트에 한하여 총합으로서 100㎍/g 이하이어야 한다.

77 물리적인 모발 손상 원인을 다음 〈보기〉에서 모두 고르면?

보 기

ㄱ. 펌, 염색, 탈색에 의한 손상
ㄴ. 열에 의한 손상
ㄷ. 자외선에 의한 손상
ㄹ. 미용 시술 도구에 의한 손상
ㅁ. 호르몬 불균형으로 인한 손상

① ㄱ, ㄷ
② ㄴ, ㄷ
③ ㄴ, ㄹ
④ ㄷ, ㄹ
⑤ ㄹ, ㅁ

78 화장품에서 에멀젼의 안정성이 손상되는 외부적인 요인으로 옳지 않은 것은?

① 수송 중 진동, 충격의 상태
② 저장 중 온도의 상승이나 저하
③ 용기의 영향(재질)
④ 유상과 수상과의 비중 차
⑤ 사용 중의 영향(수분 증발, 미생물의 오염 등)

79 관능평가에 사용되는 표준품으로 적절하지 않은 것은?

① 제품 · 벌크 제품 표준 견본
② 충진 위치 견본
③ 라벨 부착 위치 견본
④ 소비자 · 전문가 패널
⑤ 용기 · 포장재 표준 견본 · 한도 견본

80 〈보기〉는 인체 세포 · 조직 배양액의 시험 검사에 대한 내용 중 일부이다. (　) 안에 들어갈 말로 옳은 것은?

보 기

인체 세포 · 조직 배양액의 품질관리를 위한 시험 검사는 매 제조번호마다 실시하고, 그 시험성적서를 보존하여야 하며 화장품 책임판매업자는 기록 및 성적서에 관한 서류를 받아 완제품의 제조 연월일로부터 (　)이 경과한 날까지 보존하여야 한다.

① 90일
② 1년
③ 6개월
④ 3년
⑤ 5년

81 개인의 신체적, 생리적, 행동적 특징에 관한 정보로 특정 개인을 알아볼 목적으로 일정한 기술적 수단을 통해 생성한 (㉠) 정보는 개인정보의 처리에 대한 동의와 별도로 동의를 받아야 하며 (㉡) 처리가 불가피한 경우로서 보호위원회가 고시로 정하는 경우를 제외하고 개인정보처리자는 (㉡)을(를) 처리할 수 없다. ㉠, ㉡에 들어갈 적합한 용어를 작성하시오.

82 다음 〈보기〉는 자외선 차단 성분에 대한 설명이다. ㉠, ㉡에 들어갈 용어를 작성하시오.

보 기
제품의 (㉠)을(를) 목적으로 그 사용농도가 (㉡) 미만인 것은 자외선 차단 제품으로 인정하지 아니한다.

83 〈보기〉는 맞춤형 화장품 판매업자가 작성 · 보관해야 하는 맞춤형 화장품 판매 내역서이다. ( ) 안에 들어갈 용어를 작성하시오.

보 기
가. ( ) 나. 사용기한 또는 개봉 후 사용기간 다. 판매일자 및 판매량

84 각질층에 존재하는 수용성 천연보습인자(NMF)는 (㉠)의 분해 산물인 아미노산과 그 대사물로 이루어져 있다. (㉠)은(는) 필라멘트를 뭉치게 할 수 있는 단백질로 아미노펩티데이스(aminopeptidase), 카복시펩티데이스(carboxypeptidase) 등의 활동에 의해서 아미노산으로 완전히 분해된다. ㉠에 들어갈 적합한 용어를 작성하시오.

85 〈보기〉는 내용물의 용량 또는 중량의 표시 기준 및 방법에 대한 내용이다. ( ) 안에 들어갈 용어를 쓰시오.

보 기
화장품의 1차 또는 2차 포장의 무게가 포함되지 않은 용량 또는 중량을 기재 · 표시해야 한다. 단, ( )의 경우에는 수분을 포함한 중량과 건조 중량을 함께 기재 · 표시해야 한다.

86 다음 〈보기〉의 ㉠, ㉡에 들어갈 용어를 작성하시오.

보 기

"재작업"이란 적합 판정 기준을 벗어난 완제품, (㉠) 또는 (㉡)을(를) 재처리하여 품질이 적합한 범위에 들어오도록 하는 작업을 말한다.

87 안전관리정보는 화장품의 품질, (㉠), 유효성 그 밖에 적정 사용을 위한 정보로 화장품 책임판매업자는 책임판매 후 안전관리 업무 중 정보 수집, 검토 및 결과에 따른 필요한 (㉡) 업무를 책임판매관리자에게 수행하도록 해야 한다. ㉠, ㉡에 들어갈 적합한 용어를 작성하시오.

88 〈보기〉는 「영 · 유아 또는 어린이 사용 화장품 안전성 자료의 작성 · 보관에 관한 규정」에 따른 제품별 안전성 자료 작성 방법 중 제품 및 제조 방법에 대한 설명 자료이다. ㉠, ㉡에 들어갈 말을 쓰시오.

보 기

- 제품에 대한 설명 자료는 제품의 제품명, 효능 · 효과(기능성 화장품의 경우), 사용상의 주의사항, 원료명 및 분량, 보관조건, 사용기한 또는 개봉 후 사용기간 등 제품에 대한 상세한 정보를 포함하여 자료를 작성하고 해당 내용이 포함된 제조업자로부터 받은 (㉠) 사본 또는 수입관리기록서(수입 화장품에 한함)로 대체할 수 있다.
- 제조 방법에 대한 설명 자료는 최종 완제품이 만들어지기까지 제품의 제조 방법에 대한 정보를 포함하여 작성하며 해당 내용이 포함된 경우 (㉠), (㉡) 사본 또는 수입관리기록서(수입 화장품에 한함)로 대체할 수 있다.

89 〈보기〉는 퍼머넌트 웨이브에 대한 설명이다. ( ) 안에 적합한 용어를 작성하시오.

보 기

모발의 주요 구성 단백질은 케라틴이며, 케라틴 단백질의 세부 결합 형태에 따라 두발의 형태가 달라진다. 모발 케라틴 단백질 간의 공유 결합인 ( ) 결합(-S-S-)을 환원제로 끊어준 다음 원하는 모발의 모양을 틀을 이용하여 고정화하고, 산화제로 재결합시켜서 모발의 웨이브를 만들어 변형시키는 것을 퍼머넌트 웨이브라고 한다.

90 위해 평가는 새로운 과학적 사실이 밝혀지거나 외국에서 새롭게 평가될 경우 또는 새로운 인체 안전기준이 나오는 경우 등 추가적으로 신뢰할 수 있는 자료가 있을 경우 (㉠)을(를) 실시할 수 있다. ㉠에 들어갈 알맞은 용어를 작성하시오.

91 〈보기〉는 화장품 사용 시의 주의사항 중 공통사항에 대한 내용이다. ㉠, ㉡에 들어갈 용어를 작성하시오.

보 기

▣ 공통사항

1) 화장품 사용 시 또는 사용 후 (㉠)에 의하여 사용 부위가 붉은 반점, 부어오름 또는 가려움증 등의 이상 증상이나 부작용이 있는 경우 전문의와 상담할 것
2) 상처가 있는 부위에는 사용을 자제할 것
3) 보관 및 취급 시의 주의사항
   가) (㉡)의 손이 닿지 않는 곳에 보관할 것
   나) (㉠)을(를) 피해서 보관할 것

92 다음 〈보기〉의 ( ) 안에 들어갈 용어를 작성하시오.

보 기

( )은(는) 설비와 기기가 들어있는 건물, 작업실, 건물 내의 통로, 갱의실, 손을 씻는 시설 등을 포함하여 원료, 포장재, 완제품, 설비기기를 외부와 주위 환경 변화로부터 보호하는 것으로 화장품의 종류, 양, 품질 등에 따라 변화하므로 화장품 생산에 적합하며 업체 특성에 적합한 제조시설을 설계하고 건축해야 한다.

93 다음 〈보기〉의 ( ) 안에 들어갈 용어를 한글로 쓰시오.

보 기

( )는 물에 대한 용해도가 아주 낮은 물질을 계면활성제의 일종인 가용화제가 물에 용해될 때 일정 농도 이상에서 생성되는 미셀을 이용하여 용해도 이상으로 용해시키는 기술로 미셀(micelle)이 형성되지 않는 낮은 농도에서는 일어나지 않고 임계미셀농도(CMC) 이상에서 나타나며 이를 이용하여 만든 제품은 투명한 형상을 갖는다.

94 〈보기〉는 기능성 화장품 심사 시 제출해야 하는 유효성 또는 기능에 관한 자료이다. (　　) 안에 적합한 용어를 작성하시오.

> **보 기**
>
> 모발의 색상을 변화시키는 기능을 가지는 화장품의 경우 인체 모발을 대상으로 효능 · 효과에서 표시한 색상을 입증하는 (　　) 자료만 제출한다.

95 다음 〈보기〉는 맞춤형 화장품의 전성분 항목이다. 소비자에게 사용된 성분에 대해 설명하기 위하여 다음 화장품 전성분 표기 중 알레르기 유발 성분을 골라 작성하시오.

> **보 기**
>
> 정제수, 나이아신아마이드, 판테놀, 디프로필렌글라이콜, 부틸렌글라이콜, 프로판디올, 암모늄아크릴로일디메칠타우레이트/브이피코폴리머, 피이지-40하이드로제네이티드캐스터오일, 알란토인, 상백피추출물, 아니스알코올, 아스코빅애씨드, 잔탄검, 글리세린, 아데노신, 소듐하이드록사이드, 캐모마일꽃/잎추출물, 펜틸렌글라이콜, 소듐하이알루로네이트, 트리에탄올아민, 레시틴, 소르비톨, 디아졸리디닐우레아, 바이오틴, 젤라틴, 토코페릴아세테이트, 향료

96 실증자료는 표시 · 광고에서 주장한 내용 중 사실과 관련한 사항이 진실임을 증명하기 위하여 작성된 자료로 "피부 노화 완화"를 표시 · 광고한 경우 (　㉠　)자료 또는 (　㉡　)자료를 제출해야 한다. ㉠, ㉡에 들어갈 적합한 명칭을 작성하시오.

97 다음 〈보기〉는 유통 화장품 안전관리 기준에 따라 비의도적 검출 허용 한도가 정해지지 않은 화장품에 사용할 수 없는 원료가 미량으로 검출되었을 때 관리 방안이다. (　　) 안에 들어갈 적합한 용어를 작성하시오.

> **보 기**
>
> 비의도적으로 유래된 사실과 기술적으로 완전한 제거가 불가능하다는 것을 입증할 수 있는 경우에는 인체 (　　　)을(를) 바탕으로 위해도를 평가하여 인체에 충분한 안전역을 확보할 수 있는 범위 내에서 비의도적 검출 허용 한도를 설정할 수 있다.

98 「우수 화장품 제조 및 품질관리 기준(CGMP)」에 따른 기준 일탈 제품의 폐기 처리 순서를 나열하시오.

보 기

ㄱ. 격리 보관
ㄴ. 기준 일탈 제품에 불합격 라벨 첨부
ㄷ. 시험, 검사, 측정이 틀림없음 확인
ㄹ. 폐기처분 또는 재작업 또는 반품
ㅁ. 기준 일탈의 처리
ㅂ. 기준 일탈 조사
ㅅ. 시험, 검사, 측정에서 기준 일탈 결과 나옴

99 〈보기〉는 모발의 성장 주기(= 모주기 또는 헤어 사이클)이다. (　　) 안에 들어갈 적합한 용어를 작성하시오.

보 기

성장기 – (　　　) – 휴지기

100 〈보기〉의 사용 시의 주의사항을 기재 · 표시하여야 하는 제품과 함유된 성분명을 쓰시오.

보 기

- 땀 발생 억제제, 향수, 수렴로션은 이 제품을 사용 후 24시간 후에 사용할 것
- 이 제품 사용 전후에 비누류를 사용하면 자극감이 나타날 수 있으므로 주의하고 매일 사용하지 말 것
- 10분 이상 피부에 방치하거나 피부에서 건조시키지 말 것
- 제모에 필요한 시간은 모질에 따라 차이가 있을 수 있으므로 정해진 시간 내에 모가 깨끗이 제거되지 않은 경우 2~3일의 간격을 두고 사용할 것

제 3 회 실전모의고사

01 맞춤형 화장품 판매업자가 변경 신고 위반 시 받게 되는 1차 행정처분으로 옳은 것을 〈보기〉에서 모두 고른 것은?

보 기

ㄱ. 맞춤형 화장품 판매업자의 변경 미신고 : 시정명령
ㄴ. 맞춤형 화장품 판매업소의 상호 변경 미신고 : 시정명령
ㄷ. 맞춤형 화장품 판매업소의 소재지 변경 미신고 : 판매업무정지 15일
ㄹ. 맞춤형 화장품 조제관리사 변경 미신고 : 판매업무정지 2개월

① ㄱ, ㄴ
② ㄱ, ㄷ
③ ㄴ, ㄷ
④ ㄴ, ㄹ
⑤ ㄷ, ㄹ

02 성분명을 제품 명칭의 일부로 사용한 경우 화장품의 포장에 기재 · 표시해야 하는 사항으로 옳은 것은?(방향용 제품은 제외)

① 효능 · 효과
② 성분명과 함량
③ 원료의 함량
④ 용법 · 용량
⑤ 제조회사명 및 그 소재지

03 국민 보건에 위해를 끼치거나 위해를 끼칠 우려가 있는 회수 대상 화장품이 아닌 것은?

① 화장품에 사용상의 제한이 필요한 원료를 사용한 화장품
② 용기나 포장이 불량하여 보건위생상 위해가 발생할 우려가 있는 화장품
③ 심사를 받지 아니하거나 보고서를 제출하지 아니한 기능성 화장품
④ 등록하지 아니한 자가 제조한 화장품을 제조하여 유통 · 판매한 화장품
⑤ 포장 및 기재사항을 훼손 또는 위조한 맞춤형 화장품

04 화장품법의 입법 취지로 적절한 것은?

① 화장품의 오염으로 인한 어린이의 중독 사고를 방지
② 화장품 산업의 경쟁력 배양을 위한 제도 도입
③ 화장품 산업의 안정성을 도모
④ 화장품에 대한 다양한 요구를 충족
⑤ 화장품 산업의 국제적인 추세에 부응

05 화장품 용기 또는 포장에 금지되는 표시 · 광고를 모두 고른 것은?

보 기

ㄱ. 찰과상, 화상 치료 · 회복
ㄴ. 피부 독소를 제거한다.(디톡스, detox)
ㄷ. 피부 손상을 예방 · 보호한다.
ㄹ. 지방 볼륨 생성
ㅁ. 살결을 매끄럽고 윤기 있게 가꾼다.

① ㄱ, ㄴ, ㄷ
② ㄱ, ㄴ, ㄹ
③ ㄴ, ㄷ, ㄹ
④ ㄴ, ㄷ, ㅁ
⑤ ㄷ, ㄹ, ㅁ

06 천연 화장품 및 유기농 화장품을 제조한 작업장 및 제조설비에 사용할 수 없는 세척제는?

① 과산화수소
② 이소프로판올
③ 동물성 비누
④ 과초산
⑤ 포타슘하이드록사이드

07 「기능성 화장품 심사에 관한 규정」에 따라 기능성 화장품 심사를 위하여 제출하여야 하는 안전성에 관한 자료로 옳은 것을 〈보기〉에서 모두 고르면?

보 기

ㄱ. 단회 투여 독성시험 자료
ㄴ. 광독성 및 광감작성시험 자료
ㄷ. 염모 효력시험 자료
ㄹ. 인체 첩포시험 자료
ㅁ. 광안정성시험 자료
ㅂ. 인체 적용시험 자료

① ㄱ, ㄴ, ㄷ
② ㄱ, ㄴ, ㄹ
③ ㄱ, ㄴ, ㅁ
④ ㄱ, ㄷ, ㅁ
⑤ ㄷ, ㅁ, ㅂ

08 화장품에 사용할 수 있는 원료를 모두 고른 것은?

보 기

ㄱ. 풀루란
ㄴ. 에틸알콜
ㄷ. 페놀
ㄹ. 알란토인
ㅁ. 안트라센오일
ㅂ. 퓨란

① ㄱ, ㄴ, ㄷ
② ㄱ, ㄴ, ㄹ
③ ㄱ, ㄴ, ㅁ
④ ㄱ, ㄷ, ㅁ
⑤ ㄷ, ㅁ, ㅂ

09 맞춤형 화장품 매장에 근무하는 조제관리사에게 여드름이 심한 고객이 제품에 대해 문의를 해왔다. 조제관리사가 제품에 부착된 〈보기〉의 설명서를 참조하여 고객에게 안내해야 할 말로 가장 적절한 것은?

보 기

- ▣ 제품명 : 유기농 보습스킨
- ▣ 제품의 유형 : 액상 에멀전류
- ▣ 내용량 : 130mL
- ▣ 전성분 : 정제수, 1,3부틸렌글라이콜, 글리세린, 스쿠알란, 세라마이드, 폴리소르베이트80, 토코페롤, 1,2헥산디올, 티트리오일, 나이아신아마이드, 우레아, 알란토인, 라벤더오일, 트레할로스, 프로폴리스, 향료

① 이 제품은 유기농 화장품으로 알레르기 반응을 일으키지 않습니다.
② 이 제품은 유기농 화장품으로 반복해서 사용하면 여드름이 완화될 수 있습니다.
③ 이 제품은 조제관리사가 조제한 제품이라서 부작용이 일어나지 않습니다.
④ 이 제품은 사용상의 제한이 필요한 성분이 포함되어 있어 사용 시 주의가 필요합니다.
⑤ 이 제품은 천연 항생물질이 첨가되어 있어 여드름 피부 개선에 효과가 있습니다.

10 맞춤형 화장품의 혼합에 사용할 수 없는 식품의약품안전처장이 고시한 기능성 화장품의 효능 · 효과를 나타내는 원료를 〈보기〉에서 모두 고른 것은?

보 기

ㄱ. 알부틴
ㄴ. 클로로부탄올
ㄷ. 티타늄디옥사이드
ㄹ. 클로로자이레놀
ㅁ. 벤조익애씨드

① ㄱ, ㄴ
② ㄱ, ㄷ
③ ㄴ, ㄷ
④ ㄷ, ㄹ
⑤ ㄹ, ㅁ

11 다음 중 천연 화장품 및 유기농 화장품 작업장과 제조설비 세척제로 사용 가능한 계면활성제(surfactant) 기준으로 옳지 않은 것은?

① 재생 가능할 것
② 혐기성 및 호기성 조건하에서 쉽고 빠르게 생분해될 것
③ EC50 or IC50 or LC50 〉 10mg/l
④ 신속히 사멸이 가능할 것
⑤ 에톡실화 계면활성제는 에톡실화가 8번 이하, 전체 계면활성제의 50% 이하로 유기농 화장품에 혼입되지 않을 것

12 회수 종료 후 회수 결과를 공개 시 공개 대상이 아닌 것은?

① 회수 대상량
② 반송량
③ 출고량
④ 회수량
⑤ 생산(수입)량

13 다음 중 위해 평가가 불필요한 경우로 옳은 것은?

① 인체 위해의 유의한 증거가 있음을 검증하기 위해
② 비의도적 오염물질의 기준을 선정하기 위해
③ 위해성을 근거하여 사용 금지를 설정하기 위해
④ 위해관리 우선순위를 설정하기 위해
⑤ 현 성분의 사용 한도 기준의 적절성을 검증하기 위해

14 사용상의 제한이 필요한 자외선 차단 성분과 사용 한도가 바르게 연결된 것은?

① 메칠렌비스-벤조트리아졸릴테트라메칠부틸페놀 : 10%
② 4-메칠벤질리덴캠퍼 : 5%
③ 멘틸안트라닐레이트 : 15%
④ 벤조페논-3 : 15%
⑤ 벤조페논-4 : 15%

15 사용상의 제한이 필요한 보존제 성분과 사용 한도가 옳지 않은 것은?

① 브로노폴 : 0.1%
② 살리실릭애씨드 : 0.5%
③ 세틸피리디늄클로라이드 : 0.5%
④ 소듐라우로일사코시네이트 : 사용 후 씻어 내는 제품만 허용
⑤ 징크피리치온 : 사용 후 씻어 내는 제품에 0.5%

16 회수 또는 회수를 성실히 이행한 영업자에게 행정처분을 면제하는 경우로 옳은 것은?

① 품목의 판매업무정지 처분을 받은 영업자가 회수계획량의 3분의 1 이상을 회수한 경우
② 등록 취소인 영업자가 회수계획량 중 3분의 1 이상을 회수한 경우
③ 등록 취소인 영업자가 회수계획에 따른 회수계획량의 5분의 4 이상을 회수한 경우
④ 등록 취소인 영업자가 회수계획량의 4분의 1 이상 3분의 1 미만을 회수한 경우
⑤ 품목의 판매업무정지 처분을 받은 영업자가 회수계획량의 4분의 1 이상 3분의 1 미만을 회수한 경우

17 화장품에 사용되는 유성 원료로 옳은 것은?

① 나프탈렌
② 니켈
③ 니코틴
④ 에틸알코올
⑤ 헥실라우레이트

18 다음 중 식품의약품안전처장이 정하여 고시한 알레르기 유발 성분이 아닌 것은?

① 벤질알코올
② 시트랄
③ 리모넨
④ 피토나디온(비타민 K_1)
⑤ 참나무이끼추출물

19 화장품의 품질 확보를 위한 안정성 시험 종류로 옳지 않은 것은?

① 장기보존시험
② 가속시험
③ 가혹시험
④ 개봉 후 안정성 시험
⑤ 광독성시험

20 화장품에 사용되는 원료 중 수용성 비타민을 모두 고른 것은?

보 기

ㄱ. 글루코코르티코이드
ㄴ. 리도카인
ㄷ. 엘-아스코빅애씨드(비타민 C)
ㄹ. 비타민 L_1, L_2
ㅁ. 비타민 B_3
ㅂ. 비타민 B_5

① ㄱ, ㄴ, ㄷ
② ㄱ, ㄷ, ㄹ
③ ㄴ, ㄷ, ㅁ
④ ㄷ, ㄹ, ㅂ
⑤ ㄷ, ㅁ, ㅂ

21 화장품에 pH 조절 목적으로 사용되는 중화제를 모두 고른 것은?

보 기

ㄱ. 트라이에탄올아민(TEA, triethanolamine)
ㄴ. 알지닌(arginine)
ㄷ. 우레아
ㄹ. 시트릭애씨드(citric acid)
ㅁ. 디소듐이디티에이(disodium EDTA)
ㅂ. 글리세릴스테아레이트

① ㄱ, ㄴ, ㄷ
② ㄱ, ㄴ, ㄹ
③ ㄴ, ㄷ, ㅁ
④ ㄷ, ㅁ, ㅂ
⑤ ㄹ, ㅁ, ㅂ

22 화장품 향료 중 알레르기 유발 물질 표시 기준으로 옳지 않은 것은?

① 착향제 구성 성분 중 알레르기 유발 성분으로 지정된 25종은 모든 사람에게 알레르기를 유발한다.
② 천연 오일 또는 식물 추출물의 성분이 착향제의 특성이 있는 경우 알레르기 유발 성분을 표기해야 한다.
③ 온라인상에서도 전성분 표시사항에 향료 중 알레르기 유발 성분을 표시하여야 한다.
④ 알레르기 유발 성분의 표시 기준인 0.01%, 0.001% 산출 방법은 해당 알레르기 유발 성분이 제품의 내용량에서 차지하는 함량의 비율로 계산한다.
⑤ 알레르기 유발 성분 표시 기준인 "사용 후 씻어 내는 제품"은 피부, 모발 등에 적용 후 씻어 내는 과정이 필요한 제품을 말한다.

23 〈보기〉는 안전성 정보의 신속보고에 대한 내용이다. (　　) 안에 들어갈 용어로 옳은 것은?

보 기

화장품 책임판매업자는 다음 각 호의 중대한 유해 사례에 대한 안전성 정보를 알게 된 때에는 그 정보를 알게 된 날부터 (㉠) 이내에 식품의약품안전처장에게 신속히 보고하여야 한다.

1. 사망을 초래하거나 생명을 위협하는 경우
2. 입원 또는 입원 연장이 필요한 경우
3. 지속적 또는 (㉡)나 기능 저하를 초래하는 경우
4. 기타 의학적으로 중요한 상황

	㉠	㉡
①	즉시	불구
②	즉시	위험한 불구
③	15일	기형적 이상
④	15일	중대한 불구
⑤	30일	기형적 이상

24 다음 중 유통 화장품 안전관리 기준에 적합하지 않는 것은?

① 10μg/g의 납
② 9μg/g의 니켈
③ 8μg/g의 비소
④ 6μg/g의 안티몬
⑤ 2μg/g의 수은

25 바디로션(250g)에 리모넨이 0.05g 포함되었을 때 알레르기 유발 성분 표시 기준으로 옳은 것은?

① 0.001% 초과이므로 표시 대상
② 표시 대상 아님
③ 0.002% 초과이므로 표시 대상
④ 0.2% 초과이므로 표시 대상
⑤ 0.0001% 초과이므로 표시 대상

26 화장품의 올바른 사용법에 대한 설명으로 적절하지 않은 것은?

① 화장품의 사용기한과 사용법을 확인하고 별도의 보관조건을 명시하지 않은 경우 직사광선을 피해 서늘한 곳에 보관한다.
② 새로운 화장품 사용 전 미리 귀밑에 적은 양을 바르고 하루 이틀 지난 후에 이상 반응 관찰 후 이상이 없을 때 사용하는 것이 바람직하다.
③ 화장품 사용 시 깨끗한 손이나 깨끗하게 관리된 도구를 이용한다.
④ 화장품을 여러 사람이 같이 사용하면 감염, 오염의 위험이 있으므로 사용 후에는 뚜껑을 꼭 닫고 판매장 테스트용 제품에 사용된 도구는 닦아서 보관한다.
⑤ 사용하기 직전에 개봉하고 개봉한 제품은 가능한 빨리 사용한다.

27 화장품 제조업자가 작성 및 보관해야 하는 제품표준서에 기록되어야 하는 항목으로 옳지 않은 것은?

① 효능・효과(기능성 화장품의 경우) 및 사용상의 주의사항
② 공정별 상세 작업 내용 및 제조공정흐름도
③ 원료의 보관 장소
④ 보관조건
⑤ 원료명, 분량 및 제조단위당 기준량

28 〈보기〉는 제품을 적절하게 제조 · 관리하기 위해 화장품 제조업자가 작성 및 보관해야 하는 제조관리기준서이다. 기준서 내 포함되는 세부사항 중 시설 및 기구 관리에 관한 사항을 모두 고른 것은?

보 기

ㄱ. 시설 및 주요 설비의 정기적인 점검 방법
ㄴ. 작업 중인 시설 및 기기의 표시 방법
ㄷ. 작업 중인 장비의 보관시설
ㄹ. 장비의 교정 및 성능 점검 방법
ㅁ. 장비의 작동 방법
ㅂ. 장비의 제작회사명

① ㄱ, ㄴ, ㄷ
② ㄱ, ㄴ, ㄹ
③ ㄱ, ㄷ, ㅁ
④ ㄴ, ㄹ, ㅁ
⑤ ㄷ, ㅁ, ㅂ

29 제조 위생관리기준서에 포함되는 작업실의 청소 방법 및 주기에 대한 내용으로 옳은 것을 〈보기〉에서 모두 고른 것은?

보 기

ㄱ. 적절한 환기시설 구비
ㄴ. 방충·방서 대책 마련 및 정기적 점검·확인
ㄷ. 보관장소 및 보관 방법
ㄹ. 작업대, 바닥, 벽, 천장과 창문 청결 유지
ㅁ. 출고 시의 선입선출 방법
ㅂ. 재고관리 방법

① ㄱ, ㄴ, ㄷ
② ㄱ, ㄴ, ㄹ
③ ㄱ, ㄷ, ㅂ
④ ㄴ, ㄷ, ㄹ
⑤ ㄷ, ㅁ, ㅂ

30 〈보기〉는 화장품 제조업자가 작성 및 보관하여야 하는 품질관리기준서이다. 기준서 내 포함되는 시험지시서의 내용을 모두 고른 것은?

보 기

ㄱ. 제품명, 제조번호 또는 관리번호, 제조 연월일
ㄴ. 시험 지시 번호, 지시자 및 지시 연월일
ㄷ. 시험항목 및 시험기준
ㄹ. 시험 장비의 작동 방법
ㅁ. 시험관리 방법
ㅂ. 시험 장비의 성능 점검 방법

① ㄱ, ㄴ, ㄷ
② ㄱ, ㄴ, ㅁ
③ ㄱ, ㄷ, ㅁ
④ ㄷ, ㅁ, ㅂ
⑤ ㄹ, ㅁ, ㅂ

31 CGMP 기준 품질관리를 위한 검체 채취 방법으로 옳은 것은?

① 시험용 검체는 별도의 제품에서 채취하고 검체의 용기에는 명칭, 확인코드, 제조번호, 검체 채취 일자를 기재한다.
② 시험 검체 채취 방법은 제조관리기준서에 작성하고 보관한다.
③ 보관용 검체는 사용기간 경과 후 즉시 폐기한다.
④ 시험용 검체는 제품 시험이 종료되면 냉동 보관한다.
⑤ 시험용 검체를 채취한 후에는 검체가 채취되었음을 표시하여야 한다.

32 CGMP 기준 입고된 포장재의 보관조건으로 옳지 않은 것은?

① 품질에 나쁜 영향을 미치지 아니하는 조건에서 보관하여야 하며 보관기한을 설정하여야 한다.
② 포장재가 재포장될 경우 원래의 용기와 동일하지 않게 표시되어야 한다.
③ 바닥과 벽에 닿지 아니하도록 보관하고, 선입선출에 의하여 출고할 수 있도록 보관하여야 한다.
④ 시험 중인 제품 및 부적합품은 각각 구획된 장소에서 보관하여야 한다.
⑤ 설정된 보관기한이 지나면 사용의 적절성을 결정하기 위해 재평가시스템을 확립하여야 하며, 동 시스템을 통해 보관기한이 경과한 경우 사용하지 않도록 규정하여야 한다.

33 CGMP 기준 제조된 반제품을 보관 시 용기에 표시해야 하는 사항으로 옳지 않은 것은?

① 명칭 또는 확인코드
② 생산 수량
③ 완료된 공정명
④ 필요한 경우에는 보관조건
⑤ 제조번호

34 CGMP 기준 제품 오염을 예방하기 위한 작업장 청소 방법으로 옳지 않은 것은?

① 화장실은 바닥에 잔존하는 이물을 완전히 제거하고 소독제로 바닥을 세척한다.
② 알코올 70% 소독액을 이용하여 배수로 및 세척실 내부를 소독한다.
③ 제조실 내에 설치되어 있는 배수로 및 배수구는 주 1회 락스 소독 후 내용물 잔류물, 기타 이물 등을 완전히 제거하여 깨끗이 청소한다.
④ 제조실은 환경균 측정 결과 부적합 또는 기타 필요 시 소독을 실시한다.
⑤ 제조실 소독 시에는 제조기계, 기구류 등을 완전히 밀봉하여 먼지, 이물, 소독 액제가 오염되지 않도록 한다.

35 〈보기〉는 「우수 화장품 제조 및 품질관리 기준(CGMP)」 제18조에 대한 내용이다. 포장작업 기준을 모두 고른 것은?

보 기

ㄱ. 포장작업에 관한 문서화된 절차를 수립하고 유지하여야 한다.
ㄴ. 포장작업은 포장지시서에 의해 수행되어야 한다.
ㄷ. 남은 포장재는 소량씩 나누어 보관하고 재보관의 횟수를 줄여야 한다.
ㄹ. 포장작업을 시작하기 전에 포장작업 관련 문서의 완비 여부, 포장 설비의 청결 및 작동 여부 등을 점검하여야 한다.
ㅁ. 시험의 판정 기준은 각각의 완제품에 지정되어야 한다.

① ㄱ, ㄴ, ㄷ
② ㄱ, ㄴ, ㄹ
③ ㄴ, ㄷ, ㄹ
④ ㄴ, ㄹ, ㅁ
⑤ ㄷ, ㄹ, ㅁ

36 작업장 내 직원의 소독을 위한 소독제 사용법으로 옳지 않은 것은?

① 뜨거운 물을 사용하면 피부염 발생 위험이 증가하므로 미지근한 물을 사용한다.
② 손이 젖은 상태에서 손 소독제를 모든 표면을 다 덮을 수 있도록 충분히 적용한다.
③ 물로 헹군 후 손이 재오염되지 않도록 일회용 타월로 건조시킨다.
④ 수도꼭지를 잠글 때는 사용한 타월을 이용하여 잠근다.
⑤ 타월은 반복 사용하지 않으며 여러 사람이 공용하지 않는다.

37 CGMP 기준 포장작업 문서인 포장지시서에 포함되어야 하는 사항이 아닌 것은?

① 사용기한
② 포장 설비명
③ 포장재 리스트
④ 상세한 포장공정
⑤ 제품명

38 CGMP 기준 보관 및 출고관리로 옳지 않은 것은?

① 완제품은 적절한 조건하의 정해진 장소에서 보관하여야 한다.
② 완제품은 주기적으로 재고 점검을 수행해야 한다.
③ 출고할 제품은 부적합품 및 반품된 제품과 반드시 구획된 장소에서 보관하여야 한다.
④ 출고는 선입선출 방식으로 하되, 타당한 사유가 있는 경우에는 그러지 아니할 수 있다.
⑤ 완제품은 시험 결과 적합으로 판정되고 품질보증서책임자가 출고 승인한 것만을 출고하여야 한다.

39 CGMP 기준 품질관리를 위한 시험관리로 옳은 것은?

① 품질관리를 위한 시험업무에 대해 문서화된 절차를 수립하고 유지하여야 한다.
② 시험 기록은 검토한 후 시험 결과 적합, 부적합, 기준 일탈을 판정하여야 한다.
③ 기준 일탈이 된 경우는 조사한 후 책임자에게 보고한다.
④ 기준 일탈 조사 결과는 책임자에 의해 부적합, 보류, 폐기를 명확히 판정하여야 한다.
⑤ 정해진 보관 기간이 경과된 원자재, 반제품 및 완제품은 반드시 폐기하여야 한다.

40 시험에 사용한 표준품과 주요 시약의 용기에 기재해야 하는 사항으로 옳지 않은 것은?

① 명칭
② 개봉일
③ 품질 검수자의 성명 또는 서명
④ 사용기한
⑤ 보관조건

41 CGMP 기준 화장품 생산에 관여되는 제조 탱크 청소 방법으로 옳은 것은?

① 스펀지, 수세미 등의 세척 도구를 사용한다.
② 설비 미사용 72시간 경과 시 세척 및 소독하여야 한다.
③ 품질관리담당자는 매 분기별로 세척 및 소독 후 마지막 헹굼수를 채취하여 미생물 유무 시험하여 점검한다.
④ 세척 후에는 필터를 통과한 깨끗한 공기로 건조한다.
⑤ 일반 주방 세제(0.5%)로 세척하고 70% 에탄올로 소독한다.

42 청정 등급 유지를 위한 공기 조절의 4대 요소로 적절한 것은?

① 청정도, 실내 온도, 습도, 기류
② 청정도, 배수, 습도, 기류
③ 압력, 실내 온도, 배수, 기류
④ 청정도, 실내 온도, 습도, 배수
⑤ 배수, 실내 온도, 습도, 기류

43 「우수 화장품 제조 및 품질관리 기준(CGMP)」 제8조 작업소의 시설 기준으로 옳은 것은?

① 외부와 연결된 창문을 설치하지 않는다.
② 제품의 오염을 방지하고 적절한 온도 및 습도를 유지할 수 있는 공기조화시설 등 적절한 환기시설을 갖춘다.
③ 수세실과 화장실은 접근이 용이한 동일 공간에 배치하여야 한다.
④ 조명은 작업자의 손이 닿지 않는 곳에 위치하여야 한다.
⑤ 작업소 내의 외관 표면은 산성 용제에 대한 내성을 갖추어야 한다.

44 「우수 화장품 제조 및 품질관리 기준(CGMP)」 제23조 위탁계약의 기준으로 옳지 않은 것은?

① 화장품 제조 및 품질관리에 있어 공정 또는 시험의 일부를 위탁하고자 할 때는 문서화된 절차를 수립・유지하여야 한다.
② 위탁업체는 수탁업체의 계약 수행능력을 평가하고 그 업체가 계약을 수행하는데 필요한 시설 등을 갖추고 있는지 확인해야 한다.
③ 위탁업체는 수탁업체와 문서로 계약을 체결해야 하며 정확한 작업이 이루어질 수 있도록 수탁업체에 관련 정보를 전달해야 한다.
④ 수탁업체는 위탁업체에 대해 계약에서 규정한 감사를 실시해야 하며 제조공정의 실시를 보증해야 한다.
⑤ 수탁업체에서 생성한 위・수탁 관련 자료는 유지되어 위탁업체에서 이용 가능해야 한다.

45 CGMP 기준 재작업의 정의로 옳은 것은?

① 회수된 제품을 재평가하여 우수한 품질의 새로운 완제품으로 만드는 작업
② 적합 판정 기준을 벗어나 보류된 반제품을 재처리하여 우수한 품질의 완제품으로 만드는 작업
③ 적합 판정 기준을 벗어난 완제품 또는 벌크 제품을 재처리하여 품질이 적합한 범위에 들어오도록 하는 작업
④ 반품된 완제품을 재포장하여 완제품으로 만드는 작업
⑤ 적합 판정 기준을 벗어난 원재료를 재작업하여 우수한 품질의 완제품으로 만드는 작업

46 CGMP 기준 기준 일탈 제품을 처리하는 재작업의 절차에 해당하지 않은 것은?

① 제조책임자가 규격에 부적합된 원인 조사 지시
② 재작업 처리 실시 결정은 품질보증책임자가 실시
③ 재작업 전의 품질이나 공정의 적절함 등을 고려하여 품질에 악영향을 미치지 않는 것을 예측
④ 승인이 끝난 재작업 절차서 및 기록서에 따라 실시
⑤ 품질이 확인되고 품질보증책임자의 승인 없이는 다음 공정에 사용 및 출하할 수 없음

47 CGMP 기준 화장품 위 · 수탁 제조 절차에 해당하지 않은 것은?

① 기술 확립
② 계약 체결
③ 기술 이전
④ 기술 개발
⑤ 제조 또는 시험 개시

48 〈보기〉는 「우수 화장품 제조 및 품질관리 기준(CGMP)」 제14조 및 제22조의 내용이다. 물의 품질과 폐기 처리 기준을 모두 고른 것은?

보 기

ㄱ. 물의 품질은 매일 검사해야 하고 정기적으로 미생물학적 검사를 실시해야 한다.
ㄴ. 재작업은 그 대상이 다음 각 호를 모두 만족한 경우에 할 수 있다. 1. 변질 · 변패 또는 병원미생물에 오염되지 아니한 경우, 2. 제조일로부터 2년이 경과하지 않았거나 사용기한이 1년 이상 남아있는 경우
ㄷ. 기준 일탈이 된 원료와 포장재는 재작업할 수 있으며 기준 일탈 대상은 따로 보관하고 규정에 따라 신속하게 처리를 하고 실시한 내용을 모두 문서에 남긴다.
ㄹ. 품질에 문제가 있거나 회수 · 반품된 제품의 폐기 또는 재작업 여부는 화장품 제조업자에 의해 승인되어야 한다.
ㅁ. 물 공급설비는 다음 각 호의 기준을 충족해야 한다. 1. 물의 정체와 오염을 피할 수 있도록 설치될 것, 2. 물의 품질에 영향이 없을 것, 3. 살균 처리가 가능할 것

① ㄱ, ㄷ
② ㄱ, ㄹ
③ ㄴ, ㄹ
④ ㄴ, ㅁ
⑤ ㄷ, ㅁ

49 CGMP 기준 불만 처리 담당자가 제기된 불만에 대해 적절한 조치를 취하고 기록 · 유지해야 하는 사항으로 옳지 않은 것은?

① 불만 접수 연월일
② 불만 제품과 타사 제품의 비교 데이터
③ 제품명, 제조번호 등을 포함한 불만 내용
④ 불만조사 및 추적조사 내용, 처리 결과 및 향후 대책
⑤ 불만 제기자의 이름과 연락처

50 「우수 화장품 제조 및 품질관리 기준(CGMP)」에 따른 제조업자가 제조한 화장품에서 회수 필요성이 인식될 경우 회수 책임자가 이행해야 하는 조치로 옳지 않은 것은?

① 전체 회수 과정에 대한 책임판매업자와의 조정 역할
② 결함 제품의 회수 및 관련 기록 보존
③ 회수된 제품은 확인 후 제조소 내 격리 보관 조치(필요시에 한함)
④ 회수 과정의 주기적인 평가(필요시에 한함)
⑤ 회수 제품과 정상 제품의 비교

51 CGMP 기준 품질 유지를 위한 변경관리로 적절하지 않은 것은?

① 변경관리는 화장품 제조에 필수불가결한 증명 작업이다.
② 증명이 간단한 변경은 간결하게 실시하면 된다.
③ 변경의 영향을 검토하는 대상은 제품 품질과 제조공정의 품질에 하는 것이 타당하다.
④ 제품의 품질에 영향을 미치는 원자재를 변경할 경우에는 원자재 제조사에 의해 승인된 후 수행하여야 한다.
⑤ 변경이 있었을 때는 그 변경이 제품 품질이나 제조공정에 영향을 미치지 않는 것을 증명해 두어야 하며, 이 증명 작업이 변경관리다.

52 〈보기〉는 작업장 위생 유지 활동의 필요성에 대한 내용이다. (   ) 안에 들어갈 말로 옳은 것은?

보 기

- 방충 · 방서는 작업장, 보관소 및 건물 내외에 해충, 쥐의 침입 방지, 이를 방제 혹은 제거함으로써 직원 및 작업소의 위생 상태를 유지하고 우수 화장품을 제조하는 데 목적이 있다.
- 이물질에 대한 오염은 육안 등으로 판정하고 (   )에 대한 오염은 낙하균 또는 부유균 평가법으로 상태를 판단한다.

① 먼지
② 미생물
③ 원료 잔유물
④ 소독제
⑤ 폐기물

53 「화장품 안전기준 등에 관한 규정」의 적용 범위로 적합하지 않은 것은?

① 사용할 수 없는 원료
② 사용상의 제한이 필요한 원료
③ 유통 화장품 안전관리 시험 방법
④ 인체 세포・조직 배양액의 안전기준
⑤ 화장품의 색소 종류와 기준 및 시험 방법

54 유통 화장품 안전관리 기준 니켈의 비의도적 검출 허용 한도로 적합한 것은?

① 아이라이너 25μg/g
② 마스카라 40μg/g
③ 립스틱 17μg/g
④ 볼연지 25μg/g
⑤ 데오도런트 12μg/g

55 유통 화장품 안전관리 기준 비소의 비의도적 검출 허용 한도로 적합한 것은?

① 영・유아용 제품류 15μg/g
② 두발 염색용 제품류 30μg/g
③ 기초 화장용 제품류 25μg/g
④ 체모 제거용 제품류 10μg/g
⑤ 색조 화장용 제품류 20μg/g

56 다음 중 건강한 손톱, 발톱에 관한 설명으로 옳지 않은 것은?

① 조상(바닥)에 강하게 부착되어야 한다.
② 단단하고 탄력이 있어야 한다.
③ 매끄럽게 윤이 흐르고 분홍빛의 둥근 아치 모양을 형성한다.
④ 손톱 성분 중에 7~12%의 수분이 유지된다.
⑤ 불투명한 각질세포로 구성되어 있다.

57 탈염, 탈색 제품의 특성으로 옳지 않은 것은?

① 탈색 효과는 산성 pH에서 감소되기 때문에 알칼리 용액을 사용하며 암모니아는 최적의 탈색 효과를 주는 물질로 사용된다.
② 염색약을 두발에 잘 도포한 후에 충분한 시간을 두는 것은 멜라닌 색소의 파괴와 그 안의 염료가 자리를 잡을 수 있는 충분한 시간을 주기 위해서이다.
③ 염모제는 머리카락의 본연의 보호하는 층을 뚫고 들어가 멜라닌 색소를 파괴하고 다른 염료의 색상을 넣는 과정을 거친다.
④ 과산화수소는 머리카락 속의 멜라닌 색소를 파괴하여 두발 원래의 색을 지워주는 역할을 한다.
⑤ 암모니아는 모수질을 손상시켜 염료와 과산화수소가 속으로 잘 스며들 수 있도록 하는 역할을 한다.

58 유통 화장품 안전관리 기준 물휴지의 미생물 한도로 옳은 것은?

① 세균 및 진균 수는 각각 10개/g(mL) 이하
② 세균 및 진균 수는 각각 100개/g(mL) 이하
③ 세균 및 진균 수는 각각 500개/g(mL) 이하
④ 황색포도상구균은 1,000개/g(mL) 이하
⑤ 대장균, 녹농균은 각각 2,000개/g(mL) 이하

59 다음 〈보기〉는 유통 화장품 안전관리 기준에 따른 미생물 한도이다. 화장품에서 불검출되어야 하는 병원성균을 모두 고른 것은?

보 기

ㄱ. 대장균
ㄴ. 녹농균
ㄷ. 유산균
ㄹ. 황색포도상구균
ㅁ. 효모
ㅂ. 바실러스균

① ㄱ, ㄴ, ㄷ
② ㄱ, ㄴ, ㄹ
③ ㄴ, ㄷ, ㅂ
④ ㄴ, ㄹ, ㅁ
⑤ ㄷ, ㅁ, ㅂ

60 유통 화장품 안전관리 기준에 따른 물휴지의 비의도적 유래 포름알데하이드의 검출 허용 한도로 옳은 것은?

① 1㎍/g 이하
② 5㎍/g 이하
③ 10㎍/g 이하
④ 15㎍/g 이하
⑤ 20㎍/g 이하

61 멜라닌은 멜라노좀에서 합성되며 (　　)을 시작 물질로 유멜라닌(eumelanin)과 페오멜라닌(pheomelanin)으로 만들어진다. (　　) 안에 들어갈 말로 옳은 것은?

① 교원 섬유
② 기질
③ 티로신
④ 기저층
⑤ 섬유아세포

62 피부 부속기에 대한 설명으로 옳지 않은 것은?

① 피지선은 피지를 분비하는 선이다.
② 온열성 발한은 체온을 올려준다.
③ 한선과 피지선은 수분의 과소비를 통제한다.
④ 소한선을 통한 발한은 온열성 발한과 정신성 발한으로 구분된다.
⑤ 한선은 땀을 분비하는 선이다.

63 피부 세포생물학적 특성으로 인한 화장품 부작용 발생 요인으로 옳지 않은 것은?

① 접촉 피부염은 알레르기 접촉 피부염에 비해서 그 발생 빈도가 높지만 증상이 비교적 가볍다.
② 세정제나 비누 등이 흔한 피부 자극 원인 물질이며 이외에도 직업에 따라 아세톤, 알콜 등 다양한 물질이 자극 접촉 피부염을 일으킬 수 있다.
③ 알레르기를 일으키는 것은 항원(알레르겐)이다.
④ 접촉 피부염은 어떤 물질에 대해 면역학적으로 매개되는 피부 반응으로 이전의 노출에 의해 활성화된 면역체계에 의한 알레르기성 반응이다.
⑤ 착향제 구성 성분 중 알레르기 유발성분은 피부 감작성 원인 물질로 알레르기 접촉 피부염을 일으킬 수 있다.

64 맞춤형 화장품 조제관리사인 효순이는 매장을 방문한 고객과 다음과 같은 〈대화〉를 나누었다. 효순이가 고객에게 혼합하여 추천할 제품으로 다음 〈보기〉 중 적절한 것을 모두 고르시오.

대 화

고객 : 하루가 다르게 점점 더 건조해지는 거 같아요.
볼에 여드름을 제거한 부분이 다 아물었는데 주위가 검게 변했어요.
효순 : 아, 그러신가요? 그럼 고객님 피부 상태를 측정해보도록 할까요?
고객 : 그렇게 해주시겠어요? 지난번 방문 시와 비교해 주세요.
효순 : 네. 이쪽에 앉으시면 저희 측정기로 측정을 해드리겠습니다.

〈피부 측정 후〉

효순 : 고객님은 1달 전 측정 시보다 볼 부분 색소 침착도가 20% 가량 높아져 있고 피부 보습도는 30% 가량 낮아져 있어요. 보습 관리와 함께 각질 관리가 필요해요~
고객 : 음... 걱정이네요. 그럼 어떤 제품을 쓰는 게 좋은지 추천 부탁드려요.

보 기

ㄱ. 글라이콜릭애씨드(Glycolic Acid) 함유 제품
ㄴ. 페녹시에탄올(Phenoxy ethanol) 함유 제품
ㄷ. 소듐하이알루로네이트(Sodium Hyaluronate) 함유 제품
ㄹ. 프로폴리스(Propolis) 함유 제품
ㅁ. 나이아신아마이드(Niacinamide) 함유 제품

① ㄱ, ㄴ, ㄷ
② ㄱ, ㄷ, ㄹ
③ ㄱ, ㄷ, ㅁ
④ ㄴ, ㄹ, ㅁ
⑤ ㄷ, ㄹ, ㅁ

65 표피의 기능으로 옳지 않은 것은?

① 각질층의 pH는 5.5~6.5 정도로 각질형성세포의 기능 저하는 죽은 세포를 더욱 늘어나게 한다.
② 각질층은 외부물질의 침입을 막는 피부장벽의 역할을 한다.
③ 각질층은 천연보습인자(NMF)와 각질세포 사이에 존재하는 지질층 및 피지선으로부터 분비되는 피지에 의해 수분을 유지한다.
④ 각질층 구조의 이상은 피부장벽기능의 약화를 초래하여 다양한 피부 질환 및 피부 노화를 유발할 수 있다.
⑤ 피부장벽이 파괴되면, 초기에 표피 상층 세포의 층판과립이 즉각 방출되고, 이어서 콜레스테롤과 지방산의 합성이 촉진된다.

66 피부의 pH에 관련된 내용으로 옳지 않은 것은?

① 땀과 피지가 혼합되어 피부를 덮고 있는 피부 지방막의 pH를 말한다.
② 피부 표면에 증류수를 미량 첨가하여 측정한다.
③ 건강한 피부는 약산성을 띄고 아토피 피부는 알칼리성을 띈다.
④ 겨드랑이나 발가락 사이처럼 땀이 잘 증발하지 못하는 곳에 박테리아나 곰팡이가 증식한다.
⑤ 모발로 덮여있는 두피는 pH가 낮아진다.

67 다음 중 자외선에 관한 내용으로 옳지 않은 것은?

① UV-A는 장파장으로 피부의 진피층까지 도달한다.
② UV-A는 주름을 형성하고 색소 침착을 유발한다.
③ 파장 범위에 따라 작용이 달라지며, UV-A 〈 UV-B 〈 UV-C 순서로 길어진다.
④ UV-C는 가장 강한 자외선으로 살균 소독기에 이용된다.
⑤ UV-B는 유리창에 의해 일부 차단되고 비타민 D를 생성한다.

68 화장품에 사용되는 성분 중 각질을 녹이는 원료가 아닌 것은?

① AHA(알파-하이드록시애시드)
② BHA(베타-하이드록시애시드)
③ 풀루란
④ 우레아
⑤ 락틱애씨드

69 모유두의 기능이 저하되는 원인으로 옳지 않은 것은?

① 단백질 합성 효소의 결핍
② 자율신경의 원활하지 못한 활동
③ 모모세포의 성장과 분열
④ 모유두의 외상 및 염증에 의한 손상
⑤ 아미노산을 운반하는 모세혈관의 기능 이상

70 모발에 관련된 비타민 기능으로 옳지 않은 것은?

① Vitamin A – 지용성 비티민으로 두피 각질화와 관련이 있는 대표적인 비타민이다.
② Vitamin B_6 – 아미노산 대사에 절대적으로 필요한 비타민으로 모발 건강에 중요하다.
③ Vitamin B_6 – 부족 시 과다한 피지 분비로 인한 두피 지루화, 지루성 탈모증, 지루성 피부염 등을 유발하며 지성 두피용 제품에 주요 성분으로 사용된다.
④ Vitamin C – 노화, 항산화 작용과 관련이 깊은 비타민으로 부족 시 모발 성장에 영향을 준다.
⑤ Vitamin E – 항산화제이며 부족 시 심각한 경우에는 모공각화증이 발생되고 과다 섭취 시 탈모 현상을 유발하기도 한다.

71 모표피 내 엑소 큐티클에 관한 설명으로 옳은 것은?

① 딱딱하고 부서지기 쉽기 때문에 물리적인 자극에 약하다.
② 퍼머넌트 웨이브와 같이 시스틴 결합을 절단하는 약품의 작용을 받기 쉬운 층이다.
③ 내측면은 양면접착 테이프와 같은 세포막복합체(CMC)로 인접한 모표피를 밀착시키고 있다.
④ 각질 용해성 또는 단백질 용해성의 약품에 대한 저항성이 강한 성질을 나타낸다.
⑤ 가장 안쪽에 있는 층으로 시스틴 함유량이 적다.

72 내모근초는 내측의 두발 주머니로 두발을 표피까지 운송하는 역할을 한 후 (　　)이 되어 두피에서 떨어진다. (　　) 안에 들어갈 말로 옳은 것은?

① 땀　　② 각질
③ 노폐물　　④ 비듬
⑤ 피지

73 다음 중 피부 부식성을 평가하는 동물 대체시험법으로 옳은 것은?

① 고정용량법　　② 단시간 노출법(STE)
③ 독성등급법　　④ 경피성 전기저항 시험법(TER)
⑤ ARE-Nrf2 루시퍼라아제 LuSens 시험법

74 감각적 분석법에 따른 모발 손상 분석으로 적절하지 않은 것은?

① 모발이 푸석푸석하다.　　② 모경지수가 100이다.
③ 모발에 힘이 없다.　　④ 모발에 대한 빗질이 나쁘다.
⑤ 모발의 광택이 없다.

75 모발 단백질을 구성하는 아미노산 중 구성 비율이 가장 높은 것은?

① 시스틴　　② 알라닌
③ 히스티딘　　④ 트립토판
⑤ 글리신

76 표백된 모발을 염색할 수 있는 염료에 관한 설명으로 옳지 않은 것은?

① 물, 알코올에 잘 녹는다.
② 오일 등의 용매에 용해된다.
③ 모발의 색에 관계없이 착색한다.
④ 피복력이 없다.
⑤ 모발 조직 중에 침투시킬 수 있다.

77 다음 중 맞춤형 화장품 조제관리사가 맞춤형 화장품을 조제하여 판매하는 과정 중 취한 행동으로 옳은 것은?

① 맞춤형 화장품 조제관리사는 원료의 안전성에 대한 책임하에 특별히 사용기준이 지정 고시된 원료 외의 보존제를 내용물에 추가하여 맞춤형 화장품을 조제할 수 있다.
② 맞춤형 화장품 판매업으로 신고한 판매업자가 200ml의 제품을 소분하여 50ml 제품을 조제하였다.
③ 맞춤형 화장품 조제관리사는 맞춤형 화장품을 판매한 후 제3자와 소비자의 개인정보 및 피부 상태, 선호도 등을 공유하였다.
④ 맞춤형 화장품 조제관리사는 화장품 책임판매업자가 기능성 화장품으로 심사 또는 보고를 완료한 제품을 소분하여 판매하였다.
⑤ 맞춤형 화장품 조제관리사가 맞춤형 화장품을 조제할 때 사용기한 연장을 위하여 징크피리치온을 추가하였다.

78 맞춤형 화장품 판매장에서 고객 상담 시 고려할 피부 특성이 아닌 것은?

① 색소 침착 정도
② 호르몬
③ 생활습관
④ 외부 환경으로부터 받는 피부 영향
⑤ 노화 정도

79 다음 〈보기〉는 맞춤형 화장품 조제관리사가 고객 피부 상태를 진단하고 내용물에 원료를 혼합한 후 최종 결과물에 대한 설명이다. 〈보기〉에서 옳은 것을 모두 고르면?

보 기

ㄱ. 클렌징 크림은 유중수형으로 유성 타입 제품을 잘 용해시킨다.
ㄴ. 유중수형은 O/W type으로 수분량이 많아 지성, 여드름 피부에 사용 시 효과적이다.
ㄷ. 유중수형 type은 모공이 넓은 피부에 좋고 청량감이 뛰어나다.
ㄹ. 클렌징 크림의 pH는 8.0이며 녹농균, 대장균, 황색포도상구균이 불검출되었다.
ㅁ. 이 제품은 시험성적서에서 납 8㎍/g, 수은 1㎍/g이 검출되었다.

① ㄱ, ㄴ, ㄹ
② ㄱ, ㄹ, ㅁ
③ ㄴ, ㄷ, ㄹ
④ ㄴ, ㄹ, ㅁ
⑤ ㄷ, ㄹ, ㅁ

80 다음 중 화장품의 유효성을 입증하는 in vivo 시험법이 아닌 것은?

① 피부 수분 증발량 측정
② 피부색 측정
③ 피부 탄력 측정
④ 피부 피지량 측정
⑤ 용량고저법

81 화장품 책임판매업자는 다음 〈보기〉에 해당하는 성분을 (㉠) 이상 함유하는 제품의 경우 해당 품목의 (㉡) 시험 자료를 최종 제조된 제품의 사용기한이 만료되는 날부터 1년간 보존해야 한다. ㉠, ㉡에 들어갈 말을 쓰시오.

보 기

가. 레티놀(비타민 A) 및 그 유도체
나. 아스코빅애시드(비타민 C) 및 그 유도체
다. 토코페롤(비타민 E)
라. 과산화화합물
마. 효소

82 「개인정보보호법」에 따른 고유식별정보의 범위를 〈보기〉에서 모두 고르시오.

보 기

ㄱ. 국민건강법에 따른 건강 등에 관한 정보
ㄴ. 범죄경력 자료
ㄷ. 도로교통법에 따른 운전면허의 면허번호
ㄹ. 유전자 검사 등의 결과로 얻어진 유전정보
ㅁ. 여권법에 따른 여권번호
ㅂ. 출입국관리법에 따른 외국인 등록번호

83 〈보기〉는 「인체 적용 제품의 위해성 평가 등에 관한 규정」에 따른 용어의 정의이다. ㉠, ㉡에 들어갈 말을 쓰시오.

보 기

위해 요소란 인체의 건강을 해치거나 해칠 우려가 있는 화학적 · (㉠) · 물리적 요인을 말하며 (㉡)이란 화장품에 존재하는 위해 요소가 인체에 유해한 영향을 미치는 고유한 성질을 말한다.

84 〈보기〉의 ㉠, ㉡에 들어갈 용어를 쓰시오.

보 기

화장품에 사용되는 유기합성 색소는 (㉠), 레이크, 유기 안료의 3가지 종류가 있다. 유기 안료는 구조 내에서 가용기가 없고 물, 오일에 용해하지 않는 유색 분말로 일반적으로 안료는 (㉡)보다 착색력, 내광성이 높아 립스틱, 브러쉬 등의 메이크업 제품에 널리 사용된다.

85 다음 〈보기〉의 ㉠, ㉡에 들어갈 용어를 쓰시오.

보 기

맞춤형 화장품 판매업자가 맞춤형 화장품의 내용물 및 원료 입고 시 (㉠)이(가) 제공하는 (㉡)을(를) 구비하여야 하며, 원료 품질관리 여부를 확인할 때 (㉡)에 명시된 제조번호, 사용기한 등을 주의 깊게 검토하여야 한다.

86 화장품은 다양한 원료들이 배합되기 때문에 원료의 물성에 따라 안정성이 상이할 수 있으므로 사용기간 동안 다양한 미생물의 번식을 방지하기 위하여 적당한 (㉠)이(가) 필요하다. ㉠에 적합한 용어를 작성하시오.

87 유기 자외선 차단제는 화학 성분을 이용해 자외선을 (㉠)하여 피부를 보호하고 무기 자외선 차단제는 피부 표면에 막을 형성하여 자외선을 (㉡)시켜 피부를 보호한다. ㉠, ㉡에 들어갈 적당한 용어를 작성하시오.

88 다음 〈보기〉의 회수 대상 화장품 중 위해성 등급이 가장 높은 것을 고르시오.

보 기

ㄱ. 안전용기 · 포장을 위반한 화장품
ㄴ. 유통 화장품 안전관리 기준(내용량의 기준은 제외)에 적합하지 아니한 화장품
ㄷ. 화장품에 사용할 수 없는 원료를 사용한 화장품
ㄹ. 맞춤형 화장품 조제관리사를 두지 아니하고 판매한 화장품

89 관능평가에 사용되는 표준품으로 옳은 것을 〈보기〉에서 모두 고르시오.

보 기

ㄱ. 제품 표준 견본 : 완제품의 개별 포장에 관한 표준
ㄴ. 벌크 제품 표준 견본 : 성상, 냄새, 시험 검사에 관한 표준
ㄷ. 색소 원료 표준 견본 : 색소의 색상, 성상, 밀착감에 관한 표준
ㄹ. 원료 표준 견본 : 원료의 색상, 성상, 냄새 등에 관한 표준
ㅁ. 충진 위치 견본 : 내용물을 제품 용기에 충진할 때의 액면 위치에 관한 표준

90 관능평가는 여러 가지 품질을 인간의 오감에 의하여 평가하는 제품검사로 좋고 싫음을 주관적으로 판단하는 (㉠)과 표준품 및 한도품 등 기준과 비교하여 합격품, 불량품을 객관적으로 평가, 선별하거나 사람의 식별력 등을 조사하는 (㉡)으로 구분할 수 있다. ㉠, ㉡에 해당하는 용어를 각각 작성하시오.

91 다음 〈보기〉는 맞춤형 화장품의 전성분 항목이다. 소비자에게 사용된 성분에 대해 설명하기 위하여 다음 화장품 전성분 표기 중 알레르기 유발 성분을 골라 작성하시오.

보 기

정제수, 글리세린, 부틸렌글라이콜, 베타글루칸, 판테놀, 곤포추출물, 마치현추출물, 당근추출물, 홍삼추출물, 베타인, 파네솔, 카보머, 알지닌, 카프릴리글리콜, 카프릴하이드록사믹애씨드, 알란토인, 병풀추출물, 클로로부탄올, 신나밀알코올, 디포타슘글리시리제이트, 글리세릴폴리메타크릴레이트, 프로필렌글라이콜, 향료

92 다음 〈보기〉는 피부의 흡수에 대한 설명이다. ㉠에 들어갈 적합한 용어를 작성하시오.

보 기

피부는 방어막 역할을 할 뿐 아니라 동시에 외부의 물질을 체내로 투과시키고 흡수하는 작용도 함께 한다. 각질층을 제외한 대부분의 피부는 투과성이 높은 상태로 흡수에 용이하도록 구성되어 있으며 (㉠)은(는) 외부에서 접촉된 물질이 모세혈관을 통하여 피부의 심부로 흡수되는 현상을 의미한다.

93 다음 〈보기〉 중 화장비누에만 사용할 수 있는 색소를 고르시오.

보 기

ㄱ. 적색 221호
ㄴ. 자색 7호
ㄷ. 적색 502호
ㄹ. 피그먼트 적색 5호
ㅁ. 피그먼트 녹색 23호

94 〈보기〉에서 제시한 표시 · 광고의 경우 「화장품 표시 · 광고 실증에 관한 규정」에 따라 합리적인 근거로 인정될 수 있도록 제출해야 하는 실증자료를 쓰시오.

보 기

ㄱ. 여드름 피부 사용에 적합
ㄴ. 항균(인체 세정용 제품에 한함)
ㄷ. 일시적 셀룰라이트 감소
ㄹ. 붓기, 다크서클 완화
ㅁ. 피부 혈행 개선

95 다음 〈보기〉는 맞춤형 화장품에 관한 설명이다. ㉠, ㉡에 해당하는 적합한 단어를 각각 작성하시오.

보 기

혼합 · 소분을 통해 조제된 맞춤형 화장품은 소비자에게 제공되는 제품으로 (㉠)에 해당되므로 최종 혼합 · 소분된 맞춤형 화장품은 (㉠) 안전관리 기준을 준수해야 하며 판매장에서 제공되는 맞춤형 화장품에 대한 (㉡) 오염 관리를 철저히 해야 한다.

96 다음 〈보기〉는 고객 상담 결과에 따른 맞춤형 화장품의 전성분 항목이다. 제품에 사용된 보존제 성분은 (㉠)이고 사용 한도는 0.04%이며 (㉡)에 사용되는 제품에는 사용 금지되어 있다. ㉠, ㉡에 들어갈 말을 쓰시오.

보 기

정제수, 소듐라우레스설페이트, 데실글루코사이드, 코카미도프로필베테인, 피이지-40하이드로제네이티드캐스터오일, 향료, 피이지-120메칠글루코오스디올리에이트, 레몬추출물, 사탕수수추출물, p-클로로-m-크레졸, 테트라소듐이디티에이, 리모넨, 오렌지추출물

97 〈보기〉는 태양에서 방사되는 여러 파장의 광선이다. 빛의 파장이 긴 것부터 차례로 나열하시오.

보 기

ㄱ. 적외선　　ㄴ. 자외선 A　　ㄷ. 가시광선　　ㄹ. 자외선 B　　ㅁ. 자외선 C

98 피부에 항상 존재하는 (㉠)은(는) 피부 속으로 과량 침투하면 종기라는 염증이 발생하고 구강으로 너무 많이 침투하면 배탈을 일으킬 수 있으나, 외부의 유해 미생물이 침투하여 질병을 일으키는 것을 막아주는 역할을 한다. 이 균의 증식은 pH 5.5에서 최적이다. ㉠에 해당하는 적합한 단어를 작성하시오.

99 다음 〈보기〉의 (　　) 안에 들어갈 용어를 작성하시오.

보 기

「기능성 화장품 심사에 관한 규정」 제4조에 따라 기능성 화장품 심사를 위하여 제출하여야 하는 안전성에 관한 자료 중 자외선에서 흡수가 없음을 입증하는 (　　　) 시험 자료를 제출하는 경우 광독성 및 광감작성시험 자료가 면제된다.

100 〈보기〉는 고객 상담 결과에 따라 기능성 맞춤형 화장품 크림 50g에 사용된 성분들이다. 화장품에 기재 · 표시해야 하는 성분을 모두 골라 쓰시오.

보 기

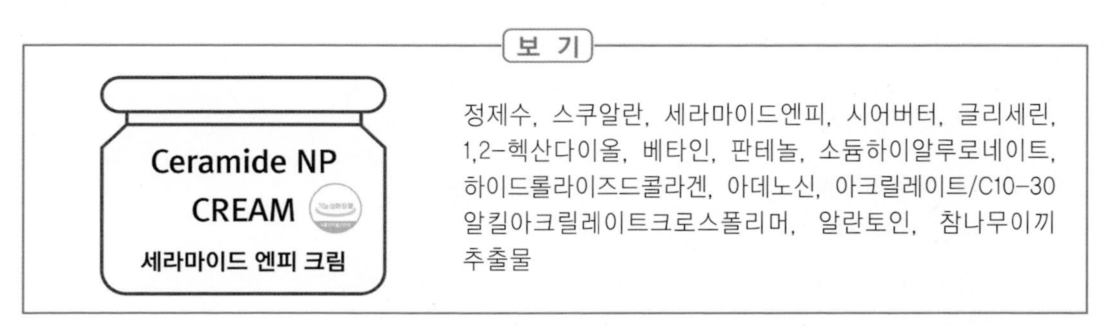

정제수, 스쿠알란, 세라마이드엔피, 시어버터, 글리세린, 1,2-헥산다이올, 베타인, 판테놀, 소듐하이알루로네이트, 하이드롤라이즈드콜라겐, 아데노신, 아크릴레이트/C10-30 알킬아크릴레이트크로스폴리머, 알란토인, 참나무이끼 추출물

제 4 회 실전모의고사

01 기초 화장품의 유형별 효과로 적절하지 않은 것은?

① 화장수는 각질층에 수분을 공급하고 수렴 효과를 준다.
② 파우더는 피부를 보호하고 피부 거칠음을 방지한다.
③ 폼 클렌저는 피부 표면층에 부착된 피지, 각질층의 딱지, 피지의 산화 분해물, 땀의 잔여물 등의 피부 생리의 대사산물이나 공기 중의 먼지, 미생물 등을 제거한다.
④ 아이크림은 한선과 피지선이 없고 피부 두께가 얇은 눈 주위 피부에 영양을 공급해 탄력을 부여한다.
⑤ 로션·크림은 세안 후 제거된 천연 피지막을 회복시킨다.

02 화장품 제조업자의 준수사항으로 옳지 않은 것은?

① 제조관리기준서, 제품표준서, 제조관리기록서 및 품질관리기록서(전자문서 형식을 포함)를 작성·보관한다.
② 품질관리 기준에 따른 화장품 책임판매업자의 지도·감독 및 요청에 따른다.
③ 작업소에서 국민 보건 및 환경에 유해한 물질이 유출되거나 방출되지 않도록 한다.
④ 유통 전 품질번호별로 품질검사를 실시했는지 확인한다.
⑤ 원료 및 자재의 입고부터 완제품의 출고까지 필요한 시험·검사를 실시했는지 확인한다.

03 「화장품법」에 따른 화장품 책임판매업자의 의무사항으로 옳지 않은 것은?

① 화장품의 품질관리 기준 준수
② 책임판매 후 안전관리 기준 준수
③ 법정교육 실시
④ 품질검사 방법 및 실시
⑤ 안전성·유효성 관련 정보사항 등의 보고 및 안전대책 마련

04 화장품 책임판매업의 영업 범위로 옳지 않은 것은?

① 수입된 화장품을 유통·판매하는 영업
② 수입 대행형 거래를 목적으로 알선·수여(전자상거래만 해당)
③ 화장품 제조를 위탁받아 제조하거나 1차 포장만 하는 영업
④ 화장품 제조업자가 화장품을 직접 제조하여 유통·판매하는 영업
⑤ 화장품 제조업자에게 위탁하여 제조된 화장품을 유통·판매하는 영업

05 화장품법에서 규정하고 있는 사항으로 옳지 않은 것은?

① 판매
② 수출
③ 수입
④ 제조
⑤ 유통

06 「개인정보보호법」에 따라 공개된 장소에 영상정보처리기기 설치를 허용하지 않는 경우는?

① 불특정 다수가 이용하는 시설인 경우
② 법령에서 구체적으로 허용하고 있는 경우
③ 시설 안전 및 화재 예방을 위해 필요한 경우
④ 교통단속을 위해 필요한 경우
⑤ 교통정보의 수집·분석 및 제공을 위해 필요한 경우

07 정보 주체의 사생활을 현저히 침해할 우려가 있는 개인정보로써 대통령령으로 정하는 정보를 〈보기〉에서 모두 고른 것은?

보 기

ㄱ. 「형의 실효 등에 관한 법률」에 따른 범죄경력 자료에 해당하는 정보
ㄴ. 유전자 검사 등의 결과로 얻어진 유전정보
ㄷ. 출입국관리법에 따른 외국인등록번호
ㄹ. 인종이나 민족에 관한 정보
ㅁ. 여권법에 따른 여권번호

① ㄱ, ㄴ, ㄷ
② ㄱ, ㄴ, ㄹ
③ ㄴ, ㄷ, ㄹ
④ ㄴ, ㄹ, ㅁ
⑤ ㄷ, ㄹ, ㅁ

08 「화장품 안전기준 등에 관한 규정」에 따라 맞춤형 화장품에 사용할 수 있는 원료를 〈보기〉에서 모두 고른 것은?

보 기

ㄱ. 벤젠
ㄴ. 나프탈렌
ㄷ. 펜넬
ㄹ. 페놀
ㅁ. 솔비톨
ㅂ. 폴리쿼터늄-10

① ㄱ, ㄴ, ㄷ
② ㄱ, ㄴ, ㅂ
③ ㄴ, ㄷ, ㅂ
④ ㄷ, ㄹ, ㅁ
⑤ ㄷ, ㅁ, ㅂ

09 화장품 위해 평가가 불필요한 경우는?

① 위해성에 근거하여 사용 금지를 설정 ② 화장품 안전 이슈 성분의 유해성
③ 인체 위해의 유의한 증거가 없음을 검증 ④ 불법으로 유해물질을 화장품에 혼입한 경우
⑤ 비의도적 오염물질의 기준 설정

10 천연 화장품 및 유기농 화장품의 제조에 사용할 수 있는 원료로 옳은 것은?

① 질산염 ② 히드로퀴논
③ 니트로사민 ④ 오리자놀
⑤ 피크릭애씨드

11 화장품에 사용하는 성분 중 가장 많은 부피를 차지하는 것은?

① 유효성분 ② 착향제
③ 부형제 ④ 보존제
⑤ 첨가제

12 화장품 안정성 확보를 위한 용기와 제품 사이의 적합성 시험항목으로 적절하지 않은 것은?

① 내용물 감량 ② 용기의 내열성 및 내한성
③ 감압누설 ④ 크로스컷트
⑤ 내용물에 의한 용기 마찰

13 화장품 원료의 사용 목적으로 옳지 않은 것은?

① 제품의 사용감 향상의 목적으로 사용되는 실리콘 오일
② 크림의 사용감 증대나 립스틱의 경도 조절용으로 사용되는 왁스
③ 크림 및 로션류의 경도나 점도를 조절하기 위해 사용되는 고급 알코올
④ 소수성 피막을 형성하여 수분 증발 억제 목적으로 사용되는 폴리올
⑤ 수성 원료의 용해를 위한 용제(용매)로 사용되는 정제수

14 다음 중 이상적인 보존제 조건에 해당하지 않는 것은?

① 높은 농도에서 다양한 균에 대한 효과를 나타내야 한다.
② 넓은 온도 및 pH 범위에서 안정되고 장기적으로 효과가 지속되어야 한다.
③ 제품의 물리적 성질에 영향을 미치지 않아야 한다.
④ 쉽게 분해되고 원료 수급이 용이하며 저렴해야 한다.
⑤ 안전성이 높고 피부 자극이 없어야 한다.

15 화장품의 품질 요소로 옳은 것은?

① 피부 자극, 감작성, 이상 반응 등 부작용이 최소화되어야 하는 사용성
② 피부 및 신체에 대한 안전을 보장하는 유효성
③ 보습, 미백, 주름 개선, 세정 등 사용 목적에 맞는 사용성
④ 사용기간 동안 물리적, 화학적 변화 등이 없어야 하는 안정성
⑤ 일상적으로 오랜 기간 지속적으로 사용하는 제품으로 보장되어야 하는 편리성

16 알파-하이드록시애시드(AHA)가 함유된 제품에 기재·표시해야 하는 사용 시의 주의사항으로 옳은 것은?(0.5퍼센트 이하의 AHA가 함유된 제품은 제외)

① 햇빛에 대한 피부의 감수성을 증가시킬 수 있으므로 자외선 차단제를 함께 사용할 것(씻어 내는 제품 및 두발용 제품은 제외)
② 눈, 코 또는 입 등에 닿지 않도록 주의하여 사용할 것
③ 정해진 용법과 용량을 잘 지켜 사용할 것
④ 만 3세 이하 어린이에게는 사용하지 말 것
⑤ 특이체질, 생리 또는 출산 전후이거나 질환이 있는 사람 등은 사용을 피할 것

17 퍼머넌트 웨이브 제품 및 헤어 스트레이너 제품에 표시해야 하는 사용 시의 주의사항으로 옳지 않은 것은?

① 얼굴 등에 약액이 묻었을 때에는 즉시 물로 씻어낼 것
② 털을 제거한 직후에는 사용하지 말 것
③ 특이체질, 생리 또는 출산 전후이거나 질환이 있는 사람 등은 사용을 피할 것
④ 섭씨 15℃ 이하의 어두운 장소에 보관할 것
⑤ 색이 변하거나 침전된 경우에는 사용하지 말 것

18 「화장품 안전기준 등에 관한 규정」에 따른 사용상의 제한이 필요한 자외선 차단제 성분과 사용 한도가 바르게 연결된 것은?

① 드로메트리졸트리실록산 : 15%
② 드로메트리졸 : 10%
③ 디갈로일트리올리에이트 : 15%
④ 디소듐페닐디벤즈이미다졸테트라설포네이트 : 산으로서 5%
⑤ 메칠렌비스-벤조트리아졸릴테트라메칠부틸페놀 : 15%

19 「화장품 안전기준 등에 관한 규정」에 따른 사용상의 제한이 필요한 보존제 성분 중 사용 후 씻어 내는 제품에만 허용되는 원료는?

① 페녹시에탄올
② 프로피오닉애씨드
③ 소듐라우로일사코시네이트
④ 벤질알코올
⑤ 아이오도프로피닐부틸카바메이트

20 착향제(향료) 구성 성분 중 알레르기 유발 성분이 아닌 것은?

① 참나무이끼추출물
② 시트랄
③ 알파-아이소메틸아이오논
④ 헥산
⑤ 리모넨

21 화장품 사용 중 발생한 유해 사례에 대한 기준으로 옳은 것은?

① 유해 사례와 화장품과 반드시 인과관계를 갖는다.
② 사망을 초래하거나 생명을 위협하는 경우를 말한다.
③ 화장품의 사용 중 발생한 바람직하지 않고 의도되지 아니한 징후, 증상 또는 질병을 말한다.
④ 화장품과 관련하여 안전성에 관한 입증자료가 불충분한 것을 말한다.
⑤ 유해 사례 중 선천적 기형 또는 이상을 초래하는 경우를 말한다.

22 「화장품 안전성 정보관리 규정」에 따른 화장품 안전성 정보의 관리 체계로 옳은 것은?

① 보고 - 수집 - 조치 - 전파
② 수집 - 보고 - 조치 - 전파
③ 보고 - 수집 - 평가 - 조치
④ 보고 - 수집 - 조치 - 평가
⑤ 보고 - 수집 - 평가 - 전파

23 「화장품의 색소 종류와 기준 및 시험 방법」에 따른 화장품 색소의 사용기준으로 옳지 않은 것은?

① 입 주위에 사용할 수 없음
② 눈 주위 및 입술에 사용할 수 없음
③ 적용 후 바로 씻어 내는 제품 및 염모용 화장품에만 사용
④ 점막에 사용할 수 없음
⑤ 화장비누에만 사용

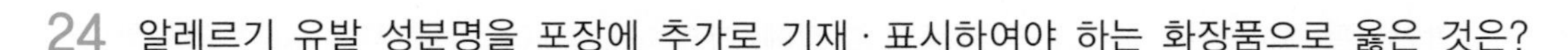

24 알레르기 유발 성분명을 포장에 추가로 기재 · 표시하여야 하는 화장품으로 옳은 것은?

① 바디 클렌저 0.005%
② 폼 클렌저 0.2%
③ 아이크림 0.0002%
④ 셰이빙폼 0.003%
⑤ 린스 0.001%

25 화장품의 안전 정보와 관련하여 식품의약품안전처장이 정하여 고시하는 사용 시의 주의사항을 포장에 추가로 기재 · 표시해야 하는 제품이 아닌 것은?

① 과산화수소 함유 탈색제
② 실버나이트레이트 함유 물휴지
③ 알루미늄 함유 제모제
④ 살리실릭애씨드 함유 영 · 유아용 오일
⑤ 스테아린산아연 함유 파우더

26 화장품의 보관 방법으로 적절하지 않는 것은?

① 화장품은 별도의 보관조건을 명시하지 않은 경우, 직사광선을 피해 서늘하고 그늘지며 건조한 곳에 보관한다.
② 화장품에 먼지나 미생물의 유입 방지를 위해 사용 후 항상 뚜껑을 꼭 닫아서 보관한다.
③ 제품에 물 등 액체를 넣으면 세균이 쉽게 자랄 수 있으므로 화장품에 습기가 차거나 다른 물질이 섞이지 않도록 조심한다.
④ 퍼프나 아이섀도 팁 등의 화장도구는 정기적으로 미지근한 물에 중성 세제로 세탁하고 화장도구는 완전히 말랐을 때 사용한다.
⑤ 햇볕, 열, 온도에 민감하기 때문에 보관 온도는 크게 바뀌지 않도록 하고 미생물 오염을 방지하기 위해 냉장에서 보관하도록 한다.

27 〈보기〉는 「기능성 화장품 기준 및 시험 방법」에 따라 기능성 화장품 심사를 위해 제출해야 하는 기준 및 시험 방법에 기재할 항목 중 일부이다. 원료 및 제형에 원칙적으로 기재해야 하는 항목을 모두 고른 것은?

보 기

ㄱ. 함량기준
ㄴ. 시성치
ㄷ. 확인시험
ㄹ. 정량법(제제는 함량시험)
ㅁ. 기능성시험

① ㄱ, ㄴ, ㄷ
② ㄱ, ㄷ, ㄹ
③ ㄱ, ㄹ, ㅁ
④ ㄴ, ㄷ, ㅁ
⑤ ㄷ, ㄹ, ㅁ

28 고압가스를 사용하는 에어로졸 제품의 포장에 기재 · 표시해야 하는 사용 시 주의사항으로 옳지 않은 것은?

① 같은 부위에 연속해서 5초 이상 분사하지 말 것
② 분사 가스는 직접 흡입하지 않도록 주의할 것
③ 섭씨 40도 이상의 장소 또는 밀폐된 장소에서 보관하지 말 것
④ 가능하면 인체에서 20센티미터 이상 떨어져서 사용할 것
⑤ 자외선 차단제의 경우 얼굴에 직접 분사하지 말고 손에 덜어 얼굴에 바를 것

29 비매품인 맞춤형 화장품의 1차 또는 2차 포장에 표시 · 기재되어야 하는 사항으로 옳지 않은 것은?

① 내용물의 용량 또는 중량
② 화장품의 명칭
③ 가격
④ 맞춤형 화장품 판매업자의 상호
⑤ 사용기한 또는 개봉 후 사용기간(개봉 후 사용기간의 경우 제조 연월일 병기)

30 제조업자가 품질관리를 위하여 필요한 사항을 책임판매업자에게 제출하지 않을 수 있는 경우로 옳은 것은?

① 화장품 제조업자와 화장품 책임판매업자가 동일한 경우
② 수입 대행형 거래를 목적으로 제품을 개발 · 생산하는 경우
③ 책임판매업자에게 위탁받은 제품을 제조하는 경우
④ 제품의 1차 포장만 하는 경우
⑤ 수입된 화장품을 생산하는 방식으로 제조하는 경우

31 CGMP 기준 탱크(tanks)의 세척 및 위생처리로 옳지 않은 것은?

① 세척을 위한 부속품 해체는 물리적/미생물 또는 교차오염 문제를 일으킬 수 있으므로 최소화되어야 한다.
② 제품에 접촉하는 모든 표면은 검사와 기계적인 세척을 하기 위해 접근할 수 있도록 한다.
③ 탱크는 완전히 내용물이 빠지도록 설계해야 한다.
④ 설비의 악화 또는 손상이 확인되고 처리되는 동안에는 모든 장비의 해체 청소가 필요하다.
⑤ 최초 사용 전에 모든 설비는 세척되어야 하고 사용 목적에 따라 소독되어야 한다.

32 포장재의 적절한 보관을 위해 고려해야 하는 사항으로 옳지 않은 것은?

① 허가되지 않거나, 불합격 판정을 받은 물질의 사용을 방지할 수 있어야 한다.
② 포장재의 용기는 밀폐되어, 충분한 간격으로 바닥과 떨어진 곳에 보관되어야 한다.
③ 포장재가 재포장 될 경우 원래의 용기와 동일하게 표시되어야 한다.
④ 열기, 추위, 햇빛 또는 습기에 노출되어 변질되는 것을 방지해야 한다.
⑤ 보관조건은 각각의 포장재에 적합해야 하고 특수한 보관조건은 재평가시스템을 확립한다.

33 화장품 용기 및 포장에 대한 법적 기준으로 옳지 않은 것은?

① 안전용기 · 포장
② 제품의 포장 재질에 관한 기준
③ 포장 제품의 재포장 금지
④ 분리배출 표시 기준
⑤ 제품 포장재 소재별 분류 기준

34 「화장품 안전기준 등에 관한 규정」에서 유통 화장품 안전관리에 따른 내용량의 기준에 적합한 것은?

① 제품 5개를 가지고 시험할 때 그 평균 내용량이 표기량에 대하여 90% 이상
② 80% 이상의 기준치를 벗어난 화장비누의 경우 3개를 더 취하여 시험할 때 4개의 평균 건조중량이 90% 기준치 이상
③ 93% 이상의 기준치를 벗어날 경우 6개를 더 취하여 시험할 때 7개의 평균 내용량이 95% 기준치 이상
④ 제품 3개를 가지고 시험할 때 그 평균 내용량이 표기량에 대하여 97% 이상
⑤ 화장비누의 경우 제품 1개를 가지고 시험할 때 건조중량이 표기량에 대하여 95% 이상

35 CGMP 기준 직원의 위생관리로 옳지 않은 것은?

① 정기적인 검사를 통해 직원의 건강관리를 파악한다.
② 신입 사원 채용 시에는 종합 병원의 건강 진단을 받아 화장품을 오염시킬 수 있는 질병이 없으며, 업무 수행에 지장이 없는 자를 채용해야 한다.
③ 직원을 작업장에 배치할 때에는 건강 상태를 점검하여야 하고, 직원은 항상 몸의 청결을 유지한다.
④ 작업장 출입 시에는 반드시 손을 씻거나 소독하여야 한다.
⑤ 작업장 및 보관소 내의 모든 직원은 화장품의 오염을 방지하기 위해 규정된 작업복을 착용하고 생산, 관리, 보관 구역 출입 시에는 출입 기록서를 작성한다.

36 화장품 관련 법령 및 규정에 근거한 맞춤형 화장품 판매업자의 준수사항으로 옳지 않은 것은?

① 맞춤형 화장품 판매 내역서 작성
② 개인정보 보호
③ 내용물 및 원료의 입고, 사용, 폐기 내역 관리
④ 부작용 발생 사례 보고
⑤ 내용물 및 원료 시험·검사

37 〈보기〉는 미생물 생육조건 및 오염균에 대한 내용이다. (　　) 안에 들어갈 말로 옳은 것은?

보 기

단백질, 아미노산 등의 영양소를 필요로 하고 25~37℃, 약산~약알칼리성에서 잘 자라는 (　　)은(는) 아민, 암모니아, 산류, 탄산가스를 생성한다. 대표적인 오염균으로는 황색포도상구균, 대장균, 녹농균이 있으며 오염된 미생물은 화장품의 품질을 저하하고 미생물의 대사산물로 인한 독성으로 소비자에 피부질환, 안질환 등의 질병을 유발시킬 수 있다.

① 진균
② 세균
③ 효모
④ 곰팡이
⑤ 칸디다균

38 미생물 제거를 위한 소독제의 조건으로 옳지 않은 것은?

① 사용기간 동안 활성 유지해야 하고 경제적이어야 한다.
② 사용농도에서 독성이 없어야 하고 제품이나 설비와 반응하지 않아야 한다.
③ 불쾌한 냄새가 남지 않아야 하고 광범위한 항균 스펙트럼 보유해야 한다.
④ 쉽게 이용할 수 있고 5분 이내의 짧은 처리에도 효과가 구현되어야 한다.
⑤ 소독 전에 존재하던 미생물이 최소한 99.9% 이상 정균되어야 한다.

39 「기능성 화장품 심사에 관한 규정」에 따라 자료 제출이 생략되는 모발의 색상을 변화(탈염·탈색)시키는 기능성 화장품의 효능·효과로 옳지 않은 것은?

① 염모제의 산화제
② 염모제의 산화제 또는 탈색제·탈염제의 산화제
③ 염모제의 산화보조제
④ 염모제의 탈색·탈염제
⑤ 염모제의 산화보조제 또는 탈색제·탈염제의 산화보조제

40 화장품에 사용되는 포장재의 소재별 특징으로 옳지 않은 것은?

① 거의 모든 화장품 용기에 이용되는 플라스틱은 가볍고 튼튼하며 투명성 및 내수성이 좋다.
② 에어로졸 용기, 립스틱 케이스 등에 사용되는 열가소성 수지(PET, PP, PS, PE, ABS 등)는 기계적 강도가 크고, 충격에 강하지만 표면에 흠집이 잘 생기고 오염되기 쉽다.
③ 종이는 주로 포장상자, 완충제, 종이드럼, 포장지, 라벨 등에 이용되며 포장지나 라벨의 경우 종이 소재에 필름을 붙이는 코팅을 하여 광택을 증가시키는 것도 있다.
④ 투명감이 좋고 광택이 있으며 착색이 가능하다는 점이 유리의 주요 특징으로 세정, 건조, 멸균의 조건에서도 잘 견디지만 깨지기 쉽고 충격에 약해 운반, 운송에 불리하다는 단점이 있다.
⑤ 화장품 용기의 튜브, 뚜껑 등에 사용되는 금속은 도금, 도장 등의 표면가공이 쉬우나 녹에 대해 주의해야 하고 무거우며 가격이 높다는 단점이 있다.

41 화장품 책임판매관리자의 품질 및 안전관리 업무에 해당하지 않는 것은?

① 안전 확보 업무 시 필요에 따라 화장품 제조업자, 맞춤형 화장품 판매업자 등 그 밖의 관계자에게 문서로 연락하거나 지시할 것
② 품질관리 업무의 수행을 위하여 필요하다고 인정할 때에는 화장품 책임판매업자에게 문서로 보고할 것
③ 품질관리 및 안전 확보 업무를 총괄할 것
④ 안전 확보 업무가 적정하고 원활하게 수행되는 것을 확인하여 기록·보관할 것
⑤ 품질관리에 관한 기록 및 화장품 제조업자의 관리에 관한 기록을 작성하고 이를 해당 제품의 제조일(수입의 경우 수입일을 말한다)부터 3년간 보관할 것

42 화장품 포장에 "질병의 예방 및 치료를 위한 의약품이 아님"이라는 문구를 표시하여야 하는 기능성 화장품으로 옳지 않은 것은?

① 탈모 증상의 완화에 도움을 주는 화장품(다만, 코팅 등 물리적으로 모발을 굵게 보이게 하는 제품은 제외)
② 여드름성 피부를 완화하는 데 도움을 주는 화장품(다만, 인체 세정용 제품류로 한정)
③ 피부장벽(피부의 가장 바깥쪽에 존재하는 각질층의 표피를 말함)의 기능을 회복하여 가려움 등의 개선에 도움을 주는 화장품
④ 튼 살로 인한 붉은 선을 엷게 하는 데 도움을 주는 화장품
⑤ 체모를 제거하는 기능을 가진 화장품

43 균질화기(homogeniger)의 세척 및 소독 방법으로 옳은 것은?

① 80℃ 상수, 호모 2,000rpm으로 10분간 교반 후 배출
② 잔류하는 반제품이 없도록 스팀 세척기로 제거 후 상수 세척
③ 정제수로 2차 세척한 후 70% 에탄올을 적신 스펀지로 닦아 소독하고 자연 건조하여 물이나 소독제가 잔류하지 않도록 함
④ 세척된 호모게나이저는 다시 조립하고, 비닐 등을 씌워 2차 오염이 발생하지 않도록 보관
⑤ 품질관리담당자는 매 주기별로 세척 후 마지막 헹굼수를 채취하여 미생물 유무 시험

44 맞춤형 화장품의 품질 · 안전 확보를 위한 시설 기준으로 옳지 않은 것은?

① 맞춤형 화장품의 품질 유지 등을 위하여 시설 또는 설비 등에 대해 주기적으로 점검 · 관리해야 한다.
② 맞춤형 화장품 간 혼입이나 미생물 오염 등을 방지할 수 있는 시설 또는 설비 등을 확보해야 한다.
③ 맞춤형 화장품 혼합 · 소분 장소와 판매 장소는 적절하게 정보를 공유하는 체계를 갖춘다.
④ 맞춤형 화장품 조제관리사가 아닌 기계를 사용하여 맞춤형 화장품을 혼합 · 소분하는 경우에는 구분 · 구획된 것으로 본다.
⑤ 맞춤형 화장품의 혼합 · 소분 공간은 다른 공간과 구분 또는 구획되어야 한다.

45 「우수 화장품 제조 및 품질관리 기준(CGMP)」 시험용 검체의 용기에 기재하여야 하는 사항으로 옳은 것은?

보 기

ㄱ. 명칭 또는 확인코드
ㄴ. 제조번호
ㄷ. 검체 채취 설비 · 기구
ㄹ. 검체 채취 일자
ㅁ. 검체의 보존 기간
ㅂ. 검체의 채취량

① ㄱ, ㄴ, ㄷ
② ㄱ, ㄴ, ㄹ
③ ㄱ, ㄴ, ㅁ
④ ㄴ, ㄷ, ㅁ
⑤ ㄷ, ㅁ, ㅂ

46 CGMP 기준 완제품 보관용 검체의 보관관리로 옳은 것은?

① 검체는 제형을 대표하는 검체를 채취해야 한다.
② 지정된 구역에 냉장으로 보관한다.
③ 적절한 보관조건 하에 지정된 구역 내에서 제조단위별로 사용기한 경과 후 1년간 보관하여야 한다.
④ 개봉 후 사용기간을 기재하는 경우에는 제조일로부터 2년간 보관하여야 한다.
⑤ 제형, 채취량(또는 코드) 그리고 날짜로 확인되어야 한다.

47 CGMP 기준 작업장의 위생관리로 옳은 것은?

① 작업장의 모든 기구에는 반드시 동일한 세제를 사용한다.
② 세척에 사용되는 세제는 작업 시작 전 반드시 안정성 검사를 거치도록 하여야 한다.
③ 모든 작업장은 주 1회 이상 전체 소독을 실시한다.
④ 청소도구함을 별도로 설치하여 세제 등을 보관하고 청소 용수로는 정제수를 사용한다.
⑤ 모든 작업장 및 보관소는 작업 종료 후 청소를 실시한다.

48 CGMP 기준 기준 일탈 제품의 폐기처리 방법으로 옳지 않은 것은?

① 기준 일탈된 제품의 일부에 추가 처리를 하여 부적합품을 적합품으로 다시 가공할 수 있다.
② 기준 일탈 제품이 발생했을 때는 미리 정한 절차에 따라 확실히 처리하고 실시한 내용을 모두 문서에 남긴다.
③ 기준 일탈이 된 완제품 또는 벌크 제품은 재작업할 수 있다.
④ 기준 일탈 제품은 폐기하는 것이 가장 바람직하나 폐기하면 큰 손해가 되므로 재작업을 고려해야 한다.
⑤ 부적합품의 재작업은 먼저 품질보증책임자에 의한 원인 조사가 필요하다.

49 손 위생을 위한 세정 및 소독제 사용 방법으로 옳은 것을 모두 고른 것은?

보 기

ㄱ. 손이 마른 상태에서 손 소독제를 모든 표면을 다 덮을 수 있도록 충분히 적용하고 타월로 닦아낸다.
ㄴ. 물로 헹군 후 손이 재 오염되지 않도록 일회용 타월로 건조시킨다.
ㄷ. 가능한 액상 제품을 사용하며 용기는 청결하게 하여 오염을 예방한다.
ㄹ. 수도꼭지를 잠글 때는 사용한 타월을 이용하여 잠근다.
ㅁ. 뜨거운 물을 사용하면 피부염 발생 위험이 증가하므로 깨끗한 찬물을 사용해 손을 적신 후, 비누를 충분히 적용한다.

① ㄱ, ㄴ, ㄹ
② ㄱ, ㄷ, ㅁ
③ ㄴ, ㄷ, ㄹ
④ ㄴ, ㄹ, ㅁ
⑤ ㄷ, ㄹ, ㅁ

50 CGMP 기준 작업장에 사용되는 세제의 살균 성분이 아닌 것은?

① 4급 암모늄 화합물
② 양성계면활성제
③ 알코올류
④ 페놀유도체
⑤ 칼슘카보네이트

51 다음 〈품질성적서〉는 화장품 책임판매업자로부터 수령한 맞춤형 화장품의 시험 결과이다. 유통 화장품 안전관리 기준에 부적합한 시험항목을 모두 고른 것은?

〈CERTIFICATE OF ANALYSIS〉

- Product Name : SP 오일 - Product Code : BK 10901

시험항목	시험 결과
색상 및 형태	옅은 녹색을 띄는 투명한 액체
ㄱ. 비소	5ppm 이하
ㄴ. 납	30ppm 이하
ㄷ. 포름알데하이드	1,800ppm 이하
ㄹ. 수은	5ppm 이하
ㅁ. pH	6.67
ㅂ. 이물질	불검출

① ㄱ, ㄴ
② ㄴ, ㄹ
③ ㄷ, ㅁ
④ ㄷ, ㅂ
⑤ ㄹ, ㅁ

52 〈보기〉의 특성 및 용도에 따른 화장품 용기의 포장재 소재로 옳은 것은?

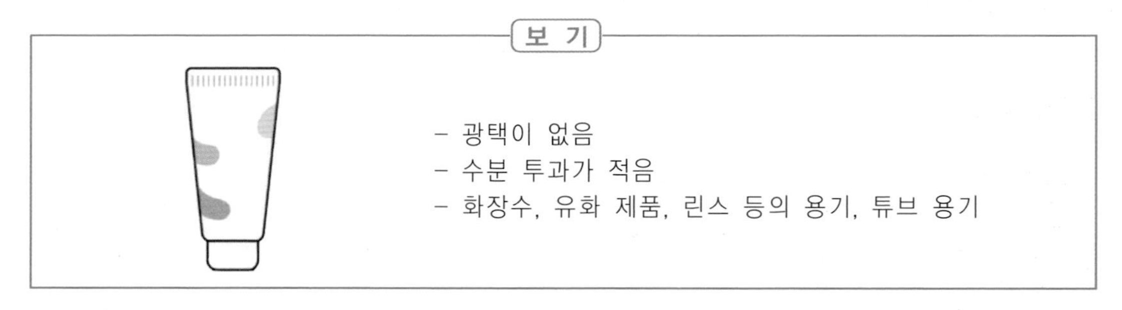

① PS(폴리스티렌)
② PP(폴리프로필렌)
③ PVC(폴리염화비닐)
④ PET(폴리에틸렌 테레프탈레이트)
⑤ HDPE(고밀도 폴리에틸렌)

53 다음 중 피부의 흡수에 대한 내용으로 옳지 않은 것은?

① 흡착은 물질과 피부 구조 성분과의 결합을 의미한다.
② 흡수는 물질이 피부 각질층을 통과하는 것을 의미한다.
③ 침투는 물질의 총체적인 피부 침입을 의미한다.
④ 투과는 침윤으로 보여지는 피부의 관통을 의미한다.
⑤ 경피 흡수는 외부에서 접촉된 물질이 모공을 통해 피부로 흡수되는 현상을 의미한다.

54 모발의 모경지수에 대한 설명으로 옳지 않은 것은?

① 직모인가 곱슬모인가를 구분하는 계산법이다.
② 모경지수 = (모발 두께의 최단경) / (모발 두께의 최장경) × 100
③ 모경지수가 100이면 직모라 할 수 있다.
④ 모경지수가 50이면 곱슬모라 할 수 있다.
⑤ 모경지수가 200이면 파상모라 할 수 있다.

55 파운데이션의 관능평가에서 중요한 특성 강도로 적절하지 않은 것은?

① 파우더와의 밀착감
② 화장 상태(자연스러움)
③ 화장 지속력
④ 펴 발림성
⑤ 유화 형태

56 다음 중 원료 물질의 변질 · 변패를 확인하기 위한 관능검사로 옳지 않은 것은?

① 화학적 분석(원료의 신선도 등)
② 냄새의 발생(암모니아 냄새, 아민 냄새, 산패한 냄새, 알코올 냄새 등)
③ 색깔의 변화(변색, 퇴색, 광택 등)
④ 성상의 변화(고형의 경우 액상화, 액상화의 경우 고형화 등)
⑤ 이상한 맛이나 불쾌한 맛의 발생(신맛, 쓴맛, 자극적인 맛 등)

57 모발의 화학적 결합이 아닌 것은?

① 염 결합
② 케라틴 결합
③ 펩타이드 결합
④ 수소 결합
⑤ 시스틴 결합

58 흑갈색의 유멜라닌을 생성하는 경로와 무관한 화학 물질로 옳은 것은?

① 티로신
② 도파
③ 도파퀴논
④ 메티오닌
⑤ 도파크롬

59 손상된 모발의 회복 방법으로 옳지 않은 것은?

① 모표피의 소수성막 형성
② 모표피상의 수지막 형성
③ 안료의 첨가
④ 고분자 물질의 흡착
⑤ 간충물질의 보급

60 맞춤형 화장품 조제관리사인 석재는 매장을 방문한 고객과 다음과 같은 〈대화〉를 나누었다. 석재가 고객에게 혼합하여 추천할 제품으로 다음 〈보기〉 중 옳은 것을 모두 고르면?

대 화

고객 : 잦은 야외활동으로 인해 피부가 많이 그을려진 거 같아요.
자외선이 차단되는 제품으로 사용하고 싶어요.
석재 : 아, 그러신가요? 그럼 고객님 피부 상태를 측정해보도록 할까요?
고객 : 그렇게 해주시겠어요? 지난번 방문 시와 비교해 주시면 좋겠네요.
그리고 색소 침착도도 측정해 주세요~
석재 : 네, 이쪽에 앉으시면 저희 측정기로 측정을 해드리겠습니다.

〈피부 측정 후〉

석재 : 고객님은 지난번 측정 시보다 보습도는 좋으신데, 색소 침착도가 20% 가량 높아져 있네요~
고객 : 음... 걱정이네요. 그럼 어떤 제품을 쓰는 것이 좋을지 추천 부탁드려요.

보 기

ㄱ. 티타늄디옥사이드(Titanium Dioxide) 함유 제품
ㄴ. 알파-비사보롤(α-Bisaborol) 함유 제품
ㄷ. 트레할로스(Trehalose) 함유 제품
ㄹ. 소듐하이알루로네이트(Sodium Hyaluronate) 함유 제품
ㅁ. 레티놀(Retinol) 함유 제품

① ㄱ, ㄴ
② ㄱ, ㅁ
③ ㄴ, ㄷ
④ ㄴ, ㄹ
⑤ ㄷ, ㄹ

61 다음 중 염모제에 사용되는 염료 성분이 아닌 것은?

① 탄산수소암모늄
② 카테콜
③ 디페닐아민
④ 탄닌산
⑤ 니트로파라페닐렌디아민

62 피지선에 관련된 설명으로 옳지 않은 것은?

① 피지의 분비량은 부위에 따라 다르다.
② 피지선의 분비작용은 어린이에게서는 보기 드물고 사춘기 이후 활발해진다.
③ 남성호르몬의 작용에 의하여 피지선의 기능이 활발해진다.
④ 손바닥과 발바닥에 큰 기름샘이 다수 존재한다.
⑤ 여성호르몬의 작용에 의하여 피지선의 기능이 억제된다.

63 햇빛의 과다 노출에 의한 신체 반응이 아닌 것은?

① 피부의 탄력이 저하하고 주름이 생긴다.
② 피부가 친수성 구조로 바뀐다.
③ 세포 단백질이 분해되어 생긴 물질이 붉은 반점과 부종을 일으킨다.
④ 피부 세포 내 DNA의 돌연변이가 일어나 암세포가 생성된다.
⑤ 피부가 얇고 건조해진다.

64 맞춤형 화장품 판매 시 1차 포장에 기재되어야 할 사항으로 옳은 것은?

① 혼합된 원료의 용량
② 화장품 책임판매업자의 전화번호
③ 사용 시의 주의사항
④ 사용기한 또는 개봉 후 사용기간(개봉 후 사용기간의 경우 제조 연월일 병기)
⑤ 인체에 무해한 소량 함유 성분

65 다음 중 소비자 사용을 고려한 제품의 안정성 보증으로 옳지 않은 것은?

① 비누 : 물 혼입이나 침적에 의한 물러짐, 점도 저하, 사용성 변화, 세정력 등
② 두발 염색용 제품 : 손이나 타올, 욕실 기구에의 염착성 등
③ 선 스크린 제품 : 안경, 빗, 스펀지, 세면대 등의 재질에의 침식성, 내구성 등
④ 에어로졸 제품 : 휘발성 성분으로 인한 영향, 가스의 누출 등
⑤ 목욕용 제품 : 사용 후 남은 물의 방부성, 타올에의 착색성, 잘못 마시거나 눈에 들어갔을 경우의 안전성 등

66 다음 중 멜라닌형성세포(melanocyte)에 대한 설명으로 옳지 않은 것은?

① 두발의 색을 결정하는 멜라닌 색소는 모피질을 만드는 모모세포로부터 별도의 색소 세포인 멜라노사이트(melanocyte)에 의해 생성된다.
② 멜라노사이트에서 분비된 멜라닌 색소의 양과 특성에 따라서 두발의 색이 결정된다.
③ 멜라노사이트는 표피에 존재하는 세포의 약 5%를 차지하고 있으며 대부분 기저층에 위치한다.
④ 멜라노사이트는 긴 수지상 돌기를 가진 가늘고 길쭉한 형태를 하고 있으며, 주위의 각질형성세포 사이로 뻗어있다.
⑤ 멜라노사이트는 표피의 기저층 윗부분으로 확산되어 자외선에 의해 기저층의 세포가 손상되는 것을 막아준다.

67 맞춤형 화장품 조제관리사인 수진이는 매장을 방문한 고객과 다음과 같은 〈대화〉를 나누었다. 수진이가 고객에게 혼합하여 추천할 제품으로 다음 〈보기〉 중 적절한 것을 모두 고르시오.

대 화

고객 : 화장품을 선물 받아서 바꾸었는데 얼굴이 칙칙해졌어요.
예전보다 피부가 거칠기도 하구요.
수진 : 아, 그러신가요? 그럼 고객님 피부 상태를 측정해보도록 할까요?
고객 : 네, 그렇게 해주세요~ 그리고, 지난번 방문 시와 비교도 해주세요.
수진 : 네, 이쪽에 앉으시면 저희 측정기로 측정을 해드리겠습니다.

〈피부 측정 후〉

수진 : 고객님은 3달 전 측정 시보다 색소 침착도가 10% 가량 높아져 있고, 피부결 거침의 정도가 2배가 증가되어 있네요.
고객 : 음... 걱정이네요. 그럼 어떤 제품을 쓰는 게 좋을지 추천 부탁드려요.

보 기

ㄱ. 카라멜(Caramel) 함유 제품
ㄴ. 아줄렌(Azulene) 함유 제품
ㄷ. 소듐하이알루로네이트(Sodium Hyaluronate) 함유 제품
ㄹ. 오메가-히드록실산(ω-hydroxyl acid) 함유 제품
ㅁ. 알부틴(Arbutin) 함유 제품

① ㄱ, ㄷ
② ㄱ, ㄹ
③ ㄴ, ㅁ
④ ㄷ, ㄹ
⑤ ㄹ, ㅁ

68 탈모증의 원인으로 옳지 않은 것은?

① 안드로겐의 과잉 분비는 피지선의 활동을 촉진시키며 지루성 비듬을 발생시켜 탈모증상을 악화시킨다.
② 테스토스테론이 5α-환원효소에 의해 디하이드로테스토스테론(DHT) 되어 남성형 탈모를 일으킨다.
③ 철결핍, 아연결핍, 갑상선 기능 문제 등으로 휴지기 탈모가 유발된다.
④ 백선균의 감염에 의해 일어나는 전염성 피부병으로 표피의 각화층을 감염시켜 일어난다.
⑤ 비듬이 악화되고 모근이 파괴되어 지루성 탈모가 진행된다.

69 가용화(solubilization) 공정에 영향을 미치는 요인으로 옳지 않은 것은?

① 온도
② 농도
③ pH
④ 시간
⑤ 습도

70 접촉 피부염을 발생시키는 피부 자극 원인 물질로 적절하지 않은 것은?

① 세정제나 비누
② 공업용 용제와 아세톤
③ 나무나 원예작물
④ 섬유 유리, 인조 섬유
⑤ 항원(알레르겐)

71 맞춤형 화장품 혼합 시 제형의 안정성을 감소시키는 요인이 아닌 것은?

① 제조기구의 소재
② 원료 투입 순서
③ 진공 세기
④ 유화 공정
⑤ 회전속도

72 맞춤형 화장품 혼합 · 소분 후 유동성을 측정할 때 사용되는 기구는?

① 비중계(density meter)
② pH 측정기(pH meter)
③ 레오메터(rheometer)
④ 분산기(disper mixer)
⑤ 균질화기(homogenizer)

73 유통 화장품 안전관리 pH(3.0~9.0)기준에 적합해야 하는 제품으로 옳은 것은?

① 영 · 유아용 샴푸, 영 · 유아용 린스, 영 · 유아용 인체 세정용 제품
② 샴푸, 린스
③ 셰이빙 크림, 셰이빙 폼
④ 액, 로션, 크림
⑤ 물을 포함하지 않는 제품

74 유통 화장품 안전관리 기준 니켈의 눈 화장용 제품 검출 허용 한도로 옳은 것은?

① 5μg/g 이하
② 20μg/g 이하
③ 30μg/g 이하
④ 35μg/g 이하
⑤ 50μg/g 이하

75 유통 화장품 안전관리 시험 방법에서 규정하고 있는 시험 방법 중 납, 비소를 동시에 분석할 수 있는 시험법으로 옳은 것은?

① 원자흡광광도법
② 비색법
③ 푹신아황산법
④ 액체크로마토그래프법
⑤ 유도결합플라즈마-질량분석법

76 유통 화장품 안전관리 기준 비의도적 유래물질 검출 허용 한도로 적합한 것은?

① 디옥산 : 200μg/g 이하
② 비소 : 15μg/g 이하
③ 수은 : 20μg/g 이하
④ 카드뮴 : 15μg/g 이하
⑤ 메탄올 : 0.2(v/v)% 이하

77 관능평가 시 변동 요인으로 작용하지 않는 것은?

① 개인의 심리 상황
② 기호성
③ 평가 방법
④ 환경
⑤ 신뢰성

78 다음 중 모발의 해부 조직학적 구조로 옳지 않은 것은?

① 모발은 모낭과 모유두로 구분된다.
② 모발 중 피부 내에 매몰되어 있는 부분을 모근부라고 한다.
③ 모근부 아래쪽으로 곤봉의 불룩한 부분과 같은 것을 모구(毛球)라 한다.
④ 모구의 들어간 부분과 모유두의 뾰족한 부분이 맞물린 형으로 되어 있다.
⑤ 모발 중 피부 면에서 외부로 나와 있는 부분을 모간부라고 한다.

79 다음 올소코텍스(o-코텍스)와 파라코텍스(p-코텍스)에 관한 내용으로 맞지 않는 것은?

① 시스틴양은 올소코텍스가 파라코텍스보다 적다.
② 팽윤성은 올소코텍스가 파라코텍스보다 크다.
③ 웨이브는 올소코텍스가 파라코텍스보다 쉽다.
④ 산성 염료의 염착성은 올소코텍스가 파라코텍스보다 좋다.
⑤ 기계적 강도는 올소코텍스가 파라코텍스보다 크다.

80 「화장품 가격 표시제 실시요령」에 따른 가격 표시 방법으로 옳지 않은 것은?

① 판매 가격의 표시는 유통단계에서 쉽게 훼손되거나 지워지지 않으며 분리되지 않도록 스티커 또는 꼬리표를 표시하여야 한다.
② 판매 가격이 변경되었을 경우에는 기존의 가격 표시가 보이지 않도록 변경 표시하여야 한다.
③ 판매 가격은 개별 제품에 스티커 등을 부착하여야 하나 개별 제품으로 구성된 종합 제품으로써 분리하여 판매하지 않는 경우에는 그 종합 제품에 일괄하여 표시할 수 있다.
④ 판매자가 업태, 취급 제품의 종류 및 내부 진열 상태 등에 따라 개별 제품에 가격을 표시하는 것이 곤란한 경우에는 소비자가 가장 쉽게 알아볼 수 있도록 제품명, 가격이 포함된 정보를 제시하는 방법으로 판매 가격을 별도로 표시할 수 있다.
⑤ 화장품을 소비자에게 직접 판매하는 자가 실제 거래가격을 표시하여야 하며 매장크기에 따라 가격 표시를 하지 않고 진열·전시할 수 있다.

81 책임판매관리자 및 맞춤형 화장품 조제관리사는 화장품 안전성 확보 및 (㉠)에 관한 교육을 매년 받아야 한다. 식품의약품안전처장은 국민 건강상 위해를 방지하기 위하여 필요하다고 인정하면 (㉡)에게 화장품 관련 법령 및 제도에 관한 교육을 받을 것을 명할 수 있다. ㉠, ㉡에 적합한 용어를 작성하시오.

82 〈보기〉는 위해 화장품의 회수계획 및 회수 절차에 대한 내용이다. ㉠, ㉡, ㉢에 들어갈 용어를 각각 작성하시오.

보 기

- 화장품을 회수하거나 회수하는데 필요한 조치를 하려는 화장품 제조업자 또는 화장품 책임판매업자는 즉시 판매 중지 등의 필요한 조치를 하여야 하고 회수 대상 화장품이라는 사실을 안 날부터 (㉠) 이내에 회수계획서(회수 기간 기재) 및 서류를 첨부하여 제출하여야 한다.
- 다만, 회수 기간 이내에 회수하기가 곤란하다고 판단되는 경우 회수 기간 연장을 요청할 수 있으며 위해성 등급이 "가" 등급인 화장품은 회수가 시작한 날부터 (㉡) 이내, 위해성 등급이 "나" 또는 "다" 등급인 화장품은 회수를 시작한 날부터 (㉢) 이내에 회수 기간 연장을 요청할 수 있다.

83 화장품 원료 등의 위해 평가 실시 과정을 순서대로 나열하시오.

보 기

ㄱ. 위해 요소의 노출된 양을 산출하는 노출평가 과정
ㄴ. 위해 요소의 인체 노출 허용량을 산출하는 위험성 결정 과정
ㄷ. 위해 요소의 인체 내 독성을 확인하는 위험성 확인 과정
ㄹ. 결과를 종합하여 인체에 미치는 위해 영향을 판단하는 위해도 결정 과정

84 다음은 「화장품법 시행규칙」 제18조 1항에 따른 안전용기 · 포장을 사용하여야 할 품목에 대한 설명이다. ( ) 안에 들어갈 알맞은 성분의 종류를 작성하시오.

보 기

ㄱ. 아세톤을 함유하는 네일 에나멜 리무버 및 폴리시 리무버
ㄴ. 개별 포장당 ( )류를 5% 이상 함유하는 액체 상태의 제품
ㄷ. 어린이용 오일 등 개별 포장당 탄화수소류를 10% 이상 함유하고 운동점도가 21센티스톡스(섭씨 40도 기준) 이하인 비에멀젼 타입의 액체 상태 제품

85 화장품 책임판매업자 및 맞춤형 화장품 판매업자가 화장품을 판매할 때에는 (㉠) 미만의 어린이가 개봉하기 어렵게 설계·고안된 안전용기·포장을 사용하여야 한다. 개봉하기 어려운 정도의 구체적인 기준 및 시험 방법은 「어린이 보호 포장 대상 공산품의 안전기준」에 따라 성인이 개봉하기 어렵지 않지만 (㉡) 미만의 어린이가 내용물을 꺼내기 어렵게 설계·고안된 포장(용기를 포함)으로 한다. ㉠, ㉡에 들어갈 알맞은 용어를 작성하시오.

86 기초 화장품은 (㉠) 즉, 피부의 고유 기능을 정상으로 유지시켜주는 역할을 하기 위해 사용하며, 건강하고 아름다운 피부를 유지·회복시키는 것으로 청결, 항건조, 항산화 등의 기능이 있다. ㉠에 적합한 용어를 작성하시오.

87 다음 〈제품〉의 포장에 추가로 표시해야 하는 성분별 사용 시의 주의사항 문구를 〈보기〉에서 고르시오.

제 품

부틸파라벤, 프로필파라벤, 이소부틸파라벤 또는 이소프로필파라벤 함유 영·유아용 로션

보 기

ㄱ. 만 3세 이하 어린이의 기저귀가 닿는 부위에는 사용하지 말 것
ㄴ. 사용 시 흡입되지 않도록 주의할 것
ㄷ. 만 3세 이하 어린이에게는 사용하지 말 것
ㄹ. 눈에 접촉을 피하고 눈에 들어갔을 때는 즉시 씻어낼 것

88 모발 구성 성분 중 가장 많은 비중을 차지하는 물질은 (　　)이다. (　　) 안에 들어갈 용어를 작성하시오.

89 다음 〈보기〉의 (　　) 안에 들어갈 용어를 작성하시오.

보 기

화장품 안전성 평가항목인 (　　)시험은 피부상의 피시험 물질이 자외선에 폭로되었을 때 생기는 접촉 감작성을 검출하는 방법으로 감작성시험에 광조사가 가해지는 것이다.

90 〈보기〉는 미생물 오염에 관한 설명이다. ㉠, ㉡, ㉢에 들어갈 용어를 작성하시오.

보 기

작업장 먼지(공기), 오염된 물, 화장품 재료, 보관, 기타 제조 장비 등 공장 제조에서 유래하는 오염을 (㉠)이라 하고, 소비자의 사용 중의 미생물 오염을 (㉡)이라고 한다. 손이나 얼굴에도 다량의 (㉢)이 상재하기 때문에 손가락으로 내용물을 꺼내어 사용하고 남은 내용물을 다시 넣는 경우 또는 뚜껑을 열어 둔 채로 방치하는 경우 미생물에 오염되기 쉽다.

91 〈보기〉는 진피의 부속기관에 대한 설명이다. ㉠에 적합한 단어를 작성하시오.

보 기

(㉠)은(는) 지질을 만들어내는 분비샘으로 손바닥, 발바닥을 제외한 전신의 피부에 존재한다. 신체 부위에 따라 크기, 형태, 분포도가 다르고 사춘기 이후 남성호르몬 작용에 의하여 기능이 활발해진다.

92 화장품의 유해 사례는 다음과 같이 농도에 의존하는 (㉠)과 농도와 무관한 (㉡)으로 구분될 수 있다. ㉠, ㉡에 들어갈 용어를 한글로 쓰시오.

(㉠)	(㉡)
- 몇 시간 내 사라짐 - 농도가 묽어짐에 따라 반응 감소 또는 반응 없음 - 농도에 따라 나타남	- 며칠~몇 주간 지속, 다른 부위로 퍼질 수 있음 - 농도가 낮아도 알러지 반응 일어날 수 있음 - 농도 차이는 반응 정도와 관계없음 - allegen만 있으면 세포 면역이 작용하여 자극 반응 일어남

93 「기능성 화장품 기준 및 시험 방법」(식품의약품안전처 고시), 국제화장품원료집(ICID) 및 「식품의 기준 및 규격」(식품의약품안전처 고시)에서 정하는 원료로 제조되거나 제조되어 수입된 기능성 화장품의 경우 인체 적용시험 자료에서 피부 이상 반응이 발생하지 않은 경우에 한하여 (㉠)에 관한 자료 제출을 면제 받을 수 있다. ㉠에 들어갈 적합한 용어를 작성하시오.

94 〈보기〉의 (　　) 안에 들어갈 용어를 한글로 쓰시오.

> **보 기**
>
> (　　)은(는) 모간의 가장 외측 부분으로 에피큐티클, 엑소큐티클, 엔도큐티클 3개의 층으로 구성되어 있다. 물리적 자극으로 손상, 박리, 탈락 등이 발생되면 모피질에 손상을 주게 되며 두꺼울수록 모발은 단단하고 화학적 저항성이 강한 층이다.

95 〈보기〉는 맞춤형 화장품 판매업자가 작성해야 하는 맞춤형 화장품 판매 내역서이다. ㉠, ㉡에 적합한 용어를 작성하시오.

판매 내역서								
판매일자	제품명	(㉠)	사용기한	(㉡)	고객 정보		조제관리사명	비고
					성명	연락처		

96 「화장품 표시·광고 실증에 관한 규정」에 따라 합리적인 근거로 인정될 수 있는 실증자료를 모두 골라 쓰시오.

> **보 기**
>
> ㄱ. 인체 적용시험 자료, 인체 외 시험 자료 등 또는 같은 수준 이상의 조사자료여야 한다.
> ㄴ. 객관적이고 과학적인 절차와 방법에 따라 작성된 것이어야 한다.
> ㄷ. 조사 결과는 질문 방법이 목적이나 통계상의 방법과 일치하여야 한다.
> ㄹ. 실증자료의 내용은 광고에서 주장하는 내용과 간접적으로 관계가 있어야 한다.
> ㅁ. 실증에 사용되는 시험 또는 조사의 방법은 주관적이고 정량적이어야 한다.

97 〈보기〉는 「기능성 화장품 기준 및 시험 방법」에 따른 화장품 제형에 대한 설명이다. ㉠, ㉡에 들어갈 용어를 한글로 쓰시오.

> **보 기**
>
> –(㉠) : 유화제 등을 넣어 유성 성분과 수성 성분을 균질화하여 점액상으로 만든 것
> –(㉡) : 액체를 침투시킨 분자량이 큰 유기분자로 이루어진 반고형상

98 다음 〈보기〉는 맞춤형 화장품의 전성분 항목이다. 소비자에게 사용된 성분에 대해 설명하기 위하여 다음 화장품 전성분 표기 중 사용상의 제한이 필요한 자외선 차단 성분과 보존제 성분 및 최대 함량을 순서대로 쓰시오.

보 기

정제수, 사이클로펜타실록산, 이소프로필미리스테이트, 징크옥사이드, 하이드로제네이티드 폴리이소부텐, 사이클로헥사실록산, 실리카, 페닐트리메치콘, 디메치콘, 디프로필렌글라이콜, 알부틴, 세틸피이지/피피지-10/1디메치콘, 마그네슘설페이트, 부틸렌글라이콜, 글리세린, 부틸렌글라이콜디카프릴레이트/디카프레이트, 피이지-9폴리디메칠실록시에칠디메치콘, 마이카, 알루미늄하이드록사이드, 스테아릭애씨드, 소르비탄이소스테아레이트, 디메치콘/비닐디메치콘 크로스폴리머, 위치하젤수, 라벤더꽃수, 트레할로스, 자몽추출물, 연꽃추출물, 녹차추출물, 포도씨오일, 디소듐이디티에이, 카프릴릴글라이콜, 에칠헥실글리세린, 1,2-헥산디올, 페녹시에탄올, 적색산화철, 황색산화철, 흑색산화철

99 다음 중 「화장품 안전기준 등에 관한 규정」에 따라 화장품에 사용할 수 없는 원료를 〈보기〉에서 모두 골라 쓰시오.

보 기

ㄱ. 납 및 그 화합물　　ㄴ. 니켈
ㄷ. 트레할로스　　ㄹ. 크롬 ; 크로믹애씨드 및 그 염류
ㅁ. 부틸렌글라이콜　　ㅂ. 세라마이드

100 다음은 안전성에 관한 시험 방법이다. (　　) 안에 들어갈 동물 대체시험법을 〈보기〉에서 골라 쓰시오.

시험법

동물 대체시험법이란 동물을 사용하지 않거나 동물 수 감소 또는 고통을 경감시킬 수 있는 방법을 이용한 시험법으로 현재 화장품에서는 동물 대체를 인정한다. 피부 감작성 물질이란 반복적 피부 접촉 후 알레르기 반응을 유도하는 물질로 화장품 피부 감작성 동물 대체시험법에는 (　　)이(가) 있다.

보 기

용량고저법, 국소림프절 시험법(LLNA), 단시간노출법(STE), 고정용량법, ICE(Isolated Chicken Eye) 시험법, 독성등급법, Patch Test

제 5 회 실전모의고사

01 「화장품법 시행규칙」에 따른 맞춤형 화장품 판매업의 변경 신고 대상이 아닌 것은?

① 맞춤형 화장품 판매업자의 변경
② 맞춤형 화장품 판매업소의 상호 변경
③ 맞춤형 화장품 판매업자의 소재지 변경
④ 맞춤형 화장품 판매업소의 소재지 변경
⑤ 맞춤형 화장품 조제관리사의 변경

02 어린이 안전용기 · 포장 사용을 위반한 영업자에 대한 처벌로 옳은 것은?

① 100만원 이하의 과태료
② 등록 취소
③ 200만원 이하의 벌금
④ 해당 품목 제조 또는 판매업무정지 12개월
⑤ 1년 이하의 징역 또는 1천만원 이하의 벌금

03 매장 내 영상정보처리기기 설치 · 운영 시 안내판에 포함되어야 하는 사항이 아닌 것은?

① 관리책임자 성명 및 연락처
② 설치 목적 및 장소
③ 보유 및 이용 기간
④ 촬영 범위
⑤ 촬영 시간

04 다음 〈보기〉는 화장품 책임판매업자의 준수사항이다. ( ) 안에 들어갈 성분으로 옳지 않은 것은?

보 기
( ) 성분을 0.5퍼센트 이상 함유하는 제품의 경우 해당 품목의 안정성 시험 자료를 최종 제조된 제품의 사용기한이 만료되는 날부터 1년간 보존할 것

① 토코페롤(비타민 E)
② 페녹시에탄올
③ 효소
④ 과산화화합물
⑤ 레티놀(비타민 A) 및 그 유도체

05 면도용 제품류의 특성으로 적절하지 않은 것은?

① 셰이빙 폼(shaving foam)은 면도기와 피부의 마찰을 줄이기 위해 거품을 풍성하게 내서 사용하는 제품이다.
② 남성용 탤컴(talcum)은 피부의 유수·분을 조절하여 면도 시 제거된 털이 피부에 달라붙는 것을 방지하고 피부에 진정 효과를 주기 위해 사용하는 제품이다.
③ 셰이빙 크림(shving cream) 면도 후 더러움을 씻어내고 상쾌감을 주기 위해 사용되는 제품이다.
④ 애프터셰이브 로션(aftershave loton)은 면도기에 의해 생기는 상처의 화농을 방지하고 면도 후 이완된 모공을 수축시켜 피부를 건강하게 하기위해 사용하는 제품이다.
⑤ 프리셰이브 로션(preshave lotion)은 턱수염 등을 부드럽게 하여 면도를 용이하게 하거나 면도에 의한 피부 자극을 줄이기 위해 면도 전에 사용되는 제품이다.

06 기초 화장용 제품류 중 팩, 마스크의 사용 목적으로 옳지 않은 것은?

① 방취, 제한 작용
② 보습 및 유연 효과
③ 피부 청정 작용
④ 유효 성분 흡수
⑤ 피부 혈행 촉진

07 다음 중 천연 화장품 및 유기농 화장품 제조에 사용할 수 있는 원료는?

① 유전자 재조합 농산물
② 다이옥신
③ 폴리염화비페닐
④ 방향족 탄화수소
⑤ 알킬아미도프로필베타인

08 착향제는 "향료"로 표시할 수 있으나 「화장품 사용 시의 주의사항 및 알레르기 유발 성분 표시에 관한 규정」에서 정한 알레르기 유발 성분이 있는 경우, 사용 후 씻어 내는 제품에 (㉠) 초과, 사용 후 씻어 내지 않는 제품에 (㉡) 초과 함유하는 경우에 한하여 해당 성분의 명칭을 기재해야 한다. ( ) 안에 들어갈 말로 옳은 것은?

	㉠	㉡
①	0.1%	0.001%
②	0.001%	0.001%
③	0.1%	0.1%
④	0.01%	0.001%
⑤	0.001%	0.01%

09 「기능성 화장품 심사에 관한 규정」에 따라 자료 제출이 생략되는 기능성 화장품의 종류에서 성분 · 함량을 고시한 품목의 경우 제출이 면제되는 자료가 아닌 것은?

① 기원 및 개발 경위에 관한 자료
② 기준 및 시험 방법에 관한 자료
③ 안전성에 관한 자료
④ 유효성에 관한 자료
⑤ 기능에 관한 자료

10 다음 〈보기〉의 성분을 함유한 제품에 표시해야 하는 사용 시의 주의사항 문구로 옳은 것은?

보 기
스테아린산아연 함유(기초 화장용 제품류 중 파우더 제품에 한함)

① 눈에 접촉을 피하고 눈에 들어갔을 때는 즉시 씻어낼 것
② 만 3세 이하 어린이의 기저귀가 닿는 부위에는 사용하지 말 것
③ 알부틴은 인체 적용시험 자료에서 구진과 경미한 가려움이 보고된 예가 있음
④ 사용 시 흡입되지 않도록 주의할 것
⑤ 신장질환이 있는 사람은 사용 전에 의사, 약사, 한의사와 상의할 것

11 다음 중 과태료를 부과해야 하는 영업자는?

① 화장품의 안전성 확보 및 품질관리에 관한 교육을 받지 않은 맞춤형 화장품 조제관리사
② 맞춤형 화장품 조제관리사를 두지 않은 맞춤형 화장품 판매업자
③ 거짓이나 부정한 방법으로 천연 화장품 인증을 받은 화장품 책임판매업자
④ 사용기한 또는 개봉 후 사용기간을 위 · 변조한 화장품을 판매한 맞춤형 화장품 판매업자
⑤ 병원미생물에 오염된 화장품을 판매한 맞춤형 화장품 판매업자

12 「화장품법 시행규칙」 [별표 3]에 따라 화장품의 포장에 표시하여야 하는 산화염모제와 비산화염모제의 염모 시 주의사항으로 옳은 것은?

① 염색 전 2일 전(48시간 전)에는 다음의 순서에 따라 매회 반드시 패취테스트(patch test)를 실시하여 주십시오.
② 눈썹, 속눈썹 등은 위험하므로 사용하지 마십시오. 염모액이 눈에 들어갈 염려가 있습니다. 그 밖에 두발 이외에는 염색하지 말아 주십시오.
③ 면도 직후에는 염색하지 말아 주십시오.
④ 염모 전후 1주간은 파마 · 웨이브(퍼머넌트 웨이브)를 하지 말아 주십시오. 손가락이나 손톱을 보호하기 위하여 장갑을 끼고 염색하여 주십시오.
⑤ 염모액이 피부에 묻었을 때는 곧바로 물 등으로 씻어내 주십시오.

13 〈보기〉는 「화장품법 시행규칙」에 따라 기재 · 표시를 생략할 수 있는 성분 중 일부이다. (　　) 안에 들어갈 성분으로 옳은 것은?

보 기

ㄱ. 제조과정 중에 제거되어 최종 제품에 남아 있지 않는 성분
ㄴ. (㉠), 보존제 등 원료 자체에 들어있는 부수 성분으로 그 효과가 나타나게 하는 양보다 적은 양이 들어있는 성분

① 용해보조제
② 안정화제
③ 색소
④ pH 조절제
⑤ 착향제

14 화장품 유형 중 기초 화장용 제품이 아닌 것은?

① 손 · 발의 피부 연화 제품
② 프리셰이브 로션
③ 눈 주위 제품
④ 바디 제품
⑤ 클렌징 워터, 클렌징 오일, 클렌징 크림 등 메이크업 리무버

15 착향제의 구성 성분 중 식품의약품안전처장이 정하여 고시한 알레르기 유발 성분이 아닌 것은?

① 리날룰
② 벤질벤조에이트
③ 제라니올
④ 제라늄
⑤ 신남알

16 다음 〈보기〉에서 설명하는 화장품에 사용되는 성분으로 옳은 것은?

보 기

피부를 강력히 수렴시켜 땀의 발생을 억제하며 클로로하이드록시알루미늄, 염화알루미늄, 산화아연 등이 사용된다.

① 제한제
② 살균제
③ 보습제
④ 피지 억제제
⑤ 각질 용해제

17 맞춤형 화장품 매장에서 근무하는 조제관리사에게 향료 알레르기가 있는 고객이 제품에 대해 문의해 왔다. 조제관리사가 제품에 부착된 〈보기〉의 설명서를 참조하여 고객에게 안내해야 할 말로 가장 적절한 것은?

보 기

- ▣ 제품명 : 천연 바디워시
- ▣ 내용량 : 150g
- ▣ 전성분 : 정제수, 알킬아미도프로필베타인, 토코페롤, 베타인, 글리세린, 잔탄검, 아니스알코올, 감초추출물, 1,2헥산디올, 유카추출물, 피토스테롤, 자초추출물, 카멜리아꽃추출물, 판테놀, 알란토인, 오렌지오일

① 이 제품은 천연 화장품으로 피부 자극이 없습니다.
② 이 제품은 천연 화장품 인증을 받은 제품으로 절대 알레르기 반응을 일으키지 않습니다.
③ 이 제품은 조제관리사가 조제한 천연 맞춤형 화장품으로 알레르기 체질 개선에 효과가 있습니다.
④ 이 제품은 알레르기를 유발 성분이 포함되어 있어 사용 시 주의를 요합니다.
⑤ 이 제품은 보존제 무첨가 제품으로 안심하고 사용하실 수 있습니다.

18 화장품에 알루미늄 및 그 염류 성분을 함유한 경우 안전 정보와 관련하여 식품의약품안전처장이 고시하는 사용 시의 주의사항 문구를 추가로 표시해야 하는 제품으로 옳은 것은?

① 손·발톱용 제품류
② 체취 방지용 제품류
③ 두발 염색용 제품류
④ 인체 세정용 제품류
⑤ 두발용 제품류

19 화장품에 사용되는 보습제가 갖추어야 할 조건으로 옳지 않은 것은?

① 적절한 흡습력이 있어야 한다.
② 응고점이 높고 휘발성이며 다른 성분과의 공존성이 양호해야 한다.
③ 적당한 점도를 나타내고 피부 친화성과 안전성이 우수해야 한다.
④ 무색, 무취, 무미인 것이어야 한다.
⑤ 피부나 제품 보습에 기여할 수 있어야 한다.

20 「화장품 안전기준 등에 관한 규정」에 따른 사용상의 제한이 필요한 원료와 사용 한도가 바르지 않은 것은?

① 암모니아 6%
② 비타민 E(토코페롤) 25%
③ 티타늄디옥사이드 25%
④ 징크옥사이드 25%
⑤ 우레아 10%

21 「화장품 안전기준 등에 관한 규정」에 따른 사용상의 제한이 필요한 원료 중 어린이용 표시 대상 제품에 사용이 금지된 보존제는?

① 살리실릭애씨드 및 그 염류(샴푸 제외)
② 2,4-디클로로벤질알코올
③ 메텐아민(헥사메칠렌테트라아민)
④ 디엠디엠하이단토인
⑤ 클로로부탄올

22 「화장품 안전기준 등에 관한 규정」에 따른 사용상의 제한이 필요한 원료 중 사용 후 씻어 내는 제품에만 사용할 수 있는 보존제로 옳은 것은?

① 드로메트리졸, 쿼터늄-15
② 메텐아민, 징크피리치온
③ 헥세티딘, 소듐아이오데이트
④ 헥세미딘, 트리클론산
⑤ 시녹세이트, 알킬이소퀴놀리늄브로마이드

23 〈보기〉의 내용을 표시 · 광고하기 위해 「화장품 표시 · 광고 실증에 관한 규정」에 따라 영업자 또는 판매자가 제출해야 하는 실증자료로 옳은 것은?

보 기

- 피부장벽 손상의 개선에 도움
- 피부 피지 분비 조절
- 미세먼지 차단, 미세먼지 흡착 방지

① 피부개선용 화장료 조성물 특허자료
② 기능성 화장품 심사(보고) 자료
③ 인체 외 시험 자료
④ 인체 적용시험 자료
⑤ 인체 적용시험 자료와 인체 외 시험 자료

24 CGMP 기준 물의 품질관리 규정으로 옳은 것은?

① 화장품 제조 공장에서 사용하는 물은 용도에 상관없이 항상 동일한 수원을 사용하도록 한다.
② 정제수를 사용할 때에는 정기적으로 품질을 측정해서 사용한다.
③ 매년 외부기관에 의하여 시행된 수질관리보고서를 식약처에 보고하여야 한다.
④ 정수 시설을 구비한 작업장의 경우는 수질관리보고서를 면제 받을 수 있다.
⑤ 물의 품질은 정기적으로 검사하고, 필요 시 미생물학적 검사를 실시하여야 한다.

25 다음 〈보기〉는 유통 화장품 안전관리 미생물 한도에 대한 내용이다. (　　) 안에 들어갈 용어로 옳은 것은?

〈보 기〉

1. 총 호기성 생균 수는 영·유아용 제품류 및 눈 화장용 제품의 경우 500개/g(mL) 이하
2. 물휴지의 경우 (㉠) 및 (㉡)은(는) 각각 100개/g(mL) 이하
3. 기타 화장품의 경우 1,000개/g(mL) 이하
4. 대장균, 녹농균, 황색포도상구균은 불검출

	㉠	㉡
①	세균	탄저균
②	진균	곰팡이
③	곰팡이	간균
④	세균	진균
⑤	간균	세균

26 다음 〈보기〉의 기재·표시사항 중 기능성 화장품의 효능·효과가 나타나게 하는 지용성 원료를 모두 고른 것은?

〈보 기〉

▣ 제품명 : 기능성 앰플
▣ 제품 유형 : 액상 에멀전류
▣ 내용량 : 15mL
▣ 전성분 : 정제수, 다이카프릴릴카보네이트, 하이드로제네이티드폴리아이소부텐, 글리세린, 글리세레스-26, 프로판디올, 보리지씨오일, 살구씨오일, 피이지-40하이드로제네이티드캐스터오일, 소듐하이알루로네이트, 피이지-75, 솔비톨, 쿠퍼트리펩타이드, 부틸렌글라이콜, 카페인, 1,2헥산디올, 알파-비사보롤, 시트릭애씨드, 아데노신, 향료, 쿠마린, 레티닐팔미테이트

① 프로판디올, 아데노신
② 쿠마린, 아데노신
③ 알파-비사보롤, 쿠마린
④ 알파-비사보롤, 레티닐팔미테이트
⑤ 아데노신, 알파-비사보롤

27 「우수 화장품 제조 및 품질관리 기준(CGMP)」에 따른 용어의 정의로 옳은 것은?

① 화장품 제조에 있어서 '제조'란 '포장'을 제외한 모든 과정을 포함한다.
② '일탈'이란 규정된 조건 하에서 측정 시스템에 의해 표시되는 값과 표준기기의 참값을 비교하여 이들의 오차가 허용범위 내에 있음을 확인하는 것을 말한다.
③ '재작업'이란 적합 판정 기준을 벗어난 제품을 재처리하여 품질이 적합한 범위에 들어오도록 하는 작업을 말한다.
④ '오염'이란 제품에서 품질 결함이나 안전성 문제 등이 나타내는 바람직하지 않은 문제의 발생을 말한다.
⑤ '불만'이란 바람직하지 못한 오염물 등으로 인하여 판정 기준을 벗어난 작업을 말한다.

28 〈보기〉는 「우수 화장품 제조 및 품질관리 기준(CGMP)」 직원의 책임에 대한 내용이다. 화장품 품질보증을 담당하는 부서의 책임자가 이행해야 하는 사항이 아닌 것을 모두 고른 것은?

보 기

ㄱ. 제품의 모든 생산 절차의 검토 및 승인
ㄴ. 품질검사가 규정된 절차에 따라 진행되는지의 확인
ㄷ. 일탈이 있는 경우 폐기처분
ㄹ. 적합 판정한 원자재 및 제품의 출고 여부 결정
ㅁ. 부적합품이 규정된 절차대로 처리되고 있는지의 확인
ㅂ. 불만 처리와 제품 회수에 관한 사항의 주관

① ㄱ, ㄷ
② ㄱ, ㅁ
③ ㄴ, ㄹ
④ ㄷ, ㅁ
⑤ ㅁ, ㅂ

29 「우수 화장품 제조 및 품질관리 기준(CGMP)」 제8조 제조설비의 기준으로 옳지 않은 것은?

① 사용하지 않은 연결 호스와 부속품은 청소 등 위생관리를 하며, 건조한 상태로 유지하고 먼지, 얼룩 또는 다른 오염으로부터 보호한다.
② 설비 등은 제품의 오염을 방지하고 배수가 용이하도록 설계한다.
③ 제품과 설비가 오염되지 않도록 배관 및 배수관을 설치하고 청소 소독제와 화학반응을 일으켜 청결을 유지한다.
④ 천정 주위의 대들보, 파이프, 덕트 등은 가급적 노출되지 않도록 설계하고 파이프는 받침대 등으로 고정하고 벽에 닿지 않게 하여 청소가 용이하도록 설계한다.
⑤ 용기는 먼지나 수분으로부터 내용물을 보호할 수 있도록 한다.

30 다음 중 방충 대책으로 적절하지 않은 것은?

① 창문은 차광하고 야간에 빛이 밖으로 새어나가지 않게 한다.
② 배수구에 트랩을 대고 문에는 스커트를 설치한다.
③ 실내압을 외부보다 높게 한다.
④ 벽이나 천장 구멍이 틈이 없도록 하고 청소 시 환기할 수 있는 창문을 만든다.
⑤ 배기구, 흡기구에 필터를 댄다.

31 CGMP 기준 시설 및 설비의 유지관리 방법으로 옳은 것은?

① 주요 설비는 수시로 점검하여 화장품의 제조 및 품질관리에 지장이 없도록 한다.
② 고장 등으로 사용이 불가한 설비는 외부에 교정을 맡긴다.
③ 모든 제조설비는 승인된 자만이 접근 사용한다.
④ 세척한 설비는 사용 전·후 성능을 점검한다.
⑤ 자동화 장치는 수시로 성능점검을 하고 교정사항을 기록한다.

32 「우수 화장품 제조 및 품질관리 기준(CGMP)」 제28조 내부감사에 대한 내용으로 옳지 않은 것은?

① 품질보증체계가 계획된 사항에 부합하는지 주기적으로 검증하기 위하여 내부감사를 실시한다.
② 감사는 제품 품질에 영향을 미칠 수 있는 기능들에 대한 심사로써 인지되어야 한다.
③ 감사 결과는 기록되어 경영책임자 및 피감사 부서의 책임자에게 공유되어야 한다.
④ 감사 중 발견된 결함에 대해 시정조치하고 후속 감사활동 후 이를 기록하여야 한다.
⑤ 감사자는 감사 대상과 동일 분야 종사자로 작업자는 자신의 분야에 대한 1차적인 감사를 실시한다.

33 「우수 화장품 제조 및 품질관리 기준(CGMP)」 제31조 우대조치 기준으로 옳은 것은?

① 'ISO9000' 인증 업체의 원료를 사용할 경우 식품의약품안전처의 실태조사 대상에서 제외된다.
② 국제규격인증업체에서 적합 판정을 받은 업소는 해당 제조업소를 화장품에 표시하거나 광고할 수 있다.
③ 'CGMP' 적합 판정을 받은 업소는 그 업소에서 제조한 모든 화장품의 검사 방법과 시험항목을 조정할 수 있다.
④ 식품의약품안전평가원에서 시험된 원료・자재는 제공된 적합성에 대한 기록의 증거를 고려하여 품질 기준을 조정할 수 있다.
⑤ 우수 화장품 제조 및 품질관리 기준 적합 판정을 받은 업소는 정기 수거 검정 및 정기 감시 대상에서 제외할 수 있다.

34 CGMP 기준 문서관리 방법으로 옳은 것은?

① 기록 문서는 수정할 수 없으며 기록의 훼손이나 소실에 대비하기 위해 백업파일 등 자료를 유지하여야 한다.
② 작업자는 작업과 동시에 문서에 기록해야 하며 지울 수 없는 잉크로 작성해야 한다.
③ 모든 문서의 보존 연한은 5년으로 한다.
④ 모든 문서의 작성 및 폐기는 각 작업담당자의 책임하에 시행한다.
⑤ 문서의 개정은 개정번호를 지정해 반드시 이사회의 승인을 거쳐야 한다.

35 CGMP 기준 교육책임자 또는 교육훈련담당자의 주요 업무를 모두 고른 것은?

보 기

ㄱ. 교육일정, 내용, 대상 등을 계획
ㄴ. 조직의 구성
ㄷ. 직원의 위생관리
ㄹ. 교육훈련의 실시기록 작성
ㅁ. 교육훈련 평가의 결과의 보고

① ㄱ, ㄴ, ㄷ
② ㄱ, ㄴ, ㅁ
③ ㄱ, ㄹ, ㅁ
④ ㄴ, ㄷ, ㄹ
⑤ ㄷ, ㄹ, ㅁ

36 다음 중 화장품 생산시설(facilities, premises, buildings)이 아닌 것은?

보 기

ㄱ. 화장품을 생산하는 설비와 기기
ㄴ. 작업실, 건물 내의 통로
ㄷ. 갱의실, 손을 씻는 시설
ㄹ. 주차장, 창고
ㅁ. 원료, 포장재, 완제품

① ㄱ, ㄷ
② ㄱ, ㅁ
③ ㄴ, ㄹ
④ ㄷ, ㄹ
⑤ ㄹ, ㅁ

37 다음 중 화장품의 내용물이 노출되는 작업실의 청정도 관리 기준으로 옳은 것은?

① 갱의, 포장재의 외부 청소 후 반입
② 환기장치
③ 공기 순환 20회/hr 이상 또는 차압관리
④ 필요시 Pre-filter 사용
⑤ 낙하균 30개/hr 또는 부유균 200개/㎥

38 「우수 화장품 제조 및 품질관리 기준(CGMP)」 제8조 시설 기준으로 옳은 것을 모두 고른 것은?

보 기

ㄱ. 작업소는 외부와 연결된 창문이 많아야 한다.
ㄴ. 작업소 내의 외관 표면은 가능한 매끄럽게 설계하고 청소, 소독제의 부식성에 저항력이 있어야 한다.
ㄷ. 수세실과 화장실은 접근이 쉽도록 동일 공간에 위치하여야 한다.
ㄹ. 작업소 전체에 적절한 조명을 설치하고, 조명이 파손될 경우를 대비해 제품을 보호할 수 있는 처리 절차를 마련해야 한다.
ㅁ. 제품의 오염을 방지하고 적절한 온도 및 습도를 유지할 수 있는 공기조화시설 등 적절한 환기시설을 갖추어야 한다.

① ㄱ, ㄴ, ㄷ
② ㄱ, ㄴ, ㄹ
③ ㄴ, ㄷ, ㄹ
④ ㄴ, ㄷ, ㅁ
⑤ ㄴ, ㄹ, ㅁ

39 CGMP 기준 설비 소독제의 조건으로 옳은 것을 〈보기〉에서 모두 고른 것은?

> 보 기
>
> ㄱ. 안전성 및 반응성을 가질 것
> ㄴ. 신속한 사멸이 가능할 것
> ㄷ. 쉽게 조제할 수 있으며 부식성이 없을 것
> ㄹ. 환경 친화적이며 독성이 없을 것
> ㅁ. 유용성이며 사용하기에 안전할 것

① ㄱ, ㄴ, ㄷ
② ㄱ, ㄷ, ㅁ
③ ㄴ, ㄹ, ㅁ
④ ㄴ, ㄷ, ㄹ
⑤ ㄷ, ㄹ, ㅁ

40 CGMP 기준 설비 청소에 관한 주의사항으로 옳은 것을 모두 고른 것은?

> 보 기
>
> ㄱ. 절차서를 작성하고 책임을 명확히 한다.
> ㄴ. 구체적인 육안 판정 기준을 제시한다.
> ㄷ. 기구 사용은 말로 표현하는 것이 아니라 그림으로 제시한다.
> ㄹ. 사용한 기구, 세제, 기구, 시간, 담당자명 등 기록을 남긴다.
> ㅁ. 청소 결과를 표시한다.
> ㅂ. 세제를 사용한다면 동일한 세제를 사용하고, 사용하는 세제명을 기록한다.

① ㄱ, ㄷ, ㄹ, ㅁ
② ㄱ, ㄴ, ㄹ, ㅁ
③ ㄱ, ㄴ, ㄹ, ㅂ
④ ㄴ, ㄷ, ㄹ, ㅂ
⑤ ㄷ, ㄹ, ㅁ, ㅂ

41 CGMP 기준 포장재 입고 관리로 옳지 않은 것은?

① 외부로부터 반입되는 모든 포장재는 관리를 위해 표시해야 하며 필요한 경우 포장 외부를 깨끗이 청소한다.
② 필요한 경우 부적합된 포장재를 보관하는 공간은 잠금장치를 추가한다.
③ 제품의 품질에 영향을 줄 수 있는 결함을 보이는 포장재는 폐기하거나 원자재 공급업자에게 즉시 반송한다.
④ 적합 판정이 내려지면, 포장재는 생산 장소로 이송한다.
⑤ 포장재의 용기는 물질과 뱃치 정보를 확인할 수 있는 표시를 부착해야 한다.

42 CGMP 기준 공정관리에 대한 내용이다. (　　) 안에 들어갈 말로 옳지 않은 것은?

보 기

공정관리 및 제조와 관련된 모든 작업에 절차서를 작성한다. 절차서를 변경하고자 할 경우에는 (　　　　　)을(를) 통해 개정할 수 있다. 즉 "작업"을 마음대로 바꾸어서는 안 되며 절차서를 개정하고 개선을 실행한다.

① 작성 및 검토
② 승인
③ 갱신
④ 배포 및 교육
⑤ 작업

43 〈보기〉는 「우수 화장품 제조 및 안전관리 기준(CGMP)」 제21조 및 제22조의 내용이다. 검체의 채취 및 보관과 폐기 처리 기준을 모두 고른 것은?

실전 5회

보 기

ㄱ. 완제품의 보관용 검체는 적절한 보관조건 하에 지정된 구역 내에서 제조단위별로 사용기한 경과 후 1년간 보관하여야 한다. 다만, 개봉 후 사용기간을 기재하는 경우에는 제조일로부터 3년간 보관하여야 한다.
ㄴ. 재작업은 그 대상이 다음 각 호를 모두 만족한 경우에 할 수 있다.
　1. 변질 · 변패 또는 병원미생물에 오염되지 아니한 경우
　2. 제조일로부터 1년이 경과하지 않았거나 사용기한이 1년 이상 남아있는 경우
ㄷ. 원료와 포장재, 벌크 제품과 완제품이 적합 판정 기준을 만족시키지 못할 경우 "일탈 제품"으로 지칭한다. 기준 일탈 제품이 발생했을 때는 신속히 절차를 정하고, 정한 절차를 따라 확실한 처리를 하고 실시한 내용을 모두 문서에 남긴다.
ㄹ. 재작업의 절차 중 품질이 확인되고 품질보증책임자의 승인을 얻을 수 있을 때까지 재작업품은 다음 공정에 사용할 수 없고 출하할 수 없다.
ㅁ. 품질에 문제가 있거나 회수 · 반품된 제품의 폐기 또는 재작업 여부는 화장품 책임판매업자에 의해 승인되어야 한다.

① ㄱ, ㄴ, ㄹ
② ㄱ, ㄷ, ㅁ
③ ㄴ, ㄷ, ㄹ
④ ㄴ, ㄹ, ㅁ
⑤ ㄷ, ㄹ, ㅁ

44 개봉 후 안정성 시험을 수행할 필요가 없는 제품으로 옳은 것은?

① 헤어 오일
② 마스카라
③ 바디 클렌저
④ 일회용 로션
⑤ 마사지 크림

45 「우수 화장품 제조 및 품질관리 기준(CGMP)」 제32조 사후관리에 대한 기준으로 옳지 않은 것은?

① 우수 화장품 제조 및 품질관리 기준 적합 판정을 받은 업소는 3년에 1회 이상 실태조사를 실시하여야 한다.
② 식품의약품안전처장은 사후관리 결과 부적합 업소에 대하여 일정한 기간을 정해 시정하도록 지시할 수 있다.
③ 식품의약품안전처장은 사후관리 결과 부적합 업소에 대하여 적합 업소 판정을 취소할 수 있다.
④ 식품의약품안전처장은 실태조사 결과 적합 업소에 대하여 수시 감시 대상에서 제외한다.
⑤ 우수 화장품 제조 및 품질관리 기준 적합 판정을 받았지만 제조 및 품질관리 문제가 있다고 판단되는 업소는 수시로 운영 실태조사를 실시할 수 있다.

46 〈보기〉는 어떤 자외선 차단 기능성 화장품의 전성분 표시를 「화장품법」 제10조에 따른 기준에 맞게 표시한 것이다. 해당 제품은 식품의약품안전처에 자료 제출이 생략되는 기능성 화장품 자외선 차단 고시 성분과 사용상의 제한이 필요한 원료를 최대 사용 한도로 제조하였다. 이때, 유추 가능한 마데카소사이드 함유 범위(%)는?

보 기

정제수, 옥토크릴렌, 프로폴리스추출물, 부틸렌글라이콜, 글리세린, 1,2-헥산다이올, 하이드록시에틸셀룰로오스, 프로판다이올, 드로메트리졸, 카보머, 마데카소사이드, 펜틸렌글라이콜, 살리실릭애씨드, 소듐하이알루로네이트, 베타글루칸, 알란토인, 소듐락테이트, 폴리솔베이트20, 시트로넬올, 제라니올

① 1.5~2.0
② 1.0~1.5
③ 0.5~1.0
④ 0.1~0.5
⑤ 0.05~0.1

47 다음 중 광선의 투과를 방지하는 용기 또는 투과를 방지하는 포장을 한 용기로 옳은 것은?

① 밀폐용기
② 차광용기
③ 기밀용기
④ 밀봉용기
⑤ 진공용기

48 다음 중 피부의 생리학적 기능이 아닌 것은?

① 보호 기능
② 흡수 작용
③ 감각 기능
④ 체온 조절 기능
⑤ 수분 생합성 기능

49 맞춤형 화장품 판매업자가 준수해야 하는 혼합 · 소분 안전관리 기준으로 옳지 않은 것을 〈보기〉에서 모두 고른 것은?

보 기

ㄱ. 혼합 · 소분 전에 혼합 · 소분에 사용되는 내용물 또는 원료에 대한 품질성적서를 확인할 것
ㄴ. 혼합 · 소분에 사용되는 장비 또는 기구 등은 사용 전 오염이 없도록 세척할 것
ㄷ. 혼합 · 소분에 사용되는 내용물 및 원료의 사용기한 또는 개봉 후 사용기간을 확인하고, 사용기한 또는 개봉 후 사용기간이 지난 것은 기준 일탈 처리할 것
ㄹ. 맞춤형 화장품 조제에 사용하고 남은 내용물 및 원료는 사용기한 또는 개봉 후 사용기한을 초과하여 사용기한 또는 개봉 후 사용기한을 정하지 말 것
ㅁ. 혼합 · 소분 전에 혼합 · 소분된 제품을 담을 포장 용기의 오염 여부를 확인할 것

① ㄱ, ㄴ, ㄷ
② ㄱ, ㄷ, ㅁ
③ ㄴ, ㄷ, ㄹ
④ ㄴ, ㄹ, ㅁ
⑤ ㄷ, ㄹ, ㅁ

50 케라토하이알린(keratohyaline)이 세포의 수분을 줄여서 점차 세포를 납작하게 만들고 세포의 핵을 죽이는 작용을 하는 층은?

① 각질층
② 투명층
③ 과립층
④ 기저층
⑤ 유극층

51 「화장품법 시행규칙」에 따라 "질병의 예방 및 치료를 위한 의약품이 아님"이라는 문구를 포장에 기재 · 표시해야 하는 기능성 화장품으로 옳은 것은?

① 코팅 등 물리적으로 모발을 굵게 보이게 하는 화장품
② 피부 미백에 도움을 주는 화장품
③ 피부장벽의 기능을 회복하여 가려움 등의 개선에 도움을 주는 화장품
④ 피부 주름 개선에 도움을 주는 화장품
⑤ 모발의 영양 공급에 도움을 주는 화장품

52 모발의 측쇄 결합이 아닌 것은?

① 시스틴 결합
② 염 결합
③ 수소 결합
④ 히스티딘 결합
⑤ 펩티드 결합

53 피부의 색에 대한 내용으로 옳지 않은 것은?

① 피부의 색을 결정하는 중요한 요소는 피부 속에 들어있는 카로틴, 혈액 색 및 멜라닌 색소이다.
② 외관상 피부색은 피부 표면의 색, 멜라닌, 카로틴, 산화 헤모글로빈, 환원 헤모글로빈과 같은 것들의 색소가 반영되며 각질층의 두께나 수화상태, 혈액의 양 등 여러 가지 요인이 영향을 미친다.
③ 백인의 피부는 멜라닌이 적은 표피층의 투명도가 높아 혈액의 영향이 강하게 나타나서 일반적으로 핑크색을 띄고, 흑인의 피부는 멜라닌이 많다.
④ 동양인은 백인과 흑인의 중인으로 피부 전체에 걸쳐 β-카로틴이 존재하기 때문에 황색을 띈다.
⑤ 적혈구에 존재하는 헤모글로빈은 피부색을 결정하는 가장 큰 요인의 색소이다.

54 〈보기〉는 의약품의 정의이다. (　　) 안에 들어갈 말로 옳은 것은?

보 기

「약사법」에 따른 "의약품"이란 다음 각 목의 어느 하나에 해당하는 물품을 말한다.
- 「대한민국약전」에 실린 물품 중 (㉠)이(가) 아닌 것
- 사람이나 (㉡)의 질병을 진단 · 치료 · 경감 · 처치 또는 예방할 목적으로 사용하는 물품 중 기구 · 기계 또는 장치가 아닌 것
- 사람이나 (㉡)의 구조와 기능에 약리학적(藥理學的) 영향을 줄 목적으로 사용하는 물품 중 기구 · 기계 또는 장치가 아닌 것

	㉠	㉡		㉠	㉡
①	의약외품	동물	②	화장품	생물
③	의약부외품	장기	④	화장품	동물
⑤	의약외품	생물			

55 피부의 pH에 관련된 내용으로 옳지 않은 것은?

① 인종, 성별, 연령, 부위에 따라 다르고 흑인은 백인보다 pH가 높다.
② 각질층의 pH는 4.5~5.5 정도로 약산성이다.
③ 지성 피부는 pH가 산성 쪽으로 나타난다.
④ 모발의 pH는 3.8~4.2를 보인다.
⑤ 피부는 알칼리성일 때 피부질환에 대한 저항력이 강하다.

56 경피 흡수 정도가 높아지는 요인이 아닌 것은?

① 친유성 물질
② 피부의 온도 상승
③ 두터운 각질층
④ 유아의 피부
⑤ 피부의 습도 상승

57 다음 〈품질성적서〉는 화장품 책임판매업자로부터 수령한 맞춤형 화장품의 시험 결과이고, 〈보기〉는 2중 기능성 화장품의의 전성분 표시이다. 이를 바탕으로 맞춤형 화장품 조제관리사 A가 고객 B에게 할 수 있는 상담으로 옳은 것은?

품질성적서	
시험항목	시험 결과
납(lead)	불검출
비소(arsenic)	8㎍/g
수은(mercury)	불검출
포름알데하이드(formaldehyde)	590㎍/g
니켈(nickel)	6㎍/g
총 호기성 생균 수	480개/g(mL)

보 기

정제수, 사이클로펜타실록세인, 에틸헥실메톡시신나메이트, 에틸헥실살리실레이트, 글리세린, 부틸렌글라이콜, 옥토크릴렌, 스테아릴알코올, 솔비탄올리에이트, 피이지-10다이메티콘, 하이알루로닉애씨드, 페녹시에탄올, 스테아릭애씨드, 아스코빌글루코사이드, 카보머, 향료, 트리에탄올아민, 쿠마린

① B : 이 제품은 자외선 차단 효과가 있습니까?
A : 네. 기능성 화장품으로 자외선 차단 효과가 있습니다.

② B : 이 제품성적서에 비소가 검출된 것으로 보이는데 판매 가능한 제품인가요?
A : 유통 화장품 안전관리 기준에 따른 비소의 검출 허용 한도는 20㎍/g 이하로 시험 결과 안전관리 기준에 적합합니다.

③ B : 이 제품의 전성분 표시를 보니까 알레르기 유발 성분이 무첨가 제품으로 보이네요?
A : 네. 이 제품은 착향제 구성 성분 중 알레르기 유발 성분이 포함되어 있지 않아 안심하고 사용하셔도 됩니다.

④ B : 요즘 색소 침착 때문에 고민이 많네요. 이 제품은 미백에 도움이 될까요?
A : 네. 이 제품은 주름 개선뿐만 아니라 미백에도 도움을 주는 기능성 화장품입니다.

⑤ B : 이 제품은 무기 자외선 차단 성분이 함유되어 있나요?
A : 아니요. 이 제품은 유기 자외선 차단 성분만 함유되어 자외선 차단에 더 좋은 제품입니다.

58 원료 · 자재 및 제품에 대한 품질검사를 실시하는 않는 기관은?

① 보건환경연구원
② 화장품 시험 · 검사기관
③ 한국의약품수출입협회
④ 시험실을 갖춘 제조업자
⑤ 대한화장품산업연구원

59 〈보기〉는 탈색 · 탈염 제품에 대한 내용이다. 빈칸에 들어갈 성분으로 옳은 것은?

보 기

(　　)은(는) 모표피를 손상시켜 염료와 과산화수소가 속으로 잘 스며들 수 있도록 하고 과산화수소는 머리카락 속의 멜라닌 색소를 파괴하여 모발 원래의 색을 지워주는 역할을 한다. 염모제는 머리카락 본연의 보호하는 층을 뚫고 들어가 멜라닌 색소를 파괴하고 다른 염료의 색상을 넣는 과정을 거친다.

① 에티드로닉애씨드
② 레조시놀
③ 피로갈롤
④ 암모니아
⑤ 과탄산나트륨

60 노화에 따른 피부 생리학적 변화로 옳은 것은?

① 표피 두께의 감소
② 피부 건조 및 거침
③ 진피 두께의 감소
④ 섬유아세포의 분열 감소
⑤ 주름의 형성

61 〈보기〉는 「기능성 화장품 기준 및 시험 방법」 [별표 7]의 일부로써 '체모를 제거하는 데 도움을 주는 기능성 화장품'의 원료 규격의 신설을 주요 내용으로 고시한 일부 원료에 대한 설명이다. 빈칸에 해당하는 원료로 옳은 것은?

보 기

- 분자식(분자량) : $C_2H_4O_2S$(92.12)
- 정량할 때 78.0~82.0%를 함유한다. 이 원료는 특이한 냄새가 있는 무색 투명한 유동성 액제이다.
- 확인시험 : 이 원료 및 (　　　　)표준품을 가지고 적외부스펙트럼측정법 중 액막법에 따라 측정할 때 같은 파수에서 같은 강도의 흡수를 나타낸다.

① 살리실릭애씨드
② 치오글리콜산
③ 덱스판테놀
④ 비오틴
⑤ o-아미노페놀

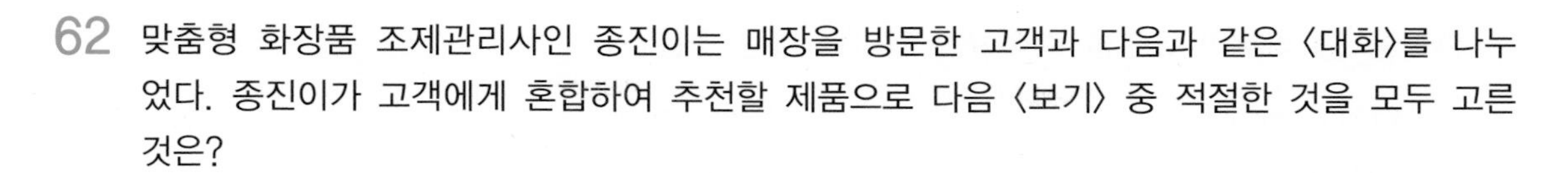

62 맞춤형 화장품 조제관리사인 종진이는 매장을 방문한 고객과 다음과 같은 〈대화〉를 나누었다. 종진이가 고객에게 혼합하여 추천할 제품으로 다음 〈보기〉 중 적절한 것을 모두 고른 것은?

대 화

고객 : 두피가 많이 건조해요. 가렵기도 하구요
종진 : 아, 그러신가요? 그럼 고객님 두피 상태를 측정해보도록 할까요?
고객 : 그렇게 해주시겠어요? 그리고, 지난번 방문 시와 비교해 주세요.
종진 : 네. 이쪽에 앉으시면 저희 측정기로 측정을 해드리겠습니다.

〈피부 측정 후〉

종진 : 고객님은 1달 전 측정 시보다 두피가 많이 붉어져 있고 두피 각질이 많이 보이네요~ 다행히 염증은 없습니다~
고객 : 음... 걱정이네요. 그럼 어떤 제품을 쓰는 게 좋은지 추천 부탁드려요.

보 기

ㄱ. 락틱애씨드(Lactic Acid) 함유 제품
ㄴ. 판테놀(DL-Panthenol) 함유 제품
ㄷ. 티타늄디옥사이드(Titanium Dioxide) 함유 제품
ㄹ. 프로폴리스(Propolis) 함유 제품
ㅁ. 옥시벤존(Oxybenzone) 함유 제품

① ㄱ, ㄷ
② ㄱ, ㄹ
③ ㄴ, ㅁ
④ ㄷ, ㄹ
⑤ ㄷ, ㅁ

63 맞춤형 화장품 원료의 품질성적서 관리 기준으로 옳지 않은 것은?

① 맞춤형 화장품 원료 입고 시에는 화장품 책임판매업자가 제공하는 품질성적서를 구비하여야 한다.
② 원료의 MSDS (Material Safety Data Sheet)를 보고 화학 물질에 대한 정보와 응급 시 알아야 할 사항, 응급사항 시 대응 방법, 유해 상황 예방책, 기타 중요한 정보를 확인해야 한다.
③ 원료의 COA (Certificate of Analysis)를 보고 물리 화학적 물성과 외관 모양, 중금속, 미생물에 관한 정보를 파악하고, 원료 규격서 범위에 일치하는가를 판단해야 한다.
④ 맞춤형 화장품 판매업자는 혼합·소분에 사용되는 내용물 또는 원료에 대한 품질성적서를 확인해야 한다.
⑤ 맞춤형 화장품 판매업자가 품질관리 여부를 확인할 때에는 육안 평가를 통해 훼손 여부를 주의 깊게 검토해야 한다.

64 다음 중 피부의 유분을 측정하는 기기로 옳은 것은?

① Corneometer
② Sebumeter
③ Skicon
④ Skin-pH-meter
⑤ Tewameter

65 맞춤형 화장품에 사용되는 유성 성분 중 실리콘류에 대한 설명으로 옳지 않은 것은?

① 실리콘은 규소를 함유하는 유기 화합물로 실록산 결합(-Si-O-)을 갖는다.
② 화장품에 주로 점도 또는 경도를 조절하거나 유화 안정성을 향상시키는 유화 보조제로 사용된다.
③ 실리콘 오일은 분자량에 따라 매우 넓은 범위의 점도를 가지고 있다.
④ 실리콘 오일은 일반 오일에 비해 끈적거림이 없고 실키한 사용감을 나타내며 전연성이 우수하다.
⑤ 모든 유기성기가 메틸기를 가지는 디메틸폴리실록산이 가장 널리 사용되며 사이클로메치콘 등이 있다.

66 화장품에 사용되는 유성 원료 중 탄소원자와 수소원자들로만 구성된 오일이 아닌 것은?

① 파라핀
② 바셀린
③ 세레신
④ 스쿠알란
⑤ 솔비톨

67 모근부 내 모피질(cortex)에 관한 설명으로 옳지 않은 것은?

① 피질 케라틴으로 구성되어 있다.
② 모발 안에서 가장 많은 부분이고 모발의 성질을 크게 좌우한다.
③ 멜라닌 색소가 존재하고 물과 쉽게 친화하는 친수성이다.
④ 각화 섬유세포 주위에 케라틴 C라는 간충물질이 꽉 들어차 있다.
⑤ 알칼리에 대한 저항이 가장 강한 층이다.

68 모근부 내 모수질(medulla)에 관한 내용으로 옳지 않는 것은?

① 모발의 중심에 해당한다.
② 모피질처럼 길게 연결된 것이 아니라 중간중간 끊어져 있다.
③ 시스틴의 함량은 모피질보다 적다.
④ 모표피나 모피질보다 가장 양이 많은 부분이다.
⑤ 수질이 있는 모발은 수질이 없는 모발보다 딱딱하고 튼튼하다.

69 판매장 내 원료 및 내용물의 재고 파악을 위한 표준운영절차서(SOP) 작성법으로 옳지 않은 것은?

① 내용에 정통한 사람이 자세히 중요한 정보를 기록한다.
② 사용 전 승인된 자에 의해 승인되고, 서명과 날짜가 기재되어야 한다.
③ 작성되고, 업데이트되고, 철회되고, 배포되고, 분류되어야 한다.
④ 폐기된 문서가 사용되지 않음을 확인할 수 있는 근거가 있어야 한다.
⑤ 유효기간이 만료된 경우, 작업 구역으로부터 회수하여 폐기되어야 한다.

70 모발의 물리적 요인에 의한 형태적 변화로 옳지 않은 것은?

① 열에 의한 손상
② 마찰에 의한 손상
③ 염색, 탈색에 의한 손상
④ 잘못된 컷트에 의한 손상
⑤ 광선에 의한 손상

71 모발 안의 시스틴 함유량을 비교한 것 중 옳지 않은 것은?

① 체모 〈 두모
② 노인의 모발 〈 청년의 모발
③ 여성의 모발 〈 남성의 모발
④ 모발의 뿌리 부분 〉 모발의 끝 부분
⑤ 백발 〉 흑발

72 염료(dye)에 대한 설명으로 옳지 않은 것은?

① 물, 알코올, 오일 등의 용매에 용해되고 화장품 기제 중에 용해 상태로 존재한다.
② 색채를 부여하는 물질로 수용성 염료와 유용성 염료로 구분할 수 있다.
③ 화학구조상 수용성 염료는 분자 중에 물에 잘 녹은 설폰산기를 가지고 있다.
④ 아조계 염료는 염료의 대부분을 차지하고 있으며 아조기(-N=N-)를 지니고 있다.
⑤ 퀴놀린계 염료는 매우 선명한 색조로 립스틱용 색소로써 중요하다.

73 화장품에 대한 피부 흡수율 평가 기준으로 옳지 않은 것은?

① 피부 흡수율 평가는 물질이 피부 통과량을 정량적으로 산출하는 과정이다.
② 침투는 한 층에서 다른 층으로 통과하는 것을 말한다.
③ 한 층에서 다른 층으로 통과할 때 두 개의 층은 기능 및 구조적으로 같다.
④ 흡수는 물질이 전신으로 흡수되는 것을 말한다.
⑤ 통과는 각질층으로 성분 물질이 들어가는 것처럼 물질이 특정 층이나 구조로 들어가는 것을 말한다.

74 화장품 안정성 시험의 조건으로 옳지 않은 것은?

① 화장품 제형의 특징
② 성분의 특성
③ 보관용기
④ 보관조건
⑤ 흡광도

75 맞춤형 화장품 내용물이 그 기능을 잃어 물리적 변화로 나타나는 현상은?

① 분리
② 결정
③ 석출
④ 변취
⑤ 변색

76 맞춤형 화장품 사용과 관련된 부작용 발생 사례에 대해서는 지체 없이 식품의약품안전처장에게 보고해야 하고, 맞춤형 화장품의 부작용 사례 보고는 「(㉠)」에 따른 절차를 준용한다. ( ) 안에 들어갈 말로 옳은 것은?

① 유통 화장품의 안전관리 기준
② 화장품 중 배합금지 성분 분석법
③ 화장품 안전성 정보관리 규정
④ 화장품 전성분 표시지침
⑤ 화장품의 색소 종류와 기준 및 시험 방법

77 판매장 내 원료 및 내용물의 적정 재고관리로 옳은 것은?

① 재고 파악을 위한 표준운영절차를 작성하고 이에 따라 관리한다.
② 원료가 출고될 때는 원료의 수불장에 기록한다.
③ 혼합·소분 계획서(제조지시서)에 의거하여 제품 각각의 원료 사용량에 따라 관리한다.
④ 원료 수급 기간을 고려해 최소 발주량을 선정하고 원료 발주 공문으로 발주한다.
⑤ 거래처로부터 받은 원료와 구매 요청서, 성적서, 현품이 일치하는가를 살핀 후에 원료 입고 관리장에 기록한다.

78 비매품인 맞춤형 화장품 1차 또는 2차 포장 기재·표시사항으로 옳은 것은?

① 가격
② 식별번호
③ 내용물의 용량
④ 해당 화장품 제조에 사용된 모든 성분
⑤ 기능성 화장품을 나타내는 도안

79 맞춤형 화장품 판매업자의 준수사항으로 옳지 않은 것은?

① 맞춤형 화장품 혼합・소분 전에 사용되는 내용물 또는 원료에 대한 제조공정도를 확인한다.
② 판매장 시설・기구를 정기적으로 점검하여 보건 위생상 위해가 없도록 관리한다.
③ 맞춤형 화장품 판매 시 혼합・소분에 사용되는 내용물 또는 원료의 특성과 사용 시 주의사항을 소비자에게 설명한다.
④ 원료 및 내용물의 입고, 사용, 폐기 내역 등에 대하여 기록하고 관리한다.
⑤ 소비자의 피부 상태나 선호도 등을 확인하지 아니하고 맞춤형 화장품을 미리 혼합・소분하여 보관하거나 판매하지 않는다.

80 맞춤형 화장품 판매업자가 혼합 · 소분 안전관리 기준을 4차 이상 위반 시 받게 되는 행정처분으로 옳은 것은?

① 판매 또는 해당 품목 판매업무정지 15일
② 판매 또는 해당 품목 판매업무정지 1개월
③ 판매 또는 해당 품목 판매업무정지 3개월
④ 판매 또는 해당 품목 판매업무정지 6개월
⑤ 판매 또는 해당 품목 판매업무정지 12개월

81 맞춤형 화장품 판매업자가 고객 상담 시 개인정보보호법에 근거하여 올바르게 업무를 진행한 경우를 다음 〈보기〉에서 모두 고르시오.

보 기

ㄱ. 수집 항목, 보유기간, 수집 목적, 동의 거부가 가능함을 알리고 개인정보 동의를 받는다.
ㄴ. 고객의 정보를 다루거나 입력할 시에는 여러 직원이 공용으로 아이디를 사용한다.
ㄷ. 개인정보처리자는 개인정보 처리 방침 등 개인정보 처리에 관한 사항을 공개한다.
ㄹ. 고객의 고유식별번호 수집 시에는 별도의 동의를 받아야 한다.
ㅁ. 고객의 필수 정보만 수집하고 보유기간 만료 한 달 후 파기한다.

82 화장품 책임판매업자가 영 · 유아 또는 어린이가 사용할 수 있는 화장품임을 표시 · 광고하려는 경우 작성 및 보관해야 하는 제품별 안전성 자료를 모두 고르시오.

보 기

ㄱ. 제품 및 제조 방법에 대한 설명 자료
ㄴ. 제품의 효능 · 효과에 대한 증명 자료
ㄷ. 제품의 주의사항에 대한 자료
ㄹ. 제품의 성분에 대한 설명 자료
ㅁ. 화장품의 안전성 평가 자료

83 〈보기〉는 「화장품 표시 · 광고를 위한 인증 보증기관의 신뢰성 인정에 관한 규정」에 따라 화장품 표시 · 광고할 수 있는 인증 보증의 종류에 대한 내용이다. (　　) 안에 들어갈 말을 쓰시오.

보 기

할랄(Halal), 코셔(Kosher), (　　　) 및 천연, 유기농 등 국제적으로 통용되거나 그 밖에 신뢰성을 확인할 수 있는 기관에서 받은 화장품 인증 보증

84 다음 〈보기〉는 화장품 안전기준에 관한 설명이다. ㉠, ㉡, ㉢에 들어갈 말을 쓰시오.

보 기

식품의약품안전처장은 화장품 제조 등에 사용할 수 없는 원료를 지정하여 고시하여야 하고 (㉠), (㉡), (㉢) 등과 같이 특별히 사용상의 제한이 필요한 원료에 대하여는 그 사용기준을 지정 · 고시하여야 한다.

85 다음 〈보기〉의 회수 대상 화장품 중 위해성 "다" 등급을 모두 골라 작성하시오.

보 기

ㄱ. 안전용기 · 포장을 위반한 어린이 화장품
ㄴ. 이물이 혼입되었거나 부착된 색조 화장품
ㄷ. 사용할 수 없는 원료를 사용한 맞춤형 화장품
ㄹ. 화장품의 포장 및 기재 · 표시사항을 위 · 변조한 화장품

86 〈보기〉는 화장품 책임판매업자의 안전성 보고에 대한 내용이다. ㉠, ㉡, ㉢에 들어갈 말을 작성하시오.

보 기

▲ 안전성 정보의 신속보고 : 정보를 알게 된 날로부터 (㉠) 이내 신속히 보고
- 중대한 유해 사례 또는 이와 관련하여 식약처장이 보고를 지시한 경우
- 판매중지나 회수에 준하는 외국 정부의 조치 또는 이와 관련하여 식약처장이 보고를 지시한 경우

▲ 안전성 정보의 정기보고 : 신속보고 되지 아니한 화장품 안전성 정보를 매 반기 종료 후 (㉡) 이내에 보고(단, 상시근로자수가 (㉢) 이하로서 직접 제조한 화장비누만을 판매할 때에는 안전성 정기보고 예외 대상)

87 다음 〈보기〉의 ㉠, ㉡에 들어갈 적합한 단어를 쓰시오.

보 기

어린이 (㉠)의 개봉하기 어려운 정도의 구체적인 기준 및 시험 방법은 「어린이 보호 포장 대상 공산품 안전기준」에 따라 규정한다. 이 기준에 있어 어린이 보호 포장은 성인이 개봉하기는 어렵지 않지만 52개월 미만의 어린이가 내용물을 꺼내기 어렵게 설계 · 고안된 포장(용기를 포함)이며 (㉡) 포장은 처음 개봉한 뒤 내용물을 흘리지 않고 충분한 횟수의 개봉 및 봉함 작업에도 처음과 같은 안전도를 제공할 정도로 다시 봉함할 수 있는 포장을 말한다.

88 다음 〈보기〉는 화장품 포장에 추가로 기재 · 표시하도록 식품의약품안전처장이 정하여 고시하는 함유 성분별 사용 시의 주의사항 표시 문구이다. ㉠에 들어갈 적합한 함량을 작성하시오.

보 기

- 대상 제품 : 알부틴 (㉠) 이상 함유 제품
- 표시 문구 : 알부틴은 「인체 적용시험 자료」에서 구진과 경미한 가려움이 보고된 예가 있음

89 다음 〈보기〉 중 맞춤형 화장품 조제관리사가 올바르게 업무를 진행한 경우를 모두 고르시오.

보 기

ㄱ. 조제관리사는 고체 형태의 세안용 비누를 단순 소분해 판매하였다.
ㄴ. 조제관리사가 소비자의 피부 톤이나 상태 등을 확인하고 맞춤형 화장품 판매업소에서 소비자가 본인이 사용하고자 하는 제품을 직접 소분하여 판매하였다.
ㄷ. 책임판매업체로부터 공급받은 내용물을 소분한 최종 맞춤형 화장품에 제품명을 지정하여 판매하였다.
ㄹ. 조제관리사는 내용물에 적색 207호를 혼합하고 립스틱 용기에 성형 후 판매하였다.
ㅁ. 기능성 화장품의 경우 책임판매업자가 심사 또는 보고 받은 내용과 동일하게 표시 · 광고하였다.

90 〈보기〉는 유기농 화장품의 원료 조성에 대한 내용이다. ㉠, ㉡에 들어갈 말을 각각 작성하시오.

보 기

유기농 화장품은 중량 기준으로 유기농 함량이 전체 제품에서 10% 이상이어야 하며, 유기농 함량을 포함한 (㉠)함량이 전체 제품에서 (㉡) 이상 구성되어야 한다.

91 〈보기〉는 「화장품 표시 · 광고 실증에 관한 규정」에서 사용하는 용어의 정의이다. ㉠에 적합한 용어를 작성하시오.

보 기

(㉠)은(는) 화장품의 표시 · 광고 내용을 증명할 목적으로 해당 화장품의 효과 및 안전성을 확인하기 위해 사람을 대상으로 실시하는 시험 또는 연구를 말한다.

92 〈보기〉의 ( ) 안에 들어갈 용어를 한글로 쓰시오.

보 기

( )은(는) 분자구조 내 극성인 하이드록시기(-OH)를 2개 이상 가지고 있는 유기화합물을 총칭한다. 습윤제 성분 기반 보습제인 글리세린, 프로필렌글라이콜, 부틸렌글라이콜은 물과 결합이 가능하여 피부에 도포 시, 가볍고 산뜻한 느낌을 유발한다.

93 다음 〈보기〉는 진피의 구성 성분에 관한 설명이다. ㉠, ㉡에 들어갈 말을 한글로 작성하시오.

보 기

진피 속에 있는 (㉠)은(는) 불용성 경단백질로써 (㉡)에서 생성된다. 피지선과 땀샘 주변에 많이 분포되어 있고 아교 섬유에 비해 짧고 가늘며 신축성이 있다. 연령이 높아질수록 (㉠)의 양은 감소하고 신축성도 저하한다.

94 다음 〈보기〉는 맞춤형 화장품의 전성분 항목이다. 소비자에게 사용된 성분에 대해 설명하기 위하여 다음 화장품 전성분 표기 중 사용상의 제한이 필요한 ㉠ 자외선 차단 성분과 사용상의 제한이 필요한 ㉡ 보존제 성분을 다음 〈보기〉에서 골라 작성하시오.

보 기

정제수, 에탄올, 사이클로펜타실록산, 프로필렌글라이콜, 베타인, 부틸렌글라이콜, 에칠헥실트리아존, 하이드록시에칠아크릴레이트/소듐아크릴로일디메칠타우레이트코폴리머, 사이클로메치콘, 아크릴레이트/C10-30알킬아크릴레이트크로스폴리머, 소듐폴리아크릴레이트, 하이드로제네이티드폴리데센, 마이크로크리스탈린셀룰로오스, 슈크로오스, 토코페릴아세테이트, 클로로펜, 디소듐이디티에이, 제라니올, 리날룰

95 〈보기〉의 (　　) 안에 들어갈 용어를 쓰시오.

보 기

비타민 A는 (　　)로 알려진 지용성 물질 군으로 레티놀(retinol), 레틴알데하이드(retinaldehyde) 및 레티노익애씨드(retinoic acid)의 3가지 형태가 있다. 레티놀은 열과 공기에 매우 불안정한 특징을 가지므로 레티놀의 안정화된 유도체인 레티닐팔미테이트와 레티놀에 PEG를 결합한 형태인 폴리에톡실레이티드레틴아마이드(polyethoxylated retinamide)가 개발되어 주름 개선 기능성 화장품 고시 원료로 사용된다.

96 다음 〈보기〉는 「기능성 화장품 기준 및 시험 방법」에서 규정한 용기에 대한 설명이다. ㉠, ㉡에 들어갈 말을 쓰시오.

보 기

(㉠)용기란 일상의 취급 또는 보통 보존 상태에서 외부로부터 고형의 이물이 들어가는 것을 방지하고 고형의 내용물이 손실되지 않도록 보호할 수 있는 용기를 말한다. (㉠) 용기로 규정되어 있는 경우에는 (㉡)용기도 쓸 수 있다.

97 「화장품법」 제14조의2에 따라 천연 화장품 및 유기농 화장품에 대한 인증을 취소하는 경우를 〈보기〉에서 모두 고르시오.

보 기

ㄱ. 유효기간 만료 60일 전에 인증을 한 인증기관에 연장하지 않은 경우
ㄴ. 거짓이나 그 밖의 부정한 방법으로 인증을 받은 경우
ㄷ. 인증을 한 인증기관이 업무정지로 연장 신청이 불가능한 경우
ㄹ. 인증의 유효기간이 경과한 제품에 대하여 인증 표시를 한 경우
ㅁ. 식품의약품안전처장이 정하는 인증 기준에 적합하지 아니하게 된 경우

98 〈보기〉의 (　　) 안에 들어갈 말을 쓰시오.

보 기

두피에서 탈락된 세포가 벗겨져 나온 쌀겨 모양의 표피 탈락물로 두피 피지선의 과다 분비, 호르몬의 불균형, 두피 세포의 과다 증식 등 (　　)이 생기는 원인은 여러 가지이며 두피에 국한된 대표적인 증상은 가려움증이고, 증상이 심해지면 뺨, 코, 이마에 각질을 동반한 구진성 발진이 나타나거나, 바깥귀길의 심한 가려움증을 동반한 비늘이 발생하는 등 지루성 피부염의 증상이 발생한다.

99 〈보기〉의 멜라닌 형성 과정을 순서대로 나열하시오.

보 기

ㄱ. 멜라노사이트 증식
ㄴ. 멜라노좀 이동
ㄷ. 멜라노사이트 분화 및 생성
ㄹ. 멜라노좀, 멜라닌 생성
ㅁ. 멜라닌 축적 및 분해

100 다음 〈보기〉는 맞춤형 화장품의 전성분 항목이다. 소비자에게 사용된 성분에 대해 설명하기 위하여 다음 화장품 전성분 표기 중 알레르기를 유발하는 성분을 다음 〈보기〉에서 골라 쓰시오.

보 기

정제수, 부틸렌글라이콜, 글리세린, 사이클로펜타실록산, 스쿠알란, 코코-카프릴레이트, 1,2-헥산디올, 사이클로헥사실록산, 녹차추출물, 하이드로제네이티드레시틴, 트레할로스, 나이아신아마이드, 베타-글루칸, 소듐하이알루로네이트, 토코페릴아세테이트, 벤질신나메이트, 베헤닐알코올, 에탄올, 팔미틱애씨드, 폴리소르베이트20, 쿠마린, 폴리아크릴레이트-13, 피이지/피피지-20 /15디메치콘, 향료, 하이드록시에칠아크릴레이트/소듐아크릴로일디메칠타우레이트코폴리머, 프로판디올, 디소윰이디티에이

제 6 회 실전모의고사

01 약사법 중 화장품과 관련된 규정을 분리하여 별도의 화장품법을 제정한 입법 취지로 옳은 것은?

① 화장품 오용으로 인한 사고를 방지하고 외국 화장품과 경쟁 여건을 확보하기 위함이다.
② 현행 제도의 운영상 나타난 일부 미비점을 개선 · 보완하기 위함이다.
③ 화장품의 제조 및 수입에 관한 사항을 규정하기 위함이다.
④ 화장품의 판매 및 수출 등에 관한 사항을 규정하기 위함이다.
⑤ 화장품의 특성에 부합되는 적절한 관리와 동 산업의 경쟁력 배양을 위한 제도의 도입이 요망되었기 때문이다.

02 화장품의 용기 · 포장에 기재하는 "표시" 용어의 뜻으로 옳지 않은 것은?

① 그림
② 문자
③ 숫자
④ 도형
⑤ 기호

03 맞춤형 화장품 판매장에서 수집된 고객 개인정보 중 고유식별정보로 옳은 것은?

① 「주민등록법」에 따른 주민등록번호
② 유전자 검사 등의 결과로 얻어진 유전정보
③ 개인의 신체적, 생리적, 행동적 특징에 관한 정보로써 특정 개인을 알아볼 목적으로 일정한 기술적 수단을 통해 생성한 정보
④ 건강, 성생활 등에 관한 정보
⑤ 인종이나 민족에 관한 정보

04 화장품법령에 따른 화장품 유형에 대한 설명으로 옳은 것은?

① 인체 세정용 제품류는 목욕 시 욕조에 투입하거나 직접 사람에게 사용하여 피부의 청결, 유연, 청정 또는 몸에 향취를 주기 위하여 사용되는 것을 목적으로 하는 제품이다.
② 방향용 제품류는 체취를 덮어주기 위한 목적으로 사용되는 제품이다.
③ 색조 화장용 제품류는 얼굴, 입술 등의 피부에 색 및 질감 효과를 주거나 피부 결점을 가려줌으로써 보완, 수정하여 미적 효과를 목적으로 하는 제품이다.
④ 기초 화장용 제품류는 눈썹, 눈꺼풀, 속눈썹 등의 눈 주위에 미화 청결을 위해 사용되는 제품이다.
⑤ 두발용 제품류는 두발의 색상을 변화시키는 목적으로 사용되는 제품이다.

05 화장품 책임판매업의 영업 범위로 옳은 것은?

① 화장품을 직접 제조하는 영업
② 화장품 제조업을 등록한 제조업자가 화장품을 직접 제조하여 유통・판매하는 영업
③ 화장품 제조를 위탁받아 제조하는 영업
④ 제조 또는 수입된 화장품의 내용물을 소분한 화장품을 판매하는 영업
⑤ 화장품의 1차 포장을 하는 영업

06 화장품의 품질 요소 중 안정성에 대한 설명으로 옳은 것은?

① 화장품이 산화, 변색되거나 제형의 분리, 미생물 등의 오염이 없어야 한다.
② 피부 자극, 알레르기, 독성 등의 부작용이 없어야 한다.
③ 사용 목적에 적합한 효능・효과를 나타내야 한다.
④ 이물이 혼입되거나 파손이 없어야 한다.
⑤ 피부 친화성이 좋고 휴대성이 용이해야 한다.

07 영・유아 또는 어린이가 사용할 수 있는 화장품임을 표시・광고하려는 경우, 안전과 품질을 입증할 수 있는 안전성 자료를 작성하고 보관하여야 하는 영업자로 옳은 것은?

① 맞춤형 화장품 판매업자
② 화장품 제조업자
③ 화장품 책임판매업자
④ 책임판매관리자
⑤ 맞춤형 화장품 조제관리사

08 화장품 성분별 특성에 따른 취급 및 보관 방법으로 옳지 않은 것은?

① 화장품에 사용되는 정제수는 투명, 무취, 무색으로 오염되지 않아야 한다.
② 수분은 미생물의 성장에 필요한 물질로, 원료 보관 시 건조한 곳에 보관하여야 한다.
③ 비타민 E는 빛에 의해 변질되기 쉬우므로 항산화 기능을 가지는 성분을 같이 배합한다.
④ 유성 성분은 공기 중에 노출되지 않도록 관리한다.
⑤ 에탄올과 같은 화기성이 있는 물질은 반드시 지정된 인화성 물질 보관함에 보관한다.

09 화장품에 사용된 성분의 특성으로 옳은 것은?

① 화장품 성분은 화학물질, 합성 유래 또는 천연물 유래 등이 있다.
② 화장품 성분은 모두 혼합물이다.
③ 사용하고자 하는 성분은 모두 식품의약품안전처장이 지정・고시한 것이어야 한다.
④ 피부를 투과한 화장품 성분은 국소 및 전신작용에 영향을 미치지 않는다.
⑤ 화장품 성분의 안전성은 노출 조건에 따라 달라질 수 있으나 감작성 평가에는 영향을 미치지 않는다.

10 화장품 성분이 가져야 할 유효성의 종류로 옳지 않은 것은?

① 물리적 유효성은 물리적 자외선 차단 성분(에칠헥실살리실레이트, 비스-에칠헥실옥시페놀메톡시페닐트라아진 등)을 기반으로 한 효과
② 화학적 유효성은 계면활성, 화학적 자외선 차단, 염색 등을 기반으로 한 효과
③ 생물학적 유효성은 미백, 주름 개선에 도움 등을 기반으로 한 효과
④ 미적 유효성은 자신의 취향에 맞는 아름답고 매력적인 화장(메이크업)의 유발 효과
⑤ 심리적 유효성은 향을 통한 기분 완화 등을 기반으로 한 효과

11 화장품 내 사용되는 내용물 및 원료의 입고 시 구비해야 하는 서류로 옳은 것은?

① 품질규격서
② 품질성적서
③ 제조공정도
④ 품질관리기준서
⑤ 제품표준서

12 「우수 화장품 제조 및 품질관리 기준(CGMP)」에서 제시하는 4대 기준서에 해당하지 않는 것은?

① 제품표준서
② 제조관리기준서
③ 제조 위생관리기준서
④ 품질관리기준서
⑤ 품질성적서

13 착향제(향료) 구성 성분 중 추가로 해당 성분의 명칭을 기재해야 하는 알레르기 유발 성분으로 옳지 않은 것은?

① 아밀신남알
② 시트랄
③ 1-헥사놀
④ 시트로넬올
⑤ 메틸2-옥티노에이트

14 화장품 착향제(향료) 중 알레르기 유발 물질 성분 표시에 대한 설명으로 옳은 것은?

① 향료에 포함되어 있는 알레르기 유발 성분은 사용 시의 주의사항에 표시한다.
② 식물의 꽃·잎·줄기 등에서 추출한 에센스 오일이 착향의 목적으로 사용되었을 경우 표시·기재하지 않아도 된다.
③ 착향제의 구성 성분 중 알레르기 유발 성분이 있는 경우 "향료"로 표시할 수 있다.
④ 내용량이 10mL(g)~50mL(g)인 소용량 화장품의 경우 착향제 구성 성분 중 알레르기 유발 성분 표시를 생략할 수 있다.
⑤ 원료 목록 보고 시 알레르기 유발 성분 정보는 포함하지 않는다.

15 맞춤형 화장품 매장에 근무하는 조제관리사에게 향료 알레르기가 있는 고객이 제품에 대해 문의해왔다. 조제관리사가 제품에 부착된 〈보기〉의 설명서를 참조하여 고객에게 안내해야 할 말로 가장 적절한 것은?

보 기

▣ 제품명 : 유기농 모이스춰 로션
▣ 제품의 유형 : 액상 에멀젼류
▣ 내용량 : 100g
▣ 전성분 : 정제수, 세라마이드, 글리세린, 호호바오일, 스쿠알란, 베테인, 상황버섯추출물, 모노스테아린산글리세린, 피이지소르비탄지방산에스터, 시어버터, 1,2헥산디올, 차가버섯추출물, 토코페롤, 잔탄검, 카보머, 트리에탄올아민, 스테아릴알코올, 참나무이끼추출물, 구연산나트륨, 향료

① 이 제품은 유기농 화장품으로 알레르기 반응을 일으키지 않습니다.
② 이 제품은 알레르기를 유발 성분 무첨가 제품으로 안심하고 사용하셔도 됩니다.
③ 이 제품은 알레르기를 억제시키는 성분이 있어 알레르기가 완화될 수 있습니다.
④ 이 제품은 알레르기 유발 성분이 0.001% 초과 함유되었으며 해당 정보는 홈페이지 등에서도 확인하실 수 있습니다.
⑤ 이 제품은 조제관리사가 조제한 맞춤형 화장품으로 알레르기 반응을 일으키지 않습니다.

16 판매의 목적이 아닌 제품의 선택 등을 위하여 미리 소비자가 시험 · 사용하도록 제조 또는 수입된 화장품에 가격을 표시하는 방법으로 옳은 것은?

① 표시하지 않아도 된다.
② 견본품이나 비매품으로 표시한다.
③ 개별 제품마다 판매 가격을 표시한다.
④ 소비자가 가장 쉽게 알아볼 수 있도록 제품명으로 표시한다.
⑤ 가격이 포함된 정보를 제시한다.

17 「화장품 안전성 정보관리 규정」에 따른 안전성 정보의 보고로 옳은 것은?

① 의사 · 약사 · 간호사 · 판매자 · 소비자 또는 관련단체 등의 장은 화장품의 사용 중 발생하였거나 알게 된 유해 사례 등 안전성 정보에 대하여 화장품 제조업자에게 보고할 수 있다.
② 맞춤형 화장품 사용과 관련된 부작용 발생 시 맞춤형 화장품 조제관리사는 화장품 책임판매업자에게 지체 없이 보고한다.
③ 화장품 책임판매업자는 신속보고 되지 아니한 안전성 정보를 화장품 안전성 정보 일람표를 작성한 후 매 반기 종료 후 1월 이내에 식품의약품안전처장에게 보고하여야 한다.
④ 회수에 준하는 외국 정부의 조치의 경우 화장품 책임판매업자는 5일 이내 신속히 보고한다.
⑤ 상시근로자수가 2인 이하로서 직접 제조한 화장비누만을 판매하는 화장품 제조업자는 안전성 정기보고 예외 대상이다.

18 화장품의 사용 시 주의사항 및 보관법으로 적절하지 않은 것은?

① 직사광선을 피해 서늘한 곳에 보관한다.
② 보존제를 함유하지 않은 화장품은 오염을 최소화하기 위해 소분해서 사용한다.
③ 용기 등에 기재된 사용기한 전에 사용하고, 개봉하면 가능한 한 빨리 사용하도록 한다.
④ 사용 후에는 먼지, 미생물 또는 습기의 유입을 방지하기 위해 반드시 뚜껑을 닫는다.
⑤ 화장도구는 정기적으로 미지근한 물에 중성 세제를 사용하여 세탁 후 완전히 건조 후 사용한다.

19 내용량이 20g인 소용량 맞춤형 화장품 포장에 기재 · 표시해야 하는 성분이 아닌 것은?

① 적색 220호
② 카라기난
③ 글라이콜릭애씨드
④ 유용성 감초추출물
⑤ 비타민 E

20 위해 화장품 회수를 위한 공표문의 공표 사항으로 옳지 않은 것은?

① 화장품을 회수한다는 내용의 표제
② 제품명
③ 회수 사유
④ 회수 대상 화장품의 성분 및 부작용
⑤ 회수 대상 화장품의 제조번호

21 「화장품법」에 따라 화장품의 1차 또는 2차 포장에 기재해야 하는 "사용 시의 주의사항" 중 개별사항으로 옳은 것은?

① 상처가 있는 부위 등에는 사용을 자제할 것
② 어린이의 손이 닿지 않는 곳에 보관할 것
③ 화장품 사용 시 또는 사용 후 직사광선에 의하여 사용 부위가 붉은 반점, 부어오름 또는 가려움증 등의 이상 증상이나 부작용이 있는 경우 전문의 등과 상담할 것
④ 눈에 들어갔을 때는 즉시 씻어낼 것
⑤ 직사광선을 피해서 보관할 것

22 화장품의 포장에 추가로 기재 · 표시하여야 하는 사항으로 옳은 것은?

① 화장품의 안전 정보와 관련하여 식품의약품안전처장이 정하여 고시하는 사용 시의 주의사항
② 사용상의 제한이 필요한 보존제
③ 위해 평가 결과 사용 한도가 지정되어 있는 원료
④ 사용할 때의 주의사항(공통사항)
⑤ 인체 세포 · 조직 배양액이 들어있는 경우 그 명칭

23 알부틴을 2% 이상 함유한 화장품의 안전 정보와 관련하여 사용 시의 주의사항에 기재해야 하는 표시 문구로 옳은 것은?

① 사용 시 흡입되지 않도록 주의할 것
② 만 3세 이하 어린이에게는 사용하지 말 것
③ 눈의 접촉을 피하고 눈에 들어갔을 때는 즉시 씻어낼 것
④ 신장질환이 있는 사람은 사용 전에 의사, 약사, 한의사와 상의할 것
⑤ 인체 적용시험 자료에서 구진과 경미한 가려움이 보고된 예가 있음

24 착향제의 구성 성분 중 식품의약품안전처장이 고시한 알레르기 유발 성분이 아닌 것은?

① 참나무이끼추출물
② 리모넨
③ 쿠마린
④ 벤질알코올
⑤ 만수국꽃추출물 또는 오일

25 「화장품 안전기준 등에 관한 규정」에 따른 사용상의 제한이 필요한 성분 중 점막에 사용 금지된 보존제로 옳은 것은?

① 메칠이소치아졸리논
② p-클로로-m-크레졸
③ 피로피오닉애씨드 및 그 염류
④ 벤조페논-3
⑤ 땅콩 오일, 추출물 및 유도체

26 (　)은(는) 구조 내에 가용기가 없고 물, 오일, 용매 등에 녹지 않은 분말 형태의 색소로 레이크에 비해 착색력, 은폐력, 내용제성, 내광성이 뛰어나고 선명하여 색조 화장품에 널리 사용된다. (　) 안에 들어갈 용어로 옳은 것은?

① 무기 안료
② 염료
③ 유기 안료
④ 타르 색소
⑤ 기질

27 「화장품 안전기준 등에 관한 규정」에 따른 화장품에 사용상의 제한이 필요한 보존제 성분과 사용기준이 옳지 않은 것은?

① 프로피오닉애씨드 - 0.9%
② 디메칠옥사졸리딘 - 0.05%
③ 메칠이소치아졸리논 - 사용 후 씻어 내는 제품에 0.01%
④ 살리실릭애씨드 - 0.5%
⑤ 클로로펜(2-벤질-4-클로로페놀) - 0.05%

28 화장품에 사용되는 보습제의 특성으로 옳지 않은 것은?

① 습윤제 성분 기반 프로필렌글라이콜은 피부에 도포 시, 가볍고 산뜻한 느낌을 유발한다.
② 죽은 각질세포 내 케라틴과 NMF와 같이 수분과 결합하는 능력을 갖춘 성분을 하이알루로닉애씨드로 처방하여 피부에 수분을 증가시킨다.
③ 연화제는 탈락하는 각질세포 사이의 틈을 메꿔주는 역할을 가진 물질로 락틱애씨드는 피부에 유연성을 준다.
④ 밀폐제 성분 기반 스쿠알렌은 TEWL을 감소시키는데 효과적이다.
⑤ 각질층 내 세포 간 지질을 세라마이드로 처방하여, 피부장벽 기능의 유지와 회복에 관여함으로써 피부 보습력 유지를 증가시킨다.

29 「우수 화장품 제조 및 품질관리 기준(CGMP)」 화장품 생산시설에 대한 내용으로 옳지 않은 것은?

① 화장품 생산시설은 화장품 종류, 양, 품질 등에 따라 변화한다.
② 화장품을 생산하는 설비, 기기, 원료, 포장재, 완제품을 말한다.
③ 설비가 들어있는 건물, 작업실, 갱의실 등을 포함하여 외부와 주위 환경 변화로부터 보호하는 것이다.
④ 화장품 생산에 적합하며 직원이 안전하고 위생적으로 작업에 종사할 수 있어야 한다.
⑤ 업체 특성에 맞는 적합한 화장품 생산시설을 설계하고 건축하여야 한다.

30 「화장품 사용 시의 주의사항 및 알레르기 유발 성분 표시에 관한 규정」에 따라 알루미늄 성분을 함유한 화장품의 안전 정보와 관련하여 사용 시의 주의사항을 포장에 추가로 기재·표시해야 하는 제품은?

① 네일폴리시・네일에나멜리무버
② 제모왁스
③ 향수, 콜롱
④ 아이 메이크업 리무버
⑤ 데오도런트

31 〈보기〉는 화장품에 사용상의 제한이 필요한 성분이다. 위해 평가 결과 피부감작 우려가 있는 원료를 모두 고른 것은?

보 기

ㄱ. 감광소
ㄴ. 땅콩 오일, 추출물 및 유도체
ㄷ. 만수국꽃추출물 또는 오일
ㄹ. 만수국아제비꽃추출물 또는 오일
ㅁ. 하이드롤라이즈드밀단백질

① ㄱ, ㄴ
② ㄱ, ㅁ
③ ㄴ, ㅁ
④ ㄴ, ㄷ
⑤ ㄷ, ㄹ

32 화장품에 사용상의 제한이 필요한 자외선 차단 성분 중 사용 한도가 가장 높은 것은?

① 드로메트리졸트리실록산
② 옥토크릴렌
③ 에칠헥실메톡시신나메이트
④ 티이에이-살리실레이트
⑤ 호모살레이트

33 CGMP 기준 작업장의 위생관리로 옳지 않은 것은?

① 제조공장의 출입구는 해충, 곤충의 침입에 대비하여 보호되어야 한다.
② 배수관은 냄새의 제거와 적절한 배수를 확보하기 위해 건설되고 유지되어야 한다.
③ 바닥은 먼지 발생을 최소화하고 청소가 용이하도록 설계되어야 한다.
④ 원료, 자재, 반제품, 완제품은 깨끗하고 정돈된 곳에 적절히 구획·구분되어 교차오염 우려가 없어야 한다.
⑤ 공기조화장치는 제품 또는 사람의 안전에 해로운 오염물질의 이동을 최대화시키도록 설계되어야 한다.

34 맞춤형 화장품 판매업소 내 혼합·소분 장소의 위생관리에 있어 주의해야 할 사항을 모두 고른 것은?

보 기

ㄱ. 판매 장소와 혼합·소분 공간은 따로 구분하지 않는다.
ㄴ. 적절한 환기시설을 구비하고 작업대, 바닥, 벽, 천장 및 창문은 청결을 유지한다.
ㄷ. 방충·방서 대책을 마련하고 정기적으로 점검한다.
ㄹ. 고객을 위한 손 세척시설을 구비한다.
ㅁ. 혼합·소분에 사용되는 원료 및 내용물은 오염 방지를 위해 모두 조제실에 보관한다.

① ㄱ, ㄴ
② ㄱ, ㅁ
③ ㄴ, ㄷ
④ ㄴ, ㄹ
⑤ ㄴ, ㅁ

35 CGMP 기준 화장품 제조에 직접 종사하는 직원의 위생관리로 옳은 것은?

① 정기적인 검사를 통해 직원의 건강관리를 파악한다.
② 신입 사원 채용 시에는 직원 위생에 대한 교육 및 복장 규정에 따르도록 지도한다.
③ 직원을 작업장에 배치할 때에는 가급적 보관 구역 내에 들어가지 않도록 한다.
④ 항상 몸의 청결을 유지하며, 화장실 출입 전에는 반드시 손을 씻도록 한다.
⑤ 작업장 출입 시에는 필요시 손을 씻고 소독한다.

36 「우수 화장품 제조 및 품질관리 기준(CGMP)」 제8조 설비 및 기구의 위생 기준으로 옳지 않은 것은?

① 사용하지 않은 연결호스와 부속품은 청소 등 위생관리를 하고 건조한 상태로 유지한다.
② 설비는 배수가 용이하도록 설치하고 제품 및 청소 소독제와 화학반응을 일으키지 않아야 한다.
③ 설비 등의 위치는 원자재나 직원의 이동으로 인해 제품의 품질에 영향을 주지 않도록 해야 한다.
④ 자동화시스템을 도입한 경우 설비는 필요한 경우에만 청소하도록 설계 및 설치한다.
⑤ 기구에 사용되는 소모품은 제품의 품질에 영향을 주지 않아야 한다.

37 CGMP 기준 원료 취급 구역의 위생관리로 옳은 것은?

① 원료 보관소와 칭량실은 구획되어 있어야 한다.
② 모든 드럼의 윗부분은 이송 후 제조 구역에서 개봉하고 검사한다.
③ 원료 취급 구역의 바닥은 비닐로 덮인 상태로 유지되어야 한다.
④ 원료 용기들은 실제로 칭량하는 원료를 포함해 적합하게 뚜껑을 덮어놓아야 한다.
⑤ 원료의 포장이 훼손된 경우에는 봉인하거나 즉시 폐기 처분한다.

38 작업장 위생 유지를 위한 세제의 구성 성분이 아닌 것은?

① 계면활성제
② 살균제
③ 금속이온 봉쇄제
④ 알코올류
⑤ 연마제 및 표백 성분

39 CGMP 기준 오염물질 제거를 위한 설비 세척의 원칙을 〈보기〉에서 모두 고른 것은?

보 기

ㄱ. 분해할 수 있는 설비는 분해해서 세척한다.
ㄴ. 화장품 제조설비는 물 또는 증기만으로 세척한다.
ㄷ. 세척 후에는 반드시 '판정'한다.
ㄹ. 가능하면 세제를 사용하여 오염물질을 육안으로 확인 후 제거한다.
ㅁ. 설비의 부품은 분해하지 않고 철저하게 닦아낸다.
ㅂ. 판정 후의 설비는 건조 · 밀폐해서 보존하고 세척의 유효 기간을 설정한다.

① ㄱ, ㄴ, ㄷ
② ㄱ, ㄴ, ㄹ
③ ㄱ, ㄴ, ㅁ
④ ㄱ, ㄷ, ㅂ
⑤ ㄴ, ㄹ, ㅁ

40 작업장의 낙하균 측정법 원리로 옳지 않은 것은?

① 대상 작업장에서 오염된 부유 미생물을 직접 평판 배지 위에 일정 시간 자연 낙하시켜 측정하는 방법이다.
② 한천 평판 배지를 일정 시간 노출시켜 배양접시에 낙하된 미생물을 배양하여 증식된 집락 수를 측정하고 단위 시간당의 생균 수로써 산출하는 방법이다.
③ 특별한 기기의 사용 없이 언제라도 실시할 수 있는 간단하고 편리한 방법이다.
④ 공기 중의 전체 미생물을 측정할 수 없다.
⑤ 청정도가 낮고 오염도가 높은 실내에서만 측정이 가능하다.

41 CGMP 기준 입고된 원료 및 내용물의 품질관리로 옳지 않은 것은?

① 밀봉 상태, 성상, 이물, 관능, 부적합 기준 등 품질성적서(원료규격서)를 확인한다.
② 격리 보관 후 적합 판정이 내려지면 칭량 구역에서 개봉 전 원료의 샘플링을 실시한다.
③ 온도, 차광 등 보관조건을 확인한다.
④ 부적합 기준이 기재된 품질성적서(원료규격서)에 근거한 부적합 일지를 작성한다.
⑤ 원료명, 원료의 유형, 입고일, 입고 수량/중량, 사용량, 사용일, 재고량 등 원료 수불 일지를 작성한다.

42 기술진보에 따른 형태와 소재의 종류가 매우 다양한 화장품 용기에 필요한 특성이 아닌 것은?

① 실용성의 판매촉진성
② 기능성으로 다양화와 개성화
③ 내용물과의 재료 적합성
④ 품질 유지성으로 내용물 보호 기능
⑤ 디자인 등 상품성 및 사용상의 안전성

43 화장품 1차 포장 필수 기재 · 표시사항을 〈보기〉에서 모두 고른 것은?

보 기

ㄱ. 화장품의 명칭
ㄴ. 제조번호
ㄷ. 사용기한 또는 개봉 후 사용기간(개봉 후 사용기간의 경우 제조 연월일 병기)
ㄹ. 가격
ㅁ. 혼합 · 소분에 사용된 모든 성분
ㅂ. 사용할 때 주의사항

① ㄱ, ㄴ, ㄷ
② ㄱ, ㄷ, ㄹ
③ ㄱ, ㅁ, ㅂ
④ ㄷ, ㄹ, ㅁ
⑤ ㄷ, ㅁ, ㅂ

44 CGMP 기준 작업장에 사용되는 세제의 구성 요건으로 옳지 않은 것은?

① 작업장에서 다목적 세제와 연마 세제 사용 시에는 보조 장치나 기구를 이용한다.
② 연마 세제는 기계적으로 저항성이 있는 물질에 한정적으로 사용한다.
③ 연마 세제는 희석하지 않고 아주 소량의 물을 사용하여 직접 표면에 사용하며 잘 헹구어 준다.
④ 표면은 헹굼이나 재 세척 없이도 건조 후 깨끗하고 잔유물이 남지 않아야 한다.
⑤ 중성에서 약알칼리성 사이의 다목적 세제는 오일과 상용성이 있는 모든 표면에 적용한다.

45 CGMP 기준 생산시설 설비의 구성요건으로 옳지 않은 것은?

① 원칙적으로 모든 설비 및 기구의 내용물과의 접촉면은 내용물과의 반응성을 철저히 배제한다.
② 반응성이 없는 재질인 경우도 친화성이 떨어지는 재질은 배제한다.
③ 호스는 강화된 식품 등급의 고무 또는 네오프렌 건조 제재를 사용한다.
④ 탱크는 제품과의 반응으로 분해성을 가지므로 자주 교체할 수 있는 것을 사용한다.
⑤ 수중유(water-in-oil) 타입 에멀젼의 경우 유리 재질의 접촉면은 지양한다.

46 CGMP 기준 작업장의 청소 방법으로 옳은 것은?

① 모든 작업장은 매일 작업 종료 후 전체 소독을 실시한다.
② 모든 작업장 및 보관소는 매주 청소를 실시한다.
③ 청소도구는 필요 시 세척하고 건조하여 오염원이 되지 않도록 한다.
④ 청소도구함을 별도로 설치하여 청소도구, 소독액 및 세제 등을 보관관리하며, 작업장은 진공 청소기 보관 장소를 별도로 구분하고, 소독액은 필요 장소에 보관한다.
⑤ 청소용수로 사용되는 물은 정제수만 사용한다.

47 알코올 70% 소독액을 이용하여 배수로 및 내부를 소독하는 작업장은?

① 제조실
② 세척실
③ 원료 보관소
④ 화장실
⑤ 칭량실

48 「화장품 안전기준 등에 관한 규정」 제6조에 따라 유통할 수 있는 화장품으로 옳은 것은?

① 닥나무 추출물 3%, 총 호기성 생균 수 2,000개/g(mL), 메탄올 0.5(v/v)%
② 비소 1㎍/g, 디옥산 100㎍/g, 프탈레이트류 100㎍/g
③ 납 25㎍/g, 총 호기성 생균 수 870개/g(mL), 유리알칼리 0.15%
④ 메탄올 0.002%(v/v), 수은 10㎍/g, 포름알데하이드 20㎍/g
⑤ 레티놀 2,000IU/g, pH 6.2, 병원성균 불검출

49 맞춤형 화장품 판매장 내 혼합 · 소분의 안전관리 규정으로 옳은 것을 모두 고르면?

보 기

ㄱ. 혼합 · 소분 전 제조지시서와 용기 기재사항을 확인한다.
ㄴ. 혼합 · 소분 시 위생복 및 마스크를 착용한다.
ㄷ. 피부 외상 및 증상이 있는 직원은 건강 회복 전까지 혼합 · 소분 행위를 금지한다.
ㄹ. 혼합 · 소분 전에 손을 소독하거나 세정한다.(다만, 일회용 장갑을 착용하는 경우 예외)
ㅁ. 소비자가 혼합 · 소분구역 출입 시에는 적절한 지시에 따라야 하고 성명과 입 · 퇴장 시간을 기록서에 기록한다.

① ㄱ, ㄴ, ㄷ
② ㄱ, ㄴ, ㄹ
③ ㄱ, ㄷ, ㅁ
④ ㄴ, ㄷ, ㄹ
⑤ ㄴ, ㄹ, ㅁ

50 (　　)은(는) 정해진 기준이나 규정된 제조 또는 품질관리 활동을 벗어난 것을 의미하며 상황에 따라 적절한 조치 후 문서화 하는 것이 중요하다. (　) 안에 들어갈 말로 옳은 것은?

① 기준 일탈
② 재작업
③ 불만
④ 회수
⑤ 일탈

51 맞춤형 화장품의 안정성을 평가하는 장기보존시험 항목으로 옳지 않은 것은?

① 진동시험을 통해 분말 또는 과립 제품의 혼합 상태가 깨지거나 분리 발생 여부를 판단한다.
② 시험물 가용성 성분, 증발 잔류물, 에탄올 등 제제의 화학적 성질을 평가한다.
③ 비중, 융점, 경도, pH, 유화 상태, 점도 등 제제의 물리적 성질을 평가한다.
④ 정상적으로 제품 사용 시 미생물 증식을 억제하는 능력이 있음을 증명하는 미생물학적 시험 및 필요 시 기타 특이적 시험을 통해 미생물에 대한 안정성을 평가한다.
⑤ 용기의 제품 흡수, 부식, 화학적 반응 등에 대한 용기 적합성을 평가한다.

52 천연 화장품 및 유기농 화장품 제조에 금지되는 공정으로 옳은 것은?

① 미네랄 원료 배합
② 유기농 유래 원료 배합
③ 동물성 원료 배합
④ 유전자 변형 원료 배합
⑤ 합성 원료 배합

53 「화장품 안전기준 등에 관한 규정」 제5조에 따라 맞춤형 화장품에 사용 가능한 원료로 옳은 것은?

① 커큐민
② 디메칠옥사졸리딘
③ 메텐아민
④ 벤질알코올
⑤ 페녹시에탄올

54 「기능성 화장품 기준 및 시험 방법」 통칙에 따른 약산성의 pH 범위로 옳은 것은?

① 약 3~5
② 약 5~6.5
③ 약 7.5~9
④ 약 9~11
⑤ 약 11 이상

55 화장품 관련 법령에 근거한 맞춤형 화장품 판매업자의 준수사항으로 옳지 않은 것은?

① 유통 화장품 안전관리 기준 및 안전용기・포장에 적합해야 한다.
② 원료 및 내용물의 입고, 사용, 폐기 내역 등을 기록하고 관리하여야 한다.
③ 맞춤형 화장품 장비 또는 기구마다 절차서를 작성하고 정기적으로 성능을 점검한다.
④ 맞춤형 화장품 판매 내역서를 작성・보관하여야 한다.
⑤ 맞춤형 화장품의 원료 목록 및 생산실적을 기록・보관하여 관리하여야 한다.

56 유통 화장품 안전관리 기준 비의도적 오염물질의 검출 허용 한도로 옳은 것은?

① 비소 100μg/g 이하
② 안티몬 100μg/g 이하
③ 디옥산 10μg/g 이하
④ 수은 1μg/g 이하
⑤ 카드뮴 10μg/g 이하

57 파우더 제품(페이스파우더, 팩트, 아이섀도우 등) 혼합 및 분산 공정에 사용되는 설비가 아닌 것은?

① 호모 믹서(homo mixer)
② 헨셀 믹서(henschel mixer)
③ 3단 롤 밀(3 roll mill)
④ 아토마이저(atomizer)
⑤ 리본 믹서(ribbon mixer)

58 청결한 화장품 제조를 위한 설비 및 기구 세척에 대한 내용으로 옳은 것은?

① 제품 잔류물과 흙, 먼지, 기름때 등의 오염물을 제거하는 과정으로 세척과 소독 절차의 첫 번째 단계이다.
② 세척은 오염 미생물 수를 허용 수준 이하로 감소시키기 위해 수행하는 과정으로 작업 후 매일 실시한다.
③ 문서화된 절차에 따라 수행하고, 판정 후 모든 문서는 폐기한다.
④ 세척 주기는 각 구역 작업자가 결정하고 적절한 방법으로 확인한다.
⑤ 청소하는 동안 공기 중의 먼지를 최소화하도록 주의하고, 쏟은 원료나 제품은 작업 완료 후 깨끗이 청소한다.

59 맞춤형 화장품 조제관리사인 윤채는 매장을 방문한 고객과 다음과 같은 〈대화〉를 나누었다. 윤채가 고객에게 혼합하여 추천할 제품으로 다음 〈보기〉 중 옳은 것을 모두 고르면?

대 화

고객 : 최근에 화장품을 여러 개 섞어 발라서 그런지 뾰루지가 올라와요.
피부도 칙칙해진 거 같아요.
윤채 : 잔주름이 보이는데 고객님 피부 상태를 측정해보도록 할까요?
고객 : 그렇게 해 주세요~
윤채 : 네. 처음 방문하셨으니 이쪽에 앉으셔서 먼저 피부 설문표를 작성해 주세요~
그런 다음 바로 저희 측정기로 측정을 해드리겠습니다.

〈피부 측정 후〉

윤채 : 고객님이 작성해 주신 설문지를 보니 과거 화장품에 알레르기 반응을 보인 적이 있으시네요. 측정 결과 나이에 비해 색소 침착도가 높고 탄력이 떨어져 있어요.
고객 : 음... 걱정이네요. 그럼 어떤 제품을 쓰는 게 좋은지 추천 부탁드려요.

보 기

ㄱ. 콜라겐(Collagen) 함유 제품
ㄴ. 나이아신아마이드(Niacinamide) 함유 제품
ㄷ. 티타늄디옥사이드(Titanium Dioxide) 함유 제품
ㄹ. 알부틴(Albutin) 함유 제품
ㅁ. 스쿠알란(Squalane) 함유 제품

① ㄱ, ㄴ
② ㄱ, ㄷ
③ ㄱ, ㅁ
④ ㄴ, ㄹ
⑤ ㄹ, ㅁ

60 맞춤형 화장품에서 발생할 수 있는 부작용으로 옳지 않은 것은?

① 가려움, 따가움이나 육안으로 식별할 수 있는 피부 증상이 나타날 수 있다.
② 눈시림 등의 눈의 불쾌감이 있을 수 있다.
③ 자외선에 노출되었을 때 광알레르기 반응이 나타날 수 있다.
④ 막힌 모공이 열려 뾰루지나 좁쌀 같은 알레르기 반응이 나타날 수 있다.
⑤ 결막, 각막 등 육안적 소견이 있는 눈의 증상이 나타날 수 있다.

61 「제품의 포장재질 · 포장 방법에 관한 기준 등에 관한 규칙」에 따른 단위 제품의 인체 및 두발 세정용 제품류의 포장공간 비율로 옳은 것은?

① 10% 이하
② 15% 이하
③ 20% 이하
④ 25% 이하
⑤ 30% 이하

62 맞춤형 화장품의 원료로 사용할 수 있는 경우로 적합한 것은?

① 식약처 고시 자외선 차단 성분을 직접 첨가한 제품
② 식약처 고시 미백 성분을 직접 첨가한 제품
③ 식약처 고시 주름 개선 성분을 직접 첨가한 제품
④ 사용상의 제한이 필요한 자외선 차단 성분을 첨가한 제품
⑤ 책임판매업자가 기능성 효능・효과를 나타내는 원료를 포함하여 기능성 화장품에 대한 심사를 받은 제품

63 진피와 부속기에 대한 설명으로 옳은 것은?

① 피하조직을 지지하는 역할을 한다.
② 콜라겐은 진피의 세포 외 기질의 주요 단백질로 피부조직 형태를 유지하는 작용을 한다.
③ 온도가 낮으면 땀샘에 의해 털이 수직 방향으로 세워지고 소름이 돋는다.
④ 피지선은 전신의 피부에 존재하며 신체 부위에 따라 크기, 형태가 다르다.
⑤ 입모근의 잦은 수축은 땀 분비를 촉진한다.

64 피부의 유해 요인으로 적절하지 않은 것은?

① UV-A
② 비타민 D
③ 산화(oxidation)
④ UV-B
⑤ 건조(drying)

65 다음 중 모발의 기능으로 옳지 않은 것은?

① 보호의 기능
② 감각의 기능
③ 배출의 기능
④ 장식의 기능
⑤ 지지의 기능

66 모발의 색을 결정하고 케라티노사이트, 멜라노사이트가 존재하는 세포로 옳은 것은?

① 모세혈관
② 모유두
③ 모모세포
④ 모낭세포
⑤ 색소세포

67 투명하고 성형 가공성 우수해 주로 리필 용기, 샴푸 용기, 린스 용기 등에 사용되는 포장재로 옳은 것은?

① 폴리에틸렌 테레프탈레이트(PET)
② 고밀도 폴리에틸렌 (HDPE)
③ 폴리프로필렌 (PP)
④ 폴리스티렌 (PS)
⑤ 폴리염화비닐(PVC)

68 멜라닌 색소에 대한 설명으로 옳지 않은 것은?

① 사람의 피부색을 결정하는 가장 큰 요소이다.
② 수는 인종에 따라 차이가 없지만 존재 형태에 따라 차이가 생긴다.
③ 멜라닌의 종류에는 적색 멜라닌과 흑색 멜라닌의 두 가지가 있다.
④ 색소 합성세포인 케라티노사이트 내의 멜라노좀에서 합성된다.
⑤ 멜라닌은 멜라노사이트라는 세포에서 만들어지며 표피 기저층에 존재한다.

69 화장품 제형의 물리적 특성으로 옳은 것은?

① 가용화는 물에 대한 용해도가 아주 낮은 물질을 유화제가 용해도 이상으로 용해시키는 기술이다.
② 유화(emulsion)는 고체의 미립자가 액체 중에 퍼져있는 현상을 말한다.
③ O/W type의 유화 형태는 유중수형으로 수분량이 많고 흐름이 있다.
④ O/W type은 W/O type보다 더 오일감이 있어 건성 피부용 크림 등을 제조할 때 사용하는 유화 방식이다.
⑤ 분산(dispersion)은 분산 매질에 분산상이 퍼져있는 혼합계를 말한다.

70 〈보기〉는 기능성 화장품 심사를 받기 위해 자료를 제출하는 경우, 기준 및 시험 방법 작성 요령 중 일부이다. (　　) 안에 들어갈 말로 옳은 것은?

보 기

(　　)은(는) 그 물질의 함량, 함유단위 등을 물리적 또는 화학적 방법에 의하여 측정하는 시험법으로 정확도, 정밀도 및 특이성이 높은 시험법을 설정한다. 다만, 순도시험항에서 혼재물의 한도가 규제되어 있는 경우에는 특이성이 낮은 시험법이라도 인정한다.

① 강열잔분
② 정량법
③ 시성치
④ 순도시험
⑤ 확인시험

71 다음 중 콜로이드(colloid)의 종류로 옳은 것은?

① 안개나 연기처럼 기체에 액체방울이 분산된 에멀견(emulsion)
② 액체에 고체 입자가 분산된 졸(sol)
③ 우유처럼 액체에 액체방울이 분산된 에어로졸(aerosol)
④ 미스트처럼 기체에 고체가 분산된 에멀젼(emulsion)
⑤ 젤리처럼 액체에 액체가 분산된 졸(sol)

72 「화장품 안전기준 등에 관한 규정」에 따른 사용상의 제한이 필요한 보존제 성분은?

① 글루타랄(펜탄-1,5-디알)
② 니트로펜
③ 펜치온
④ 히드로퀴논
⑤ 헥사클로로벤젠

73 다음 〈보기〉의 내용이 설명하는 성분으로 옳은 것은?

보 기
탄화수소의 수소를 수산기(-OH)로 치환한 구조를 갖는 화합물로 천연유지와 석유 등에서 얻어지며 탄소수가 6개 이상인 알코올을 통칭한다. 화장품에는 주로 점도 조절, 유화 안정성 향상 등을 목적으로 사용되고 세틸알코올, 세테아릴알코올, 이소스테아릴알코올 등이 있다.

① 미네랄 알코올
② 혼합 알코올
③ 합성 알코올
④ 저급 알코올
⑤ 고급 알코올

74 화장품에 적합한 관능 품질을 확보하기 위하여 제품의 여러 가지 품질을 외관 · 색상, 향취, 사용감 등 인간의 오감에 의하여 평가하는 방법은?

① 관능 평가
② 품질관리 평가
③ 시료 평가
④ 오감 평가
⑤ 기호 평가

75 유통 화장품의 안전관리 기준 미생물 한도로 옳은 것은?

① 영 · 유아용 제품류 및 눈 화장용 제품류의 경우 총 호기성 세균 수 100개/g(mL) 이하
② 물휴지의 경우 진균 수 1,000개/g(mL) 이하
③ 물휴지의 경우 대장균, 녹농균 각각 100개/g(mL) 이하
④ 기타 화장품의 경우 1,000개/g(mL) 이하
⑤ 물휴지의 경우 황색포도상구균은 50개/g(mL) 이하

76 다음 〈보기〉에서 모발의 구조 중 모간부를 모두 고르면?

보 기
ㄱ. 모표피　ㄴ. 모수질　ㄷ. 모낭　ㄹ. 모유두　ㅁ. 모모세포

① ㄱ, ㄴ
② ㄱ, ㄷ
③ ㄴ, ㄹ
④ ㄷ, ㄹ
⑤ ㄹ, ㅁ

77 천연 화장품 및 유기농 화장품에 금지되는 제조공정으로 옳은 것은?

① 로스팅
② 이온 교환
③ 탈색(오존 사용)
④ 오존 분해
⑤ 설폰화

78 「화장품 가격 표시제 실시요령」 제4조에 따라 화장품을 일반 소비자에게 소매 점포에서 판매하는 경우 판매 가격을 표시할 수 없는 표시의무자는?

① 후원 방문판매업자
② 화장품 책임판매업자
③ 방문판매업자
④ 통신판매업자
⑤ 다단계판매업의 판매자

79 맞춤형 화장품 조제관리사인 리라는 매장을 방문한 고객과 다음과 같은 〈대화〉를 나누었다. 리라가 고객에게 혼합하여 추천할 제품으로 다음 〈보기〉 중 적절한 것을 모두 고르시오.

대 화

고객 : 최근 들어 피지가 과다하게 분비되고, 여드름이 심해진 거 같아요.
리라 : 아, 그러신가요? 그럼 고객님 피부 상태를 측정해보도록 할까요?
고객 : 그렇게 해주세요~ 그리고 지난번 방문 시와 비교해 주세요.
리라 : 네. 이쪽에 앉으시면 저희 측정기로 측정을 해드리겠습니다.

〈피부 측정 후〉

리라 : 고객님은 1달 전 측정 시보다 피지 분비량이 30% 가량 증가하였고, 여드름의 발생도 2배 정도 증가되었군요.
고객 : 음... 걱정이네요. 그럼 어떤 제품을 쓰는 게 좋은지 추천 부탁드려요.

보 기

ㄱ. 올리브오일(Oive oil) 함유 제품
ㄴ. 나이아신아마이드(Niacinamide) 함유 제품
ㄷ. 티타늄디옥사이드(Titanium Dioxide) 함유 제품
ㄹ. 오메가-히드록실산(ω-hydroxyl acid) 함유 제품
ㅁ. 벤토나이트(Bentonite) 함유 제품

① ㄱ, ㄷ
② ㄱ, ㄹ
③ ㄴ, ㅁ
④ ㄷ, ㄹ
⑤ ㄹ, ㅁ

80 「기능성 화장품 심사에 관한 규정」에 따라 체모를 제거하는 기능을 가진 제품의 성분과 pH 범위가 바르게 연결된 것은?

① 레조시놀 - 3.0 이상 9.0 미만
② 살리실릭애씨드 - 3.0 이상 9.0 미만
③ 피로갈롤 - 5.0 이상 10.5 미만
④ 나이아신아마이드 20% - 2.0 이상 5.9 미만
⑤ 치오글리콜산 80% - 7.0 이상 12.7 미만

81 화장품 책임판매업소에서 취급하는 화장품의 품질관리 및 책임판매 후 안전을 관리할 수 있는 업무에 종사하는 자를 (㉠)(이)라고 한다. ㉠에 들어갈 적합한 명칭을 작성하시오.

82 〈보기〉는 「화장품법 시행규칙」 제18조 제1항에 따른 어린이 안전용기 · 포장 대상 품목 및 기준이다. ㉠, ㉡에 들어갈 말을 작성하시오

보 기

- 아세톤을 함유하는 네일 에나멜 리무버 및 네일 폴리쉬
- 어린이용 오일 등 개별 포장당 탄화수소류를 10퍼센트 이상 함유하고 운동점도가 21센티스톡스(섭씨 40도 기준) 이하인 비에멀젼 타입의 액체 상태의 제품
- 개별 포장당 메틸 살리실레이트를 5퍼센트 이상 함유하는 액체 상태의 제품
- (㉠) 제품, 용기 입구 부분이 펌프 또는 방아쇠로 작동되는(㉡)제품, 압축 분무용기 제품(에어로졸 제품 등) 제외

83 〈보기〉는 「화장품법 시행규칙」 제19조에 따라 화장품 포장에 기재 · 표시해야 하는 사항 중 일부이다. 맞춤형 화장품 경우 기재 · 표시 예외 사항을 모두 고르시오.

보 기

ㄱ. 식품의약품안전처장이 정하는 바코드
ㄴ. 천연 또는 유기농 화장품으로 표시 · 광고하려는 경우 원료의 함량
ㄷ. 기능성 화장품인 경우 심사 받거나 보고한 효능 · 효과, 용법 · 용량
ㄹ. 인체 세포 · 조직 배양액이 들어있는 경우 그 함량
ㅁ. 수입 화장품인 경우에는 제조국의 명칭(대외무역법에 따른 원산지를 표시한 경우에는 제조국의 명칭을 생략 가능), 제조회사명 및 그 소재지

84 다음 〈보기〉는 제조에 사용된 화장품 성분 표시 방법이다. ㉠, ㉡, ㉢에 들어갈 적합한 용어를 작성하시오.

보 기

- 글자의 크기는 5포인트 이상으로 한다.
- 화장품 제조에 사용된 함량이 많은 것부터 기재 · 표시한다. 다만, 1퍼센트 이하로 사용된 성분, 착향제 또는 (㉠)은(는) 순서에 상관없이 기재 · 표시할 수 있다.
- 착향제 구성 성분 중 식품의약품안전처장이 정하여 고시한 (㉡) 유발 성분이 있는 경우를 제외한 착향제는 향료로 표시할 수 있다.
- 산성도(pH) 조절 목적으로 사용되는 성분은 그 성분을 표시하는 대신 중화반응에 따른 생성물로 기재 · 표시할 수 있고 (㉢)을 거치는 성분은 (㉢)에 따른 생성물로 기재 · 표시할 수 있다.

85 〈보기〉는 「화장품법 시행규칙」 [별표 3]에 따른 화장품의 13가지 유형이다. 이를 참고하여 화장품 법령에서 화장품 유형에 제외되는 물품을 쓰시오.

보 기

ㄱ. 만 3세 이하의 영 · 유아용 제품류
ㄴ. 인체 세정용 제품류
ㄷ. 목욕용 제품류
ㄹ. 눈 화장용 제품류
ㅁ. 방향용 제품류
ㅂ. 두발 염색용 제품류
ㅅ. 색조 화장용 제품류
ㅇ. 두발용 제품류
ㅈ. 손 · 발톱용 제품류
ㅊ. 면도용 제품류
ㅋ. 기초 화장용 제품류
ㅌ. 체취 방지용 제품류

86 〈보기〉는 화장품 안전 정보와 관련된 성분별 사용 시의 주의사항이다. "만 3세 이하 어린이에게는 사용하지 말 것"의 문구를 포장에 추가로 표시해야 하는 제품으로 옳은 것을 모두 고르시오.

보 기

ㄱ. 아이오도프로피닐부틸카바메이트(IPBC) 함유 제품(목욕용 제품, 샴푸류 및 바디 클렌저 제외)
ㄴ. 벤잘코늄클로라이드, 벤잘코늄브로마이드 및 벤잘코늄사카리네이트 함유 제품
ㄷ. 스테아린산아연 함유 제품
ㄹ. 살리실릭애씨드 및 그 염류(샴푸 등 사용 후 바로 씻어 내는 제품 제외)
ㅁ. 알루미늄 및 그 염류 함유 제품
ㅂ. 과산화수소 및 과산화수소 생성물질 함유 제품

87 〈보기〉는 「화장품 안전성 정보관리 규정」에 따른 화장품의 취급 · 사용 시 인지되는 안전성 관련 정보이다. (　　) 안에 들어갈 말을 쓰시오.

보 기

(　　)(이)란 유해 사례와 화장품 간의 인과관계 가능성이 있다고 보고된 정보로서 그 인과관계가 알려지지 아니하거나 입증자료가 불충분한 것을 말한다.

88 〈보기〉에서 (　　) 안에 공통으로 들어갈 말을 쓰시오.

보 기

화장품 원료로 이용되는 계면활성제의 구조에서 친수기가 가장 중요하며 주로 카르복실레이트(carboxylate), 설페이트(sulfate), 설포네이트(sulfonate)로 이루어진 (　　) 계면활성제는 물에 용해할 때 친수기 부분이 (　　)으로 해리되고 세정력과 거품 형성 작용이 우수하여 주로 클렌징 제품에 활용된다.

89 〈보기〉에서 ㉠, ㉡에 들어갈 말을 순서대로 쓰시오.

보 기

(　㉠　)이란 화장품이 제조된 날부터 적절한 (　㉡　) 상태에서 성상 · 품질의 변화 없이 소비자가 안정적으로 사용할 수 있는 최소한의 기한을 말하며 화장품 제조업자 또는 수입자가 자체적으로 실시한 품목별 안정성 시험 결과를 근거로 설정한다.

90 〈보기〉에서 ㉠, ㉡에 들어갈 말을 순서대로 쓰시오.

보 기

살리실릭애씨드는 「기능성 화장품 심사에 관한 규정」에 따라 자료 제출이 생략되는 (㉠) 피부를 완화하는데 도움을 주는 성분이자 사용상의 제한이 필요한 보존제로 사용 한도 및 함량은 (㉡)이며 영 · 유아용 제품류 또는 만 13세 이하 어린이가 사용할 수 있음을 특정하여 표시하는 제품에는 사용할 수 없다(단, 샴푸 제외).

91 〈보기〉의 유통 화장품 안전관리 기준에 적합해야 하는 화장품 유형을 작성하시오.

보 기

건조중량이 표기량에 대하여 97% 이상, 유리알칼리 0.1% 이하

92 〈보기〉의 (   ) 안에 들어갈 용어를 작성하시오.

보 기

(   )이란 화장품을 정상적인 용량에 따라 사용할 경우 발생하는 모든 의도되지 않은 효과를 말하며, 의도되지 않은 바람직한 효과를 포함한다. 화장품의 대표적 이상 반응은 자극과 알러지 반응으로 세정제나 비누 등이 흔한 원인물질이다.

93 〈보기〉의 (   ) 안에 들어갈 성분을 한글로 작성하시오.

보 기

각질층 내 세포 간 지질 주성분인 (   )은 자외선에 의한 주름을 생성시키는 MMP (Matrix metalloproteinase)의 합성을 억제하고 피부의 기능을 정상화하는 역할을 한다.

94 다음 〈보기〉에서 ㉠에 적합한 용어를 작성하시오.

보 기

땀샘은 피지와 함께 피부의 건조를 막고 체온을 조절하는 역할을 한다. 자율신경에 의해 지배를 받는 (㉠)은(는) 입술의 경계, 귀두부, 소음순, 손·발톱을 제외한 몸 전체에 존재하면서 노폐물을 배출하고 체온을 일정하게 유지해 주는 역할을 한다.

95 〈보기〉는 어떤 미백 기능성 화장품의 전성분 표시를 「화장품법」 제10조에 따른 기준에 맞게 표시한 것이다. 해당 제품은 식품의약품안전처에 자료 제출이 생략되는 기능성 화장품 자외선 고시 성분과 사용상의 제한이 필요한 원료를 최대 사용 한도로 제조하였다. 이때, 유추 가능한 병풀 추출물 함유 범위(%)를 작성하시오.

보 기

정제수, C12-15알킬벤조에이트, 프로판디올, 글리세린, 에칠헥실메톡시신나메이트, 글리세린, 사이클로메티콘, 페닐벤즈이미다졸설포닉애씨드, 1,2헥산디올, 병풀추출물, 솔비탄올리에이트, 폴리아크릴레리트크로스폴리머-6, 폴리하이드록시스테아릭애씨드, 클로로펜, 알란토인, 하이드록시시트로넬알, 향료

96 〈보기〉는 「기능성 화장품 기준 및 시험 방법」에 따른 시험 방법이다. ㉠, ㉡에 들어갈 말을 쓰시오.

보 기

액체가 일정 방향으로 운동할 때 그 흐름에 평행한 평면의 양측에 내부 마찰력이 일어나는데 이 성질을 점성이라 한다. 점성은 면의 넓이 및 그 면에 대하여 수직방향의 속도구배에 비례하며 그 비례정수를 (㉠)(이)라 하고 (㉠)을(를) 같은 온도의 그 액체의 밀도로 나눈 값을 (㉡)(이)라 한다.

97 〈보기〉에서 설명하는 물질을 작성하시오.

보 기

탄소와 수소로 이루어진 화합물로 극성기를 가지지 않는 물질이다. 화장품에서는 포화(C15 이상)가 주로 사용되며 화학적으로 불활성이고 변질이나 산패의 우려가 없다. 대부분 석유자원에서 얻어지나 동물성 유지에서 얻어지는 경우도 있다.

98 (㉠)은(는) 세포와 세포를 접착시키는 단백질 접착장치로 정상 각질세포의 탈락에 필수적인 요소이다. 표피세포의 분화에서는 칼슘이온($Ca^{2}+$)이 중요한 역할을 하며 여러 가지 원인으로 (㉠)의 분해가 제대로 일어나지 않으면 각질세포는 축적되어 건조 피부를 유발하게 된다. ㉠에 적합한 용어를 작성하시오.

99 다음 〈보기〉는 맞춤형 화장품의 전성분 표기사항이다. 소비자에게 사용된 성분에 대해 설명하기 위하여 다음 전성분 표기 중 알레르기 유발 성분을 모두 골라 작성하시오.

보 기

정제수, 디메치콘, 디프로필글라이콜, 벤질알코올, 에칠디하이드록시프로필파바, 나이아신아마이드, 1,2헥산디올, 디메치콘/비닐디메치콘크로스폴리머, 소듐팔미토일사코시네이트, 글리세린, 팔미틱애씨드, 트라이에톡시카프릴릴실레인, 페녹시에탄올, 알란토인, 아데노신, 향료, 아이소유제놀

100 〈보기 1〉은 고객 상담 결과에 따른 기능성 맞춤형 화장품 로션의 최종 성분 비율이다. 〈보기 2〉의 대화에서 ㉠, ㉡, ㉢에 들어갈 말을 쓰시오.

보기 1

성분	비율
정제수	68.9%
알부틴	2.0%
글리세린	4.0%
세테아릴알코올	1.2%
피이지100스테아레이트	0.5%
카프릴릭카프릭트리글리세라이드	2.0%
세테아릴알코올	0.5%
소듐하이알루로네이트	0.5%
카보머	0.1%
향료	0.2%
알란토인	0.1%
솔비톨	6.0%
폴리소르베이트	1.2%
1,2헥산디올	2.0%
글리세릴스테아레이트	1.5%
에칠헥실이소노나노에이트	2.0%
포도씨오일	6.0%
아르기닌	0.3%
토코페릴아세테이트	1.0%

보기 2

A : 제품은 어떤 기능성 화장품이고 사용된 성분은 문제가 없나요?
B : 네. 피부 (㉠)에 도움을 주는 제품으로, 사용된 성분은 (㉡)입니다.
해당 성분은 2~5% 함량으로 사용하도록 하고 있으며 화장품법에 따라 해당 성분은 한도 내로 사용되었습니다. 그 밖에 화장품 안전 정보와 관련하여 (㉡)은 인체 적용 시험 자료에서 (㉢)과 경미한 가려움이 보고된 예가 있습니다.

제 7 회 실전모의고사

01 「화장품법」에 따른 기능성 화장품의 정의로 옳은 것은?

① 피부의 혈색을 돋보이고 매력적인 용모를 가꾸는 데 도움을 주는 제품
② 피부색 보정 및 결점 커버에 도움을 주는 제품
③ 모발의 일시적인 색상 변화・제거 또는 영양 공급에 도움을 주는 제품
④ 광노화로부터 피부를 보호하는 데에 도움을 주는 제품
⑤ 피부나 모발의 기능 약화로 인한 건조함, 갈라짐, 빠짐, 각질화 등을 방지하거나 개선하는 데에 도움을 주는 제품

02 「개인정보보호법」에 의거하여 고객 정보 유출 시 취해야 하는 조치로 옳은 것은?

① 인터넷 홈페이지에 지속적으로 유출 사실을 게재한다.
② 고객 정보가 유출된 시점과 그 경위를 보존한다.
③ 유출된 고객정보를 지체 없이 파기한다.
④ 천명 이상의 정보 주체에 관한 개인정보가 유출된 경우, 그 사실의 통지 및 조치결과를 즉시 개인정보보호위원회 또는 한국인터넷진흥원에 신고한다.
⑤ 유출로 인해 발생할 수 있는 피해를 최소화하기 위하여 고객정보가 복구 또는 재생되지 않도록 조치한다.

03 다음은 「화장품법」에 따른 영업자의 등록 · 신고 결격사유이다. 〈보기〉에서 옳지 않은 경우를 고른 것은?

〈보 기〉

구 분	정신질환자	마약류의 중독자	피성년 후견인	금고형	등록취소 1년 미만
화장품 제조업	O(ㄱ)	O	O	O	O
화장품 책임판매업	X(ㄴ)	X	O	X(ㄹ)	O
맞춤형 화장품 판매업	X	X(ㄷ)	O(ㅁ)	O	O

※ O : 등록이나 신고할 수 없음, X : 등록이나 신고할 수 있음

① ㄱ
② ㄴ
③ ㄷ
④ ㄹ
⑤ ㅁ

04 「화장품법」 제10조에 따른 1차 포장 필수 기재사항을 〈보기〉에서 모두 고른 것은?

보 기

ㄱ. 화장품의 명칭
ㄴ. 판매자의 주소
ㄷ. 해당 화장품 제조에 사용된 모든 성분
ㄹ. 내용물의 용량 또는 중량
ㅁ. 제조번호
ㅂ. 사용기한 또는 개봉 후 사용기간
ㅅ. 가격
ㅇ. 사용할 때의 주의사항

① ㄱ, ㄹ, ㅁ
② ㄱ, ㄹ, ㅇ
③ ㄱ, ㅁ, ㅂ
④ ㄴ, ㄹ, ㅂ
⑤ ㄴ, ㄹ, ㅇ

05 천연 화장품 및 유기농 화장품의 인증에 대한 내용으로 옳은 것은?

① 인증 제품을 판매하는 책임판매업자의 소재지가 변경된 경우 그 인증을 한 인증기관에 보고를 해야 한다.
② 인증을 받으려는 화장품 제조업자, 화장품 책임판매업자 또는 총리령으로 정하는 대학・연구소 등은 식품의약품안전처장에게 인증을 신청하여야 한다.
③ 거짓이나 부정한 방법으로 인증 받은 자는 2천만원 이하의 벌금에 처한다.
④ 인증의 유효기간은 인증을 받은 날부터 5년이다.
⑤ 인증의 유효기간을 연장하려는 경우 유효기간 만료 30일 전까지 인증기준에 적합함을 입증하는 서류를 첨부하여 인증을 한 해당 인증기관에 제출한다.

06 동물 실험을 실시한 화장품 원료를 사용할 수 있는 경우로 옳은 것은?

① 보존제, 색소, 자외선 차단제 및 식품 첨가물로 허용이 된 경우
② 화장품에 사용할 수 있는 원료에 대하여 사용기준을 지정할 경우
③ 국제기구에서 동물 실험을 인정한 경우
④ 화장품 수출을 위하여 동물 실험이 필요한 경우
⑤ 위해 우려 제기 화장품 원료 등에 대한 위해 평가를 위해 필요한 경우

07 화장품 책임판매업자가 안전성 정보를 신속보고 하는 경우로 옳은 것은?

① 회수에 준하는 외국 정부 조치 또는 이와 관련하여 식품의약품안전처장이 보고를 지시한 경우
② 정보의 신뢰성 및 인과관계의 평가 등
③ 안전성에 관련된 인체 적용시험 정보
④ 중대한 유해 사례가 아닌 정보
⑤ 화장품의 보관 중 발생하였거나 알게 된 유해 사례

08 화장품에 사용되는 원료의 특성을 설명한 것으로 옳은 것은?

① 보습제는 원료 중에 혼입되어 있는 이온을 제거할 목적으로 사용된다.
② 유성 원료는 수분 증발을 유도하는 성질로 사용감 향상제(피부 컨디셔닝제(유연제)), 소포제, 광택제, 경도 조절제, 보조 유화제, 계면활성제 등의 특징을 갖는다.
③ 계면활성제는 점도를 조절하기 위해 사용되며 계면의 자유에너지를 낮추어 준다.
④ 피막 형성제는 피부의 건조를 막아 피부를 매끄럽고 부드럽게 해주는 물질로 제형의 안정성을 유지하여 유화 입자가 분리되는 것을 방지한다.
⑤ 보존제는 미생물의 성장을 억제하거나 감소시켜 제품이 변질되는 것을 방지하는 성분이다.

09 내용량이 10mL 초과 50mL 이하 화장품의 1차 또는 2차 포장에 기재·표시해야 하는 성분으로 옳은 것은?

① 인체에 무해한 소량 함유 성분
② 타르 색소
③ 과산화화합물
④ 알레르기 유발 성분
⑤ 레티놀(비타민 A) 및 그 유도체

10 맞춤형 화장품의 내용물 및 원료에 대한 품질성적서로 확인할 수 있는 것은?

① 품질 유지 결과
② 품질검사 결과
③ 품질관리 결과
④ 품질 및 관리 기준
⑤ 기능 입증 결과

11 화장품 원료 등의 위해 평가는 「인체 적용 제품의 위해 평가 등에 관한 규정」에 따라 확인·결정·평가 등의 과정을 거쳐 실시한다. 다음 중 위해 평가 방법에 해당하지 않는 것은?

① 위해 요소의 인체 내 독성을 확인하는 위험성 확인 과정
② 위해 요소의 인체 노출 허용량을 산출하는 위험성 결정 과정
③ 위해 요소가 인체에 노출된 양을 산출하는 노출 평가 과정
④ 위해 요소의 인체 노출 농도를 모니터링하는 위험성 산출 과정
⑤ 위험성 확인, 위험성 결정 및 노출 평가 과정의 결과를 종합하여 인체에 미치는 위해 영향을 판단하는 위해도 결정 과정

12 화장품 책임판매업자가 화장품의 유통·판매 전까지 보고해야 하는 것으로 옳은 것은?

① 판매실적
② 유통 목록
③ 제조과정에 사용된 원료의 목록
④ 생산실적
⑤ 인증 시 심사 받은 원료의 종류

13 화장품 제조업자가 지정 · 고시된 원료의 사용기준을 변경하려는 경우 식품의약품안전처장에게 제출해야 하는 서류로 옳지 않은 것은?

① 제출 자료 전체의 요약본
② 원료의 기원, 개발 경위, 국내 · 외 사용기준 및 사용 현황 등에 관한 자료
③ 원료 안정성에 관한 자료
④ 원료의 기준 및 시험 방법에 관한 시험성적서
⑤ 원료의 특성에 관한 자료

14 품질관리 기준에 따른 화장품 책임판매관리자의 품질관리 업무로 옳지 않은 것은?

① 품질관리 업무가 적정하고 원활하게 수행되는 것을 확인한다.
② 품질관리 업무를 평가한다.
③ 품질관리 업무의 수행을 위하여 필요하다고 인정할 때에는 화장품 책임판매업자에게 문서로 보고한다.
④ 품질관리 업무 시 필요에 따라 화장품 제조업자, 맞춤형 화장품 판매업자 등 그 밖의 관계자에게 문서로 연락하거나 지시한다.
⑤ 품질관리에 관한 기록 및 화장품 제조업자의 관리에 관한 기록을 작성하고 이를 해당 제품의 제조일(수입의 경우 수입일을 말함)부터 3년간 보관한다.

15 내용량이 10밀리미터 이하 또는 10그램 이하인 화장품의 1차 또는 2차 포장 기재 · 표시사항으로 옳은 것은?

① 사용할 때 주의사항
② 제조번호와 사용기한
③ 화장품 제조업자의 상호
④ 내용물의 용량 또는 중량
⑤ 화장품 책임판매업자의 주소

16 다음 중 위해 평가 결과 광독성 우려가 있어 화장품에 사용할 수 없는 원료는?

① 천수국꽃추출물 또는 오일
② 엠디엠하이단토인
③ 만수국꽃추출물 또는 오일
④ 만수국아재비꽃추출물 또는 오일
⑤ 하이드롤라이즈드밀단백질

17 천연 화장품 및 유기농 화장품 제조에 사용할 수 없는 원료는?

① 물
② 천연유래 원료
③ 석유화학 용제를 이용하여 추출한 잔탄검
④ 데하이드로아세틱애씨드 및 그 염류
⑤ 방향족, 니트로겐 유래 용제

18 〈보기〉는 책임판매업을 등록하려는 자가 갖추어야 하는 책임판매 후 안전관리 기준에 대한 내용이다. (　　) 안에 공통으로 들어갈 말로 옳은 것은?

보 기

안전관리 정보란 화장품의 품질, 안전성, 유효성, 그 밖에 적정 사용을 위한 정보를 말하며 화장품 책임판매 후 안전관리 업무 중 정보 수집, 검토 및 그 결과에 따른 필요한 조치를 (　　) 조치라 하고 이에 관한 업무를 (　　) 업무라고 한다.

① 안전관리
② 안전 확보
③ 안전 결과
④ 안전 정보
⑤ 안전검사

19 「화장품법 시행규칙」 제12조에 따라 화장품 책임판매업자가 준수하여야 할 사항으로 업무를 적정하고 원활하게 수행하기 위하여 보관해야 하는 기록서는?

① 품질관리기록서
② 교육훈련기록서
③ 시장출하기록서
④ 품질검사절차서
⑤ 제조관리기준서

20 화장품 포장의 표시 방법 및 기준으로 옳은 것은?

① 내용물의 용량은 화장품의 1차 또는 2차 포장의 무게가 포함된 용량 또는 중량을 기재・표시해야 한다.(화장비누의 경우에는 수분을 포함한 중량과 건조중량을 함께 기재)
② 영업자의 주소는 제조・배송 업무를 대표하는 소재지를 기재・표시해야 한다.
③ 제조번호는 맞춤형 화장품의 경우 식별번호와 쉽게 구별되도록 기재・표시해야 한다.
④ 공정별로 3개 이상의 제조소에서 생산된 화장품의 경우 일부 공정을 수탁한 화장품 제조업자의 상호 및 주소의 기재・표시를 생략할 수 있다.
⑤ 사용기한을 "연월"로 표시하는 경우 사용기한을 넘지 않는 범위에서 기재・표시해야 한다.

21 「화장품 안전관리 등에 관한 기준」 화장품에 사용상의 제한이 필요한 보존제 성분으로 옳은 것은?

① 레조시놀
② 비타민 E
③ 무기설파이트 및 하이드로젠설파이트류
④ 트랜스-로즈-케톤
⑤ 글라이옥살

22 〈보기〉는 「화장품법 시행규칙」에 따른 화장품 유형이다. 미세 플라스틱을 사용할 수 있는 화장품 유형을 모두 고른 것은?

보 기

ㄱ. 기초 화장용 제품류
ㄴ. 눈 화장용 제품류
ㄷ. 인체 세정용 제품류
ㄹ. 방향용 제품류
ㅁ. 목욕용 제품류
ㅂ. 체모 제거용 제품류

① ㄱ, ㄴ, ㄷ
② ㄱ, ㄷ, ㅁ
③ ㄱ, ㄹ, ㅁ
④ ㄴ, ㄹ, ㅂ
⑤ ㄹ, ㅁ, ㅂ

23 위해 화장품의 회수 절차로 옳지 않은 것은?

① 위해 화장품을 회수하려는 회수의무자는 해당 화장품에 대하여 즉시 판매 중지 등의 필요한 조치를 하여야 한다.
② 회수의무자는 회수 대상 화장품이라는 사실을 안 날부터 5일 이내에 회수계획서 및 첨부 서류를 식품의약품안전평가원에 제출하여야 한다.
③ 회수의무자는 회수 대상 화장품의 판매자, 그 밖에 해당 화장품을 업무상 취급하는 자에게 회수계획을 방문, 우편, 전화, 전보, 전자우편, 팩스 또는 언론매체를 통한 공고 등의 방법으로 통보한다.
④ 회수한 화장품을 폐기하려는 경우, 폐기신청서 및 첨부 서류를 지방식품의약품안전청장에게 제출하고 관계 공무원의 참관하에 환경 관련 법령에서 정하는 바에 따라 화장품을 폐기한다.
⑤ 회수의무자는 회수 대상 화장품의 회수 완료 시, 회수종료신고서 및 첨부 서류를 지방식품의약품안전청장에게 제출한다.

24 「화장품법 시행규칙」 [별표 3]에 따라 화장품의 포장에 표시하여야 하는 사용 시의 주의사항으로 옳은 것은?

〈화장품의 종류〉	〈사용 시의 주의사항〉
① 모발용 샴푸	눈 주위를 피하여 사용할 것
② 외음부 세정제	눈, 코, 입 등에 닿지 않도록 주의하여 사용할 것
③ 탈염・탈색제	두피, 얼굴, 목덜미에 부스럼, 상처, 피부병이 있는 분은 사용하지 마십시오.
④ 제모제	눈썹, 속눈썹 등은 위험하므로 사용하지 마십시오.
⑤ 기초 화장용 제품	눈에 들어갔을 때에는 즉시 씻어낼 것

25 〈보기〉는 맞춤형 화장품 판매장을 방문한 고객과 맞춤형 화장품 조제관리사의 대화이다. 고객의 이야기를 듣고 나서 맞춤형 화장품 조제관리사가 제시한 성분으로 옳은 것은?

> 보 기
>
> 고객 : 최근 광고에서 효능이 좋다고 하는 화장품을 홈쇼핑에서 구매했어요. 그런데 아쉽게도 가볍게 발리지 않아서 불편함을 겪고 있고, 광택도 너무 없네요.
> 유성감이 강한 원료는 피하고 싶은데 제게 추천할 만한 성분이 들어갈 맞춤형 화장품을 조제해 주실 수 있을까요?
>
> 조제관리사 : 고객님의 요구를 반영해서 탄화수소가 아닌 유성 원료로 맞춤형 화장품을 조제해 드리겠습니다.

① 파라핀(paraffin)
② 세레신(ceresin)
③ 페트롤라툼(petrolatum)
④ 호호바 오일(jojoba oil)
⑤ 마이크로스탈린왁스(microcrystallin wax)

26 천연 화장품 및 유기농 화장품 제조에 사용할 수 있는 미네랄 유래 원료로 옳지 않은 것은?

① 탈크(Talc)
② 알루미늄(Aluminum)
③ 골드(Gold)
④ 시마진(Simazine)
⑤ 마이카(Mica)

27 다음 중 식품의약품안전처장이 고시한 알레르기 유발 성분으로 옳은 것은?

① 부틸페닐메틸프로피오날
② 피로필라이트
③ 구아이아줄렌
④ 리보플라빈
⑤ 클로로필류

28 제품표준서에 대한 내용으로 옳은 것은?

① 화장품 책임판매업자 및 맞춤형 화장품 판매업자는 제품표준서를 작성 및 보관해야 한다.
② 일체의 제품의 제조 및 관리 기준에 요구되는 항목들이 기록되어 있는 문서로 사람의 이력서(프로필)와 같은 역할을 한다.
③ 직원의 건강관리, 작업원의 위생, 복장 규정, 작업실 청소 및 평가, 제조시설의 청소 및 평가, 곤충, 해충 및 쥐를 막는 방법 및 점검주기에 관한 기준서이다.
④ 제조공정 중에서 불량품을 발생시키는 원인을 가능한 한 미연에 방지, 제거함으로써 품질의 유지와 향상을 위한 기준서이다
⑤ 화장품 제조업자가 화장품 원료를 시험・검사하는 업무에 적용한다.

29 「우수 화장품 제조 및 품질관리 기준(CGMP)」 제21조 완제품의 보관용 검체는 적절한 보관 조건하에 지정된 구역 내에서 (㉠)(으)로 사용기한 경과 후 (㉡) 보관해야 한다. ( ) 안에 들어갈 말로 순서대로 나열한 것은?

① 제조단위별 - 1년간
② 뱃치번호별 - 1년간
③ 확인코드별 - 1년간
④ 검체 채취 일자별 - 3년간
⑤ 벌크 제품별 - 3년간

30 과태료 부과 대상 영업자는?

① 전부 또는 일부가 변패된 화장품을 진열한 맞춤형 화장품 판매업자
② 안전용기・포장을 위반한 맞춤형 화장품 판매업자
③ 병원미생물에 오염된 화장품을 보관한 제조업자
④ 코뿔소 뿔 또는 호랑이 뼈와 그 추출물을 사용한 화장품을 제조한 제조업자
⑤ 화장품의 제조과정에 사용된 원료의 목록 등을 보고하지 않은 화장품 책임판매업자

31 화장품에 사용되는 포장재 소재와 주요 용도가 바르게 연결된 것은?

① 플라스틱은 거의 모든 화장품 용기에 이용되며 알루미늄, 주석 등이 해당한다.
② 세라믹은 화장품 용기의 튜브, 뚜껑, 에어로졸 용기 등에 사용된다.
③ 종이는 주로 포장상자, 완충제, 종이드럼, 포장지, 라벨 등에 이용된다.
④ 금속은 철, 스테인리스강, 놋쇠 등이 해당하며 튜브, 장식재, 패킹 등에 사용된다.
⑤ 유리 주로 유리병의 형태로 이용되며 립스틱 케이스 등에 사용된다.

32 「우수 화장품 제조 및 품질관리 기준(CGMP)」 제2조에 따른 품질보증 정의로 옳은 것은?

① 임의 정보에 접근할 수 있는 주체의 능력이나 자격을 검증하는 데 사용되는 수단을 말한다.
② 제품이 적합 판정 기준에 충족될 것이라는 신뢰를 제공하는데 필수적인 모든 계획되고 체계적인 활동을 말한다.
③ 요구한 명세에 합치해 있음을 증명하기 위해서 행하는 행동을 말한다.
④ 제조공정 중 적합 판정 기준의 충족을 보증하기 위하여 공정을 모니터링하거나 조정하는 모든 작업을 말한다.
⑤ 규격에 맞도록 제조되었는지 여부를 평가하여 적합 여부를 판정해 주는 제도를 말한다.

33 유통 화장품 안전관리 시험 방법에 따른 납의 시험법으로 옳지 않은 것은?

① 디티존법
② 원자흡광광도법
③ 유도결합플라즈마분광기(ICP)
④ 유도결합플라즈마-질량분석기(ICP-MS)
⑤ 폭신아황산법

34 CGMP 기준 신제품 또는 기존 제품의 품질 유지 및 향상을 위해 실시하는 안정성 시험으로 옳은 것은?

① 경시 변화 시험은 규정된 보관 조건 내에서 제품의 경시적 변화를 계획된 시기와 방법에 따라 측정하는 시험이다.
② 장기보존시험은 규정된 보관 온도 내에서 벌크의 변화를 계획된 시기와 방법에 따라 측정하는 시험이다.
③ 항온 안정성 시험은 화장품의 저장 조건 하에서 사용기간을 설정하기 위해 장기간에 걸쳐 화장품의 물리, 화학 및 생물학적 이상 유무를 확인하는 시험이다.
④ 가속시험은 화장품의 분해과정 및 분해 산물 등을 확인하는 시험이다.
⑤ 개봉 후 안정성 시험은 개봉할 수 없는 용기로 되어 있는 제품이나 일회용 제품 등 화장품 사용 시에 일어날 수 있는 오염 등을 고려한 용기 적합성을 확인하는 시험이다.

35 부식성 알칼리 세척제의 특성으로 옳지 않은 것은?

① 독성 및 부식성에 주의해야 한다.
② pH 12.5~14로 수산화나트륨, 수산화칼륨 등이 사용된다.
③ 오염물의 가수분해 시 효과가 좋다.
④ 제조설비의 찌든 기름을 제거하기 위해 사용된다.
⑤ 금속 산화물 제거에 효과적이다.

36 「우수 화장품 제조 및 품질관리 기준(CGMP)」 제3조 조직의 구성 기준으로 옳은 것은?

① 제조부서와 품질보증부서 책임자는 1인이 겸직, 운영하여야 한다.
② 조직구조는 조직과 직원의 업무가 원활히 이해될 수 있도록 규정되어야 하며, 회사의 규모와 제품의 다양성에 맞추어 적절하여야 한다.
③ 조직구조 구성 시에는 품질 단위의 중립성을 나타내어야 한다.
④ 품질보증과 품질관리 책임은 단위를 분리하여 맡을 수 없다.
⑤ 제조소별로 독립된 생산부서와 품질보증부서를 두어야 한다.

37 맞춤형 화장품 혼합에 사용할 수 있는 원료로 옳은 것은?

① 알부틴
② 아스코빌글루코사이드
③ 베타카로틴
④ 유용성감초추출물
⑤ 에칠아스코빌에텔

38 다음은 CGMP 기준 부적합품의 폐기처리 방법이다. 〈보기〉의 재작업 절차를 바르게 나열한 것은?

보 기

ㄱ. 재작업 실시의 타당성
ㄴ. 재작업 실시 결정(품질보증책임자)
ㄷ. 품질에 악영향이 없음을 예측(부서책임자)
ㄹ. 기준 일탈 결과의 이유 판명
ㅁ. 재작업품 합격 결정(품질보증책임자)
ㅂ. 재작업
ㅅ. 절차서, 기록서 준비
ㅇ. 재작업품으로 사용, 출하

① ㄷ → ㄴ → ㅂ → ㅅ → ㄹ → ㄱ → ㅁ → ㅇ
② ㅇ → ㄴ → ㅂ → ㄷ → ㅅ → ㄱ → ㄹ → ㅁ
③ ㄹ → ㄷ → ㄱ → ㄴ → ㅅ → ㅂ → ㅁ → ㅇ
④ ㄹ → ㄱ → ㄷ → ㅅ → ㄴ → ㅂ → ㅁ → ㅇ
⑤ ㄹ → ㅅ → ㄴ → ㅂ → ㄷ → ㄱ → ㅁ → ㅇ

39 〈보기〉는 화장품 안전 정보와 관련하여 포장에 추가로 기재 · 표시하여야 하는 성분별 사용 시의 주의사항이다. (   ) 안에 들어갈 말로 옳은 것은?

보 기

대상 제품	표시 문구
폴리에톡실레이티드레틴아마이드 ( ) 이상 함유 제품	폴리에톡실레이티드레틴아마이드는 「인체 적용시험 자료」에서 경미한 발적, 피부 건조, 화끈감, 가려움, 구진이 보고된 예가 있음

① 0.05%
② 0.1%
③ 0.2%
④ 1%
⑤ 2%

40 CGMP 기준 제품 오염 방지를 위한 작업장 및 설비의 위생관리로 옳지 않은 것은?

① 작업장 및 설비 표면의 오염들은 매우 다양하고 서로 다른 함량과 다양한 숙성 조건으로 결합되어 있기 때문에 적정한 세제를 선정해야 한다.
② 고착되었거나 오랫동안 숙성된 오염은 연마제가 함유된 세제를 사용하여야 한다.
③ 석재, 콘크리트, 금속, 목재, 유리, 플라스틱, 페인트 도장과 같은 다양한 표면 물질에 결합된 오염물질은 물과 상용성이 없는 세제를 사용해야 한다.
④ 작업장의 오염물질은 물리 · 화학적 메커니즘에 의해 제거된다.
⑤ 적당한 세정 성분을 선택하기 위해서는 세척물에 대한 화학적 영향이나 연마제에 의한 표면의 손상 등 적합성을 고려해야 한다.

41 화장품 용기에 필요한 특성으로 옳지 않은 것은?

① 경제성, 상품성
② 실용성, 기능성
③ 차광성, 다양성
④ 품질 유지성, 소재의 안전성
⑤ 사용상의 안전성, 재료 적합성

42 맞춤형 화장품 혼합 · 소분에 사용할 수 있는 내용물로 옳은 것은?

① 화장품 책임판매업자가 소비자에게 그대로 유통 · 판매할 목적으로 제조한 화장품
② 맞춤형 화장품의 혼합 · 소분에 사용할 목적으로 화장품 책임판매업자로부터 받은 것
③ 맞춤형 화장품의 혼합 · 소분에 사용할 목적으로 화장품 제조업자로부터 받은 것
④ 판매의 목적이 아닌 제품의 홍보 · 판매촉진 등을 위하여 미리 소비자가 시험 · 사용하도록 제조한 화장품
⑤ 식품의약품안전처에 신고한 맞춤형 화장품 판매업장에서 맞춤형 화장품 조제관리사가 원료와 원료를 혼합한 화장품

43 화장품을 판매하는 자가 가격을 표시하는 방법으로 옳지 않은 것은?

① 유통단계에서 쉽게 훼손되거나 지워지지 않으며 분리되지 않도록 스티커 또는 꼬리표를 표시하여야 한다.
② 개별 제품에 가격을 표시하는 것이 곤란한 경우에는 소비자가 가장 쉽게 알아볼 수 있도록 제품명, 가격이 포함된 정보를 제시하는 방법으로 판매 가격을 별도로 표시할 수 있으며 이 경우에는 개별 제품에는 판매 가격을 표시하지 않아도 된다.
③ 판매 가격은 개별 제품에 스티커 또는 꼬리표를 부착하여야 한다.
④ 개별 제품으로 구성된 종합 제품으로써 분리하여 판매하지 않는 경우에는 그 종합 제품에 스티커 등을 일괄하여 판매 가격을 표시할 수 있다.
⑤ 판매 가격이 변경되었을 경우 반드시 기존의 가격 표시가 보이도록 변경 표시하여야 한다.

44 CGMP 실행을 위한 직원의 책임으로 옳은 것은?

① 문서는 공유하고 개인위생 규정을 준수한다.
② 절차서와 지시서 등의 문서에 따라 작업을 행하고 부적합 발생 등에 대해 검토한다.
③ 자신의 업무 범위 내에서 기준을 벗어난 행위에 대해 조사하고 기록한다.
④ 근무시간의 유연성을 확보하고 교육훈련을 이수한다.
⑤ 조직 내에서 맡은 지위 및 역할을 인지한다.

45 CGMP 기준 교육훈련 실시 규정으로 옳지 않은 것은?

① 제조 및 품질관리 업무와 관련 있는 직원뿐만 아니라 책임자 등 모든 직원을 대상으로 한다.
② 직종별, 경력별로 체계적인 연간 교육훈련 계획을 수립하여 교육훈련을 실시한다.
③ 신입 사원은 철저히 교육시킨 후 작업에 참여하도록 하고 계약직 사원에 대해서도 작업 내용에 따라 교육훈련을 실시한다.
④ 교육을 실시한 경우 회람식 교육이나 외부 교육 참석을 제외하고 교육 결과를 평가하며 평가 결과에 따라 재교육을 실시한다.
⑤ 영업상의 이유, 신입 사원 교육 등을 위하여 생산, 관리, 보관 구역으로 출입하는 경우 교육훈련을 제외한다.

46 CGMP 기준 작업장별 청소 방법으로 옳은 것은?

① 제조실의 저울, 작업대 등은 진공청소기, 걸레 등으로 청소하고, 걸레에 중성 세제 또는 70% 에탄올을 묻혀 찌든 때를 제거한 후 깨끗한 걸레로 닦는다.
② 칭량실은 작업 전 작업대와 테이블, 저울을 70% 에탄올로 소독한다.
③ 충전실은 작업 전, 작업 후 70% 에탄올로 소독한다.
④ 칭량실 바닥은 진공청소기로 청소하고, 상수에 중성 세제를 섞어 바닥에 뿌린 후 걸레로 세척한다.
⑤ 원료 창고는 진공청소기 등으로 바닥, 벽, 창, 선반, 원료통 주위의 먼지를 청소하고 물걸레로 닦는다.

47 CGMP 기준 작업장 인테리어 변경 시 적합하지 않은 것은?

① 출입구는 해충과 곤충의 침입에 대비하여 설치한다.
② 포장 및 보관 지역에 적절한 조명을 설치한다.
③ 작업자의 손 세척과 장비세척을 위한 세척시설을 구비한다.
④ 제조장소와 통로는 바닥에 선을 그어 구획하고 외부와 접촉이 용이하도록 한다.
⑤ 공기조화장치는 사람의 안전에 해로운 오염물질의 이동을 최소화시키도록 한다.

48 CGMP 기준 입고된 포장재의 관리 방법으로 옳은 것은?

① 적합한 보관 조건에 따라 보관되어야 하며, 정기적으로 재고 조사를 실시하여 가장 오래된 재고가 제일 먼저 불출되어야 한다.
② 입고된 모든 포장재를 개봉하여 규격 일치 여부를 확인한다.
③ 업소 자체의 세척을 통해 2차 포장재의 청결성을 확보한다.
④ 포장작업 전 이물질의 혼입이 없도록 재평가시스템을 확립한다.
⑤ 선입선출에 의해 출고할 수 있도록 포장재 보관시설은 항상 개방되어 있어야 한다.

49 〈보기〉는 「우수 화장품 제조 및 품질관리 기준(CGMP)」 제12조, 제18조 및 제19조의 내용이다. 포장재의 출고관리 기준을 모두 고른 것은?

보 기

ㄱ. 원자재는 시험 결과 적합 판정된 것만을 선입선출 방식으로 출고해야 하고 이를 확인할 수 있는 체계가 확립되어 있어야 한다.
ㄴ. 포장작업은 다음 각호의 사항을 포함하고 있는 포장지시서에 의해 수행되어야 한다.
1. 제품명, 2. 포장 설비명, 3. 시험기록서, 4. 상세한 포장공정, 5. 포장 생산 수량
ㄷ. 완제품은 적절한 조건하의 정해진 장소에서 보관하여야 하며, 필요 시 재고 등을 점검한다.
ㄹ. 완제품은 시험 결과 적합으로 판정되고 품질보증부서 책임자가 출고 승인한 것만을 출고하여야 한다.
ㅁ. 출고할 제품은 원자재, 부적합품 및 반품된 제품과 반드시 구획된 장소에서 보관해야 한다.

① ㄱ, ㄷ
② ㄱ, ㄹ
③ ㄴ, ㄹ
④ ㄴ, ㅁ
⑤ ㄷ, ㅁ

50 CGMP 기준 화장품 제조 용수의 품질관리로 옳은 것은?

① 작업자는 반드시 정제수로 손을 세척한다.
② 제조설비는 상수를 이용하여 세척한다.
③ 제조 용수의 미생물 관리는 기본적으로 세척에 의존하고 세척 후에는 자외선 조사, 열을 가하는 방법 등으로 소독한다.
④ 사용수의 품질을 분기별로 시험항목을 설정해 시험한다.
⑤ 제조 용수 배관에는 정체 방지와 오염 방지 대책을 해 놓는다.

51 CGMP 기준 제품표준서 내 포함되는 세부사항으로 옳은 것을 〈보기〉에서 모두 고른 것은?

보 기

ㄱ. 제품명
ㄴ. 작성연월일
ㄷ. 시설 및 주요 설비의 정기적인 점검 방법
ㄹ. 원료명, 분량 및 제조단위당 기준량
ㅁ. 보관 장소
ㅂ. 공정검사의 방법

① ㄱ,ㄴ,ㄷ
② ㄱ,ㄴ,ㄹ
③ ㄱ,ㄴ,ㅁ
④ ㄴ,ㄷ,ㅁ
⑤ ㄷ,ㅁ,ㅂ

52 맞춤형 화장품 판매업장에서 혼합 · 소분 안전관리 기준을 준수한 경우로 옳은 것은?

① 내용물 및 원료의 개봉 후 사용기간을 확인하고, 개봉 후 사용기간이 지난 것은 사용하지 않은 경우
② 사용되는 내용물의 사용기한을 초과하여 맞춤형 화장품의 사용기한을 정한 경우
③ 맞춤형 화장품 조제에 사용하고 남은 내용물 및 원료는 비의도적인 오염이 없도록 폐기한 경우
④ 소비자의 선호도 등을 확인하지 않고 맞춤형 화장품을 미리 소분하여 보관한 경우
⑤ 혼합·소분 전에 혼합·소분된 제품을 담을 포장 용기를 세척한 경우

53 CGMP 기준 입고된 원료의 수불 일지 작성 시 기재해야 하는 사항이 아닌 것은?

① 보관조건
② 원료명/원료의 유형
③ 입고일
④ 사용량/사용일
⑤ 입고 수량/중량

54 맞춤형 화장품 혼합에 사용할 수 있는 원료로 옳은 것은?

① 알부틴
② 알란토인
③ 우레아
④ 하이드롤라이즈드밀단백질
⑤ 살리실릭애씨드 및 그 염류

55 피부를 구성하고 있는 층을 나열한 것은?

① 표피, 진피, 피하지방
② 진피, 기저층, 피하지방
③ 과립층, 표피, 진피
④ 진피, 유극층, 표피
⑤ 진피, 피하지방, 망상층

56 표피에 존재하는 세포로 옳지 않은 것은?

① 각질형성세포(keratinocyte)
② 랑게르한스세포(langerhans cells)
③ 머켈세포(merkel cells)
④ 섬유아세포(fibroblast)
⑤ 멜라닌형성세포(melanocytes)

57 비타민 C가 결핍되면 피부조직에서 생성이 감소하는 것은?

① 호르몬
② 멜라닌
③ 케라틴
④ 피하지방
⑤ 콜라겐

58 다음 중 멜라닌 색소를 생성하는 멜라닌형성세포가 존재하는 피부층으로 옳은 것은?

① 표피의 각질층
② 진피의 근육층
③ 표피의 투명층
④ 피하지방층
⑤ 표피의 기저층

59 「화장품법 시행규칙」 제10조 제1항 제1호에 따라 기능성 화장품 심사 제외 품목으로 1호 보고서 제출 대상에 해당하지 않는 것은?

① 체모 제거
② 주름 개선
③ 탈모
④ 모발의 색상 변화(탈염·탈색 포함)
⑤ 미백

60 맞춤형 화장품 조제관리사인 담비는 매장을 방문한 고객과 다음과 같은 〈대화〉를 나누었다. 담비가 고객에게 혼합하여 추천할 제품으로 다음 〈보기〉 중 옳은 것을 모두 고르면?

대 화

고객 : 눈가와 입술 주위에 주름이 많아졌어요. 탄력도 좀 떨어진 거 같고요~
그리고 야외활동이 잦아서 자외선 차단 효과가 있는 제품을 추천받고 싶어요.
담비 : 아, 그러신가요? 그럼 고객님 피부 상태를 측정해보도록 할게요~
고객 : 그렇게 해 주시겠어요? 그리고 지난번 방문 시와 비교해 주시면 좋겠네요.
담비 : 네, 이쪽에 앉으시면 저희 측정기로 측정을 해 드리겠습니다.

〈피부 측정 후〉

담비 : 2달 전 측정 때보다 눈가에 주름은 좀 더 깊어졌지만 다행히 보습도는 좋네요.
추가로 자외선 차단 기능이 있는 제품을 원하시는 거죠?
고객 : 네~ 추천 부탁드려요.

보 기

ㄱ. 에칠헥실메톡시신나메이트(Ethylhexyl Methoxycinnamate) 함유 제품
ㄴ. 알파-비사보롤(α-Bisaborol) 함유 제품
ㄷ. 아데노신(Adenosine) 함유 제품
ㄹ. 프로폴리스(Propolis) 함유 제품
ㅁ. 알부틴(Arbutin) 함유 제품

① ㄱ, ㄷ
② ㄱ, ㅁ
③ ㄴ, ㄷ
④ ㄴ, ㄹ
⑤ ㄷ, ㄹ

61 건강한 피부 각질층의 pH로 적절한 것은?

① 2.5~3.5 산성
② 3.0~4.5 미산성
③ 4.5~5.5 약산성
④ 6.0~7.0 중성
⑤ 7.5~8.0 미알칼리성

62 피부 타입에 따른 특성으로 옳지 않은 것은?

① 건성 피부는 지성 피부보다 산성 피지막이 얇다.
② 건성 피부는 지성 피부보다 열에 노출될 경우 더 민감한 반응을 나타낸다.
③ 건성 피부는 지성 피부보다 기계적 자극에 노출될 경우 더 민감한 반응을 나타낸다.
④ 건성 피부는 지성 피부보다 피지가 많아 번들거리고 여드름 발생 가능성이 높다.
⑤ 건성 피부는 지성 피부보다 유해물질이 피부 속으로 잘 들어간다.

63 맞춤형 화장품 조제관리사인 라희는 매장을 방문한 고객과 다음과 같은 〈대화〉를 나누었다. 라희가 고객에게 혼합하여 추천할 제품으로 다음 〈보기〉 중 옳은 것을 모두 고르면?

대 화

고객 : 날씨가 건조해서 그런지 피부에 윤기가 없고 심하게 당기네요.
　　　각질도 많이 일어나는 편이에요.
라희 : 아, 그러신가요? 그럼 고객님 피부 상태를 측정해보도록 할까요?
고객 : 그렇게 해 주세요~ 그리고 지난번 방문 시와 비교해 주시면 좋겠네요.
라희 : 네, 이쪽에 앉으시면 저희 측정기로 측정을 해드리겠습니다.

〈피부 측정 후〉

라희 : 고객님은 지난번 측정 시보다 피부 보습도가 30% 가량 많이 낮아졌고, 각질은 10% 가량 증가했네요.
고객 : 음... 걱정이네요. 그럼 어떤 제품을 쓰는 것이 좋을지 추천 부탁드려요.

보 기

ㄱ. 판테놀(Panthenol) 함유 제품
ㄴ. 나이아신아마이드(Niacinamide) 함유 제품
ㄷ. 벤토나이트(Bentonite) 함유 제품
ㄹ. 소듐히아루로네이트(Sodium Hyaluronate) 함유 제품
ㅁ. 레티놀(Retinol) 함유 제품

① ㄱ, ㄷ
② ㄱ, ㅁ
③ ㄴ, ㄷ
④ ㄴ, ㄹ
⑤ ㄷ, ㄹ

64 「화장품 안전기준 등에 관한 규정」에 따른 미생물 한도 시험 결과 유통 화장품 안전관리 기준에 적합한 제품은?

① 데오도런트 : 총 호기성 생균 수 1,350개/g(mL)
② 마스카라 : 총 호기성 생균 수 800개/g(mL)
③ 향수 : 총 호기성 생균 수 990개/g(mL)
④ 물휴지 : 세균 수 110개/g(mL), 진균 수 70개/g(mL)
⑤ 영·유아용 샴푸, 린스 : 총 호기성 생균 수 550개/g(mL)

65 피하조직과 관련된 내용으로 옳지 않은 것은?

① 벌집 모양의 많은 지방세포들이 피하지방층을 구성한다.
② 진피에서 내려온 섬유가 지속적으로 새롭게 생성되는 피부 구조물이다.
③ 지방세포들은 수분을 조절하는 기능과 함께 탄력성을 유지한다.
④ 영양 저장소의 기능을 담당한다.
⑤ 피부의 가장 깊은 층으로 열 손상을 방어하고 충격을 흡수하여 몸을 보호한다.

66 표시량이 30mL인 크림의 충진량으로 옳은 것은?(크림의 비중은 0.9)

① 18그램
② 27그램
③ 36그램
④ 45그램
⑤ 63그램

67 천연보습인자(Natural Moisturizing Factor, NMF)에 대한 설명으로 옳지 않은 것은?

① 피부에 존재하는 보습 성분이다.
② 피부의 산성도를 유지하는 데에도 크게 기여한다.
③ 수분량이 일정하게 유지되도록 돕는 역할을 한다.
④ 주로 단백질의 기본 단위인 '아미노산'으로 이루어져 있다.
⑤ 인공 피지막을 형성하고 피부를 보호한다.

68 피부 표면의 피부 지방막에 관련된 설명으로 옳지 않은 것은?

① 미생물들은 대체로 산성을 갖고 있어 산성막에 의해 활동이 활발해진다.
② 외부 미생물의 침입으로부터 피부를 보호한다.
③ 피부의 수분 증발을 막아주는 역할을 한다.
④ 외부의 습기가 피부 내로 침투하여 피부가 붓는 것을 방지하는 천연 방어기능이 있다.
⑤ 피부 표면은 약산성을 띄므로 피부 산성막이라고도 불리운다.

69 경피 흡수 정도를 촉진하는 방법으로 옳지 않은 것은?

① 이온영동법
② 밀폐요법
③ 리포좀 공법
④ pH 조절법
⑤ 화학적 흡수촉진제

70 다음 중 무기 안료(inorganic pigment)에 대한 설명으로 옳지 않은 것은?

① 발색 성분이 무기질로 되어 있다.
② 빛과 열에 강하고 유기용매에 녹지 않는다.
③ 퍼짐성, 부착력이 우수하다.
④ 유기 안료에 비해 선명도가 떨어진다.
⑤ 인체에 대한 안전성이 우수하다.

71 관능평가에 대한 설명으로 옳지 않는 것은?

① 물질의 특성을 인간의 감각기관으로 감지하여 분석 및 판단하는 검사이다.
② 맹검 사용시험은 제품의 정보를 제공하고 제품에 대한 인식 및 효능이 일치하는지를 조사하는 소비자에 의한 관능평가 방법이다.
③ 기호형과 분석형의 2가지 종류가 있다.
④ 관능평가를 통하여 불량품을 객관적으로 평가, 선별할 수 있다.
⑤ 훈련된 전문 패널이 있으면 이화학/기기 분석에 비해 짧은 시간 내에 유용한 결과를 얻을 수 있다.

72 〈보기〉는 맞춤형 화장품의 전성분 항목이다. 소비자에게 사용된 성분에 대해 설명하기 위하여 다음 화장품 전성분 표기 중 사용상의 제한이 필요한 보존제에 해당하는 원료로 옳은 것은?

보 기

정제수, 솔비톨, 프로판디올, 코코베타인, 1,2헥산디올, 나이아신아마이드, 잔탄검, 베테인, 소듐히아루로네이트, 은행나무잎추출물, 판테놀, 폴리쿼터늄, 징크피리치온, 꿀, 감초추출물, 향료

① 징크피리치온
② 솔비톨
③ 폴리쿼터늄
④ 감초추출물
⑤ 나이아신아마이드

73 「화장품 표시 · 광고 실증에 관한 규정」에 따라 화장품에 표시 또는 광고할 수 없는 금지 표현은?

① 피부 독소를 제거한다.(디톡스, detox)
② 살결을 매끄럽고 윤기 있게 가꾼다.
③ 붓기와 다크서클을 가려준다.
④ 피부장벽 강화에 도움을 준다.
⑤ 피부 보습을 증진한다.

74 화장품에 사용할 수 있는 원료로 옳은 것은?

① 디옥산
② 붕산
③ 안트라센 오일
④ 이소스테아릭애씨드
⑤ 부톡시에탄올

75 모표피 내 에피큐티클(epicuticle)의 구조 및 특성으로 옳지 않은 것은?

① 아미노산 중 시스틴 함량이 많고 두께는 10㎛ 정도의 얇은 막이다.
② 화학약품에 대한 저항력이 강하다.
③ 인지질, 다당류가 견고하게 결합한 것이다.
④ 수증기는 통과하지만 물은 통과하지 못한다.
⑤ 물리적인 자극에 강하다.

76 맞춤형 화장품 판매장에 방문한 고객 A와 맞춤형 화장품 조제관리사 B의 대화 내용으로 옳은 것은?

① A : 피부 상태를 꼭 확인해야만 맞춤형 화장품 구매가 가능하나요?
B : 아니요. 미리 맞춤형 화장품을 혼합 · 소분해서 판매 가능합니다.
② A : 보존제 무첨가 맞춤형 화장품을 조제해 주실 수 있나요?
B : 저희 제품은 모두 보존제를 사용하지 않습니다. 안심하고 사용하셔도 됩니다.
③ A : 이 제품은 알부틴이 함유된 로션이네요. 주의해야 할 사항이 있나요?
B : 알부틴은 「인체 적용시험 자료」에서 구진과 경미한 가려움이 보고된 예가 있습니다.
④ A : 항산화 효능이 있는 미백 성분이 들어간 맞춤형 화장품을 조제해 주실 수 있을까요?
B : 고객님의 요구를 반영해서 레티놀의 안정화된 유도체인 폴리에톡실레이티드레틴아마이드를 함유한 맞춤형 화장품을 조제해 드리겠습니다.
⑤ A : 면도에 의한 피부 자극을 줄이기 위해 어떤 제품을 쓰는 것이 좋을지 추천 부탁드려요.
B : 면도기와 피부의 마찰을 줄여주는 수렴제가 포함된 프리셰이브 로션(preshave lotions)을 추천드립니다.

77 콜라겐과 엘라스틴 등 세포 밖의 기질 단백질을 만드는 역할을 하며 노화에 따라서 수가 줄어드는 세포로 옳은 것은?

① 섬유아세포
② 각질형성세포
③ 랑게르한스세포
④ 멜라닌세포
⑤ 머켈세포

78 모피질(cortex)의 구조 및 특징으로 옳지 않은 것은?

① 모발의 가장 많은 부분을 차지한다.
② 모발 중심에 존재하며 모발의 굵기에 따라 유무가 달라진다.
③ 피질세포 사이에 간충물질(matrix)로 채워져 있는 구조이다.
④ 친수성으로 염모제 등 화학약품에 의해 손상받기 쉽다.
⑤ 모발의 강도, 탄성, 유연성, 굵기, 색소 등의 물리학적 성질을 나타내는 중요한 요소이다.

79 「화장품 안전기준 등에 관한 규정」 유통 화장품 안전기준에 따른 비의도적 유래 물질의 검출 허용 한도로 적합한 제품은?

①
헤어 오일	물질	검출량
	납	5μg/g
	니켈	8μg/g
	비소	8μg/g
	수은	10μg/g

②
아이 크림	물질	검출량
	납	20μg/g
	니켈	35μg/g
	카드뮴	15μg/g
	수은	1μg/g

③
외음부 세정제	물질	검출량
	메탄올	1(v/v)%
	디옥산	80μg/g
	비소	7μg/g
	포름알데하이드	1,000μg/g

④
볼연지	물질	검출량
	카드뮴	2μg/g
	니켈	18μg/g
	안티몬	5μg/g
	수은	1μg/g

⑤
아이 섀도	물질	검출량
	납	21μg/g
	안티몬	8μg/g
	비소	10μg/g
	니켈	35μg/g

80 맞춤형 화장품 혼합 · 소분 시 사용되는 장비 및 도구의 위생관리 기준으로 옳은 것을 〈보기〉에서 모두 고른 것은?

보 기

ㄱ. 작업 장비 및 도구 세척 시에 사용되는 세제 · 세척제는 잔류하거나 표면 이상을 초래하지 않는 것을 사용한다.
ㄴ. 자외선 살균기 이용 시, 살균기 내 자외선 램프의 청결 상태를 확인 후 사용한다.
ㄷ. 세척한 도구는 물기를 완전히 제거하고 혼합 · 소분 시 상수 세척 후 사용한다.
ㄹ. 사용 전에는 소독하고 사용 후 세척을 통해 오염 방지한다.
ㅁ. 충분한 자외선 노출을 위해 장비는 직사광선으로 살균 후 보관한다.

① ㄱ, ㄴ
② ㄱ, ㄷ
③ ㄴ, ㄷ
④ ㄷ, ㄹ
⑤ ㄹ, ㅁ

81 〈보기〉에서 (   ) 안에 들어갈 말을 작성하시오.

보 기

(   )은(는) 분산매가 분산상이 퍼져있는 혼합계(mixed system)로 화장품에서는 고체의 미립자가 액체 중에 퍼져있는 현상으로 마스카라, 네일에나멜, 파운데이션 등이 있다.

82 다음 〈보기〉는 화장품 제조업자의 준수사항에 대한 내용 중 일부이다. (   ) 안에 들어갈 용어를 작성하시오.

보 기

화장품 제조업자는 제조관리기준서, 제품표준서, 제조관리기록서 및 품질관리기록서를 작성하여 보관하고 품질관리를 위하여 필요한 사항을 화장품 책임판매업자에게 제출하여야 한다. 단, 화장품 제조업자와 화장품 책임판매업자가 동일한 경우 또는 화장품 제조업자가 제품을 설계 · 개발 · 생산하는 방식으로 제조하는 경우로써 품질 · 안전관리에 영향이 없는 범위에서 화장품 제조업자와 화장품 책임판매업자 상호 계약에 따라 (   )에 해당하는 경우는 제외한다.

83 (㉠)(이)란 화장품의 사용 중 발생한 바람직하지 않고 의도되지 아니한 징후, 증상 또는 질병을 말하며, 당해 화장품과 반드시 인과관계를 가져야 하는 것은 아니다. ㉠에 들어갈 용어를 작성하시오.

84 〈보기〉에서 맞춤형 화장품 조제관리사가 올바르게 업무를 진행한 경우를 모두 고르시오.

보 기

ㄱ. 조제관리사는 선크림을 조제할 때 티타늄디옥사이드를 15% 혼합하여 판매하였다.
ㄴ. 고객으로부터 선택된 맞춤형 화장품을 조제관리사가 직접 소분하여 판매하였다.
ㄷ. 맞춤형 화장품 구매를 위하여 인터넷 주문을 진행한 고객에게 조제관리사는 전자상거래 담당자에게 조제하여 제품을 배송하도록 지시하였다.
ㄹ. 조제관리사는 맞춤형 화장품 판매 시 고객에게 혼합된 원료의 특성 및 사용 시 주의 사항에 대해 설명하였다.
ㅁ. 조제관리사가 고객에게 맞춤형 화장품이 아닌 일반 화장품을 판매하였다.

85 〈보기〉에서 (　　) 안에 들어갈 용어를 작성하시오.

보 기

(　　　)은(는) 터빈형의 회전 날개가 원통으로 둘러싸인 형태로 내용물에 내용물을 또는 내용물에 특정 성분을 혼합 및 분산 시 사용하며 회전 날개의 고속 회전으로 오버 헤드 스터러보다 강한 에너지를 준다.

86 〈보기〉는 화장품 성분에 대한 내용이다. ㉠, ㉡에 적합한 용어를 작성하시오.

보 기

화장품 성분의 (㉠)은(는) 노출 조건에 따라 달라질 수 있고 노출 조건은 화장품의 형태, 농도, 접촉빈도 및 기간, 관련 체표면적, 햇빛의 영향 등에 따라 달라질 수 있다.
(㉡)은(는) 예측 가능한 다양한 노출 조건이 고려되어야 하며 고농도, 고용량의 최악의 노출 조건까지 포함하여야 한다.

87 화장품 제조에 사용된 성분 표시 기준 및 방법이 옳은 것을 〈보기〉에서 모두 고르시오.

보 기

ㄱ. 글자 크기는 5포인트 이상으로 한다.
ㄴ. 화장품 제조에 사용된 함량이 적은 것부터 기재하고 착향제는 마지막에 기재 · 표시한다.
ㄷ. 혼합 원료는 개별 성분으로 명칭을 기재 · 표시한다.
ㄹ. 모든 착향제는 향료로 기재 · 표시한다.
ㅁ. 영업자의 정당한 이익을 침해할 우려가 있다고 식품의약품안전처장이 인정하는 경우에는 기타 성분으로 기재 · 표시할 수 있다.

88 〈보기〉에서 ㉠, ㉡에 들어갈 말을 작성하시오.

보 기

맞춤형 화장품 판매업자는 다음 각 목의 사항이 포함된 맞춤형 화장품 판매 내역서를 작성·보관해야 한다.(전자문서로 된 판매 내역서 포함)

- 제조번호
- 사용기한 또는 개봉 후 사용기간
- (㉠) 및 (㉡)

89 〈보기〉는 계면활성제에 대한 내용이다. ( ) 안에 공통으로 들어갈 말을 작성하시오.

보 기

알칼리에서는 음이온, 산성에서는 양이온 특성을 갖는 ( ) 계면활성제는 다른 이온성 계면활성제보다 피부에 안전하고, 세정력, 살균력 등을 나타낸다. 주로 저자극용, 어린이용 제품에 사용되며 ( ) 계면활성제에는 아이소스테아라미도프로필베타인, 코카미도프로필베타인, 라우라미도프로필베타인 등이 있다.

90 다음 〈보기〉는 화장품의 가격 표시 및 준수사항에 관한 내용이다. ㉠, ㉡, ㉢에 들어갈 적합한 말을 작성하시오.

보 기

화장품을 일반 소비자에게 판매하는 실제 가격을 (㉠)이라 하고, (㉠)은(는) 화장품을 일반 소비자에게 판매하는 (㉡)가 판매하려는 가격을 표시하여야 한다. 가격은 한글로 읽기 쉽도록 표시하고 (㉢) 또는 외국어를 함께 적을 수 있으며, 수출용 제품 등의 경우에는 그 수출 대상국의 언어로 적을 수 있다.

91 다음 〈보기〉는 맞춤형 화장품의 전성분 항목이다. 소비자에게 사용된 성분에 대해 설명하기 위하여 다음 화장품 전성분 표기 중 사용상의 제한이 필요한 성분을 골라 작성하시오.

보 기

정제수, 부틸렌글라이콜, 글리세린, 우레아, 토코페릴아세테이트, 다이메티콘/비닐다이메티콘크로스폴리머, C12-14파레스-3, 아데노신, 향료

92 맞춤형 화장품 판매업소의 혼합 · 소분 공간은 다른 공간과 구분 또는 구획하고 (㉠) 및 외부 오염물질의 혼입이나 미생물 오염 등을 방지하여 맞춤형 화장품 품질과 안전을 확보하여야 한다. ㉠에 들어갈 적합한 명칭을 작성하시오.

93 진피층에 있는 탄성 섬유 단백질인 (㉠)은 콜라겐 섬유를 상호 결합시켜 피부조직이 탄성을 갖도록 하는데 기여하고 피하지방과 더불어 외부의 기계적 충격으로부터 인체를 보호한다. ㉠에 들어갈 적합한 명칭을 작성하시오.

94 피부에 조사된 경우, 즉각적으로 피부를 갈색으로 그을리게 하는 광선은 (㉠)(으)로 멜라닌 합성에 많은 영향을 미치고 광노화를 일으킨다. ㉠에 들어갈 적합한 명칭을 작성하시오.

95 다음 〈보기〉는 맞춤형 화장품의 전성분 항목이다. 소비자에게 사용된 성분 및 주의사항에 대해 설명하기 위하여 다음 화장품 전성분 표기 중 화장품 안전 정보와 관련하여 주의사항 문구를 포장에 추가로 기재 · 표시하도록 식품의약품안전처장이 정하여 고시하는 하는 성분과 함유량을 작성하시오.

보 기

정제수, 다이메티콘, 사이클로펜타실록세인, 글리세린, 시어버터, 폴리실리콘-11, 피이지-9 폴리다이메틸실록시에틸다이메티콘, 프로판디올, 메틸메타크릴레이트크로스폴리머, 부틸렌글라이콜, 향료, 자일리톨, 사포닌, 에탄올, 포타슘솔베이트, 1,2헥산디올, 소듐히아루로네이트, 자초추출물, 폴리에톡실레이티드레틴아마이드, 알루미늄하이드록사이드, 자스민꽃추출물, 리모넨, 제라니올, 알파-아이소메틸아이오논, 시트로넬올, 시트랄

96 (㉠)은(는) 자연적으로 존재하면서 대개 염기로 질소 원자를 가지는 화합물을 총칭한다. 천연물이나 이차 대사산물의 일종으로 향료, 마약, 의약품 등으로 사용되나 피부 자극 및 발진 등의 원인이 되고 (㉠) 자체로 독성을 지니고 있어 주의가 필요하다. ㉠에 들어갈 용어를 한글로 작성하시오.

97 「화장품 안전기준 등에 관한 규정」 유통 화장품 안전관리 미생물 한도에 따라 불검출되어야 하는 병원성균을 모두 골라 작성하시오.

보 기

대장균, 녹농균, 호기성생균, 수은, 비소, 세균, 진균, 안티몬, 디옥산, 납

98 다음 〈보기〉는 피부의 생리 구조에 대한 설명이다. (　　) 안에 들어갈 용어를 작성하시오.

보 기

각질층은 (　　　)와 각질세포 사이에 존재하는 지질층 및 피지에 의해 수분을 유지한다. 정상적인 각질층에는 약 10~20%의 수분이 존재하고 수분량이 10% 이하로 감소하면 피부 장벽 기능(skin barrier function)의 이상을 나타내는 것으로 건조하고 유연성이 떨어진 피부가 되기 쉬우며 피부 노화 및 다양한 피부 질환을 유발할 수 있다.

99 〈보기〉는 화장품에 사용되는 주요 성분을 기능적으로 분류한 내용이다. ㉠, ㉡에 들어갈 말을 작성하시오.

보 기

제품에서 가장 많은 부피를 차지하며 유탁액을 만드는 데 쓰는 (　　㉠　　)은(는) 주로 수성 원료, 유성 원료, 계면활성제, 색재, 분체, 고분자 화합물, 용제 등이 사용되고 화장품의 화학 반응이나 변질을 막고 안정된 상태로 유지하기 위해 사용되는 첨가제로는 보존제, (　　㉡　　)가 사용된다.

100 고객과의 〈상담 내용〉을 바탕으로 맞춤형 화장품의 혼합에 사용할 수 있는 원료를 〈보기〉에서 모두 고르시오.

상담 내용

- 세안 후 피부가 심하게 당긴다.
- 피지와 수분이 부족해 입 주위에는 각질이 일어난다.

보 기

벤토나이트, 에탄올, 솔비톨, 글리세린, 살리실릭애씨드, 카프릴릭/카프릭트라이글리세라이드

실전 7회

제 8 회 실전모의고사

01 화장품법에 따른 영업의 등록 요건으로 옳은 것은?

① 화장품 제조업을 신고하려는 자는 총리령으로 정하는 시설기준을 갖추어야 한다.
② 화장품 제조업을 하려는 자는 총리령으로 정하는 바에 따라 식품의약품안전처장에게 신고하여야 한다.
③ 화장품 책임판매업을 신고하려는 자는 화장품의 품질관리 및 책임판매 후 안전관리에 관한 기준을 갖추어야 한다.
④ 화장품 책임판매관리자를 등록하려는 자는 혼합·소분할 수 있는 맞춤형 화장품 조제관리사를 두어야 한다.
⑤ 화장품 일부 공정만을 제조하는 등 총리령으로 정하는 경우에 해당하는 때에는 시설의 일부를 갖추지 아니할 수 있다.

02 맞춤형 화장품 판매업장에서 개인정보가 유출된 경우 개인정보보호법에 따라 지체 없이 고객에게 알려야 하는 사실로 옳지 않은 것은?

① 유출된 시점과 그 경위
② 유출된 개인정보 보유 및 이용 기간
③ 유출로 인해 발생할 수 있는 피해를 줄이기 위해 정보 주체가 할 수 있는 방법 등에 관한 정보
④ 개인정보처리자의 대응조치 및 피해 구제 절차
⑤ 고객에게 피해가 발생한 경우 신고 등을 접수할 수 있는 담당부서 및 연락처

03 「화장품법 시행규칙」에 따른 기능성 화장품의 범위로 옳은 것은?

① 피부장벽(피부의 가장 바깥쪽에 존재하는 각질층의 표피를 말한다)의 기능을 회복하여 가려움 등의 개선에 도움을 주는 화장품
② 여드름성 피부를 완화하는 데 도움을 주는 화장품. 다만, 기초 화장품용 제품류로 한정한다.
③ 튼 살로 인한 붉은 선을 없애는 데 도움을 주는 화장품
④ 모발의 색상을 변화(탈염·탈색을 포함한다)시키는 기능을 가진 화장품. 다만, 일시적으로 모발의 색상을 변화시키는 제품으로 한정한다.
⑤ 물리적으로 체모를 제거하는 기능을 가진 화장품

04 화장품 책임판매업자가 영·유아 또는 어린이가 사용할 수 있는 화장품임을 표시·광고하려는 경우 제품별 안전과 품질을 입증할 수 있는 자료로 옳은 것은?

① 화장품의 사용성 평가 자료
② 화장품의 안정성 평가 자료
③ 화장품의 안전성 평가 자료
④ 사용원료 및 시험 평가 자료
⑤ 사용기한에 대한 증명 자료

05 화장품법의 목적으로 적절한 것은?

① 화장품의 제조・수입 등에 관한 사항을 규정함으로써 국민 보건 향상과 화장품 기능의 발전에 기여함을 목적으로 한다.
② 화장품의 제조・유통 등에 관한 사항을 규정함으로써 국민 안전과 건강에 기여함을 목적으로 한다.
③ 화장품의 제조・수입・판매 등에 관한 사항을 규정함으로써 화장품 품질과 유통에 기여함을 목적으로 한다.
④ 화장품의 제조・수입・판매 및 수출 등에 관한 사항을 규정함으로써 국민 보건 향상과 화장품 산업의 발전에 기여함을 목적으로 한다.
⑤ 화장품의 제조・수입・판매 및 수출 등에 관한 사항을 규정함으로써 위생과 수출에 기여함을 목적으로 한다.

06 천연 화장품의 기준에 관한 규정으로 옳은 것은?

① 천연 화장품은 천연 함량이 중량 기준 99% 이상 구성되어야 한다.
② 천연 화장품의 천연 함량은 물과 천연 원료로만 구성된다.
③ 공기, 산소, 질소, 이산화탄소, 아르곤 가스 외의 분사제 사용은 제조공정에서 금지된다.
④ 천연 화장품을 제조하는 작업장 및 제조설비는 주기적으로 대청소를 실시한다.
⑤ 맞춤형 화장품 판매업자는 식품의약품안전처장에게 천연 화장품에 대한 인증을 신청하여야 한다.

07 화장품 소비자 감시원의 직무로 옳지 않은 것은?

① 화장품의 판매, 표시, 광고, 품질 모니터링
② 표시 기준에 맞지 않은 화장품인 경우 관할 행정관청에 신고하거나 그에 관한 자료 제공
③ 화장품 안전 사용과 관련된 홍보
④ 행정처분의 이행 여부 확인
⑤ 관계 공무원의 물품 회수, 폐기 등의 업무 지원

08 화장품에 사용되는 보습제의 특성으로 옳은 것은?

① 피부 표면에 소수성 피막을 형성해 수분 증발을 억제한다.
② 건조에 의한 일시적인 잔주름을 완화시킨다.
③ 수분 증발을 지연시키고 세포를 재생시킨다.
④ 피부의 건조를 막아 피부를 부드럽고 촉촉하게 하는 물질이다.
⑤ 각질층의 세포를 유화시킨다.

09 위해 화장품 회수에 따른 회수 대상 화장품의 위해성 등급이 바르게 연결된 것은?

① 기능성 화장품의 기능성을 나타나게 하는 주원료 함량이 기준치에 부적합한 경우 - 위해성 "다" 등급
② 병원미생물에 오염된 화장품 - 위해성 "나" 등급
③ 안전용기 · 포장 위반한 화장품 - 위해성 "가" 등급
④ 개봉 후 사용기간(병행 표기된 제조 연월일 포함)을 위조 · 변조한 화장품 - 위해성 "나" 등급
⑤ 화장품에 사용할 수 없는 원료를 사용한 화장품 - 위해성 "나" 등급

10 화장품에 사용되는 계면활성제의 특성으로 옳지 않은 것은?

① 한 분자 내에 극성과 비극성을 동시에 갖는 양친매성 물질이다.
② 표면 및 계면 흡착성이 있다.
③ 미셀 분해 능력이 있다.
④ 분체입자의 표면 젖음성(wetting)을 갖고 있다.
⑤ 표면 및 계면장력의 저하 능력이 있다.

11 천연 화장품 제조에 사용할 수 있는 천연 원료로 옳은 것은?

① 유기농 유래 원료
② 식물 유래 원료
③ 동물성 유래 원료
④ 미네랄 원료
⑤ 합성 원료

12 내용물 및 원료의 품질(시험)성적서에 대한 설명으로 옳은 것은?

① 화장품 원료에 대한 품질은 "원료 공급자의 검사 결과 신뢰 기준"을 충족하더라도 원료 공급자의 시험성적서로 대체할 수 없다.
② 내용물과 완성된 맞춤형 화장품은 품질이 규정된 합격 판정 기준이 부적합하더라도 첨가 물질의 사용에 적합하다면 판매가 가능하다.
③ 맞춤형 화장품 판매업자는 맞춤형 화장품의 내용물 및 원료 입고 시 화장품 책임판매업자가 제공하는 품질성적서를 구비하여야 한다.
④ 맞춤형 화장품 조제관리사는 품질성적서가 구비되지 않은 내용물 및 원료에 대해 검체 채취 및 시험을 위탁할 수 있다.
⑤ 품질성적서가 구비되지 않은 내용물이나 원료는 맞춤형 화장품 조제관리사의 관리하에 한시적으로 입고가 가능하다.

13 인체 세포 · 조직 배양액의 안전기준으로 옳지 않은 것은?

① "공여자"란 배양액에 사용되는 세포 또는 조직을 제공하는 사람을 말한다.
② 누구든지 세포나 조직을 주고받으면서 금전 또는 재산상의 이익을 취할 수 있다.
③ 공여자는 건강한 성인으로 세포 · 조직에 영향을 미칠 수 있는 선천성 또는 만성질환으로 진단되지 않아야 한다.
④ 누구든지 공여자에 관한 정보를 제공하거나 광고 등을 통해 특정인의 세포 또는 조직을 사용하였다는 내용의 광고를 할 수 없다.
⑤ 인체 세포 · 조직 배양액을 제조하는데 필요한 세포 · 조직 채취 혹은 보존에 필요한 위생상의 관리가 가능한 의료기관에서 채취한 것만을 사용한다.

14 착향제의 구성 성분 중 해당 성분을 기재 · 표시하여야 하는 알레르기 유발 성분으로 옳은 것은?

① 부틸페닐메틸프로피오날
② 디메칠옥사졸리딘
③ 벤제토늄클로라이드
④ 디엠디엠하이단토인
⑤ 알킬이소퀴놀리늄브로마이드

15 「제품의 포장재질 · 포장 방법에 관한 기준 등에 관한 규칙(환경부령)」에 따라 단위 제품, 화장품류 중 인체 및 (   ) 제품류는 포장공간 비율 15% 이하, 포장 횟수 2차 이내를 준수하여야 한다. (   ) 안에 들어갈 제품으로 옳은 것은?

① 색조 화장용
② 기초 화장용
③ 체취 방지용
④ 방향제
⑤ 두발 세정용

16 화장품에 따른 용기 시험 기준으로 옳지 않은 것은?

① 플라스틱 용기, 조립 용기, 접착 용기에 대한 낙하에 따른 파손, 분리 및 작용 여부 확인을 위해 크로스컷트 시험을 실시한다.
② 스킨, 로션, 오일과 같은 액상 제품 용기에 밀폐성을 측정하기 위해 감압누설을 시험한다.
③ 펌프 제품의 사용 편리성을 확인하기 위해 펌프 누름 강도를 시험한다.
④ 내용물에 침적된 용기 재료의 물성 저하 또는 변화 상태, 내용물 간의 색상 전이 등을 확인하기 위해 내용물에 의한 용기의 변형을 시험한다.
⑤ 고온다습 환경에서 장기 방치 시 발생하는 표면의 알칼리화 변화량 확인하기 위해 유리병 표면 알칼리 용출량을 시험한다.

17 맞춤형 화장품 매장에 근무하는 조제관리사에게 고객이 제품에 대해 문의를 해왔다. 조제관리사가 제품에 부착된 〈보기〉의 설명서를 참조하여 고객에게 안내해야 할 말로 가장 적절한 것은?

보 기

▣ 제품명 : 천연 화산송이 세안제
▣ 내용량 : 200g
▣ 전성분 : 정제수, 스테아릭애씨드, 팔미틱애씨드, 라우릭애씨드, 미리스틱애씨드, 포타슘하이드록사이드, 1,3부틸렌글리콜, 글리세린, 소르비탄올리베이트, 라우라마이드, 화산송이, 1,2헥산디올, 디이에이, 비즈왁스, 그린티추출물, 향료
▣ 사용 시의 주의사항
1) 화장품 사용 시 또는 사용 후 직사광선에 의하여 사용 부위가 붉은 반점, 부어오름 또는 가려움증 등의 이상 증상이나 부작용이 있는 경우 전문의 등과 상담할 것
2) 상처가 있는 부위 등에는 사용을 자제할 것
3) 보관 및 취급 시의 주의사항
가) 어린이의 손이 닿지 않는 곳에 보관할 것
나) 직사광선을 피해서 보관할 것
4) 알갱이가 눈에 들어갔을 때에는 물로 씻어내고 이상이 있는 경우에는 전문의와 상담할 것

① 이 제품은 천연 화장품으로 피부감작 반응을 일으키지 않습니다.
② 이 제품은 조제관리사가 조제한 제품으로 알레르기 반응을 일으키지 않습니다.
③ 이 제품은 미세한 알갱이가 함유되어 있는 스크러브 세안제로 사용 시 주의를 요합니다.
④ 이 제품은 알레르기 완화 물질이 첨가되어 있어 체질 개선에 효과가 좋습니다.
⑤ 이 제품은 여드름성 피부를 완화하는데 도움을 줍니다.

18 「천연 화장품 및 유기농 화장품의 기준에 관한 규정」에 따라 천연 화장품 및 유기농 화장품 제조에 사용할 수 있는 합성 보존제 및 변성제로 옳지 않은 것은?

① 프로피오닉애씨드
② 테트라소듐글루타메이트디아세테이트
③ 살리실릭애씨드
④ 소르빅애씨드
⑤ 벤질알코올

19 「화장품 안전기준 등에 관한 규정」에 따라 화장품에 사용상의 제한이 필요한 원료로 옳은 것은?

① 스테아릴알코올
② 암모니아
③ 트레할로스
④ 트리에탄올아민
⑤ 구연산나트륨

20 「화장품 사용 시의 주의사항 및 알레르기 유발 성분 표시에 관한 규정」에 따라 포장에 추가로 기재 · 표시해야 하는 성분별 사용 시의 주의사항 표시 문구로 옳은 것은?

① 실버나이트레이트 함유 제품 : 눈에 접촉을 피하고 눈에 들어갔을 때는 즉시 씻어낼 것
② 알부틴 2% 이상 함유 제품 : 눈에 접촉을 피하고 눈에 들어갔을 때는 즉시 씻어낼 것
③ 과산화수소 및 과산화수소 생성물질 함유 제품 : 만 3세 이하 어린이에게는 사용하지 말 것
④ 실버나이트레이트 함유 제품 : 사용 시 흡입되지 않도록 주의할 것
⑤ 코치닐추출물 함유 제품 : 만 3세 이하 어린이에게는 사용하지 말 것

21 〈보기〉에서 화장품을 혼합 · 소분하여 조제 · 판매하는 과정에 대한 설명으로 옳은 것을 모두 고른 것은?

보 기

ㄱ. 맞춤형 화장품 판매업으로 신고한 매장에서 맞춤형 화장품 조제관리사가 기능성 화장품으로 이미 심사(또는 보고) 받은 내용물과 원료의 최종 혼합 제품을 이미 심사(또는 보고)받은 조합 · 함량 범위 내에서 혼합 · 소분하여 판매하였다.
ㄴ. 맞춤형 화장품 판매업으로 신고한 매장에서 화장품 책임판매업자가 소비자에게 그대로 유통 · 판매할 목적으로 제조 또는 수입한 화장품을 소분하여 판매하였다.
ㄷ. 맞춤형 화장품 판매업으로 신고한 매장에서 맞춤형 화장품 조제관리사가 맞춤형 화장품 내용물에 개인 맞춤형으로 추가되는 향을 혼합하도록 책임판매관리자에게 지시하였다.
ㄹ. 아세톤을 함유하는 네일에나멜 리무버를 안전용기에 충전 · 포장하여 고객에게 판매하였다.
ㅁ. 면적이 33제곱미터 이상인 맞춤형 화장품 판매업으로 신고한 매장에서 포장되어 생산된 일반 화장품을 재포장하여 판매하였다.

① ㄱ, ㄴ
② ㄱ, ㄷ
③ ㄱ, ㄹ
④ ㄴ, ㅁ
⑤ ㄷ, ㅁ

22 체취 방지용 제품의 포장에 기재해야 하는 사용 시의 주의사항으로 옳은 것은?

① 일부에 시험 사용하여 피부 이상을 확인할 것
② 눈 주위를 피하여 사용할 것
③ 눈에 들어갔을 때에는 즉시 씻어낼 것
④ 눈, 코 또는 입 등에 닿지 않도록 주의하여 사용할 것
⑤ 털을 제거한 직후에는 사용하지 말 것

23 〈보기〉는 「기능성 화장품 심사에 관한 규정」에 따라 자료 제출이 면제되는 경우이다. (　) 안에 공통으로 들어갈 말로 옳은 것은?

보 기

> 신규 기능성 화장품 심사를 위해 제출해야 하는 유효성 또는 기능에 관한 자료 중 인체 적용시험 자료를 제출하는 경우 (　)의 제출을 면제할 수 있다. 다만, 이 경우에는 (　)의 제출을 면제받은 성분에 대해서는 효능 · 효과를 기재 · 표시할 수 없다.

① 흡광도시험 자료　② 독성시험 자료
③ 기능시험 자료　④ 효력시험 자료
⑤ 안전시험 자료

24 알레르기 유발 성분의 표시 기준 향료 성분의 명칭을 기재해야 하는 화장품으로 옳은 것은?

① 바디로션 0.002%　② 샴푸 0.003%
③ 파우더 0.001%　④ 데오드란트 0.0005%
⑤ 린스 0.001%

25 화장품 안전성 정보의 검토 및 평가 결과에 따라 식품의약품안전처장 또는 지방식품의약품안전청장이 실시하는 후속 조치로 옳지 않은 것은?

① 사용 시의 주의사항 등을 추가
② 품목 제조 · 수입 · 판매 금지 및 수거 · 폐기 등의 명령
③ 조사 · 연구 등의 지시
④ 제조 · 품질관리의 적정성 여부 조사
⑤ 국내외 사용 현황 등 조사 · 비교

26 「기능성 화장품 심사에 관한 규정」에 따라 기원 및 개발 경위, 안전성, 유효성 또는 기능에 관한 자료 제출이 면제되는 경우로 옳은 것은?

① 식품의약품안전처장이 제품의 효능 · 효과를 나타내는 성분 · 함량을 고시한 품목
② 유효성 또는 기능 입증자료 중 인체 적용시험에서 피부 이상 반응이 발생하지 않은 경우
③ 효력시험 자료를 제출할 경우
④ 자외선 차단지수(SPF) 10 이하인 제품
⑤ 안전성에 관한 자료를 제출한 경우

27 다음 〈보기〉의 사용 시의 주의사항을 포장에 기재 · 표시해야 하는 화장품 유형으로 옳은 것은?

보 기

- 눈, 코 또는 입 등에 닿지 않도록 주의하여 사용할 것
- 프로필렌 글리콜(Propylene glycol)을 함유하고 있으므로 이 성분에 과민하거나 알레르기 병력이 있는 사람은 신중히 사용할 것(PG 함유 제품만 표시)

① 손 · 발의 피부 연화 제품(요소제제의 핸드크림 및 풋크림)
② 체취 방지용 제품
③ 모발용 샴푸
④ 알파-하이드록시애시드 함유 제품
⑤ 염모제(산화염모제와 비산화염모제)

28 CGMP 기준 "제조단위" 또는 "뱃치"란 하나의 공정이나 일련의 공정으로 제조되어 (　　)을(를) 갖는 화장품의 일정한 분량을 말한다. (　　) 안에 들어갈 말로 옳은 것은?

① 균질성
② 재현성
③ 적합성
④ 안정성
⑤ 품질성

29 〈보기〉의 (　　) 안에 들어갈 성분으로 옳은 것은?

보 기

만 3세 이하의 영 · 유아용 제품 또는 만 4세 이상부터 만 13세 이하까지의 어린이가 사용할 수 있는 제품임을 특정하여 표시 · 광고하려는 경우 화장품에 따라 사용기준이 지정 · 고시된 원료 중 (　　)의 함량을 화장품 포장에 기재 · 표시해야 한다.

① 자외선 차단제
② 보존제
③ 색소
④ 염모제
⑤ 향료

30 CGMP 기준 작업소의 위생관리로 적절한 것은?

① 제조실은 공기조화장치를 이용해 실내압을 외부보다 높게 한다.
② 오물이 묻은 걸레는 사용 후에 소독한다.
③ 제조공정과 포장에 사용된 설비 및 도구들은 사용 후 교체한다.
④ 공조시스템에 사용된 필터는 지체 없이 폐기한다.
⑤ 청소에 의한 오염이 제품 품질에 위해를 끼칠 것 같은 경우에는 최대한 빨리 작업을 종료한다.

31 「우수 화장품 제조 및 품질관리 기준」 제10조 유지관리 기준으로 옳은 것은?

① 설비는 세척 후 적절한 방법으로 소독하고 다음 사용 시까지 오염되지 않도록 관리한다.
② 모든 제조 관련 설비는 작업자가 쉽게 접근·사용할 수 있어야 한다.
③ 결함 발생 및 정비 중인 설비는 분리된 장소에서 관리해야 한다.
④ 유지관리 작업이 제품의 품질에 영향을 주어야 한다.
⑤ 건물, 시설 및 주요 설비는 정기적으로 점검하여 화장품의 제조 및 품질관리에 지장이 없도록 유지·관리·기록하여야 한다.

32 CGMP 기준 작업장 내 개인위생관리 점검 기준으로 적절하지 않은 것은?

① 규정된 작업 복장 및 착용 상태
② 작업에 불필요한 물품 반입 여부
③ 건강 상태
④ 개인 사물 현장 반입 여부
⑤ 작업 전 수세 및 소독

33 맞춤형 화장품 소분의 안전관리 기준으로 옳은 것은?

① 혼합·소분 시 위생복 및 마스크를 착용한다.
② 혼합·소분 전 손을 세정한 후 소독하거나 일회용 장갑을 착용한다.
③ 혼합·소분 전에 내용물 및 원료의 위생 상태를 점검한다.
④ 맞춤형 화장품 조제에 사용하고 남은 내용물 및 원료는 비의도적인 오염을 방지하기 위해 소분하거나 재포장해서 보관한다.
⑤ 피부에 외상이 있는 직원이 혼합·소분 시에는 보호 장비를 구비해야 한다.

34 CGMP 기준 작업실별 청소 및 소독 방법으로 적절한 것을 〈보기〉에서 모두 고른 것은?

보 기

ㄱ. 칭량실 바닥은 수시로 부직포, 걸레 등을 이용하여 청소한다.
ㄴ. 제조실은 작업 전 작업대와 테이블, 저울을 70% 에탄올로 소독한다.
ㄷ. 반제품 보관실 바닥은 월 1회 진공청소기로 청소하고, 상수에 중성 세제를 섞어 바닥에 뿌린 후 걸레로 세척한다.
ㄹ. 충전실은 수시 및 작업 종료 후 청소하고 육안으로 점검한다.
ㅁ. 원료 창고 바닥은 월 1회 연성 세제를 이용해 청소하고 필요 시 상수에 락스를 섞어 소독한다.
ㅂ. 미생물 실험실의 클린 벤치는 작업 전, 작업 후 4급 암모늄 화합물로 소독한다.

① ㄱ, ㄴ, ㄷ
② ㄱ, ㄷ, ㅁ
③ ㄴ, ㄷ, ㄹ
④ ㄴ, ㅁ, ㅂ
⑤ ㄷ, ㄹ, ㅂ

35 CGMP 기준 작업소 위생을 위한 방서 관리 기준으로 옳은 것을 모두 고른 것은?

보 기

ㄱ. 살서제의 투약은 방제전담자와 위생관리담당자가 동행하여 작업소 외곽에 살포하며 기후, 발생 주기 등에 따라 조정된다.
ㄴ. 건물 외부로 통하는 출입문은 최소한으로 설계한다.
ㄷ. 살서제 투약 시 규정된 "쥐약/트랩"이라고 표기된 용기를 사용한다.
ㄹ. 쥐잡이용 끈끈이에 잡힌 쥐가 많을 경우 끈끈이를 교체하여 청결을 유지한다.
ㅁ. 트랩은 규정된 장소에 설치하며 임의로 위치를 변경하면 안 된다.

① ㄱ, ㄴ, ㄹ
② ㄱ, ㄷ, ㅁ
③ ㄴ, ㄷ, ㄹ
④ ㄴ, ㄷ, ㅁ
⑤ ㄷ, ㄹ, ㅁ

36 CGMP 기준 화장품 제조에 사용되는 설비의 구성 요건으로 옳은 것은?

① 제품에 대해 저항력을 갖춘 주형 물질은 탱크 재질로 선호된다.
② 이송파이프의 밸브는 부식성을 막기 위해 최대의 숫자로 설계한다.
③ 탱크는 물리적/미생물 또는 교차오염 문제를 피하기 위해 가는 관을 연결하여 사용한다.
④ 호스 부속품과 호스는 제품 점도, 유속에 적합하여야 한다.
⑤ 칭량 장치의 계량적 눈금 레버 시스템은 동봉물을 깨끗한 공기와 동봉하고 제거한다.

37 CGMP 기준 설비 · 기구의 유지관리로 옳지 않은 것은?

① 기기 수리가 불가능할 때에는 기기관리책임자가 전문업체에 신속히 정비를 요청한다.
② 수리가 가능할 경우 해당 계기를 수리하고 불가능할 경우 신규 계기로 대체한다.
③ 점검 결과 허용오차를 초과하는 온도계는 폐기 후 재구매하여 사용한다.
④ 수평 점검 결과 자가 조절이 불가능한 경우 외부 검 · 교정을 실시한다.
⑤ 점검 결과 허용오차를 초과하는 습도계는 수리를 의뢰한다.

38 CGMP 기준 입고된 원료와 내용물의 품질이 부적합되지 않도록 관리하는 항목으로 옳지 않은 것은?

① 손상 정도
② 보관 온도
③ 다른 제품과의 접근성
④ 공급자
⑤ 습도

39 CGMP 기준 원료 및 포장재 관리에 필요한 사항으로 옳지 않은 것은?

① 보관환경 설정
② 제조절차
③ 재고관리
④ 제조번호 또는 관리번호
⑤ 사용기한 설정

40 CGMP 기준 재작업 처리 원칙으로 옳지 않은 것은?

① 부적합 제품의 제조책임자에 의한 원인 조사 후 제품 품질에 악영향을 미치지 않는 것을 재작업 실시 전에 예측한다.
② 재작업은 제조책임자가 제안하고 재작업 결과에 책임은 품질보증책임자가 진다.
③ 재작업은 해당 재작업의 절차를 상세하게 작성한 절차서를 준비해서 실시한다.
④ 통상적인 제품 시험 시보다 많은 시험을 실시한다.
⑤ 재작업품 합격 결정은 제조보증책임자가 결정한다.

41 「우수 화장품 제조 및 품질관리 기준(CGMP)」 제8조 시설 기준으로 옳지 않은 것은?

① 외부와 연결된 창문은 가능한 열리지 않도록 해야 한다.
② 작업소 내의 외관 표면은 가능한 매끄럽게 설계하고, 청소 용제의 부식성에 저항력이 있어야 한다.
③ 조명이 파손될 경우를 대비한 제품을 보호할 수 있는 처리 절차를 마련한다.
④ 천장, 벽, 바닥은 가능한 청소하기 쉽게 매끄러운 표면을 지니고 소독제 등의 부식성에 저항력이 있어야 한다.
⑤ 각 제조 구역별 청소 및 위생관리 절차에 따라 물리적 세척제 및 소독제를 사용해야 한다.

42 CGMP 기준 설비 세척 후 판정 방법으로 옳은 것은?

① 육안 판정의 장소는 미리 정해 놓지 않고 말로 표현하는 것이 아니라 그림으로 제시하고 판정 결과를 기록서에 기재한다.
② 닦아내기 판정은 천의 색(흰 천이나 검은 천)을 결정하고 설비 외부 표면을 닦아낸 후 천 표면의 잔류물 유무로 세척 결과를 판정한다.
③ 린스 정량법은 상대적으로 복잡한 방법이지만 수치로써 결과를 확인할 수 있으므로 신뢰도가 가장 높은 판정 방법이다.
④ 린스액의 잔존물의 유무를 판정하기 위해서 박층 크로마토그래프법(TLC)에 의한 간편 정량법을 실시한다.
⑤ 표면 균 측정법은 UV를 흡수하는 물질 잔존 여부를 확인하는 방법이다.

43 맞춤형 화장품의 원료로 사용할 수 있는 경우로 적합한 것은?

① 염모제를 직접 첨가한 제품
② 자외선 차단제를 직접 첨가한 제품
③ 사용상의 제한이 필요한 원료를 직접 첨가한 제품
④ 사용할 수 없는 원료를 직접 첨가한 제품
⑤ 천연 유래 원료를 직접 첨가한 제품

44 「우수 화장품 제조 및 품질관리 기준(CGMP)」 제2조 용어에 대한 정의로 옳은 것은?

① "기준 일탈" 이란 규정된 합격 판정 기준에 일치하지 않는 검사, 측정 또는 시험 결과를 말한다.
② "공정관리"란 출하공정 중 적합 판정 기준의 충족을 보증하기 위하여 출하공정을 모니터링 하거나 조정하는 모든 작업을 말한다.
③ "반제품"이란 충전(1차 포장) 이전의 제조 단계까지 끝낸 제품을 말한다.
④ "일탈"이란 제품이 규정된 적합 판정 기준을 충족시키지 못한다고 주장하는 외부 정보를 말한다.
⑤ "제조"란 원료 물질의 칭량부터 혼합까지 일련의 작업을 말한다.

45 CGMP 기준 조직의 구성으로 옳지 않은 것은?

① 제조소별 독립된 제조부서와 생산관리부서를 두어야 한다.
② 조직구조는 조직과 직원의 업무가 원활히 이해될 수 있도록 규정되어야 한다.
③ 조직구조는 회사의 규모와 제품의 다양성에 맞추어 적절하여야 한다.
④ 제조소에는 제조 및 품질관리 업무를 적절히 수행할 수 있는 충분한 인원을 배치하여야 한다.
⑤ 제조부서와 품질보증부서 책임자는 1인이 겸직할 수 없다.

46 설비 오염물질 제거에 사용되는 화학적 소독제의 특징으로 옳지 않은 것은?

① 염소 유도체는 효과가 우수하며 찬물에 용해되어 단독으로 사용 가능하다.
② 인산은 낮은 온도에서 사용이 가능하고 산성 조건에서 사용이 용이하다.
③ 양이온 계면활성제는 부식성이 없으나 물에 용해되어 단독으로 사용이 불가능하다.
④ 페놀은 세정 및 탈취작용이 우수하나 용액 상태로 불안정하고 세척이 필요하다.
⑤ 과산화수소는 유기물에 효과적이나 반응성이 있어 고농도 시 폭발에 주의해야 한다.

47 「우수 화장품 제조 및 품질관리 기준」에 의한 CGMP 기대 효과로 적절한 것은?

① 제조단위 균질성 유지
② 설비 및 기구의 위생관리
③ 작업원의 작업관리
④ 내용물 및 원료의 위생관리
⑤ 완제품의 보관관리

48 「화장품 안전기준 등에 관한 규정」 유통 화장품의 안전관리 기준에 따른 미생물 한도로 적합하지 않은 것은?

① 영 · 유아용 제품류 : 총 호기성 생균 수는 500개/g(mL) 이하
② 눈 화장용 제품류 : 총 호기성 생균 수는 500개/g(mL) 이하
③ 물휴지의 경우 : 세균 및 진균 수는 각각 100개/g(mL) 이하
④ 화장비누의 경우 : 총 호기성 생균 수는 2,000개/g(mL) 이하
⑤ 대장균(Escherichia coli), 녹농균(Pseudomonas aeruginosa), 황색포도상구균(Staphylococcus aureus)은 불검출

49 제조 위생관리기준서 내 포함되는 제조시설의 청소 및 세척 평가 사항으로 옳지 않은 것은?

① 작업 전 청소 상태 확인 방법
② 제조시설 분해 및 조립 방법
③ 세척 및 소독 계획
④ 세척 방법과 세척에 사용되는 약품 및 기구
⑤ 청소 후 소독제 관리 방법

50 맞춤형 화장품 혼합 · 소분에 사용되는 내용물 및 원료의 안전관리 기준으로 옳은 것은?

① 맞춤형 화장품 조제에 사용하고 남은 원료의 사용기한은 6개월로 한다.
② 내용물의 사용기한은 맞춤형 화장품 조제관리사가 판단하여 결정한다.
③ 내용물 및 원료의 사용기한 또는 개봉 후 사용기간을 확인하고, 사용기한 또는 개봉 후 사용기간이 지난 것은 사용하지 않는다.
④ 원료 및 내용물의 사용기한은 맞춤형 화장품 조제관리사의 요청 시 재평가하여 개봉 후 사용기간을 연장할 수 있다.
⑤ 1년 이상 사용하지 않는 원료 및 내용물은 맞춤형 화장품 조제관리사의 판단하에 사용기한을 연장할 수 있다.

51 위해 화장품 회수 절차에 따라 회수 대상 화장품의 회수를 완료한 회수 의무자가 지방식품의약품안전처장에게 제출해야 하는 서류로 옳지 않은 것은?

① 회수 종료 신고서
② 회수 사유서 사본
③ 회수 확인서 사본
④ 폐기한 경우 폐기 확인서 사본
⑤ 평가 보고서 사본

52 〈보기〉는 「기능성 화장품 기준 및 시험 방법」 통칙에 따른 화장품 제형의 종류이다. (　　) 안에 들어갈 말로 옳은 것은?

보 기

- 액제 : 화장품에 사용되는 성분을 (㉠) 등에 녹여서 액상으로 만든 것
- 분말제 : 균질하게 분말상 또는 (㉡)으로 만든 것

	㉠	㉡		㉠	㉡
①	유화제	점액상	②	유화제	반고형상
③	용제	미립상	④	용제	균질상
⑤	분사제	포말상			

53 「화장품 안전기준 등에 관한 규정」 제6조 유통 화장품 안전관리 기준에 검출 허용 한도가 없는 물질은?

① 니켈
② 디부틸프탈레이트, 부틸벤질프탈레이트 및 디에칠헥실프탈레이트
③ 포름알데하이드
④ 디옥산
⑤ 크롬

54 「영 · 유아 또는 어린이 사용 화장품 안전성 자료의 작성 · 보관에 관한 규정」에 따른 제품별 안전성 자료의 보관 기준으로 옳지 않은 것은?

① 영 · 유아 또는 어린이 사용 화장품 책임판매업자는 반드시 전자매체를 이용하여 제품별 안전성 자료를 안전하게 보관하여야 한다.
② 전자매체는 컴퓨터 시스템을 통한 문서 관리체계를 갖춘 경우에 한하여 가능하다.
③ 화장품 책임판매업자는 자료의 훼손 또는 손실에 대비하기 위해 백업자료 등을 생성 · 유지할 수 있다.
④ 사용기한 표시 제품의 경우 마지막 제품의 사용기한 만료일 이후 1년 동안 보관한 이후 책임판매관리자의 책임하에 폐기할 수 있다.
⑤ 개봉 후 사용기간 표시 제품의 경우 마지막 제품의 제조 연월일 이후 3년 동안 보관한 이후 책임판매관리자의 책임하에 폐기할 수 있다.

55 맞춤형 화장품의 혼합에 사용할 수 있는 원료로 옳은 것은?

① 벤토나이트
② 클로페네신
③ 살리실릭애씨드
④ 메텐아민
⑤ 징크옥사이드

56 화장품 제형의 물리적 특성으로 옳은 것은?

① 유화는 물과 기름처럼 서로 혼합하지 않은 두 가지 액체의 한쪽을 내상으로 다른 한쪽의 외상에 안정적인 상태로 미세하고 균일하게 분산시킨 상태를 말한다.
② 수중유형은 기름을 외상으로 하고 그 안에 물이 분산되어 있다
③ 가용화는 유화와 분산의 극단적인 경우로 난용성의 물질이 응집되는 것을 말한다.
④ 가용화는 임계미셀농도(CMC) 이하에서 나타난다.
⑤ 유화는 틴들현상을 보이므로 쉽게 식별할 수 있다.

57 〈보기〉는 「기능성 화장품 기준 및 시험 방법」 [별표 9]의 일부로써 '탈모 증상의 완화에 도움을 주는 기능성 화장품'의 원료 규격의 신설을 주요 내용으로 고시한 일부 원료에 대한 설명이다. 설명에 해당하는 원료로 옳은 것은?

보 기

- 분자식(분자량) : $C_{10}H_{20}O$(156.27)
- 정량할 때 98.0~101.0%를 함유한다. 무색의 결정으로 특이하고 상쾌한 냄새가 있고 맛은 처음에는 쏘는 듯하고 나중에는 시원하다. 에탄올(ethanol) 또는 에테르(ether)에 썩 잘 녹고 물에는 매우 녹기 어려우며 실온에서 천천히 승화한다.
- 확인시험
  1) 이 원료는 같은 양의 캠퍼(camphor), 포수클로랄(chloral hydrate) 또는 치몰(thymol)과 같이 섞을 때 액화한다.
  2) 이 원료 1g에 황산 20mL를 넣고 흔들어 섞을 때 액은 혼탁하고 황적색을 나타내나 3시간 방치할 때, 냄새가 없는 맑은 기름층이 분리된다.

① 덱스판테놀
② 비오틴
③ 징크피리치온
④ 엘-멘톨
⑤ 아데노신

58 〈보기〉는 총 호기성 세균 및 특정 미생물 시험-미생물 발육 저지 물질의 확인 시험에 대한 내용이다. (　　) 안에 들어갈 말로 옳은 것은?

보 기

- "총 호기성 세균 시험용 배지의 적합성 시험 항"에 따라 시험할 때 검액의 유·무하에서 균수의 차이가 (㉠) 이상 되어서는 안 된다.
- "특정 세균 시험용 배지의 적합성 시험 항"에 따라 시험할 때 검액의 유·무하에서 접종균 각각에 대하여 (㉡)으로 나타나야 한다.

	㉠	㉡
①	2배	음성
②	2배	양성
③	3배	음성
④	3배	양성
⑤	5배	음성

59 유통 화장품 안전관리 기준 비의도적 오염물질의 검출 허용 한도로 적합한 것은?

① 납 : 50㎍/g
② 디옥산 : 110㎍/g
③ 비소 : 10㎍/g
④ 안티몬 : 20㎍/g
⑤ 카드뮴 : 15㎍/g

60 피부의 부속기에 대한 설명으로 옳은 것은?

① 피지선은 표피의 기저층에 존재하며 생성된 피지는 모공을 통해 피부 표면으로 분비된다.
② 조갑은 손가락과 발가락 등을 보호하고 지지하는 기능을 한다.
③ 피지선은 사춘기에 접어들면서 여성호르몬인 에스트로겐의 영향에 의해서 활발하게 활동을 시작한다.
④ 아포크린선은 사람이 태어나면서 형성되는 한선으로 노화가 진행되면 기능이 감소된다.
⑤ 에크린선에서 분비되는 땀은 독특한 냄새가 나며 주로 체온 조절과 피부 건조 방지를 위해 발달한 기관이다.

61 맞춤형 화장품 조제관리사인 선미는 매장을 방문한 고객과 다음과 〈보기〉와 같은 대화를 나누었다. 선미가 고객에게 혼합하여 추천할 제품으로 다음 〈보기〉 중 옳은 것을 모두 고르면?

대 화

고객 : 아침에 거울을 보는데 기미 주근깨가 유독 신경이 쓰여요.
눈가 주름도 늘어난 거 같고요.
선미 : 아, 그러신가요? 그럼 고객님 피부 상태를 측정해보도록 할까요?
고객 : 네, 그렇게 해 주세요~ 그리고 지난번 방문 시와 비교해 주시면 좋겠네요.
선미 : 네, 이쪽에 앉으시면 저희 측정기로 측정을 해드리겠습니다.

〈피부 측정 후〉

선미 : 고객님은 1달 전 측정 시보다 기미, 주근깨 등이 15% 이상 증가했고, 눈가와 입술 주위 피부 주름도 10% 가량 증가했네요.
고객 : 음... 걱정이네요. 그럼 어떤 제품을 쓰는 것이 좋을지 추천 부탁드려요.

보 기

ㄱ. 징크옥사이드(Zinc Oxide) 함유 제품
ㄴ. 나이아신아마이드(Niacinamide) 함유 제품
ㄷ. 트레할로스(Trehalose) 함유 제품
ㄹ. 소듐하이알루로네이트(Sodium Hyaluronate) 함유 제품
ㅁ. 레티놀(Retinol) 함유 제품

① ㄱ, ㄷ
② ㄱ, ㅁ
③ ㄴ, ㄷ
④ ㄴ, ㅁ
⑤ ㄷ, ㄹ

62 피부의 생리학적 기능으로 옳은 것은?

① 피부는 산성 중화 기능을 가지고 표면의 pH를 중성으로 일정하게 유지시킨다.
② 피부 손상이 표피에 한정될 경우 기저세포가 남아있으면 과립층으로부터 재생되어 회복된다.
③ 피부를 통한 여러 물질들이 체내로 흡수될 수 있으며 그 경로는 표피를 통한 흡수와 눈의 점막을 통한 흡수 두 가지 경우가 있을 수 있다.
④ 피부는 외부 미생물과 유해물질을 막아낼 수 있는 매우 효율적인 장벽이며 감정 전달기관으로 작용한다.
⑤ 피부에는 수분도 상당히 포함되어 있으며 소아기 때는 수분량이 피부의 80%를 차지하고 연령이 높아질수록 증가된다.

63 모발의 해부 조직학적 구조로 옳지 않은 것은?

① 모유두 : 작은 말발굽 모양의 돌기 조직으로 모낭 끝 부분
② 모간 : 피부 표면으로 나와있는 부분
③ 입모근 : 모간 측면에 위치
④ 모근 : 모발이 피부 내부에 있는 부분
⑤ 모낭 : 주머니 모양의 모발을 둘러싸고 있는 부분

64 화장품 부작용의 발생 기전으로 옳지 않은 것은?

① 알레르기성 접촉 피부염이란 어떤 물질에 대해 면역학적으로 매개되는 피부 반응이다.
② 접촉 피부염은 피부에 자극을 줄 수 있는 화학물질이나 물리적 자극물질에 일정 농도 이상으로 일정 시간 이상 노출되면 모든 사람에게 일어날 수 있다.
③ 접촉 피부염은 알레르기 접촉 피부염에 비해서 그 발생 빈도가 높지만 증상이 비교적 가볍다.
④ 피부 감작성이란 지연성 접촉 과민반응으로 이전의 노출로 활성화된 면역체계에 의한 알레르기성 반응이다.
⑤ 알레르기 반응은 처음 에센셜 오일을 사용함으로써 일어날 수 있다.

65 맞춤형 화장품에 사용할 수 없는 화장품 원료로 옳은 것은?

① 에톡시디글라이콜
② 카르복시메칠셀룰로오스
③ 폴리메칠실세스퀴옥산
④ 메칠클로로이소치아졸리논과 메칠이소치아졸리논 혼합물
⑤ 카르나우바왁스

66 「자원의 절약과 재활용 촉진에 관한 법률」에 따라 분리수거가 필요한 제품 용기에 분리배출 도안을 표시해야 하는 경우로 옳은 것은?

① 화장품 내용물이 30그램 또는 30밀리리터를 초과하는 경우
② 대규모 점포 및 면적이 33제곱미터 이상인 매장
③ 화장품 내용물이 50그램 또는 50밀리리터를 초과하는 경우
④ 화장품 내용물이 100그램 또는 100밀리리터를 초과하는 경우
⑤ 제품의 포장공간 비율이 25% 이내, 포장 횟수 2차 이내인 경우

67 맞춤형 화장품 혼합 · 교반에 사용되는 기기로 옳은 것은?

① 비커, 스패출러
② pH미터, 레오미터
③ 전자저울, 디스펜서
④ 마이크로스코프, 비스코미터
⑤ 디스퍼, 아지믹서

68 「화장품 사용 시의 주의사항 및 알레르기 유발 성분 표시에 관한 규정」에 따라 안전 정보와 관련하여 사용 시 주의사항을 포장에 추가로 표시하도록 식품의약품안전처장이 정하여 고시한 화장품 함유 성분으로 옳은 것은?

① 이소프로필파라벤, 카민, 코치닐추출물
② 벤질알코올, 살리실릭애씨드, 페녹시에탄올
③ 메틸파라벤, 히드로퀴논, 트리클론산
④ 요오드, 클로로에탄, 피크릭애씨드
⑤ 아트라놀, 시클로메놀, 알릴이소치오시아네이트

69 맞춤형 화장품에서 요구되는 품질 요소로 적절하지 않은 것은?

① 기능
② 관능
③ 감정
④ 보증
⑤ 가성(경제적)

70 맞춤형 화장품 판매 시 맞춤형 화장품 판매업자의 준수사항으로 옳지 않은 것은?

① 포장 및 기재사항
② 개인정보 보호
③ 부당한 표시 · 광고 행위
④ 행정처분
⑤ 유통 화장품 안전관리 기준

71 맞춤형 화장품 조제관리사인 지숙이는 매장을 방문한 고객과 다음과 같은 〈대화〉를 나누었다. 지숙이가 고객에게 혼합하여 추천할 제품으로 다음 〈보기〉 중 옳은 것을 모두 고르면?

대 화

고객 : 겨울이라 건조해서 그런지 세안 후 매우 당기고 건조해요.
잔주름도 늘어난 거 같구요.
지숙 : 아, 그러신가요? 그럼 고객님 피부 상태를 측정해보도록 할까요?
고객 : 네, 그렇게 해 주세요~ 그리고 지난번 방문 시와 비교해 주시면 좋겠네요.
지숙 : 네, 이쪽에 앉으시면 저희 측정기로 측정을 해드리겠습니다.

〈피부 측정 후〉

지숙 : 고객님은 1달 전 측정 시보다 피부 주름이 20%가량 증가했고, 피부 보습도도 30%가량 많이 낮아져 있군요.
고객 : 음... 걱정이네요. 그럼 어떤 제품을 쓰는 것이 좋을지 추천 부탁드려요.

보 기

ㄱ. 징크옥사이드(Zinc Oxide) 함유 제품
ㄴ. 알부틴(Arbutin) 함유 제품
ㄷ. 베테인(Betaine) 함유 제품
ㄹ. 소듐하이알루로네이트(Sodium Hyaluronate) 함유 제품
ㅁ. 폴리에톡실레이티드레틴아마이드 함유 제품

① ㄱ, ㄴ, ㄷ
② ㄱ, ㄷ, ㅁ
③ ㄴ, ㄷ, ㄹ
④ ㄴ, ㄹ, ㅁ
⑤ ㄷ, ㄹ, ㅁ

72 피부 유형별 특징으로 옳은 것은?

① 지성 피부 : 피지선의 기능이 비정상적으로 항진되어 피지가 과다하게 분비된다.
② 건성 피부 : 한선 및 보습 기능 저하로 유분과 수분 함유량이 많다.
③ 복합성 피부 : 얼굴 부위가 건조하여 당기는 경우가 있으며 모세혈관이 확장되기 쉽다.
④ 정상 피부 : 모공이 넓고 피부가 촉촉하고 부드럽다.
⑤ 민감성 피부 : 남성호르몬(안드로겐)이 과다하게 배출된다.

73 모발 손상의 원인으로 옳지 않은 것은?

① 화학적 원인 : 퍼머나 염색 등의 미용시술에 기인한다.
② 화학적 원인 : 드라이어의 뜨거운 바람은 두피 유분 생성을 촉진한다.
③ 환경적 원인 : 자외선은 모발의 인장강도를 저하시켜 손상을 일으킨다.
④ 물리적 원인 : 모발 세정 시 너무 세게 문지르게 되면 모발간의 마찰에 의해 모발이 쉽게 손상된다.
⑤ 물리적 원인 : 모발이 건조되기 전 헤어 브러싱으로 인해 모발이 손상된다.

74 화장품 바코드 표시 기준으로 옳은 것은?

① 화장품 책임판매업자는 유통 비용을 절감하고 거래의 투명성을 확보하기 위해 용기 또는 포장에 표시한다.
② 화장품 바코드 표시 품목은 국내에서 제조되거나 수입되어 국내에 유통되는 모든 화장품(기능성 화장품 제외)을 대상으로 한다.
③ 내용량이 15밀리리터 이상 또는 15그램 이상인 제품의 용기 또는 포장, 견본품, 시공품, 비매품 등은 화장품 바코드 표시를 생략할 수 있다.
④ 맞춤형 화장품의 경우에는 자체적으로 마련한 바코드를 사용할 수 있다.
⑤ 화장품 책임판매업자 등은 화장품 품목별·포장단위별로 개개의 용기 또는 포장에 화장품 코드를 표시해야 한다.

75 「인체 적용 제품의 위해성 평가 등에 관한 규정」에 따른 화장품 위해 평가에서 평가해야 하는 위해 요소로 옳지 않은 것은?

① 제조에 사용된 성분
② 화학적 요인
③ 미생물적 요인
④ 병리적 요인
⑤ 물리적 요인

76 피부와 자외선에 대한 설명으로 옳은 것은?

① 290~320nm의 파장을 가진 자외선 B는 광노화의 원인이 된다.
② SPF는 자외선 B(UVB)를 차단하는 효과를 나타내는 지수로써 수치가 클수록 자외선 차단 효과가 크다.
③ 200~290nm의 파장을 가진 자외선 C는 표피와 진피의 상부까지 침투하여 색소 침착 및 화상을 일으킨다.
④ UVA 차단 효과의 정도를 나타내는 PA는 320~400nm의 파장을 가진 자외선 A 차단 효과의 정도에 따라 6단계로 나뉜다.
⑤ 자외선 A 차단지수(Protection Factor of UVA, PFA)라 함은 UVA를 차단하는 제품의 차단 효과를 나타내는 지수로 수치가 작을수록 자외선 A 차단 효과가 크다.

77 영업자가 업무정지 기간에 해당 업무를 했으나 등록이 취소되지 않고 행정처분으로 시정 명령을 받았다. 이에 해당하는 위반 행위로 옳은 것은?

① 유통 중 보관 상태에 의한 오염으로 인정된 경우
② 비병원성 일반 세균에 오염되었으나 인체에 직접적인 위해가 없는 경우
③ 광고주의 의사와 관계없이 광고회사 또는 광고 매체에서 무단으로 광고한 경우
④ 광고 업무에 한정하여 정지를 명한 경우
⑤ 같은 위반행위의 횟수가 3차 이상인 경우

78 〈보기〉는 화장품 제조에 사용된 성분의 표기 사항에 관한 내용이다. (　　) 안에 들어갈 함량을 순서대로 나열한 것은?

보 기

- 글자의 크기는 (㉠) 이상으로 한다.
- 화장품 제조에 사용된 함량이 많은 것부터 기재 · 표시한다. 다만 (㉡) 이하로 사용된 성분, 착향제 또는 착색제는 순서에 상관없이 기재 · 표시할 수 있다.
- 착향제의 구성 성분 중 식품의약품안전처장이 정하여 고시한 알레르기 유발 성분이 있는 경우에는 향료로 표시할 수 없고, 해당 성분의 명칭을 기재 · 표시해야 한다. 다만, 사용 후 씻어 내는 제품에는 (㉢) 초과, 사용 후 씻어 내지 않는 제품에는 (㉣) 초과 함유하는 경우에 한한다.

① 10포인트 – 0.1퍼센트 – 0.1% – 0.01%
② 10포인트 – 0.1퍼센트 – 0.001% – 0.1%
③ 5포인트 – 1퍼센트 – 1% – 0.1%
④ 5포인트 – 1퍼센트 – 0.01% – 0.001%
⑤ 7포인트 – 5퍼센트 – 0.001% – 0.01%

79 〈보기〉는 화장품에 용기 및 포장재로 이용되는 소재이다. 천연 화장품 및 유기농 화장품 용기와 포장에 사용할 수 없는 소재를 모두 고른 것은?

보 기

폴리염화비닐(PVC), 유리, 폴리스티렌(PS), 폴리스티렌폼(Polystyrene foam), 폴리에틸렌 테레프탈레이트(PET), 폴리프로필렌 (PP), 고밀도 폴리에틸렌(HDPE)

① 폴리염화비닐(PVC), 폴리스티렌폼(Polystyrene foam)
② 유리, 폴리스티렌(PS), 폴리염화비닐(PVC)
③ 폴리에틸렌 테레프탈레이트(PET), 폴리프로필렌 (PP)
④ 폴리염화비닐(PVC), 고밀도 폴리에틸렌(HDPE)
⑤ 폴리스티렌(PS), 폴리에틸렌 테레프탈레이트(PET)

80 다음 중 회수 필요성이 인지되는 회수 대상 화장품을 모두 고른 것은?

보 기

ㄱ. 내용량이 표시량의 97%인 크림
ㄴ. 화장품에 혼입된 벌레 등이 혼입 경로 및 단계를 특정하여 제조번호 전체에 영향을 미치지 않는다는 것이 인정되는 경우
ㄷ. 알부틴 함량이 보고한 기준치보다 5% 부족한 알부틴 로션제
ㄹ. 특정 미생물 시험 결과 대장균 음성 반응이 확인된 겔제
ㅁ. 무등록업체의 화장품을 판매한 경우

① ㄱ, ㄷ
② ㄴ, ㄹ
③ ㄷ, ㄹ
④ ㄷ, ㅁ
⑤ ㄹ, ㅁ

81 다음 〈보기〉는 「화장품법 시행규칙」 제19조 제4항에 따라 화장품 포장에 기재 · 표시해야 되는 사항 중 일부이다. ㉠, ㉡에 해당하는 적합한 단어를 작성하시오.

보 기

- 성분명을 제품 명칭의 일부로 사용한 경우 그 성분명과 함량, (㉠)제품은 제외
- 화장품에 천연 또는 유기농으로 표시 · 광고하려고 하는 경우 (㉡)의 함량을 화장품의 포장에 기재 · 표시해야 한다.

82 「개인정보보호법」에 따라 정보 주체가 쉽게 인식할 수 있도록 영상정보처리기기를 설치 · 운영하는 자가 설치해야 하는 안내판이다. ㉠에 들어갈 말을 작성하시오.

보 기

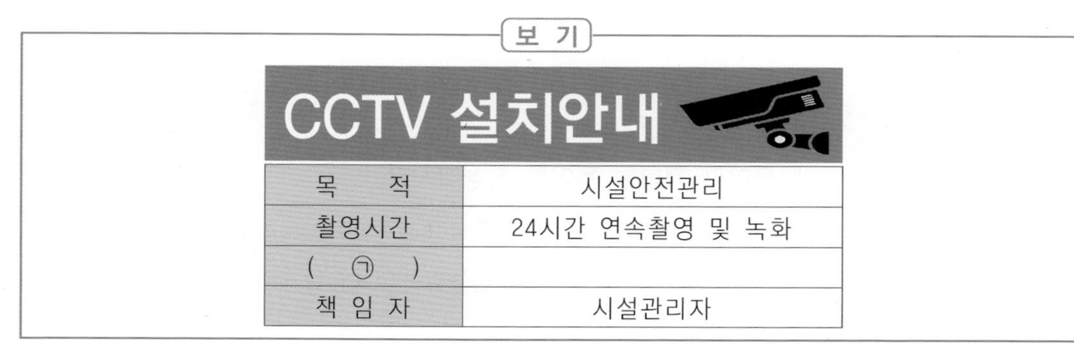

CCTV 설치안내

목 적	시설안전관리
촬영시간	24시간 연속촬영 및 녹화
(㉠)	
책 임 자	시설관리자

83 「화장품법 시행규칙」에 따라 식품의약품안전처장이 정하여 고시하는 전문 교육과정을 이수하여 (㉠)의 자격 기준을 인정받을 수 있는 품목은 화장비누이다. 상시근로자가 2인 이하로 직접 제조한 화장비누만을 판매하는 경우에 한하며 전문교육은 (㉡) 이상 (㉢) 이하의 집합 교육과정으로 운영된다. ㉠, ㉡, ㉢에 들어갈 말을 쓰시오.

84 〈보기〉는 평판도말법에 따라 10배 희석한 검액 0.1ml를 2개의 총 호기성 세균용, 진균용 배지에 각각 도말 및 배양하여 각 배지에 증식된 집락 수를 측정하였다. 화장품(포마드) 내 미생물 수를 계산하고 허용 한도 기준의 적합 여부(적합/부적합)를 확인하여 작성하시오.

보 기

	각 배지에서 검출된 집락 수	
	평판 1	평판 2
세균용 배지	64	58
진균용 배지	32	28

85 다음 〈보기〉는 천연 화장품 및 유기농 화장품 인증 관한 내용이다. ㉠, ㉡에 해당하는 적합한 단어를 각각 작성하시오.

보 기

천연 화장품 및 유기농 화장품 인증의 유효기간은 인증을 받은 날부터 (㉠)으로 하며, 인증의 유효기간을 연장하려는 경우에는 유효기간 만료 (㉡) 전까지 총리령으로 정하는 바에 따라 연장 신청을 해야 한다.

86 〈보기〉에서 ㉠, ㉡에 들어갈 적합한 용어를 작성하시오.

보 기

위해 평가란 화장품에 존재하는 위해 요소에 노출되었을 때 발생할 수 있는 유해 영향과 발생 확률을 과학적으로 평가하는 것으로 (㉠) – 위험성 결정 – (㉡) – 위해도 결정의 과정을 거쳐 실시한다.

87 〈보기〉는 GS1 체계 국제표준 바코드이다. (　　) 안에 들어갈 말을 쓰시오.

88 〈보기〉의 (　　) 안에 공통으로 들어갈 적합한 용어를 작성하시오.

> **보 기**
>
> (　　)이란 UVB를 사람의 피부에 조사한 후 16~24시간의 범위 내에, 조사 영역의 전 영역에 홍반을 나타낼 수 있는 최소한의 자외선 조사량을 말하며 자외선 차단지수(Sun Protection Factor, SPF)라 함은 UVB를 차단하는 제품의 차단 효과를 나타내는 지수로서 자외선 차단 제품을 도포하여 얻은 (　　)을 자외선 차단 제품을 도포하지 않고 얻은 (　　)으로 나눈 값이다.

89 영·유아용 제품류 또는 만 13세 이하 어린이가 사용할 수 있음을 특정하여 표시하는 제품에 사용이 금지된 색소를 〈보기〉에서 모두 골라 쓰시오.

> **보 기**
>
> ㄱ. 적색 102호
> ㄴ. 적색 2호
> ㄷ. 녹색 3호
> ㄹ. 녹색 201호
> ㅁ. 적색 201호

90 〈보기〉의 ㉠, ㉡에 들어갈 성분을 작성하시오.

> **보 기**
>
> 모발의 대부분은 (㉠) 단백질로 구성된다. 보통의 단백질과 달리 부패하지 않고 여러 화학약품에 대해 저항력이 있으며 물리적인 강도 또한 강하고 탄력이 크다. 약 18종의 아미노산으로 이루어져 있으며 (㉡)을 함유하고 있는 것이 특징이다.

91 〈보기〉는 「기능성 화장품 심사에 관한 규정」에 따라 자료 제출이 생략되는 로션의 전성분 표기 사항이다. 로션의 ㉠ 효능 · 효과와 고시된 ㉡ 성분 및 함량을 쓰시오.

보 기

정제수, 글리세린, 트레할로스, 사이클로펜타실록산, 스쿠알란, 1,2헥산디올, 유용성감초추출물, 부틸렌글라이콜, 글리세릴스테아레이트, 시어버터, 스테아릭애씨드, 피이지-100스테아레이트, 디메치콘, 하이드록시에칠셀룰로오스, 카보머, 마이카, 트리에탄올아민, 적색산화철, 향료, 벤질벤조에이트, 시트로넬올, 제라니올, 리모넨, 쿠마린

92 유통 화장품 안전관리 기준 「화장품 안전기준 등에 관한 규정」 [별표 1]의 사용할 수 없는 원료가 비의도적으로 검출되었을 경우 조치 사항을 작성하시오.

93 〈보기〉는 맞춤형 화장품의 전성분 표기사항 중 일부이다. 천연 화장품 및 유기농 화장품의 제조에 사용할 수 있는 합성 보존제를 골라 작성하시오.

보 기

정제수, 서양장미꽃수, 글리세린, 부틸렌글라이콜, 스쿠알란, 판테놀, 하이드록시에칠셀룰로오스, 호호바씨오일, 아크릴레이트/C10-30알킬아크릴레이트, 크로스폴리머, 에칠헥실글리세린, 디소듐이디티에이, 소듐하이드록사이드, 시트릭애씨드, 아데노신, 포타슘소르베이트, 소듐벤조에이트, 소르빅애씨드, 향료

94 〈보기〉의 (　　) 안에 들어갈 화장품 동물 대체시험법을 쓰시오.

보 기

(　　)은(는) 시험물질을 정해진 투여용량으로 동물에 경구투여한 후, 동물의 사망 여부를 평가하는 단회 투여 독성 시험법으로 컴퓨터 전용 프로그램을 이용하여 시험물질의 급성 경구 독성을 판정하는 방법이다.

95 〈보기〉는 맞춤형 화장품 혼합 시 제형의 안정성에 영향을 주는 요인에 대한 내용이다. ㉠, ㉡에 들어갈 말을 쓰시오.

보 기

가용화 공정에서 제조 온도가 설정된 온도보다 지나치게 높을 경우 가용화제의 HLB가 바뀌면서 (㉠) 이상의 온도에서 가용화가 깨져 제품의 안정성에 문제가 생길 수 있으며, 유화 공정에서 제조 온도가 설정된 온도보다 지나치게 높을 경우 유화제의 HLB가 바뀌면서 (㉡) 이상의 온도에서 상이 서로 바뀌어 유화 안정성에 문제가 생길 수 있다.

96 다음은 AHA 성분이 5% 함유된 제품의 포장에 기재해야 하는 사용 시 주의사항이다. 〈보기〉의 기재 표시 예외 제품을 모두 작성하시오.

보 기

햇빛에 대한 피부의 감수성을 증가시킬 수 있으므로 자외선 차단제를 함께 사용할 것

97 〈보기〉의 유통 화장품 내용량 기준에 예외가 되는 제품과 내용량 기준을 작성하시오.

보 기

- 제품의 3개를 시험 결과 평균 내용량이 표기량의 97% 이상
- 상기 기준치를 벗어날 경우 제품 6개를 추가 시험하여 9개 평균 내용량이 표기량에 대해 97% 이상
- 그 밖의 특수한 제품 : 대한민국약전(식품의약품안전처 고시) 준수

98 〈보기〉의 ㉠, ㉡에 들어갈 적합한 용어를 작성하시오.

보 기

비누는 유지를 수산화나트륨과 같은 강알칼리로 가수분해(비누화)하면 (㉠)과 지방산의 (㉡)(이)가 생기며 그 수용액에는 계면활성 작용이 있다.

99 다음 〈보기〉는 치오글라이콜릭애씨드가 함유된 제모제의 포장에 기재된 사용 시 주의사항(개별사항) 중 일부이다. ㉠, ㉡에 들어갈 용어를 작성하시오.

보 기

- 사용 중 따가운 느낌, 불쾌감, 자극이 발생할 경우 즉시 닦아내어 제거하고 찬물로 씻으며, 불쾌감이나 자극이 지속될 경우 의사 또는 약사와 상의하십시오.
- 이 제품의 사용 전후에 (㉠)류를 사용하면 자극감이 나타날 수 있으므로 주의하십시오.
- 눈에 들어가지 않도록 하며 눈 또는 점막에 닿았을 경우 미지근한 물로 씻어내고 (㉡) 농도 약 2%로 헹구어 내십시오.
- 이 제품을 10분 이상 피부에 방치하거나 피부에서 건조시키지 마십시오.

100 〈보기〉는 사용상의 제한이 필요한 향료의 사용 한도이다. ㉠, ㉡, ㉢에 들어갈 함량(%)을 쓰시오.

보 기

만수국아재비꽃추출물 또는 오일과 만수국꽃추출물 또는 오일의 원료 중 알파 테르티에닐(테르티오펜) 함량은 (㉠) 이하여야 하고 자외선 차단제품 또는 자외선을 이용한 태닝(천연 또는 인공)을 목적으로 하는 제품에는 사용이 금지되며 만수국아재비꽃추출물 또는 오일과 만수국꽃추출물 또는 오일을 혼합 사용 시에는 '사용 후 씻어 내는 제품'에 (㉡), '사용 후 씻어 내지 않는 제품'에 (㉢)(을)를 초과하지 않아야 한다.

제 9 회 실전모의고사

01 〈보기〉는 유통 화장품의 내용량 기준이다. (   ) 안에 들어갈 말로 옳은 것은?

보 기

제품 3개를 가지고 시험할 때 평균 내용량이 표기량에 (㉠) 이상이어야 한다. 상기 기준치를 벗어날 경우 제품을 추가 시험하여 총(㉡)개의 평균 내용량이 표기량에 대하여 (㉢) 이상이어야 한다. 다만, (㉣)의 경우 건조중량을 내용량으로 하고 그 밖의 특수한 제품은 대한민국약전(식품의약품안전처) 고시를 따른다.

	㉠	㉡	㉢	㉣
①	97%	6	97%	물휴지
②	99%	7	99%	액체 비누
③	95%	7	95%	액체 비누
④	97%	9	99%	화장비누
⑤	97%	9	97%	화장비누

02 개인정보를 최초 수집 이후 당초 수집한 목적의 범위를 벗어나 이용하거나 제3자에게 제공할 수 있는 경우로 옳은 것은?

① 다른 법률에 특정한 규정이 없는 경우
② 통계 작성 및 학술연구 등의 목적을 위하여 필요한 경우로써 특정 개인을 알아볼 수 없는 형태로 제공되는 경우
③ 계약의 체결, 이행을 위해 불가피한 경우
④ 친목단체의 운영을 위한 경우
⑤ 개인정보처리자의 정당한 이익을 달성하기 위해 필요한 경우로서 명백하게 정보 주체의 권리보다 우선하는 경우

03 개인정보보호법에 따른 개인정보처리자에 해당하는 경우는?

① 순수한 개인적인 활동이나 가사활동을 위해 개인정보 수집·이용·제공하는 경우
② 개인정보처리자로부터 고용되어 개인정보를 처리하는 직원
③ 지인들에게 청첩장을 발송하기 위해 전화번호, 이메일 주소를 수집한 경우
④ 개인정보처리자로부터 제공받은 개인정보를 처리하는 것을 업으로 하는 자
⑤ 개인정보가 기록된 우편물을 전달하는 우체부

04 화장품법령에 따른 화장품 유형별 특징으로 옳지 않은 것은?

① 그림이나 이미지, 문신용 염료로 얼굴 및 몸에 색조 효과를 주기 위해 사용하는 바디 페인팅, 분장용 제품은 색조 화장용 제품류에 속한다.
② 메이크업 픽서티브는 메이크업의 효과를 지속시키기 위하여 사용되는 것으로써 색조 화장용 제품류에 속한다.
③ 제모왁스는 물리적으로 체모를 제거하는 것으로서 체모 제거용 제품류에 속한다.
④ 제모제는 체모의 시스틴 결합을 환원제로 화학적으로 절단하여 제거하는 것으로서 체모 제거용 제품류에 속한다.
⑤ 흑채는 머리숱이 없는 사람들이 빈모 부위를 채우기 위한 용도로 머리에 뿌리는 고체가루 제품으로써 두발용 제품류에 속한다.

05 내용량이 10밀리리터 이하인 소용량 화장품 포장의 기재 · 표시사항을 모두 고른 것은?

보 기

ㄱ. 사용할 때의 주의사항
ㄴ. 화장품 책임판매업자 및 맞춤형 화장품 판매업자의 상호
ㄷ. 제조번호
ㄹ. 내용물의 용량 또는 중량
ㅁ. 제조일자
ㅂ. 사용기한 또는 개봉 후 사용기간(제조 연월일을 병행 표기)
ㅅ. 가격

① ㄱ, ㄴ, ㄷ, ㅅ
② ㄱ, ㄴ, ㅅ, ㅇ
③ ㄴ, ㄷ, ㅂ, ㅅ
④ ㄷ, ㄹ, ㅁ, ㅂ
⑤ ㄷ, ㅁ, ㅅ, ㅇ

06 화장품법령에 따른 부당한 표시 · 광고 행위를 모두 고른 것은?

보 기

ㄱ. 일반 화장품을 맞춤형 화장품으로 잘못 인식할 우려가 있는 표시 또는 광고
ㄴ. 기능성 화장품의 안전성 · 유효성에 관한 심사 결과와 다른 내용의 표시 또는 광고
ㄷ. 천연 화장품 또는 유기농 화장품이 아닌 화장품을 천연 화장품 또는 유기농 화장품으로 잘못 인식할 우려가 있는 표시 또는 광고
ㄹ. 그 밖에 사실과 다르게 소비자를 속이거나 소비자가 잘못 인식하도록 할 우려가 있는 표시 또는 광고
ㅁ. 기능성 한방 화장품으로 인식할 우려가 있는 광고

① ㄱ, ㄴ, ㄷ
② ㄱ, ㄷ, ㄹ
③ ㄴ, ㄷ, ㄹ
④ ㄴ, ㄹ, ㅁ
⑤ ㄷ, ㄹ, ㅁ

07 화장품법령에 근거한 맞춤형 화장품 판매업의 범위로 옳은 것은?

① 맞춤형 화장품 판매업을 하려는 자는 총리령으로 정하는 바에 따라 식품의약품안전처장에게 등록하여야 한다.
② 맞춤형 화장품 판매업을 신고한 자는 수입 대행형 거래를 목적으로 화장품을 알선·수여할 수 있다.
③ 맞춤형 화장품 판매업을 신고한 자는 화장비누(고체 형태의 세안용 비누)를 단순 소분해 판매할 수 있다.
④ 맞춤형 화장품 판매업을 신고한 자는 혼합·소분 업무에 종사하는 맞춤형 화장품 조제관리사를 두어야 한다.
⑤ 화장품 책임판매업자가 맞춤형 화장품 조제관리사를 둘 경우 별도의 등록이나 신고 없이 맞춤형 화장품을 판매할 수 있다.

08 맞춤형 화장품 매장에 근무하는 조제관리사에게 고객이 제품에 대해 문의를 해왔다. 조제관리사가 제품에 부착된 〈보기〉의 설명서를 참조하여 고객에게 안내해야 할 말로 가장 적절한 것은?

보 기

▣ 제품명 : 유기농 기능성 모이스춰에센스
▣ 제품의 유형 : 액상 에멀젼류
▣ 내용량 : 60g
▣ 전성분 : 정제수, 글리세린, 스쿠알란, 포도씨오일, 히아루론산, 올리브오일피이지-7에스테르, 1,2헥산디올, 어성초추출물, 잔탄검, 유게놀, 라벤더, 아데노신

① 이 제품은 기능성 화장품으로 미백 효과가 있습니다.
② 이 제품은 유기농 화장품으로 반복해서 사용하시면 보습이 완화될 수 있습니다.
③ 이 제품은 조제관리사가 조제한 제품이라서 안전하게 사용하실 수 있습니다.
④ 이 제품은 알레르기를 유발할 수 있는 성분이 포함되어 있어 사용 시 주의를 요합니다.
⑤ 이 제품은 보존제가 일체 사용되지 않았습니다. 어린이도 안심하고 사용할 수 있습니다.

09 화장품의 사용 중 발생하였거나 알게 된 유해 사례 등 안전성 정보를 신속보고 해야 하는 경우로 옳은 것은?

① 입원 기간의 연장이 필요한 경우
② 안전성에 관련된 인체 적용시험 사항
③ 사용상 새롭게 발견된 사항 및 사용 현황
④ 안전성에 관련된 과학적 근거자료에 의한 문헌정보 사항
⑤ 해외에서 회수가 실시되었지만 제조번호가 달라 국내에서 회수 대상이 아닌 경우

10 중량이 30그램인 화장품 포장에 기재 · 표시를 생략할 수 있는 성분으로 옳은 것은?

① 금박
② 과일산(AHA)
③ 기능성 화장품의 경우 그 효능 · 효과가 나타나게 하는 원료
④ 식품의약품안전처장이 사용 한도를 고시한 화장품의 원료
⑤ 산성도(pH) 조절 성분

11 맞춤형 화장품을 조제 · 판매하는 과정에 대한 설명으로 옳은 것은?

① 맞춤형 화장품 판매업으로 신고한 매장에서 고객 개인별 피부 특성이나 색 · 향 등의 요구를 반영하여 직원이 조제해 판매하였다.
② 맞춤형 화장품 판매업자가 내용물을 소분하거나 원료와 원료를 혼합하여 판매하였다.
③ 화장품의 안전성 확보 및 품질관리에 관한 교육을 받은 맞춤형 화장품 조제관리사가 안전용기에 충전 · 포장하여 판매하였다.
④ 맞춤형 화장품 조제관리사는 화장품 책임판매업자가 동물 실험을 실시한 화장품 원료를 사용하여 제조한 내용물을 소분하여 판매하였다.
⑤ 맞춤형 화장품 판매업자는 직접 조제한 맞춤형 화장품의 혼합 · 소분 안전기준을 고객에게 설명하고 판매하였다.

12 「화장품 안전기준 등에 관한 규정」에 따른 화장품에 사용상의 제한이 필요한 성분으로 옳은 것은?

① 증점제
② 향료
③ 보존제
④ 착색제
⑤ 금속이온 봉쇄제

13 맞춤형 화장품 조제관리사가 고객 상담 결과에 따라 만 10세 이상 온가족이 사용할 수 있는 바디 로션을 조제하려고 할 때 사용할 수 있는 원료를 〈보기〉에서 모두 고른 것은?

보 기

ㄱ. 폴리비닐피롤리돈
ㄴ. 코치닐추출물
ㄷ. 아이오도프로피닐부틸카바메이트(IPBC)
ㄹ. 살리실릭애씨드
ㅁ. 페녹시에탄올

① ㄱ, ㄴ
② ㄱ, ㅁ
③ ㄴ, ㄷ
④ ㄷ, ㄹ
⑤ ㄹ, ㅁ

14 두발용 제품류 중 헤어 스트레이트너의 사용 목적으로 옳은 것은?

① 두발에 광택을 주고 동시에 헤어 스타일링을 정돈해 준다.
② 두발의 형태를 유지하며, 적당한 정발 효과를 준다.
③ 산화·환원 반응을 통해 두발에 웨이브를 준다.
④ 산화·환원 반응을 통해 곱슬머리를 직모로 펴 준다.
⑤ 두피를 깨끗하게 하여 건강한 두피로 가꾸어 준다.

15 맞춤형 화장품 조제관리사가 업무를 올바르게 준수한 경우를 〈보기〉에서 모두 고른 것은?

보 기

ㄱ. 책임판매업자가 기능성 화장품으로 심사 또는 보고 받지 않은 내용물을 미리 소분하여 보관 · 판매하였다.
ㄴ. 원료 및 내용물 입고 시 품질관리 여부를 확인하였다.
ㄷ. 비매품에는 화장품 명칭과 맞춤형 화장품 판매업자의 상호만 기재하였다.
ㄹ. 맞춤형 화장품의 가격 표시는 개별 제품에 판매 가격을 표시하거나, 소비자가 가장 쉽게 알아볼 수 있도록 제품명, 가격이 포함된 정보를 제시하는 방법으로 표시하였다.
ㅁ. 화장품 책임판매업자가 기능성 화장품의 효능 · 효과를 나타내는 원료를 포함하여 기능성 화장품에 대한 심사를 받은 원료를 조제관리사의 판단하에 함량을 정하여 안전하게 사용하였다.

① ㄱ, ㄷ
② ㄱ, ㄹ
③ ㄴ, ㄷ
④ ㄴ, ㄹ
⑤ ㄷ, ㄹ

16 화장품에 사용된 착향제 중 알레르기 유발 물질 표시 기준에 대한 설명으로 옳은 것은?

① 향료로 표시할 수 있으나 식품의약품안전처장이 고시한 알레르기 유발 성분이 있는 경우 추가로 해당 성분의 명칭을 기재할 것을 권장한다.
② 표시 대상 성분은 화장품 사용 후 씻어 내는 제품 또는 씻어 내지 않는 제품에서 0.01% 초과하는 경우에 한한다.
③ 알레르기 유발 성분의 함량에 따른 표시 방법이나 순서를 별도로 정하고 있다.
④ 향료 중에 포함된 알레르기 유발 성분의 표시는 "전성분 표시제"의 표시 대상 범위를 확대한 것으로 소비자가 오인할 우려가 없도록 사용 시의 주의사항에 기재되어야 한다.
⑤ 책임판매업자 홈페이지, 온라인 판매처 사이트 등 온라인상에서도 전성분 표시사항에 향료 중 알레르기 유발 성분을 표시하여야 하며 책임판매업자는 알레르기 유발 성분이 기재된 제조증명서나 제품표준서를 구비해야 한다.

17 위해 평가에 대한 설명으로 옳지 않은 것은?

① 위험성 확인은 위해 요소에 노출됨에 따라 발생할 수 있는 독성의 정도와 영향의 종류 등을 파악하는 과정이다.
② 위험성 결정은 화장품 동물 실험 결과 등으로부터 독성 기준값을 결정하는 과정이다.
③ 위험성 결정은 위해 요소에 노출되었을 경우 유해한 영향이 나타나지 않는 것으로 판단되는 인체 노출 안전기준을 설정하는 과정으로 인체 첩포시험을 통해 사용 농도를 결정한다.
④ 노출 평가는 화장품의 사용으로 인해 위해 요소에 노출되는 양 또는 노출 수준을 정량적 또는 정성적으로 산출하는 과정이다.
⑤ 위해도 결정은 위해 요소 및 이를 함유한 화장품의 사용에 따른 건강상 영향을 인체 노출 허용량 및 노출 수준을 고려하여 사람에게 미칠 수 있는 위해의 정도와 발생 빈도 등을 정량적으로 예측하는 과정이다.

18 〈보기〉의 사용 시의 주의사항을 기재해야 하는 화장품 유형으로 옳은 것은?

보 기

1) 두피 · 얼굴 · 눈 · 목 · 손 등에 약액이 묻지 않도록 유의하고 얼굴 등에 약액이 묻었을 때에는 즉시 물로 씻어낼 것
2) 특이체질, 생리 또는 출산 전후이거나 질환이 있는 사람 등은 사용을 피할 것
3) 머리카락의 손상 등을 피하기 위하여 용법 · 용량을 지켜야하며 가능하면 일부에 시험적으로 사용하여 볼 것
4) 섭씨 15도 이하의 어두운 장소에 보존하고, 색이 변하거나 침전된 경우에는 사용하지 말 것
5) 개봉한 제품은 7일 이내에 사용할 것(에어로졸 제품이나 사용 중 공기 유입이 차단되는 용기는 표시 제외)
6) 그 주성분이 과산화수소인 제품은 검은 머리카락이 갈색으로 변할 수 있으므로 유의하여 사용할 것

① 모발용 샴푸
② 퍼머넌트 웨이브 및 헤어 스트레이트너 제품
③ 제모제
④ 탈염 · 탈색제
⑤ 염모제

19 화장품에 사용되는 성분 중 유성 원료가 아닌 것은?

① 세틸알코올, 세테아릴알코올, 이소스테아릴알코올
② 밍크 오일, 난황유, 스쿠알렌
③ 에칠트라이실록세인, 사이클로메티콘
④ 라우릭애씨드, 미리스틱애씨드, 팔미틱애씨드
⑤ 에탄올, 글리세린, 프로필렌글라이콜

20 「화장품법 시행규칙」 제19조 제4항에 따라 화장품 포장에 기재 · 표시해야 하는 그 밖에 총리령으로 정하는 사항이 아닌 것은?

① 식품의약품안전처장이 정하는 바코드
② 기능성 화장품의 경우 심사 받거나 보고한 효능 · 효과, 용법 · 용량
③ 인체 세포 · 조직 배양액이 들어있는 경우 그 함량
④ 화장품에 천연 또는 유기농으로 표시 · 광고하려는 경우에는 원료의 함량
⑤ 화장품에 유기농으로 표시 · 광고하려는 경우 유기농 원료 회사명 및 그 소재지

21 천연 화장품 및 유기농 화장품의 표시 · 광고 및 인증기관에 대한 설명으로 옳지 않은 것은?

① 천연 화장품 또는 유기농 화장품으로 인증을 받으려는 화장품 제조업자, 화장품 책임판매업자 또는 연구기관 등은 서류를 식품의약품안전처장으로부터 지정받은 인정기관에 신청할 수 있다.
② 천연 화장품 및 유기농 화장품의 인증을 받은 자는 인증 제품을 판매하는 책임판매업자가 변경된 경우 인증기관에 보고해야 한다.
③ 식품의약품안전처장이 지정한 인증기관에서 인증을 받은 천연 화장품 또는 유기농 화장품에 한하여 인증을 받았음을 표시 · 광고할 수 있다.
④ 인증사업자가 인증의 유효기간을 연장 받으려는 경우에는 유효기간 만료 90일 전까지 그 인증을 한 인증기관에 식품의약품안전처장이 정하여 고시하는 서류를 갖추어 제출해야 한다.
⑤ 식품의약품안전처장으로부터 지정받은 인증기관의 장은 신청인으로부터 인증과 관련하여 수수료를 받을 수 없다.

22 다음 〈보기〉의 사용 시의 주의사항을 포장에 기재 · 표시해야 하는 화장품 유형으로 옳은 것은?

보 기

- 눈에 들어갔을 때에는 즉시 씻어낼 것
- 사용 후 물로 씻어 내지 않으면 탈모 또는 탈색의 원인이 될 수 있으므로 주의할 것

① 탈염 · 탈색제
② 퍼머넌트 웨이브 제품 및 헤어 스트레이트너 제품
③ 모발용 샴푸
④ 알파-하이드록시애시드 함유제품
⑤ 염모제(산화염모제와 비산화염모제)

23 화장품 책임판매업자가 준수해야 하는 품질관리 기준으로 옳지 않은 것은?

① 화장품의 책임판매 시 필요한 제품의 품질 확보
② 화장품 제조업자에 대한 관리 · 감독
③ 화장품 제조에 관계된 업무(시험 · 검사 등의 업무를 포함)에 대한 관리 · 감독
④ 화장품의 시장 출하에 관한 업무
⑤ 화장품의 소비자 만족도에 관한 업무

24 〈보기〉의 제품에 추가로 기재 · 표시하도록 식품의약품안전처장이 정하여 고시하는 사용 시의 주의사항 문구로 옳은 것은?

보 기
아이오도프로피닐부틸카바메이트(IPBC) 함유 제품(목욕용 제품, 샴푸류 및 바디 클렌저 제외)

① 눈에 접촉을 피하고 눈에 들어갔을 때는 즉시 씻어낼 것
② 알부틴은 인체 적용시험 자료에서 구진과 경미한 가려움이 보고된 예가 있음
③ 만 3세 이하 어린이에게는 사용하지 말 것
④ 사용 시 흡입되지 않도록 주의할 것
⑤ 신장질환이 있는 사람은 사용 전에 의사, 약사, 한의사와 상의할 것

25 알레르기 유발 성분을 제품에 표시하는 경우 화장품 책임판매업자가 구비해야 하는 알레르기 유발 성분에 대한 증빙자료로 옳지 않은 것은?

① 제조증명서
② 제품표준서
③ 시험성적서
④ 원료 규격서
⑤ 제조관리기준서

26 「천연 화장품 및 유기농 화장품의 기준에 관한 규정」에 따른 유기농 원료의 기준으로 옳은 것은?

① "친환경 농어업 육성 및 유기식품 등의 관리 · 지원에 관한 법률"에 따른 유기농 수산물 또는 이를 이 고시에서 허용하는 물리적 공정에 따라 가공한 화장품 원료를 말한다.
② 식물 그 자체로써 가공하지 않거나, 이 식물을 가지고 이 고시에서 허용하는 물리적 공정에 따라 가공한 화장품 원료를 말한다.
③ 지질학적 작용에 의해 자연적으로 생성된 물질을 가지고 이 고시에서 허용하는 물리적 공정에 따라 가공한 화장품 원료를 말한다.
④ 외국 정부에서 정한 기준에 따른 인증기관으로부터 유기농 원료로 인정받거나 유기농 수산물로 인정받거나 이를 이 고시에서 허용하는 화학적 공정에 따라 가공한 화장품 원료를 말한다.
⑤ 식품의약품안전처에 등록된 인증기관으로부터 유기농 원료로 인증받거나 이를 이 고시에서 허용하는 화학적 공정에 따라 가공한 화장품 원료를 말한다.

27 〈보기〉는 맞춤형 화장품 전성분 항목 중 일부이다. 소비자에게 성분에 대해 설명하기 위하여 다음 화장품 전성분 표기 중 알레르기 유발 성분을 모두 고른 것은?

보 기

정제수, 글리세린, 부틸렌글라이콜, 리날룰, 베테인, 토코페릴아세테이트, 프로판디올, 잔탄검, 알로에베라, 1,2헥산디올, 폴리비닐피롤리돈, 벤질살리실레이트, 클로로부탄올, 아데노신, 클로로필류, 향료

① 리날룰, 벤질살리실레이트
② 부틸렌글라이콜, 클로로필류
③ 토코페릴아세테이트, 프로판디올
④ 폴리비닐피롤리돈, 1,2헥산디올
⑤ 글리세린, 베테인

28 「화장품 안전기준 등에 관한 규정」에 따른 화장품에 사용상의 제한이 필요한 원료로 옳은 것은?

① 토코페롤
② 레티놀
③ 알부틴
④ 알파-비사보롤
⑤ 아데노신

29 우수한 화장품을 제조 · 공급하기 위한 CGMP (Cosmetic Good Manufacturing Practice)의 3대 요소로 옳은 것은?

① 정보의 신뢰성
② 원료의 신뢰성
③ 미생물 오염 및 교차오염으로 인한 품질 저하 방지
④ 유통의 투명성
⑤ 품질관리의 효율성

30 CGMP 기준 기준 일탈(out-of-specification)의 정의로 옳은 것은?

① 제조 또는 품질관리 활동 등의 미리 정하여진 기준을 벗어나 이루어진 행위
② 제조 또는 품질관리 활동에서 이루어진 인위적인 과오
③ 규정된 합격 판정 기준에 일치하지 않는 검사 측정 또는 시험 결과
④ 규정된 합격 판정 기준에 일치하지 않는 품질 저하 행위
⑤ 적합 판정 기준을 충족시키는 검증으로 기준서, 표준작업지침 등을 벗어나 이루어진 행위

31 CGMP 기준 반제품 보관 용기 표시사항으로 옳지 않은 것은?

① 명칭 또는 확인코드
② 제조번호
③ 완료된 공정명
④ 제조설비명
⑤ 필요한 경우 보관조건

32 「식품의약품안전처 과징금 부과처분 기준 등에 관한 규정」에 따라 특별한 사유가 인정되어 과징금 부과 대상에서 제외되는 경우는?

① 내용량 시험이 부적합한 경우로 인체에 유해성이 없다고 인정된 경우
② 유통 화장품 안전관리 기준을 위반한 화장품 중 부적합 정도 등이 경미한 경우
③ 기능성 화장품에서 기능성을 나타나게 하는 주원료의 함량이 심사 또는 보고한 기준치에 대해 5% 미만으로 부족한 경우
④ 화장품의 가격 표시사항을 위반한 경우
⑤ 화장품 제조업자가 소재지를 변경하지 아니한 경우

33 CGMP 기준 설비 · 기구의 세척 및 소독관리 방법으로 옳지 않은 것은?

① 믹서는 매뉴얼에 따라 분해하고 제품이 잔류하지 않을 때까지 온수로 세척한다.
② 저울은 분해하여 내부에 남아있는 오염물질을 닦아낸다.
③ 탱크 벽과 뚜껑을 스펀지와 세척제로 닦아 잔류하는 반제품이 없도록 제거 후 상수 세척한다.
④ 탱크 뚜껑은 70% 에탄올을 적신 스펀지로 닦아 소독한 후 자연 건조하여 설비에 물이나 소독제가 잔류하지 않도록 한다.
⑤ 필터 하우징은 장비 매뉴얼에 따라 분해해 세척하고 에탄올에 10분간 침적시켜 소독한다.

34 CGMP 기준 작업장 청결을 위한 청소도구 사용 목적으로 옳지 않은 것은?

① 진공청소기 : 작업장의 바닥 및 작업대, 기계 등의 먼지 제거
② 브러시 : 설비, 기구류의 이물, 물기 제거
③ 걸레 : 작업장 및 보관소의 바닥, 기타 부속 시설의 이물 제거
④ 위생 수건(부직포) : 기계, 유리, 작업대 등의 물기나 먼지 제거
⑤ 세척솔 : 바닥의 이물질, 먼지 제거

35 CGMP 기준 화장품 생산시설 구성요건으로 옳은 것은?

① 무균시설을 확보하여야 한다.
② 편의시설 및 외부와의 접근이 용이하여야 한다.
③ 생물안전시설 등급을 갖추어야 한다.
④ 국제 규격인증 업체의 인증을 받아야 한다.
⑤ 원료, 포장재, 완제품, 설비, 기기를 외부와 주위 환경 변화로부터 보호할 수 있어야 한다.

36 화장품의 내용물이 노출되는 시설관리 기준으로 옳은 것은?

① 낙하균 30개/hr 또는 부유균 200개/㎥ 기준으로 청결하게 관리한다.
② 감압시설을 확보하여야 한다.
③ 포장재의 보관 장소를 포함하여야 한다.
④ 외부와의 접촉이 용이하여야 한다.
⑤ 생산되는 제품의 종류에 따라 색상 등으로 시설이 구분되어야 한다.

37 「우수 화장품 제조 및 품질관리 기준, CGMP」 제9조 작업소의 위생 기준으로 옳은 것은?

① 제조, 관리 및 보관 구역 내의 바닥, 벽, 천장 및 창문은 항상 개방되고 청결하게 유지되어야 한다.
② 제조설비의 내부는 세척하지 않도록 주의하고 필요한 경우 위생관리 프로그램을 운영하여야 한다.
③ 제조시설이나 설비의 세척에 사용되는 세제 또는 소독제는 동일한 제품을 사용하고 적용하는 표면에 이상을 초래하지 아니하여야 한다.
④ 세척 후에는 육안으로 판정하지 않고 수치로서 결과를 확인할 수 있는 판정을 실시한다.
⑤ 곤충, 해충이나 쥐를 막을 수 있는 대책을 마련하고 정기적으로 점검·확인한다.

38 작업실 청정도 관리 기준으로 옳은 것은?

① 충전실은 낙하균 20개/hr 또는 부유균 20개/㎥
② 제조실은 청정도 1등급, 공기 순환 20회/hr 이상
③ 미생물 실험실은 낙하균 10개/hr 또는 부유균 100개/㎥
④ 포장실 구조 조건 : 환기(온도 조절)
⑤ Clean bench는 낙하균 10개/hr 또는 부유균 20개/㎥

39 CGMP 기준 중 방충·방서 대책으로 옳은 것을 〈보기〉에서 모두 고른 것은?

보 기

ㄱ. 살포제는 해충 또는 곤충의 예상 서식처에 매월 정기적으로 위생관리 담당자가 실시한다.
ㄴ. 공장 내부에 침입된 곤충, 벌레를 제거하기 위해 제조소 내에 포충등을 설치한다.
ㄷ. 살서제 투약 시 규정된 "쥐약/트랩"이라고 표기된 용기를 사용한다.
ㄹ. 살서제는 작업소 내부에 월1회 살포하며 발생 주기 등에 따라 조정된다.
ㅁ. 배수로나 하수구는 철저히 소독한다.
ㅂ. 작업소 외부와 관련된 모든 창문에는 끈끈이를 설치하여 관리한다.

① ㄱ, ㄷ, ㅁ
② ㄱ, ㄷ, ㅁ
③ ㄴ, ㄷ, ㅁ
④ ㄴ, ㄷ, ㅂ
⑤ ㄷ, ㄹ, ㅁ

40 CGMP 기준 용수 시스템의 품질관리 기준으로 옳은 것은?

① 화장품은 상수를 사용하여 제조한다.
② 용수의 배관은 정기적인 정체구간을 형성하도록 한다.
③ 기구 및 설비의 세척은 염(salt)이 함유된 정제수를 사용한다.
④ 정제수의 품질관리용 검체 채취 시에는 항상 정해진 채취 부위에서 정해진 시간에 채취한다.
⑤ 제조 용수의 미생물 관리는 기본적으로 소독에 의존하며 정제수에 대한 품질검사는 원칙적으로 월 1회 정기적으로 실시한다.

41 CGMP 기준 검체의 보관 및 관리 방법으로 옳은 것은?

① 개봉 후 사용기한을 기재하는 제품의 경우 제조일부터 1년간 보관한다.
② 적절한 보관 조건하에 지정된 구역 내에서 제조단위별로 사용기간 경과 후 3년간 보관한다.
③ 벌크의 최대 보관 기간은 6개월이며, 1개월 경과 후 충전 시에는 충전 전 검체를 채취한다.
④ 원료는 필요에 따라 보관 기간을 연장할 수 없다.
⑤ 원자재는 검사가 완료되어 합부판정이 완료되면 최대 6개월 보관하는 것을 원칙으로 한다.

42 CGMP 기준 설비의 유지관리 원칙으로 옳지 않은 것은?

① 설비마다 담당자 및 작업자를 기록하고 수시로 유지보수한다.
② 설비마다 절차서를 작성한다.
③ 연간 계획 수립 및 실행을 통해 시정 실시를 하지 않도록 한다.
④ 외관검사, 작동점검, 기능 측정, 청소 등 설비 점검은 체크시트를 사용하여 유지하는 기준은 절차서에 포함한다.
⑤ 예방적 실시(Preventive Maintenance)를 원칙으로 유지관리한다.

43 「우수 화장품 제조 및 품질관리 기준, CGMP」 제11조 입고관리 기준으로 옳지 않은 것은?

① 입고된 원자재는 반드시 "적합,", "부적합", "반품" 등으로 상태를 표시하여야 한다.
② 원자재의 입고 시 구매요구서, 원자재 공급업체 성적서 및 현품이 서로 일치하여야 하며 필요한 경우 운송 관련 자료를 추가적으로 확인할 수 있다.
③ 원자재 용기에 제조번호가 없는 경우에는 관리번호를 부여하여 보관하여야 한다.
④ 원자재 입고 절차 중 육안 확인 시 물품에 결함이 있을 경우 입고를 보류하고 격리 보관 및 폐기하거나 원자재 공급업자에게 반송하여야 한다.
⑤ 제조업자는 원자재 공급자에 대한 관리 감독을 적절히 수행하여 입고 관리가 철저히 이루어지도록 하여야 한다.

44 비중이 1.1인 바디워시 1,000ml를 표시량으로 표기하고자 한다. 유통 화장품 안전관리 기준에 따라 표기량의 최소함량 기준으로 내용량을 충전할 경우 중량은 얼마인가?

① 1,067g
② 1,120g
③ 1,200g
④ 1,280g
⑤ 1,307g

45 CGMP 기준 작업장의 시설 및 위생관리로 적절한 것을 모두 고르면?

보 기

ㄱ. 바닥과 벽은 건물의 개·보수 시에도 먼지와 오물을 쉽게 제거할 수 있어야 한다.
ㄴ. 각 작업소는 불결한 장소로부터 분리되어야 한다.
ㄷ. 각 작업소는 온도, 습도 등을 조건 없이 구분하여야 한다.
ㄹ. 쥐, 해충을 막을 수 있는 제진시설을 갖추어야 한다.
ㅁ. 가루가 날리는 작업소에는 비산에 의한 오염을 방지하는 시설을 갖추어야 한다.
ㅂ. 시설 및 설비 세척에는 위험성 없는 물과 증기만 이용하고 브러시 등 세척 기구를 적절히 사용한다.

① ㄱ, ㅁ, ㅂ
② ㄱ, ㄴ, ㅁ
③ ㄴ, ㅁ, ㅂ
④ ㄴ, ㄷ, ㄹ
⑤ ㄴ, ㄹ, ㅂ

46 손 위생에 사용되는 소독제의 특징으로 옳지 않은 것은?

① 일반 비누는 손에 있는 오염물과 유기물을 제거하나 항균작용은 매우 미미하다.
② 트리클로산은 0.2~2% 농도에서 항균 효과가 있으며 대체로 정균작용을 한다.
③ 아이오다인과 아이오도퍼는 살균의 범위가 넓다.
④ 클로르헥시딘디글루코네이트는 4% 농도에서 가장 소독 효과가 좋으며 자주 손을 씻었을 때에는 피부염을 유발할 수 있다.
⑤ 알코올은 일시적으로 오염된 균이 사멸될 수 있으나 손의 균수를 증가시킬 수 있고 피부 건조와 자극의 요인이 될 수 있다.

47 CGMP 기준 설비·기구의 관리 방안으로 옳은 것은?

① 제품을 2차 용기에 넣기 위해 사용되는 충진기는 온도 및 압력이 용기에 영향을 끼치지 않아야 한다.
② 제조 탱크는 전기화학 반응을 최소화하도록 설비 부품들은 자주 교체해 준다.
③ 믹서는 공정의 효율성을 높이기 위해 제품과 접촉하는 내부 패킹과 윤활제의 공존을 확인한다.
④ 호스의 투명한 재질은 청결과 깨짐 같은 문제에 대한 검사를 용이하게 하기 때문에 유리를 사용한다.
⑤ 설비는 여과공정 동안 여과된 제품의 검체 채취가 용이해야 한다.

48 CGMP 기준 설비 소독에 사용되는 화학적 소독제를 모두 고른 것은?

보 기

ㄱ. 직열
ㄴ. 과산화수소
ㄷ. 인산 용액
ㄹ. 페놀
ㅁ. 온수

① ㄱ, ㄴ
② ㄱ, ㄹ
③ ㄴ, ㄷ, ㄹ
④ ㄷ, ㅁ
⑤ ㄷ, ㄹ, ㅁ

49 CGMP 기준 기준 일탈 제품의 재작업 절차를 바르게 나열한 것은?

보 기

ㄱ. 재작업 실시의 타당성
ㄴ. 재작업 실시 결정(품질보증책임자)
ㄷ. 품질에 악영향이 없음을 예측(부서책임자)
ㄹ. 기준 일탈 결과의 이유 판명
ㅁ. 재작업품 합격 결정(품질보증책임자)
ㅂ. 재작업
ㅅ. 절차서, 기록서 준비
ㅇ. 재작업품으로 사용, 출하

① ㄷ → ㄴ → ㅂ → ㅅ → ㄹ → ㄱ → ㅁ → ㅇ
② ㅇ → ㄴ → ㅂ → ㄷ → ㅅ → ㄱ → ㄹ → ㅁ
③ ㄹ → ㄷ → ㄱ → ㄴ → ㅅ → ㅂ → ㅁ → ㅇ
④ ㄹ → ㄱ → ㄷ → ㅅ → ㄴ → ㅂ → ㅁ → ㅇ
⑤ ㄹ → ㅅ → ㄴ → ㅂ → ㄷ → ㄱ → ㅁ → ㅇ

50 〈보기〉의 (　　) 안에 들어갈 설비로 옳은 것은?

보 기

제품이 닿지 않는 포장 설비로 접착제나 유출된 제품에 노출되는 (　　) 구역은 용기의 오염을 유발할 수 있는 제품의 축적을 방지하기 위해 육안으로 볼 수 있고 청소가 용이하도록 설계되어야 한다.

① 라벨기기
② 제품충전기
③ 용기공급장치
④ 필터, 여과기
⑤ 혼합과 교반장치

51 맞춤형 화장품에 사용할 수 있는 원료로 옳은 것은?

① 레티닐팔미테이트
② 벤조페논-3
③ 자일리톨
④ 에칠아스코빌에텔
⑤ 아스코빌글루코사이드

52 〈보기〉는 바디로션(200g)에 사용된 향료의 성분 비율이다. 착향제의 구성 성분 중 성분 명칭을 기재해야 하는 알레르기 유발 성분을 모두 고른 것은?

보 기

유제놀	0.01g	참나무이끼추출물	0.002g
시트랄	0.001g	쿠마린	0.02g

① 유제놀, 시트랄
② 유제놀, 참나무이끼추출물, 시트랄
③ 유제놀, 참나무이끼추출물, 쿠마린
④ 시트랄, 쿠마린
⑤ 참나무이끼추출물, 쿠마린

53 CGMP 기준 원자재 시험 기록서의 필수 기재사항으로 옳지 않은 것은?

① 제품명
② 공급자명
③ 사용기한
④ 수령일자
⑤ 제조번호

54 화장품 산업에서 관능평가가 이용되지 않는 경우는?

① 신제품 개발 시 제품이 갖추어야 할 품질특성을 정하고 실제로 좋은 평가를 받는지 관능평가를 이용해 조사한다.
② 제품의 경쟁력 및 이윤 확보를 위해 원가를 낮춘 원료로 대체하였을 경우 그 품질이 기존 제품에 손색이 없는지를 판단한다.
③ 제조공정이나 유통의 각 단계에서 시료를 얻어 기준 시료와 품질을 비교하여 품질을 관리한다.
④ 품질 변화를 최소화할 수 있는 조건으로 품질 수명을 측정한다.
⑤ 판매한 제품 가운데 품질 결함이나 안전성 문제들이 나타난 제품들의 재고를 관리한다.

55 계면활성제의 성질로 옳지 않은 것은?

① 계면에 흡착하여 계면장력을 현저히 상승시키는 물질이다.
② 물리적으로 수성 원료와 유성 원료를 혼합시킨다.
③ 계면활성제는 용도에 따라 다른 이름으로 불린다.
④ 계면활성제는 임계미셀농도(C.M.C) 이상의 농도에서 화장품에 이용된다.
⑤ 구름점(Cloud point)은 비이온 계면활성제의 품질관리지표로 이용된다.

56 「화장품 안전기준 등에 관한 규정」 제6조에 따라 유리알칼리 관리 기준에 적합하여야 하는 화장품 유형으로 옳은 것은?

① 기능성 화장품
② 퍼머넌트 웨이브
③ 헤어 스트레이트너
④ 화장비누
⑤ 영·유아용 제품류

57 CGMP 기준 완제품 관리 항목을 바르게 나열한 것은?

보 기			
ㄱ. 보관	ㄴ. 제품 시험	ㄷ. 검체 채취	ㄹ. 보관용 검체
ㅁ. 재고관리	ㅂ. 합격·출하 판정	ㅅ. 반품	ㅇ. 출하

① ㄴ - ㅂ - ㅇ - ㄱ - ㄷ - ㄹ - ㅁ - ㅅ
② ㄷ - ㅂ - ㄱ - ㄴ - ㄹ - ㅇ - ㅅ - ㅁ
③ ㅂ - ㄹ - ㅇ - ㅅ - ㅁ - ㄱ - ㄴ - ㄷ
④ ㄱ - ㄴ - ㄷ - ㅂ - ㄹ - ㅇ - ㅅ - ㅁ
⑤ ㄱ - ㄷ - ㄹ - ㄴ - ㅂ - ㅇ - ㅁ - ㅅ

58 피부의 멜라닌 색소 증가와 관련이 가장 큰 광선으로 옳은 것은?

① 가시광선
② 적외선
③ UV-C
④ UV-B
⑤ UV-A

59 자외선을 직접 흡수하여 피부를 보호하는 성분으로 옳은 것은?

① 징크옥사이드
② 이산화티탄
③ 코직산
④ 하이드로퀴논
⑤ 벤조페논

60 「화장품 안전기준 등에 관한 규정」에 따른 인체 세포·조직 배양액 제조 배양시설 및 환경 관리 기준으로 옳지 않은 것은?

① 시간당 환기 횟수 : 20~30
② 제조 시설 및 기구는 정기적으로 점검
③ 온도 범위 : 74±8°F(18.8~27.7℃)
④ 청정등급 1B(Class 10,000) 이하의 구역에 설치
⑤ 위생관리를 위한 제조 위생관리기준서 작성

61 맞춤형 화장품 조제관리사는 고객 상담 결과에 따라 책임판매업자로부터 받은 내용물 A와 내용물 B를 5:5의 비율로 혼합하여 제조하였다. 화장품법 제10조의 기준에 맞게 전성분 표시를 한 것으로 옳은 것은?

보 기

내용물 A	
정제수	74.4%
카보머	0.4%
알란토인	0.1%
알부틴	2.0%
알로에베라겔	0.1%
하이드록시에칠셀룰로오스	0.1%
베타인	1.0%
벤질알코올	0.5%
부틸렌글라이콜	4.0%
토코페릴아세테이트	0.1%
글리세린	5.0%
소듐하이알루로네이트	0.5%
죽엽추출물	2.0%
알지닌	1.2%
폴리소르베이트	0.5%
향료	0.2%

내용물 B	
정제수	74.46%
알로에베라겔	10.0%
베타-글루칸	5.0%
부틸렌글라이콜	5.0%
글리세린	3.0%
하이드록시에틸셀룰로오스	1.0%
카보머	0.5%
아데노신	0.04%
벤질알코올	0.5%
다이소듐이디티에이	0.2%
향료	0.3%

① 베타-글루칸, 부틸렌글라이콜, 정제수, 알로에베라겔, 글리세린, 알란토인, 알부틴, 하이드록시에틸셀룰로오스, 카보머, 베타인, 죽엽추출물, 폴리소르베이트, 아데노신, 토코페릴아세테이트, 벤질알코올, 다이소듐이디티에이, 향료, 알지닌, 소듐하이알루로네이트

② 정제수, 카보머, 베타인, 죽엽추출물, 폴리소르베이트, 알로에베라겔, 베타-글루칸, 부틸렌글라이콜, 글리세린, 알란토인, 알부틴, 하이드록시에틸셀룰로오스, 아데노신, 토코페릴아세테이트, 벤질알코올, 다이소듐이디티에이, 향료, 알지닌, 소듐하이알루로네이트

③ 정제수, 글리세린, 알란토인, 알부틴, 하이드록시에틸셀룰로오스, 카보머, 베타인, 죽엽추출물, 폴리소르베이트, 알로에베라겔, 베타-글루칸, 부틸렌글라이콜, 아데노신, 토코페릴아세테이트, 벤질알코올, 다이소듐이디티에이, 향료, 알지닌, 소듐하이알루로네이트

④ 베타-글루칸, 부틸렌글라이콜, 정제수, 알로에베라겔, 글리세린, 알란토인, 알부틴, 하이드록시에틸셀룰로오스, 카보머, 베타인, 죽엽추출물, 폴리소르베이트, 아데노신, 토코페릴아세테이트, 벤질알코올, 다이소듐이디티에이, 향료, 알지닌, 소듐하이알루로네이트

⑤ 정제수, 알로에베라겔, 부틸렌글라이콜, 글리세린, 베타-글루칸, 죽엽추출물, 알부틴, 알지닌, 하이드록시에틸셀룰로오스, 베타인, 벤질알코올, 향료, 소듐하이알루로네이트, 폴리소르베이트, 카보머, 다이소듐이디티에이, 알란토인, 토코페릴아세테이트, 아데노신

62 〈보기〉는 수용성 오렌지 추출물을 제조하는 공정이다. 오렌지 추출물의 유기농 함량(%)으로 옳은 것은?

보 기

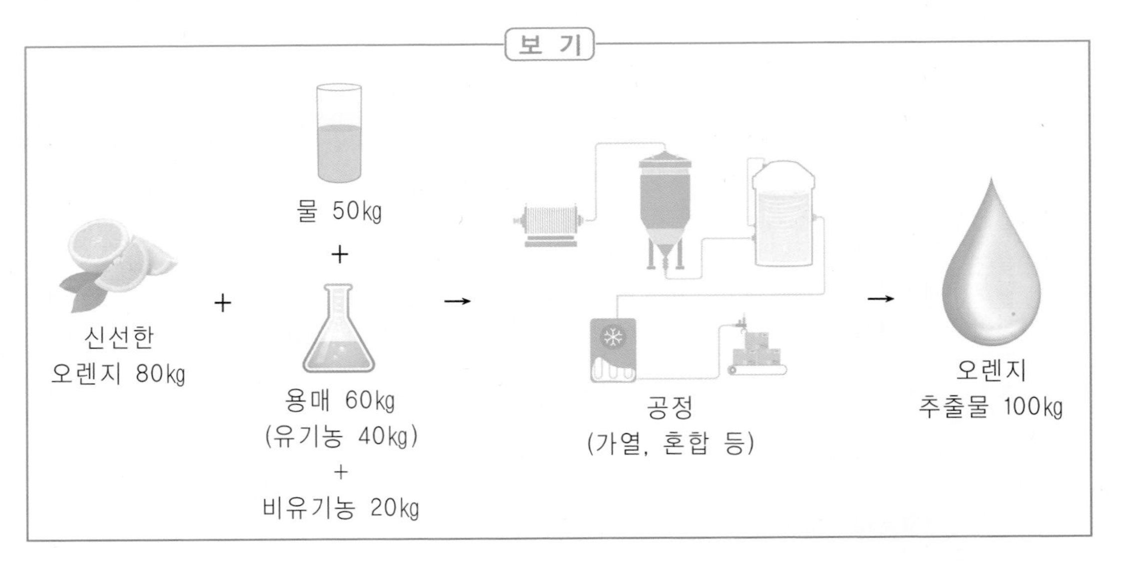

① 50%
② 60%
③ 70%
④ 80%
⑤ 100%

63 피부의 흡수 작용을 막는 방해 요인으로 옳지 않은 것은?

① 피지막
② 모공
③ 수분 저지막
④ 기저세포막
⑤ 각질

64 진피의 구조에 대한 내용으로 옳지 않은 것은?

① 표피와 피하지방층 사이에 위치하며 피부의 10% 정도 차지한다.
② 표피의 윗부분에 위치한 유두진피(papillary dermis)와 망상진피(reticular dermis)로 나눌 수 있다.
③ 섬유아세포 외에 대식세포(macrophage), 비만세포(mast cell)가 존재한다.
④ 점탄성을 갖는 탄력적인 조직으로 무정형의 기질(ground substance)과 교원 섬유(collagen fiber), 탄력 섬유(elastic fiber)등의 섬유성 단백질로 구성되어 있다.
⑤ 피부 노화로 인해 진피의 콜라겐이 감소하고 탄력 섬유가 변성된다.

65 맞춤형 화장품의 안전관리 기준으로 옳은 것은?

① 내용물은 가격별로 분류하여 보관한다.
② 사용기한 또는 개봉 후 사용기간이 지난 내용물 및 원료는 혼합・소분에 사용하지 않는다.
③ 내용물의 색상이나 냄새가 변했을 시에는 별도 조치 후 사용한다.
④ 원료는 소비자가 잘 보이는 곳에 보관한다.
⑤ 개봉한 내용물은 명칭을 따로 기재하여 보관한다.

66 피부의 과색소 침착으로 옳지 않은 것은?

① 기미
② 주근깨
③ 갈색 반점
④ 몽고반점
⑤ 검버섯

67 탈모의 증상으로 옳지 않은 것은?

① 남자 성인의 탈모는 집단으로 머리털이 빠져 대머리가 되는 것이 특징으로 남성호르몬의 일종인 DHT(Dihydrotestosterone)가 원인이 되어 나타난다.
② 여성 탈모증은 전체적으로 머리숱이 적어지고 가늘어지며 특히 정수리 부분이 많이 빠져 두피가 훤히 들여다 보인다.
③ 탈모증에 영향을 미치는 호르몬은 여성호르몬으로 총칭되는 테스토스테론이다.
④ 여성의 경우 남성호르몬은 신장 옆에 위치한 부신에서 분비되며 난소에서도 모발에 영향을 미치는 호르몬을 분비한다.
⑤ 원형 탈모증은 일종의 일과성 탈모질환으로 활발히 성장하는 모낭에 염증을 유발한다.

68 피부 표면의 피부 지방막과 관련된 설명으로 옳지 않은 것은?

① 피부 지방막은 피지선에서 나온 지질이다.
② 세안 후 새로운 피지막을 형성하는데 30분의 시간이 소요된다.
③ 피지선에서 나온 지질은 땀과 섞여 유화(乳化) 상태의 막을 형성한다.
④ 지용성 물질이나 계면활성제는 지방막을 통과하여 각종 피부 장애를 일으킨다.
⑤ 피부 지방막은 지방산과 젖산염 및 아미노산으로 구성되어 있다.

69 피부에 조사된 경우, 피부암을 일으킬 가능성이 가장 높으며 바이러스, 곰팡이에 대한 살균 작용을 지닌 광선으로 옳은 것은?

① 가시광선
② 적외선
③ UV-A
④ UV-C
⑤ UV-B

70 땀의 분비와 관련된 설명으로 옳지 않은 것은?

① 겨드랑이 부위에는 에크린선이라는 땀샘이 많이 있다.
② 땀샘의 내용물이 세균에 의해 부패되면서 악취가 발생한다.
③ 소한선(에크린선)은 표피에 직접 땀을 분비한다.
④ 땀의 구성 성분은 물, 소금, 요소, 암모니아, 아미노산, 단백질 등이다.
⑤ 겨드랑이에서 땀 냄새가 심하게 나는 것을 액취증이라 한다.

71 화장품 책임판매업을 운영하는 지연 씨는 판매하는 제품 중 안전성 자료를 보관하지 않아 적발되었다. 이에 1차 행정처분 기준으로 옳은 것은?

① 시정명령
② 경고
③ 해당 품목 판매업무정지 1개월
④ 해당 품목 판매업무정지 3개월
⑤ 영업정지

72 「기능성 화장품 기준 및 시험 방법」 통칙에 따른 화장품 제형의 정의로 옳지 않은 것은?

① 액제란 화장품에 사용되는 성분을 용제 등에 녹여서 액상으로 만든 것을 말한다.
② 겔제란 액체를 침투시킨 분자량이 작은 유기분자로 이루어진 반고형상을 말한다.
③ 침적마스크제란 액제, 로션제, 크림제, 겔제 등을 부직포 등의 지지체에 침적하여 만든 것을 말한다.
④ 로션제란 유화제 등을 넣어 유성 성분과 수성 성분을 균질화하여 점액상으로 만든 것을 말한다.
⑤ 분말제란 균질하게 분말상 또는 미립상으로 만든 것을 말하며, 부형제 등을 사용할 수 있다.

73 다음은 효능 · 효과 · 품질에 관한 표시 · 광고이다. 〈보기〉의 실증 대상에 따른 실증자료로 옳은 것은?

보 기

- "○○보다 지속력이 5배 높음"
- "2주 경과 후 피부 톤 개선"
- "□□시험 검사기관의 △△효과 입증"
- "피부결 20% 개선"
- "피부과 테스트 완료"

① 인체 적용시험 자료 또는 인체 외 시험 자료
② 제조관리기록서 또는 원료시험성적서
③ 일반 소비자 대상 설문조사 자료
④ 소비한 경험이 있는 일부 소비자 대상 조사 결과 자료
⑤ 화장료 특허 자료

74 〈보기〉는 「화장품 안전기준 등에 관한 기준」에 따른 특정 미생물 시험 방법이다. (　　) 안에 들어갈 말로 옳은 것은?

보 기

> 전처리 된 검액을 30~35℃에서 24~48시간 증균 배양한다. 미생물의 증식이 관찰되지 않는 경우 녹농균 음성으로 판정한다. 그람음성간균으로 녹색 형광물질을 나타내는 집락을 확인하는 경우에는 증균배양액을 녹농균 한천배지 P 및 F에 도말하여 30~35℃에서 24~72시간 배양한다. 그람음성간균으로 플루오레세인 검출용 녹농균 한천배지 F의 집락을 자외선하에서 관찰하여 (㉠)의 집락이 나오고, 피오시아닌 검출용 녹농균 한천배지 P의 집락을 자외선하에서 관찰하여 (㉡)의 집락이 검출되면 옥시다제시험을 실시한다. 양성인 경우 5~20초 이내에 (㉢)이 나타나고 10초 후에도 색의 변화가 없는 경우 녹농균 음성으로 판정한다. 옥시다제 반응 양성인 경우에는 녹농균 양성으로 의심하고 동정시험으로 확인한다.

	㉠	㉡	㉢		㉠	㉡	㉢
①	황색	청색	적갈색	②	황색	청색	보라색
③	적색	적갈색	흑청색	④	적색	흑청색	검정색
⑤	적색	적색	검정색				

75 화장품 안정성 시험 중 장기보존시험 조건으로 옳지 않은 것은?

① 6개월 이상 시험하는 것을 원칙으로 하나, 화장품 특성에 따라 따로 정할 수 있다.
② 시중에 유통할 제품과 동일한 처방, 제형 및 포장 용기를 사용한다.
③ 광선, 온도, 습도 3가지 조건을 검체의 특성을 고려하여 결정한다.
④ 시험 개시 때와 첫 1년간은 3개월 마다, 그 후 2년까지는 6개월 마다, 2년 이후부터 1년에 1회 시험한다.
⑤ 제품의 유통조건을 고려하여 적절한 온도, 습도, 시험 기간 및 측정시기를 설정하여 시험한다.

76 인체 두피의 구조로 옳지 않은 것은?

① 두피는 피부의 일부분으로 비슷한 구조를 가지고 있으나 피지선이 많다.
② 두피는 세 개의 층으로 구성되어 있으며 피하지방은 두껍고 이완된 조직으로 이루어져 있다.
③ 신체를 감싸는 다른 외피보다 혈관과 모낭이 많이 분포되어 있음
④ 진피층에는 모세혈관이 분포되어 있으며 조밀한 신경분포를 통해 머리카락을 통한 감각을 느낄 수 있다.
⑤ 두피는 외피와 두개피, 두개 피하조직으로 구성되어 있다.

77 맞춤형 화장품 조제관리사인 효정이는 매장을 방문한 고객과 다음과 같은 〈대화〉를 나누었다. 효정이가 고객에게 혼합하여 추천할 제품으로 다음 〈보기〉 중 적절한 것을 모두 고르시오.

대 화

고객 : 매일 베이스 메이크업이 갈라질 정도로 너무 건조해요.
푸석푸석하고 피부결도 안 좋아진 거 같아요.
효정 : 아, 그러신가요? 그럼 고객님 피부 상태를 측정해보도록 할까요?
고객 : 네, 그렇게 해주세요. 그리고 지난번 방문 시와 비교해 주세요.
효정 : 네. 이쪽에 앉으시면 저희 측정기로 측정을 해드리겠습니다.

〈피부 측정 후〉

효정 : 고객님은 1달 전 측정 시보다 피부 보습도가 30%가량 감소되었고, 피부결 거침의 정도가 2배 증가된 걸로 보이네요.
고객 : 음... 걱정이네요. 그럼 어떤 제품을 쓰는 게 좋은지 추천 부탁드려요.

보 기

ㄱ. 카라멜(Caramel) 함유 제품
ㄴ. 세라마이드(Ceramide) 함유 제품
ㄷ. 소듐하이알루로네이트(Sodium Hyaluronate) 함유 제품
ㄹ. 오메가-히드록실산(ω-hydroxyl acid) 함유 제품
ㅁ. 레티놀(Retinol) 함유 제품

① ㄱ, ㄷ
② ㄱ, ㄹ
③ ㄴ, ㄷ
④ ㄷ, ㄹ
⑤ ㄹ, ㅁ

78 「기능성 화장품 심사에 관한 규정」에 따라 이미 심사 받은 기능성 화장품(책임판매업자가 같은 기능성 화장품)과 그 효능 · 효과를 나타나게 하는 원료의 종류, 규격 및 분량, 용법 · 용량이 동일하고 효능 · 효과를 나타나게 하는 성분을 제외한 대조군과의 비교실험으로써 효능을 입증한 경우 제출이 면제되는 자료로 옳은 것은?

① 안전성에 관한 자료
② 기준 및 시험 방법에 관한 자료(검체 포함)
③ 안전성, 유효성 또는 기능을 입증하는 자료
④ 유효성 또는 기능에 관한 자료
⑤ 안전성, 기준 및 시험 방법에 관한 자료(검체 포함)

79 「기능성 화장품 기준 및 시험 방법」 통칙에 따른 용기 구분에서 일상의 취급 또는 보통의 보존 상태에서 기체 또는 미생물이 침입할 염려가 없는 용기로 옳은 것은?

① 기밀용기
② 차광용기
③ 밀봉용기
④ 밀폐용기
⑤ 침적용기

80 다음 중 화장품에 사용할 수 있는 원료로 옳은 것은?

① 리도카인
② 히드로퀴논
③ 아크릴로니트릴
④ 페트로라튬
⑤ 요오드

81 「기능성 화장품 심사에 관한 규정」에 따라 기능성 화장품의 심사를 위하여 제출하여야 하는 유효성 또는 기능을 입증하는 자료는 다음 〈보기〉와 같다. ㉠에 들어갈 자료를 작성하시오.

보 기

▲ 유효성 또는 기능에 관한 자료
- 효력 시험 자료
- (㉠) 시험 자료
- 염모 효력시험 자료(모발의 색상을 변화시키는 기능을 가진 화장품에 한함)

82 식품의약품안전처장은 판매 · 보관 · 진열 · 제조 또는 수입한 화장품이나 그 원료 · 재료 등이 국민 보건에 위해를 끼칠 우려가 있는 경우에는 해당 영업자 · 판매자 등에게 해당 물품의 (㉠)등의 조치를 명할 수 있다. ㉠에 들어갈 적합한 용어를 작성하시오.

83 화장품에 (㉠) 이하의 영 · 유아용 제품류인 경우 또는 (㉡) 이상부터 만 13세 이하까지의 어린이가 사용할 수 있는 제품임을 특정하여 표시 · 광고하려는 경우에는 사용기준이 지정 · 고시된 원료 중 (㉢)의 함량을 화장품의 포장에 기재 · 표시하여야 한다. ㉠, ㉡, ㉢에 들어갈 말을 작성하시오.

84 〈보기〉의 (　　) 안에 들어갈 적합한 용어를 작성하시오.

보 기

(　　)은(는) 피부의 가장 깊은 층으로 진피에서 내려온 섬유가 엉성하게 결합되어 형성된 망상조직이다. 열 손상을 방어하고 외부의 충격을 흡수하여 몸을 보호하며 영양 저장소의 기능을 담당한다.

85 〈보기〉는 화장품 제조업자 및 책임판매업자의 준수사항이다. ㉠, ㉡에 들어갈 말을 쓰시오.

보 기

화장품 제조업자는 제조관리기준서, (㉠), 제조관리기록서 및 (㉡)을(를) 작성하여 보관하고 품질관리를 위하여 필요한 사항을 화장품 책임판매업자에게 제출하여야 하며 화장품 책임판매업자는 제조업자로부터 받은 (㉠), (㉡)을(를) 보관하여야 한다.

86 화장품법에서 화장품 유형으로 분류되지 않은 제품을 다음 〈보기〉에서 모두 고르시오.

보 기

ㄱ. 베이비 파우더
ㄴ. 흑채
ㄷ. 화장비누
ㄹ. 물티슈
ㅁ. 손 소독제
ㅂ. 제모왁스

87 〈보기〉의 ㉠, ㉡에 적합한 용어를 작성하시오.

보 기

화장품의 안전성을 유지하기 위해 방부제, (㉠)뿐만 아니라 제품 내 금속이온의 존재는 화장품의 안정성 및 성상에 영향을 유발할 수 있어 (㉡)도 첨가하며 (㉠)과(와) 병용할 경우 상승효과를 일으킨다.

88 〈보기〉는 피지에 관한 설명이다. (　　) 안에 들어갈 말을 작성하시오.

보 기

피지의 구성 성분으로는 중성지방, 왁스에스터, 스쿠알렌, 콜레스테롤 등이 있다. 피부 표면으로 배출된 피지는 분비관에 존재하는 세균에 의해 중성지방이 분해되고 이 때 생성된 (　　　　)은(는) 여드름 발생에 중요한 역할을 한다.

89 맞춤형 화장품 조제관리사인 소영은 매장을 방문한 고객과 다음과 같은 〈대화〉를 나누었다. 소영이가 고객에게 혼합하여 추천할 제품으로 다음 〈보기〉에서 옳은 것을 모두 고르시오.

대 화

고객 : 요새 얼굴에 색소 침착이 심해진 것 같아요~
　　　피부가 칙칙해 보이고 건조하기도 하구요.
　　　아! 그리고 조만간 더운 나라로 여행을 다녀올 계획이에요.
소영 : 아, 그러신가요? 그럼 고객님 피부 상태부터 측정해보도록 할까요?
고객 : 네, 그렇게 해 주세요~ 그리고 지난번 방문 시와 비교해 주시면 좋겠어요~
소영 : 네, 알겠습니다. 이쪽에 앉으시면 저희 측정기로 측정을 해드리겠습니다.

〈피부 측정 후〉

소영 : 고객님은 2달 전 측정 시보다 얼굴에 기미 · 주근깨가 10% 가량 많이 높아져 있고 보습도도 25% 가량 많이 낮아져 있네요.
고객 : 음... 걱정이네요. 그럼 어떤 제품을 쓰는 것이 좋을지 추천 부탁드리고, 자외선 차단 기능도 있었으면 좋겠어요.

보 기

ㄱ. 티타늄디옥사이드(Titanium Dioxide) 함유 제품
ㄴ. 알파-비사보롤(α-Bisaborol) 함유 제품
ㄷ. 카페인(Caffeine) 함유 제품
ㄹ. 보습펩타이드(Peptide) 함유 제품
ㅁ. 아데노신(Adenosine) 함유 제품
ㅂ. 베테인(Betaine) 함유 제품

90 〈보기〉는 유통 화장품 안전관리 미생물 기준이다. 〈보기〉의 기준 외에 불검출되어야 하는 세 가지 특정 미생물에 대해 모두 작성하시오.

보 기

- 총 호기성 생균 수는 영·유아용 제품류 및 눈 화장용 제품류의 경우 500개/g(mL) 이하
- 물휴지의 경우 세균 및 진균 수는 각각 100개/g(mL) 이하
- 기타 화장품의 경우 1,000개/g(mL) 이하이어야 한다.

91 타르 색소를 기질에 흡착, 공침 또는 단순한 혼합이 아닌 화학적 결합에 의하여 확산시킨 색소를 (㉠)(이)라 한다. ㉠에 들어갈 용어를 작성하시오.

92 천연 화장품 또는 유기농 화장품을 제조하는 작업장 및 제조설비는 (㉠)이 발생하지 않도록 충분히 (㉡) 및 세척되어야 하며 세척에 사용 가능한 원료로는 과산화수소, 락틱애씨드, 시트릭애씨드, 아세틱애씨드 등이 있다. ㉠, ㉡에 들어갈 말을 작성하시오.

93 〈보기〉는 유통 화장품 안전관리 pH 기준에 대한 내용이다. ㉠, ㉡에 들어갈 말을 작성하시오.

보 기

영·유아용 제품류(영·유아용 샴푸, 영·유아용 린스, 영·유아용 인체 세정용 제품, 영·유아용 목욕용 제품 제외), 눈 화장용 제품류, 색조 화장용 제품류, 두발용 제품류(샴푸, 린스 제외), 면도용 제품류(셰이빙 크림, 셰이빙 폼 제외), 기초 화장용 제품류(클렌징 워터, 클렌징 오일, 클렌징 로션, 클렌징 크림 등 메이크업 리무버 제품 제외) 중 액, 로션, 크림 및 이와 유사한 제형의 (㉠)은(는) pH 기준이 (㉡)이어야 한다.

94 〈보기〉의 ( ) 안에 들어갈 말을 작성하시오.

보 기

UVB는 체내 비타민 D 합성에 관여한다. 자외선 B가 피부 표면에 닿을 때 피부세포에 존재하는 ( ) 유사분자의 전구체인 프로비타민 D(7-hydrocholesterol)가 프리비타민 D_3로 전환되면서 합성이 시작된다.

95 〈보기〉는 맞춤형 화장품 판매업자의 준수사항에 관한 내용이다. ㉠, ㉡에 들어갈 말을 작성하시오.

보 기

맞춤형 화장품 판매업자는 제조번호, 판매일자, 판매량, 사용기한 또는 개봉 후 사용기간을 포함하는 (㉠)을(를) 작성 · 보관하여야 하며 맞춤형 화장품 판매시에는 혼합 · 소분에 사용된 내용물과 원료의 내용 및 특성, 맞춤형 화장품 사용 시 (㉡)을 소비자에게 설명해야 한다.

96 〈보기〉의 ( ) 안에 들어갈 말을 작성하시오.

보 기

모발 대부분을 차지하고 있으며 피질세포 사이에 간충물질(matrix)로 채워져 있는 구조이다. 친수성이고 두발 색상을 결정하는 멜라닌 색소가 존재하며 염모제 등 화학약품에 의해 손상받기 쉽기 때문에 펌이나 염색 시에는 ( )을 활용한다.

97 다음 〈보기 1〉은 고객에게 추천한 맞춤형 화장품 핸드크림 전성분 항목이다. 이를 참고하여 고객에게 설명해야 할 주의사항을 〈보기 2〉에서 모두 고르시오.

보 기 1

정제수, 효모발효여과물, 글리세린, 녹차추출물, 펜틸렌글라이콜, 폴리글리세린, 트레할로스, 페녹시에탄올, 피이지-60하이드로제네이티드캐스터오일, 제라니올, 소듐벤조에이트, 향료, 디소듐이디티에이, 소듐히아루로네이트, 토코페롤아세테이트, 아데노신, 비에이치에이, 차가버섯추출물, 시트릭애씨드, 바이오틴, 시트로넬올, 우레아

보 기 2

ㄱ. 눈, 코 또는 입 등에 닿지 않도록 주의하여 사용할 것
ㄴ. 눈에 접촉을 피하고 눈에 들어갔을 때는 즉시 씻어낼 것
ㄷ. 어린이 손에 닿지 않는 곳에 보관할 것
ㄹ. 상처가 있는 부위 등에는 사용을 자제할 것
ㅁ. 눈에 들어갔을 때에는 즉시 씻어낼 것

98 모발의 횡단면의 최소 직경은 최대 직경으로 나누어 100배나 되는 수치를 (　　)라고하며 모발을 형태 및 (　　)를 대소(곱슬거리는 정도)에 따라 직모, 파상모, 축모로 나눌 수 있다. (　　) 안에 공통으로 들어갈 말을 쓰시오.

99 다음은 영 · 유아 또는 어린이 사용 화장품 관리에 대한 내용이다. 〈보기〉의 ㉠, ㉡에 들어갈 말을 작성하시오.

보 기

식품의약품안전처장은 영 · 유아 또는 어린이 사용 화장품에 따른 제품별 안전성 자료, 소비자 사용실태, 사용 후 이상사례 등에 대하여 (㉠) 마다 실태조사를 실시하고, 위해 요소의 (㉡)을(를) 위한 계획을 수립하여야 한다.

100 〈보기〉는 「기능성 화장품 심사에 관한 규정」에 따라 자료 제출이 생략되는 기능성 화장품의 제형 및 효능에 대한 내용이다. (　　) 안에 공통으로 들어갈 말을 작성하시오.

보 기

- 제형은 로션제, 액제, 크림제 및 (　　)에 한한다.
- 제품의 효능 · 효과는 "피부의 미백에 도움을 준다."
- 용법 · 용량은 "제품 적당량을 취해 피부에 골고루 펴 바른다. 또는 본 품을 피부에 붙이고 10~20분 후 지지체를 제거한 다음 남은 제품을 골고루 펴 바른다." (　　)에 한함

제10회 실전모의고사

01 〈보기〉는 고객이 작성해야 하는 개인정보 수집 · 이용 동의서이다. 맞춤형 화장품 판매장에서 고객관리 프로그램을 운용하기 위해 「개인정보보호법」에 따른 동의서 작성 내용으로 옳지 않은 것은?

보 기

개인정보 수집 이용 및 제공 동의서

Kosmetika 회원 운영을 위하여 아래와 같이 개인정보를 수집 이용 및 제공하고자 합니다. 내용을 자세히 읽으신 후 동의 여부를 결정하여 주십시오.

□ 개인정보 수집 이용 내역

항목	수집 · 이용목적	보유기간
(ㄱ) 성명, 나이, 주소, 전화번호	판매 내역서 작성 멤버십 마일리지 관리 (ㄴ) 마케팅 및 홍보	(ㄷ) 1년

이용자 개인정보 보호를 위하여 수집된 개인정보는 (ㄹ) 암호화되어 처리되며 관련 업무 이외의 다른 목적으로 사용하지 않습니다.

※ 이용자는 해당 개인정보 수집 · 이용 동의에 거부할 권리가 있습니다.
그러나 (ㅁ) 동의를 거부할 경우 일부 서비스를 제공 받으실 수 없습니다.

위와 같이 개인정보를 수집 · 이용하는데 동의하십니까? 동의 □ 비동의 □

년 월 일

본인 성명 (서명 또는 인)

Kosmetika 귀중

① ㄱ
② ㄴ
③ ㄷ
④ ㄹ
⑤ ㅁ

02 「천연 화장품 및 유기농 화장품의 기준에 따른 규정」에 따른 유기농 함량 계산 방법으로 옳은 것은?

① 유기농 인증 원료의 경우 석유화학 부분은 10%를 초과할 수 없다.
② 유기농 함량 비율은 물 비율 + 유기농 원료 비율 + 유기농 유래 원료 비율로 계산한다.
③ 유기농 함량 확인이 불가능한 비수용성 원료를 신선한 원물로 복원하기 위해서는 실제 건조 비율을 사용하고 증빙자료를 첨부한다.
④ 유기농 함량 확인이 불가능한 경우 동물 유래 원료는 유기농 함량 비율 계산에 포함하지 않는다.
⑤ 유기농 함량 확인이 불가능한 화학적으로 가공한 원료의 최종 물질이 2개 이상인 유기농 함량 비율은 분자량으로 계산한다.

03 기능성 화장품 유효성에 관한 심사로 옳은 것은?

① 멜라닌 색소가 침착하는 것을 방지하는 효능・효과
② 피부에 탄력을 주는 효능・효과
③ 피부를 곱게 태워주는 효능・효과
④ 자외선을 산란 또는 차단시키는 효능・효과
⑤ 건조함을 완화하는 효능・효과

04 「개인정보보호법」에 따른 개인정보 파기 기준으로 옳지 않은 것은?

① 개인정보처리자는 보유기간의 경과, 개인정보의 처리 목적 달성 등 그 개인정보가 불필요하게 되었을 때에는 지체 없이 그 개인정보를 파기하여야 한다. 다만, 다른 법령에 따라 보존하여야 하는 경우에는 제외한다.
② 개인정보처리자가 개인정보를 파기할 때에는 복구 또는 재생되지 아니하도록 조치하여야 한다.
③ 개인정보처리자가 개인정보를 파기하지 아니하고 보존하여야 하는 경우에는 해당 개인정보 또는 개인정보 파일을 다른 개인정보와 분리하여서 저장・관리하여야 한다.
④ 개인정보가 전자적 파일 형태인 경우에는 복원이 불가능한 방법으로 영구 삭제한다.
⑤ 통계 작성, 과학적 연구, 공익적 기록보존 등을 위하여 정보 주체의 동의 없이 제3자에게 가명정보가 공개된 경우에는 해당 정보의 처리를 중지하고, 지체 없이 회수・파기하여야 한다.

05 「개인정보보호법」에 따라 고객의 개인정보를 수집・이용 동의를 받을 때 알려야 하는 사항이 아닌 것은?

① 개인정보의 수집・이용 목적
② 수집하려는 개인정보의 항목
③ 개인정보의 보유 및 이용 기간
④ 동의를 거부할 권리가 있다는 사실과 동의 거부에 따른 불이익이 있는 경우에는 그 불이익의 내용
⑤ 개인정보를 제공받는 자

06 〈보기〉는 행정처분의 일반 기준에 관한 내용 중 일부이다. (   ) 안에 들어갈 말로 옳은 것은?

보 기

행정처분을 하기 위한 절차가 진행되는 기간 중에 반복하여 같은 위반 행위를 한 경우에는 행정처분을 하기 위하여 진행 중인 사항의 행정처분 기준의 (㉠)씩을 더하여 처분하고 이 경우 그 최대기간은 (㉡)로 한다. 같은 위반 행위의 횟수가 3차 이상인 경우에는 (㉢) 부과 대상에서 제외한다.

	㉠	㉡	㉢
①	2분의 1	24개월	벌금
②	4분의 1	6개월	과태금
③	4분의 1	6개월	과징금
④	2분의 1	12개월	벌금
⑤	2분의 1	12개월	과징금

07 다음 중 화장품법령에 따른 부당한 표시 · 광고가 아닌 것은?

① 의약품으로 잘못 인식할 우려가 있는 표시 · 광고
② 기능성 화장품이 아닌 화장품을 기능성 화장품으로 잘못 인식할 우려가 있는 표시 · 광고
③ 천연 화장품이 아닌 화장품을 천연 화장품으로 잘못 인식하도록 할 우려가 있는 표시 · 광고
④ 사실과 다르게 소비자를 속이거나 소비자가 잘못 인식하도록 할 우려가 있는 표시 · 광고
⑤ 맞춤형 화장품의 효능을 잘못 인식하도록 할 우려가 있는 표시 · 광고

08 화장품의 올바른 사용 방법으로 옳은 것은?

① 맞춤형 화장품에 물 등 보습제를 넣는다.
② 매니큐어, 마스카라, 리퀴드 아이라이너 등은 굳지 않게 자주 펌핑해 준다.
③ 퍼프나 아이섀도우 팁 등의 화장도구는 수시로 세제로 세탁한다.
④ 내용물에 이상이 생겼을 때는 즉시 버리는 것이 좋다.
⑤ 알레르기나 피부 자극이 일어나면 며칠 기다려본 후 사용을 중지한다.

09 화장품에 사용되는 성분으로 옳은 것은?

① 고급지방산은 산화되기 쉬운 성분을 함유한 물질에 첨가하여 산패를 막을 목적으로 사용된다.
② 보습제는 피부 표면을 유지막으로 싸서 각질층의 수분 증발을 억제한다.
③ 방부제는 미생물에 의해 부패되거나 사용에 의해 변질되어 품질이 저하되는 것을 방지한다.
④ 피막 형성제는 화장품의 점도를 조절하기 위해 사용되며 안정성을 유지하여 유화입자나 분말이 분리되는 것을 방지한다.
⑤ 계면활성제는 원료 중에 혼입되어 있는 이온을 제거할 목적으로 사용된다.

10 「화장품법」에 따라 사용기준이 지정 · 고시된 원료 중 보존제 함량을 화장품의 포장에 기재 · 표시해야 하는 경우를 모두 고른 것은?

보 기

ㄱ. 만 3세 이하의 영 · 유아용 제품류인 경우
ㄴ. 인체 세정용 제품류인 경우
ㄷ. 만 4세 이상부터 만 13세 이하까지의 어린이가 사용할 수 있는 제품임을 특정하여 표시 · 광고하려는 경우
ㄹ. 여드름성 피부를 완화하는 데 도움을 주는 기능성 화장품인 경우
ㅁ. 눈 화장용 제품류인 경우

① ㄱ, ㄷ
② ㄱ, ㅁ
③ ㄴ, ㄷ
④ ㄷ, ㄹ
⑤ ㄹ, ㅁ

11 다음 〈보기〉의 사용 시 주의사항을 포장에 기재 · 표시해야 하는 화장품으로 옳은 것은?

보 기

▲ 사용 전의 주의
- 눈썹, 속눈썹에는 위험하므로 사용하지 마십시오. 제품이 눈에 들어갈 염려가 있습니다.
- 면도 직후에는 사용하지 말아 주십시오.

▲ 사용 시의 주의
- 사용 중에 발진, 발적, 부어오름, 가려움, 강한 자극감 등 피부의 이상을 느끼면 즉시 사용을 중지하고 잘 씻어내 주십시오.
- 제품이 피부에 묻었을 때는 곧바로 물 등으로 씻어내 주십시오. 손가락이나 손톱을 보호하기 위하여 장갑을 끼고 사용하십시오.

▲ 사용 후 주의
- 두피, 얼굴, 목덜미 등에 발진, 발적, 가려움, 수포, 자극 등 피부 이상 반응이 발생한 때에는 그 부위를 손 등으로 긁거나 문지르지 말고 바로 피부과 전문의의 진찰을 받아 주십시오. 임의로 의약품 등을 사용하는 것은 삼가 주십시오.

① 제모제
② 염모제
③ 탈염 · 탈색제
④ 모발용 샴푸
⑤ 퍼머넌트 웨이브 제품 및 헤어 스트레이트너 제품

12 〈보기〉는 「기능성 화장품 심사에 관한 규정」에 따라 자료 제출이 생략되는 기능성 화장품에 대한 내용이다. ( ) 안에 들어갈 말로 옳은 것은?

보 기

유효성 또는 기능에 관한 자료 중 인체 적용시험 자료를 제출하는 경우 효력시험 자료 제출이 면제된다. 다만, 면제받은 성분에 대해서는 ( )를 기재 · 표시할 수 없다.

① 효능 · 효과
② 함량
③ 제형
④ 용법 · 용량
⑤ 규격 및 분량

13 「기능성 화장품 심사에 관한 규정」에 따라 기능성 화장품의 심사를 위하여 제출하여야 하는 자료의 종류로 옳지 않은 것은?

① 기원 및 개발 경위에 관한 자료
② 사용성에 관한 자료
③ 유효성 또는 기능에 관한 자료
④ 안전성에 관한 자료
⑤ 기준 및 시험 방법에 관한 자료(검체 포함)

14 「인체 적용 제품의 위해 평가 등에 관한 규정」에 따른 위해 평가 기준으로 옳지 않은 것은?

① 식품의약품안전처장은 국내외에서 유해물질이 포함되어 있는 것으로 알려지는 등 국민 보건상 위해 우려가 제기되는 화장품 원료 등에 대해 위해 평가를 실시한다.
② 국내외의 연구 · 검사기관에서 이미 위해 평가를 실시하였거나 위해 요소에 대한 과학적 시험 · 분석 자료가 있는 경우 그 자료를 근거로 위해 여부를 결정할 수 있다.
③ 식품의약품안전처장은 위해 평가에 필요한 자료를 확보하기 위해 독성의 정도를 동물 실험을 통해 과학적으로 평가하는 독성시험을 실시할 수 있다.
④ 화장품 제조업자, 화장품 책임판매업자 또는 대학 · 연구소 등은 위해 평가 결과에 따라 원료의 사용기준을 지정할 수 있다.
⑤ 식품의약품안전처장은 외국 정부가 인체 건강을 해칠 우려가 있다고 인정하여 판매하거나 판매할 목적으로 생산 · 판매 등을 금지한 화장품에 대해 위해 평가 대상으로 선정할 수 있다.

15 천연 화장품 및 유기농 화장품 제조에 허용되는 표백제로 옳지 않은 것은?

① 표백토
② 벤토나이트
③ 오존
④ 과산화수소
⑤ 에칠렌옥사이드

16 천연 화장품 및 유기농 화장품의 인증기관에 관한 설명으로 옳지 않은 것은?

① 식품의약품안전처장의 요청이 있는 경우에는 인증기관의 사무소 및 시설에 대한 접근을 허용하거나 필요한 정보 및 자료를 제공한다.
② 인증기관의 대표자가 변경된 경우 변경 사유가 발생한 날부터 15일 이내에 식품의약품안전처장이 정하여 고시하는 서류를 갖추어 변경 신청을 해야 한다.
③ 인증기관은 인증 신청, 인증심사 및 인증사업자에 관한 자료를 인증의 유효기간이 끝난 후 2년 동안 보관해야 한다.
④ 인증기관의 지정 절차 및 준수사항 등 인증기관 운영에 필요한 세부 절차와 방법 등은 식품의약품안전처장이 정하여 고시한다.
⑤ 인증기관의 인증 업무의 범위가 변경된 경우에는 변경 사유가 발생한 날부터 30일 이내에 식품의약품안전처장이 정하여 고시하는 서류를 갖추어 변경 신청을 해야 한다.

17 회수 필요성이 인지되는 화장품이 아닌 것은?

① 판매할 목적으로 제조·수입·보관 또는 진열된 전부 또는 일부가 변패된 화장품
② 실증자료를 제출하지 않고 광고한 화장품
③ 판매하거나 판매할 목적으로 제조·수입·보관 또는 진열된 병원미생물에 오염된 화장품
④ 심사를 받지 아니하거나 보고서를 제출하지 아니한 기능성 화장품
⑤ 용기나 포장이 불량하여 보건위생상 위해를 발생할 우려가 있는 화장품

18 맞춤형 화장품 매장에 근무하는 조제관리사에게 고객이 제품에 대해 문의를 해왔다. 조제관리사가 제품에 부착된 〈보기〉의 설명서를 참조하여 고객에게 안내해야 할 말로 가장 적절한 것은?

보 기

▣ 제품명 : 유기농 리페어 크림
▣ 내용량 : 50g
▣ 제품 유형 : 액상 크림류
▣ 전성분 : 정제수, 디메치콘, 살구씨오일, 디메치콘, 글리세린, 세라마이드. 스쿠알란, 페트롤라튬, 피이지-10디메치콘, 다이스테아다이모늄헥토라이트, 이소도데케인, 베테인, 토코페롤, 상황버섯추출물, 나이아신아마이드, 카보머, 시트릭애씨드, 피이지-6, 1,2헥산디올, 트리에탄올아민, 향료, 이디티에이, 아데노신

① 이 제품은 유기농 화장품으로 피부 감작 반응을 일으키지 않습니다.
② 이 제품은 조제관리사가 조제한 제품으로 알레르기 반응을 일으키지 않습니다.
③ 이 제품은 식약처 고시 미백, 주름 개선 기능성 성분이 들어있는 기능성 화장품입니다.
④ 이 제품은 알레르기 완화 물질이 첨가되어 있어 체질 개선에 효과가 좋습니다.
⑤ 이 제품은 여드름성 피부를 완화하는데 도움을 줍니다.

19 위해 평가 수행 방법으로 옳은 것은?

① 위해 평가는 위험성 확인, 노출 평가, 위해도 결정의 3단계에 따라 수행한다.
② 위해 평가는 우선적으로 국내 상황을 반영할 수 있는 자료를 이용하고 국내 자료가 없거나 불충분할 경우 국제기구, 외국 자료를 활용할 수 있다.
③ 노출 평가 시에는 여러 상황을 고려하고 가상적인 노출 시나리오를 작성한다.
④ 위해 평가 결과 보고서는 가능한 관련 자료의 불확실성을 고려해 가상적으로 작성한다.
⑤ 위해 평가 결과는 고정 불변한다.

20 착향제 구성 성분 중 알레르기 유발 성분을 <보기>에서 모두 고른 것은?

보 기

ㄱ. 호모살레이트　　ㄴ. 시트로넬올
ㄷ. 티타늄디옥사이드　　ㄹ. 징크옥사이드
ㅁ. 알파-이소메칠이오논

① ㄱ, ㄴ　　② ㄴ, ㄷ
③ ㄴ, ㄹ　　④ ㄴ, ㅁ
⑤ ㄹ, ㅁ

21 품질관리 업무 절차서에 따라 책임판매관리자가 수행해야 하는 업무가 아닌 것은?

① 품질관리 업무를 총괄할 것
② 품질관리 업무가 적정하고 원활하게 수행되는 것을 확인할 것
③ 품질관리 업무의 수행을 위해서 필요하다고 인정할 때에는 화장품 책임판매업자에게 문서로 보고하고 필요에 따라 화장품 제조업자, 맞춤형 화장품 판매업자 등 그 밖의 관계자에게 문서로 연락하거나 지시할 것
④ 품질관리에 관한 기록 및 화장품 제조업자의 관리에 관한 기록을 작성하고 해당 제품의 제조일부터 3년간 보관할 것
⑤ 회수한 화장품은 구분하여 일정 기간 보관한 후 폐기 등의 적정한 방법으로 처리하고 회수 내용을 적은 기록은 작성한 후 식품의약품안전처장에게 문서로 보고할 것

22 맞춤형 화장품 제형의 불안정화 요인이 아닌 것은?

① 고온　　② 저온
③ 일광(자외선)　　④ 융점
⑤ 미생물

23 화장품에 사용되는 계면활성제의 사용 목적으로 옳은 것은?

① 양쪽성 계면활성제는 일반적으로 분자량이 적으면 보존제로 이용되고 분자량이 큰 경우는 모발이나 섬유에 흡착성이 커서 헤어 린스 등 유연제 및 대전 방지제로 주로 활용된다.
② 양이온 계면활성제는 알칼리에서는 음이온, 산성에서는 양이온 특성을 나타내며 일반적으로 다른 이온성 계면활성제보다 피부에 안전하고, 세정력, 살균력, 유연 효과 등을 나타내므로 저자극 샴푸, 스킨케어 제품, 어린이용 제품에 사용된다.
③ 비이온 계면활성제는 전하를 가지지 않으므로 물의 경도로 인한 비활성화에 잘 견디는 특징이 있으며, 피부에 대하여 이온성 계면활성제보다 안전성이 높고 유화력 등이 우수하므로 세정제를 제외한 에멀젼 제품 및 스킨케어 제품에서의 유화제로 사용된다.
④ 양이온 계면활성제는 물에 용해할 때 친수기 부분이 음이온으로 해리되는 계면활성제로 세정력과 거품 형성 작용이 우수하여 주로 클렌징 제품에 활용된다.
⑤ 천연물 유래 계면활성제 중 천연물질로 가장 많이 사용되고 있는 것은 벤토나이트로 그 외 천연물 유래 콜레스테롤 및 사포닌 등도 천연 계면활성제로 사용된다.

24 미생물이 증식하기 좋은 화장품 성분이 아닌 것은?

① 정제수
② 보습제
③ 천연추출물
④ 착향제
⑤ 수용성 폴리머

25 화장품에 사용되는 실리콘 오일의 사용 목적으로 옳지 않은 것은?

① 용해성에 따라 다양한 제품의 피막제로 사용된다.
② 비극성인 특성을 기반으로 피부 표면에서 수분 증발 억제 목적(밀폐제)으로 사용된다.
③ 제품의 사용감 향상의 목적으로 사용된다.
④ 연화제 효과가 우수하여, 피부 및 모발에 대한 유연성을 부여하기 위해 사용된다.
⑤ 광택제로도 사용되며, 기포 제거성이 높다.

26 「화장품 안전기준 등에 관한 규정」에 따른 사용상의 제한이 필요한 원료 중 최대 0.1%로 사용할 수 있는 원료를 모두 고른 것은?

보 기
쿼터늄-15, 알클록사, 이소베르가메이트, 페릴알데하이드, p-클로로-m-크레졸, 암모니아,

① 쿼터늄-15, 알클록사
② 알클록사, p-클로로-m-크레졸
③ 이소베르가메이트, 페릴알데하이드
④ 페릴알데하이드, 암모니아
⑤ p-클로로-m-크레졸, 알클록사

27 다음은 기능성 화장품 심사를 받지 않고 보고서를 제출해야 하는 1호 보고 대상이다. "S 화이트닝 크림"이 〈보기〉의 기준에 맞는 경우 미백 효능 기능성 화장품으로 보고할 수 있다. 〈보기〉의 보고 내용으로 옳지 않은 것은?

보 기

▲ 기능성 화장품 심사에 관한 규정(식약처 고시) 중 피부의 미백에 도움을 주는 제품
ㄱ. 성분 및 함량 : 아스코빌글루코사이드 2%
ㄴ. 효능 · 효과 : 피부의 미백에 도움을 준다.
ㄷ. 용법 · 용량 : 본 품 적당량을 취해 피부에 골고루 펴 바른 후 물로 깨끗이 씻어낸다.
ㄹ. 기능성 화장품 기준 및 시험 방법(식약처 고시)
ㅁ. 완제품 기준 및 시험 방법 : 아스코빌글루코사이드 크림제

① 성분 및 함량
② 효능 · 효과
③ 용법 · 용량
④ 기능성 화장품 기준 및 시험 방법
⑤ 완제품 기준 및 시험 방법

28 화장품 표시 · 광고 실증을 위한 피부 노화 평가 방법으로 옳지 않은 것은?

① 안면 부위의 피부 노화 정도를 숙련된 전문가가 육안으로 평가한다.
② PRIMOS High Resolution의 고해상도 측정을 이용해 눈가 주름을 측정하고 화상 분석을 이용해 분석한다.
③ 피부 처짐 현상이 두드러지게 관찰되는 입가 볼 부위를 측정 부위로 선정하고 모아레(Moire) 방법을 이용하여 입가 볼 부위의 안면 처짐을 평가한다.
④ Cutometer를 이용하여 이마 부위의 피부 탄력을 측정한다.
⑤ 색차계를 이용해 색소 침착 정도를 평가한다.

29 CGMP 기준 제조 위생관리기준서에 포함되어야 하는 사항으로 옳지 않은 것은?

① 설비 시설의 규격, 오염물질 제거 방법
② 작업 복장의 규격, 세탁 방법 및 착용 규정
③ 작업실 등의 청소와 소독 방법 및 청소 주기
④ 세척 방법과 세척에 사용되는 약품 및 기구
⑤ 작업원의 수세, 소독 방법 등 위생에 관한 사항

30 우수 화장품 제조 및 품질관리 실시에 따른 기대효과로 적절하지 않은 것은?

① 제조단위 균질성 유지
② 제조자의 품질의식 향상
③ 소비가치 향상
④ 화장품에 대한 신뢰성 재고
⑤ 품질보증

31 「우수 화장품 제조 및 품질관리 기준(CGMP)」 제4조 작업원의 의무사항으로 옳지 않은 것은?

① 조직 내에서 맡은 지위 및 역할을 인지해야 할 의무
② 문서 접근 제한 및 개인위생 규정을 준수해야 할 의무
③ 자신의 업무 범위 내에서 기준을 벗어난 행위나 부적합 발생 등에 대해 보고해야 할 의무
④ 정해진 책임과 활동을 위한 교육훈련을 이수할 의무
⑤ 자신의 작업 범위를 인지하고 동료와 긴밀히 협력할 의무

32 「우수 화장품 제조 및 품질관리 기준(CGMP)」 제4조 품질보증책임자의 준수사항으로 옳지 않은 것은?

① 품질에 관련된 모든 문서와 절차의 검토 및 승인
② 품질검사가 규정된 절차에 따라 진행되는지의 확인
③ 일탈이 있는 경우 이의 조사 및 기록
④ 소비자 만족도 조사와 이를 반영한 제품 기획
⑤ 불만 처리와 제품 회수에 관한 사항의 주관

33 CGMP 기준 보관용 검체의 관리 규정으로 옳지 않은 것은?

① 제품을 그대로 각 뱃치를 대표하는 검체를 보관한다.
② 각 뱃치별로 제품 시험을 2번 실시할 수 있는 양을 보관한다.
③ 제품이 가장 안정한 조건에서 사용기한 경과 후 1년간 또는 개봉 후 사용기간을 기재하는 경우 제조일로부터 3년간 보관한다.
④ 동일 제조 단위에서 포장 형태는 같으나 포장단위가 다른 경우에는 각각을 보관하고 적절한 용기, 마개로 포장하거나 제조 단위가 표시된 동일한 마개·용기·완제품 용기에 포장한다.
⑤ 제품 규격에 따라 충분한 수량을 채취하고 시험 결과 또는 날짜로 확인되어야 한다.

34 CGMP 기준 교육책임자 또는 담당자의 주요 업무로 옳지 않은 것은?

① 모든 직원의 교육훈련의 필요성을 명확하게 하고 이에 알맞은 교육일정, 내용, 대상 등을 정하여 교육훈련 계획을 세운다.
② 교육계획, 교육 대상, 교육의 종류, 교육 내용, 실시 방법, 평가 방법, 기록 및 보관 등이 포함된 교육훈련 규정을 작성한다.
③ 교육훈련 기본계획에 따라 교육을 실시하고 실시 기록을 작성한다.
④ 모든 직원을 대상으로 불시에 교육훈련 평가를 실시하여 기록한다.
⑤ 교육훈련 실시 평가기록서를 작성하고 그 결과를 문서로 보고한다.

35 CGMP 기준 직원의 위생관리 규정에 포함되어야 하는 사항이 아닌 것은?

보 기

ㄱ. 직원의 작업 시 복장
ㄴ. 직원 건강 검진
ㄷ. 직원에 의한 제품의 오염 방지에 관한 사항
ㄹ. 직원의 화장실 사용 방법
ㅁ. 직원의 작업 중 주의사항
ㅂ. 방문객 및 교육훈련을 받지 않은 직원의 위생관리

① ㄱ, ㄷ
② ㄴ, ㄹ
③ ㄷ, ㅁ
④ ㄹ, ㅁ
⑤ ㅁ, ㅂ

36 「우수 화장품 제조 및 품질관리 기준(CGMP)」 제7조 건물의 기준으로 옳지 않은 것은?

① 제품이 보호되도록 설계하고 건축되어야 한다.
② 건물은 제품의 품질을 높이고 대량생산이 가능하도록 설계하여야 한다.
③ 제품, 원료 및 포장재 등의 혼동이 없도록 설계하여야 한다.
④ 건물은 제품의 제형, 현재 상황 및 청소 등을 고려하여 설계하여야 한다.
⑤ 청소가 용이하도록 하고 필요한 경우 위생관리 및 유지관리가 가능하도록 해야 한다.

37 〈보기〉는 「우수 화장품 제조 및 품질관리 기준(CGMP)」 제8조의 내용이다. 작업소의 시설 기준을 모두 고른 것은?

보 기

ㄱ. 작업소는 제조하는 화장품의 종류 · 설비에 따라 적절히 구획 · 구분되어 있어 교차오염 우려가 없을 것
ㄴ. 작업소의 건물 표면은 가능한 청소하기 쉽게 매끄러운 표면을 지니고 소독제 등의 부식성에 저항력이 있을 것
ㄷ. 외부와 연결된 창문은 가능한 열리지 않도록 할 것
ㄹ. 수세실과 화장실은 접근이 쉬워야 하나 생산 구역과 분리되어 환기가 잘되고 청결할 것
ㅁ. 조명은 제품의 변색을 방지하도록 가능한 어둡게 설치하고, 조명이 파손될 경우를 대비한 제품을 보호할 수 있는 처리 절차를 마련할 것
ㅂ. 각 제조 구역별 적절한 환기 시설을 갖추고 청소 및 품질관리 절차에 따라 효능이 입증된 세척제와 소독제를 사용할 것

① ㄱ, ㄴ
② ㄴ, ㄷ, ㄹ
③ ㄷ, ㄹ
④ ㄹ, ㅁ
⑤ ㄹ, ㅁ, ㅂ

38 CGMP 기준 제조설비의 유지관리로 옳지 않은 것은?

① 컴퓨터를 사용한 자동시스템 통해 액세스 제한 및 고쳐쓰기 대책을 시행하고 설비 결함의 발생 빈도를 감소시킨다.
② 결함 발생 및 정비 중이거나 고장 등 사용이 불가한 설비는 적절한 방법으로 표시한다.
③ 세척한 설비는 다음 사용 시까지 오염되지 아니하도록 관리한다.
④ 모든 제조 관련 설비는 승인된 자만이 접근·사용하여야 한다.
⑤ 설비는 정기적으로 점검하여 화장품의 제조 및 품질관리에 지장이 없도록 유지·관리·기록하여야 한다.

39 〈보기〉는 「화장품 안전기준 등에 관한 규정」에 따른 특정 미생물 시험 방법이다. (　　) 안에 들어갈 말로 옳은 것은?

보 기

검체 1g 또는 1mL를 달아 카제인 대두소화액체배지를 사용하여 10mL로 하고 30~35℃에서 24~48시간 증균 배양한다. 증균 배양액을 보겔존슨 한천배지 또는 베어드파카 한천배지에 이식하여 30~35℃에서 24시간 배양하여 균의 집락이 검정색이고 집락 주위가 황색 투명대가 형성되면 그람 염색법에 따라 염색하여 검경한 결과 그람 양성균으로 나타나면 (　　)시험을 실시한다. 시험 결과 음성인 경우 황색포도상구균 음성으로 판정하고, 양성인 경우 황색포도상구균 양성으로 의심하고 동정시험으로 확인한다.

① 발효
② 옥시다제
③ 획선도말
④ 응고효소
⑤ 자외선

40 내용물 및 원료의 입고 관리 기준으로 옳은 것은?

① 한번에 입고된 원료는 제조단위 별로 각각 구분하여 관리하고 제조번호가 없는 경우에는 식별번호를 부여하여 보관한다.
② 모든 원료는 품질을 입증할 수 있는 검증자료를 공급자로부터 공급받고 화장품 제조업자가 정한 기준에 따라서 사용 전에 관리한다.
③ 구매요구서, 인도문서, 인도물이 서로 일치해야 하며 원료 선적 용기 및 운송 관련 자료를 반드시 검사한다.
④ 원자재 입고 절차 중 육안 확인 시 물품에 결함이 있을 경우 입고를 보류하고 격리 보관 및 원자재 공급업자에게 반송하거나 재평가 시스템을 통해 관리한다.
⑤ 필요한 경우 부적합된 원료를 보관하는 공간은 잠금장치를 추가하여야 하며 자동화 창고와 같이 확실하게 구분하여 혼동을 방지한다.

41 CGMP 기준 원자재 용기 및 시험 기록서의 필수 기재 사항으로 옳지 않은 것은?

① 원자재 공급자가 정한 제품명
② 공급 수량
③ 수령일자
④ 공급자가 부여한 제조번호 또는 관리번호
⑤ 원자재 공급자명

42 〈보기〉는 맞춤형 화장품 판매업자의 준수사항의 일부이다. (　　) 안에 들어갈 말로 옳은 것은?

> 보 기
>
> 최종 혼합, 소분된 맞춤형 화장품은 소비자에게 제공되는 '유통 화장품'이므로 그 안전성을 확보하기 위하여 「화장품법」 제8조 및 식품의약품안전처 고시 「(㉠)」 제6조에 따른 유통 화장품의 안전관리 기준을 준수해야 하며 맞춤형 화장품 판매장에서 제공되는 최종 맞춤형 화장품에 대한 (㉡) 오염관리를 철저히 해야 한다.

	㉠	㉡
①	화장품 안전기준 등에 관한 규정	미생물
②	화장품 품질관리 기준 등에 관한 규정	비의도적인
③	화장품 시험 방법 등에 관한 규정	미생물
④	화장품 전성분 표시 지침	미생물
⑤	우수 화장품 제조 및 품질관리 기준	미생물

43 〈보기〉는 화학적으로 가공된 글리세린과 지방산이다. 글리세린의 유기농 함량으로 옳은 것은?

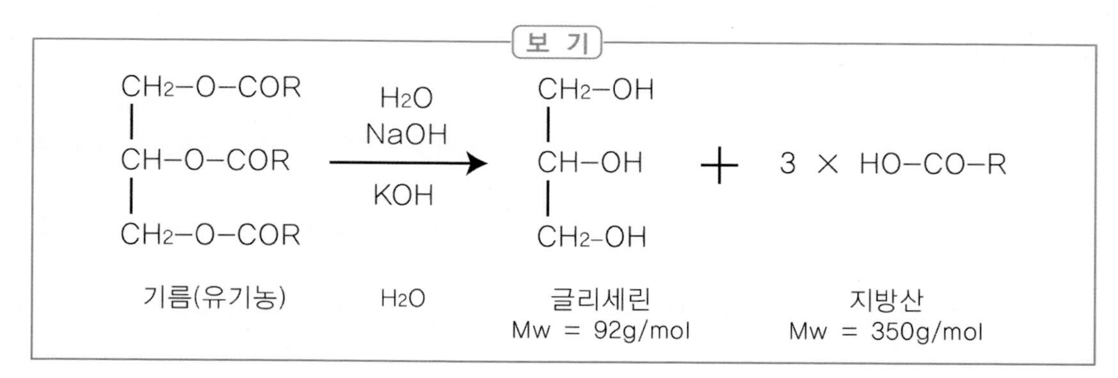

① 95.1%　　② 96.7%
③ 97.1%%　　④ 98.6%
⑤ 99%

44 CGMP 기준 화장품 용수의 품질관리로 옳지 않은 것은?

① 물은 반드시 정제수를 사용하여야 한다.
② 물의 품질은 정기적으로 검사해야 하고 필요 시 미생물학적 검사를 실시하여야 한다.
③ 사용수의 품질은 주기별로 시험항목을 설정해서 시험한다.
④ 물 공급 설비는 물의 정체와 오염을 피할 수 있도록 설치되어야 한다.
⑤ 각 단위 기계마다 시스템 설계를 고려해 주기를 정해놓고 일상적으로 소독함으로써 끊임없이 미생물을 관리한다.

45 「인체 세포 · 조직 배양액 안전기준」에 따른 인체 세포 · 조직 배양액을 제조하는 배양 시설 청정도 기준으로 옳은 것은?

① Pressure(inches of water) : 0.5(=1.27㎜H_2O, 12 Pa)
② Filter required : Med
③ Temperature range : 74 ± 8 °F(18.8~27.7 ℃)
④ Humidity range : 65 ± 20%
⑤ Air changes per hour : 30~40

46 인체용 세제의 사용 시기 및 방법으로 옳은 것은?

① 작업 전에 손 세정을 실시하고 작업장 퇴실 시 분무식 소독기를 사용하여 손을 소독한다.
② 운동 등에 의한 오염, 땀, 먼지 등의 제거를 위하여 입실 전 소독제를 도포한다.
③ 작업장 입실 전에는 비누를 이용해 손을 세척하고 정제수로 손을 깨끗이 헹군다.
④ 작업 중 손이 오염되었을 때에는 흐르는 물에 손을 깨끗이 헹군다.
⑤ 화장실을 이용하는 작업원은 화장실 퇴실 시 손을 세정하고 작업실에 입실한다.

47 CGMP 기준 위생관리 규정으로 옳은 것은?

① 피부에 외상이 있거나 유전적 질환이 있는 직원은 위생복 및 마스크를 반드시 착용하고 출입한다.
② 방문객이 생산, 관리, 보관 구역 출입 시에는 인적사항, 작업복 착용 유무를 기록하고 적절한 지시에 따라야 한다.
③ 교육훈련을 받지 않은 사람들이 생산, 관리, 보관 구역으로 출입하는 경우 입 · 퇴장 시간을 제한한다.
④ 영업상의 이유로 생산, 관리, 보관 구역으로 출입하는 경우 안전 위생의 교육훈련 자료를 사전 작성하고 출입 전에 교육훈련을 실시한다.
⑤ 방문객과 신입 사원이 생산, 관리 보관 구역에 출입할 경우 출입 전 개인 위생을 점검해야 한다.

48 〈보기〉는 「유통 화장품 안전관리 시험 방법」에 따른 화장비누의 내용량 측정 결과이다. 이를 참고하여 건조감량을 계산한 값으로 옳은 것은?

보 기
- 접시 무게 : 10g
- 가열 전 접시와 검체의 무게 : 160g
- 가열 후 접시와 검체의 무게 : 130g

① 10%
② 20%
③ 25%
④ 30%
⑤ 50%

49 CGMP 기준 세척 후 판정 방법으로 옳은 것은?

① 표면 균 측정법은 설비에 맞는 소도구(손전등, 지시 봉, 거울)를 이용해 육안으로 판정한다.
② 박층크래마토그래피(TLC)에 의한 정량분석은 UV를 흡수하는 물질의 잔존 여부를 확인한다.
③ 콘택트 플레이트법은 미생물 배양 후 CFU 수를 측정해서 세척 결과를 판정한다.
④ 닦아내기 판정은 천 표면에 검출되는 미생물 수를 계산해서 세척 결과를 판정한다.
⑤ 린스액 중의 총 유기 탄소를 HPLC법으로 측정해 세척 결과를 판정한다.

50 「우수 화장품 제조 및 품질관리 기준(CGMP)」 제25조 불만 처리 기준으로 옳은 것은?

① 불만은 제품 결함의 경향을 파악하기 위해 정기적으로 검토하며 일부 재평가시스템을 거쳐 재작업에 의해 판매할 수 있다.
② 불만처리담당자는 제품에 대한 모든 불만을 취합하고 제기된 불만에 대해 신속하게 조사하고 그에 대한 적절한 조치를 취한다.
③ 불만처리담당자는 불만이 접수된 제품을 즉시 회수하고 다른 제조번호의 제품에도 영향이 없는지 점검한다.
④ 불만처리담당자는 불만 제기자의 이름, 연락처 및 불만 처리 내용 등을 공개해서는 안 된다.
⑤ 불만 접수자는 익명으로 기재하고 불만 접수 연월일, 제품명, 제조번호 등을 포함한 불만 내용을 기록・유지한다.

51 CGMP 기준 원료 및 내용물의 폐기처리로 옳은 것은?

① 제조일로부터 1년이 경과하지 않았거나 사용기한이 1년 이상 남아있는 경우 재작업할 수 있다.
② 변질・변패되지 않은 원료 및 내용물은 재작업할 수 있다.
③ 품질에 문제가 있거나 회수・반품된 제품의 폐기 또는 재작업 여부는 품질보증책임자에 의해 승인된다.
④ 원료가 적합 판정 기준을 만족시키지 못할 경우 "일탈 제품"으로 지칭한다,
⑤ 기준 일탈이 된 원료 및 내용물은 재작업할 수 있다.

52 「우수 화장품 제조 및 품질관리 기준(CGMP)」 제23조 위탁계약의 기준으로 옳은 것은?

① 제조 업무를 위탁하고자 하는 자는 우수 화장품 제조 및 품질관리 기준 적합 판정을 받은 업소에서 위탁 제조하여야 한다.
② 위탁업체와 수탁업체는 상하관계로 위탁업체는 수탁업체의 계약 수행능력을 평가하고 그 업체가 계약을 수행하는데 필요한 시설 등을 갖추고 있는지 확인해야 한다.
③ 위탁업체는 위탁제조품의 품질을 보증해야 하며 제조품의 품질보증을 수탁업체에게 추구해야 한다.
④ 화장품 제조 및 품질관리에 있어 공정 또는 시험의 일부를 위탁하고자 할 때에는 위탁계약에 관한 문서화된 절차를 수립·유지해야 한다.
⑤ 제조공정의 확립이나 원료공급업자의 결정을 수탁업체에게 위탁할 시에는 그 결정 책임까지 위탁해야 하며 수탁업체는 위탁업체가 확립한 제조공정의 실시를 보증해야 한다.

53 맞춤형 화장품 판매업자의 준수사항으로 옳은 것은?

① 오염 방지를 위해 혼합 시 단정한 복장을 하고 혼합 전·후에는 마스크를 착용한다.
② 혼합·소분 전에 내용물 및 원료의 사용기한 또는 개봉 후 사용기간을 확인하고, 사용기한 또는 개봉 후 사용기간이 지난 것은 사용하지 않는다.
③ 원료 및 내용물의 입고 시 포장 여부를 확인하고 필요한 경우에는 품질성적서를 구비한다.
④ 맞춤형 화장품 조제에 사용하고 남은 내용물 및 원료는 개봉 후 사용기한을 정하고 비의도적인 오염을 방지하기 위해 소분해서 보관한다.
⑤ 전성분 정보를 확인할 수 있는 인쇄물을 판매업소에 비치할 경우 최종 맞춤형 화장품의 전성분을 1차 또는 2차 포장에 기재하지 않아도 된다.

54 다음 중 영·유아 또는 어린이 사용 화장품 관련 규정으로 옳은 것은?

① 화장품 제조업자는 영·유아 또는 어린이가 사용할 수 있는 화장품임을 표시·광고하려는 경우에는 제품별 안전성 자료를 작성 및 보관하여야 한다.
② 영·유아, 어린이의 연령기준은 만 3세 이상부터 만 13세 이하까지이다.
③ 식품의약품안전처장은 영·유아 또는 어린이용 화장품에 대하여 실태조사를 3년마다 실시하고 결과를 인터넷 홈페이지에 공개해야 한다.
④ 화장품의 1차 또는 2차 포장에 영·유아 또는 어린이가 사용할 수 있는 화장품임을 특정하여 표시(광고)하는 경우 사용기한 표시 제품인 경우에는 마지막으로 제조·수입된 제품의 사용기한 만료일 이후 1년까지의 기간, 개봉 후 사용기가 표시 제품인 경우에는 마지막으로 제조·수입된 제품의 제조 연월일 이후 3년까지 기간을 보관한다.
⑤ 영·유아 또는 어린이 사용 화장품 책임판매업자는 보관기한이 경과한 제품별 안전성 자료를 폐기할 수 있다.

55 비매품인 맞춤형 화장품의 1차 또는 2차 포장 기재 · 표시사항으로 옳은 것은?

① 내용물의 중량
② 해당 화장품 제조에 사용된 모든 성분
③ 사용할 때 주의사항
④ 제조번호
⑤ 맞춤형 화장품 판매업자의 주소

56 분산(suspension)이 적용되는 화장품의 상품적 특성에 따라 요구되는 기능이 아닌 것은?

① 분산 상태에서의 유효성이 양호하며 경시 변화가 적어야 한다.
② 피부에 양호한 도포력과 부착력을 가져야 한다.
③ 땀이나 비, 물 등에 의해 잘 지워지지 않아야 한다.
④ 피부의 생리적 기능 및 작용을 저해시키지 않고 장기간 사용해도 피부에 유해하지 않아야 한다.
⑤ 우수한 커버 효과를 갖고 있으며 동시에 피부에 양호한 퍼짐성을 나타내야 한다.

57 모발 아미노산에 들어있는 5가지 주성분으로 옳지 않은 것은?

① C
② H
③ O
④ N
⑤ He

58 「기능성 화장품 기준 및 시험 방법」에 따라 "모발의 색상을 변화시키는데 도움을 주는 기능성 화장품" 원료를 〈보기〉에서 모두 고른 것은?

보 기
메티라폰, 몰식자산, 과붕산나트륨일수화물, 레조시놀, 모노에탄올아민, p-페네티딘

① 메티라폰, 몰식자산, 과붕산나트륨일수화물
② 몰식자산, 모노에탄올아민, p-페네티딘
③ 벤조일퍼옥사이드, 레조시놀, p-페네티딘
④ 과붕산나트륨일수화물, 레조시놀, 모노에탄올아민
⑤ 메티라폰, 레조시놀, 모노에탄올아민

59 「화장품법 시행규칙」에 따라 맞춤형 화장품에 제외하는 기재 · 표시사항은?

① 성분명을 제품 명칭의 일부로 사용한 경우 그 성분명과 함량
② 화장품에 천연 또는 유기농으로 표시 · 광고하려는 경우에는 원료의 함량
③ 인체 세포 · 조직 배양액이 들어있는 경우 그 함량
④ 기능성 화장품의 경우 그 효능 · 효과가 나타나게 하는 원료
⑤ 식품의약품안전처장이 정하는 바코드

60 〈보기〉는 피부의 표피를 구성하는 층이다. 진피에 가장 가까이 있는 표피기관부터 순서대로 나열한 것은?

보 기

ㄱ. 각질층
ㄴ. 과립층
ㄷ. 기저층
ㄹ. 투명층
ㅁ. 유극층

① ㄷ – ㅁ – ㄱ – ㄹ – ㄴ
② ㄷ – ㅁ – ㄴ – ㄹ – ㄱ
③ ㅁ – ㄱ – ㄷ – ㄴ – ㄹ
④ ㄱ – ㄹ – ㄴ – ㅁ – ㄷ
⑤ ㄱ – ㄴ – ㄹ – ㅁ – ㄷ

61 맞춤형 화장품 조제관리사인 창훈이는 매장을 방문한 고객과 다음과 같은 〈대화〉를 나누었다. 창훈이가 고객에게 혼합하여 추천할 제품으로 다음 〈보기〉 중 옳은 것을 모두 고르면?

대 화

고객 : 최근에 인상을 많이 써서 그런지 눈가 주름이 깊어진 거 같아요.
그리고 피부도 칙칙해졌어요.
소영 : 아, 그러신가요? 그럼 먼저 고객님 피부 상태부터 측정해보도록 할까요?
고객 : 네, 그렇게 해 주세요~ 그리고 지난번 방문 시와 비교해 주세요~
소영 : 네, 이쪽에 앉으시면 저희 측정기로 측정을 해 드리겠습니다.

〈피부 측정 후〉

소영 : 고객님은 1달 전 측정 시보다 주름이 깊어 보이고, 탄력도가 5% 정도 떨어졌어요.
색소 침착도가 25% 가량 많이 높아져 있네요.
고객 : 음... 걱정이네요. 그럼 어떤 제품을 쓰는 것이 좋을지 추천 부탁드려요.

보 기

ㄱ. 티타늄디옥사이드(Titanium Dioxide) 함유 제품
ㄴ. 마그네슘아스코빌포스페이트(Magnesium Ascorbyl Phosphate) 함유 제품
ㄷ. 콜라겐(Collagen) 함유 제품
ㄹ. 소듐하이알루로네이트(Sodium Hyaluronate) 함유 제품
ㅁ. 폴리에톡실레이티드레틴아마이드(Polyethoxylated Retinamide) 함유 제품

① ㄱ, ㄴ, ㄷ
② ㄱ, ㄴ, ㅁ
③ ㄴ, ㄷ, ㅁ
④ ㄴ, ㄹ, ㅁ
⑤ ㄷ, ㄹ, ㅁ

62 <보기>는 회수 대상 화장품의 시험성적서이다. 이 제품의 위해성 등급으로 옳은 것은?

보 기

시험항목	시험 결과
내용량	98%
아데노신	97%
에칠아스코빌에텔	88%
비소	20㎍/g
수은	1㎍/g
납	17㎍/g
금염	2㎍/g
안티몬	6㎍/g
포름알데하이드	1,400㎍/g
총호기성생균 수	780개/g(mL)

① "가"등급
② "나"등급
③ "다"등급
④ "라"등급
⑤ "마"등급

63 <보기>의 (   ) 안에 공통으로 들어갈 말로 옳은 것은?

보 기

(   )은(는) 진피에서 혈관 주위에 많이 존재하며, 알레르기의 주요인이 되는 면역세포이다. 피부에 자외선을 조사하거나 열 자극을 주어도 (   )가 활성화되며 햇빛에 의한 주름살 형성을 촉진한다.

① 섬유아세포
② 대식세포
③ 각질세포
④ MMP(Matrix Metalloprotease)
⑤ 비만세포

64 세포 간 지질 조성 성분 중 평균 함유량이 가장 높은 성분은?

① 우레아
② 콜레스테롤
③ 미네랄
④ 세라마이드
⑤ 지방산

65 〈보기〉는 「기능성 화장품 기준 및 시험 방법」 [별표 9]의 일부로써 '미백 증상의 완화에 도움을 주는 기능성 화장품'의 원료 규격의 신설을 주요 내용으로 고시한 일부 원료에 대한 설명이다. 설명에 해당하는 원료로 옳은 것은?

보 기

▲ 엷은 황색~황갈색의 점성이 있는 액 또는 황갈색~암갈색의 결정성 가루로 약간의 특이한 냄새가 있다. 이 원료에 대하여 기능성 시험을 할 때 타이로시네이즈 억제율은 48.5~84.1%이다.

▲ 확인시험
- 액의 경우에는 이 원료 2g에 부틸렌글리콜을 넣어 500mL로 한 액을 검액으로 한다.
- 가루의 경우에는 이 원료 1g에 부틸렌글리콜을 넣어 녹여 100mL로 한 액 1mL를 취하여 부틸렌글리콜을 넣어 100mL로 한 액을 검액으로 한다. 검액을 가지고 흡광도측정법에 따라 흡수스펙트럼을 측정할 때 파장 283±2nm에서 흡수극대를 나타낸다.

① 나이아신아마이드
② 닥나무추출물
③ 알부틴
④ 아스코빌테트라이소팔미테이트
⑤ 유용성감초추출물

66 모발의 성장 주기로 옳지 않은 것은?

① 성장기 동안 모근은 피하지방층까지 밑으로 내려가 튼튼하게 자리 잡고 모유두에 있는 모모세포는 신속하게 유사분열을 진행시킨다.
② 퇴행기는 성장기 이후 2~3주 기간이며 모낭이 위축되기 시작하고 모근이 점점 노화되는 시기에 해당한다.
③ 휴지기는 성장기가 끝나고 모발의 형태를 유지하면서 대사 과정이 느려지는 시기로 천천히 성장하며, 세포분열은 정지한다.
④ 휴지기는 모근이 각질화되고(죽어가며) 모발이 더 이상 자라지 않으며 모유두가 위축 됨으로써 모낭도 차츰 수축되어 모근은 위쪽으로 밀려올라가 빠진다.
⑤ 휴지기 단계에서 모모세포가 활동을 시작하면 새로운 모발로 대체된다.

67 모발이 팽윤, 연화되기 위한 pH 조건으로 적절한 것은?

① 3
② 5
③ 6.5
④ 11
⑤ 8.5

68 자외선에 의해 유발되는 즉시 유발 색소 침착으로 옳지 않은 것은?

① UV-A에 의한 피부 침착 반응이다.
② 멜라노좀 크기에 변화한다.
③ 피부 중의 멜라닌이 광에너지에 의해 일시적, 가역적으로 산화되어 일어나는 것이다.
④ 진피층에 깊이 침투한 후 콜라겐 섬유를 파괴한다.
⑤ 멜라노좀의 양이 많을수록 일어나기 쉽다.

69 맞춤형 화장품 혼합 시 제형의 안정성이 감소되는 요인으로 옳지 않은 것은?

① O/W(oil in water) 형태의 유화 제품 제조 시 유상의 투입 속도를 빠르게 할 경우 제품의 제조가 어렵거나 안정성이 극히 나빠질 가능성이 있다.
② 제조 온도가 설정된 온도보다 지나치게 높을 경우 유화제의 HLB가 바뀌면서 제조가 어려울 수 있다.
③ 유화 제품의 제조 시에는 미세한 기포가 다량 발생하게 되는데, 이를 제거하지 않으면 유화 입자가 커지면서 외관 성상 또는 점도가 달라질 수 있다.
④ 원료 투입 순서가 달라지면 용해 상태 불량, 침전, 부유물 등이 발생할 수 있으며, 제품의 물성 및 안정성에 심각한 영향을 미치는 경우도 있다.
⑤ 믹서의 회전 속도가 느린 경우 원료 용해 시 용해 시간이 길어지고, 고온에서 안정성이 떨어질 수 있다.

70 맞춤형 화장품에 사용할 수 있는 화장품 원료로 옳은 것은?

① 리누론
② 로즈마리 오일
③ 벤질알코올
④ 징크옥사이드
⑤ 레조시놀

71 〈보기〉는 비의도적으로 생성된 물질의 검출 허용 한도 설정 기준에 대한 내용이다. (　　) 안에 들어갈 수 없는 용어는?

> 보 기
>
> 디옥산은 화장품에 사용할 수 없는 원료이나 화장품 원료 중 성분명이 (　　)을(를) 포함하거나, 제조과정 중 지방산에 에틸렌옥사이드 첨가과정(ethoxylation) 중에 부산물로 생성되어 화장품에 잔류할 수 있으므로 기술적으로 제거가 불가능한 검출 수준, 국내외 모니터링 결과 인체에 유해하지 않은 안전역 수준 등을 고려하여 전 유형의 화장품에서 100ppm 이하로 관리하는 것이 바람직하다.

① PEG
② -eth- 또는 -옥시놀-
③ 폴리에칠렌
④ 폴리에칠렌글라이콜
⑤ 폴리옥실렌글리콜

72 아세틸 시스테인(N-아세틸-L-시스테인)과 관련된 설명으로 옳지 않은 것은?

① 아세틸 시스테인은 가래를 묽게 하는 약물이다.
② L-시스테인을 pH 13의 수산화나트륨 수용액에 용해해서 무수초산을 작용시켜 얻는다.
③ 시스테인계 파마제의 성분으로 산화되어도 결정화되지 않는다.
④ 피부 자극은 L-시스테인보다는 강하고 치오글리콜산보다는 낮다.
⑤ L-시스테인과 비교할 때 동일 농도, 동일 pH에서 웨이브 생성력이 강하다.

73 〈보기〉는 기능성 화장품의 심사를 받지 않고 보고서를 제출해야 하는 대상이다. 「화장품법 시행규칙」에 따른 3호 보고 시 주의사항으로 옳지 않은 것은?

보 기

이미 심사를 받은 기능성 화장품 및 식약처장이 고시한 기능성 화장품과 비교하여 다음 각 목의 사항이 모두 같은 품목(이미 심사를 받은 제2조 제4호 및 제5호의 기능성 화장품으로써 그 효능 · 효과를 나타나게 하는 성분 · 함량과 식약처장이 고시한 제2조 제1호부터 제3호까지의 기능성 화장품으로서 그 효능 · 효과를 나타나게 하는 성분 · 함량이 서로 혼합된 품목만 해당)

가. 효능 · 효과를 나타나게 하는 원료의 종류 · 규격 및 함량
나. 효능 · 효과(자외선 차단지수 측정값이 20% 이하의 범위에 있는 경우 같은 효능 · 효과로 봄)
다. 기준[산성도(pH) 기준 제외] 및 시험 방법
라. 용법 · 용량
마. 제형

① 보고한 이후 변경사항이 발생하면 변경 절차를 통해 변경 신고 신청
② '본 품 적당량을 취해 피부에 골고루 펴 바른다.' 이외의 용법 · 용량은 기재 · 불가
③ 내수성은 기재 불가
④ 액제, 로션제, 크림제가 아닌 에어로졸제, 쿠션 제품은 3호 보고 불가
⑤ 이미 심사 받은 자외선 차단제 기준 및 시험 방법에 pH항이 없는 경우 3호 보고 불가

74 피지선에 대한 설명으로 옳지 않은 것은?

① 대부분 모낭에 부속하여 모공 내에 피지를 분비한다.
② 피지선은 두피와 안면에 많다.
③ 피지가 과량 분비되는 경우 여드름을 유발할 수 있다.
④ 피지선의 작용은 사춘기에 활발하고 나이가 들면서 그 기능이 저하한다.
⑤ 피지의 분비로 모공이 채워지면 피부의 수분 증발이 촉진된다.

75 피부 상태를 결정하는 요인으로 옳지 않은 것은?

① 경피 수분 손실(TEWL)이 클수록 각질층의 보습 능력이 저하된다.
② 과립층에 있는 케라토히알린이 감소하면 천연보습인자(NMF)의 생산이 저하됨으로써 보습 능력이 낮아진다.
③ 필라그린의 분해 산물인 아미노산과 그 대사물로 이루어진 지용성 보습인자는 각질형성세포에서 완전히 분해되어 각질층의 수분을 유지시킨다.
④ 각질층의 피부 지질은 천연보습인자(NMF)가 세포 내부에 있을 수 있도록 하여 수분을 조절한다.
⑤ 점다당질(hyaluronic acid, dermatan sulfate)은 나이에 따라 감소하기 때문에 피부 노화의 주된 원인이 되기도 한다.

76 유통 화장품 안전관리 시험 방법에 따른 내용량 시험 기준으로 옳지 않은 것은?

① 용량으로 표시된 제품일 경우 비중을 측정하여 용량으로 환산한 값을 내용량으로 한다.
② 침적마스크의 "용기, 지지체 및 보호필름"은 "용기"로 보고 시험한다.
③ 클렌징티슈의 내용량은 침적한 내용물의 양을 시험하는 것으로 용기, 지지체, 보호필름은 제외하고 시험한다.
④ 하이드로겔 마스크의 내용량은 겔 부분을 녹여 완전히 제거하여 지지체, 파우치 및 필름류 등을 깨끗이 닦은 후 완전히 건조시켜 부자재의 총 무게를 측정하여 내용량을 측정한다.
⑤ 에어로졸 제품은 용기에 충전된 분사제를 제거한 양을 내용량 기준으로 하여 시험한다.

77 피부의 지질(Lipid) 구성 성분으로 옳지 않은 것은?

① 지방산　　② 스쿠알렌
③ 트리글리세라이드　　④ 콜레스테롤
⑤ 세리사이트

78 모발 화장품에 사용되는 폴리펩타이드(polypeptide)의 성질로 옳지 않은 것은?

① 모발의 대부분은 케라틴으로 되어 있으며 단백질을 적게 한 폴리펩타이드는 모발에 결합하여 손상된 부분을 수복한다.
② 화장품에 사용되는 폴리펩타이드는 그 종류에 따라 아미노산 조성이 달라지며 분자량이나 화학수식에 의해 성질이 달라진다.
③ 폴리펩타이드는 분자량이 클수록 아미노산 수가 많고 모발로의 침투성이 좋다.
④ 폴리펩타이드는 헤어케어 제품 등에 사용되며 모발의 보호를 위해 배합된다.
⑤ 식물이나 동물 등에서 취한 단백질을 효소, 산, 알칼리 등에 의해 가수분해하여 작게 한 것으로 화장품에 범용되는 폴리펩타이드에는 콜라겐, 실크 등 여러 종류가 있다.

79 〈보기〉의 (　　) 안에 들어갈 말로 옳은 것은?

> **보 기**
>
> 「화장품 안전관리 기준 등에 관한 규정」에 따른 화장품에 사용상의 제한이 필요한 자외선 차단 성분을 (㉠) 목적으로 그 사용 농도가 (㉡)% 미만인 것은 자외선 차단 제품으로 인정하지 않는다.

	㉠	㉡		㉠	㉡
①	변색 방지	0.5%	②	변색 방지	1.0%
③	탈색 방지	0.5%	④	착색 방지	0.1%
⑤	탈색 방지	1.0%			

80 비타민의 기능으로 옳지 않은 것은?

① 비타민 A는 상피조직의 기능을 유지하고 세포 및 결합조직의 조기노화를 예방하며 표피 각화 과정을 정상화시켜 피부 재생에 기여한다.
② 비타민 B군은 지루성 피부염, 습진에 효과가 있고 피부 청정 효과가 우수하며 피리독신 및 니코틴산 유도체가 사용된다.
③ 비타민 D는 습진이나 피부 건조에 효과를 나타낸다.
④ 비타민 H는 피부염에 효과적인 것으로 알려져 있으며 머리카락 육모에 관하여 탈모를 방지한다.
⑤ 비타민 C(α-토코페롤)는 혈행 촉진, 항산화 작용이 있다.

81 〈보기〉는 성인이 개봉하기는 어렵지 아니하나 만 5세 미만의 어린이가 개봉하기는 어렵게 설계·고안된 안전용기·포장의 품목 및 기준이다. ㉠, ㉡에 들어갈 말을 작성하시오.

> **보 기**
>
> 1. (㉠)을 함유하는 네일 에나멜 리무버 및 네일 폴리시 리무버
> 2. 어린이용 오일 등 개별 포장당 탄화수소류를 10퍼센트 함유하고 운동점도가 21센티스톡스(40℃ 기준) 이하인 (㉡) 타입의 액체 상태의 제품
> 3. 개별 포장당 메틸 살리실레이트를 5퍼센트 이상 함유하는 액체 상태의 제품

82 「기능성 화장품 심사에 관한 규정」에 따라 자외선을 차단 또는 산란시켜 자외선으로부터 피부를 보호하는 기능을 가진 제품의 경우 이미 심사받은 기능성 화장품과 효능·효과를 나타내는 원료의 종류, 규격 및 분량, 용법·용량 및 제형이 동일한 경우 (㉠), (㉡) 또는 기능을 입증하는 자료 제출이 면제된다. ㉠, ㉡에 들어갈 말을 쓰시오.

83 〈보기〉는 「화장품법」 제2조에 근거한 맞춤형 화장품의 정의이다. (   ) 안에 들어갈 말로 작성하시오.

보 기

- 제조 또는 수입된 화장품의 내용물에 다른 화장품의 내용물이나 식품의약품안전처장이 정하는 원료를 추가하여 혼합한 화장품
- 제조 또는 수입된 화장품의 내용물을 소분(小分)한 화장품
- 제외품목 : (   ) 등 총리령으로 정하는 화장품의 내용물을 단순 소분한 화장품

84 「기능성 화장품 심사에 관한 규정」에 따라 자료 제출이 생략되는 기능성 화장품의 종류에서 (㉠)을 고시한 품목의 경우에는 〈보기〉의 자료 제출을 면제한다. ㉠에 들어갈 용어를 작성하시오.

보 기

- 기원 및 개발 경위에 관한 자료
- 안전성에 관한 자료
- 유효성 또는 기능에 관한 자료

85 땀에서 생기는 악취로 고민하는 고객에게 알클록사(Alcloxa)를 첨가한 데오도란트를 맞춤형 화장품으로 추천하였다. 〈보기 1〉은 맞춤형 화장품의 전성분이며, 이를 참고하여 고객에게 설명해야 할 주의사항을 〈보기 2〉에서 모두 고르시오.

보 기 1

알클록사, 피피지-15스테아릴에터, 스테아레스-2, 스테아레스-21, 옥틸도데카놀, 토코페릴아세테이트, 향료, 벤조익애씨드, 비에이치티, 정제수

보 기 2

ㄱ. 화장품을 사용 시 또는 사용 후 직사광선에 의하여 사용부위가 붉은 반점, 부어오름 또는 가려움증 등의 이상 증상이나 부작용이 있는 경우 전문의 등과 상담할 것
ㄴ. 털을 제거한 직후에는 사용하지 말 것
ㄷ. 햇빛에 대한 피부의 감수성을 증가시킬 수 있으므로 자외선 차단제를 함께 사용할 것
ㄹ. 만 3세 이하 어린이에게는 사용하지 말 것
ㅁ. 신장질환이 있는 사람은 사용 전에 의사, 약사, 한의사와 상의할 것

86 〈보기〉는 자외선 차단 기능성 화장품의 전성분 표시를 「화장품법」 제10조에 따른 기준에 맞게 표시한 것이다. 이 제품은 자료 제출이 생략되는 기능성 화장품 자외선 차단 고시 성분과 사용상의 제한이 필요한 원료를 최대 사용 한도로 제조하였다. 이때, 유추 가능한 뽕나무잎추출물의 함유 범위(%)를 쓰시오.

보 기

정제수, 글리세린, 부틸옥실살리실레이트, 프로판디올, 티타늄디옥사이드, 호호바씨오일, 베헤닐알코올, 1,2헥산디올, 세테아릴알코올, 뽕나무잎추출물, 스쿠알란, 폴리글리세릴-2카프레이트, 스테아릭애씨드, 토코페롤, 팔미틱애씨드, 소듐스테아로일글루타메이트, 암모늄아크릴로일다이메틸우레이트/브이피코폴리머, 수크로오스스테아레이트, 알루미나, 글리세릴카프릴레이트, 향료

87 〈보기〉는 위해 화장품의 회수 절차 중 회수 화장품 폐기에 대한 설명이다. ㉠, ㉡, ㉢에 적합한 용어를 작성하시오.

보 기

회수한 화장품을 폐기하려는 (㉠)은(는) 폐기 신청서 및 첨부 서류를 지방식품의약품안전청장에게 제출하고, 관계 공무원의 참관 하에 (㉡)관련 법령에서 정하는 바에 따라 폐기한 후 폐기 확인서를 작성하여 (㉢)간 보존한다.

88 〈보기〉의 여드름 발생 기전을 순서대로 나열하시오.

보 기

ㄱ. 남성호르몬(테스토스테론) 분비
ㄴ. 여드름 균 증식
ㄷ. 피지 분비 증가
ㄹ. 염증 유발
ㅁ. 모낭벽을 자극(유리지방산)
ㅂ. 모낭벽이 막힘(과각화)

89 식품의약품안전청장이 영업자에게 업무정지 처분을 하여야 할 경우에는 그 업무정지 처분을 갈음하여 (㉠)을 부과할 수 있으며 업무정지 1개월은 30일을 기준으로 한다. ㉠에 들어갈 적합한 말을 쓰시오.

90 〈보기〉의 ㉠, ㉡, ㉢에 들어갈 말을 순서대로 쓰시오.

보 기

계면활성제가 물에 용해될 때 그 농도에 따라 계면활성제 분자의 배열 상태가 변하게 되고 계면에서 계면활성제 분자의 친수기는 물과, 소수기는 공기와 접촉하는 배열을 하게 된다. 계면활성제의 농도를 증가시킴에 따라 표면에서 계면활성제는 포화 상태가 되고 계면활성제 분자들끼리 회합이 일어나 (㉠)을(를) 형성하게 된다. (㉠)이 형성되기 시작하는 계면활성제의 농도를 (㉡)라고 하며 (㉠)에 의한 (㉢)현상에 의해 물에 용해되지 않은 유성 성분의 용해도가 급격하게 증가한다.

91 멜라닌은 색소는 피부 표피 기저층에 존재하는 멜라노사이트라는 색소세포에 의해 만들어진다. 미백 성분은 멜라닌 합성 효소의 일종인 (㉠)의 합성을 억제하거나 활성을 저해하여 멜라닌 색소의 생성을 억제한다. ㉠에 들어갈 적합한 용어를 작성하시오.

92 〈보기〉는 유통 화장품 안전관리 기준에 따른 미생물 한도이다. ㉠, ㉡에 들어갈 용어를 작성하시오,

보 기

- 총 호기성 생균 수 (㉠) 제품류 및 (㉡) 제품류 500개/g(mL) 이하
- 물휴지 세균 및 진균 수 : 각각 100개/g(mL) 이하
- 기타 화장품 1,000개/g(mL) 이하
- 병원성균 : 대장균, 녹농균, 황색포도상구균 불검출

93 〈보기〉의 ( ) 안에 들어갈 용어를 작성하시오.

보 기

( ) 발생 원인으로는 상피조직의 각화 이상, 내분비 이상에 의한 피지의 과잉 분비, 두피 세균류의 이상 증식 등이 있다. 이상 증식된 세균에 의해 생성된 분해 산물은 두피를 자극하고 가려움증, 염증을 수반하여 탈모로 이어질 수 있다. 이러한 증상으로 고민하는 고객에게는 살리실산 등의 각질 박리와 용해제, 피리독신 및 그 유도체, 캄파, 멘톨 등을 함유한 제품을 추천할 수 있다.

94 〈보기〉는 「기능성 화장품 심사에 관한 규정」에 따라 자료 제출이 면제되는 경우이다. ㉠, ㉡에 들어갈 말을 순서대로 작성하시오.

보 기

「기능성 화장품 기준 및 시험 방법」(식약처 고시), 국제화장품원료집(ICID) 및 「식품의 기준 및 규격」(식약처 고시)에서 정하는 원료로 제조되거나 제조되어 수입된 기능성 화장품의 경우 (㉠) 에 관한 자료 제출을 면제한다. 다만, 유효성 또는 기능 입증 자료 중 (㉡)자료에서 피부 이상 반응이 발생하지 않은 경우에 한한다.

95 〈보기〉는 「기능성 화장품 기준 및 시험 방법」 [별표 2]의 일부로써 '미백에 도움을 주는 기능성 화장품'의 원료 규격의 신설을 주요 내용으로 고시한 일부 원료에 대한 설명이다. 설명에 해당하는 원료명을 한글로 쓰시오.

보 기

▲ 분자식(분자량) : $C_{70}H_{128}O_{10}$(1129.78)

▲ 정량할 때 95.0%를 함유한다. 무색~엷은 황색의 액으로 약간의 특이한 냄새가 있다. 주로 아스코빅애씨드와 이소팔미틱애씨드의 테트라에스텔로 되어 있다.

▲ 확인시험

1) 이 원료 0.2g을 달아 에탄올 5mL에 용해하여 과망간산칼륨시액 1방울을 가할 때 액은 엷은 갈색을 나타낸다.
2) 이 원료 0.2g을 에탄올 5mL에 넣어 환류냉각기를 달아 110℃에서 30분간 가열하고 냉각한 다음 과망간산칼륨시액 1방울을 넣을 때 시액은 즉시 사라진다.
3) 이 원료 2.0g을 달아 0.5N 수산화칼륨 · 에탄올액 50mL를 넣어 환류냉각기를 달아 수욕상에서 1시간 끓인 후 에탄올을 충분히 날려 보낸다. 식힌 다음 황산을 넣어 산성으로 하고 n-헥산 30mL를 가해 세게 흔들어 섞는다. n-헥산층을 취하여 물로 씻은 액이 중성이 될 때까지 씻은 후 수욕상에서 n-헥산을 제거하고 잔류물 0.1g을 취해 메탄올 · 황산액(주) 20mL를 넣어 환류냉각기를 달아 수욕상에서 1시간 가열한다. 식힌 다음 분액깔때기에 옮겨 물 50mL를 넣은 다음 n-헥산 30mL씩 2회 추출하고 n-헥산층을 물로 씻은 액이 메틸오렌지 5방울로 적색을 나타내지 않을 때까지 씻는다. 여기에 무수황산나트륨 5g을 넣어 20분간 방치한 다음 이것을 검액으로 한다. 검액 1μL를 가지고 다음의 조건으로 기체크로마토크래프법에 따라 시험할 때 피크 유지 시간 약 18분에 이소팔미틴산메칠의 피크를 나타낸다.

96 <보기>는 화장품 책임판매업자가 작성 · 보관해야 하는 영 · 유아 또는 어린이 사용 화장품 안전성 자료이다. (   ) 안에 들어갈 말을 쓰시오.

> 보 기
>
> 1. 제품 및 제조 방법에 대한 설명 자료
> 2. 화장품의 안전성 평가 자료
> 3. 제품의 (   )에 대한 증명 자료

97 <보기>의 ( ) 안에 공통으로 들어갈 용어를 작성하시오.

> 보 기
>
> (   )는 인체에 병원균이 침입했을 때 균의 침입을 인지하는 수용체로 항생물질을 비롯한 여러 보호물질을 생산, 분비하는 기능을 한다. 자외선을 피부 세포에 쪼일 때 (   )기능을 억제하는 물질을 처리하면 자외선에 의한 염증반응이 줄어들고 콜라겐을 분해하는 효소 증가가 억제되어 피부 노화를 방지할 수 있다.

98 <보기>는 고객 상담 결과에 따른 맞춤형 화장품 화장수의 전성분 항목이다. <대화>에서 ㉠, ㉡, ㉢에 들어갈 말을 순서대로 쓰시오.

> 보 기
>
> 정제수, 글리세린, 베테인, 트레할로스, 디메치콘, 토코페릴아세테이트, 잔탄검, 히아루론산, 1,2헥산디올, 카페인추출물, 알란토인, 알바-비사보롤, 헥실신남알, 향료

> 대 화
>
> 고객 : 제품에 사용된 착향제 중 알레르기 유발 물질이 있나요?
>
> 조제관리사 : 제품에 사용된 착향제 중 알레르기 유발 성분은 (㉠)(으)로 규정에 따라 착향제 구성 성분 중 식약처장이 고시한 알레르기 유발 성분이 사용 후 씻어내지 않는 제품에 (㉡) 초과, 사용 후 씻어 내는 제품에 0.01% 초과 함유하는 경우 해당 성분의 명칭을 기재 · 표시하도록 하고 있습니다.
>
> 고객 : 이 제품은 미백에 도움이 되나요?
>
> 조제관리사 : 네. 제품에 사용된 알파-비사보롤은 식약처 고시 미백에 도움을 주는 기능성 성분으로 (㉢)(으)로 사용되었습니다.

99 〈보기〉는 맞춤형 화장품 판매업자의 준수사항이다. ㉠, ㉡에 들어갈 말을 순서대로 작성하시오.

보 기

맞춤형 화장품 사용과 관련된 부작용 발생 사례에 대해서는 지체 없이 식품의약품안전처장에게 보고해야 하며 맞춤형 화장품 부작용 사례 보고는 「화장품 (㉠) 정보관리 규정」에 따른 절차를 준용한다. 맞춤형 화장품 사용과 관련된 중대한 유해 사례 등 부작용 발생 시 그 정보를 알게 된 날로부터 (㉡) 이내 식품의약품안전처 홈페이지를 통해 보고하거나 우편 · 팩스 · 정보통신망 등의 방법으로 보고해야 한다.

100 다음 맞춤형 화장품 처방에서 사용상의 제한이 필요한 보존제 성분과 최대 사용 한도를 작성하시오.

원 료 명	함 량
정제수	to 100
펜틸렌글라이콜	4.00
서양장미꽃수	3.00
캐모마일꽃수	3.00
위치하겔수	1.00
피이지-40하이드로제네이티드캐스터오일	1.20
에칠헥실글리세린	1.00
시트릭애씨드	0.15
향료	0.60
클로로자이레놀	0.20
포타슘소르베이트	0.10
리날룰	0.01

PART 2 FINAL 모의고사

제 1 회 FINAL 모의고사

01 다음 중 맞춤형 화장품 판매업을 신고할 수 있는 자는?

① 피성년후견인
② 화장품법을 위반하여 금고 이상의 형을 선고받고 그 집행이 끝나지 아니한 자
③ 등록이 취소되었거나 영업소가 폐쇄된 날부터 1년이 지나지 아니한 자
④ 파산선고를 받고 복권되지 아니한 자
⑤ 마약류의 중독자, 정신질환자

02 다음 중 판매 가능한 화장품으로 옳은 것은?

① 의약품으로 잘못 인식할 우려가 있게 기재·표시된 화장품
② 맞춤형 조제관리사를 두지 아니한 자가 판매한 맞춤형 화장품
③ 화장품의 포장 및 기재·표시사항을 훼손한 맞춤형 화장품
④ 동물 실험을 실시한 화장품 원료를 사용하여 제조한 화장품
⑤ 사용기한을 위·변조한 회수 대상 화장품

03 다음 〈보기〉에서 화장품 품질 요소로 옳은 것을 모두 고르면?

보 기
ㄱ. 안전성　ㄴ. 유용성　ㄷ. 안정성　ㄹ. 사용성　ㅁ. 기호성

① ㄱ, ㄴ, ㄷ
② ㄱ, ㄷ, ㅁ
③ ㄱ, ㄷ, ㄹ
④ ㄴ, ㄷ, ㄹ
⑤ ㄷ, ㄹ, ㅁ

04 다음 중 화장품 유형이 바르게 연결된 것은?

① 베이비 파우더 – 기초 화장용 제품류
② 바디 제품 – 목욕용 제품류
③ 퍼머넌트 웨이브 – 탈염·탈색용 제품류
④ 아이 메이크업 리무버 – 인체 세정용 제품류
⑤ 손·발의 피부 연화 제품 – 기초 화장용 제품류

05 개인정보보호법에 따라 개인정보를 수집 · 이용할 수 있는 경우로 옳은 것을 모두 고른 것은?

보 기

ㄱ. 정보 주체의 동의를 받은 경우
ㄴ. 회사 업무처리를 위하여 불가피하게 필요한 경우
ㄷ. 정보 주체와의 계약의 체결 및 이행을 위하여 불가피하게 필요한 경우
ㄹ. 공공기관이 법령 등에서 정하는 소관 업무의 수행을 위해 불가피한 경우
ㅁ. 일반적 사유로 이익을 달성하기 위해 필요한 경우

① ㄱ, ㄴ, ㄷ
② ㄱ, ㄷ, ㄹ
③ ㄴ, ㄷ, ㄹ
④ ㄴ, ㄷ, ㅁ
⑤ ㄷ, ㄹ, ㅁ

06 개인정보처리자가 준수해야 하는 개인정보 보호 원칙으로 옳은 것은?

① 정보 주체의 권리 침해, 위험성 등을 고려하여 사생활 침해를 완전하고 정확하게 보장한다.
② 개인정보 처리 목적에 필요한 범위에서 개인정보의 정확성, 완전성 및 최신성이 보장되도록 해야 한다.
③ 개인정보 처리방침 등 개인정보의 처리에 관한 사항을 공개하지 않아야 하며 열람청구권 등 정보 주체의 권리를 보장하여야 한다.
④ 개인정보의 처리 목적에 필요한 범위에서 적합하게 개인정보를 처리하고 그 목적 외의 용도로 활용할 수 있어야 한다.
⑤ 개인정보를 익명으로 처리하여도 개인정보 수집 목적을 달성할 수 있는 경우 익명 처리가 가능한 경우에는 익명에 의하여 처리하고 개인정보의 적정한 취급을 보장하기 위하여 가명에 의하여 처리해서는 안 된다.

07 「화장품법」 제2조에 따른 화장품의 정의로 옳은 것을 모두 고르면?

보 기

ㄱ. 국민 보건 향상과 화장품 산업 발전에 기여하는 물품
ㄴ. 피부, 모발, 구강의 건강을 유지 또는 개선하기 위한 물품
ㄷ. 인체를 청결 미화하고 매력을 더하고 용모를 밝게 변화시키는 물품
ㄹ. 인체에 바르고 문지르거나 뿌리는 등 이와 유사한 방법으로 사용되는 물품
ㅁ. 인체에 대한 작용이 경미한 것으로 피부, 모발, 구강에 사용해 증상을 완화시키는데 도움을 주는 물품

① ㄱ, ㄴ
② ㄴ, ㅁ
③ ㄷ, ㄹ
④ ㄷ, ㅁ
⑤ ㄹ, ㅁ

08 다음 〈보기〉는 화장품 안전기준에 관련된 내용이다. (　　) 안에 들어갈 원료로 옳은 것은?

보 기

식품의약품안전처장은 화장품의 제조 등에 사용할 수 없는 원료를 지정하여 고시해야 하고 (㉠), (㉡), (㉢) 등과 같이 특별히 사용상의 제한이 필요한 원료에 대하여는 그 사용기준을 지정하여 고시하여야 한다.

	㉠	㉡	㉢
①	색소	염모제	향료
②	염모제	보습제	보존제
③	색소	보존제	자외선 차단제
④	보존제	자외선 차단제	계면활성제
⑤	염모제	색소	자외선 차단제

09 다음 〈보기〉의 (　　) 안에 들어갈 함량으로 옳은 것은?

보 기

식품의약품안전처장이 정하여 고시한 알레르기 유발 성분이 씻어 내지 않는 제품에 (　　　) 초과하는 경우, 향료로 표시할 수 없고 해당 성분의 명칭을 기재 · 표시해야 한다.

① 0.1%
② 0.01%
③ 0.001%
④ 0.0001%
⑤ 0.00001%

10 퍼머넌트 웨이브 제품 및 헤어 스트레이트너 제품 사용 시의 주의사항으로 옳은 것은?

① 눈 주위를 피하여 사용한다.
② 사용 후 물로 씻어 내지 않으면 탈모 또는 탈색의 원인이 될 수 있으므로 주의한다.
③ 두피, 얼굴, 눈, 목, 손 등에 약액이 묻지 않도록 유의하고 얼굴 등에 약액이 묻었을 때에는 즉시 물로 씻어내고 가능하면 일부에 시험적으로 사용하여 본다.
④ 정해진 용법과 용량을 잘 지켜 사용하고 만 3세 이하 어린이에게는 사용하지 않는다.
⑤ 눈, 코 또는 입 등에 닿지 않도록 주의하여 사용한다.

11 화장품에 사용하는 성분에 대한 설명으로 옳은 것은?

① 계면활성제는 피부로부터 수분의 증발을 억제하고 사용 감촉을 향상시킨다.
② 고분자 화합물은 점도 증가 등을 목적으로 사용되고 안정성을 유지하여 분리를 방지한다.
③ 유성 원료는 유기 성분을 용해시키며 살균작용을 한다.
④ 자외선 차단제는 자외선에 의해 탈색되거나 성분의 분해가 촉진되는 것을 방지한다.
⑤ 금속이온 봉쇄제는 미생물을 제거하거나 조절하여 미생물 성장을 억제한다.

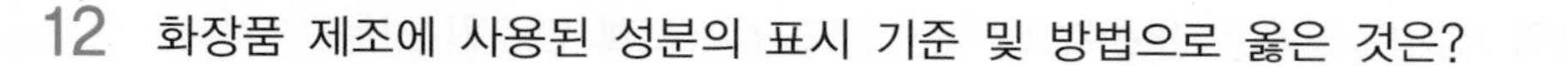

12 화장품 제조에 사용된 성분의 표시 기준 및 방법으로 옳은 것은?

① 화장품 제조에 사용된 함량이 적은 것부터 기재 · 표시한다.
② 1퍼센트 이하로 사용된 성분, 착향제 또는 착색제는 순서대로 기재 · 표시한다.
③ 색조 화장품, 눈 화장용, 두발 염색용, 또는 손 · 발톱용 제품에서 호수별로 착색제가 다르게 사용된 경우 ± 또는 +/-의 표시 다음에 사용된 모든 착색제 성분을 함께 기재 · 표시할 수 있다.
④ 산성도(pH) 조절 목적으로 사용될 때에는 사용된 성분을 표시하고 비누화반응을 거치는 성분은 중화반응에 따른 생성물로 기재 · 표시할 수 있다.
⑤ 혼합 원료는 혼합된 개별 성분의 명칭을 기재 · 표시하고 착향제는 향료로만 기재 · 표시한다.

13 중대한 유해 사례 또는 이와 관련하여 식품의약품안전처장이 안전성 정보 보고를 지시한 경우 보고 주체와 보고 시기로 옳은 것은?

	〈보고 주체〉	〈보고 시기〉
①	맞춤형 화장품 판매업자	즉시
②	책임판매업자	즉시
③	책임판매업자	15일 이내
④	식품의약품안전처장	즉시
⑤	식품의약품안전처장	15일 이내

14 「기능성 화장품 심사에 관한 규정」 [별표 4]에 고시된 기능성 화장품의 종류 · 성분 · 최대 함량이 바르게 연결된 것은?

① 미백 화장품 - 닥나무추출물 - 2%
② 주름 개선 화장품 - 아데노신 - 0.4%
③ 자외선 차단 화장품 - 징크옥사이드 - 20%
④ 여드름 완화 화장품 - 살리실릭애씨드 - 1.0%
⑤ 미백 화장품 - 유용성감초추출물 - 0.5%

15 맞춤형 화장품 판매업소에서 원료 및 내용물을 보관하는 방법으로 옳은 것은?

① 안전성 정보를 확인하고 구획된 장소에 보관한다.
② 품질관리 여부 및 사용기한을 확인하고 품질성적서를 구비하여 보관한다.
③ 입고 시 안전관리 여부 및 사용 시 주의사항을 확인한다.
④ 혼합 · 소분에 필요한 양을 소분하여 지정된 구역 내에 보관한다.
⑤ 사용기한이 경과한 원료 및 내용물은 적절하게 보관되도록 관리 방안을 마련하고 원상태에 준하는 포장을 한 후 지정된 구역 내에서 관리한다.

16 다음 중 사용상의 제한이 필요한 보존제와 사용 한도가 바르게 연결된 것은?

① 요오드 - 10%
② 페녹시에탄올 - 1%
③ 콜타르 - 10%
④ 징크피리치온 - 1%
⑤ 살리실릭애씨드 - 1%

17 다음 중 원료의 종류와 특성, 해당 성분이 바르게 연결된 것은?

① 알코올은 동결을 방지하는 원료로 사용되며 변성알코올, 에틸알코올 등이 있다.
② 고급 지방산은 일반적으로 R-COOH 등으로 표시되는 에스테르 화합물로 세틸알코올, 스테아릴 알코올 등이 있다.
③ 왁스는 산과 알코올을 탈수하여 얻을 수 있으며 비즈왁스, 카르나우바왁스 등이 있다.
④ 점증제는 화장품의 점성을 높이고 적은 양으로 높은 점성을 얻을 수 있는 카보머가 있다.
⑤ 실리콘은 실록산 결합을 가지는 유기 규소 화합물의 총칭으로 디메치콘, 이소헥사데칸 등이 있다.

18 다음 〈보기〉의 전성분 중 알레르기 유발 성분을 모두 고른 것은?

보 기
정제수, 위치하젤수, 글리세린, 카보머, 하이드롤라이즈드콩단백질, 토마토열매/잎/줄기추출물, 소듐하이드록사이드, 벤질알코올, 피이지-40하이드로제네이티드캐스터오일, 에칠헥실글리세린, 시트로넬올, 페녹시에탄올, 포타슘소르베이트, 소르빅애씨드

① 소듐하이드록사이드, 페녹시에탄올
② 에칠헥실글리세린, 벤질알코올
③ 벤질알코올, 시트로넬올
④ 포타슘소르베이트, 소르빅애씨드
⑤ 소듐하이드록사이드, 벤질알코올

19 「기능성 화장품 기준 및 시험 방법」에서 고시된 '탈모 증상의 완화에 도움을 주는 기능성 화장품'의 원료를 〈보기〉에서 모두 고른 것은?

보 기
ㄱ. 비오틴　ㄴ. 카테콜　ㄷ. l-멘톨　ㄹ. α-나프톨　ㅁ. 덱스판테놀　ㅂ. o-아미노페놀

① ㄱ, ㄴ, ㄹ
② ㄱ, ㄷ, ㅁ
③ ㄱ, ㄹ, ㅂ
④ ㄴ, ㄷ, ㅁ
⑤ ㄷ, ㅁ, ㅂ

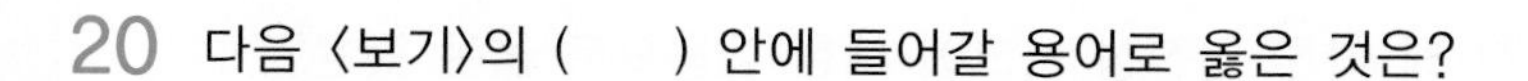

20 다음 〈보기〉의 (　　) 안에 들어갈 용어로 옳은 것은?

> **보 기**
>
> 콜타르, 그 중간 생성물에서 유래되었거나 유기합성하여 얻은 색소 및 그 염, 희석제와의 혼합물을 기질에 흡착, 공침 또는 단순한 혼합이 아닌 화학적 결합에 의하여 확산시킨 색소를 (　　　　)라고 한다.

① 순색소　　② 레이크
③ 타르 색소　　④ 염료
⑤ 안료

21 맞춤형 화장품 조제관리사가 매장을 방문한 고객과 다음과 같은 〈대화〉를 나누었다. 맞춤형 화장품 조제관리사가 고객에게 혼합하여 추천할 제품으로 다음 〈보기〉 중 옳은 것을 모두 고르면?

> **대 화**
>
> 고객 : 수분이 부족해서 그런지 피부가 심하게 당겨요.
> 눈가뿐만 아니라 입술 주위에 주름이 생겼어요.
> 조제관리사 : 아, 그러신가요? 그럼 고객님 피부 상태를 측정해보도록 할까요?
> 고객 : 그렇게 해 주세요~ 그리고, 지난번 방문 시와 비교해 주세요.
> 조제관리사 : 네. 이쪽에 앉으시면 저희 측정기로 측정을 해드리겠습니다.
>
> 〈피부 측정 후〉
>
> 조제관리사 : 고객님은 2달 전 측정 시보다 피부 보습도가 20% 가량 낮아져 있고, 입가보다는 팔자주름이 깊어지고 탄력이 떨어졌어요.
> 고객 : 음,.. 걱정이네요. 그럼 어떤 제품을 쓰는 것이 좋을지 추천 부탁드려요.

> **보 기**
>
> ㄱ. 아스코빌글루코사이드(Ascorbyl Glucoside) 함유 제품
> ㄴ. 판테놀(DL-Panthenol) 함유 제품
> ㄷ. 소듐하이알루로네이트(Sodium Hyaluronate) 함유 제품
> ㄹ. 아데노신(Adenosine) 함유 제품
> ㅁ. 알파-비사보롤(α-bisabolol) 함유 제품

① ㄱ, ㄷ　　② ㄱ, ㄹ
③ ㄴ, ㅁ　　④ ㄷ, ㄹ
⑤ ㄹ, ㅁ

22 「화장품 안전성 정보관리 규정」에 따른 안전성 보고에 대한 내용으로 옳은 것은?

① 유해 사례란 화장품의 사용 중 발생한 바람직하지 않고 의도되지 아니한 징후, 증상 또는 질병을 말하며 당해 화장품과 반드시 인과관계를 가져야 하는 것은 아니며 식품의약품안전처장 또는 화장품 책임판매업자에게 보고할 수 있다.

② 중대한 유해 사례의 경우 책임판매업자는 매 반기 종료 후 1월 이내에 식품의약품안전처장에게 정기보고하여야 한다.

③ 제조 금지, 판매 금지, 사용 중지, 회수 등의 조치를 한 제품이 국내에 유통되는 경우 책임판매업자는 식품의약품안전처장에게 정기보고하여야 한다.

④ 국제기구, 주요국 정부기관에서 기존 사용 중인 성분의 발암성, 유전독성 등을 새롭게 확인해 발표한 경우 책임판매업자는 매 반기 종료 후 1월 이내에 식품의약품안전처장에게 정기보고하여야 한다.

⑤ 화장품의 국내외 새롭게 발견된 정보 등 사용 현황과 안전성에 관련된 정보를 신속보고한다.

23 다음 중 사용상의 제한이 필요한 자외선 차단 성분과 사용 한도로 옳은 것은?

① 드로메트리졸 10%
② 호모살레이트 5%
③ 시녹세이트 10%
④ 티타늄디옥사이드 15%
⑤ 옥토크릴렌 10%

24 천연 화장품 및 유기농 화장품의 원료 조성 기준으로 옳은 것은?

① 합성 원료는 천연 화장품 및 유기농 화장품 원료의 제조에 2% 이내에서 사용할 수 있다.

② 천연 화장품은 천연 함량이 중량 기준 95% 이상 구성되어야 하며 천연 함량은 물과 천연 원료만 포함한다.

③ 천연 유래와 석유화학 부분을 모두 포함하고 있는 원료의 석유화학 부분은 전체 제품에서 2%를 초과할 수 없다.

④ 천연 화장품을 제조하기 위한 천연 원료는 다른 원료와 명확히 표시 및 구분하여 보관하여야 한다.

⑤ 유기농 화장품은 유기농 함량을 포함한 천연 함량이 전체 제품에서 20% 이상이어야 한다.

25 다음 중 위해성 등급이 다른 것은?

① 포름알데히드가 2000ppm 초과 검출된 화장품
② 전부 또는 일부가 변패된 화장품
③ 신고를 하지 아니한 맞춤형 화장품 판매업자가 판매한 맞춤형 화장품
④ 이물이 혼입되었거나 부착된 화장품
⑤ 사용기한 또는 개봉 후 사용기간을 위·변조한 화장품

26 맞춤형 화장품 조제관리사 업무를 설명한 것으로 옳은 것은?

① 맞춤형 화장품의 혼합 · 소분에 종사하는 자로 화장품의 내용물을 소분하거나 원료와 원료를 혼합한다.
② 광고된 화장품 효능 · 효과에 변화가 없는 범위 내에서 사용상의 제한이 필요한 원료의 혼합 · 소분의 범위를 정한다.
③ 기능성 화장품으로 심사 또는 보고받지 않은 내용물을 소분 · 혼합한다.
④ 제조 또는 수입된 화장비누(고체 형태의 세안용 비누)를 단순 소분한다.
⑤ 제조 또는 수입된 화장품의 내용물을 소분하거나 내용물에 다른 화장품의 내용물 또는 식품의약품안전처장이 정하는 원료를 추가하여 혼합한다.

27 다음 중 회수 대상 화장품으로 옳은 것은?

① 안전용기 · 포장을 사용한 아세톤을 함유하는 네일 에나멜 리무버 및 네일 폴리쉬 리무버
② 유통 화장품 안전관리 기준에 적합한 화장품
③ 화장품 포장 및 기재 · 표시사항을 훼손해 판매한 맞춤형 화장품
④ 책임판매업자가 안전성 및 유효성에 관하여 식품의약품안전처장의 심사를 받은 기능성 화장품
⑤ 전부 또는 일부가 변패된 화장품

28 CGMP 기준 직원의 위생관리로 옳은 것은?

① 적절한 위생관리 기준 및 절차를 마련하고 신규 직원에 한하여 위생 교육을 실시한다.
② 직원은 청정도에 맞는 적절한 작업복, 모자, 신발, 마스크, 장갑을 필수적으로 착용한다.
③ 직원은 별도의 지역에 의약품을 제외한 개인적인 물품을 보관해야 하고 음식, 음료수 등은 제조 및 보관 지역과 분리된 지역에서 섭취한다.
④ 제조 구역별 접근 권한이 없는 작업원은 예방접종 및 건강진단을 받고 제조, 관리 및 보관 구역에 출입한다.
⑤ 피부에 외상이 있거나 질병에 걸린 직원은 화장품과 직접적으로 접촉되지 않도록 격리되어야 한다.

29 「우수 화장품 제조 및 품질관리 기준(CGMP)」 제8조 작업장의 시설 기준으로 옳은 것은?

① 외부와 연결된 창문은 크고 환기가 잘되어야 한다.
② 제품의 오염을 방지하고 적절한 온도 및 습도를 유지할 수 있는 자동화시스템을 마련해야 한다.
③ 수세실과 화장실은 접근이 쉬워야 하고 생산 구역 내에 마련해야 한다.
④ 제조하는 화장품의 종류 · 제형에 따라 적절히 구획 · 구분되어 있어 교차오염의 우려가 없어야 한다.
⑤ 바닥, 벽, 천장은 가능한 청소하기 쉽게 부드러운 표면을 지니고 청소, 소독제의 부식성에 저항력이 없어야 한다.

30 〈보기〉는 「우수 화장품 제조 및 품질관리 기준(CGMP)」 제21조 검체의 채취 및 보관에 대한 내용이다. 완제품 검체 보관 기준을 모두 고른 것은?

보 기

ㄱ. 동일 제조단위에서 포장 형태는 같으나 포장단위가 다른 경우에는 각각을 보관한다.
ㄴ. 각 뱃치별로 제품 시험을 2번 실시할 수 있는 양을 가장 안정한 조건에서 보관한다.
ㄷ. 제조단위별로 하나는 실온 보관하고 하나는 냉장 보관한다.
ㄹ. 검사가 완료되어 합부 판정이 완료되면 폐기하는 것을 원칙으로 한다.
ㅁ. 적절한 보관 조건하에 지정된 구역 내에서 제조단위별로 사용기한 경과 후 1년간, 개봉 후 사용기간을 기재하는 경우에는 제조일로부터 3년간 보관한다.

① ㄱ, ㄴ
② ㄴ, ㄷ
③ ㄴ, ㅁ
④ ㄷ, ㄹ
⑤ ㄹ, ㅁ

31 CGMP 기준 원료 및 포장재의 보관 조건에 대한 설명으로 옳은 것은?

① 원료나 포장재는 정기적으로 재고조사를 실시하고 중대한 위반품이 발견되었을 때에는 기준 일탈 처리한다.
② 설정된 보관기한이 지나면 각각 구획된 장소에 보관한 후 폐기한다.
③ 각각의 포장재에 적합해야 하고 과도한 열기, 추위, 햇빛, 습기에 노출되어 변질되는 것을 방지해야 한다.
④ 원료와 포장재의 용기는 밀폐되어 청소와 검사가 용이하도록 바닥에 보관되어야 한다.
⑤ 원료와 포장재가 재포장될 경우, 원래의 용기와 다르게 표시되어야 한다.

32 유통 화장품 중 pH 기준 3.0~9.0에 적합해야 하는 제품으로 옳은 것은?

보 기

ㄱ. 바디 로션 ㄴ. 클렌징 오일 ㄷ. 셰이빙 크림 ㄹ. 클렌징 로션 ㅁ. 헤어젤

① ㄱ, ㄷ
② ㄱ, ㅁ
③ ㄴ, ㄷ
④ ㄷ, ㄹ
⑤ ㄷ, ㅁ

33 다음 중 유통 화장품 안전관리 기준이 없는 원료로 옳은 것은?

① 안티몬
② 니켈
③ 비소
④ 포름알데하이드
⑤ 코발트

34 신속한 위해 평가가 요구될 경우 화장품 위해 평가 방법으로 옳지 않은 것은?

① 국제기구 및 신뢰성 있는 국내외 위해 평가 기관 등에서 평가한 위험성 확인 및 위험성 결정결과를 준용하거나 인용할 수 있다.
② 위험성 결정이 어려울 경우 위험성 확인과 노출 평가만으로 위해도를 예측할 수 있다.
③ 화장품 사용에 따른 사망 등의 위해가 발생하였을 경우 위험성 확인만으로 위해도를 예측할 수 있다.
④ 노출 평가 자료가 불충분하거나 없는 경우 활용 가능한 과학적 모델을 토대로 노출 정도를 산출할 수 있다.
⑤ 특정 집단에 노출 가능성이 큰 어린이 및 임산부 등 민감 집단 및 고위험 집단을 대상으로 하는 경우에는 위해 평가를 실시할 수 없다.

35 CGMP 기준 포장재 입고 시 확인사항으로 옳은 것은?

① 요구사항을 만족하는 품목과 서비스를 지속적으로 공급할 수 있는 공급자의 능력
② 결함이나 일탈 발생 시의 조치 그리고 운송조건에 대한 문서화된 기술 조항
③ 제조단위별로 검체 채취 검사 결과
④ 운송을 위해 사용되는 외부 포장재의 라벨
⑤ 포장재 규격, 수량 및 납품처

36 오염과 변질을 방지하기 위한 설비의 관리 기준으로 옳은 것은?

① 제품과 접촉되는 부위의 청소 및 위생관리가 용이하고 제품의 안전성을 고려해야 한다.
② 화학반응을 일으키거나 흡수성이 없어야 한다.
③ 화학적인 오염물질 축적의 육안 식별이 용이해야 한다.
④ 설비의 아래와 위에 오물이 고이는 것을 최대화한다.
⑤ 먼지의 퇴적을 최소화하고 제품에 흡수되어 다른 오염으로부터 보호되어야 한다.

37 다음 위반 행위 중 과태료 부과 기준이 다른 영업자는?

① 화장품 안전성 확보 및 품질관리에 관한 교육 명령을 위반한 맞춤형 화장품 조제관리사
② 화장품의 생산실적 또는 수입실적 또는 화장품 원료의 목록 등을 보고하지 않은 책임판매업자
③ 동물 실험을 실시한 화장품을 유통 판매한 책임판매업자
④ 폐업 등의 신고를 하지 않은 맞춤형 화장품 판매업자
⑤ 화장품 판매 가격을 표시하지 않은 책임판매업자

38 〈보기〉의 (　　) 안에 들어갈 말로 옳은 것은?

> 보 기
>
> (　　　)은(는) 화장품이 제조된 날부터 적절한 보관상태에서 제품이 고유의 특성을 간직한 채 소비자가 안정적으로 사용할 수 있는 최소한의 기한을 말한다.

① 사용기한
② 유효기간
③ 안정기간
④ 품질 유지기간
⑤ 최소사용기간

39 CGMP 기준 설비 세척의 원칙으로 옳지 않은 것은?

① 위험성 없는 용제로 세척하고 브러시 등으로 문질러 지우는 것을 고려한다.
② 설비마다 각각의 판정 방법의 절차를 정해놓고 결과를 기록서에 기재한다.
③ 가능한 세제(계면활성제)를 사용하고 분해할 수 있는 설비는 분해해서 세척한다.
④ 판정 후의 설비는 건조·밀폐해서 보관한다.
⑤ 세척 후에는 반드시 판정을 실시하고 세척 완료 여부를 확인할 수 있는 표시를 한다.

40 유통 화장품 안전관리에 따른 미생물 한도 기준으로 옳은 것은?

① 물휴지 세균 수 300개/g(mL) 이하
② 물휴지 진균 수 200개/g(mL) 이하
③ 영·유아용 제품류 총 호기성 생균 수 100개/g(mL) 이하
④ 눈 화장용 제품류 총 호기성 생균 수 500개/g(mL) 이하
⑤ 기타 화장품 500개/g(mL) 이하

41 다음 중 「화장품 안전기준 등에 관한 규정」에 따른 유통 화장품 안전관리 기준으로 옳은 것은?

① 니켈 - 눈 화장용 제품 35μg 이하, 색조 화장용 제품 20μg 이하, 그 밖의 제품 10μg 이하
② 내용량 - 제품 3개 시험 결과 평균 내용량이 표기량의 97% 이상
③ 미생물 - 물휴지 세균 및 진균 수 각각 500개/g(mL) 이하
④ 미생물 - 대장균, 녹농균 1,000개/g(mL) 이하
⑤ 기능성 화장품 중 기능성을 나타나게 하는 주원료의 함량이 심사 또는 보고한 기준 5% 이하

42 다음 중 작업소의 방충 대책으로 적절한 것은?

① 개방할 수 있는 창문을 만들고 야간에 빛이 밖으로 새어나가지 않게 한다.
② 해충, 곤충의 조사와 구제를 실시한다.
③ 문 하부에는 트랩을 설치하고 벽, 천장, 창문, 파이프 구멍에 틈이 없도록 한다.
④ 공기조화장치를 이용해 실내압을 외부(실외)보다 낮게 한다.
⑤ 작업소에 골판지, 나무 부스러기를 방치한다.

43 안전용기 · 포장을 사용해야 하는 품목으로 옳은 것은?

① 아세톤을 함유하는 네일 에나멜 리무버 및 네일폴리쉬 리무버
② 개별 포장당 부틸 살리실레이트를 5퍼센트 이상 함유하는 액체 상태의 제품
③ 비에멀젼 타입의 일회용 액체 상태의 제품
④ 용기 입구 부분이 펌프로 작동되는 분무용기 제품
⑤ 압축 분무용기 에어로졸 제품

44 다음 중 화장품의 안전을 확보하기 위한 일반적인 사항과 위해 평가 시 고려해야 할 사항, 방법, 절차로 옳은 것은?

① 주요 노출 집단 등을 검토하여 대상 범위를 결정하고 유해 물질에 대한 위해 평가 전략은 물질의 노출 여부에 따라 발암 위해 평가와 비발암 위해 평가로 구분하여 결정한다.
② 문제가 발생한 배경에 따라 3단계로 구성된 위해 평가를 수행하고 수행된 위해 평가 결과 등을 보고서 양식에 따라 문서화한다.
③ 화장품은 주로 피부에 적용하기 때문에 빛에 의한 광자극이나 광감작이 고려되어야 하며 두피 및 안면에 적용하는 제품들은 눈에 들어갈 가능성이 있으므로 안점막 자극이 평가되어야 한다.
④ 제품의 위해 평가는 개개 제품마다 다를 수 있고 과학적 관점에서 원료 성분에 동물 독성 자료가 필요하다.
⑤ 인종이나 문화에 따른 피부 및 화장품 사용 등 환경에 따른 차이를 고려해 간단히 평가한다.

45 맞춤형 화장품에 사용할 수 있는 원료로 옳은 것은?

① 벤질알코올
② 미네랄 오일
③ 페닐파라벤
④ 요오드
⑤ 이소프렌

46 여드름성 피부를 완화하는데 도움을 주는 기능성 화장품 원료 및 함량으로 옳은 것은?

① 살리실릭애씨드 – 0.5%
② 치오글리콜산 80% – 3.0%
③ 아데노신 – 4.0%
④ 아스코빌글루코사이드 – 2.0%
⑤ 레티닐팔미테이트 – 10,000IU/g

47 화장품 법령에 따라 화장품 포장에 기재 · 표시해야 되는 사항으로 옳은 것은?

① 제조과정 중에 제거되어 최종 제품에는 남아있지 않은 성분
② 안정화제, 보존제 등 원료 자체에 있는 부수 성분으로서 그 효과가 나타나게 하는 양보다 적은 양이 들어있는 성분
③ 판매의 목적이 아닌 소비자가 시험 · 사용하도록 제조된 화장품 내용물의 용량
④ 기능성 화장품의 경우 심사 받거나 보고한 효능 · 효과, 용법 · 용량
⑤ 인체에 무해한 소량 함유 성분

48 다음 중 「화장품 안전기준 등에 관한 규정」에 따른 사용상의 제한이 필요한 원료와 사용 한도가 바르게 연결된 것은?

① 페녹시에탄올 - 1.0%
② 살리실릭애씨드 - 1.0%
③ 비타민 E - 10%
④ 우레아 - 20%
⑤ 암모니아 - 5.0%

49 납, 비소, 안티몬, 카드뮴 성분을 동시에 시험할 수 있는 유통 화장품 안전관리 시험 방법으로 옳은 것은?

① 디티존법
② 환원기화법
③ 원자흡광광도법
④ HPLC
⑤ ICP-MS

50 〈보기〉는 CGMP 기준 폐기 처리의 내용이다. 기준 일탈 제품의 처리 과정을 나열한 것으로 옳은 것은?

보 기

시험, 검사, 측정에서 기준 일탈 결과 나옴 → (㉠) → 시험, 검사, 측정에서 틀림없음 확인 → (㉡) → 기준 일탈 제품에 불합격 라벨 첨부 → (㉢)

	㉠	㉡	㉢
①	격리 보관	기준 일탈 조사	기준 일탈 처리
②	기준 일탈 조사	기준 일탈 처리	격리 보관
③	기준 일탈 처리	기준 일탈 조사	격리 보관
④	기준 일탈 조사	격리 보관	기준 일탈 처리
⑤	기준 일탈 처리	격리 보관	기준 일탈 조사

51 다음 〈보기〉에서 유통 화장품 안전관리 기준에 적합한 것은?

보 기

ㄱ. pH 기준 3.0~9.0(단, 물을 포함한 제품과 곧바로 물로 씻어 내는 제품은 제외)
ㄴ. 수은 검출 허용 한도 1㎍/g 이하
ㄷ. 미생물 한도 물휴지의 경우 세균 및 진균 수는 100개/g(mL) 이하
ㄹ. 내용량 기준 제품 3개를 가지고 시험할 때 그 평균 내용량이 표기량에 대하여 97% 이상
ㅁ. 내용량 기준 제품 6개를 가지고 시험할 때 6개의 평균 내용량이 표기량에 대하여 97% 이상

① ㄱ, ㄴ, ㄷ
② ㄱ, ㄴ, ㄹ
③ ㄴ, ㄷ, ㄹ
④ ㄴ, ㄹ, ㅁ
⑤ ㄷ, ㄹ, ㅁ

52 다음 중 제조시설 청정도 기준으로 옳은 것은?

① 청정도 엄격 관리 - 낙하균 20개/hr 또는 부유균 30개/㎥
② 제조실 - 낙하균 30개/hr 또는 부유균 200개/㎥
③ 원료 칭량실 - 낙하균 10개/hr 또는 부유균 100개/㎥
④ 화장품 내용물이 노출 안 되는 곳 - 낙하균 30개/hr 또는 부유균 100개/㎥
⑤ 원료 보관소 - 낙하균 10개/hr 또는 부유균 20개/㎥

53 화장품 책임판매업자는 다음 〈보기〉의 어느 하나에 해당하는 성분을 0.5퍼센트 이상 함유하는 제품의 경우에는 해당 품목의 안정성 시험 자료를 최종 제조된 제품의 사용기한이 만료되는 날부터 (㉠) 보존해야 한다. (　　) 안에 들어갈 말로 옳은 것은?

보 기

ㄱ. 레티놀(비타민 A) 및 그 유도체
ㄴ. 아스코빅애씨드(비타민 C) 그 유도체
ㄷ. 토코페롤(비타민 E)
ㄹ. 과산화화합물
ㅁ. 효소

① 6개월
② 1년
③ 2년
④ 3년
⑤ 5년

54 다음 중 기능성 화장품 원료의 유효성이 옳은 것은?

① 자외선 차단 - 시녹세이트, 에칠헥실트리아존
② 미백 - 알부틴, 아데노신
③ 여드름 완화 - 덱스판테놀, 살리실릭애씨드
④ 주름 개선 - 레티닐팔미테이트, 알파-비사보롤
⑤ 탈모 증상 완화 - 살리실릭애씨드, 엘-멘톨

55 다음 중 화장품에 사용상의 제한이 있는 원료로 옳은 것은?

① 헥실라우레이트
② 1,2-헥산디올
③ 프로필렌글라이콜
④ 이소스테아릴네오펜타노에이트
⑤ 비타민 E(토코페롤)

56 다음 중 최소홍반량(MED)과 자외선 감수성의 관계를 설명한 것으로 옳은 것은?

보 기

자외선 차단지수(SPF)는 UV-B를 차단하는 제품의 차단 효과를 나타내는 지수로써 자외선 차단제를 바른 피부와 바르지 않은 피부에 자외선을 조사하였을 때 나타나는 피부의 최소홍반량(Minimum Erythemal Dose, MED)의 비로 측정한다.

① 최소홍반량(MED)의 값이 높을수록 자외선에 대한 감수성도 크다.
② 최소홍반량(MED)은 피부에 대한 자외선의 감수성에 따라 다르다.
③ 최소홍반량(MED)는 홍반을 나타낼 수 있는 최대한의 자외선 조사량을 말한다.
④ 자외선에 대한 감수성이 높을수록 자외선 차단지수(SPF)가 높은 제품을 사용해야 한다.
⑤ 피부가 약하고 민감할수록 최소홍반량(MED)이 높아진다.

57 다음 중 자극, 알러지, 부작용 가능성을 확인할 수 있는 인체시험법으로 옳은 것은?

① 효력시험법
② 가혹시험법
③ 첩포시험법
④ 감작성시험법
⑤ 미생물 한도시험법

58 맞춤형 화장품 조제 시 내용물과 원료를 혼합할 때 사용되는 기기로 옳은 것은?

① 분무기(atomizer)
② 균질기(homogenizer)
③ 교반기(agitator)
④ 분쇄기(disintegrator)
⑤ 반응기(reactor)

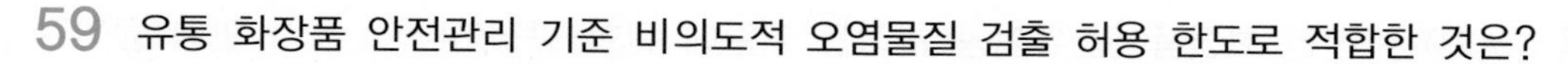

59 유통 화장품 안전관리 기준 비의도적 오염물질 검출 허용 한도로 적합한 것은?

① 프탈레이트류 – 200㎍/g 이하
② 안티몬 – 1㎍/g 이하
③ 디옥산 – 10㎍/g 이하
④ 메탄올 – 2.0(v/v)% 이하
⑤ 납 – 점토를 원료로 사용한 분말제품 50㎍/g 이하

60 「화장품 안전기준 등에 관한 규정」에 따라 화장품에 사용할 수 없는 원료로 옳은 것은?

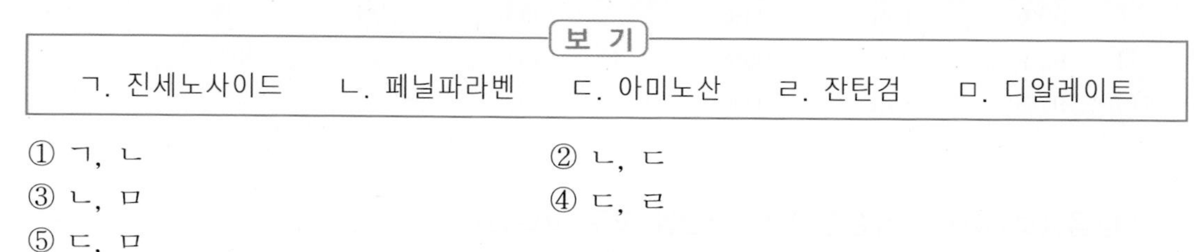

보 기

ㄱ. 진세노사이드　ㄴ. 페닐파라벤　ㄷ. 아미노산　ㄹ. 잔탄검　ㅁ. 디알레이트

① ㄱ, ㄴ　② ㄴ, ㄷ
③ ㄴ, ㅁ　④ ㄷ, ㄹ
⑤ ㄷ, ㅁ

61 화장품 1차 또는 2차 포장에 기재 · 표시하는 사용 시의 주의사항 중 공통사항으로 옳은 것은?

① 눈에 들어갔을 때에는 즉시 씻어낼 것
② 만 3세 이하의 어린이에게는 사용하지 말 것
③ 눈 주위를 피하여 사용할 것
④ 정해진 용법과 용량을 잘 지켜 사용할 것
⑤ 상처가 있는 부위 등에 사용을 자제할 것

62 비중이 0.8% 액상 제형의 맞춤형 화장품을 조제하고 해당 맞춤형 화장품을 300mL 충전할 때 내용물의 중량으로 옳은 것은?

① 240mL　② 260mL
③ 300mL　④ 350mL
⑤ 375mL

63 화장품의 안정성 중 물리적 변화 현상을 〈보기〉에서 모두 고르면?

보 기

ㄱ. 변취　ㄴ. 침전　ㄷ. 응집　ㄹ. 분리　ㅁ. 결정

① ㄱ, ㄴ, ㄷ　② ㄱ, ㄷ, ㄹ
③ ㄴ, ㄷ, ㄹ　④ ㄴ, ㄷ, ㅁ
⑤ ㄷ, ㄹ, ㅁ

64 다음 〈보기〉는 천연 화장품 및 유기농 화장품 기준에 관한 규정이다. ( ) 안에 들어갈 함량으로 옳은 것은?

〈보 기〉

- 천연 화장품은 중량기준으로 천연 함량이 제품에서 (㉠)이상으로 구성되어야 한다.
- 유기농 화장품은 유기농 함량이 전체 제품에서 (㉡) 이상이어야 하며, 유기농 함량을 포함한 천연 함량이 전체 제품에서 (㉢) 이상으로 구성되어야 한다.

	㉠	㉡	㉢
①	90%	10%	95%
②	95%	30%	97%
③	95%	5%	95%
④	95%	10%	95%
⑤	97%	10%	97%

65 다음 〈보기〉에서 각질층 성분 기관을 모두 고르면?

〈보 기〉

ㄱ. 자유신경말단　ㄴ. 지방산　ㄷ. 피지선　ㄹ. 케라틴　ㅁ. 콜레스테롤

① ㄱ, ㄷ, ㅁ
② ㄴ, ㄷ, ㄹ
③ ㄱ, ㄷ, ㄹ
④ ㄴ, ㄹ, ㅁ
⑤ ㄷ, ㄹ, ㅁ

66 화장품법상 기능성 화장품으로 옳지 않은 것은?

① 피부의 미백에 도움을 주는 제품
② 일시적으로 모발의 색상을 변화시키는 제품
③ 피부의 주름 개선에 도움을 주는 제품
④ 피부를 곱게 태워주거나 자외선으로부터 피부를 보호하는 데에 도움을 주는 제품
⑤ 피부나 모발의 기능약화로 인한 건조함, 갈라짐, 빠짐, 각질화 등을 방지하거나 개선하는 데에 도움을 주는 제품

67 천연 화장품 및 유기농 화장품 조제 시 허용되는 합성 보존제로 옳은 것은?

① 페녹시에탄올
② 소르빅애씨드 및 그 염류
③ 포타슘하이드록사이드
④ 알코올
⑤ 시트릭애씨드

68 「기능성 화장품 심사에 관한 규정」에 따라 기능성 화장품 심사 시 제출해야 하는 유효성 또는 기능에 관한 자료로 옳은 것은?

① 피부 감작성시험 자료
② 인체 첩포시험 자료
③ 인체 적용시험 자료
④ 안점막 자극시험 자료
⑤ 단회 투여 독성시험 자료

69 맞춤형 화장품을 조제 · 판매하는 과정에 대한 설명으로 옳은 것은?

① 맞춤형 화장품 조제에 사용하고 남은 내용물 및 원료는 재사용하지 않았다.
② 식품의약품안전처장이 고시한 기능성 화장품의 효능 · 효과를 나타내는 원료를 사용 한도 내에서 혼합하여 판매하였다.
③ 소비자의 피부 상태나 선호도 등을 확인하여 맞춤형 화장품을 미리 혼합 · 소분하여 보관하고 판매하였다.
④ 맞춤형 화장품 판매 시 조제내역서를 작성하여 보관하였다.
⑤ 맞춤형 화장품 판매 시 혼합 · 소분에 사용되는 내용물 또는 원료의 특성과 사용 시 주의사항에 대하여 소비자에게 설명하였다.

70 맞춤형 화장품 조제관리사 대한 설명으로 옳은 것은?

① 맞춤형 화장품의 소분 · 혼합에 종사하는 자로 식품의약품안전처장에게 신고해야 한다.
② 제조 또는 수입된 화장품의 원료와 원료를 혼합한다.
③ 맞춤형 화장품 조제관리사는 화장품의 안전성 확보 및 품질관리에 관한 교육을 매년 받아야 한다.
④ 기능성 화장품을 식품의약품안전처장에게 인정받아 판매한다.
⑤ 제품별 안전성 자료를 작성하고 보관하여야 한다.

71 다음 〈보기〉에서 비타민 종류와 성분을 바르게 연결한 것은?

보 기

ㄱ. 비타민 A – 레티놀
ㄴ. 비타민 C – 아스코르빅애씨드
ㄷ. 비타민 B – 레티닐팔미테이트
ㄹ. 비타민 C – 피리독신
ㅁ. 비타민 E – 토코페롤

① ㄱ, ㄴ, ㄷ
② ㄱ, ㄴ, ㅁ
③ ㄴ, ㄷ, ㅁ
④ ㄴ, ㄹ, ㅁ
⑤ ㄷ, ㄹ, ㅁ

72 다음 중 맞춤형 화장품 조제관리사가 배합 가능한 물질로 옳은 것은?

① 1-3부타디엔
② 하이드록시이소헥실3-사이클로헥센카복스알데히드(HICC)
③ 인태반
④ 2-에칠헥사노익애씨드
⑤ 세틸에틸헥사노에이트

73 원료 및 내용물의 관리 기준으로 옳은 것은?

① 재고품 중 사용기한이 지난 내용물 및 원료는 격리하여 보관한다.
② 오염을 방지하기 위하여 완전히 밀봉하고 혼합·소분 장소와 구분 또는 구획하여 관리한다.
③ 주기적으로 내용물과 원료에 대해 조사하고 사용기한이 경과한 원료 및 내용물은 반품한다.
④ 원료 및 내용물의 사용, 폐기 내용 등에 대하여 기록하고 관리한다.
⑤ 보관기한이 지난 원료 및 내용물은 재평가하여 사용한다.

74 맞춤형 화장품 조제관리사가 조제하여 판매하는 과정 중 취한 행동으로 옳은 것은?

① 사용상 제한이 필요한 자외선 차단제를 혼합하고 기능성 화장품 효능·효과를 기재하였다.
② 화장품에 사용할 수 있는 보습제를 혼합하였다.
③ 탈모 증상 완화에 도움을 주는 기능성 화장품의 기재·표시사항을 위조해 표기하였다.
④ 보존제를 혼합하고 사용기한을 연장하여 표시하였다.
⑤ 오염된 제품을 소비자에게 사용 가능하다고 설명하였다.

75 다음 중 화장품 표시·광고 준수사항으로 옳은 것은?

① 의약외품으로 잘못 인식할 우려가 있는 내용의 표시·광고는 하지 말아야 한다.
② 제품의 효능·효과가 관련 학회 발표 등을 통하여 공인된 경우에는 그 범위에서 관련 문헌을 인용하여 표시·광고할 수 있다.
③ 유기농 또는 천연 화장품이 아닌 화장품을 유기농 또는 천연 화장품으로 잘못 인식할 우려가 있거나 유기농 또는 천연 화장품의 안전성·유효성에 관한 심사 결과와 다른 내용의 표시·광고를 하지 말아야 한다.
④ 경쟁 상품과 비교하는 표시·광고는 비교 대상 및 기준을 분명히 밝히고 객관적으로 확인될 수 있는 사항만 표시·광고해야 한다.
⑤ 품질·효능 등에 관하여 인체 적용시험 결과가 객관적으로 확인된 경우에는 이를 광고하거나 표시할 수 있다.

76 피부에 대한 설명으로 옳은 것은?

보 기

ㄱ. 랑게르한스 세포는 피부 혈류량을 조절하거나 발한을 이용하여 체온을 조절한다.
ㄴ. 멜라닌세포는 멜라닌 색소를 생산, 저장하고 표피세포로 분배하여 자외선으로부터 피부를 보호한다.
ㄷ. 각질층 속에 있는 천연보습인자는 보습능력이 있어 촉촉하고 유연한 피부를 유지하게 한다.
ㄹ. 피부는 활성산소를 제거하는 항산화 성분이 존재하여 항산화 기능을 발휘한다.
ㅁ. 각질층의 멜라닌세포는 피부의 방어벽 역할을 한다.

① ㄱ, ㄴ, ㄹ
② ㄱ, ㄷ, ㅁ
③ ㄴ, ㄷ, ㄹ
④ ㄴ, ㄷ, ㅁ
⑤ ㄷ, ㄹ, ㅁ

77 피부 보습 30%를 개선하는 광고로 필요한 실증자료로 옳은 것은?

보 기

ㄱ. 피부 보습과 관련된 시험 결과 등이 포함된 논문, 학술문헌 자료
ㄴ. 보습 피부 개선용 화장료 조성물 특허 자료
ㄷ. 피부 보습 개선과 관련된 일반 소비자 대상 설문 조사 자료
ㄹ. 인체 외 보습 시험 자료
ㅁ. 소비한 경험이 있는 일부 소비자 대상 보습 개선 조사 결과 자료

① ㄱ, ㄹ
② ㄴ, ㄷ
③ ㄴ, ㄹ
④ ㄷ, ㅁ
⑤ ㄹ, ㅁ

78 피부 상태를 진단한 후 내용물 및 최종 결과물에 대한 설명을 한 것으로 옳은 것은?

보 기

ㄱ. 유중수형으로 유상이 수상에 분산된 형태이다.
ㄴ. 유중수형 유화는 기름의 성질을 가지고 있어서 물에 잘 풀리지 않는다.
ㄷ. 유중수형으로 수상이 유상에 분산된 형태이다.
ㄹ. 기초 화장용 제품류 중 크림은 pH 기준이 2.5이다.
ㅁ. 대장균, 녹농균, 황색포도상구균은 불검출되었다.

① ㄱ, ㄴ, ㄹ
② ㄱ, ㄴ, ㅁ
③ ㄴ, ㄷ, ㄹ
④ ㄴ, ㄷ, ㅁ
⑤ ㄷ, ㄹ, ㅁ

79 피부에 광노화를 일으키는 자외선 파장 영역으로 옳은 것은?

① 550~600
② 500~550
③ 450~550
④ 400~500
⑤ 300~400

80 〈보기〉에서 맞춤형 화장품 조제관리사가 맞춤형 화장품을 조제하고 판매하는 과정으로 옳은 것을 모두 고른 것은?

보 기

ㄱ. 맞춤형 화장품 조제관리사가 맞춤형 화장품이 아닌 일반 화장품을 판매하였다.
ㄴ. 사용상의 제한이 있는 자외선 차단제 혼합하여 판매하였다.
ㄷ. 맞춤형 화장품 판매업으로 신고한 매장에서 맞춤형 화장품 조제관리사가 200㎖의 향수를 소분하여 50㎖ 향수를 조제하였다.
ㄹ. 아세톤을 함유하는 네일 에나멜 리무버를 일반 용기에 소분하여 판매하였다.
ㅁ. 원료를 공급하는 화장품 책임판매업자가 기능성 화장품에 대한 심사 받은 원료와 내용물을 혼합하였다.

① ㄱ, ㄴ, ㄹ
② ㄱ, ㄷ, ㅁ
③ ㄴ, ㄷ, ㄹ
④ ㄴ, ㄷ, ㅁ
⑤ ㄷ, ㄹ, ㅁ

81 다음 〈보기〉에 들어갈 용어를 작성하시오.

보 기

- (　　)의 예 소듐, 포타슘, 칼슘, 마그네슘, 암모늄, 에탄올아민, 클로라이드, 브로마이드, 설페이트, 아세테이트, 베타인 등
- 에스텔류의 예 메칠, 에칠, 프로필, 이소프로필, 부틸, 이소부틸, 페닐

82 화장품 책임판매업자는 영 · 유아 또는 어린이가 사용할 수 있는 화장품을 표시 · 광고하려는 경우 제품별로 안전과 품질을 입증할 수 있는 제품별 안전성 자료를 작성 및 보관해야 한다. 〈보기〉의 (　　) 안에 들어갈 용어를 작성하시오.

보 기

1. 제품 및 제조 방법에 대한 설명 자료
2. 화장품의 (　　　) 평가 자료
3. 제품의 효능 · 효과에 대한 증명 자료

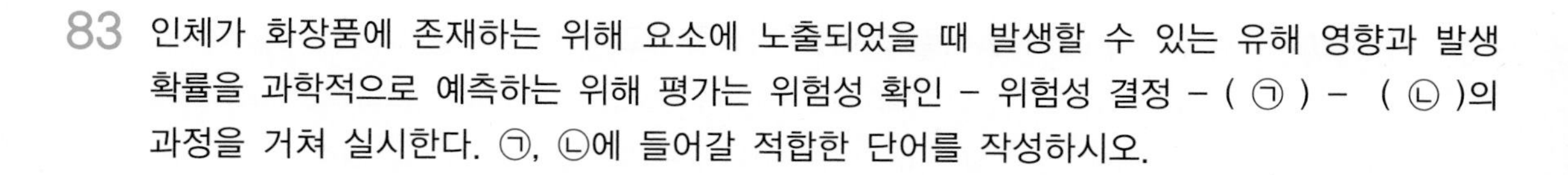

83 인체가 화장품에 존재하는 위해 요소에 노출되었을 때 발생할 수 있는 유해 영향과 발생 확률을 과학적으로 예측하는 위해 평가는 위험성 확인 – 위험성 결정 – (㉠) – (㉡)의 과정을 거쳐 실시한다. ㉠, ㉡에 들어갈 적합한 단어를 작성하시오.

84 다음 〈보기〉에서 ㉠, ㉡에 들어갈 적합한 단어를 작성하시오.

보 기

(㉠)이란 (㉡)을 수용하는 1개 또는 그 이상의 포장과 보호재 및 표시의 목적으로 한 포장(첨부 문서 등을 포함한다)을 말한다.

85 다음 〈보기〉에서 ㉠에 들어갈 용어를 작성하시오.

보 기

(㉠)(이)란 원료 물질을 칭량, 혼합 후 내용물과 직접 접촉하는 포장 용기에 충전 이전의 제조단계까지 끝낸 제품을 말한다.

86 다음 〈보기〉의 사용 시 주의사항을 기재 · 표시해야 하는 제품의 성분을 쓰시오.

보 기

- 0.5% 이하 함유된 제품은 제외한다.
- 햇빛에 대한 피부의 감수성을 증가시킬 수 있으므로 자외선 차단제를 함께 사용한다.
- 일부에 시험 사용하여 피부 이상을 확인하고 씻어 내는 제품 및 두발용 제품은 제외한다.
- 고농도의 성분이 들어있어 부작용이 발생할 우려가 있으므로 전문의 등에게 상담한다.
  (성분이 10퍼센트를 초과하여 함유되어 있거나 산도가 3.5 미만인 제품만 표시한다)

87 다음 〈보기〉의 ( ) 안에 들어갈 용어를 작성하시오.

보 기

( )는 콜타르, 그 중간 생성물에서 유래되었거나 유기합성하여 얻은 색소 및 그 레이크, 염, 희석제와의 혼합물을 말한다. 색조가 풍부하고 착색력이나 피복력이 우수하다.

88 다음 〈보기〉의 (　　) 안에 들어갈 용어를 작성하시오.

> **보 기**
>
> 「기능성 화장품 심사에 관한 규정」에 따라 인체 적용시험 자료를 제출할 경우 (　　　)자료 제출을 면제받을 수 있다. 다만, 이 경우 효능 · 효과를 나타내는 성분에 대한 효능 · 효과를 기재 · 표시할 수 없다.

89 다음 〈보기〉의 (　　) 안에 들어갈 용어를 작성하시오.

> **보 기**
>
> 「유통 화장품 안전기준 등에 관한 규정」에 따라 화장비누는 유리알칼리 (　　　) 이하 관리 기준에 적합하여야 한다.

90 〈보기〉는 화장품 포장의 표시 방법에 대한 설명이다. (　　) 안에 들어갈 용어를 작성하시오.

> **보 기**
>
> 화장품 제조에 사용된 성분 중 착향제는 "향료"로 표시할 수 있으나 착향제의 구성 성분 중 식품의약품안전처장이 정하여 고시한 (　　　　　) 유발 성분이 있는 경우에는 향료로 표시할 수 없고, 해당 성분의 명칭을 기재 · 표시해야 한다.

91 다음 〈보기〉는 화장품 제조에 사용된 성분의 표시 기준 및 표시 방법에 대한 설명이다. (　　) 안에 들어갈 알맞은 함량을 작성하시오.

> **보 기**
>
> 화장품 제조에 사용된 성분은 함량이 많은 것부터 기재 · 표시한다. 다만, (　　　)로 사용된 성분, 착향제 또는 착색제는 순서에 상관없이 기재 · 표시할 수 있다.

92 〈보기〉는 화장품의 1차 포장 표시사항이다. (　　) 안에 들어갈 적합한 단어를 쓰시오.

> **보 기**
>
> 1. 화장품의 명칭
> 2. 영업자의 상호
> 3. (　　　　　　)
> 4. 사용기한 또는 개봉 후 사용기간

93 다음 〈보기〉는 표시·광고 실증에 관한 규정에서 사용하는 용어이다. ( ) 안에 들어갈 적합한 단어를 쓰시오.

> **보 기**
>
> 화장품의 표시·광고 내용을 증명할 목적으로 하는 시험 중 ( )은 실험실의 배양접시, 인체로부터 분리한 모발 및 피부, 인공 피부 등 인위적 환경에서 시험물질과 대조물질 처리 후 결과를 측정하는 것을 말한다.

94 세포 간 지질 구성 성분 중 가장 많은 비중을 차지하는 물질은 (㉠)이다. ㉠에 들어갈 말을 작성하시오.

95 맞춤형 화장품 조제관리사가 고객과 다음과 같은 〈대화〉를 나누었다. 고객에게 추천할 맞춤형 화장품 처방에 적합한 성분을 〈보기〉에서 고르시오.

> **대 화**
>
> 고객 : 잦은 야외 활동으로 인해 기미, 주근깨가 생기고 색소가 침착된 거 같아요. 에칠헥실메톡시신나메이트가 함유된 자외선 차단 제품을 사용했는데 부작용이 생겼어요~
>
> 조제관리사 : 아, 그러신가요? 그럼 고객님 피부 상태를 측정해 보도록 할게요~ 이쪽에 앉으시면 저희 측정기로 측정을 해드리겠습니다.
>
> 〈피부 측정 후〉
>
> 조제관리사 : 색소 침착율이 높으세요. 멜라닌 색소의 색을 옅게 하는 기능을 가진 화장품을 추천드려요.

> **보 기**
>
> ㄱ. 부틸메톡시디벤조일메탄　ㄴ. 아데노신　ㄷ. 다이프로필렌글라이콜　ㄹ. 알파-비사보롤

96 〈보기〉는 기능성 화장품 기준 및 시험 방법 중 통칙에 따른 용기에 대한 설명이다. ( ) 안에 들어갈 말을 작성하시오.

> **보 기**
>
> ( )용기란 광선의 투과를 방지하는 용기 또는 투과를 방지하는 포장을 한 용기를 말한다.

97 다음 〈보기〉의 ( ) 안에 들어갈 말을 작성하시오.

보 기

유해 사례와 화장품간의 인과관계 가능성이 있다고 보고된 정보로 그 인과관계가 알려지지 아니하거나 입증 자료가 불충분한 것을 (   )라 한다.

98 다음 〈보기〉는 모발의 구조이다. ( ) 안에 들어갈 말을 작성하시오.

보 기

모표피 – (   ) – 모수질

99 다음은 고객 상담 결과에 따른 맞춤형 화장품의 최종 성분 비율이다. 〈대화〉에서 ㉠, ㉡에 들어갈 말을 작성하시오.

원 료 명	함 량
에탄올	11.00%
메칠파라벤	0.10%
피이지-40하이드로제네이티드캐스터오일	0.30%
정제수	to 100
부틸렌글라이콜	3.00%
글리세레스-26	2.00%
디소듐이디티에이	0.02%
시트릭애씨드	0.02%
위치하젤	0.20%
벤질알코올	0.50%
다이프로필렌글라이콜	3.00%
알파-비사보롤	0.50%
카르복시비닐폴리머	0.20%

대 화

A : 제품에 사용된 보존제는 어떤 성분인가요?
B : 제품에 사용된 보존제는 (㉠)입니다. 해당 성분은 화장품법에 따라 보존제로 사용될 경우 (㉡) 이하로 사용하도록 하고 있으며 해당 성분은 한도 내로 사용되었습니다.

100 다음 〈보기〉에서 ㉠, ㉡에 들어갈 적합한 단어를 쓰시오.

보 기

멜라닌은 (㉠)(이)라는 세포에서 만들어지며 표피 기저층에 존재한다.
멜라닌은 (㉠) 내 (㉡)라 불리는 타원형의 특수한 소기관에서 생성된다.

제 2 회 FINAL 모의고사

01 다음 〈제시문〉은 화장품 영업을 하려는 A 씨의 자격 기준이다. 화장품 법령에 따라 등록 가능한 영업의 종류를 〈보기〉에서 모두 고른 것은?

제시문

광주광역시에 사는 A 씨는 2천 개가 넘는 무허가 마취크림을 시중에 판매해 관세법 위반과 약사법 위반 혐의로 기소되어 벌금형을 선고받았다. 마취크림은 눈썹 문신 등 미용 시술할 때 주로 쓰이나 피부 화상 등 부작용 피해 사례가 있고 의약품으로 분류되기 때문에 관련법에 따라 당국에 신고한 후 수입해야 한다. A 씨는 지난 2016년 6월에도 「보건범죄 단속에 관한 특별조치법」 위반(부정 의료업자) 혐의로 벌금형을 선고받은 적이 있는 것으로 조사되었다.

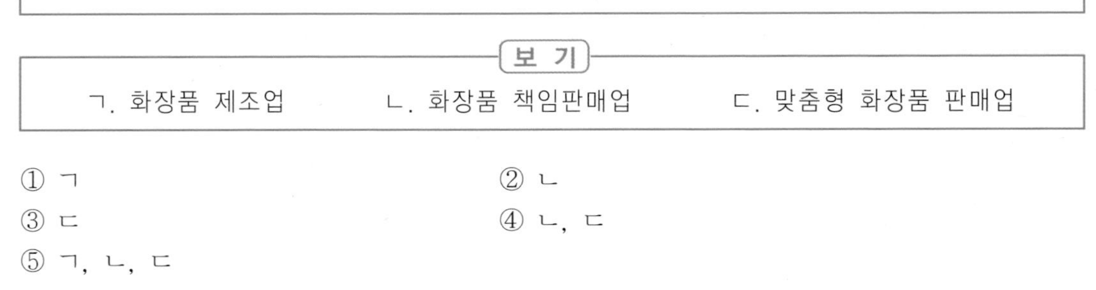

보 기

ㄱ. 화장품 제조업　　ㄴ. 화장품 책임판매업　　ㄷ. 맞춤형 화장품 판매업

① ㄱ　　② ㄴ
③ ㄷ　　④ ㄴ, ㄷ
⑤ ㄱ, ㄴ, ㄷ

02 〈보기〉는 영 · 유아 어린이 사용 화장품의 제품별 안전성 자료 보관 기간에 대한 내용이다. (　　) 안에 들어갈 말로 옳은 것은?

보 기

영 · 유아 어린이 사용 화장품 제품별 안전성 자료는 화장품의 1차 포장에 개봉 후 사용기간을 표시하는 경우 표시 · 광고한 날부터 제조는 제조번호에 따른 (㉠)을(를) 기준으로, 수입은 (㉡)을(를) 기준으로 마지막으로 제조 수입된 제품의 제조 연월일 이후 3년까지의 기간을 보관한다.

	㉠	㉡
①	출하일자	제조일자
②	판매일자	출하일자
③	출하일자	수입일자
④	제조일자	통관일자
⑤	출하일자	통관일자

03 어린이 안전용기 · 포장 대상 품목 및 기준으로 옳은 것은?

① 아세톤을 함유하는 네일 폴리머 에나멜
② 탄화수소류를 10% 이하 함유하고 운동점도가 21센티스톡스 이하인 어린이 오일
③ 운동점도가 41센티스톡스 이하인 액체 상태 제품
④ 개별 포장당 메틸 살리실레이트를 5% 이상 함유하는 에어로졸 제품
⑤ 아세톤을 함유하는 네일 폴리시 리무버

04 개인정보처리자가 정보 주체의 처리정지 요구를 거절할 수 있는 경우를 모두 고른 것은?

보 기

ㄱ. 법률에 특별한 규정이 있거나 법령상 의무를 준수하기 위하여 불가피한 경우
ㄴ. 법률에 따라 열람이 금지되거나 제한되는 경우
ㄷ. 다른 사람의 생명 · 신체를 해할 우려가 있거나 다른 사람의 재산과 그 밖의 이익을 부당하게 침해할 우려가 있는 경우
ㄹ. 개인정보를 처리하지 아니하면 정보 주체와 약정한 서비스를 제공하지 못하는 등 계약의 이행이 곤란한 경우로서 정보 주체가 그 계약의 해지 의사를 명확하게 밝히지 아니한 경우
ㅁ. 회사가 업무를 수행할 때 중대한 지장을 초래하는 경우

① ㄱ, ㄴ, ㄷ
② ㄱ, ㄷ, ㄹ
③ ㄴ, ㄷ, ㄹ
④ ㄴ, ㄷ, ㅁ
⑤ ㄷ, ㄹ, ㅁ

05 〈보기〉는 변경사항을 신고하지 않은 맞춤형 화장품 판매업자이다. 1차 위반 행위에 따른 처분 기준을 순서대로 나열한 것은?

보 기

- 맞춤형 화장품 판매업자의 변경 미신고
- 맞춤형 화장품 판매업소의 상호 변경 미신고
- 맞춤형 화장품 판매업소의 소재지 변경 미신고
- 맞춤형 화장품 조제관리사 변경 미신고

① 시정명령 - 시정명령 - 판매업무정지 1개월 - 시정명령
② 시정명령 - 판매업무정지 1개월 - 시정명령 - 시정명령
③ 판매업무정지 1개월 - 시정명령 - 시정명령 - 판매업무정지 15일
④ 판매업무정지 1개월 - 시정명령 - 판매업무정지 1개월 - 시정명령
⑤ 판매업무정지 15일 - 시정명령 - 판매업무정지 15일 - 판매업무정지 1개월

06 개인정보 제3자 제공에 대한 동의를 받을 때 알려야 하는 사항으로 옳지 않은 것은?

① 수집 · 이용목적
② 개인정보를 제공받는 자
③ 개인정보를 제공받는 자의 개인정보 보유 및 이용 기간
④ 제공하는 개인정보의 항목
⑤ 동의를 거부할 권리가 있다는 사실 및 동의 거부에 따른 불이익이 있는 경우에는 그 불이익의 내용

07 「개인정보보호법」에 따른 가명 정보 처리에 대한 기준으로 옳지 않은 것은?

① 누구든지 특정 개인을 알아보기 위한 목적으로 가명 정보를 처리해서는 아니 된다.
② 개인정보처리자는 가명 정보를 처리하는 과정에서 특정 개인을 알아볼 수 있는 정보가 생성된 경우에는 즉시 해당 정보의 처리를 중지하고, 지체 없이 회수 · 파기하여야 한다.
③ 개인정보처리자가 가명 정보를 처리하고자 하는 경우에는 가명 정보의 처리 목적, 제3자 제공 시 제공받는 자 등 가명 정보의 처리 내용을 관리하기 위하여 대통령령으로 정하는 사항에 대한 관련 기록을 작성하여 보관하여야 한다.
④ 개인정보처리자는 통계 작성, 과학적 연구, 공익적 기록 보존 등을 위하여 정보 주체의 동의 없이 가명 정보를 처리할 수 있으며 특정 개인을 알아보기 위해 사용할 수 있는 정보를 포함해서는 안 된다.
⑤ 개인정보처리자가 통계 작성, 과학적 연구, 공익적 기록 보존 등을 위하여 정보 주체의 동의 없이 처리한 가명 정보는 제3자에게 제공할 수 없다.

08 위해 화장품 공표 명령 위반에 따른 행정처분 기준으로 옳은 것을 모두 고른 것은?

보 기

ㄱ. 위해 화장품 공표 명령을 1차 위반한 영업자는 판매 또는 제조 업무 1개월 정지 처벌 대상이다.
ㄴ. 판매 또는 제조 업무 정지 기간에 해당 업무를 한 경우(광고 업무에 한정하여 정지를 명한 경우는 제외)에는 등록을 취소한다.
ㄷ. 회수계획을 거짓으로 보고한 경우 1차 위반 시에는 판매 또는 제조 업무 6개월 정지 처벌 대상이다.
ㄹ. 회수 대상 화장품을 회수하지 않거나 회수하는데 필요한 조치를 하지 않은 경우 1차 위반 시에는 판매 또는 제조 업무 3개월 정지 처벌 대상이다.

① ㄱ, ㄴ
② ㄱ, ㄷ
③ ㄴ, ㄷ
④ ㄴ, ㄹ
⑤ ㄷ, ㄹ

09 〈보기〉는 「화장품법 시행규칙」 제17조 1항에 따른 화장품 원료 등의 위해 평가 실시 과정 이다. ( ) 안에 들어갈 용어로 옳은 것은?

보 기

식품의약품안전처장은 국내외에서 유해 물질이 포함되어 있는 것으로 알려지는 등 국민 보건상 위해 우려가 제기되는 화장품 원료 등에 대한 위해 평가를 실시하며 위험성 확인 · 위험성 결정 · 노출 평가 · (㉠)과정을 거쳐 위해 평가가 완료된 원료의 사용기준을 지정한다.

① 독성 결정
② 허용량 산출
③ 유해도 결정
④ 위해도 평가
⑤ 위해도 결정

10 품질관리 기준에 따라 화장품 책임판매업자가 수행해야 하는 업무에 해당하지 않은 것은?

① 화장품 제조업자가 화장품을 적정하고 원활하게 제조한 것임을 확인하고 기록할 것
② 제품의 품질 등에 관한 정보를 얻었을 때 해당 정보가 인체에 영향을 미치는 경우에는 그 원인을 밝히고, 개선이 필요한 경우에는 적정한 조치를 하고 기록할 것
③ 책임 판매한 제품의 품질이 불량하거나 불량할 우려가 있는 경우 회수 등 신속한 조치를 하고 기록할 것
④ 교육훈련 계획서를 작성하고 품질관리 업무에 관한 교육·훈련을 정기적으로 실시한 후 기록을 작성·보관할 것
⑤ 안전 확보 조치를 실시하고 그 결과를 식품의약품안전처장에게 보고한 후 기록할 것

11 천연 화장품 및 유기농 화장품의 기준에 관한 규정으로 옳지 않은 것은?

① 유기농 원료란 「친환경농어업 육성 및 유기식품 등의 관리·지원에 관한 법률」에 따른 유기농 수산물 또는 이 고시에서 허용하는 물리적 공정에 따라 가공한 것을 말한다.
② 유기농 유래 원료란 유기농 원료를 이 고시에서 허용하는 화학적 또는 생물학적 공정에 따라 가공한 원료를 말한다.
③ 유기농 화장품을 제조하기 위한 유기농 원료는 다른 원료와 명확히 표시 및 구분하여 보관하여야 한다.
④ 유기농 함량 비율은 유기농 원료 및 유기농 유래 원료에서 유기농 부분에 해당되는 함량 비율로 계산한다.
⑤ 유기농 화장품은 유기농 함량을 제외한 천연 함량이 전체 제품에서 90% 이상에서 구성되어야 한다.

12 화장품에 사용되는 유성 원료 중 동물성 원료로 옳지 않은 것은?

① 밍크 오일(mink oil)
② 마유(horse oil)
③ 스쿠알렌(squalene)
④ 에뮤 오일(emu oil)
⑤ 라다넘 오일(cistus ladaniferus oil)

13 화장품에 사용되는 무기 안료 중 체질 안료를 모두 고른 것은?

보 기

마이카, 탈크, 카올린, 울트라마린, 칼슘카보네이트, 산화철

① 탈크, 카올린, 칼슘카보네이트
② 카올린, 칼슘카보네이트, 울트라마린
③ 울트라마린, 카올린, 마이카
④ 마이카, 산화철, 카올린
⑤ 탈크, 울트라마린, 산화철

14 천연 화장품 및 유기농 화장품 용기에 사용할 수 없는 포장재 소재는?

① 폴리프로필렌(PP)
② 폴리염화비닐(PVC)
③ 폴리에틸렌(PE)
④ 폴리에틸렌 테레프탈레이트(PET)
⑤ 고밀도 폴리에틸렌(HDPE)

15 다음 중 양쪽성 계면활성제에 대한 설명으로 옳은 것을 〈보기〉에서 모두 고른 것은?

보 기

ㄱ. 산성에서는 양이온 활성을, 알칼리성에서는 음이온 활성을 나타낸다.
ㄴ. 이온성에 친수기를 갖는 대신 하이드록시기(-OH)나 에틸렌옥사이드(ethylene oxide)에 의한 물과의 수소결합에 의한 친수성을 가진다.
ㄷ. 일반적으로 분자량이 적으면 보존제로 이용되며 분자량이 큰 경우는 모발이나 섬유에 흡착성이 커서 헤어 린스 등 유연제 및 대전 방지제로 주로 활용된다.
ㄹ. 일반적으로 다른 이온성 계면활성제보다 피부에 안전하고, 세정력, 살균력, 유연 효과 등을 나타내므로 저자극 샴푸, 스킨케어 제품, 어린이용 제품에 사용된다.
ㅁ. 피부 자극이 적어서 소르비탄(sorbitan) 혹은 피이지(peg, polyethylene glycol) 계열의 원료로 기초 화장품에 자주 사용된다.

① ㄱ, ㄷ
② ㄱ, ㄹ
③ ㄴ, ㄷ
④ ㄷ, ㅁ
⑤ ㄹ, ㅁ

16 〈보기〉는 맞춤형 화장품 조제관리사와 고객의 대화이다. 고객의 이야기를 듣고 나서 맞춤형 화장품 조제관리사가 제시한 성분으로 옳은 것은?

> 보 기
>
> 고객 : 지난번 구매한 제품이 아쉽게도 건조한 편인 것 같아요.
> 사용감을 조금 더 증대시키고 광택이 났으면 좋겠어요. 다만, 너무 유성감이 강한 광물성 오일이나 실리콘 오일은 피하고 싶어요.
> 제게 추천할 만한 성분이 들어갈 맞춤형 화장품을 조제해 주실 수 있을까요?
> 조제관리사 : 고객님의 요구를 반영해서 조제해드리겠습니다.

① 사이클로메티콘
② 칸데릴라왁스
③ 디메치콘
④ 미네랄 오일
⑤ 페르롤라튬

17 다음은 기능성 화장품으로 심사 받은 미백 화장품의 전성분 표시를 화장품법규에 맞게 표시한 것이다. 해당 제품의 기능성을 나타내는 주원료의 함량과 사용상 제한이 필요한 원료를 최대 사용 한도로 제조하였을 때 〈보기〉에서 유추 가능한 녹차 추출물 함유 범위(%)는?

> 보 기
>
> 정제수, 사이클로헥사실록세인, 글리세린, 닥나무추출물, 소듐하이알루로네이트, 녹차추출물, 다이메티콘, 다이메티콘/비닐다이메티콘크로스폴리머, 세틸피이지/피피지-10/1다이메티콘, 올리브오일, 세라마이드, 토코페릴아세테이트, 페녹시에탄올, 스쿠알란, 솔비탄세스퀴올리에이트, 알란토인

① 7~10
② 5~7
③ 3~5
④ 1~2
⑤ 0.5~1

18 「화장품 안전기준 등에 관한 규정」에 따라 화장품에 사용할 수 없는 원료로 옳은 것은?

① 천수국꽃추출물
② 세테아릴알코올
③ 머스크케톤
④ 아니스알코올
⑤ 디프로필렌글라이콜

19 각질 관리가 필요한 고객에게 락틱애씨드를 5% 첨가한 필링 수면팩을 맞춤형 화장품으로 추천하였다. 〈보기〉의 전성분을 참고하여 고객에게 설명해야 할 주의사항으로 옳지 않은 것은?

보 기

정제수, 락틱애씨드, 하이드록시프로필스타치포스페이트, 나이아신아마이드, 부틸렌글라이콜, 포타슘하이드록사이드, 캐모마일추출물, 글리세린, 스테아레스-20, 알로에베라추출물, 소듐하이알루로네이트, 1,2-헥산다이올, 살리실릭애씨드, 알란토인, 카프릴릴글라이콜, 향료

① 햇빛에 대한 피부의 감수성을 증가시킬 수 있으므로 자외선 차단제를 함께 사용할 것
② 만 3세 이하 어린이에게는 사용하지 말 것
③ 눈 주위를 피하여 사용할 것
④ 고농도의 AHA 성분이 들어있어 부작용이 발생할 우려가 있으므로 전문의 등에게 상담할 것
⑤ 일부 시험 사용하여 피부 이상을 확인할 것

20 화장품 유형별 특성에 대한 설명으로 옳지 않은 것은?

① 목욕용 제품류는 목욕 시 직접 사람에게 사용하거나 욕조에 투입해 몸에 향취를 주기 위하여 사용되는 제품이다.
② 눈 화장용 제품류는 눈썹, 눈꺼풀, 속눈썹 등의 눈의 주위에 미화 청결을 위해 사용되며 이들을 지우기 위한 리무버도 포함된다.
③ 두발용 제품류는 두발, 두피의 보습이나 청결 등 관리를 위하여 사용하는 제품이다.
④ 인체를 청결하게 하기 위해 사용하는 수분을 함유한 물휴지는 인체 세정용 제품류에 속한다.
⑤ 리퀴드・크림 파운데이션은 피부에 색조 효과를 주고 피부의 결함을 감추며 건조 방지를 위하여 화장 전에 사용되는 색조 화장용 제품이다.

21 〈보기〉는 화장품에 사용되는 색소이다. (　　) 안에 들어갈 말로 옳은 것은?

보 기

- (㉠)은(는) 물, 알코올, 오일 등의 용매에 용해되고 화장품 기제 중에 용해 상태로 존재하며 색채를 부여하는 물질로 수용성과 유용성으로 구분할 수 있다.
- 체질 안료는 색상을 주는 착안료의 희석제로 색조를 조절하고 제품의 퍼짐성, 피부 부착성, 땀과 피지의 흡수성 등 사용감과 제품의 제형화 역할을 하며 주로 활석가루인 (㉡)(이)가 사용된다.

	㉠	㉡
①	염료	탈크
②	염료	마이카
③	산화철	카올린
④	울트라마린	실리카
⑤	운모티탄	칼슘카보네이트

22 식약처장이 고시한 알레르기 유발 성분 중 모노테르펜(monoterpene) 계열의 알레르기 유발 물질이 아닌 것은?

① 리날룰
② 시트랄
③ 시트로넬올
④ 신남알
⑤ 리모넨

23 화장품 안전 정보와 관련하여 포장에 추가로 기재하도록 식품의약품안전처장이 정하여 고시하는 성분별 사용 시 주의사항 표시 문구로 옳은 것은?

① 스테아린산아연 함유 파우더 제품 – 만 3세 이하 어린이에게는 사용하지 말 것
② 과산화수소 및 과산화수소 생성물질 함유 제품 – 만 3세 이하 어린이에게는 사용하지 말 것
③ 실버나이트레이트 함유 – 눈에 접촉을 피하고 눈에 들어갔을 때는 즉시 씻어낼 것
④ 알루미늄 및 그 염류 함유 체취 방지용 제품 – 사용 시 흡입되지 않도록 주의할 것
⑤ 포름알데하이드 0.05% 이상 검출된 제품 –「인체 적용시험 자료」에서 구진과 경미한 가려움이 보고된 예가 있음

24 소비자 화장품 안전관리 감시원(=소비자 화장품 감시원)의 직무로 옳은 것을 〈보기〉에서 모두 고르면?

보 기

ㄱ. 유통 중인 화장품의 광고 위반 사실에 대한 행정처분
ㄴ. 화장품의 안전 사용과 관련된 홍보 등의 업무
ㄷ. 표시 · 광고 내용의 실증에 관한 자료 제공
ㄹ. 보고와 검사를 위한 화장품 감시 공무원의 출입, 검사, 질문, 수거의 지원
ㅁ. 화장품 감시 공무원의 물품 회수 · 폐기 등의 업무지원

① ㄱ, ㄴ, ㄷ
② ㄱ, ㄷ, ㄹ
③ ㄴ, ㄷ, ㄹ
④ ㄴ, ㄹ, ㅁ
⑤ ㄷ, ㄹ, ㅁ

25 화장품 법령 및 제도 등에 대한 교육을 실시하고 화장품 제조 시 품질검사를 위탁할 수 있는 기관으로 옳은 것은?

① 대한화장품산업연구원
② 대한화장품협회
③ 한국의약품수출입협회
④ 한국보건산업진흥원
⑤ 보건환경연구원

26 〈보기〉는 「화장품 안전기준 등에 관한 규정」에 따른 사용제한이 필요한 원료에 대한 사용 기준이다. ( ) 안에 들어갈 말로 옳은 것은?

보 기

사용상의 제한이 필요한 보존제 성분 중 (㉠)은(는) 영 · 유아용 제품류 또는 만 13세 이하 어린이가 사용할 수 있음을 특정하여 표시하는 제품(샴푸 제외)에 사용이 금지되어 있으며 사용 후 씻어 내는 (㉡) 제품에 3%, 인체 세정용 제품류에 2%, 기능성 화장품의 유효성분으로 사용하는 경우에 한하며 기타 제품에는 사용이 금지된다.

	㉠	㉡		㉠	㉡
①	벤질알코올	두발용	②	살리실릭애씨드	두발용
③	소르빅애씨드	손 · 발톱용	④	살리실릭애씨드	향수
⑤	벤질알코올	손 · 발톱용			

27 「화장품 안전기준 등에 관한 규정」 사용상 제한이 필요한 자외선 차단 성분과 사용 한도가 옳지 않은 것은?

① 에칠헥실디메칠파바 : 8%
② 에칠헥실살리실레이트 : 5%
③ 벤조페논-8 : 3%
④ 벤조페논-3 : 10%
⑤ 디갈로일트리올리에이트 : 5%

28 다음은 화장품 책임판매업자들의 대화이다. 〈보기〉의 내용 중 준수사항을 위반한 영업자로 옳은 것은?

보 기

가연 : 손톱에 영양을 공급해주는 네일파라핀을 판매하려고 제조번호별로 유통 전 품질검사를 의뢰하고 책임판매관리자가 품질검사 결과를 기록했어.
민정 : 지난번에 수입한 화장품에 대한 수입관리기록서는 보관중이지? 수입 화장품이라 해도 국내 유통 · 판매 시에는 1차 또는 2차 포장에 읽기 쉽게 한글로 정확히 기재 · 표시 해야 해.
하정 : 수입관리기록서 내용 중 판매증명서는 생산국이나 판매국 정부 또는 공공기관이 발행한 것으로 제조회사, 제품명이 명기되어야 하고 해당 국가에서 판매되고 있음을 증명해야 해.
지안 : 판매 목적이 아니더라도 화장품을 수입하려면 화장품 책임판매업을 등록해야 되는 거지?
철진 : 당연하지~ 화장품을 수입하기 위해서는 수입 후 판매가 아닌 다른 목적으로 사용하더라도 수입한 화장품을 유통 · 판매하려는 자, 수입 대행형 거래(전자상거래만 해당)를 목적으로 화장품을 알선 · 수여하려는 자는 책임판매업을 등록해야 해.

① 가연
② 민정
③ 하정
④ 지안
⑤ 철진

29 〈보기〉는 책임판매업자가 기능성 화장품으로 보고서를 제출한 주름 개선에 도움을 주는 화장품 전성분 중 일부이다. 이를 참고하여 소비자에게 설명해야 할 주의사항으로 옳은 것은?

> **보 기**
>
> 정제수, 글리세린, 사이클로펜타실록세인, 다이메치콘, 부틸렌글라이콜, 아데노신, 피이지-10 다이메치콘크로스폴리머, 1,2-헥산다이올, 병풀추출물, 디포타슘글리시리제이드, 바이오사카라이드검-1, 스테아릭애씨드, 올레익애씨드, 하이드로제네이티드레시틴, C8-12애씨드트리글리세라이드, 콜레스테롤, 소듐메타바이설파이트, 디소듐이디티에이, 아세틸헥사펩타이드-8, 젤라틴, 벤제토늄클로라이드, 카퍼트리펩타이드-1, 폴리에톡실레이티드레틴아마이드

① 눈에 접촉을 피하고 눈에 들어갔을 때에는 즉시 씻어내십시오.
② 사용상 제한이 필요한 성분이 사용되었습니다.
③ 「인체 적용시험 자료」에서 경미한 발적, 피부 건조, 화끈감, 가려움, 구진이 보고된 예가 있습니다.
④ 알레르기 유발 물질이 있으니 일부에 시험 사용하여 피부 이상을 확인하세요.
⑤ 눈에 들어갔을 때에는 즉시 씻어내세요.

30 다음 중 회수 대상 화장품의 위해성 등급이 옳은 것은?

	〈기 준〉	〈위해성〉
①	사용상의 제한이 필요한 원료를 사용한 화장품	다등급
②	안전용기・포장을 위반한 화장품	나등급
③	화장품에 사용할 수 없는 원료를 사용한 화장품	나등급
④	병원미생물에 오염되어 보건 위생상 위해를 발생할 우려가 있는 화장품	가등급
⑤	의약품으로 잘못 인식할 우려가 있게 기재・표시된 화장품	나등급

31 CGMP 기준 혼합・소분 시 작업장 내 직원의 위생관리 규정으로 옳지 않은 것은?

① 안전 위생의 교육훈련을 받지 않은 직원이 화장품 생산, 관리, 보관을 실시하고 있는 구역으로 출입하는 일은 피한다.
② 안전 위생의 교육훈련을 받지 않은 사람들이 영업상의 이유, 신입 사원 교육 등을 위하여 생산, 관리, 보관 구역으로 출입하는 경우 안전 위생의 교육훈련 자료를 사전에 작성한다.
③ 훈련을 받지 않은 직원이 생산, 관리, 보관 구역 출입 시에는 기록서에 성명과 입・퇴장 시간 및 자사 동행자를 기록한다.
④ 방문객이 생산, 관리, 보관 구역 출입 시에는 직원이 동행해야 한다.
⑤ 안전 위생의 교육훈련을 받지 않은 방문객, 직원 등은 안전 위생의 교육훈련 자료를 작성하고 생산, 관리, 보관 구역 출입 후 교육훈련을 실시한다.

32 CGMP 기준 화장품 제조 시 사용되는 물의 품질관리로 옳지 않은 것은?

① 한 번 사용한 정제수 용기의 물을 재사용하거나 장기간 보존한 정제수를 사용해서는 안 된다.
② 물의 품질은 필요시 검사하고, 미생물학 검사도 실시하는 것이 좋다.
③ 사용하는 물의 품질을 목적별로 정하고 제조 용수 배관에는 오염 방지 대책을 해 놓는다.
④ 화장품 제조 시 사용되는 정제수는 상수를 이온교환 수지를 통과시키거나 증류하거나 역삼투 처리를 해서 제조하고 제품 용수로 사용한다.
⑤ 제조 용수의 미생물 관리는 자외선 조사, 열을 가하는 등의 방법으로 소독할 수 있다.

33 CGMP 기준 공기 조절 4대 요소로 옳지 않은 것은?

① 실내 온도
② 청정도
③ 습도
④ 환풍
⑤ 기류

34 유통 화장품 안전관리 시험 방법에 따른 메탄올 시험법으로 옳은 것은?

① 흡광도측정법
② 원자흡광광도법
③ 기체크로마토그래프법
④ 디티존법
⑤ 비색법

35 〈보기〉는 유통 화장품 안전관리 시험 방법에 따른 납 시험법이다. 원자흡광광도법에 대한 설명으로 옳지 않은 것은?

보 기

ㄱ. 적외선 흡수 파수와 그 강도는 대상으로 하는 물질의 화학구조 및 함량에 따라 정해지므로 물질의 확인 또는 정량에 쓸 수 있다.
ㄴ. 주로 무기 원소 분석에 사용된다.
ㄷ. 적당한 열에너지를 가할 경우 원자는 안정한 상태로 존재하게 되고 분석 파장의 에너지를 흡수할 수 있으며 원자흡광광도계(AAS)를 이용하여 분석한다.
ㄹ. 열에너지를 가함으로써 해당 검체를 원자 형태로 만든다. 각 원자의 특정 파장에 대한 흡광도를 측정함으로써 검체 중의 원소 농도를 확인 또는 정량에 쓸 수 있다.
ㅁ. 빛이 원자증기층을 통과할 때 기저상태의 원자가 특유 파장의 빛을 흡수하는 현상을 이용하여 검체 중 피검원소의 양(농도)를 측정하는 방법이다.

① ㄱ
② ㄴ
③ ㄱ,ㄷ
④ ㄴ,ㄹ
⑤ ㄷ,ㅁ

36 CGMP 기준 화장품 작업장별 시설 유지관리로 옳지 않은 것은?

① 보관 구역 통로는 사람과 물건이 이동하는 구역으로 교차오염의 위험이 없도록 하고 손상된 팔레트는 수거하여 수선 또는 폐기해야 한다.
② 원료의 포장이 훼손된 경우에는 봉인하거나 즉시 별도의 저장조에 보관한 후에 품질상의 처분 결정을 위해 격리해야 한다.
③ 제조 구역의 페인트를 칠한 지역은 우수한 정비 상태로 유지하고, 벗겨진 칠은 보수해야 한다.
④ 제조 구역은 모든 배관이 사용될 수 있도록 설계해야 하며 우수한 정비 상태로 유지해야 한다.
⑤ 칭량실 내에는 손 세척 설비가 제공되어야 하고 쉽게 이용할 수 있어야 한다.

37 「우수 화장품 제조 및 품질관리(CGMP)」 제9조 작업소의 위생 기준으로 옳은 것을 모두 고른 것은?

보 기

ㄱ. 곤충, 해충이나 쥐를 막을 수 있는 대책이 마련되어야 한다.
ㄴ. 제조, 관리 및 보관 구역 내의 창문은 항상 밀폐되어 있어야 한다.
ㄷ. 제조시설이나 설비의 세척에 사용되는 세제 또는 소독제는 효능이 입증된 것을 사용하고 잔류하거나 적용하는 표면에 이상을 초래하지 아니하여야 한다.
ㄹ. 제조시설이나 설비는 적절한 방법으로 청소하여야 하며 필요한 경우 위생관리 프로그램을 운영하여야 한다.
ㅁ. 각 작업장에는 별도의 수세시설을 갖추어야 한다.

① ㄱ, ㄴ, ㄷ
② ㄱ, ㄴ, ㅁ
③ ㄱ, ㄷ, ㄹ
④ ㄱ, ㄷ, ㅁ
⑤ ㄱ, ㄹ, ㅁ

38 「우수 화장품 제조 및 품질관리(CGMP)」 제22조 기준 일탈 제품의 처리 기준으로 옳지 않은 것은?

① 격리 보관된 기준 일탈 제품은 재작업하거나 폐기처분 또는 반품한다.
② 적합 판정 기준을 벗어난 완제품 또는 벌크 제품을 재처리하여 품질이 적합한 범위에 들어오도록 재작업한다.
③ 재작업은 변질·변패 또는 병원미생물에 오염되지 않았거나 제조일로부터 1년이 경과하지 않았거나 사용기한이 1년 이상 남아있는 경우에 할 수 있다.
④ 재작업 실시의 제안을 하는 것은 제조 책임자일 것이나, 실시 결정 및 재작업 결과의 책임은 품질보증책임자가 진다.
⑤ 재작업 시에는 통상적인 제품 시험 시보다 많은 시험을 실시하고, 품질에 대한 좋지 않은 경시 안정성에 대해 악영향으로서 나타날 일이 많기 때문에 제품 분석뿐만 아니라, 제품 안정성 시험을 실시하는 것이 바람직하다.

39 기준 일탈 제품의 폐기 처리 절차로 옳은 것은?

보 기

ㄱ. 격리 보관
ㄴ. 시험, 검사, 측정에서 기준 일탈 결과 나옴
ㄷ. 기준 일탈의 처리
ㄹ. 폐기처분 또는 재작업 또는 반품
ㅁ. 기준 일탈 제품에 불합격 라벨 부착
ㅂ. 시험, 검사, 측정이 틀림없음 확인
ㅅ. 기준 일탈 조사

① ㅅ → ㄱ → ㄴ → ㄷ → ㄹ → ㅁ → ㅂ
② ㄱ → ㄷ → ㄹ → ㄴ → ㅁ → ㅂ → ㅅ
③ ㄴ → ㅅ → ㅂ → ㄷ → ㅁ → ㄱ → ㄹ
④ ㄴ → ㄹ → ㅁ → ㄱ → ㄷ → ㅂ → ㅅ
⑤ ㄴ → ㅅ → ㅂ → ㄷ → ㄹ → ㅁ → ㄱ

40 CGMP 기준 입고된 원료 및 내용물의 품질관리로 옳지 않은 것은?

① 밀봉 상태, 성상, 이물, 관능, 부적합 기준 등 품질성적서를 확인한다.
② 온도, 차광 등 보관 조건을 확인한다.
③ 부적합 기준이 기재된 품질성적서(원료 규격서)에 근거한 부적합 관리 일지를 작성한다.
④ 입고된 원료는 원자재 상태에 따라 표시 후 검사 중, 적합, 반품에 따라 각각의 구분된 공간에 별도 보관한다.
⑤ 원료명, 원료의 유형, 입고일, 입고 수량/중량, 사용량, 사용일, 재고량 등 원료 수불 일지를 작성한다.

41 〈보기〉는 배합금지 성분 분석법에 따른 물휴지 중 형광증백제 시험 일부이다. (   ) 안에 들어갈 말로 옳은 것은?

보 기

검체 1매를 가지고 어두운 곳에서 365㎚의 (   )을(를) 조사하였을 때 청백색 형광 유무를 확인한다. 형광이 나타날 경우 확인시험 방법 중 적당한 방법으로 전이성 형광증백 물질을 확인한다.

① 적외선
② 가시광선
③ 자외선
④ X선
⑤ 감마선

42 CGMP 기준 원자재 보관 시 고려할 사항으로 옳은 것은?

① 상시 출입이 가능하도록 개방된 장소이어야 한다.
② 생산시설과 반드시 격리된 장소에 위치하여야 한다.
③ 공급업체에서 설정한 유효기한이 없는 경우, 별도의 사용기간을 설정하여 관리한다.
④ 모든 원자재는 반드시 동일한 조건에서 보관하고 관리될 수 있도록 한다.
⑤ 항상 최신 입고된 자재를 먼저 사용할 수 있도록 한다.

43 「화장품 안전기준 등에 관한 규정」 제6조 유통 화장품 안전관리 미생물 한도 기준에 적합한 화장품은?

① 마스카라 - 총 호기성 생균 수 2,300개/g
② 페이스 파우더 - 총 호기성 생균 수 1,600개/g
③ 영·유아용 오일 - 총 호기성 생균 수 1,400개/g
④ 외음부 세정제 - 총 호기성 생균 수 1,100개/g
⑤ 물휴지 - 세균 80개/g 및 진균 수 100개/g

44 〈보기〉의 ( ) 안에 들어갈 말로 옳은 것은?

보 기

유통 화장품 안전관리 내용량 기준은 제품 (㉠)개 시험 결과 그 평균 내용량이 표기량의 97% 이상이어야 하며, 상기 기준치를 벗어날 경우 제품 6개를 추가 시험하여 평균 내용량이 표기량에 대하여 (㉡)% 이상이어야 한다.

	㉠	㉡
①	3	95%
②	3	97%
③	5	90%
④	5	95%
⑤	5	97%

45 유통 화장품 안전관리 시험 방법에 따라 안티몬과 니켈을 동시에 측정할 수 있는 시험법으로 옳은 것은?

① ICP-MS, AAS, ICP
② 비색법, ICP-MS, 원자흡광광도법
③ 푹신아황산법, 비색법, AAS
④ 액체크로마토그래프법, 비색법, ICP
⑤ 디티존법, 기체크로마토그래프법, ICP-MS

46 〈보기〉는 모발의 결합에 대한 설명이다. (   ) 안에 들어갈 말로 옳은 것은?

보 기

모발의 피질과 표피는 수천만 개의 폴리펩티드 고리들로 만들어져 있다. 시스틴은 모발의 중요 아미노산으로 (㉠)의 2분자들이 산화되어 만들어지며 (㉡) 결합은 모발에서 2개의 아미노산 (㉠)분자들이 산화 과정을 통해 1개의 시스틴 분자로 변화할 때를 말한다. 모발에서 가장 강력한 교차결합인 (㉡) 결합은 모발 케라틴 간의 공유결합으로 각질화 현상 동안 형성된다.

	㉠	㉡		㉠	㉡
①	수소이온	이온	②	글루타민산	펩티드
③	시스테인	다이설파이드(이황화)	④	시스테인	수소
⑤	리산	염			

47 알파-하이드록시 애씨드(alpha-hydroxy acid, AHA)에 대한 설명으로 옳지 않은 것은?

① 하이드록시기(-OH)와 카르복시기(-COOH)가 이웃해 있는 탄소원자에 결합해 있다.
② 각질 세포 간 지질의 결합력을 약화시키고 각질 세포의 탈락을 촉진하는 성분이다.
③ 시트릭애씨드(구연산), 글라이콜릭애씨드(글리콜산), 락틱애씨드(젖산), 말릭애씨드(사과산), 타타릭애씨드(주석산), 만델릭애씨드(만델산)등이 있다.
④ 농도가 높을수록 각질 탈락이 수월하나 피부에 민감하게 자극될 수 있어 사용 시 주의가 필요하다.
⑤ 알파-하이드록시애씨드 0.5% 초과 함유된 제품에는 사용 시 주의사항 중 개별사항을 기재・표시해야 한다.

48 〈보기〉의 (   ) 안에 들어갈 말로 옳은 것은?

보 기

「화장품 안전기준 등에 관한 규정」에서는 총 호기성 생균 수 시험 및 특정 미생물 시험을 통해 화장품이 허용 한도 기준에 적합한지 확인하고 있으며 총 호기성 생균 수 시험이란 화장품 안에 있는 호기성 (㉠) 과 (㉡)의 수를 확인하는 시험이다.

	㉠	㉡		㉠	㉡
①	보튤라누스균	세균	②	진균	대장균
③	세균	녹농균	④	세균	진균
⑤	비브리오균	대장균			

49 맞춤형 화장품에 사용할 수 없는 원료로 옳은 것은?

① 스쿠알란
② 카프릴릭카프릭트리글리세라이드
③ 닥나무추출물
④ 세테아릴알코올
⑤ 카멜리아추출물

50 「기능성 화장품 심사에 관한 규정」 [별표 4]에 따른 기능성 화장품 종류와 성분이 옳지 않은 것은?

① 폴리에톡실레이티드레틴아마이드 – 피부의 주름 개선에 도움
② 마그네슘아스코빌포스페이트 – 피부의 주름 개선에 도움
③ 옥토크릴렌 – 피부를 곱게 태워주거나 자외선으로부터 피부를 보호하는데 도움
④ 치오글리콜산 80% – 체모를 제거
⑤ 살리실릭애씨드 – 여드름성 피부를 완화

51 다음 〈보기〉는 맞춤형 화장품 조제관리사와 고객과의 대화이다. 고객의 이야기를 듣고 나서 맞춤형 화장품 조제관리사가 제시한 성분으로 옳은 것은?

보 기

고객 : 꽃 구경 가기 좋은 날씨에 나들이를 다녀온 후 트러블이 심해졌어요. 꽃가루 때문인지 가렵고 자외선으로 인해 색소 침착이 생긴 것 같기도 하구요.
조제관리사 : 요즘 봄바람을 타고 날아든 미세먼지, 황사 등으로 피부 트러블을 호소하시는 고객님들이 많으신 거 같아요. 특히 요즘 같은 건조한 공기는 피부 수분을 빼앗아 가기 때문에 미세먼지 등 피부에 쌓인 노폐물이 모공을 막아 가려움증을 유발하기도 하고, 높은 자외선으로 인한 색소 침착 및 노화도 경계해야 하구요.
고객 : 외출하기 전에 자외선 차단제를 잘 발라주는 것이 필요하겠네요.
조제관리사 : 네. 외출 후에는 꼼꼼한 클렌징 즉시 수분을 공급해 보습막을 형성해 주고 피부를 진정시켜줄 수 있는 성분이 함유된 제품을 사용하시는 것이 도움이 될 것 같아요.
고객 : 네~ 좋아요. 제게 추천할만한 성분이 들어간 산뜻한 사용감을 가진 맞춤형 화장품을 조제해 주실 수 있을까요?
조제관리사 : 네. 고객님의 요구를 반영해서 가볍고 산뜻한 느낌을 주는 습윤제 성분 기반 보습제와 진정 성분을 처방해 맞춤형 화장품을 조제해 드리겠습니다.

① 솔비톨, 알란토인
② 시어버터, 알로에베라추출물
③ 프로필렌글라이콜, 세라마이드
④ 스쿠알렌, 콜레스테롤
⑤ 미네랄 오일, 녹차추출물

52 화장품 성분별 특성에 따른 취급 및 보관 방법으로 옳은 것은?

① 화장품에 사용되는 용제는 부패되거나 변질되지 않도록 하고 금속이온이 첨가되었을 시에는 EDTA 등을 첨가한다.
② 수분은 미생물의 성장에 필요하므로 원료 보관 시 밀봉하여 미생물 성장을 억제시키고 품질을 유지한다.
③ 오일, 왁스 등은 공기 중에 노출되지 않도록 관리하고 항산화 기능을 갖는 비사보롤과 같이 배합한다.
④ 비타민 C는 강력한 항산화 작용이 있으나 쉽게 산화되는 단점으로 유도체화한 아스코빌팔미테이트, 마그네슘아스코빌포스페이트가 사용되기도 한다.
⑤ 비타민 A는 빛에 의해 불안정한 물질로 변질되기 쉽고 화기성 및 가연성이 있으므로 반드시 밀봉하여 보관한다.

53 화장품에 사용할 수 있는 인체 세포 · 조직 배양액에 대한 안전기준으로 옳지 않은 것은?

① 누구든지 공여자에 관한 정보를 제공하거나 광고 등을 통해 특정인의 세포 또는 조직을 사용하였다는 내용의 광고를 할 수 없으며 세포나 조직을 주고받으면서 금전 또는 재산상의 이익을 취할 수 없다.
② 시험 검사에 필요한 기준 및 시험 방법은 과학적으로 타당성이 인정되어야 하며 시험 검사는 매 제조번호마다 실시하고 시험성적서를 보존한다.
③ 인체 세포 · 조직 배양액을 제조하는 배양 시설은 청정등급 1B(Class 10,000) 이상의 구역에 설치되어야 하며 위생관리를 위한 제조 위생관리기준서를 작성하고 이에 따라야 한다.
④ 화장품 책임판매업자는 인체 세포 · 조직 배양액 안전기준과 관련한 모든 기준 기록 및 성적서에 관한 서류를 완제품의 제조 연월일로부터 3년이 경과한 날까지 보존해야 한다.
⑤ 화장품 제조업자는 세포 · 조직의 채취, 검사, 배양액 제조 등을 실시한 기관에 대하여 안전하고 품질이 균일한 인체 세포 · 조직 배양액이 제조될 수 있도록 관리 · 감독을 철저히 하여야 한다.

54 「기능성 화장품 기준 및 시험 방법」 통칙에 따라 화장품 액성을 구체적으로 표시할 때 쓰는 pH값의 범위와 시험 또는 저장할 때 온도는 구체적인 수치를 기재하는 온도의 범위로 옳은 것은?

보 기

ㄱ. 실온 1~20℃	ㄴ. 상온 15~25℃
ㄷ. 냉수 5℃ 이하	ㄹ. 미산성 약 4.5~5.5
ㅁ. 약산성 약 3~5	ㅂ. 미알칼리성 약 7.5~9

① ㄱ, ㄴ, ㄷ
② ㄴ, ㄷ, ㄹ
③ ㄴ, ㅁ, ㅂ
④ ㄷ, ㄹ, ㅂ
⑤ ㄹ, ㅁ, ㅂ

55 영 · 유아 어린이 사용 화장품의 제품의 안전성 자료를 대체할 수 있는 자료로 옳지 않은 것은?

① 포장관리기준서 사본
② 안전성 평가 결과
③ 수입관리기록서 사본(수입품에 한함)
④ 제품표준서 사본
⑤ 제조관리기준서 사본

56 〈보기〉는 화장품 안정성 시험 방법이다. (　　) 안에 들어갈 말로 옳은 것은?

> **보 기**
>
> 화장품 사용 시에 일어날 수 있는 오염 등을 고려한 사용기한을 설정하기 위하여 장기간에 걸쳐 물리 · 화학적 미생물학적 안정성 및 용기 적합성을 확인하는 (　　)시험으로 시중에 유통할 제품과 동일한 처방, 제형 및 포장 용기를 사용한다. 3로트 이상에 대하여 시험하는 것을 원칙으로 개봉 전 시험항목과 미생물 한도시험, 살균보존제, 유효성 성분시험을 수행한다.

① 장기보존
② 가혹
③ 가속
④ 기계 · 물리적
⑤ 개봉 후 안정성

57 사용상의 제한이 있는 원료 중 소듐벤조에이트의 최대 사용 한도와 동일한 사용 한도를 갖는 보존제로 옳은 것은?

① 징크피리치온
② 페녹시에탄올
③ 소르빅애씨드
④ 클로로부탄올
⑤ 소듐아이오데이트

58 「기능성 화장품 심사에 관한 규정」에 따른 기능성 화장품 고시 지용성 미백 성분과 수용성 주름 개선 성분으로 옳은 것은?

	〈지용성〉	〈수용성〉
①	옥시벤존	레티놀
②	징크옥사이드	티타늄디옥사이드
③	알파비사보롤	아데노신
④	아스코빌테트라이소팔미테이트	레티놀
⑤	알부틴	알파비사보롤

59 〈보기〉는 맞춤형 화장품 조제관리사와 고객의 대화이다. 고객의 이야기를 듣고 나서 맞춤형 화장품 조제관리사가 제시한 성분으로 옳은 것은?

보 기

고객 : 요즘 환절기라서 그런지 종종 올라오는 피부 트러블에 피부가 더 예민해진 거 같아요. 원래 너무 건조한 편인데 거의 사막이 되어가는 듯해요. 심할 때는 가렵고 수시로 긁어 상처가 나기도 해요. 수분을 가득 채워줄 수 있을까요?

조제관리사 : 피부를 통해 손실되는 수분량을 줄일 수 있도록 피지처럼 피부 표면에 얇은 소수성막을 만드는 보습제 성분을 처방하여 맞춤형 화장품을 조제해 드리겠습니다.

① 글리세린, 부틸렌글라이콜, 락틱애씨드
② 페트롤라툼, 실리콘 오일, 프로필렌글라이콜
③ 솔비톨, 하이알루로닉애씨드, 판테놀
④ 미네랄 오일, 파라핀, 스쿠알렌
⑤ 프로판디올, 우레아, 자일리톨

60 맞춤형 화장품 판매 시 1차 포장에 기재 · 표기될 사항으로 옳은 것은?

보 기

ㄱ. 화장품의 명칭
ㄴ. 영업자의 상호(제조업자, 책임판매업자, 맞춤형 화장품 판매업자)
ㄷ. 제조일자
ㄹ. 제조번호
ㅁ. 가격
ㅂ. 화장품 제조에 사용된 모든 성분

① ㄱ, ㄴ, ㄷ
② ㄱ, ㄴ, ㄹ
③ ㄴ, ㄹ, ㅁ
④ ㄴ, ㄷ, ㅂ
⑤ ㄹ, ㅁ, ㅂ

61 맞춤형 화장품으로 립밤을 조제 시 혼합할 수 있는 색소로 옳은 것은?

① 황색 202호
② 적색 201호
③ 적색 205호
④ 적색 206호
⑤ 등색 206호

62 다음 중 피부 수분 측정 함유도를 측정하는 기기에 대한 설명으로 옳은 것은?

① 콘덴서 방식에 근거하여 피부 표면의 수분량을 측정하는 Corneometer는 수치가 높을수록 보습도가 좋다.
② Skicon의 탐침은 접촉 부위 물질에 3.5㎒의 고주파를 통과시켜 전기전도도를 측정하는 장치로 낮은 수분 상태에서 세밀하게 측정된다.
③ 피부장벽의 손상 및 회복 과정에 중요한 생리학적 지표가 되는 Tewameter는 피부 자극이나 건조 상태에서 역동적으로 변화하는 표피의 생리를 in vitro에서 직접적으로 측정한다.
④ Evoporimeter는 전기화학에 근거하여 탐침을 피부에 간접적으로 접촉시켜 피부 손상에 따른 피부 산도의 변화를 실시간으로 측정한다.
⑤ Sebumeter는 광도측정법에 근거해 특정한 화장품, 피부 관리 등의 적용에 따른 수분 감소 혹은 증가를 측정한다.

63 ( )은(는) 외부에서 침입한 이물질에 대해 체내의 면역계가 지나치게 이상 반응을 보이는 현상으로 면역 글로불린 항체(IgE)를 자극하는 일종의 면역 반응의 총칭이다. ( ) 안에 들어갈 말로 옳은 것은?

① 알러지(Allegy)
② 감작(Sensitization)
③ 자극(Irration)
④ 염증(Inflammation)
⑤ 두드러기(Hives)

64 〈보기〉는 유통 화장품 안전관리 시험 방법 중 pH시험법에 대한 설명이다. ( ) 안에 들어갈 함량으로 옳은 것은?

보 기

검체 약 (㉠)g(mL) 를 취하여 100mL 비커에 넣고 물 (㉡)mL를 넣어 수욕상에 가온하여 지방분을 녹이고 흔들어 섞은 다음 냉장고에서 지방분을 응결시켜 여과한다. 이때 지방층과 물층이 분리되지 않을 때는 그대로 사용한다. 여액을 가지고 「기능성 화장품 기준 및 시험 방법」 일반시험법 1. 원료의 "47. pH 측정법"에 따라 시험한다. 다만, 성상에 따라 투명한 액상인 경우에는 그대로 측정한다.

	㉠	㉡
①	1	10
②	1	30
③	2	10
④	2	30
⑤	2	50

65 〈보기〉에서 (   ) 안에 들어갈 용어로 옳은 것은?

보 기

물에 계면활성제를 용해하였을 때 계면활성제의 소수성 부분은 가능한 한 물과 접촉을 최소화하려고 할 것이며 희석 용액에서 계면활성제는 주로 물과 공기의 표면에 단분자막 형태로 존재한다. 그러나 계면활성제의 농도가 증가하면 계면활성제의 소수성 부분끼리 서로 모이면서 집합체를 형성하게 되는데 이렇게 형성된 집합체를 (   )이라 한다.

① 미셀
② 콜로이드
③ 에멀젼
④ 리포좀
⑤ 가용화

66 다음은 맞춤형 화장품 판매업을 신고한 자가 교부받은 신고필증이다. 〈보기〉의 내용 중 잘못 기재된 사항은?

보 기

제 1234 호 (앞 쪽)

맞춤형 화장품판매업 신고필증

㉠ 맞춤형 화장품판매업자 성명 : 강송윤
㉡ 맞춤형 화장품판매업자 생년월일 : 1980년 03월 05일
㉢ 맞춤형 화장품판매업소 상호 : 지키바
㉣ 맞춤형 화장품판매업소 소재지 : 제주도 서귀포시 대청로
㉤ 맞춤형 화장품판매업 제조유형 : 화장비누(고체 형태의 세안용 비누)

「화장품법」 제3조의2제1항 및 같은 법 시행규칙 제8조의2제3항에 따라 위와 같이 신고하였음을 증명합니다.

2020 년 11 월 12 일

서울지방식품의약품안전청장 직인

① ㉠
② ㉡
③ ㉢
④ ㉣
⑤ ㉤

67 맞춤형 화장품 판매업의 신고 절차로 옳은 것은?

① 맞춤형 화장품 판매업자의 소재지를 변경하려는 경우 사업자 등록증, 맞춤형 화장품 조제관리사 자격증을 첨부해 변경된 지방식품의약품안전청에 신고한다.
② 소재지 변경 후 맞춤형 화장품 조제관리사를 변경하려는 때에는 새로운 소재지를 관할하는 보건소에 신고한다.
③ 맞춤형 화장품 판매업자의 상호가 변경된 경우 새로운 소재지를 관할하는 지방식품의약품안전청에 신고한다.
④ 맞춤형 화장품 판매업자가 휴업 후 그 업을 재개하려는 경우 사업자등록증을 첨부하여 지방식품의약품안전청장에게 제출한다.
⑤ 맞춤형 화장품 판매업자는 판매장별로 맞춤형 화장품 자격증을 소지한 자를 고용하고 관할지방식품의약품안전청장에게 맞춤형 화장품 판매업을 신고한다.

68 맞춤형 화장품 판매 시 작성해야 하는 판매 내역서에 반드시 기재되어야 하는 것은?

① 제품명
② 맞춤형 화장품 판매업소
③ 판매일자
④ 맞춤형 화장품 조제관리사 성명
⑤ 고객 정보

69 맞춤형 화장품 판매장을 방문한 고객 B와 맞춤형 화장품 조제관리사 A의 상담 내용으로 옳은 것은?

① B : 지난주 지방으로 휴가를 다녀왔더니 피부가 많이 당기고 건조해진 느낌이에요.
A : 피부 측정기로 주름량을 측정해보고 주름 개선 성분을 추천해 드릴게요.
② B : 아이들이 사용하려고 하는데 무기 자외선 성분들로만 이루어진 자외선 차단 제품이 있을까요?
A : 네, 징크옥사이드와 티타늄디옥사이드가 함유된 선로션을 추천드립니다.
③ B : 다음에 주문 시에는 매장 방문 없이 온라인이나 전화를 통해서도 주문이 가능하나요?
A : 네, 가능합니다. 주문하시면 저희 직원이 조제해서 택배로 발송해 드리겠습니다.
④ B : 저희 어머니가 요즘 머리가 너무 많이 빠지시는데 추천해 주실만한 성분이 있을까요?
A : 탈모에 효능이 뛰어난 식품의약품안전처장이 고시한 기능성 원료를 혼합해서 조제해 드리겠습니다.
⑤ B : 요즘 주름 때문에 고민이 많은데 추천해 주신 이 제품은 주름 개선에 도움이 될까요?
A : 네, 이 제품은 에칠아스코빌에텔 성분이 함유되어 있어 주름 개선에 도움이 되는 기능성 화장품입니다.

70 다음 중 책임판매업자에게 제공받은 시험성적서를 비교한 설명으로 옳지 않은 것은?

베이비 크림	
점도(cP)	27,000
pH	6.2
총 호기성 생균 수(개/g(mL))	450
납(㎍/g)	불검출
비소	적합
수은	0.2

영양 크림	
점도(cP)	20,000
pH	6.0
총 호기성 생균 수(개/g(mL))	510
납(㎍/g)	25
비소	적합
수은	적합

① 입구가 좁은 튜브 용기에 베이비 크림을 충진하는 것은 영양 크림을 충진하는 것보다 더 어렵다.
② 베이비 크림과 영양 크림은 총 호기성 생균 수 관리 기준이 같다.
③ 베이비 크림과 영양 크림의 pH 기준은 모두 적합하다.
④ 영양 크림은 납 시험 결과 유통 화장품 안전관리 기준에 부적합해 반품 대상이다.
⑤ 베이비 크림과 영양 크림의 수은 시험 결과 모두 적합하다.

71 피부의 손상에 대한 설명으로 옳지 않은 것은?

① 멜라닌은 자외선을 흡수하거나 산란시켜 자외선으로부터 피부가 손상을 입는 것을 방지하는 데 큰 역할을 한다.
② 경피 수분 손실량(TEWL)은 피부 표면에서 증발되는 수분량을 나타내는 것으로 건조한 피부나 손상된 피부는 정상인에 비해 낮은 값을 보인다.
③ 노화된 피부는 각질층이 두꺼워지며 각질형성세포의 기능 저하는 죽은 세포를 더욱 증가시켜 잔주름과 피부 거칠어짐의 원인이 된다.
④ 피부장벽이 파괴되면, 초기에 표피 상층 세포의 층판과립이 즉각 방출되고, 이어서 콜레스테롤과 지방산의 합성이 촉진된다.
⑤ 각질층 구조의 이상은 피부장벽 기능의 약화를 초래하여 다양한 피부 질환 및 피부 노화를 유발할 수 있다.

72 〈보기〉에서 설명하는 화장품 혼합 설비로 옳은 것은?

보 기

터빈형의 회전 날개가 원통으로 둘러싸인 형태로 내용물에 내용물을 또는 내용물에 특정 성분을 혼합 및 분산 시 사용한다. 회전 날개의 고속 회전으로 오버 헤드스터러보다 강한 에너지를 주며 일반적으로 유화할 때 사용한다.

① 아지 믹서(agi-mixer)
② 헨셀 믹서(henschel mixer)
③ 3단 롤 밀(3 roll mill)
④ 호모 믹서(homo mixer)
⑤ 분산기(disper mixer)

73 판매자가 인체 적용시험 자료를 실증자료를 제출하더라도 일반 화장품의 표시·광고로 허용되지 않는 제품은?

① 여드름성 피부에 사용 적합한 로션
② 항균, 항염 클렌징 폼
③ 붓기, 다크서클 완화 아이 크림
④ 일시적 셀룰라이트 감소 바디 오일
⑤ 피부 노화 완화 에센스

74 다음 중 자외선에 의한 피부 반응으로 옳지 않은 것은?

① UVA는 200~290nm 파장을 가진 자외선으로 과량 노출 시 화상에 해당하는 피부 홍반을 일으키며 피부암을 유발할 수 있다.
② UVA에 의한 피부 침착 반응은 피부 중의 멜라닌이 광에너지에 의해 일시적, 가역적으로 산화되어 일어나는 것이다.
③ UVA는 장파장으로 피부에서는 진피층까지 도달하여 색소 침착과 콜라겐 손상에 의한 주름 발생 즉, 광노화의 원인이 된다.
④ UVB는 290~320nm 파장을 가진 자외선으로 지연 색소 침착 반응을 일으킨다.
⑤ UVB에 의한 피부 침착 반응은 타이로시나제의 활성에 의한 멜라닌이 생성되며 멜라닌세포 수가 증가된다.

75 다음 중 퍼머넌트 웨이브에 대한 설명으로 옳지 않은 것은?

① 제1제 환원제를 도포하여 환원작용에 의해 시스틴 결합이 2개의 시스테인으로 절단되고, 제2제 산화제를 도포하면 산화작용에 의해 2개의 시스테인에서 수소가 물이 되어 분리되며 시스틴의 재결합이 이루어짐으로써 퍼머넌트 웨이브가 Setting된다.
② 제1제(알칼리 성분)와 제2제(과산화수소)로 이루어져 있으며, 알칼리 성분인 제1제의 작용으로 모발이 팽창되어 큐티클 층이 열려지면 제1제와 제2제의 성분이 모발 내부 깊숙이 침투하여 과산화수소의 작용으로 모발 내부의 멜라닌 색소가 분해된다.
③ 퍼머넌트 웨이브 로션은 모발에 치올류를 함유한 제1제를 적용하여 SS결합을 모발 연화시킨 다음 산화제를 함유한 제2제를 적용하여 산화제와 결합시켜 고정한 것이다
④ -S-S- 결합이 끊겨 수소(H)를 얻어 티올기(-SH)로 바뀌는 과정 후 과산화수소(H_2O_2)를 사용해 서로 근접해 있는 싸이올기(-SH)에서 수소를 분리하여 다시 이황화결합(-S-S-)을 시킨다.
⑤ 1제에 사용되는 환원제는 치오글리콜산, 치오글리콜산암모늄, L-시스테인, 아세틸시스테인 등이 있으며 2제에 사용되는 산화제로는 브롬산나트륨, 브롬산칼륨, 과산화수소 등이 있다.

76 〈보기〉의 (　　) 안에 들어갈 말로 옳은 것은?

> 보 기
>
> 피부 노화에서 공통적으로 나타나는 주름은 진피층의 세포 외 기질의 손상이 가장 큰 요인이다. 자외선은 복잡한 신호전달을 통하여 이들 세포 외 기질의 구성 단백질들을 분해시키는 효소인 MMP(matrix metalloproteinases)의 생성을 증가시킴으로써 세포 외 기질의 분해를 유도하는 것으로 알려져 있다. 특히 콜라겐 분해 효소로 금속이온인 (　　)과 결합하여 섬유성 콜라겐을 분해하기 때문에 MMP에 의한 콜라겐 파괴는 피부 광노화에서 나타나는 결합조직 손상의 주된 요인으로 주름을 생성시킨다.

① 수소이온(H+)　② 산화이온(O2−)
③ 마그네슘이온(Mg2+)　④ 칼륨이온(K+)
⑤ 아연이온(Zn2+)

77 「기능성 화장품 심사에 관한 규정」에 따른 기능성 화장품 심사 기준에 대한 설명으로 옳지 않은 것은?

① 제품명은 이미 심사를 받은 기능성 화장품의 명칭과 동일하지 않아야 한다.
② 기능성 화장품의 원료 성분 및 그 분량은 제제의 특성을 고려하여 각 성분마다 배합목적, 성분명, 규격, 분량(중량, 용량)을 기재하여야 한다.
③ 서로 다른 책임판매업자가 제조소가 같은 품목을 수입하는 경우에는 책임판매업자명을 병기하여 구분하여야 한다.
④ 원료 및 분량은 '100밀리리터 중' 또는 '100그람 중'으로 그 분량을 기재함을 원칙으로 하며, 분사제는 '100그람 중'의 함량으로 기재하고 원액과 분사제의 양을 구분하여 표기한다.
⑤ 착색제 중 식품의약품안전처장이 지정하는 색소를 배합하는 경우에는 성분명을 '식약처장 지정 색소'라고 기재해야 한다.

78 〈보기〉는 다음은 위해 평가를 위한 일부 시험법에 대한 설명이다. (　　) 안에 들어갈 말로 옳은 것은?

> 보 기
>
> (　　　)은(는) 일상적인 사용 조건, 또는 예측 가능한 과용 조건에서 생체 피부에 대한 자극성의 여부를 측정하는 시험 방법으로 객관적인 지표 외에도 피부에 찌르는 듯한 통증, 가려움, 작열감 등의 주관적인 지표가 포함되기도 한다.

① 비임상(Non−clinical test)
② 생체 내 시험(In vivo)
③ 피부 적합성시험(Skin compatibility test)
④ 피부 일차 자극시험(Primary skin irritation study)
⑤ 한계시험(Limit test)

79 다음 〈품질성적서〉는 화장품 책임판매업자로부터 수령한 맞춤형 화장품의 시험 결과이고, 〈보기〉는 기능성 화장품 제품의 전성분 표시이다. 이를 바탕으로 맞춤형 화장품 조제관리사 A가 고객 B에게 할 수 있는 상담으로 옳은 것은?

품질 성적서

시험항목	시험 결과
아데노신(adenosine)	94%
알파-비사보롤(alpha-bisabolol)	105%
납(lead)	15㎍/g
수은(mercury)	0.5㎍/g
포름알데하이드(formaldehyde)	불검출
총 호기성 생균 수	1,050개/g(mL)

보 기

정제수, 글리세린, 다이프로필렌글라이콜, 프로판다이올, 1,2-헥산다이올, 부틸렌글라이콜, 세테아릴올리베이트, 아크릴레이트/C10-30알킬아크릴레이트크로스폴리머, 솔비탄올리베이트, 페녹시에탄올, 카보머, 하이드록시에틸셀룰로오스, 하이알루로닉애씨드, 트리에탄올아민, 알파-비사보롤, 알란토인, 리모넨, 아데노신

① B : 이 제품은 자외선 차단 효과가 있습니까?
A : 네, 2중 기능성 화장품으로 자외선 차단 효과가 있습니다.

② B : 이 제품성적서를 보면 미생물에 오염된 것으로 보이는데 판매 가능한 제품인가요?
A : 죄송합니다. 당장 판매 금지 후 책임판매자를 통하여 회수 조치하도록 하겠습니다.

③ B : 이 제품은 성적서를 보니까 향료 무첨가 제품으로 보이네요?
A : 네, 저희 제품은 모두 향료를 사용하지 않습니다. 안심하고 사용하셔도 됩니다.

④ B : 요즘 색소 침착 때문에 고민이 많네요. 이 제품은 미백에 도움이 될까요?
A : 네, 이 제품은 미백뿐만 아니라 주름 개선에도 도움을 주는 기능성 화장품입니다.

⑤ B : 이 제품은 알파-비사보롤이 105%나 함유되어 있네요? 더 좋은 제품인가요?
A : 네, 알파-비사보롤 100% 넘게 함유된 제품으로 주름 개선에 더욱 큰 효과를 주는 제품입니다.

80 맞춤형 화장품 조제관리사인 지아는 매장을 방문한 고객과 다음과 같은 〈대화〉를 나누었다. 지아가 고객에게 혼합하여 추천할 제품으로 다음 〈보기〉 중 옳은 것은?

대 화

고객 : 자외선이 예사롭지 않은 요즘 슬슬 태양이 무서워지네요.
노화를 촉진시키는 요소가 자외선이라는 얘길 듣고 아침마다 보습으로 무장한 피부에 화장은 최대한 얇게 하고 있는데 이것저것 많이 발라서인지 피부는 답답하고 주근깨도 잔뜩 올라왔어요.
지아 : 아, 그러신가요? 먼저 이쪽에서 측정기로 측정을 해드리겠습니다.

〈피부 측정 후〉

지아 : 고객님은 지난 측정 시보다 수분량은 좋은데 색소 침착도가 전체적으로는 10% 가량 증가했네요.
특히 이마 부분이 높은 편이에요.
고객 : 음. 걱정이네요. 자외선 차단과 미백을 한번에 끝낼 수 있는 멀티 선케어 제품이 있을까요? 저는 개인적으로 무기보다는 유기 자외선 차단 성분을 선호해요.
지난번 사용한 제품도 유기 자외선 차단 성분만 함유된 제품이었는데 아직까지 잘 사용하고 있어요. 제게 추천할만한 성분이 들어간 맞춤형 화장품이 있을까요?
지아 : 고객님 요구를 반영해 추천해 드리겠습니다.

보 기

ㄱ. 벤조페논-3 (Benzophenone-3) 함유 제품
ㄴ. 비타민E(Tocopherol) 함유 제품
ㄷ. 에칠아스코빌에텔(Ethyl Ascorbyl Ether) 함유 제품
ㄹ. 티타늄디옥사이드(Titanium Dioxide) 함유 제품
ㅁ. 벤조페논(Benzophenone-8) 함유 제품

① ㄱ, ㄴ, ㄷ
② ㄱ, ㄷ, ㅁ
③ ㄴ, ㄷ, ㄹ
④ ㄴ, ㄹ, ㅁ
⑤ ㄷ, ㄹ, ㅁ

81 〈보기〉는 「화장품법 시행규칙」 [별표 3] 에 명시된 화장품 유형 중 만 3세 이하의 영 · 유아용 제품류이다. (　　) 안에 들어갈 해당 법률에서 기재된 용어를 쓰시오.

보 기

- 영 · 유아용 샴푸, 린스
- 영 · 유아용 로션, 크림
- 영 · 유아용 오일
- 영 · 유아 (　　　) 제품
- 영 · 유아 목욕용 제품

82 〈보기〉는 화장품 제조에 사용된 성분 중 기재 · 표시를 생략할 수 있는 성분이다. (　　) 안에 들어갈 해당 법률에서 기재된 용어를 한글로 쓰시오.

보 기

▲ 내용량이 10mL(g) 초과 50mL(g) 이하인 화장품의 포장인 경우 다음 각 목의 성분을 제외한 성분

가. 타르 색소
나. (　　　)
다. 샴푸와 린스에 들어있는 인산염의 종류
라. 과일산(AHA)
마. 기능성 화장품의 경우 그 효능 · 효과가 나타나게 하는 원료
바. 식품의약품안전처장이 사용 한도를 고시한 화장품의 원료

83 〈보기〉는 「화장품법 시행규칙」에 따른 화장품 포장의 표시 방법이다. ㉠, ㉡에 들어갈 말을 순서대로 쓰시오.

보 기

영업자의 주소는 영업자의 등록 · 신고필증에 적힌 소재지 또는 (㉠) · (㉡) 업무를 대표하는 소재지를 기재 · 표시해야 한다.

84 「화장품법 시행규칙」 [별표 3]에 따라 〈보기〉의 사용 시 주의사항을 포장에 기재 · 표시해야 하는 화장품의 종류를 쓰시오.

보 기

1. 화장품 사용 시 또는 사용 후 직사광선에 의하여 사용 부위가 붉은 반점, 부어오름 또는 가려움증 등의 이상 증상이나 부작용이 있는 경우 전문의 등과 상담할 것
2. 상처가 있는 부위 등에는 사용을 자제할 것
3. 보관 및 취급 시의 주의사항
   1) 어린이 손이 닿지 않는 곳에 보관할 것
   2) 직사광선을 피해서 보관할 것
4. 눈에 들어갔을 때에는 즉시 씻어낼 것
5. 사용 후 물로 씻어 내지 않으면 탈모 또는 탈색의 원인이 될 수 있으므로 주의할 것

85 〈보기〉에서 ㉠, ㉡에 들어갈 말을 순서대로 쓰시오.

보 기

화장품 원료로 이용되는 계면활성제는 용해 시 나타나는 이온 특성에 따라 크게 음이온, 양이온, 양쪽성, 비이온성 계면활성제로 분류된다. 계면활성제 중 세테아디모늄클로라이드(Ceteardimonium Chloride)는 모발에 유연제 및 대전방지제로 린스 등에 사용되는 원료로 (㉠) 계면활성제로 분류되며, 피부에 대하여 이온 계면활성제보다 안전성이 높으며 유화력 등이 우수하므로 스킨케어 제품에서의 유화제로 사용되는 솔비탄(Sorbitan) 혹은 피이지(Polyethylene Glycol) 계열의 원료는 (㉡) 계면활성제로 분류된다.

86 〈보기〉는 「화장품법 시행규칙」 제12조에 명시된 화장품 책임판매업자의 준수사항에 대한 내용이다. ㉠, ㉡에 들어갈 해당 법률에서 기재된 용어를 한글로 쓰시오.

보 기

다음 각 목의 어느 하나에 해당하는 성분을 0.5% 이상 함유하는 제품의 경우에는 해당 품목의 안정성 시험 자료를 최종 제조된 제품의 사용기한이 만료되는 날부터 1년간 보존할 것

가. 레티놀(비타민 A) 및 그 유도체
나. 아스코빅애시드(비타민 C) 및 유도체
다. (㉠)
라. 과산화화합물
마. (㉡)

87 〈보기〉는 화장품 책임판매업자의 준수사항에 대한 내용이다. ㉠, ㉡에 들어갈 용어를 순서대로 쓰시오.

보 기

화장품 책임판매업자로 등록하려는 자는 품질관리에 관한 기준을 갖추어야 하며 품질관리 업무 절차서에 따라 제조 등을 하거나 수입한 화장품의 판매를 위해 출하하는 (㉠) 출하에 관하여 기록하고, 이를 관리할 수 있는 (㉡)을(를) 두어야 한다.

88 비중이 0.9인 크림 50g을 제작할 때 100%를 채우면 중량(g)은 얼마인가?

89 〈보기〉는 「기능성 화장품 심사에 관한 규정」에 따라 기능성 화장품 심사를 위하여 제출하여야 하는 안전성에 관한 자료의 범위이다. (　　) 안에 들어갈 말을 쓰시오.

보 기

▲ 안전성에 관한 자료

(1) 단회 투여 독성시험 자료
(2) 1차 피부 자극시험 자료
(3) 안점막 자극 또는 기타 점막 자극시험 자료
(4) (　　　　　) 시험 자료
(5) 광독성 및 광감작성시험 자료
(6) 인체 첩포시험 자료
(7) 인체 누적 첩포시험 자료

90 〈보기〉는 맞춤형 화장품 판매업자의 준수사항의 일부이다. (　　) 안에 들어갈 말을 쓰시오.

보 기

최종 혼합 · 소분된 맞춤형 화장품은 소비자에게 제공되는 유통 화장품으로 그 안전성을 확보하기 위해 식품의약품안전처 고시 화장품 안전기준 등에 관한 규정에 따른 유통 화장품 안전관리 기준에 따른 미생물 한도에 적합해야 하며 대장균, 녹농균, (　　)은 불검출되어야 한다.

91 ㉠, ㉡에 들어갈 용어를 순서대로 쓰시오.

보 기

우수 화장품 제조 및 품질관리 기준에서는 4대 기준서를 제시하고 있으며 4대 기준서에는 (　㉠　), 제조관리기준서, 품질관리기준서 및 (　㉡　)(이)가 있다. 4대 기준서에는 반드시 포함되어야 하는 사항이 정해져 있으며 각 기준서의 세부사항들은 관련 규정 또는 지침에 적합하게 작성되어야 한다.

92 영업자 또는 판매자가 제출해야 하는 표시 · 광고 실증을 위한 시험 결과의 요건은 광고 내용과 관련이 있고 과학적이고 객관적인 방법에 의한 자료로서 신뢰성과 (　㉠　)이 확보되어야 한다. ㉠에 들어갈 적합한 단어를 작성하시오.

93 (㉠)은(는) 표피의 가장 내면에 위치하며 단층의 유핵세포로 약 70%의 수분을 갖고 있다. 진피와 근접해 있으며 진피 유두에 있는 모세혈관으로부터 영양을 공급받아 세포분열을 일으켜 새로운 세포를 만들어 낸다. ㉠에 들어갈 말을 쓰시오.

94 〈보기〉는 피부색을 결정하는 요소에 대한 설명이다. ( ) 안에 들어갈 적합한 단어를 작성하시오,

보 기

신체 피부의 색은 멜라닌 색소, ( ) 색소, 헤모글로빈에 의하여 결정될 수 있다. 멜라닌 색소는 색소합성 세포인 멜라닌형성세포에서 합성되며 사람의 피부색을 결정하는 가장 큰 인자로 유멜라닌(eumelanin)과 페오멜라닌(pheomelanin)으로 구별된다. 멜라닌세포 분포, 밀도는 인종에 따라 차이가 없지만 멜라노좀의 생성 능력과 표피로 이동한 멜라노좀의 수, 성숙도, 존재 양상은 인종에 따라 달라져 피부색이 달라지게 된다.

95 (㉠)은(는) 맞춤형 화장품은 판매장에서 직접 (㉡)을(를) 담당하는 자로 소비자의 안전을 확보하기 위해 화장품 원료 및 전문 지식이 필요하며 식품의약품안전처장이 실시하는 자격시험에 합격하여야 한다. ㉠, ㉡에 들어갈 말을 순서대로 쓰시오.

96 〈보기〉의 ㉠, ㉡에 들어갈 용어를 한글로 쓰시오.

보 기

(㉠)은(는) 모유두에 흐르는 모세 혈관으로부터 영양분을 공급받아 분열 · 성장한다. 모발의 기원이 되는 세포로 (㉡)과(와) 멜라노사이트가 존재하며 색소 세포인 멜라노사이트에서 분비된 멜라닌 색소의 양과 특성에 따라 모발의 색이 결정된다.

97 〈보기〉의 ( ) 안에 들어갈 용어를 쓰시오,

보 기

모발의 생성주기 중 ( )은(는) 모근이 각질화되고(죽어가며) 모발이 더 이상 자라지 않는다. 모유두가 위축되고 모낭은 차츰 수축되어 모근은 위쪽으로 밀려올라가며 이 시기의 모발은 강한 브러싱으로도 쉽게 빠진다.

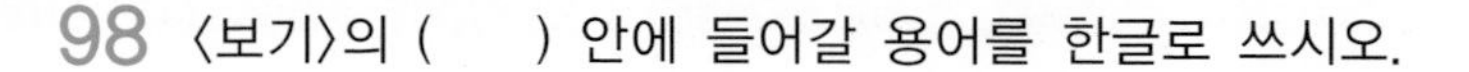

98 〈보기〉의 (　　) 안에 들어갈 용어를 한글로 쓰시오.

> **보 기**
>
> 색소 침착이란 피부에 색소가 병적으로 나타나는 상태, 색소 변성이라고도 한다. (　　)은(는) 후천적 색소 침착증으로 30세 이후의 여자에게서 자주 보이고, 이마 · 볼 등에 점 또는 반점으로 나타나며, 월경 · 임신 중일 때 심해진다. 주로 자외선 노출부에 발생하고 피임약 장기 복용, 정서 불안 및 내분비 계통의 문제가 생겨도 나타날 수 있다. 이러한 증상으로 고민하는 고객에게는 비타민 B군에 속하고 미백에 도움을 주는 고시 원료로 등재된 나이아신아마이드(niacinamide)를 함유한 제품을 추천할 수 있다.

99 다음 〈보기〉는 「기능성 화장품 기준 및 시험 방법」에 따른 일반 시험법에 대한 일부 내용이다. (　　) 안에 들어갈 말을 쓰시오.

> **보 기**
>
> (　　)은(는) 액체가 일정 방향으로 운동할 때 그 흐름에 평행한 평면 양측에 내부마찰력이 일어나며 면의 넓이 및 그 면에 대하여 수직 방향의 속도구배에 비례한다. 일정 온도에 대하여 그 액체의 고유한 정수로 단위는 포아스 또는 센티포아스를 쓴다.

100 다음 〈보기〉는 「기능성 화장품 기준 및 시험 방법」 [별표 9] '탈모 증상의 완화에 도움을 주는 기능성 화장품'의 일부 원료에 대한 설명이다. 〈보기〉의 설명에 해당하는 원료명을 한글로 쓰시오.

> **보 기**
>
> ▣ 분자식(분자량) : $C_{10}H_{20}O$(156.27g/mol)
>
> ▣ 상태 백색 / 무색의 결정성 고체
>
> ▣ 성상
>
> - 이 원료는 정량할 때 98.0%~101.0%를 함유한다. 무색의 결정으로 특이하고 상쾌한 냄새가 있고 맛은 처음에는 쏘는 듯하고 나중에는 시원하다. 에탄올(ethanol) 또는 에테르(ether)에 썩 잘 녹고 물에는 녹기 어려우며 실온에서 천천히 승화한다.
>
> ▣ 확인시험
>
> 1) 이 원료는 같은 양의 캠퍼, 포수클로랄 또는 치몰과 같이 섞을 때 액화한다.
> 2) 이 원료 1g에 황산 20mL를 넣고 흔들어 섞을 때 액은 혼탁하고 황적색을 나타내나 3시간 방치할 때, 냄새가 없는 맑은 기름층이 분리된다.

제 3 회 FINAL 모의고사

01 맞춤형 화장품 판매업자의 맞춤형 화장품 판매업소 소재지 변경 신고 위반에 대한 1차 처분 기준으로 옳은 것은?

① 시정명령
② 판매업무정지 1개월
③ 판매업무정지 3개월
④ 판매업무정지 6개월
⑤ 신고 취소

02 〈보기〉의 기능성 화장품에 대한 설명으로 옳은 것은?

보 기
가. 피부의 미백에 도움을 주는 화장품 나. 피부의 주름 개선에 도움을 주는 화장품 다. 피부를 곱게 태워주거나 자외선으로부터 피부를 보호하는 데에 도움을 주는 제품 라. 모발의 색상 변화 · 제거 또는 영양 공급에 도움을 주는 제품 마. 피부나 모발의 기능 약화로 인한 건조함, 갈라짐, 빠짐, 각질화 등을 방지하거나 개선하는 데에 도움을 주는 제품

① 위의 기능성 화장품 범위를 세분화한 것은 「화장품법 시행규칙」 제2조에 의거하고 있다.
② 미백에 도움을 주는 화장품은 자외선을 차단하여 기미 · 주근깨 등의 생성을 억제하는 기능이 있다.
③ 주름 개선에 도움을 주는 기능성 화장품 고시 원료에는 아스코빅애씨드가 있다.
④ 모발의 색상을 변화시키는 일시 · 반영구 · 영구 염모제 및 탈색제는 기능성 화장품으로 분류된다.
⑤ 자외선은 200~290㎚ 파장을 가진 UVA와 290~320㎚의 파장을 가진 UVB로 나눈다.

03 「화장품법」에 따라 화장품 1차 포장에 반드시 기재 · 표시해야 하는 사항이 아닌 것은?

① 영업자의 상호 및 주소
② 제조번호
③ 사용기한 또는 개봉 후 사용기간
④ 화장품의 명칭
⑤ 내용물의 용량 또는 중량

04 다음 중 맞춤형 화장품 조제관리사가 혼합 · 소분할 수 없는 화장품 유형은?

① 퍼머넌트 웨이브
② 외음부 세정제
③ 손 소독제
④ 페이스 파우더
⑤ 제모왁스

05 다음은 맞춤형 화장품 조제관리사와 고객과의 대화 내용이고, 〈보기〉는 고객 상담 결과에 따른 맞춤형 화장품 크림의 최종 성분 중 일부이다. 이를 바탕으로 맞춤형 화장품 조제관리사가 고객에게 설명해야 할 내용으로 옳은 것은?

대 화

기공 : 안녕하세요. 잘 지내셨죠? 날씨가 많이 따뜻해졌어요.
고객 : 네~ 날씨가 바뀌어서인지 피부가 너무 건조해요.
　　　지난번 조제해 주신 에센스에 맞는 수분크림으로 조제 가능할까요?
기공 : 네, 우선 경피 수분 손실량(TEWL)을 먼저 측정해 볼게요.

〈피부 측정 후〉

기공 : 정상 피부에 비해 10% 가량 높은 편이네요.
　　　피부에 도포 시, 다소 두껍고 기름진 느낌을 유발할 수 있지만, TEWL을 감소시키는 데 효과적인 보습제(밀폐제) 성분을 처방할게요.
고객 : 네. 좋아요~
기공 : 추가로 원하시는 사항은 없으신가요?
고객 : 향을 추가할 수 있나요?
기공 : 그럼요. 준비해드릴게요.

보 기

페트롤라툼, 스쿠알렌, 왁스, 나이아신아마이드, 하이알루로닉애씨드, 벤잘코늄클로라이드, 멘틸안트라닐레이트, 향료

① 이 제품에는 사용상의 제한이 필요한 보존제가 함유되어 있으며 화장품법에 따라 씻어 내지 않는 제품에 0.05 이하로 사용하도록 하고 있습니다.
② 페트롤라툼은 피지처럼 피부 표면에 얇은 소수성막을 형성하여 지성 피부 타입에 효과적일 수 있습니다.
③ 제품에 사용된 착향제는 멘틸안트라닐레이트이며 해당 성분은 알레르기를 유발하지 않습니다.
④ 이 제품은 나이아신아마이드 성분을 함유한 자외선 차단 기능성 화장품입니다.
⑤ 벤잘코늄클로라이드 함유 제품은 만 3세 이하 어린이에게는 사용하지 말아야 합니다.

06 「개인정보보호법」에 따라 폐업 신고한 맞춤형 화장품 판매업자의 고객 정보 관리 방법으로 옳지 않은 것은?

① 지체 없이 개인정보를 파기하였다.
② 전자적 파일 형태인 경우 복원이 불가능한 방법으로 영구 삭제하였다.
③ 파기된 개인정보가 복구 또는 재생되지 않도록 조치하였다.
④ 개인정보가 기재된 회원 가입신청서 등을 다른 종이 문서와 분리 배출하였다.
⑤ 개인정보가 저장된 하드디스크는 데이터가 복원되지 않도록 초기화하고 소각하였다.

07 다음 중 영업자가 올바르게 업무를 진행한 경우로 옳은 것은?

보 기

ㄱ. 화장품 제조업자는 동물을 사용하지 않거나 동물 수 감소 또는 고통을 경감시킬 수 있는 시험법으로 피부 손상을 평가하였다.
ㄴ. 화장품 책임판매업자는 화장품 사용 연령이 낮아짐에 따라 소비자의 관심과 우려를 반영해 위해 요소 저감화를 위한 영·유아 제품별 안전성 자료, 사용 후 이상 사례 등 주기적 실태조사 실시 근거를 마련하였다.
ㄷ. 화장품 책임판매업자는 판매 목적이 아닌 홍보·판매 촉진을 위해 소비자가 사용하도록 제조된 화장품을 판매할 목적으로 수입·보관·진열하였다.
ㄹ. 화장품 책임판매업자는 영·유아 또는 어린이 사용 화장품에 표시·광고하기 위해 안전성 자료를 작성·보관하고 보존제 함량을 표시하였다.
ㅁ. 맞춤형 화장품 사용과 관련된 부작용 발생 시 맞춤형 화장품 판매업자는 지체 없이 해당 제품을 소비자에게 회수 조치하고 식약처 인터넷 홈페이지에 게재를 요청하였다.

① ㄱ, ㄴ
② ㄱ, ㄹ
③ ㄴ, ㄹ
④ ㄹ, ㅁ
⑤ ㄷ, ㅁ

08 〈보기〉의 ( ) 안에 들어갈 계면활성제 및 원료로 옳은 것은?

보 기

(㉠)은(는) 물에 용해할 때 친수기 부분이 양이온으로 해리되며 분자량이 큰 경우 모발이나 섬유에 흡착성이 커 헤어린스 등 유연제나 대전 방지제로 활용되며 (㉡) 등이 화장품에 사용된다.

	㉠	㉡
①	음이온성 계면활성제	소듐라우릴설페이트, 소듐라우레스설페이트
②	양이온성 계면활성제	베헨트리모늄클로라이드, 벤잘코늄염
③	실리콘계 계면활성제	다이메티콘코폴리올, 피이지-10디메치콘
④	양쪽성 계면활성제	코카미도프로필베타인, 라우라미도프로필베타인
⑤	비이온성 계면활성제	솔비탄라우레이트, 글리세릴모노스테아레이트

09 천연 화장품 및 유기농 화장품 표시 · 광고에 대한 설명으로 옳은 것은?

① 천연 화장품 또는 유기농 화장품으로 표시・광고하기 위해서 반드시 인증을 받아야 한다.
② 해외 인증기관의 인증을 받은 경우 식약처가 정한 인증 로고를 표시할 수 있다.
③ 오가닉 화장품으로 표시・광고하기 위해서는 유기농 원료의 함량을 각각 표시・기재해야 한다.
④ 유효기간 내에 인증 표시하고 출시되어 유통된 제품의 경우, 인증의 유효기간이 만료되면 회수하여 인증표시를 삭제한다.
⑤ 판매할 목적으로 제조・보관하고 있는 화장품이 인증의 유효기간이 경과한 경우 폐기 조치하여야 한다.

10 〈보기〉는 맞춤형 화장품 바디로션(250g)에 함유된 착향제(0.05g) 성분이다. "향료"로 표시할 수 없고 추가로 알레르기 유발 성분의 명칭을 기재 · 표시해야 하는 성분을 모두 고른 것은?

보 기
에탄올 0.05g, 1,2헥산다이올 0.01g, 시트로넬올 0.002g, 비에이치티 0.01g, 부틸페닐메칠프로피오날 0.05g, 리모넨 0.01g, 리날룰 0.05g, 벤질벤조에이트 0.05g, 시트랄 0.05g, 그레이프프룻 0.05g, 향료

① 에탄올, 시트로넬올, 벤질알코올, 그레이프프룻
② 시트로넬올, 비에이치티, 리모넨, 벤질벤조에이트
③ 1,2헥산다이올, 시트로넬올, 비에이치티, 벤질알코올
④ 부틸페닐메칠프로피오날, 리모넨, 리날룰, 벤질벤조에이트
⑤ 부틸페닐메칠프로피오날, 리날룰, 벤질벤조에이트, 시트랄, 리모넨

11 화장품 성분의 표시 기준 및 방법으로 옳지 않은 것은?

① 10g(mL) 초과~50g(mL) 이하 제품의 경우 착향제 중 알레르기 유발 성분 표시는 생략할 수 없다.
② 영・유아용 또는 어린이 사용 화장품에 보존제가 미량 함유되었더라도 함량을 표시하여야 한다.
③ 원료 자체에 들어있는 페녹시에탄올이 보존 효과가 나타나게 하는 양보다 적은 양이 들어있는 경우 표시・기재를 생략할 수 있다.
④ 화장품 제조에 사용되어 제조과정 중에 제거되지 않고 제품에 해당 성분이 극미량이라도 남아 있다면 전성분에 표기해야 한다.
⑤ 생략이 가능한 소용량 화장품에 전성분을 기재할 경우 읽기 쉬운 한글로 기재하여야 하며 영문을 추가로 기재할 수 있다.

12 〈제시문〉에 언급되지 않은 화장품 유형으로 옳은 것은?

> **제 시 문**
>
> 남성 화장품 소비계층 확대가 색조화장품 시장 매출 증대에 큰 영향을 미치고 있다. 자기관리에 투자를 아끼지 않는 그루밍족이 늘어나면서 파운데이션, 메이크업 베이스, 립밤, 립글로스, 남성 눈썹 메이크업 관련 제품 수요가 크게 증가하고 있다. 특히 아이브로 펜슬, 남성용 클렌징, 마스크, 팩 매출이 크게 상승했으며 앞으로 국내 업체에서는 Y존 케어를 위한 남성 청결제도 출시될 예정이다.

① 체취 방지용 제품류
② 눈 화장용 제품류
③ 색조 화장용 제품류
④ 기초 화장용 제품류
⑤ 인체 세정용 제품류

13 〈보기〉는「화장품법 시행규칙」 제18조 제1항에 대한 내용이다. 어린이 안전용기 · 포장 대상 품목 및 기준에 대한 설명으로 옳은 것은?

> **보 기**
>
> - 아세톤을 함유하는 네일 에나멜 리무버 및 네일 폴리시 리무버
> - 어린이용 오일 등 개별 포장당 탄화수소를 10 퍼센트 이상 함유하고 운동점도가 21센티스톡스(섭씨 40도 기준) 이하인 비에멀젼 타입의 액체 상태의 제품
> - 개별 포장당 메틸 살리실레이트를 5 퍼센트 이상 함유하는 액체 상태의 제품

① 화장품 제조업자 및 맞춤형 화장품 판매업자가 화장품을 판매할 때에는 어린이가 화장품을 잘못 사용하여 인체에 위해를 끼치는 사고가 발생하지 않도록 안전용기 · 포장을 사용하여야 한다.
② 성인이 개봉하기 어렵지 않지만 만 52개월 미만의 어린이가 내용물을 꺼내기 어렵게 설계 · 고안된 용기나 포장을 말한다.
③ 일회용 제품, 고체상태의 제품은 제외한다.
④ 안전용기 · 포장 등을 위반한 경우 1년 이하의 징역 또는 1천만원 이하의 벌금에 처한다.
⑤ 안전용기 · 포장을 사용한 만 5세 미만의 영 · 유아 제품일 경우 영업자는 해당 품목의 안전성 시험 자료를 1년간 보존하여야 한다.

14 다음 중 프로필렌글리콜(Propylene glycol)을 함유한 1차 또는 2차 포장에 사용 시의 주의사항(개별사항)을 기재 · 표시해야 하는 제품으로 옳은 것은?

① 모발용 샴푸
② 스크러브세안제
③ 퍼머넌트 웨이브
④ 염모제
⑤ 제모제

15 〈제시문〉의 제조업자 위반 행위에 따른 1차 처분 기준으로 옳은 것은?

제시문

코로나가 재확산 기미를 보이면서 수출길이 좀처럼 열리지 못하는 상황에 진정세를 보이던 국내에서도 n차 감염사례가 늘면서 2차 유행에 대한 불안감이 장기화되고 있다. 인근 제조시설에서는 생산 직원의 가족 중 한 명이 코로나 확진 판정을 받았다는 소문이 돌았다. 전국적 사회적 거리두기 강화로 소비가 줄고 매출 타격으로 이어졌다. 이대로 가다가는 임대료는 커녕 직원들 월급도 제대로 줄 수 있을지 걱정되어 두 달 전 제조유형을 1차 포장만 하는 영업으로 변경하고 오늘 지방식품의약품안전처에 변경 등록을 했다. 다행히 백신 접종도 시작되면서 코로나19 극복에 대한 희망이 보이고 경기 회복에 대한 기대도 높아지고 있다.

① 시정명령
② 없음
③ 등록 취소
④ 제조업무정지 1개월
⑤ 판매업무정지 1개월

16 〈보기〉의 (　　) 안에 들어갈 말로 옳은 것은?

보 기

「기능성 화장품의 심사에 관한 규정」에 따라 기능성 화장품 심사를 위해 제출하여야 하는 안전성에 관한 자료 중 하나인 (　　)은 자극을 주는 물질의 직접적인 독성 작용에 의하여 피부 자극이 발현되는 것을 이용한 시험법이며 원인 물질에 대한 농도 설정이 중요하다.

① 효력시험
② 1차 피부 자극시험
③ 사용성시험
④ 피부 누적첩포시험
⑤ 피부 감작성시험

17 〈보기〉는 「기능성 화장품 기준 및 시험 방법」 중 통칙에 따른 용기 구분이다. (　　) 안에 들어갈 말로 옳은 것은?

보 기

일상의 취급 또는 보통 보존 상태에서 외부로부터 고형의 이물이 들어가는 것을 방지하고 고형의 내용물이 손실되지 않도록 보호할 수 있는 용기를 (　㉠　)이라고 하며, 액상 또는 고형의 이물 또는 수분이 침입하지 않고 내용물의 손실, 풍화, 조해 또는 증발로부터 보호할 수 있는 용기를 (　㉡　)이라고 한다.

	㉠	㉡
①	밀봉	기밀
②	밀봉	밀폐
③	차광	밀봉
④	밀폐	차광
⑤	밀폐	기밀

18 천연 화장품 및 유기농 화장품에 금지되는 공정으로 옳은 것은?

① 탈색(표백토)
② 탈취(동물유래)
③ 산화/환원
④ 아마이드형성
⑤ 응축/부가

19 〈보기〉는 위해 화장품의 회수 절차이다. 화장품 회수·폐기 처리 절차 및 기준으로 옳지 않은 것은?

> **보 기**
>
> 화장품에서 유리 조각이 발견되어 국민 보건에 위해를 끼쳤거나 끼칠 우려가 있어 회수 필요성이 인지되었다. 회수 대상 화장품에 대한 위해성 판단 주체는 영업자로 위해성 등급을 평가하고 회수계획서를 제출하였다. 회수의무자는 회수계획을 공표하고 회수 종료 후 회수 화장품 폐기 등의 조치를 취한다. 회수 완료 후에는 회수 종료를 통보하고 결과를 공개한다.

① 회수 사실은 회수 등록일부터 3년간 공개되며 회수의무자의 업체명, 연락처·소재지, 제품명, 제조번호, 제조일, 사용기한 또는 개봉 후 사용기간, 회수 사유 등이 게재된다.
② 회수계획서는 회수 명령을 받은 날부터 5일 이내에 품목별로 작성하여 제출하여야 하며 해당 품목의 제조·수입기록서 사본, 판매처별 판매량·판매일 등의 기록, 회수 사유를 적은 서류를 포함한다.
③ 회수 종료 예정일은 위해성 다등급으로 회수 시작된 날부터 30일 이내이며 그 기한 내에 회수가 어려운 경우 사유를 밝히고 회수기한을 상기 회수 종료 예정일을 넘어 정할 수 있다.
④ 회수의무자가 지방식약청으로 폐기 신청서를 제출하고 환경부 공무원 입회하에 폐기를 실시하며 적정 폐기물 처리업자 여부, 폐기물 처리업자로부터 폐기장소, 일자, 방법 등을 확인한다.
⑤ 폐기 확인서는 2년간 보관하여야 하며 회수 종료 후 생산(수입)량, 출고량, 회수 대상량, 회수량을 식약처 홈페이지에 공개한다.

20 유기농 화장품 제조에 사용할 수 있는 원료로 옳은 것은?

① 석유화학 용제를 이용한 오리자놀
② 방향족 용제를 이용한 잔탄검
③ 알콕실레이트화를 이용한 알킬베타인
④ 석유화학 용제를 이용한 앱솔루트
⑤ 니트로젠 용제를 이용한 라놀린

21 〈보기〉는 화장품 원료 등의 위해 평가의 과정이다. (　　) 안에 들어갈 말로 옳은 것은?

보 기

화장품 자외선 차단 성분에 대한 국내 사용 한도 기준의 타당성 등을 검토하기 위해 위해 평가를 실시하였으며 4단계로 진행되었다. (㉠)은(는) 대상 물질 10종에 대한 물리·화학적 성질과 단회, 반복, 국소, 생식·발생, 발암성 등 독성자료를 검토하여 인체에 대한 유해 영향을 확인하였고 위험성 결정은 평가 대상 물질에 대한 독성자료를 수집·검토한 후 국내 독성 전문가들이 적합한 POD(Point of Departure)를 선정하였다. (㉡)은(는) 화장품 사용량과 평가 대상 물질의 피부흡수율, 평가 대상 물질의 제품 중 함량 및 체중을 고려하여 전신 노출량을 산출하고 위해도 결정은 위험성 결정 과정에서 얻어진 POD와 (㉡)에서 산출된 전신 노출량을 비교하여 인체 위해 발생 가능성을 평가하였다.

	㉠	㉡
①	노출 평가	위험성 확인
②	위험성 평가	위험성 확인
③	위해도 평가	위해도 확인
④	위험성 평가	노출 확인
⑤	위험성 확인	노출 평가

22 동물 실험을 실시한 화장품 원료를 사용한 화장품 등을 유통·판매할 수 있는 경우로 옳은 것은?

① 염모제, 보존제, 색소 등 사용상의 제한이 필요한 원료에 대하여 그 사용기준을 지정하는 경우
② 동물을 사용하지 않거나 동물 수 감소 또는 고통을 감소 또는 경감시킬 수 있는 방법이 존재하지 않는 경우
③ 동물 실험을 대체할 수 있는 실험을 실시하기 곤란한 경우로써 총리령으로 정하는 경우
④ 판매의 목적이 아닌 제품의 홍보·판매 촉진을 위해 소비자가 시험·사용하도록 제조되는 경우
⑤ 인체의 위해성을 평가하는데 한계가 있는 경우

23 「기능성 화장품 심사에 관한 규정」에 따라 자료 제출이 생략되는 기능성 화장품의 성분과 최대 함량이 옳은 것을 모두 고른 것은?

	제 품	성분명	최대 함량
ㄱ	피부의 미백에 도움을 주는 제품	아스코빌글루코사이드	2%
ㄴ	주름 개선에 도움을 주는 제품	아데노신	2,500IU/g
ㄷ	모발의 색상을 변화시키는 가능을 가진 제품	레조시놀	2%
ㄹ	체모를 제거하는 기능을 가진 제품	퀴닌	3%
ㅁ	여드름 피부를 완화하는데 도움을 주는 제품	살리실릭애씨드	0.5%

① ㄱ, ㄴ, ㄷ
② ㄱ, ㄷ, ㅁ
③ ㄴ, ㄷ, ㄹ
④ ㄴ, ㄹ, ㅁ
⑤ ㄷ, ㄹ, ㅁ

24 다음은 맞춤형 화장품 조제관리사와 고객이 나눈 대화이다. 맞춤형 화장품 조제관리사 업무로 올바르지 않은 것을 〈보기〉에서 모두 고른 것은?

대 화

조제관리사 : 「개인정보보호법」에 따라 개인정보를 수집하고자 동의를 받고 있어요. 동의하시나요?
미영 : 네~ 동의합니다.
조제관리사 : 소분한 제품은 주름 개선 기능성 화장품으로 심사 완료된 제품으로 악건성 피부를 지켜주는 겉광속쫀 보습 미스트입니다.
미영 : 아~ 그거 친구가 쓰고 있더라구요~
메마른 피부에 오아시스 같은 느낌이라던데 언제 사용하는 게 가장 좋은가요?
조제관리사 : 세안하시고 바로 사용하시거나 메이크업한 후에 사용하셔도 무방합니다.
피부가 건조할 때 뿌려주면 즉각적인 보습을 경험할 수 있으실 거예요~
제형은 보시는 것처럼 오일층과 수층이 나뉘어져 있어 사용 전에 충분히 흔들어 주셔야 하고 분사 시에는 눈 주위 또는 점막 등은 피해주세요.
미영 : 저는 악건성이라서 최대 고민 중 하나가 속당김이거든요. 찬바람 불어오니 각질 부각도 부쩍 심해지고 가렵기까지 하네요. 꾸준히 사용하면 좋아질까요?
조제관리사 : 그럼요~ 아데노신은 노화를 방지하고 프로폴리스는 세포를 활성화시켜 가려움증이 완화될 거예요. 또한 세포 재생주기가 정상화되면 피부 재생 및 건조에 도움을 주어 속건조나 속당김 현상도 많이 좋아질 거예요.
미영 : 와~ 기대되네요. 혹시 부작용은 없을까요?
조제관리사 : 화장품은 약리작용이나 치료 효과를 기대할 수 없지만 인체에 대한 작용이 경미한 물품입니다. 좀 전에 설명드린 사용 시 주의사항은 포장에도 기재되어 있으니 한 번 더 꼼꼼히 살펴봐주시고 부작용이 발생 시에는 사용을 중단하시고 지체 없이 바로 연락 주시기 바랍니다.
미영 : 네~ 감사합니다.

보 기

ㄱ. 「개인정보보호법」에 따라 동의를 받은 후 고객의 개인정보를 수집하여 연구 · 개발 목적으로 사용하였다.
ㄴ. "겉광속쫀"이라는 제품명을 지정하여 판매하였다.
ㄷ. 사용 시 주의사항을 소비자에게 설명하였다.
ㄹ. 화장품의 범위를 벗어나는 내용을 소비자에게 광고하였다.
ㅁ. 의약품으로 잘못 인식할 우려가 있는 내용을 소비자에게 광고하였다.

① ㄱ, ㄴ, ㄷ
② ㄱ, ㄴ, ㅁ
③ ㄱ, ㄹ, ㅁ
④ ㄴ, ㄹ, ㅁ
⑤ ㄷ, ㄹ, ㅁ

25 양벌규정에 대한 설명으로 옳은 것은?

① 식약처장의 명령을 위반하거나 관계 공무원의 검사·수거 또는 처분을 거부하거나 방해를 기피한 자는 1년 이하의 징역형과 100만원 이하의 벌금에 처한다.
② 위반 행위를 방지하기 위해 상당한 주의와 감독을 게을리하지 아니한 경우 대표자에게만 벌금형을 과(科)한다.
③ 위해 화장품을 회수하는 데 필요한 조치를 하지 않은 경우 그 행위자를 벌하는 것 외에 그 법인 또는 개인에게도 벌금형을 과(科)한다.
④ 동물 실험을 사용한 화장품 또는 동물 실험을 실시한 화장품 원료를 사용하여 제조 또는 수입한 화장품을 유통한 법인의 대표자는 3년 이하의 징역 또는 3천만원 이하의 벌금에 처한다.
⑤ 징역형과 벌금형은 양벌규정에 의해 함께 부과할 수 없다.

26 〈보기〉는 화장품 안전성에 대한 내용이다. 잘못된 설명을 한 사람을 모두 고른 것은?

보 기

수미 : 알레르기 유발 성분 함유 화장품, 발라도 될까?
미진 : 최근 화장품에 사용된 향료 구성 성분 중 '알레르기 유발 성분 25종'에 대해 성분명으로 표시하도록 했어. 식약처가 고시한 착향제 구성 성분 중 알레르기 유발 성분은 해롭기 때문에 피해야 할 성분으로 특정 성분에 알레르기가 있는 경우 확인하고 조심하면 될 거야.
수미 : 다행이다~
그럼 혹시라도 나타날 수 있는 화장품 대표적인 부작용에는 뭐가 있을까?
익준 : 화장품의 대표적인 이상 반응은 자극과 알러지인데 Redness, Itching, Burning and/or pain, Hives 등 초기 반응이 비슷하기 때문에 이를 혼동하여 사용하는 경우가 많아~
미진 : 자극과 알러지? 비슷한 거 같은데 큰 차이가 있어?
해진 : 자극의 경우는 몇 시간 내 사라지지만 알러지는 며칠~몇 주간 지속되고, 다른 부위로 퍼질 수 있어.
명우 : 자극은 농도가 낮아도 반응이 일어날 수 있고 알러지는 allergen만 있으면 세포 면역이 작용하여 자극 반응이 일어나.

① 수미, 익준
② 미진, 명우
③ 익준, 해진
④ 해진, 수미
⑤ 명우, 익준

27 다음 중 화장품에 사용할 수 있는 에탄올로 옳은 것은?

① 트리브로모에칠알코올
② 2,4-디클로로벤질알코올
③ 2,4-디아미노페닐에탄올
④ 에틸알코올
⑤ 부톡시에탄올

28 다음 중 행정처분 기준에 따라 그 처분을 2분의 1까지 감경하거나 면제받을 수 있는 경우로 옳은 것은?

① 국민 보건, 수요・공급, 그 밖에 공익상 필요하다고 인정된 경우
② 비병원성 일반 세균에 오염된 경우로써 인체에 직접적인 위해가 없으며, 유통 중 보관 상태 불량에 의한 오염으로 인정된 경우
③ 기능성 화장품으로써 그 효능・효과를 나타내는 원료의 함량 미달의 원인이 유통 중 보관 상태 불량 등으로 인한 성분의 변화 때문이라고 인정된 경우
④ 품질관리 업무 절차서를 작성하지 않거나 거짓으로 작성한 경우
⑤ 시정명령, 개수명령을 이행하지 않은 경우

29 다음 중 위해성 등급이 다른 화장품은?

① 유효성 문제 등으로 인해 기대되는 효과가 얻어질 수 없는 기능성 화장품
② 유리 조각, 벌레 등이 혼입되어 국민의 안전을 위협하거나 혐오감을 유발하는 화장품
③ 무등록업체의 원료로 제조하고 유통한 화장품
④ 사용기준이 지정・고시된 원료 이외의 색소를 사용해 제조한 화장품
⑤ 제조업자가 국민 보건에 위해를 끼칠 우려가 있다고 판단한 화장품

30 〈보기〉의 전성분이 표시된 화장품을 판매한 영업자가 받게 되는 행정처분으로 옳은 것은?

보 기

정제수, 티타늄디옥사이드, 다이메티콘, 징크옥사이드, 부틸옥틸살리실레이트, 옥틸도데실네오펜타노에이트, 부틸렌글라이콜, 페닐트라이메티콘, 라우릴피이지-9폴리다이메틸실록시에틸다이메티콘, 실리카, 토코페릴아세테이트, 소듐하이알루로네이트, 소듐피씨에이, 아세틸헥사펩타이드-8, 아스코빌글루코사이드, 글리세린, 토코페롤, 하이드롤라이즈드밀단백질/피브이피크로스폴리머, 세틸피이지/피피지-10/1다이메티콘, 카프릴릴메티콘, 다이메티콘/피이지-10/15크로스폴리머, 덱스트린, 에칠아크릴레이트, 다이메티콘크로스폴리머-3, 알루미나, 마그네슘설페이트, 펜틸렌글라이콜, 다이프로필렌글라이콜, 카프릴릴글라이콜, 시트릭애씨드, 하이드로제네이티드레시틴, 소듐시트레이트, 소듐벤조에이트, 포타슘소르베이트, 페녹시에탄올, [+/-마이카, 티타늄디옥사이드, 적색산화철, 황색산화철, 흑색산화철]

① 시정명령
② 제조 또는 판매업무정지 15일
③ 제조 또는 판매업무정지 1개월
④ 제조 또는 판매업무정지 3개월
⑤ 등록 취소

31 치오글라이콜릭애씨드 또는 그 염류를 주성분으로 하는 냉2욕식 퍼머넌트 웨이브용 제품 제1제에 적합하여야 하는 안전관리 기준으로 옳은 것은?

① 중금속 20㎍/g 이하
② 비소 30㎍/g 이하
③ 철 10㎍/g 이하
④ pH : 4.0~10.6
⑤ 알칼리 : 0.1N 염산의 소비량은 검체 1mL에 대하여 30mL 이하

32 〈보기〉는 인체 세포 · 조직 배양액의 품질을 확보하기 위한 품질검사 항목이다. 각 항목별 기준 및 시험 방법에 대한 설명으로 옳지 않은 것은?

보 기

- **성상** : 색, 형상, 냄새, 맛 등을 기재한다. 용해도는 최소한 물, 에탄올, 에텔에 대하여 기재한다. 또한 pH에 따른 영향도 기재하며 시험에 사용하는 용매에 대하여도 설정한다. 액성, 안정성(흡습성, 광안정성) 등을 기재한다.
- **무균시험** : 증식되는 미생물(세균 및 진균)의 유 · 무를 시험하는 방법으로 따로 규정이 없는 한 멤브레인필터법 또는 직접법에 따라 시험한다.
- **마이코플라스마 부정시험** : 검체 중 따로 규정이 없는 한 직접도말배양법 및 증균배양법에 따르거나 또는 멤브레인필터법에 의해 검출 가능한 마이코플라스마 존재 여부를 시험하는 방법으로 시험 결과 마이코플라스마의 증식이 인정되지 않을 때 이 시험에 적합한 것으로 한다.
- **확인시험** : 확인을 위해서는 물리화학적, 생물학적 또는 면역화학적 시험 중 하나 이상의 시험을 수행해야 한다.
- **순도시험** : 인체 세포 · 조직 배양액의 절대 순도를 결정하기는 어려우며 시험 방법에 따라 그 결과가 달라진다. 결과적으로 순도는 항상 여러 시험 방법을 조합하여 측정하며 시험 방법의 선택과 이의 최적화는 불순물을 제거하는 데에 초점을 맞추어야 한다.

① 위의 각 항목별 시험 기준 및 방법은 과학적으로 타당성이 인정되어야 한다.
② 성상의 색, 형상은 적부 판정의 기준으로 하며, 냄새 및 맛이 시험자의 건강에 영향을 줄 수 있는 경우에는 기재하지 않는다.
③ 시험 환경은 무균 시험을 실시하는데 적합하여야 하며 사용하는 물, 시약, 시약, 시액, 기구, 기재 등 필요한 것은 모두 멸균한 것을 써야 한다.
④ 확인시험은 본질적으로 정성적인 시험이 될 수 있다.
⑤ 인체 세포 · 조직 배양액의 품질검사를 위한 시험 검사는 시험성적서를 보존하여야 하며 동일 제법 및 동일 분주량으로 만들어진 제제의 경우 제조번호마다 행할 필요는 없다.

33 〈보기〉의 (　　) 안에 들어갈 용어로 옳은 것은?

보 기

주문 준비와 관련된 일련의 작업과 운송 수단에 적재하는 활동으로 제조소 외로 제품을 운반하는 것으로 "완제품"이란 (　　　)을(를) 위해 제품의 포장 및 첨부 문서에 표시공정 등을 포함한 모든 제조공정이 완료된 화장품이다.

① 충전　　② 출하
③ 교정　　④ 유지
⑤ 보증

34 CGMP 기준 부적합품의 폐기 처리 절차로 옳은 것은?

① 원료와 포장재, 벌크 제품과 완제품이 적합 판정 기준을 만족시키지 못할 경우 "기준 일탈 제품"으로 지칭한다.
② 재작업은 변질·변패 또는 병원미생물에 오염되지 않고, 제조일로부터 2년이 경과하지 않았거나 사용기한이 6개월 이상 남아있는 경우에 할 수 있다.
③ 회수된 제품의 폐기 여부는 화장품 제조업자에 의해 승인되어야 한다.
④ 재작업의 절차 중 품질이 확인되고 품질보증책임자의 승인을 얻을 수 있을 때까지 재작업품은 다음 공정에 사용할 수 없고 출하할 수 없다
⑤ 품질에 문제가 있어 반품된 제품의 재작업 여부는 화장품 책임판매업자에 의해 승인되어야 한다.

35 〈보기〉는 영·유아 또는 어린이 사용 화장품 제품별 안전성 자료 보관 기간에 대한 내용이다. (　　) 안에 들어갈 말로 옳은 것은?

보 기

▲ 화장품의 1차 포장에 사용기한을 표시하는 경우

영·유아 또는 어린이가 사용할 수 있는 화장품임을 표시·광고한 날부터 마지막으로 제조·수입된 제품의 (㉠) 만료일 이후 (㉡)까지의 기간(제조는 화장품의 (㉢)에 따른 제조일자를 기준으로 하며, 수입은 통관일자를 기준으로 함)

	㉠	㉡	㉢
①	개봉일자	1년	제조번호
②	사용기한	1년	제조번호
③	유통기한	3년	식별번호
④	개봉일자	3년	관리번호
⑤	사용기한	3년	유통번호

36 「인체 세포 · 조직 배양액 안전기준」에 따른 세포 · 조직 채취 및 검사기록서에 포함된 내용이 아닌 것은?

① 채취한 의료기관 명칭
② 공여자 적격성 평가 결과
③ 세포 또는 조직의 처리 취급 과정
④ 공여자 식별 번호
⑤ 세포 또는 조직의 종류, 채취 방법, 채취량, 사용한 재료 등의 정보

37 유통 화장품 안전관리 시험 방법에 따른 녹농균 시험 절차로 옳지 않은 것은?

① 카제인대두소화액체배지를 사용하여 30~35℃에서 24~48시간 증균 배양한 후 세트리미드 배지 또는 엔에이씨한천배지에 백금이 등으로 도말하여 30~35℃에서 24~48시간 배양한다.
② 그람양성간균으로 녹색 형광물질을 나타내는 집락을 확인하는 경우 녹농균 한천배지 P 및 F에 도말하여 30~35℃에서 24~72시간 배양한다.
③ 자외선 하에 관찰하여 녹농균 한천배지 P에서 황색이 나타나고 F에서 청색이 관찰되면 녹농균 양성으로 판정한다.
④ 녹농균의 가능성이 높은 집락은 옥시다제시험을 한다.
⑤ 옥시다제반응 양성인 경우 5초 이내 보라색이 나타나고 10초 후에도 색 변화가 없는 경우 녹농균 음성으로 판정한다.

38 유통 화장품 안전관리 기준 기술적으로 완전한 제거가 불가능한 물질의 검출 허용 한도로 옳은 것은?

보 기

ㄱ. 비소 10μg/g 이하
ㄴ. 안티몬 50μg/g 이하
ㄷ. 카드뮴 5μg/g 이하
ㄹ. 수은 1μg/g 이하
ㅁ. 디옥산 10μg/g 이하
ㅂ. 메탄올 0.5μg/g 이하(물휴지)

① ㄱ, ㄷ, ㄹ
② ㄱ, ㄷ, ㄹ, ㅁ
③ ㄴ, ㄷ, ㅁ, ㅂ
④ ㄷ, ㄹ, ㅁ, ㅂ
⑤ ㄹ, ㅁ, ㅂ

39 CGMP 기준 설비 세척의 원칙으로 옳은 것은?

① 제조하는 화장품의 종류와 양에 따라 세척 주기가 변화하며 연속해서 제조하고 있을 때에는 제품이 전환 시 설비를 세척한다.
② 가능한 한 위험성이 없는 제조설비용 적당한 세제를 사용하고 잔존하지 않도록 한다.
③ 분해할 수 있는 설비는 분해 세척하고 세척 후에는 반드시 소독한다.
④ 증기 세척은 좋은 방법으로 브러시 등으로 문질러 지우는 것을 고려한다.
⑤ 세척의 유효기간을 설정하고 유효기간이 지난 설비는 분해해서 에탄올 등의 유기용제로 재세척하여 사용한다.

40 다음 안내문에서 설명하는 시험법으로 옳은 것온?

안 내 문

피부 감작성 물질이란 반복적 피부 접촉 후 알레르기 반응을 유도하는 물질로 피부 감작과 관련된 화학적/생물학적 기전은 독성발현경로(Adverse Outcome Pathway, AOP)를 통해 설명될 수 있다. 독성발현 경로는 분자 수준의 시작 단계에서 중간 단계를 거쳐 알레르기성 접촉성 피부염을 유발하는 건강 유해영향 과정으로 이루어진다.

피부 감작성 독성 발현 경로의 세 가지 핵심 단계를 다루는 기전에 근거한 화학적(Mechanistically-based in chemico)시험법과 생체 외(in vitro) 시험법은 화학 물질의 피부 감작성 위험성 평가를 위해 채택되었으며 첫 번째 핵심 단계를 다루는 반응성 시험법, 두 번째 핵심 단계를 다루는 각질 세포 활성화를 평가하는 시험법, 세 번째 핵심 단계인 수지상 세포의 활성화를 다루는 OECD TG 442E 시험법, 마지막으로 T-세포 활성화와 증식을 나타내는 네 번째 핵심 단계는 유세포 분석을 이용해 피부 감작성을 평가한다.

본 시험법은 UN GHS 기준에 따른 피부 감작 물질과 비감작 물질을 구별하는데 사용되는 시험법으로 피부 감작성 독성 발현 경로(Adverse Outcome Pathway, AOP)의 두 번째 핵심 단계(Key Event)인 각질세포의 활성화에 대한 생체 외 시험에 해당된다. 다양한 유기 작용기, 반응기전, 피부 감작능, 물리화학적 성질을 가지는 시험 물질에 적용할 수 있으나 각질세포 활성화는 피부 감작성 독성 발현경로의 여러 핵심 단계 중 하나의 단계이기 때문에 화학물질의 피부 감작 가능성 여부를 결론 내리기에 충분하지 않을 수 있으며 위험성 확인을 위한 목적으로 피부 감작성 물질과 비감작성 물질을 분류하는 데에는 활용 가능하다.

세계적으로 독성 연구에 사용되는 동물의 수를 감소하거나 동물 실험 금지에 관한 관심이 증가하고 대체방안들이 모색되기 시작해 2013년 유럽연합에서는 화장품 동물 실험이 금지되었고, 2016년 동물 실험을 실시하는 화장품 또는 화장품 원료를 사용하여 제조 또는 수입한 화장품의 유통 · 판매를 금지하는 화장품법이 개정되었다. 동물 대체시험법은 동물을 사용하지 않거나, 동물 수 감소 또는 고통을 경감시킬 수 있는 방법(3Rs)을 이용한 시험법으로 여기서 3Rs는 동물 대체, 고통 감소, 동물 수 감소를 말하며 현재 화장품에서는 동물 대체 실험만 인정하고 위반 시 처벌 대상이다.

① 펩티드 반응성 시험법(Direct Peptide Reactivity Assay, DPRA)
② 활성산소종을 이용한 광반응성 시험법(ROS, Assay for Photoreactivity)
③ 국소 림프절 시험법(Local Lymph Node Assay, LLNA)
④ ARE-Nrf2 루시퍼라아제 LuSens 시험법
⑤ 아미노산 유도체 결합성 시험법(Amino acid Deivative Reactivity Assay, ADRA)

41 다음 중 처벌의 기준이 다른 위반 행위는?

① 보유기간이 경과하였으나 개인정보를 파기하지 아니한 정보통신서비스 제공자 등
② 분쟁조정위원회의 분쟁조정 업무 중 알게 된 비밀을 누설하거나 직무상 목적 외에 이용한 자
③ 정보 주체의 동의를 받지 않고 개인정보를 수집한 자
④ 영상정보처리기기의 녹음 기능을 사용한 자
⑤ 거짓이나 그 밖의 부정한 수단이나 방법으로 다른 사람이 처리하고 있는 개인정보를 취득한 후 이를 영리한 자

42 다음 중 유통 화장품 안전 확보 실험에 대한 내용으로 옳지 않은 것은?

① 방부력 시험은 화장품을 사용하는 동안 공기 등과 접촉하며 미생물 등에 오염된 경우, 화장품 자체가 스스로 미생물의 증식을 억제하는 능력을 알아보는 시험이다.
② 미생물 증식으로 인한 오염 발생 예측 및 방지를 위해 제품에 균을 투입하고 4주 동안 제품 내에서의 감소율을 확인한다.
③ 화장품 처방 자체로 보아 충분히 방부력을 가질 수 있다고 판단되는 경우 방부력 시험을 생략해도 무방하다.
④ 제품에 물이 유입되어 소비자가 사용 중 미생물 오염 발생 가능성이 높은 제품 등 방부력 시험만으로 예측이 불가할 경우 사용성 시험이 필요하다.
⑤ 사용성 시험은 포장 용기가 방부력 시험을 통과한 경우에만 진행하며 균 검출 여부에 따라 적합 여부를 판단한다.

43 작업실의 청정도 관리 기준으로 옳은 것은?

① 미생물시험실은 낙하균 1개/hr 또는 차압관리의 기준을 충족하여야 한다.
② 원료 보관소는 낙하균 10개/hr 또는 부유균 20개/㎥의 기준을 충족하여야 한다.
③ 일반 시험실은 낙하균 20개/hr 또는 부유균 100개/㎥의 기준을 충족하여야 한다.
④ 충전실은 낙하균 30개/hr 또는 부유균 200개/㎥의 기준을 충족하여야 한다.
⑤ 갱의실은 환기장치 및 차압관리 기준을 충족하여야 한다.

44 퍼머넌트 웨이브용 및 헤어 스트레이트너 제품의 안전관리 기준으로 옳지 않은 것은?

① 냉2욕식 퍼머넌트 웨이브용 제품 제1제 시스테인 함량의 범위는 3.0~7.5%로 규정된다.
② 시스테인을 주성분으로 하는 냉2욕식 퍼머넌트 웨이브용 제품 제1제의 pH는 8.0~9.5의 범위를 갖는다.
③ 치오글리콜산염 및 시스테인의 웨이브 효과는 알칼리성에서는 약하고 산성에서는 강하다.
④ 제2제는 산화제로써 주성분으로 과산화수소와 브롬산염계 중 주로 브롬산나트륨을 사용하고 있다.
⑤ 치오글라이콜릭애씨드를 주성분으로 하는 가온2욕식 퍼머넌트 웨이브용 제품 제1제의 pH는 4.5~9.3의 범위를 갖는다.

45 「화장품 안전기준 등에 관한 규정」에 따라 화장품에 사용할 수 없는 프탈레이트를 〈보기〉에서 모두 고른 것은?

보 기

ㄱ. 다이에틸프탈레이트
ㄴ. 디이소펜틸프탈레이트
ㄷ. 다이메틸프탈레이트
ㄹ. 디에칠헥실프탈레이트
ㅁ. 부틸벤질프탈레이트

① ㄱ, ㄴ, ㄷ
② ㄱ, ㄴ, ㄹ
③ ㄴ, ㄷ, ㅁ
④ ㄴ, ㄹ, ㅁ
⑤ ㄷ, ㄹ, ㅁ

46 〈보기〉는 유통 화장품 안전관리 시험 방법에 따른 미생물 한도 시험절차 중 일부이다. ( ) 안에 들어갈 말로 옳은 것은?

보 기

( )은 본 시험에 들어가기 전 시험 재료 및 방법을 신뢰할 수 있는지 미리 검증하는 과정으로 시판 배지는 배지마다 시험하며 조제한 배지는 조제한 배지마다 시험한다. 검체의 유·무하에서 총 호기성 생균 수 시험법에 따라 제조된 검액·대조액에 시험 균주를 각각 100cfs 이하가 되도록 접종하여 규정된 총 호기성 생균 수 시험법에 따라 배양할 때 검액에서 회수한 균 수가 대조액에서 회수한 균 수의 1/2 이상이어야 한다.

① 배지 성능 및 시험법 적합성 시험
② 검체의 전처리
③ 검액 제조
④ 한천 평판 도말
⑤ 평판 희석

47 「인체 적용 제품의 위해성 평가 등에 관한 규정」에 따른 독성시험에 대한 내용으로 옳지 않은 것은?

① 식품의약품안전처장은 위해 평가에 필요한 자료를 확보하기 위해 독성의 정도를 동물 실험 등을 통해 실시할 수 있다.
② 독성시험 대상 물질의 특성, 노출 경로 등을 고려하여 독성시험항목 및 방법을 선정한다.
③ 독성시험의 수행은 위원회 자문 및 관계 전문가 의견을 청취해 운영한다.
④ 독성시험 절차는 「비임상 시험관리 기준」에 따라 수행하고 과학적으로 평가한다.
⑤ 독성시험 결과에 대한 독성 병리 전문가 등의 검증을 수행한다.

48 맞춤형 화장품 조제관리사에 대한 설명으로 옳지 않은 것은?

① 교육을 받아야 하는 자가 둘 이상의 장소에서 영업을 하는 경우에는 영업자를 대신하여 맞춤형 화장품 조제관리사가 대리 교육 가능하다.
② 맞춤형 화장품 조제관리사가 되려는 사람은 화장품과 원료 등에 대하여 식품의약품안전처장이 실시하는 자격시험에 합격하여야 한다.
③ 식품의약품안전처장은 맞춤형 화장품 조제관리사가 거짓이나 그 밖의 부정한 방법으로 시험에 합격한 경우에는 자격을 취소하여야 하며, 자격이 취소된 사람은 취소된 날부터 3년간 자격시험에 응시할 수 없다.
④ 맞춤형 화장품 조제관리사가 아닌 기계를 사용하여 맞춤형 화장품을 혼합하거나 소분할 때는 매장 직원이 혼합・소분 업무를 담당한다.
⑤ 맞춤형 화장품 조제관리사는 화장품의 안전성 확보 및 품질관리에 대한 교육을 매년 받아야 한다.

49 인체 세포·조직 배양액을 제조하는 배양시설의 환경관리 기준으로 옳은 것은?

① 배양시설은 청정등급 1B(Class 1000) 이상의 구역에 설치하여야 한다.
② 제조시설은 주기적으로 점검하고 오염을 방지할 수 있는 음압시설을 갖추어야 한다.
③ 제조 기구는 제조 전・후 수시로 점검하여 관리되어야 하고, 작업에 지장이 없도록 배치되어야 한다.
④ 배양시설은 MEDIUM 필터를 사용하고, 온도 18.8~27.7℃, 습도 55±20% 범위를 유지한다.
⑤ 제조공정 중 오염을 방지하는 등 위생관리를 위한 제조 위생관리기준서를 작성하고 이에 따라야 한다.

50 〈보기〉는 맞춤형 화장품 조제관리사와 고객과의 대화이다. 고객의 이야기를 듣고 맞춤형 조제관리사가 제시한 성분으로 옳은 것은?

보 기

민서 : 춥고 건조한 날씨가 지속되면서 실내생활이 길어지고 강한 난방에 노출되다 보니 건조증이 심해졌어요. 탄력이 저하되고 피부결도 나빠지면서 급격히 노화가 진행되는 건 아닌지 스트레스를 많이 받게 되네요.
유성 원료를 사용하면 좋을 거 같은데 제게 추천할 만한 성분이 들어갈 맞춤형 화장품을 조제해 주실 수 있을까요?
조제관리사 : 고객님의 요구를 반영해서 맞춤형 화장품을 조제해 드리겠습니다.

① 아스코르브산
② 아스코빅애씨드
③ 이소프로필알코올
④ 스쿠알란
⑤ 아미노산

51 「기능성 화장품 심사에 관한 기준」에 따른 기능성 화장품의 안전성을 입증하는 시험 방법으로 옳은 것은?

① 1차 피부 자극시험 - 독성등급법
② 피부 감작시험 - 국소림프절 시험법(LLNA)
③ 광독성시험 - 단시간노출법(STE)
④ 피부 부식성시험 - 고정용량법
⑤ 구강점막 자극시험 - Patch test

52 화장품 유효성 평가 방법에 대한 설명으로 옳지 않은 것은?

① 화장품의 개발목적에 따라 여러 가지 시험 방법을 결합하여 사용할 수 있다.
② 관능시험 중 맹검 사용시험(Blind use test)은 소비자의 판단에 영향을 미칠 수 있고 제품의 효능에 대한 인식을 바꿀 수 있는 상품명, 디자인, 표시사항 등의 정보를 제공하지 않는다.
③ 피부의 보습, 거칠기, 탄력의 측정이나 자외선 차단지수 등의 측정은 통제된 실험실 환경에서 의사의 관리하에 피험자를 대상으로 실시되며 초기값이나 미처리 대조군, 위약 또는 표준품과 비교하여 정량화될 수 있다.
④ 관능시험은 준의료진, 미용사 또는 기타 직업적 전문가 등 적절한 자격을 갖춘 관련 전문가에 의해 수행될 수 있고 이미 확립된 기준과 비교하여 촉각, 시각 등에 의한 감각에 의해 제품의 효능을 평가한다.
⑤ 기기를 이용한 시험은 정해진 시험계획서에 따라 피험자에게 제품을 사용하게 한 다음 기기를 이용하여 통제되지 않은 환경에서 주어진 변수들을 정확하게 측정하는 방법이다.

53 「기능성 화장품 심사에 관한 규정」에 따라 자료 제출이 생략되는 기능성 화장품 성분을 〈보기〉의 전성분에서 모두 고른 것은?

보 기

정제수, 디메치콘, 사이클로헥사실록산, 글리세린, 에칠헥실살리실레이트, 세틸에틸헥사노에이트, 피이지-10디메치콘, 부틸렌글라이콜, 알파-비사보롤, 솔비톨, 소듐하이알루로네이트, 글리세릴스테아레이트, 토코페릴아세테이트, 시트릭애씨드, 향료, 페녹시에탄올, 적색산화철

① 사이클로헥사실록산, 에칠헥실살리실레이트
② 세틸에틸헥사노에이트, 글리세릴스테아레이트
③ 알파-비사보롤, 토코페릴아세테이트
④ 에칠헥실살리실레이트, 알파-비사보롤
⑤ 세틸에틸헥사노에이트, 시트릭애씨드

54 〈보기〉의 맞춤형 화장품 판매업자들의 대화 내용 중 옳은 설명을 모두 고른 것은?

보 기

영수 : 맞춤형 화장품 판매할 때 내역서 잘 작성하고 있지?
진명 : 그럼~ ㉠ 제조번호, 판매일자, 혼합 · 소분에 사용된 내용물 · 원료의 내용까지 빠짐 없이 작성해서 보관하고 있어.
아영 : 혼합 · 소분에 사용된 내용물 · 원료의 내용은 판매 내역서 포함 사항이 아니야.
명진 : ㉡ 사용기한 또는 개봉 후 사용기간을 작성해야 하지.
지아 : ㉢ 판매량과 판매금액도 작성해야 해.
진명 : 맞춤형 화장품 판매 내역서 작성을 위반했을 때 1차 행정처분이 어떻게 되지?
수진 : ㉣ 15일 판매 영업이 정지되거나 과징금이 부과될 거야.
지아 : 과징금은 화장품법 24조에 따라 업무정지 처분을 할 경우에 해당되지?
영수 : 맞아. 식품의약품안전처장은 ㉤ 영업자에게 업무정지 처분을 갈음하여 10억원 이하의 과징금을 부과할 수 있어.
아영 : 위반 행위 종류와 과징금 금액은 서면으로 통지하고 납부 기한까지 과징금을 내지 않으면 대통령령으로 정하는 바에 따라 과징금부과 처분을 취소하고 판매정지 처분을 할 수 있어.

① ㄱ, ㄷ
② ㄴ, ㅁ
③ ㄴ, ㄹ
④ ㄷ, ㅁ
⑤ ㄹ, ㅁ

55 〈보기〉의 (   ) 안에 들어갈 용어로 옳은 것은?

보 기

계면에서 계면활성제 분자의 친수기는 물과, 그리고 소수기는 공기와 접촉하는 배열을 하게 된다. 이때 계면활성제의 농도를 증가시킴에 따라 표면에서 계면활성제는 포화 상태가 되고, 결과적으로 계면활성제 분자들끼리 회합이 일어나 미셀(micelle)을 형성하게 되는데 미셀이 형성되기 시작하는 계면활성제의 농도를 (   )라고 한다.

① 크라프트점(Kraft point)
② HLB
③ 임계미셀농도(CMC)
④ 단분자(monomer)
⑤ 가용화(Solubilization)

56 새치로 고민인 고객에게 소분한 염모제를 맞춤형 화장품으로 추천하였다. 맞춤형 화장품 판매 시 포장에 기재되어야 할 정보로 옳지 않은 것을 〈보기〉에서 모두 고른 것은?

> **프로틴 헤어컬러**
> · 용량 : 1제(염모제) 60g/ 2제(산화제) 60g
> · 제조번호 : 용기표시
> · 사용기한 또는 개봉 후 사용기간 : 2020.06 이후 제조 (개봉 전 36개월)
> · 전성분 : (1제) p-페닐렌디아민, p-아미노페놀, p-아미노-o-크레솔, 레조시놀, 2-아미노-5-니트로페놀, 프로필렌글리콜 (2제) 과산화수소 35%
> · 사용 방법 : 제 1제와 제 2제를 1:1의 비율로 사용 직전에 잘 섞은 후 모발에 균등히 바른다. 25~30분 후에 미지근한 물로 잘 헹군 후 샴푸로 깨끗이 씻고 마지막에 따뜻한 물로 충분히 헹군다.
> · 제조업자 및 책임판매업자 : ㈜컬러ABC
> · 사용 시의 주의사항 :
> 1. 화장품 사용 시 또는 사용 후 직사광선에 의하여 사용 부위가 붉은 반점, 부어오름 또는 가려움증 등의 이상 증상이나 부작용이 있는 경우 전문의 등과 상담할 것
> 2. 상처가 있는 부위 등에는 사용을 자제할 것
> 3. 보관 및 취급시의 주의사항
> 가. 어린이의 손이 닿지 않는 곳에 보관할 것
> 나. 직사광선을 피해서 보관할 것
> 4. 눈에 접촉을 피하고 눈에 들어갔을 때는 즉시 씻어낼 것
> 5. 염모제(산화염모제와 비산화염모제)
> 가) 다음 분들은 사용하지 마십시오. 사용 후 피부나 신체가 과민 상태로 되거나 피부 이상 반응(부종, 염증 등)이 일어나거나, 현재의 증상이 악화될 가능성이 있습니다.
> (1) 지금까지 염모제를 사용할 때 피부 이상 반응(부종, 염증 등)이 있었거나, 염색 중 또는 염색 직후에 발진, 발적, 가려움 등이 있거나 구역, 구토 등 속이 좋지 않았던 경험이 있었던 분
> (2) 피부시험(패취테스트, patch test)의 결과, 이상이 발생한 경험이 있는 분
> (3) 두피, 얼굴, 목덜미에 부스럼, 상처, 피부병이 있는 분
> (4) 생리 중, 임신 중 또는 임신할 가능성이 있는 분
> (5) 출산 후, 병중, 병후의 회복 중인 분, 그 밖의 신체에 이상이 있는 분
> (6) 특이체질, 신장질환, 혈액질환이 있는 분
> (7) 미열, 권태감, 두근거림, 호흡곤란의 증상이 지속되거나 코피 등의 출혈이 잦고 생리, 그 밖에 출혈이 멈추기 어려운 증상이 있는 분

〈보 기〉

ㄱ. 용량
ㄴ. 제조번호
ㄷ. 사용기한 또는 개봉 후 사용기간
ㄹ. 제조업자 및 책임판매업자
ㅁ. 사용 시의 주의사항

① ㄱ, ㄴ
② ㄴ, ㄷ
③ ㄴ, ㄹ
④ ㄷ, ㅁ
⑤ ㄹ, ㅁ

57 「기능성 화장품 기준 및 시험 방법」에 따른 자외선 및 내수성 차단지수(SPF) 측정 방법으로 옳은 것을 〈보기〉에서 모두 고른 것은?

보 기

ㄱ. 시험은 피험자의 팔에 하고 깨끗하며 마른 상태이어야 한다.
ㄴ. 제품을 해당량만큼 도포하고 상온에서 15분간 방치하여 건조한 다음 제품 무도포 부위의 최소홍반량 측정과 동일하게 측정한다.
ㄷ. 도포량은 2.0mg/㎠으로 한다.
ㄹ. 제품 도포 면적을 24㎠ 이상으로 하여 0.5㎠ 이상의 면적을 갖는 5개 이상의 조사 부위를 구획한다.
ㅁ. 자외선 차단지수의 95% 신뢰구간은 자외선 차단지수(SPF)의 ±25% 이내이어야 한다.
ㅂ. 내수성 자외선 차단지수 시험조건은 직사광선을 차단할 수 있는 실내에서 이루어져야 하고 욕조 물의 온도는 23~32℃로 시험 부위가 벽에 닿게 앉을 수 있어야 한다.
ㅅ. 내수성 제품 시험 방법은 20분간 입수 후 20분간 물 밖에 나와 쉬면서 자연 건조되도록 하고 2번 반복하고 지속 내수성 제품은 3번 반복한다.

① ㄱ, ㄴ, ㄹ
② ㄴ, ㄷ, ㄹ
③ ㄴ, ㄹ, ㅅ
④ ㄹ, ㅁ, ㅂ
⑤ ㅁ, ㅂ, ㅅ

58 표시 · 광고 실증을 위한 실증자료 요건으로 옳지 않은 것은?

① 실증을 위한 시험분석 자료는 제조 및 영업부서 등 다른 부서와 독립적인 업무를 수행하는 기업의 부설 연구소를 포함하여 화장품 관련 전문 연구기관에서 시험한 것으로 기관의 장이 발급한 것이어야 한다.
② 인체 적용시험이 완료된 기능성 화장품의 제조원이 변경된 경우 제품표준서/인체 적용시험 결과보고서와 동일한 전성분 및 함량으로 제조한다면 표시 · 광고의 실증자료로써 시험 자료의 사용이 가능하다.
③ 표시 · 광고 실증자료의 유효기간은 별도로 규정하고 있지 않으나 제품표준서상 원료 및 제조방법 등이 변경되는 경우 다시 시험성적서 등 실증자료를 갖추는 것이 적절하다.
④ 표시 · 광고 실증자료는 객관적이고 과학적인 절차와 방법에 의한 자료로써 신뢰성과 재현성이 확보되어야 한다.
⑤ 해외 임상자료를 사용하지 않고 국내 시장에서 표시 · 광고를 위해 새로 시험을 진행하고자 하는 경우 표시 · 광고 중 사실과 관련한 사항에 대하여 실증할 수 있어야 한다.

59 다음 중 염모제로 사용되지 않는 성분을 모두 고른 것은?

보 기

ㄱ. 과산화수소
ㄴ. 니트로-p-페닐렌디아민
ㄷ. p-아미노페놀
ㄹ. 레조시놀
ㅁ. 퀴닌
ㅂ. 브롬산나트륨

① ㄱ, ㄷ
② ㄱ, ㄹ
③ ㄴ, ㅂ
④ ㄷ, ㅁ
⑤ ㅁ, ㅂ

60 맞춤형 화장품 판매업을 운영하는 민현준 씨가 폐업 신고를 하는 내용으로 옳지 않은 것은?

① 폐업 신고서에 맞춤형 화장품 판매업 신고필증을 첨부해서 지방식품의약품안전청장에게 제출해야 한다.
② 민현준 씨는 관할 세무서장에게 폐업 신고서를 제출할 수 있다.
③ 맞춤형 화장품 판매업 폐업 신고와 사업자등록 말소를 함께하는 경우 부가가치세법에 따른 폐업 신고서를 함께 제출해야 한다.
④ 폐업 신고를 하지 않은 경우 50만원의 과태료를 처분 받을 수 있다.
⑤ 1년 동안 휴업하였다가 다시 맞춤형 판매업을 재개하려는 경우에는 폐업 신고를 하지 않아도 된다.

61 맞춤형 화장품 판매업을 상속받은 판매업자가 변경 신고 시 제출해야 하는 서류로 옳지 않은 것은?

① 맞춤형 화장품 판매업 변경 신고서
② 맞춤형 화장품 판매업 신고필증
③ 사업자등록증
④ 맞춤형 화장품 조제관리사 자격증 사본
⑤ 가족관계증명서

62 다음 중 피부 보습도 및 수분량을 분석할 수 있는 방법으로 적절한 것은?

① 경피 수분 손실량 측정
② Replica 분석법
③ 생체 전기저항 분석법
④ Moire 분석법
⑤ UV광을 이용한 측정

63 화장품 광고문에 표시할 수 있는 표현으로 옳은 것은?

① 액체비누에 대해 트리클로산 또는 트리클로카반 함유로 인해 항균 효과가 '더 뛰어나다'.
② 보습을 통해 피부 건조에 기인한 가려움의 일시적 완화에 도움을 준다.
③ 피부의 상처나 질병으로 인한 손상을 치료하거나 회복 또는 복구한다.
④ 무첨가 제품으로 일시적 악화(명현 현상)가 있을 수 있다.
⑤ 아토피 협회에서 인증하고 병원에서 추천하는 안전한 화장품이다.

64 화장품에 사용되는 보습제 중 특성에 따른 원료 및 사용 목적이 옳은 것은?

보 기

ㄱ. 습윤 효과 – 글리세린, 부틸렌글라이콜, 프로필렌글라이콜
ㄴ. 광택 효과 – 우레아, 미네랄 오일, 폴리비닐알코올
ㄷ. 유연 효과 – 스테아릭애씨드, 솔비톨, 덱스트린
ㄹ. 장벽 대체효과 – 세라마이드, 지방산, 콜레스테롤
ㅁ. 밀폐 효과 – 글리세릴스테아레이트, 벤토나이트, 미네랄 오일

① ㄱ, ㄴ
② ㄴ, ㄷ
③ ㄱ, ㄹ
④ ㄷ, ㅁ
⑤ ㄹ, ㅁ

65 다음 중 특정 대사에 촉매하는 효소의 종류로 옳은 것은?

① 수소나 산소의 원자 또는 전자를 다른 분자에 전달하는 산화·환원 효소
② 특정 기질에서 다른 기질로 아미노기, 메틸기와 같은 작용기를 옮기는 이성질화 효소
③ 기질의 분자 내에서 원자의 위치만 바꿔 분자 구조를 변형시키는 가수 분해 효소
④ 에너지를 사용하여 두 분자를 연결시키는 분해·부가 효소
⑤ 물 분자를 첨가시켜 고분자 기질을 저분자로 분해하는 합성 효소

66 「화장품법 시행규칙」 제19조 제4항에 따라 50mL(g)을 초과한 화장품 포장에 기재·표시해야 하는 사항이 아닌 것은?

① 인체 세포·조직 배양약이 들어있는 경우 그 함량
② 식품의약품안전처장이 사용 한도를 고시한 화장품의 원료
③ 수입 화장품인 경우 제조국의 명칭, 제조회사명 및 그 소재지
④ 천연 또는 유기농으로 표시·광고하려는 경우 원료의 함량
⑤ 기능성 화장품의 경우 심사 받거나 보고한 효능·효과, 용법·용량

67 화장품 안정성 시험에 대한 설명으로 옳은 것을 모두 고른 것은?

보 기

ㄱ. 화장품의 안정성 시험은 적절한 보관, 운반, 사용 조건에서 화장품의 물리적, 화학적, 미생물학적 안정성 및 내용물과 용기 사이의 적합성을 보증할 수 있는 조건에서 시험을 실시한다.
ㄴ. 장기보존시험은 화장품의 저장 조건에서 사용기한을 설정하기 위하여 장기간에 걸쳐 물리·화학적 미생물학적 안정성 및 용기 적합성을 확인하는 시험으로 3개월 이상 시험하는 것을 원칙으로 한다.
ㄷ. 가혹시험은 가혹 조건에서 화장품의 분해과정 및 분해 산물 등을 확인하기 위한 시험으로 보존 기간 중 제품의 안전성이나 기능성에 영향을 확인할 수 있는 품질관리상 중요한 항목 및 분해 산물의 생성 유무를 확인한다.
ㄹ. 가혹시험은 일반적으로 장기보존시험의 지정 저장온도보다 25℃ 이상 높은 온도에서 시험한다.
ㅁ. 장기보존시험은 시중에 유통할 제품과 동일한 처방, 제형 및 포장 용기를 사용하고 3로트 이상에 대하여 시험하는 것을 원칙으로 한다.
ㅂ. 개봉 후 안정성 시험 기간은 개봉 전 시험항목과 미생물 한도시험, 살균보존제, 유효성 성분 시험을 수행한다.

① ㄱ, ㄷ, ㄹ
② ㄴ, ㅁ, ㅂ
③ ㄱ, ㄷ, ㄹ, ㅁ
④ ㄱ, ㄷ, ㅁ, ㅂ
⑤ ㄴ, ㄹ, ㅁ, ㅂ

68 화장품 책임판매업자로부터 공급받은 맞춤형 화장품의 시험 결과에 대한 설명으로 옳은 것은?

(가) 기초 화장용 제품		(나) 색조 화장용 제품		(다) 물휴지	
시험항목	시험 성적	시험항목	시험성적	시험항목	시험 성적
납	18㎍/g	납	18㎍/g	메탄올	0.01%(v/v)
니켈	6㎍/g	비소	6㎍/g	대장균	불검출
메탄올	0.1%(v/v)	니켈	10㎍/g	세균	80개
아데노신	102.0%	수은	불검출	진균	100개
에칠아스코빌에텔	90.5%	pH	5.7~6.0	포름알데하이드	100㎍/g

① (가) 제품은 2중 기능성 화장품으로 자외선 차단에도 효과가 있다.
② (가) 제품은 아데노신이 100% 넘게 함유되어 미백에 더 큰 효과를 주는 제품이다.
③ (나) 제품은 납이 검출 허용 한도를 초과하여 판매할 수 없다.
④ (다) 제품은 메탄올이 검출 허용 한도를 초과하였다.
⑤ (다) 제품은 식품의약품안전처 고시 유통 화장품 안전관리 기준에 적합하다.

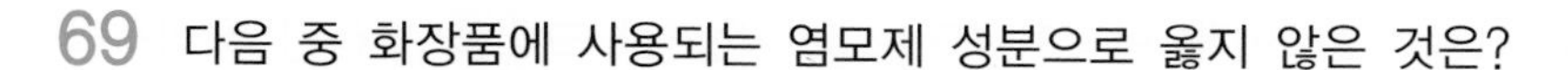

69 다음 중 화장품에 사용되는 염모제 성분으로 옳지 않은 것은?

① 황산 o-클로로-p-페닐렌디아민
② 테트라브로모-o-크레졸
③ 황산 5-아미노-o-크레솔
④ 톨루엔-2,5-디아민
⑤ 5-아미노-o-크레솔

70 다음은 맞춤형 화장품 판매업으로 신고한 맞춤형 화장품 조제관리사들의 대화이다. 〈보기〉의 밑줄 친 내용 중 옳은 것을 모두 고른 것은?

> 보 기
>
> A : 고객에게 맞춤형 화장품과 함께 일반 화장품을 같이 판매하는 건 어때?
> B : 좋은 생각인 것 같은데 법적으로 문제는 없을까?
> C : ㉠ 맞춤형 화장품 판매장에서 일반 화장품을 판매할 수 있어~
> A : ㉡ 책임판매업자가 소비자에게 그대로 판매할 목적으로 제조한 화장품을 혼합 · 소분해서 판매하면 매출에 도움이 되겠다.
> B : 어제 어린이 오일을 소분해 달라는 고객이 있어서 ㉢ 미생물 오염 방지를 위해 벤질알코올을 추가했어.
> C : ㉣ 벤질알코올은 맞춤형 화장품에 사용할 수 없어. 전성분은 확인했어?
> A : ㉤ 어린이 오일 등 개별 포장당 탄화수소류를 10% 이상 함유하는 제품은 법적으로 안전용기에 충전 · 포장해서 고객에게 판매해야 해.

① ㄱ, ㄴ, ㄷ
② ㄱ, ㄴ, ㄹ
③ ㄱ, ㄷ, ㅁ
④ ㄱ, ㄹ, ㅁ
⑤ ㄴ, ㄹ, ㅁ

71 「인체 세포 · 조직 배양액 안전기준」에 따라 보관되었던 세포 및 조직에 실시하는 시험으로 옳은 것은?

① 부정시험
② 순도시험
③ 유전독성시험
④ 확인시험
⑤ 무균시험

72 다음 중 분화 정도가 가장 낮은 세포로 옳은 것은?

① 각질세포(corneocyte)
② 기저층의 줄기세포(keratinocyte stem cell)
③ 섬유아세포(fibroblasts)
④ 머켈세포(merkel cells)
⑤ 랑게르한스세포(langerhans cells)

73 피부 각질 때문에 고민하는 고객에게 락틱애씨드 2.0% 첨가한 크림을 맞춤형 화장품을 추천하였다. 〈보기 1〉은 맞춤형 화장품 전성분이며, 이를 참고하여 고객에게 설명해야 할 주의사항을 〈보기 2〉에서 모두 고른 것은?

보기 1

정제수, 우레아, 아보카도오일, 솔비톨, 글리세린, 락틱애씨드, 글리세릴스테아레이트, 세틸알코올, 파네솔, 잔탄검, 부틸파라벤, 카프릴릴글라이콜, 헥실신남알

보기 2

ㄱ. 화장품을 사용 시 또는 사용 후 직사광선에 의하여 사용 부위가 붉은 반점, 부어오름 또는 가려움증 등의 이상 증상이나 부작용이 있는 경우 전문의 등과 상담할 것
ㄴ. 만 3세 이하 영·유아의 기저귀가 닿는 부위에는 사용하지 말 것
ㄷ. 눈 주위를 피하여 사용할 것
ㄹ. 햇빛에 대한 피부의 감수성을 증가시킬 수 있으므로 자외선 차단제를 함께 사용할 것
ㅁ. 털을 제거한 직후에는 사용하지 말 것
ㅂ. 구진과 경미한 가려움이 보고된 예가 있음

① ㄱ, ㄴ, ㄹ
② ㄱ, ㄷ, ㄹ
③ ㄴ, ㄹ, ㅂ
④ ㄷ, ㄹ, ㅂ
⑤ ㄹ, ㅁ, ㅂ

74 세포 내에서 구리 이온의 역할에 대한 설명으로 옳지 않은 것은?

① 산화·환원 효소의 구성요소이며 활성산소를 제거하는 SOD효소의 구성 성분으로 생체반응의 필수 촉매인자로 작용한다.
② 세룰로플라스민(ceruloplasmine)은 철 이온의 산화를 촉진하여 철분의 흡수와 이동을 돕는 작용을 하고 저장된 철분이 헤모글로빈 합성장소로 이동하는데 관여해 헤모글로빈의 합성을 돕는다.
③ 세포의 증식과 성장, 유리기 제거에 관여하는 효소의 구성 성분으로 생체막의 구조와 기능을 정상적으로 유지한다.
④ 미토콘드리아 내 전자전달계의 마지막 과정에서 사이토 C 옥시다제(cytochrome C oxidase)의 조효소로 작용하여 ATP 생성에 관여한다.
⑤ 결합조직 단백질의 세포 간 또는 세포 내 사슬가교 형성을 촉발하는 반응에 필요한 lysyl oxidase를 활성화시킨다.

75 〈보기〉는 피부 자극에 대한 설명이다. (　　) 안에 들어갈 말로 옳은 것은?

보 기

피부 자극은 영향을 받은 피부조직에서 나타나는 국소반응으로 피부조직의 선천성 면역체계(비특이적)와 연계된 국소염증반응에 의해 일어나며 자극을 받은 직후에 나타난다. 화학물질에 의한 피부 자극은 화학 물질이 각질층을 투과하여 시작되는 연쇄반응의 결과로 각질세포와 다른 피부세포의 기초가 되는 부분을 손상시킬 수 있으며 (㉠)과(와) (㉡)을(를) 일으킨다.

	㉠	㉡
①	발열	종양
②	구진	발진
③	홍반	부종
④	가려움	홍반
⑤	부종	통증

76 다음 중 관능평가에 따른 물리 · 화학적 평가법으로 옳지 않은 것은?

① 탄력이 있음 - 유연성 측정
② 매끄러움 - 리오미터
③ 투명감이 있음 - 변색분광측정계
④ 균일하게 도포됨 - 비디오마이크로스프트
⑤ 번들거림 - 분광측색계

77 〈보기〉의 피부 구조에 대한 설명으로 옳은 것은?

보 기

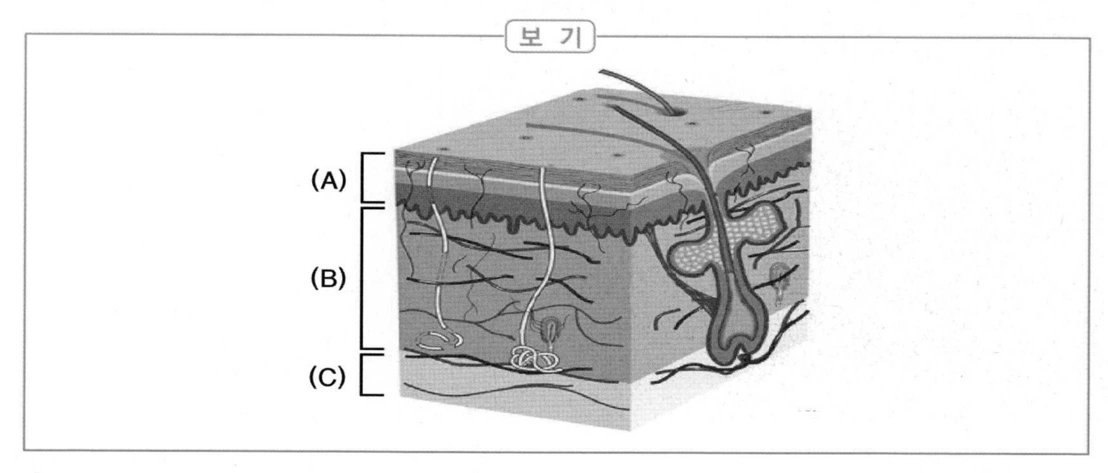

① A에 존재하는 각질층은 천연보습인자(NMF, natural moisturizing factor)와 각질세포 사이에 존재하는 지질층 및 피지선으로부터 분비되는 피지에 의해 수분을 유지한다.
② B에 존재하는 멜라닌형성세포(melanocyte)는 대부분 기저층에 위치한다.
③ B에서 손실되는 수분량을 경피 수분 손실량(TEWL)이라고 하며 손상된 피부는 정상인에 비해 높은 값을 나타낸다.
④ C에 존재하는 교원 섬유와 탄력 섬유는 피부가 노화됨에 감소되고 변성이 일어난다.
⑤ C에는 대식세포(macrophage), 비만세포(mast cell)가 존재한다.

78 다음 중 피부와 활성산소의 관계를 설명한 것으로 옳지 않은 것은?

보 기

> 피부가 일중항 산소, 슈퍼옥사이드 라디칼, 수산기, 과산화수소 등의 활성산소종에 의해 공격을 받게 되면 활성산소에 의해 생체막 성분인 당단백의 절단 및 생체막을 구성하고 있는 단백질의 교차결합이 일어나고 생체막에서 항산화제로 작용하고 있는 단백질들이 이황화물로 변해 항산화 기능을 상실하고 만다. 생체막의 지질성분에 결합된 hydroxyl(-OH) group이 산화되어 MDA를 생성하고 지방산이 산화되어 피부조직이 손상되고 피부 노화가 진행된다.

① 생체 내 산화 반응의 중간산물로 발생하는 반응성이 매우 높은 자유기는 세포막의 구조를 변화시키고 세포의 정상적인 기능을 방해한다.

② 활성산소는 인체를 구성하고 있는 각종 세포의 여러 대사과정에서 끊임없이 생성되고 있으며 생체방어 과정에서 다량으로 발생하고 있다.

③ 체내에는 피부를 보호하기 위한 활성산소 방어 효소로 과산화물 제거효소(SOD), 글루타티온 과산화효소, 카탈라아제(catalase) 등이 있다.

④ 체내에서 일어나는 내적 노화는 음식을 통해 비타민이나 무기질을 충분히 섭취하고 자외선 조사, 바람, 열 등의 외적인 요소는 항산화제로 활성산소의 공격을 감소시켜 피부 노화를 지연시킬 수 있다.

⑤ 비타민 A는 유리기를 제거하고 비타민 B_2는 과산화지질 분해작용이 있어 인체에 유해한 과산화지질을 제거한다.

79 멜라닌 색소의 이동에 관여하는 단백질로 옳지 않은 것은?

① 키네신
② par-3
③ 디네인
④ 리포폴리사카라이드
⑤ 액틴

80 다음은 맞춤형 화장품 조제관리사와 고객과의 대화 내용이다. (　　) 안에 들어갈 말로 옳은 것을 〈보기〉에서 모두 고른 것은?

대 화

조제관리사 : 찾으시는 제품이 있으신가요?
고객 : 친구가 주름 개선 화장품을 추천해 사용하는 중인데 효과를 보지 못했어요.
사용하면서 피부가 건조해지고 가렵고 붉어진 경향도 있는 것 같아요.
부작용인가요?
조제관리사 : 사용하시는 제품의 전성분을 확인해 보겠습니다.

정제수, 글리세린, 부틸렌글라이콜, 세틸에틸헥사노에이트, 사이클로펜타실록산, 소듐하이알루로네이트, 알부틴, 스테아릭애씨드, 폴리소르베이트20, 소르비탄이소스테아레이트, 참깨오일, 리모넨

조제관리사 : 확인해 보니 이 제품은 (　　　　　　　　　　.)

보 기

ㄱ. 주름 개선 기능성 성분이 없습니다.
ㄴ. 피부 미백에 도움을 줄 수 있습니다.
ㄷ. 사용 시 구진과 경미한 가려움이 있을 수 있습니다.
ㄹ. 알레르기 유발 성분이 없습니다.
ㅁ. 성분 중 참깨오일은 알레르기 유발 물질입니다.

① ㄱ, ㄴ, ㄷ
② ㄱ, ㄷ, ㅁ
③ ㄴ, ㄷ, ㄹ
④ ㄴ, ㄹ, ㅁ
⑤ ㄷ, ㄹ, ㅁ

81 〈보기〉는 화장품 책임판매업자가 표시 · 광고하려는 경우 제품별로 안전성 자료를 작성 및 보관해야 하는 영 · 유아 또는 어린이 사용 화장품의 연령 기준이다. ㉠, ㉡, ㉢에 들어갈 말을 순서대로 쓰시오.

보 기

- **영 · 유아** : 만 (㉠)세 이하
- **어린이** : 만 (㉡)세 이상부터 만 (㉢)세 이하

FINAL 3회

82 〈보기〉는 「화장품법 시행규칙」에 따라 어린이 안전용기 · 포장을 사용하여야 할 품목 및 기준이다. ㉠에 들어갈 함량을 쓰시오

> **보 기**
>
> - 아세톤을 함유하는 네일 에나멜 리무버 및 네일 폴리시 리무버
> - 어린이용 오일 등 개별 포장 당 탄화수소를 (㉠)퍼센트 이상 함유하고 운동점도가 21센티스톡스(섭씨 40도 기준) 이하인 비에멀젼 타입의 액체 상태의 제품
> - 개별 포장당 메틸 살리실레이트를 5퍼센트 이상 함유하는 액체 상태의 제품

83 〈보기〉는 맞춤형 화장품 판매업자가 매장 내 CCTV등 영상정보처리기기를 운영하면서 설치한 안내판이다. 「개인정보보호법」에 따라 추가로 포함되어야 하는 사항을 작성하시오,

> **보 기**
>
> 설치목적 : 시설 안전관리, 방범 및 화재예방
> 촬영시간 : 24시간 연속촬영 및 녹화
> 보관기간 : 촬영일부터 3개월
> 책 임 자 : 매장관리자 000) 612-1111
>
> 
>

84 〈보기〉는 「화장품 안전기준 등에 관한 규정」에 따라 화장품에 사용상의 제한이 필요한 원료의 사용기준을 설명한 것이다. ㉠, ㉡에 들어갈 함량을 순서대로 작성하시오,

> **보 기**
>
> 베헨트리모늄 클로라이드(단일성분 또는 세트리모늄 클로라이드, 스테아트리모늄 클로라이드와 혼합사용의 합으로서)의 사용 한도는 '사용 후 씻어 내는 두발용 제품류 및 두발 염색용 제품류'에 (㉠)% 이며, 세트리모늄 클로라이드 또는 스테아트리모늄 클로라이드와 혼합 사용하는 경우 세트리모늄 클로라이드 및 스테아트리모늄 클로라이드의 합은 '사용 후 씻어 내는 두발용 제품류 및 두발 염색용 제품류'에 (㉡)% 이하여야 한다.

85 〈보기〉는 「기능성 화장품 심사에 관한 규정」의 일부로써 기능성 화장품 심사 자료에 대한 내용이다. ㉠, ㉡에 들어갈 말을 순서대로 쓰시오.

보 기

기능성 화장품 심사를 위하여 제출하여야 하는 안전성에 관한 자료 중 자외선에서 흡수가 없음을 입증하는 (㉠) 시험 자료를 제출하는 경우 광독성 및 광감작성시험 자료가 면제되며, 자외선 차단지수(SPF) (㉡) 이하 제품의 경우 자외선 차단지수(SPF), 내수성 자외선 차단지수(내수성 또는 지속내수성) 및 자외선 A 차단등급(PA) 설정의 근거자료 제출을 면제한다.

86 〈보기〉는 「화장품법」에 따른 용어의 정의이다. ㉠, ㉡에 들어갈 말을 순서대로 쓰시오.

보 기

- "화장품"이란 인체를 청결 · 미화하여 매력을 더하고 용모를 밝게 변화시키거나 피부 · (㉠)의 건강을 유지 또는 증진하기 위하여 인체에 바르고 문지르거나 뿌리는 등 이와 유사한 방법으로 사용되는 물품으로 인체에 대한 작용이 경미한 것을 말한다.
- "(㉡)"란 화장품의 용기 · 포장에 기재하는 문자 · 숫자 · 도형 또는 그림 등을 말한다.

87 〈보기〉의 ( ) 안에 공통으로 들어갈 말을 쓰시오.

보 기

허브 식물의 잎이나 꽃 등을 수증기 증류법으로부터 증류해서 얻은 휘발성 오일 성분으로 이소프렌(isoprene) 2분자 결합형이다. 주로 ( ) 계열 혼합물로 방향성을 나타내고 식물의 정유에 많이 있으며 리모넨, 시트랄, 피넨, 제라니올, 시트로넬롤, 리날룰 등이 ( )에 속한다.

88 〈보기〉의 ㉠, ㉡에 들어갈 말을 순서대로 쓰시오.

보 기

맞춤형 화장품 판매업자는 혼합 · 소분 전에 혼합 · 소분된 제품을 담을 포장 용기의 (㉠) 여부를 확인하고 맞춤형 화장품 판매 시 제조번호, 사용기한 또는 개봉 후 사용기간, 판매 일자 및 판매량이 포함된 맞춤형 화장품 (㉡)을 작성 · 보관한다.

89 화장품 바코드는 국내에서 제조되거나 수입되어 국내에 유통되는 모든 화장품(기능성 화장품 포함)을 대상으로 국내에서 화장품을 유통 · 판매하고자 하는 (　　)가 한다. 단, 내용량이 15mL(g) 이하인 제품의 용기 또는 포장, 견본품, 시공품에 대해서는 표시를 생략할 수 있다. (　　) 안에 들어갈 적합한 명칭을 작성하시오.

90 영업자의 1차 행정처분으로 (　　) 안에 공통으로 들어갈 숫자를 쓰시오.

위반 내용		처분 기준
제조업자 A는 제조공장의 소재지를 서울에서 경기도로 6개월 전에 이전하였음에도 불구하고 소재지를 변경하지 않았다.	➜	제조업무정지 (　　) 개월
책임판매업자 B는 책임판매 후 안전관리 기준을 관리할 수 있는 책임판매관리자를 두지 않았다.	➜	판매업무정지 (　　) 개월

91 〈보기〉의 ㉠, ㉡에 들어갈 알레르기 유발 성분 표시 기준을 순서대로 쓰시오.

보 기

화장품 제조에 사용된 성분 중 착향제는 "향료"로 표시할 수 있다. 다만, 착향제에 포함된 알레르기 유발 성분의 표시 의무화가 시행됨에 따라 착향제 구성 성분 중 식품의약품안전처장이 정하여 고시한 알레르기 유발 성분이 있는 경우에는 "향료"로 표시할 수 없고, 해당 성분의 명칭을 기재 · 표시해야 하며 사용 후 씻어 내는 제품 (　㉠　)% 초과, 사용 후 씻어 내지 않는 제품 (　㉡　)% 초과 함유하는 경우에 한한다.

92 〈보기〉의 (　　) 안에 공통으로 들어갈 용어를 쓰시오.

보 기

최종 혼합 · 소분된 맞춤형 화장품은 유통 화장품의 안전관리 기준을 준수하며 맞춤형 화장품 판매장은 맞춤형 화장품 간 혼입이나 (　　) 오염 등을 방지할 수 있는 시설 또는 설비 등을 확보하고 주기적으로 (　　) 샘플링 검사를 통해 맞춤형 화장품의 오염 관리 및 품질 유지를 철저히 한다.

93 「화장품 안전기준 등에 관한 규정」에 명시된 화장품에 사용할 수 없는 원료, 화장품에 사용상 제한이 필요한 원료 및 식품의약품안전처장이 고시한 (㉠)의 효능 · 효과를 나타내는 원료는 맞춤형 화장품에 사용할 수 없다. ㉠에 들어갈 단어를 작성하시오.

94 다음 중 피부 표피에 위치하며 촉각을 담당하는 감각 수용기를 〈보기〉에서 골라 작성하시오.

보 기

모모세포, 메르켈 소체, 루피니 소체, 크라우제, 비만세포, 파치니 소체, 랑게르한스세포, 섬유아세포, 마이스너 소체, 자유신경종말, 크라우제 끝망울

95 다음은 「기능성 화장품 심사에 관한 규정」 [별표 4]의 일부로서 기능성 화장품의 성분 및 함량을 주요 내용으로 고시한 일부 성분에 대한 설명이다. 〈보기〉의 성분에 해당하는 제품의 효능 · 효과를 작성하시오.

보 기

성 분 명	함 량
치오글리콜산 80%	치오글리콜산으로서 3.0~4.5%
특이한 냄새가 있는 무색 투명한 유동성 액제로 pH 범위는 7.0 이상 12.7 미만이어야 한다.	

96 〈보기〉의 ( ) 안에 들어갈 용어를 작성하시오.

보 기

화장품의 표시 · 광고 내용을 증명할 목적으로 해당 화장품의 효과 및 안전성을 확인하기 위해 사람을 대상으로 실시하는 ( ) 시험은 과학적이고 객관적인 방법에 의한 자료로써 신뢰성과 재현성이 확보되어야 한다.

97 〈보기〉의 (　　) 안에 공통으로 들어갈 용어를 한글로 쓰시오.

> 보 기
>
> 피부의 pH는 (　　)에서 측정할 수 있다. 이상적인 피부의 pH는 4.5~5.5 정도로 약산성이며 아토피성 피부는 약알칼리성이다. 피부의 보습을 유지하는 (　　) 구조의 이상은 피부 장벽 기능의 약화를 초래하여 다양한 피부질환 및 노화를 유발할 수 있다.

98 햇빛을 받으면 체내에서 합성되는 비타민 (㉠)은(는) 피부에서 합성되는 유일한 비타민이자 호르몬의 일종으로 피부에 존재하는 (㉡)이 자외선을 받아 비타민 (㉠)을(를) 합성한다. ㉠, ㉡에 들어갈 말을 쓰시오.

99 〈보기〉는 맞춤형 화장품 내용물 및 원료의 안전관리에 대한 내용이다. ㉠, ㉡, ㉢에 들어갈 말을 순서대로 쓰시오.

> 보 기
>
> 맞춤형 화장품 판매업자는 맞춤형 화장품 조제에 사용하는 내용물 및 원료의 혼합 · 소분 (㉠)에 대해 사전에 (㉡) 및 (㉢)을(를) 확보해야 하며 혼합 · 소분 전 사용되는 내용물 또는 원료의 (㉡)관리가 선행되어야 한다.

100 유통 화장품 안전기준 미생물 한도 시험법에 따라 유통 예정인 로션의 세균 및 진균 수를 측정하여 미생물에 오염되었는지 여부를 확인하였다. 〈보기〉의 시험 결과를 통해 검출된 총 호기성 생균 수를 구하고 유통 화장품 안전관리 기준에 적/부적합 여부를 작성하시오.

> 보 기
>
> 검체 전처리(10배 희석액) 과정이 끝난 전처리 로션 검액 0.1mL을 가지고 각 2개의 평판(배지)을 사용하여 한천 평판 도말법에 따라 실시한 결과 세균의 경우는 평균 50개의 균 집락이, 진균의 경우 평균 38개의 균 집락이 형성되었다.

01 천연 화장품 및 유기농 화장품의 기준에 관한 규정으로 옳지 않은 것은?

① 유기농 원료란 외국 정보(미국, 유럽연합, 일본 등)에서 정한 기준에 따른 인증기관으로부터 유기농 수산물로 인정받거나 고시에서 허용하는 물리적 공정에 따라 가공한 것을 말한다.
② 유기농 화장품을 제조하기 위한 유기농 원료는 다른 원료와 명확히 표시 및 구분하여 보관하여야 한다.
③ 유기농 화장품은 중량 기준으로 유기농 함량이 전체 제품에서 10% 이상이어야 하며 유기농 함량 비율은 유기농 원료 및 유기농 유래 원료에서 유기농 부분에 해당되는 함량 비율로 계산한다.
④ 유기농 유래 원료란 유기농 원료를 이 고시에서 허용하는 화학적 또는 생물학적 공정에 따라 가공한 원료를 말하며 석유화학 부분은 전체 제품에서 1%를 초과할 수 없다.
⑤ 천연 화장품 또는 유기농 화장품의 품질 또는 안전을 위해 필요하나 자연에서 대체하기 곤란한 허용 합성원료는 5% 이내에서 사용할 수 있다.

02 〈보기〉는 화장품 책임판매업자들의 대화이다. 천연 화장품 및 유기농 화장품 표시 · 광고에 대한 내용으로 옳지 않은 것은?

보 기

A : 천연 화장품 또는 유기농 화장품을 판매할 때 표시 · 광고하려면 누가 인증을 받아야 해?
B : ㉠ 화장품 제조업자, 책임판매업자, 총리령으로 정하는 대학, 연구소 등은 인증을 신청할 수 있어. 식품의약품안전처장이 지정한 인증기관으로부터 인증을 받은 경우에는 인증 로고를 표시할 수 있고 천연 및 유기농 화장품이라고 표시 · 광고할 수 있어.
A : 인증기관에서는 뭘 확인하는 거야?
C : ㉡ 식품의약품안전처 고시 「천연 화장품 및 유기농 화장품의 기준에 관한 규정」의 천연 화장품 또는 유기농 화장품 기준의 적합 여부를 판단해.
A : 인증은 제품마다 한 번만 받으면 되는 거야?
B : ㉢ 인증의 유효기간은 인증을 받은 날부터 3년이야.
A : ㉣ 천연 및 유기농 화장품으로 표시 · 광고하기 위해서는 반드시 인증을 받아야 하는구나.
C : 꼭 그렇지만은 않아. ㉤ 식품의약품안전처 고시 「천연 화장품 및 유기농 화장품의 기준에 관한 규정」에 적합할 경우에는 천연 화장품 또는 유기농 화장품으로 표시 · 광고할 수 있고, 해외 인증기관의 인증을 받은 경우에도 그 인증 기준이 식약처장이 정한 상기 기준과 동등하거나 그 이상인 경우에 한해서 천연 및 유기농 화장품으로 표시 · 광고할 수 있어~

① ㉠
② ㉡
③ ㉢
④ ㉣
⑤ ㉤

03 영업양도 등에 따른 개인정보 관리 방법으로 옳지 않은 것은?

① 개인정보를 이전 받은 영업양수자가 업무상 알게 된 고객 개인정보는 정보 주체에게 알리지 않고 제3자에게 위탁하거나 이전할 수 있다.
② 개인정보처리자가 영업의 양도・합병 등으로 고객 개인정보를 영업양수자에게 이전할 경우, 미리 정보 주체에게 그 사실을 알려야 한다.
③ 개인정보를 이전 받은 영업양수자는 영업양도자가 그 사실을 알리지 않았을 경우, 정보 주체에게 개인정보 이전 사실을 알려야 한다.
④ 개인정보처리자는 개인정보를 이전하려는 사실, 이전 받는 자의 성명, 주소, 전화번호 및 연락처, 개인정보의 이전을 원하지 아니하는 경우 조치할 수 있는 방법 및 절차를 정보 주체에게 알려야 한다.
⑤ 영업양수자가 영업의 양도・합병 등으로 개인정보를 이전 받은 경우에는 이전 당시의 개인정보를 본래 목적으로만 이용하거나 제3자에게 제공할 수 있으며 이 경우 영업양수자 등은 개인정보처리자로 본다.

04 위해 화장품 회수에 따른 공표문에 포함되어야 하는 내용으로 옳은 것은?

보 기

위해 화장품 회수

「화장품법」 제5조의2에 따라 아래의 화장품을 회수합니다.

가. (　　　) :
나. (　　　) :
다. (　　　) :
라. (　　　) :
마. 회수 방법 :
바. 회수 영업자 :
사. 영업자 주소 :
아. 연락처 :
자. 그 밖의 사항 : 위해 화장품 회수 관련 협조 요청
1) 해당 회수 화장품을 보관하고 있는 판매자는 판매를 중지하고 회수 영업자에게 반품하여 주시기 바랍니다.
2) 해당 제품을 구입한 소비자께서는 그 구입한 업소에 되돌려 주시는 등 위해 화장품 회수에 적극 협조하여 주시기 바랍니다.

① 제품명, 회수 유형, 제조번호, 시중 판매량
② 회수 제품명, 제조번호, 사용기한, 회수 사유
③ 회수 제품명, 회수 목적, 회수 유형, 사용기한
④ 회수 제품명, 등록번호, 회수 유형, 회수 분류
⑤ 제조번호, 회수 화장품에 사용된 모든 성분, 사용기한, 회수 사유

05 천연 화장품에 사용할 수 있는 보존제로 옳은 것은?

① 데하이드로아세틱애씨드
② 트리클로로아세틱애씨드
③ 프로피오닉애씨드
④ 포믹애씨드
⑤ 소듐하이드록시메칠아미노아세테이트

06 위해 화장품의 회수 처리 기준으로 옳지 않은 것은?

① 화장품을 회수하거나 회수하는 데에 필요한 조치를 하려는 회수의무자는 해당 화장품에 대하여 즉시 판매 중지 등의 필요한 조치를 한다.
② 회수 절차는 회수계획 제출, 판매자 등에 회수계획 통보, 회수 화장품의 폐기 및 회수 종료로 진행된다.
③ 회수의무자는 회수 대상 화장품이라는 사실을 안 날부터 5일 이내에 회수계획서 및 첨부 서류를 지방식품의약품안전청장에게 제출한다.
④ 회수의무자는 회수 대상 화장품의 판매자, 그 밖에 해당 화장품을 업무상 취급하는 자에게 회수계획을 통보하고 통보 사실을 입증할 수 있는 자료를 회수 종료일부터 2년간 보관한다.
⑤ 회수한 화장품을 폐기하려는 경우, 위해 발생 사실 등을 공표하고 관계 공무원의 참관하에 환경 관련 법령에서 정하는 바에 따라 폐기한다.

07 업무위탁에 따른 개인정보 처리 기준으로 옳지 않은 것은?

① 개인정보 처리 업무를 위탁한 경우, 위탁하는 업무의 내용과 수탁자를 정보 주체가 언제든지 쉽게 확인할 수 있도록 공개한다.
② 위탁자의 인터넷 홈페이지에 위탁하는 업무의 내용과 수탁자를 지속적으로 게재할 수 없을 경우에는 위탁자의 사업장 등의 보기 쉬운 장소에 게시하는 방법, 같은 제목으로 연 2회 이상 발행하여 정보 주체에게 배포하는 간행물·소식지·홍보지 또는 청구서 등에 지속적으로 싣는 방법, 재화나 용역을 제공하기 위하여 위탁자와 정보 주체가 작성한 계약서 등에 실어 정보 주체에게 발급하는 방법 중 어느 하나 이상의 방법으로 위탁하는 업무의 내용과 수탁자를 공개하여야 한다.
③ 수탁자는 개인정보처리자로부터 위탁받은 해당 업무 범위를 초과하여 개인정보를 이용하거나 제3자에게 제공해서는 안 된다.
④ 제3자에게 개인정보 처리 업무를 위탁하는 경우 위탁업무 수행 목적 외 개인정보 처리 금지, 기술적·관리적 보호조치에 관한 사항이 포함된 문서에 의하여야 한다.
⑤ 홍보·마케팅 업무를 위탁하는 경우, 위탁자가 과실 없이 서면 등의 방법으로 위탁하는 업무의 내용과 수탁자를 정보 주체에게 알릴 수 없는 경우에는 해당 사항을 홈페이지에 20일 이상 게재하여야 한다.

08 「기능성 화장품 심사에 관한 규정」에 따른 기능성 화장품별 고시 원료 및 최대 함량이 바르게 연결된 것은?

	〈기능〉	〈성분〉	〈최대 함량〉
①	주름 개선	폴리에톡실레이티드레틴아마이드	0.2 %
②	주름 개선	마그네슘아스코빌포스페이트	0.05 %
③	미백	나이아신아마이드	2 %
④	탈모	에칠아스코빌에텔	0.2 %
⑤	여드름 완화	알부틴	2 %

09 「화장품의 색소 종류와 기준 및 시험 방법」에 따른 색소의 정의로 옳지 않은 것은?

① 순색소는 중간체, 희석제, 기질 등을 포함하지 아니한 순수한 색소를 말한다.

② 레이크는 타르 색소를 기질에 흡착, 공침 또는 단순한 혼합이 아닌 화학적 결합으로 확산시킨 색소를 말한다.

③ 타르 색소는 화장품이나 피부에 색을 띄게 하는 것을 주요 목적으로 하는 성분 중 콜타르, 그 중간생성물에서 유래되었거나 유기합성하여 얻은 색소 및 그 레이크, 염, 희석제와의 혼합물을 말한다.

④ 기질이란 레이크 제조 시 순색소를 확산시키는 목적으로 사용되는 물질을 말하며 알루미나, 브랭크 휙스, 크레이, 이산화티탄, 산화아연, 탤크, 로진, 벤조산알루미늄, 탄산칼슘 등의 단일 또는 혼합물을 사용한다.

⑤ 희석제는 색소를 용이하게 사용하기 위하여 혼합되는 성분을 말하며, 식약처 고시 「화장품 안전 기준 등에 관한 규정」에 고시된 사용상의 제한이 필요한 원료는 사용할 수 없다.

10 우수 화장품 제조 및 품질관리 기준에 의한 CGMP 요소로 옳지 않은 것은?

① 인위적인 과오의 최소화

② 미생물 오염 및 교차오염으로 인한 품질 저하 방지

③ 유통 화장품 품질 확보에 따른 생산성 향상

④ 잠재적인 위험 및 문제 감소로 인한 소비 향상 기대

⑤ 고도의 품질관리체계 확립

11 프로필렌글리콜(Propylene glycol)이 함유되지 않은 외음부 세정제를 맞춤형 화장품으로 추천하였다. 〈보기 1〉은 사용 시 주의사항 중 공통사항이며, 이를 참고하여 고객에게 설명해야 할 개별사항을 〈보기 2〉에서 모두 고른 것은?

보기 1

1) 화장품 사용 시 또는 사용 후 직사광선에 의하여 사용 부위가 붉은 반점, 부어오름 또는 가려움증 등의 이상 증상이나 부작용이 있는 경우 전문의 등과 상담할 것
2) 상처가 있는 부위 등에는 사용을 자제할 것
3) 보관 및 취급 시의 주의사항
   가) 어린이의 손이 닿지 않는 곳에 보관할 것
   나) 직사광선을 피해서 보관할 것

보기 2

ㄱ. 정해진 용법과 용량을 잘 지켜 사용할 것
ㄴ. 만 3세 이하의 영·유아에게는 사용하지 말 것
ㄷ. 임신 중에는 사용하지 않는 것이 바람직하며, 분만 직전의 외음부 주위에는 사용하지 말 것
ㄹ. 알레르기 병력이 있는 사람은 신중히 사용할 것
ㅁ. 털을 제거한 직후에는 사용하지 말 것

① ㄱ, ㄴ, ㄷ
② ㄱ, ㄷ, ㄹ
③ ㄱ, ㄷ, ㅁ
④ ㄴ, ㄹ, ㅁ
⑤ ㄷ, ㄹ, ㅁ

12 화장품의 유형별 특성에 대한 설명으로 옳은 것은?

① 두피 및 두발을 청결하게 하고 유연하게 하는 영·유아 샴푸, 린스는 두발용 제품이다.
② 부향율이 비교적 적고 인체에 좋은 냄새가 나게 하는 콜롱은 체취 방지용 제품이다.
③ 요소 제제의 손·발의 피부를 연화시키는 핸드크림, 풋크림은 손·발톱용 제품이다.
④ 면도에 의한 피부 자극을 줄이기 위해 사용되는 셰이빙 크림은 인체 세정용 제품이다.
⑤ 눈 주위 피부에 영양을 공급하여 피부에 탄력감을 부여하는 아이크림은 기초 화장용 제품이다.

13 화장품에 0.7% 사용할 수 있는 원료를 〈보기〉에서 모두 고른 것은?

보기

살리실릭애시드, 클로페네신, 페녹시이소프로판올, 포믹애씨드, 쿼터늄-15, 프로피오닉애씨드

① 살리실릭애시드, 클로페네신
② 페녹시이소프로판올, 클로페네신
③ 포믹애씨드, 페녹시이소프로판올
④ 페녹시이소프로판올, 프로피오닉애씨드
⑤ 쿼터늄-15, 프로피오닉애씨드

14 화장품 제조업자가 원자재 및 제품에 대한 품질검사를 위탁할 수 있는 기관이 아닌 곳은?

① 대한화장품협회
② 품질검사를 위한 실험실을 갖춘 제조업자
③ 「보건환경연구원법」에 따른 보건환경연구원
④ 「식품・의약품분야 시험・검사 등에 관한 법률」에 따른 화장품 시험・검사기관
⑤ 「약사법」에 따라 조직된 사단법인 한국의약품수출입협회

15 화장품에 사용할 수 있는 원료로 옳은 것은?

① 금염
② 디하이드로쿠마린
③ 아세토나이트릴
④ 요오드
⑤ 트라이에틸헥사노인

16 화장품 향료 중 알레르기 유발 물질 표시 기준으로 옳지 않은 것은?

① 알레르기 유발 성분을 제품에 표시하는 경우 원료 목록 보고에도 알레르기 유발 성분 정보를 포함하여야 한다.
② 내용량 10g(mL) 초과 50g(mL) 이하인 소용량 화장품의 경우 면적이 부족한 사유로 생략이 가능하나 해당 정보는 홈페이지 등에서 확인할 수 있어야 한다.
③ 착향제에 포함된 알레르기 성분을 표시토록 하는 것의 취지는 전성분에 표시된 성분 외에도 추가로 착향제 성분에 대한 정보를 제공하여 알레르기가 있는 소비자 안전을 확보하기 위한 것이다.
④ 알레르기 유발 성분 표시 기준은 사용 후 씻어 내는 제품에 0.01% 초과, 사용 후 씻어 내지 않는 제품에 0.001% 초과 함유하는 경우에 한하며 함량에 따른 표시 방법이나 순서는 별도로 정하고 있지 않다.
⑤ 착향제 중 포함된 알레르기 유발 성분은 "전성분 표시제"의 표시 대상 범위를 확대한 것으로 사용 시의 주의사항에 기재하여야 한다.

17 화장품에 사용되는 계면활성제 원료로 옳지 않은 것은?

① 글리세릴스테아레이트, 스테아릭애씨드
② 벤토나이트, 폴리하이드로시스테아릭애씨드
③ 소듐라우릴설페이트, 알킬디메틸암모늄클로라이드, 코카미도프로필베타인
④ 레시틴, 천연물 유래 콜레스테롤 및 사포닌
⑤ 나이트로셀룰로오스, 덱스트란, 카라기난

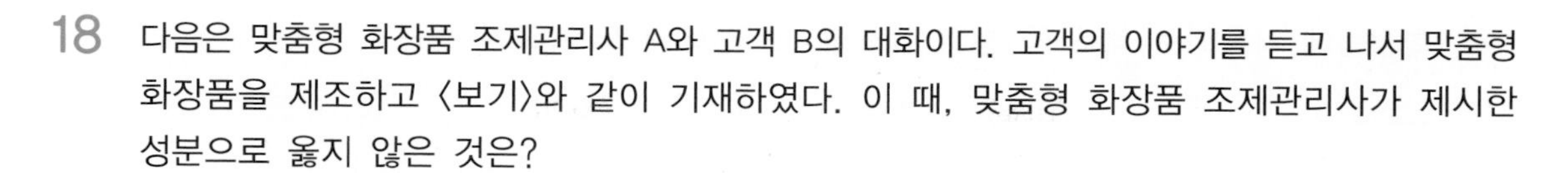

18 다음은 맞춤형 화장품 조제관리사 A와 고객 B의 대화이다. 고객의 이야기를 듣고 나서 맞춤형 화장품을 제조하고 〈보기〉와 같이 기재하였다. 이 때, 맞춤형 화장품 조제관리사가 제시한 성분으로 옳지 않은 것은?

대 화

A : 안녕하세요. 나이가 들수록 가장 신경 쓰이는 게 아무래도 팔자주름과 피부 톤인 거 같아요. 최근에는 환절기 때문에 건조해서인지 안 보이던 주름들까지도 보이네요.
B : 그러시군요. 피부 측정기로 측정을 먼저 도와드릴게요.

〈피부 측정 후〉

A : 피부 측정 결과 3달 전에 비해 피부 탄력도와 수분 함량이 20% 가량 떨어졌네요. 멜라닌 색소도 10% 가량 증가하면서 색소 침착이 진행된 것 같습니다.
B : 어떤 제품을 써야 하는지 추천 부탁드려요. 그리고 최근 효능을 본 기능성 제품이 있는데 이 성분도 함께 혼합하고 싶어요. 다만, 구진이나 가려움을 유발하는 원료는 피했으면 좋겠네요. 제가 원하는 맞춤형 화장품을 조제해 주실 수 있나요?
A : 고객님의 요구를 반영해서 맞춤형 화장품을 조제해 드리겠습니다.

보 기

정제수, 글리세린, 프로판디올, 카프릴릭/카프리트리글리세라이드, 알부틴, 소듐하이알루로네이트, 호호바오일, 세테아릴올리베이트, 소르비탄올리베이트, 카보머, 페녹시에탄올, 알파비사보롤, 잔탄검, 향료, 토코페롤, 하이드록시시트로넬알, 아데노신

① 프로판디올
② 알부틴
③ 토코페롤
④ 페녹시에탄올
⑤ 하이드록시시트로넬알

19 다음은 위해성 등급 평가 기준 "나등급"의 회수 대상 화장품이다. 〈보기〉 기준의 예외가 되는 경우로 옳은 것은?

보 기

화장품법 제9조(안전용기 · 포장 등)를 위반한 화장품 또는 유통 화장품 안전관리 기준에 적합하지 아니한 화장품

① 화장품에 사용할 수 없는 원료를 사용한 경우
② 사용기한 또는 개봉 후 사용기간(병행 표기된 제조 연월일을 포함한다)을 위조 · 변조한 경우
③ 판매의 목적이 아닌 제품의 홍보 · 판매촉진 등을 위하여 미리 소비자가 시험 · 사용하도록 제조 또는 수입된 경우
④ 기능성 화장품의 기능성을 나타나게 하는 주원료 함량이 기준치에 부적합한 경우
⑤ 이물이 혼입되었거나 부착된 화장품 중 보건위생상 위해를 발생할 우려가 있는 경우

20 화장품에 사용되는 색소 중 천연 색소를 〈보기〉에서 모두 고른 것은?

보 기

커큐민, 인디고, 벤토나이트, 울트라마린, 우라닌, 페릭페로시아나이드

① 커큐민, 인디고
② 울트라마린, 우라닌
③ 커큐민, 벤토나이트
④ 인디고, 페릭페로시아나이드
⑤ 벤토나이트, 울트라마린

21 다음은 고객 상담 결과에 따른 맞춤형 화장품 에센스(100g)의 성분이다. 맞춤형 화장품 포장에 기재해야 하는 알레르기 유발 성분 개수로 옳은 것은?

성 분 명	함 량
정제수	78.87%
베타글루칸	5.0%
글리세린	4.0%
부틸렌글라이콜	4.0%
벤질살리실레이트	0.03%
소듐하이알루로네이트	5.0%
하이드록시메틸셀룰로오스	1.0%
부틸페닐메틸프로피오날	0.1%
메틸2-옥티노에이트	0.05%
토코페릴아세테이트	0.1%
카보머	0.5%
페녹시에탄올	0.4%
벤조페논-4	0.1%
다이소듐이디티에이	0.2%
판테놀	0.3%
알란토인	0.15%
향료	0.2%

① 1개
② 2개
③ 3개
④ 4개
⑤ 5개

22 맞춤형 화장품 판매업자는 원료 입고 시 화장품 책임판매업자가 제공하는 시험성적서 5개를 검토하였다. 판정 결과 기준에 부적합하여 반품하려고 할 때 입고 불가한 시험성적서로 옳은 것은?

①

제조번호	21L3M801	사용기한	2022.06.11
시험항목		시험 결과	
납		10㎍/g	
비소		5㎍/g	
수은		0.5㎍/g	
포름알데하이드		1,000㎍/g	

②

제조번호	21L3M802	사용기한	2022.06.11
시험항목		시험 결과	
납		20㎍/g	
비소		10㎍/g	
메탄올		0.02(v/v)%	
디옥산		10 ㎍/g	

③

제조번호	21L3M803	사용기한	2022.06.11
시험항목		시험 결과	
카드뮴		1㎍/g	
비소		5㎍/g	
수은		1㎍/g	
디옥산		10 ㎍/g	

④

제조번호	21L3M804	사용기한	2022.06.11
시험항목		시험 결과	
납		20㎍/g	
안티몬		5㎍/g	
수은		1㎍/g	
디옥산		20 ㎍/g	

⑤

제조번호	21L3M805	사용기한	2022.06.11
시험항목		시험 결과	
납		10㎍/g	
비소		10㎍/g	
수은		10㎍/g	
디옥산		100 ㎍/g	

23 다음 중 냉2욕식 퍼머넌트 웨이브용 제품의 제1제 및 제2제의 주성분으로 옳은 것은?

	〈제1제〉	〈제2제〉
①	과산화수소	디치오글라이콜릭애씨드
②	시스테인	치오글라이콜릭애씨드
③	시스테인	암모니아
④	치오글라이콜릭애씨드	트리클론산
⑤	치오글라이콜릭애씨드	브롬산나트륨

24 〈보기〉는 고객 상담 결과에 따른 최종 맞춤형 화장품에 표기된 사항이다. 맞춤형 화장품 조제관리사가 고객에게 설명한 내용으로 옳은 것은?

보 기

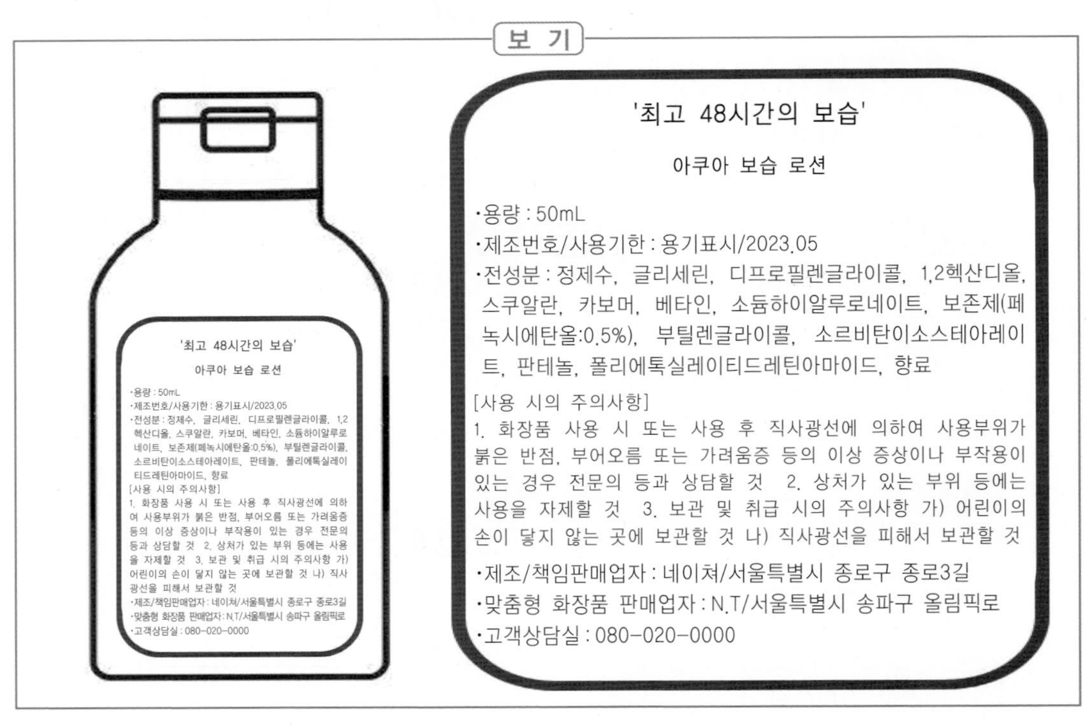

① 사용기준이 고시된 보존제의 성분명과 함량이 표시되어 있으며 한도 내로 사용되어 쓰시는 데 문제 없습니다.

② 표시 면적이 부족해 알레르기 유발 성분을 표시를 생략하였으나 해당 정보는 홈페이지에서도 확인 가능합니다.

③ 에탄올이 함유되지 않은 무알코올 제품으로 안전을 입증할 수 있는 안전성 자료를 확인하실 수 있습니다.

④ 미백에 도움을 주는 성분과 최고의 보습 시간 '48시간의 보습'을 확인해 보세요.

⑤ 제품에 이상이 있거나 부작용 발생 경우 고객 상담실로 연락주시면 식품의약품안전처 고시 기준에 의거 반품 및 교환해 드립니다.

25 화장품 안전 정보와 관련하여 식약처장이 고시한 성분별 사용 시의 주의사항 중 〈보기〉의 표시 문구를 기재 · 표시해야 하는 성분으로 옳은 것은?

보 기

사용 시 흡입되지 않도록 주의할 것(파우더 제품에 한함)

① 스테아린산아연
② 실버나이트레이트
③ 알루미늄 및 그 염류
④ 포름알데하이드
⑤ 카민

26 다음 중 화장품에 사용되는 수성 원료와 유성 원료가 바르게 연결된 것은?

① 우레아 - 알긴산나트륨
② 이소스테아릭애씨드 - 에칠트라이실록세인
③ 파라핀 - 글리세릴디올리에이트
④ 소르비톨 - 세틸에칠헥사노에이트
⑤ 프로필렌글라이콜 - 베타인

27 회수 여부를 판단하기 전 회수 필요성이 인지되는 경우를 모두 고른 것은?

보 기

ㄱ. 화장품이 기준 · 규격에 맞지 않는 등 품질이 부적합한 경우
ㄴ. 화장품에 혼입된 이물이 혼합과정에서 완전히 용해되지 않은 원료의 일부이거나 부자재의 일부인 것으로 확인되고 제품의 안전성에 영향을 미치지 않는다고 판단되는 경우
ㄷ. 무등록업체의 화장품을 제조 · 수입 · 보관 · 진열 · 판매한 경우
ㄹ. 화장품으로 인하여 국민 보건에 위해를 끼쳤거나 끼칠 우려가 있는 경우
ㅁ. 기능성 화장품의 경우 사용성 문제로 인해 기대되는 효과가 얻어질 수 없는 경우

① ㄱ, ㄷ, ㅁ
② ㄱ, ㄴ, ㄹ
③ ㄱ, ㄷ, ㄹ
④ ㄴ, ㄷ, ㄹ
⑤ ㄷ, ㄹ, ㅁ

28 CGMP 기준 작업장 시설 인테리어 변경 시 준수사항으로 옳지 않은 것은?

① 제조실과 원자재 보관소는 구획하여 외부 오염물질의 혼입이 방지될 수 있도록 한다.
② 장소가 좁을 때에는 바닥 테이프로 구분하여 착오나 혼동이 일어나지 않도록 한다.
③ 포장 구역은 제조 구역과 칸막이로 구획하여 교차오염의 우려가 없도록 한다.
④ 작업장은 공기조화장치 등을 이용해 청정도 1급지를 유지할 수 있도록 한다.
⑤ 손 세척 설비는 온수, 냉수, 세척제와 1회용 종이 또는 접촉하지 않는 손 건조기를 포함해야 한다.

29 CGMP 기준 혼합 · 소분 안전관리 규정으로 적절하지 않은 것은?

① 혼합 · 소분 전 제품을 담을 용기의 오염 여부를 확인하고 사용기한 또는 개봉 후 사용기간이 지난 내용물 및 원료는 사용하지 않는다.
② 맞춤형 화장품 조제에 사용하고 남은 내용물 및 원료는 폐기한다.
③ 소비자 피부 상태나 선호도 등을 상담 없이 미리 혼합 · 소분하여 보관하지 않는다.
④ 혼합 · 소분된 제품을 담을 포장 용기의 오염 여부를 확인한다.
⑤ 장비 또는 기구 등은 사용 전에 위생 상태를 점검하고, 사용 후에는 오염이 없도록 세척한다.

30 CGMP 기준 시설 · 기구의 유지관리 방법으로 옳지 않은 것은?

① 연간계획을 수립하여 수시로 교정하고 성능점검 및 결과를 기록한다.
② 제조 탱크는 정기적으로 교체해야 하는 부속품들에 대해 수시로 교체한다.
③ 시험 기기 고장 시에는 기기 정상 가동이 지연되지 않도록 신속하게 조치해야 하고 고장 또는 제한 사용 스티커를 정상 가동될 때까지 부착한다.
④ 검정 결과 허용오차를 초과하는 온 · 습도계는 재구매하여 사용한다.
⑤ 품질에 영향을 줄 수 있는 설비는 깨끗한 공기와 동봉하여 부식과 먼지로부터 오염되지 않도록 관리한다.

31 CGMP 기준 화장품 제조설비의 구성 요건으로 옳은 것은?

① 탱크는 제품과의 반응으로 부식되거나 분해를 초래할 수 있으므로 자주 교체할 수 있는 것을 사용한다.
② 균질화기의 회전된 날은 매끄러우며 미생물학적으로 민감하지 않은 물질을 사용한다.
③ 호스의 종류는 미생물학적 오염을 방지하기 위해 세척제와 반응성에 따라 선택한다.
④ 칭량 장치는 조작 중의 온도 및 압력이 제품에 영향을 미치지 않는 것을 사용한다.
⑤ 제품 충전기는 제품의 물리적, 심미적 성질이 충전기에 의해 영향을 받을 수 있으므로 변경이 용이해야 한다.

32 화장품에 사용되는 원료를 모두 고른 것은?

① 프롤린, 에칠글루코사이드, 아니스알코올
② 디옥산, 디하이드로쿠마린, 브롬
③ 아트라놀, 헥산, 히드로퀴논
④ 니트로메탄, 메칠렌글라이콜, 니켈
⑤ 디에칠설페이트, 에스트로겐, 요오드

33 다음 중 유통 화장품 안전관리 기준으로 옳지 않은 것은?

① 화장품의 제조 등에 사용할 수 없는 원료가 비의도적으로 검출 시 위해 평가 후, 위해 여부를 결정한다.
② 화장비누는 건조중량을 내용량으로 한다.
③ 최종 혼합·소분된 맞춤형 화장품은 유통 화장품으로 대장균, 녹농균, 황색포도상구균이 불검출 되어야 한다.
④ 인체 세포·조직 배양액은 공여자 적격성 검사와 유전독성시험, 피부 자극시험 등을 통해 안전성이 확보되어야 한다.
⑤ 기능성 화장품 중 기능성을 나타내는 주원료의 함량이 「화장품법」 제4조 및 같은 법 시행규칙 제9조 또는 제10조에 따라 심사 또는 보고한 기준에 적합하여야 한다.

34 〈보기〉는 「우수 화장품 제조 및 안전관리 기준(CGMP)」 제20조, 제21조 시험관리와 검체의 채취에 대한 내용 중 일부이다. 밑줄 친 부분에 들어갈 말로 옳은 것은?

> 보 기
>
> 품질관리를 위한 시험 업무에 대해 문서화된 절차를 수립하고 원자재, 반제품 및 완제품에 대한 적합 기준을 마련하고 제조번호별로 시험 기록을 작성하여야 한다. 모든 시험이 적절하게 이루어졌는지 시험 기록을 검토한 후 적합, 부적합, ㉠_______를 판정하여야 하며 시험용 검체의 용기에는 명칭 또는 ㉡_______, 제조번호, 검체 채취 일자를 기재하여야 한다.

	㉠	㉡		㉠	㉡
①	보류	고유번호	②	검사 중	개봉일
③	조사 중	보관조건	④	검사 중	사용기한
⑤	보류	확인코드			

35 CGMP 기준 작업장 내 직원의 위생관리 규정으로 옳지 않은 것은?

① 안전 위생의 교육훈련을 받지 않은 직원이 화장품 생산, 관리, 보관을 실시하고 있는 구역으로 출입하는 일은 피하도록 한다.
② 영업상의 이유, 신입 사원 교육 등을 위해 안전 위생의 교육훈련을 받지 않은 사람들이 생산, 관리, 보관 구역으로 출입하는 경우에는 출입 전에 교육훈련을 실시한다.
③ 훈련받지 않은 직원은 안내자 없이 제조, 관리, 보관 구역에 접근이 허용되지 않으므로 출입 시에는 반드시 동행한다.
④ 방문객은 적절한 지시에 따라야 하고 생산, 관리, 보관 구역에 출입 시에는 성명과 입·퇴장 시간을 기록서에 기록한다.
⑤ 피부 외상이 있는 직원이 화장품 생산, 관리, 보관 구역으로 출입 시에는 필요한 복장을 갖추어야 한다.

36 〈보기〉는 「우수 화장품 제조 및 안전관리 기준(CGMP)」 제11조, 제13조 입고 및 보관관리 기준에 대한 내용이다. 밑줄 친 부분에 들어갈 말로 옳은 것은?

보 기

원자재 입고 시 ㉠_______, 원자재 공급업체 성적서 및 현품이 서로 일치하여야 하고 허용 가능한 보관기한을 결정하기 위한 문서화된 시스템을 확립한다. 설정된 보관기한이 지난 원료는 사용의 적절성을 결정하기 위해 ㉡_______을 확립하여야 하며, 동 시스템을 통해 보관기한이 경과한 경우에는 사용하지 않도록 규정한다.

	㉠	㉡		㉠	㉡
①	발주서	재시험 시스템	②	구매요구서	재평가 시스템
③	인도문서	재확인 시스템	④	원료기준서	재보관 시스템
⑤	거래내역서	재결함 시스템			

37 CGMP 기준 화장품 생산시설 위생관리 규정으로 옳지 않은 것은?

① 적절한 온도 및 습도를 유지할 수 있는 공기조화시설 등 환기 시설을 갖추어야 한다.
② 제조 구역 중 페인트를 칠한 지역은 우수한 정비 상태로 유지하고, 벗겨진 칠은 보수해야 한다.
③ 보관 구역의 통로는 교차오염의 위험이 없어야 하고 손상된 팔레트는 수거하여 수선 또는 폐기하도록 한다.
④ 손 세척 설비는 온수, 냉수, 세척제와 1회용 종이 또는 접촉하지 않는 손 건조기를 포함한 것으로 작업 구역 내에 갖추고 위생적으로 직원에게 제공되어야 한다.
⑤ 화장실 및 탈의실은 쉽게 이용할 수 있어야 하며 깨끗하게 유지하고, 적절하게 환기해야 한다.

38 「우수 화장품 제조 및 안전관리 기준(CGMP)」 제2조 용어의 정의로 옳지 않은 것은?

① "위생관리"란 대상물의 표면에 있는 바람직하지 못한 미생물 등 오염물을 감소시키기 위해 시행되는 작업을 말한다.
② "품질보증"이란 제품이 적합 판정 기준에 충족될 것이라는 신뢰를 제공하는데 필수적인 모든 계획되고 체계적인 활동을 말한다.
③ "유지관리"란 적절한 작업환경에서 건물과 설비가 유지되도록 정기적, 비정기적인 지원 및 검증 작업을 말한다.
④ "일탈"이란 제조 또는 품질관리 활동 등의 미리 정하여진 기준을 벗어나 이루어진 검사, 측정 또는 시험 결과를 말한다.
⑤ "제조단위"란 하나의 공정이나 일련의 공정으로 제조되어 균질성을 갖는 화장품의 일정한 분량을 말한다.

39 CGMP 기준 포장재 입고 관리로 옳지 않은 것은?

① 포장재는 화장품 제조(판매)업자가 정한 기준에 따라서 품질을 입증할 수 있는 검증자료를 공급자로부터 공급받아야 한다.
② 한번에 입고된 포장재는 제조단위별로 각각 구분하여 관리한다.
③ 입고 절차 중 육안 확인 시 물품에 결함이 있을 경우 입고를 보류하고 부적합 포장재를 보관하는 공간에 격리 보관 후 재평가한다.
④ 구매요구서, 인도문서, 인도물이 서로 일치해야 하며, 포장재 선적 용기에 대해 확실한 표기 오류, 용기 손상, 봉인 파손, 오염 등에 대해 육안으로 검사한다.
⑤ 제품의 품질에 영향을 줄 수 있는 결함을 보이는 포장재는 결정이 완료될 때까지 보류 상태로 있어야 한다.

40 CGMP 기준 포장재의 출고 관리로 옳지 않은 것은?

① 시험 결과 적합으로 판정되고 보관보증부서 책임자가 출고 승인한 것만을 출고하여야 한다.
② 뱃치에서 취한 검체가 모든 합격 기준에 적합할 때 뱃치가 불출될 수 있다.
③ 모든 보관소에서는 선입선출의 절차가 사용되어야 한다.
④ 불출된 포장재만이 사용되고 있음을 확인하기 위한 적절한 시스템이 확립되어야 한다.
⑤ 포장재는 불출되기 전까지 사용을 금지하는 격리를 위한 특별한 절차가 이행되어야 한다.

41 CGMP 기준 포장재의 폐기 관리로 옳지 않은 것은?

① 보관 기간, 유효기간 경과 시 업소 자체 규정에 따라 폐기한다.
② 포장 중 불량품 발견 시 정상 제품과 구분하여 불량 포장재 인수·인계 또는 별도 장소로 이송한다.
③ 부적합 판정된 포장재는 창고 이송 후 반품 또는 폐기 처리한다.
④ 포장재의 폐기 기준을 설정하는 것은 품질을 유지하고 적정 재고관리를 위해 필요하다.
⑤ 결함이나 불량 포장재의 경우 해당 업체에 시정 요구 등 필요 조치를 취할 수 있다.

42 작업장 내 직원의 손 세정을 위한 소독제 성분으로 옳은 것은?

① 헥사클로로펜, 수산화나트륨
② 트리클로산, 알코올, 클로르헥시딘디글루코네이트
③ 초산, 규산나트륨, 클로록시레놀
④ 일반비누, 4급 암모늄 화합물, 수산화칼륨
⑤ 구연산, 수산화암모늄, 인산나트륨

43 〈보기〉는 미생물 낙하균 측정법에 대한 내용이다. (　　) 안에 들어갈 말로 옳은 것은?

보 기

- 선정된 측정 위치마다 세균용 배지와 진균용 배지를 놓고 배지에 낙하균이 떨어지도록 한다.
- 위치별로 정해진 노출 시간이 지나면 일반적으로 세균용 배지는 (㉠)℃ 에서 (㉡) 시간 이상, 진균용 배지는 (㉢)℃에서 (㉣)일간 배양 후 세균 및 진균의 평판마다 집락 수를 측정하고, 사용한 배양 접시 수로 나누어 평균 집락 수를 구하고 단위 시간당 집락 수를 산출하여 균수로 한다.

	㉠	㉡	㉢	㉣
①	30~35	24	20~25	3
②	30~35	48	20~25	5
③	20~25	48	30~35	5
④	20~25	48	30~35	5
⑤	20~25	24	30~35	5

44 CGMP 기준 설비 및 기구의 위생 상태 판정 방법으로 옳지 않은 것은?

① 육안 판정 장소는 미리 정해놓고 판정 결과를 기록서에 기록한다.
② 육안 판정을 할 수 없을 부분의 판정에는 닦아내기 판정을 실시한다.
③ 닦아내기 판정은 설비 내부의 표면을 천으로 닦아내고 천 표면의 잔류물 유무로 세척 결과를 판정하며 천은 무진포가 바람직하다.
④ 린스 정량법은 육안판정을 할 수 없을 때 실시하고 잔존물의 유무를 판정하는 것이면 HPLC법에 의한 간편 정량을 이용한다.
⑤ 표면 균 측정법 중 면봉 시험법은 면봉 1개당 검출되는 미생물 수를 계산하여 판정한다.

45 CGMP 기준 설비 세척의 원칙으로 옳은 것은?

① 분해할 수 있는 설비는 분해해 세척하고 세제는 알칼리 세척제를 사용한다.
② 브러시로 문질러 지우는 것을 고려하고 가능하면 세제를 사용하지 않는다.
③ 분해되는 설비는 2차 오염이 발생하지 않도록 부품을 분해하지 않고 세척한다.
④ 위험성 없는 물 또는 증기만으로 세척하고 세척 후에는 반드시 판정한다.
⑤ 판정 후 설비는 소독·건조해서 보존하고 유효기간이 지난 설비는 재소독 후 보존한다.

46 다음은 맞춤형 화장품 판매업자가 화장품 책임판매업자로부터 제공받은 페이스 파우더의 시험성적서이다. 맞춤형 화장품 조제관리사가 혼합·소분에 사용할 수 있는 제품으로 옳은 것은?

①

시험항목	시험 결과
납	20㎍/g
수은	1㎍/g
카드뮴	8㎍/g
안티몬	5㎍/g

②

시험항목	시험 결과
납	8㎍/g
니켈	35㎍/g
비소	불검출
수은	1㎍/g

③

시험항목	시험 결과
비소	8㎍/g
수은	1㎍/g
디옥산	50㎍/g
카드뮴	5㎍/g

④

시험항목	시험 결과
납	15㎍/g
안티몬	20㎍/g
수은	1㎍/g
니켈	15㎍/g

⑤

시험항목	시험 결과
납	30㎍/g
안티몬	5㎍/g
디옥산	5㎍/g
포름알데하이드	불검출

47 유통 화장품 안전관리 기준에 따른 미생물 한도로 적합한 것은?

① 물휴지 : 0.002%(v/v) 이하
기타 화장품 : 세균 수 및 진균 수 각각 100개/g(mL) 이하
② 총 호기성 생균 수 : 영·유아용 제품류 및 눈 화장용 제품류 100개/g(mL) 이하
기타 화장품 : 세균 수 및 진균 수 각각 100개/g(mL) 이하
③ 총 호기성 생균 수 : 1,000개/g(mL) 이하
물휴지 : 세균 수 및 진균 수 각각 500개/g(mL) 이하
④ 총 호기성 생균 수 : 영·유아용 제품류 및 눈 화장용 제품류 100개/g(mL) 이하
병원성균 : 대장균, 녹농균, 황색포도상구균 : 총합으로써 10㎍/g 이하
⑤ 기타 화장품 : 1,000개/g(mL) 이하
병원성균 : 대장균, 녹농균, 황색포도상구균 모두 불검출

48 CGMP 기준 포장재 보관 조건으로 옳은 것은?

① 누구나 명확히 구분할 수 있게 혼동될 염려가 없도록 구분하여 보관하고 보관소의 출입을 제한한다.
② 청소가 용이하도록 완전히 밀봉하고 내벽과 떨어진 바닥에 보관한다.
③ 이물질 혹은 미생물 오염으로부터 보호되도록 구획된 장소에 보관한다.
④ 보관기한이 1개월 이상 경과되었을 때에는 사용 전 품질보증부서에 검사 의뢰하여 적합 판정된 포장재만 사용되도록 한다.
⑤ 보관 장소는 항상 청결하여야 하며 정리·정돈이 되어있어야 하고 출고 시에는 반드시 선입선출한다.

49 CGMP 기준 입고된 원자재 유지관리로 옳지 않은 것은?

① 보관기한이 규정되어 있지 않은 원료는 품질부문에서 적절한 보관기한을 정할 수 있다.
② 선입선출을 하지 못하는 특별한 사유가 있을 경우 나중에 입고된 물품을 먼저 출고할 수 있다.
③ 원료 및 포장재는 정기적으로 재고조사를 실시하고 중대한 위반품이 발견되었을 때에는 기준일탈 처리를 한다.
④ 제품의 품질에 영향을 줄 수 있는 결함을 보이는 원료와 포장재는 결정이 완료될 때까지 보류상태로 있어야 한다.
⑤ 입고된 원료는 검사 중, 적합, 부적합에 따라 각각의 구분된 공간에 별도 보관하고 부적합 기준이 기재된 품질성적서(원료규격서)에 근거한 부적합 일지를 작성한다.

50 「기능성 화장품 심사에 관한 기준」에 따라 자료 제출이 생략되는 기능성 화장품 중 기능성을 나타내는 주원료의 최대 함량이 유통 화장품 안전관리 기준에 적합한 것은?

① 옥토크릴렌 3%, 부틸메톡시디벤조일메탄 5%, 에칠헥실메톡시신나메이트 3%
② 알파-비사보롤 2%, 아데노신 0.4%
③ 닥나무추출물 0.2%, 나이아신아마이드 3%
④ 아스코빌테트라이소팔미테이트 1%, 아데노신 0.04%
⑤ 살리실릭애씨드 1%, 징크피리치온 2%

51 CGMP 기준 포장재의 폐기 관리로 옳은 것은?

① 적합 판정 기준을 만족시키지 못할 경우 기준 일탈 제품으로 지칭하고 기준 일탈된 포장재는 재작업할 수 있다.
② 제조일로부터 1년이 경과하지 않았거나 사용기한이 1년 이상 남아있는 경우 재작업할 수 있다.
③ 부적합한 불량 포장재는 창고 이송 후 재평가해서 사용할 수 있다.
④ 보관 기간, 유효기간이 경과된 포장재는 업소 자체 규정에 따라 폐기한다.
⑤ 포장 중 불량품 발견 시 미리 정한 절차를 따라 확실한 처리를 하고 실시한 내용을 모두 문서에 남긴다.

52 맞춤형 화장품 판매업자의 준수사항으로 옳지 않은 것은?

① 맞춤형 화장품의 성분을 표시하는 경우에는 한글로 읽기 쉽도록 기재·표시한다.
② 맞춤형 화장품 판매장 시설에서 유해한 물질이 유출되거나 위해가 없도록 관리한다.
③ 맞춤형 화장품 판매 시 품질관리 기준을 준수하고 판매 내역서를 작성·보관한다.
④ 맞춤형 화장품 혼합·소분 시 안전관리 기준을 준수한다.
⑤ 맞춤형 화장품 사용 시의 주의사항, 사용기한 또는 개봉 후 사용기간에 대해 소비자에게 설명한다.

53 맞춤형 화장품 제도의 배경 및 정의로 옳지 않은 것은?

① 개성과 다양성을 추구하는 소비자의 요구가 증가함에 따라 제조업시설 등록이 없이도 개인 피부타입· 취향을 반영하여 맞춤형 화장품 조제관리사가 판매장에서 혼합·소분하여 제공한다.
② 제조 또는 수입된 화장품의 내용물에 다른 화장품의 내용물이나 식품의약품안전처장이 정하는 원료를 추가하여 혼합한 화장품이다.
③ 소비자 중심으로 소비자의 특성 및 기호에 따라 소비자의 안전관리를 확보하는 범위 내에서 미리 제품을 혼합·소분하여 판매하는 소량 생산 방식이다.
④ 유통 화장품 안전관리 기준에 적합해야 하고 맞춤형 화장품 혼합에 사용할 수 없는 원료에 해당하지 않아야 한다.
⑤ 원료와 원료를 혼합하는 것은 맞춤형 화장품 혼합이 아닌 화장품 제조에 해당하며 고형(固形) 비누 등 총리령으로 정하는 화장품의 내용물을 단순·소분한 화장품은 제외한다.

54 다음은 맞춤형 화장품 판매업장을 찾은 손님과 맞춤형 화장품 조제관리사의 대화이다. 〈보기〉는 고객 상담 결과에 따라 조제관리사가 추천한 맞춤형 화장품 에센스의 성분이다. 향을 혼합하여 최종 맞춤형 화장품을 조제하는 과정에서 손님의 요구를 반영해 조제관리사가 피해야 할 향과 알레르기 유발 성분으로 옳은 것은?

대 화

손님 : 향이 나는 에센스를 구매하고 싶어요.
조제관리사 : 혹시 선호하시는 향이 있으신가요?
손님 : 인위적이지 않은 은은한 향을 좋아해요~ 가장 인기 있는 향은 어떤 건가요?
조제관리사 : 편차는 있지만 인기 제품 중 ㉠ 바다향과 ㉡숲향 이 두 가지 향을 추천드리고 싶어요. 바다향은 시원하면서 은은하고 부드러운 느낌을 주고, 숲향은 산뜻하고 약간 상큼한 향이 나요. 향은 개인적 취향이 많이 반영되는 부분으로 테스트해보시는 것도 좋을 것 같은데 직접 시향 해 보시겠어요?
손님 : 그게 좋겠네요~

〈시향 후〉

손님 : 숲향은 향기만 맡아도 리프레쉬 되는 기분이랄까요~ 반면 바다향은 지치고 다운되는 기분을 업 시켜줄 거 같아요. 향은 둘 다 맘에 드는데 알레르기 유발 성분이 포함된 향료는 피하고 싶어요.
조제관리사 : 네. 향료의 품질성적서를 확인해 보도록 하겠습니다.
손님 : 요즘 피부 트러블이 자주 발생하고 길어진 원인이 각질이란 걸 알게 되었어요. 화난 피부를 빠르게 진정시켜줄 수 있는 촉촉한 제형으로 기름지거나 끈적이지 않았으면 좋겠어요.
조제관리사 : 보습 · 진정 성분으로 가볍고 산뜻하게 케어할 수 있는 에센스를 원하세요?
손님 : 맞아요~ 제가 원하는 성분이 들어간 맞춤형 화장품을 추천해 주실 수 있을까요?
조제관리사 : 고객님의 요구를 반영하여 맞춤형 화장품을 조제해 드리겠습니다.

보 기

성 분	함량	성 분	함량	성 분	함량
정제수	80.6%	부틸렌글라이콜	4.0%	글리세린	3.0%
베타글루칸	1.0%	잔탄검	0.5%	벤질알코올	0.5%
폴리글리세릴-4카프레이트	0.6%	1,2-헥산다이올	2.0%	글라이코실트레할로오스	2.0%
베타인	1.0%	마데카소사이드	0.1%	카보머	0.5%
디이소듐이디티에이	0.2%	알란토인	0.1%	카멜리아꽃추출물	3.0%

	〈향〉	〈성 분〉
①	㉠ 바다향	제라늄, 하이드록시이소헥실3-사이클로헥센카복스알데하이드
②	㉡ 숲향	아세틸트라이에틸시트레이트, 벤질알코올
③	㉠ 바다향	알파-아이소메틸아이오논, 벤질살리실레이트
④	㉡ 숲향	리날릴아세테이트, 글라이코실트레할로오스
⑤	㉠ 바다향	세틸아세테이트, 메칠페닐부탄올

55 〈보기〉에서 설명하는 화장품 안정성 시험의 종류로 옳은 것은?

보 기

- 화장품 사용 시에 일어날 수 있는 오염 등을 고려한 사용기한을 설정하기 위하여 장기간에 걸쳐 물리·화학적, 미생물학적 안정성 및 용기 적합성을 확인하는 시험을 말한다.
- 보관 조건은 제품의 사용 조건을 고려하여 적절한 온도, 시험 기간 및 측정 시기를 설정하여 6개월 이상 시험하는 것을 원칙으로 하나, 특성에 따라 조정할 수 있다.
- 개봉 전 시험항목과 미생물 한도시험, 보존제, 유효성 성분 시험을 수행한다.

① 장기보존시험
② 가속시험
③ 가혹시험
④ 인체 적용시험
⑤ 개봉 후 안정성 시험

56 다음 〈보기〉는 고객 상담 결과에 따라 맞춤형 화장품 조제관리사 A가 맞춤형 화장품을 조제하고 고객 B와 나눈 대화이다. 조제관리사가 고객에게 설명한 내용 중 옳지 않은 것은?

보 기

B : 이 제품은 성분이 모두 표시되어 있지 않네요.
A : 네, ㉠ 이 제품은 소용량으로 화장품 면적이 부족해 전성분이 일부만 표시되어 있습니다. 고객님의 요구를 반영해서 동물성 원료는 피하고 ㉡ 미백 성분으로 에칠아스코빌에텔과 비타민 C 유도체인 레티닐 팔미테이트를 처방해서 맞춤형 화장품을 조제했습니다. ㉢ 미백뿐만 아니라 자외선 차단에도 효과를 보실 수 있는 2중 기능성 화장품이에요.
B : 사용했던 제품 중 알레르기 반응을 일으킨 향료가 있었는데 이 제품은 괜찮을까요? ㉣ 제품에 포함된 착향제 성분 중 알레르기 유발 물질은 성분명과 함께 함량이 기재되어 있어요. 해당 성분은 한도 내로 사용되어 쓰시는 데 문제 없습니다.
A : 다행이에요~ 나중에라도 전성분을 확인할 수 있는 방법이 있나요?
B : 네, ㉤ 포장에 전화번호와 홈페이지 주소가 기재되어 있어요. 궁금하신 부분은 전화주시거나 언제든지 홈페이지에서 확인해 보실 수 있고 이쪽에 보시면 모든 성분이 적힌 책자가 있습니다.

① ㄱ, ㄴ, ㄹ
② ㄱ, ㄷ, ㅁ
③ ㄴ, ㄷ, ㄹ
④ ㄴ, ㄹ, ㅁ
⑤ ㄷ, ㄹ, ㅁ

57 다음 중 각화 과정으로 옳지 않은 것은?

① 각질형성세포의 분열 과정
② 유극세포에서의 합성, 정비 과정
③ 과립세포에서의 자기분해 과정
④ 기저세포에서의 분화 과정
⑤ 각질세포에서의 재구축 과정

58 맞춤형 화장품 조제관리사 자격증의 재발급 신청 기준으로 옳은 것은?

① 자격증의 재발급을 신청하고자 하는 자는 총리령으로 정하는 바에 따라 수수료를 납부하여야 하며 정보통신망을 이용한 전자화폐나 전자결제로 내야 한다.
② 자격증을 잃어버린 경우에는 재발급 신청서에 분실 사유서를 첨부하여 식품의약품안전처장에게 제출한다.
③ 오염, 훼손 등으로 자격증을 못 쓰게 된 경우에는 재발급 신청서에 자격증 원본을 첨부하여 식품의약품안전평가원장에게 제출한다.
④ 자격증을 잃어버려 확인 또는 증명을 받으려는 자는 확인 신청서 또는 증명신청서를 식품의약품안전처장 또는 지방식품의약품안전청장에게 제출한다.
⑤ 재발급 받은 후 잃어버린 자격증을 찾았을 때에는 지체 없이 이를 해당 발급기관의 장에게 반납하여야 한다.

59 다음 맞춤형 화장품 조제관리사들의 대화 내용 중 틀린 설명을 모두 고른 것은?

보 기

A : 최근에 고객 한 분이 요즘 탈모 완화에 도움이 되는 제품을 추천해 달라고 하셨는데 ㉠ 탈모는 의약품에 해당하는 물품으로 취급할 수 없다고 말씀드렸더니 속상해 하셨어.
B : 아 그랬구나, ㉡ 화장품은 인체에 대한 작용이 경미한 것으로 의약품에 해당하는 물품은 제외되지.
A : ㉢ 화장품 책임판매업자가 기능성 화장품으로 심사 받은 살리실릭애씨드를 0.5% 함유한 제품을 추천해 드렸어.
B : 잘했네~ ㉣ 살리실릭애씨드는 사용한 후 씻어내면 된다고 알고 있어.
A : 맞아. 여드름성 피부를 완화하는데 도움을 주는 기능성 화장품이야. 고시된 기능성 원료로 ㉤ 내용물에 직접 혼합할 때 알부틴은 최대 2%까지 사용 가능하지?

① ㄱ, ㄷ
② ㄱ, ㅁ
③ ㄴ, ㄹ
④ ㄷ, ㄹ
⑤ ㄹ, ㅁ

60 맞춤형 화장품 판매업에서 판매 가능한 구성으로 옳은 것은?

① 맞춤형 화장품 판매업자가 수입한 내용물을 소분한 화장품
② 화장품 책임판매업자로부터 제공 받은 내용물에 맞춤형 화장품 판매업자가 수입한 원료를 혼합한 화장품
③ 맞춤형 화장품 조제관리사가 마음에 들어 구입한 원료와 원료를 혼합한 화장품
④ 고객이 온라인을 통해 주문하고 맞춤형 화장품 판매장에서 맞춤형 화장품 판매업자가 혼합한 맞춤형 화장품
⑤ 시중에 유통 중인 화장품을 구입하여 맞춤형 화장품 조제관리사가 소분한 맞춤형 화장품

61 맞춤형 화장품의 품질 · 안전 확보를 위한 시설 기준으로 옳지 않은 것은?

① 혼합 · 소분 장소는 판매장소와 구분 · 구획하여 관리하고 적절한 환기 시설을 구비한다.
② 작업 장비 및 도구 소독 시에 사용되는 소독제 등은 부식성에 저항력이 없는 것을 사용한다.
③ 혼합 전후 작업자의 손 세척 및 장비 세척을 위한 세척 시설을 구비한다.
④ 혼합 · 소분 작업대, 바닥, 벽, 천장 및 창문은 청결을 유지해 맞춤형 화장품 간 혼입이나 미생물을 방지할 수 있는 시설 또는 설비들을 확보한다.
⑤ 방충 · 방서 대책을 마련하고 정기적으로 점검 및 확인한다.

62 〈보기〉는 유통 화장품 안전관리 내용량 기준이다. (   ) 안에 들어갈 함량으로 옳은 것은?

보 기

- 제품 3개 시험 결과 평균 내용량이 표기량의 (㉠)% 이상
- 상기 기준치를 벗어날 경우 제품 6개를 추가하여 총 (㉡)개의 평균 내용량이 위의 기준치 이상

	㉠	㉡
①	95%	3
②	95%	6
③	97%	6
④	97%	9
⑤	98%	9

63 퍼머넌트 웨이브 제품의 포장에 기재 · 표시해야 되는 사용 시의 주의사항으로 옳은 것은?

보 기

ㄱ. 제품이 눈에 들어갈 염려가 있으므로 눈썹, 속눈썹에는 위험하므로 사용하지 말 것
ㄴ. 특이체질, 생리 또는 출산 전후이거나 질환이 있는 사람 등은 사용을 피할 것
ㄷ. 두피 · 얼굴 · 눈 · 목 손 등에 약액이 묻지 않도록 유의하고, 얼굴 등에 약액이 묻었을 때에는 즉시 물로 씻어낼 것
ㄹ. 머리카락의 손상 등을 피하기 위해 용법 · 용량을 지켜야 하며, 가능하면 일부에 시험적으로 사용하여 볼 것
ㅁ. 사용 후 물로 씻어 내지 않으면 탈모 또는 탈색의 원인이 될 수 있으므로 주의할 것

① ㄱ, ㄴ, ㄷ
② ㄱ, ㄹ, ㅁ
③ ㄴ, ㄷ, ㄹ
④ ㄴ, ㄷ, ㅁ
⑤ ㄷ, ㄹ, ㅁ

64 맞춤형 화장품을 혼합 · 판매하는 과정에 대한 설명으로 옳은 것은?

① 맞춤형 화장품 조제관리사의 적절한 교육 및 통제하여 일반 매장 직원이 혼합 · 소분하여 판매하였다.

② 화장품 책임판매업자가 사전에 고시된 기능성 원료를 포함하여 기능성 화장품 심사를 받은 내용물에 맞춤형 화장품 조제관리사가 기심사 받은 조합 · 함량 범위 내에서 해당 원료를 혼합하여 판매하였다.

③ 네일 아티스트가 고객에게 직접 네일아트 서비스를 위하여 매니큐어 액을 혼합하였다.

④ 미용사가 머리카락 염색을 위하여 염모제를 혼합하거나 퍼머넌트 웨이브를 위하여 관련 액제를 혼합하였다.

⑤ 맞춤형 화장품 판매업으로 신고한 매장에서 맞춤형 화장품 조제관리사의 추천을 받아 소비자 본인이 사용하고자 하는 제품을 직접 혼합 · 소분하고 용기에 충전하였다.

65 〈보기〉는 「기능성 화장품 심사에 관한 규정」 통칙에 따른 화장품 제형의 정의이다. ( ) 안에 들어갈 말로 옳은 것은?

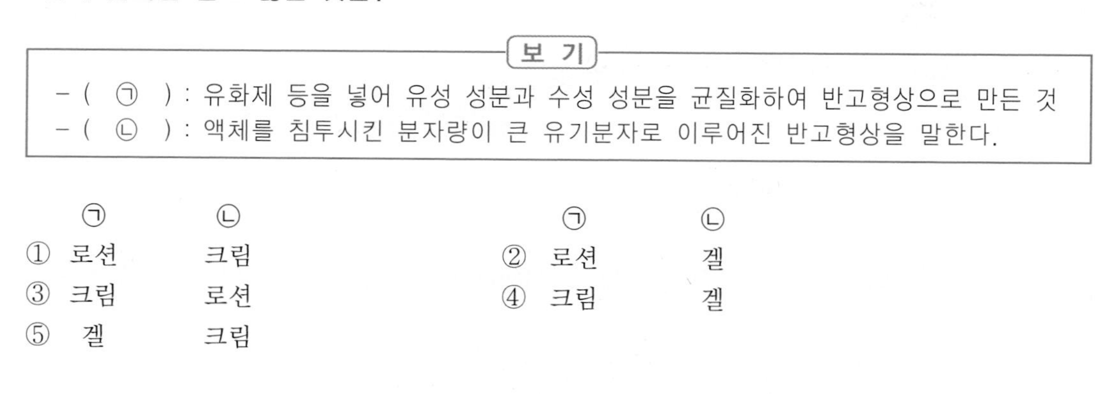

보 기

- (㉠) : 유화제 등을 넣어 유성 성분과 수성 성분을 균질화하여 반고형상으로 만든 것
- (㉡) : 액체를 침투시킨 분자량이 큰 유기분자로 이루어진 반고형상을 말한다.

	㉠	㉡		㉠	㉡
①	로션	크림	②	로션	겔
③	크림	로션	④	크림	겔
⑤	겔	크림			

66 화장품 관련 법령 및 규정에 근거한 맞춤형 화장품 판매업자의 준수사항으로 옳은 것은?

① 혼합 · 소분의 안전을 위해 화장품 책임판매업자의 관리 기준에 따른 요청을 준수한다.

② 맞춤형 화장품 사용과 관련된 부작용 발생 사례를 알게 되었을 때에는 안전성 정보 보고 및 필요한 안전대책을 마련한다.

③ 맞춤형 화장품의 원료 목록 및 생산실적을 기록 · 보관하여 관리한다.

④ 혼합 · 소분 전에는 책임판매업자로부터 받은 내용물 또는 원료에 대한 제품표준서 및 품질관리 기록서를 확인한다.

⑤ 혼합 · 소분 시 일회용 장갑을 착용하고, 장비 또는 기구 등은 오염이 없도록 사용 전 · 후 세척한다.

67 〈보기〉의 화장품에 사용되는 용기의 품질 특성 및 주요 용도에 따른 포장재 소재로 옳은 것은?

보 기

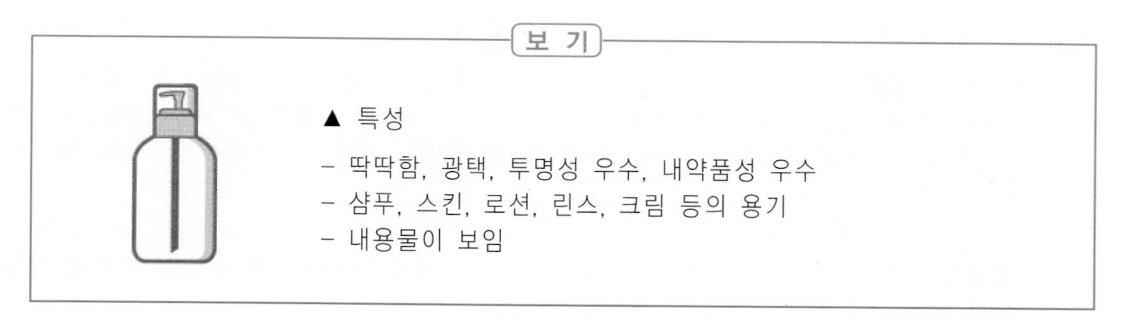

▲ 특성
- 딱딱함, 광택, 투명성 우수, 내약품성 우수
- 샴푸, 스킨, 로션, 린스, 크림 등의 용기
- 내용물이 보임

① 폴리에틸렌 테레프탈레이트(PET)
② 폴리프로필렌(PP)
③ 폴리스티린(PS)
④ 고밀도 폴리에틸렌(HDPE)
⑤ 폴리염화비닐(PVC)

68 다음 〈보기〉는 맞춤형 화장품의 전성분 표시이다. 이를 바탕으로 맞춤형 화장품 조제관리사가 고객에게 할 수 있는 설명으로 옳지 않은 것은?

보 기

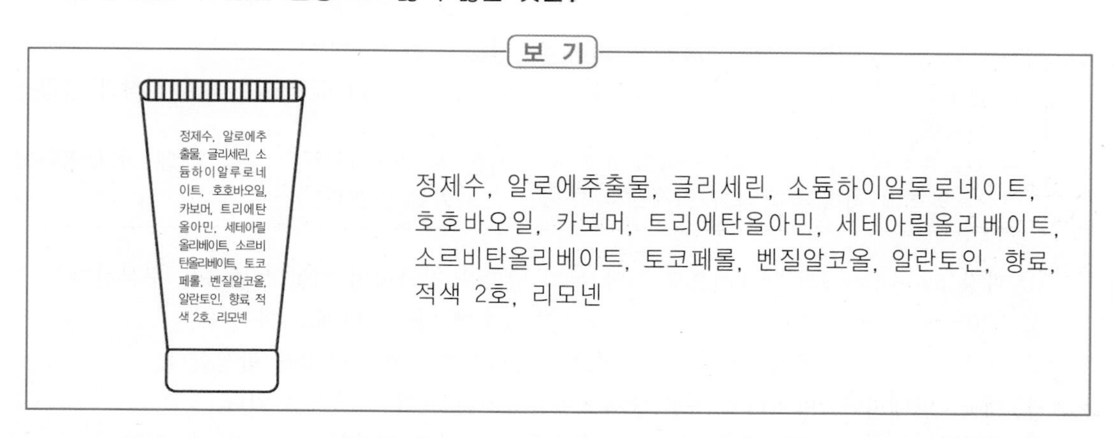

정제수, 알로에추출물, 글리세린, 소듐하이알루로네이트, 호호바오일, 카보머, 트리에탄올아민, 세테아릴올리베이트, 소르비탄올리베이트, 토코페롤, 벤질알코올, 알란토인, 향료, 적색 2호, 리모넨

① 벤질알코올은 보존제로 화장품법에 따라 1.0% 이하로 사용하도록 하고 있으며 해당 성분은 한도 내로 사용되었습니다.
② 호호바 오일은 식물성으로 피부에 유연성을 부여하고 피부 표면에 소수성 피막을 형성하여 수분 증발 억제 목적으로 사용되었으며 안전용기·포장을 사용하여야 하는 제품은 아닙니다.
③ 착향제 구성 성분 중 리모넨은 알레르기 유발 성분으로 제품에 0.001% 초과 함유되어 있습니다.
④ 적색 2호는 식품의약품안전처고시 화장품에 사용할 수 타르 색소입니다.
⑤ 토코페롤은 0.5% 함유되어 있으며 화장품 책임판매업자는 최종 제품의 안정성 시험 자료를 사용기한이 만료되는 날부터 1년간 보존합니다.

69 〈보기〉는 「기능성 화장품 기준 및 시험 방법」에 따른 미백에 도움을 주는 닥나무추출물에 대한 설명이다. (　　) 안에 들어갈 말로 옳은 것은?

보 기

이 원료는 엷은 황색~황갈색의 점성이 있는 액 또는 황갈색~암갈색의 결정성 가루로 약간의 특이한 냄새가 있는 닥나무 및 동속식물의 줄기 또는 뿌리를 에탄올 및 에칠 아세테이트로 추출하여 얻은 가루 또는 그 가루의 2w/v% 부틸렌글리콜 용액이다. 이 원료에 대하여 기능성 시험을 할 때 (　　　　　　　　　　　　　　　　)

① 안정성 및 유용성을 높이기 위해 안정제, 습윤제, 유화제, 보습제, pH 조정제, 착색제, 착향제 등을 첨가할 수 있다.
② pH 범위는 3.0~9.0이다.
③ 액체크로마토그래피법에 따라 시험한다.
④ 타이로시네이즈 억제율은 48.5~84.1%이다.
④ 파장 283±2nm에서 흡수극대를 나타낸다.

70 〈보기〉의 (　　) 안에 공통적으로 들어갈 용어에 대한 설명으로 옳은 것은?

보 기

- 광노화 원인 : (　　　)는 장파장으로 피부에서 진피층까지 도달하며 색소 침착과 콜라겐 손상에 의한 주름이 발생한다.
- 지속흑화량 : (　　　)를 사람의 피부에 조사한 후 2~24시간의 범위 내에, 조사영역의 전 영역에 희미한 흑화가 인식되는 자외선 조사량을 말한다.

① 파장 520~530nm의 색채선으로 사람 눈의 망막을 자극하여 어둡고 밝음을 구분한다.
② 320~400nm의 파장을 가지며 차단 효과의 정도에 따라 4단계로 나뉜다.
③ 세포 분열의 촉진으로 피부의 과각질화를 유발시키고 비타민 D를 합성한다.
④ 세균, 박테리아, 바이러스 등을 소독·살균시키는 효과를 가지고 있다.
⑤ 과량 노출 시 화상에 해당하는 피부 홍반을 일으키며 피부암을 유발할 수 있다.

71 피부의 생리 조절 기능에 대한 설명으로 옳지 않은 것은?

① 피부가 자외선에 노출되면 멜라닌의 많은 생성으로 자외선을 흡수하거나 산란시켜 신체를 자외선으로부터 보호하는 역할을 한다.
② 온도의 변화에 따라 피부 모세혈관이 확장, 수축을 조절하여 체온을 일정하게 유지시켜 준다.
③ 피부의 생합성 기능으로 자외선에 의해 비타민 D가 생성된다.
④ 피지와 땀을 분비하고 피부 표면에 혼합되어 피지막을 만들어 피부를 보호한다.
⑤ 물질이 체내로 유입되는 것을 방어하며 물이나 광산란도가 큰 물질은 피부에 잘 흡수되지 않는다.

72 「기능성 화장품 심사에 따른 규정」 [별표 4]에 따라 자료 제출이 생략되는 기능성 화장품 성분 및 함량이 옳은 것은?

〈기능성 화장품 종류〉	〈성분〉	〈함량〉
① 자외선으로부터 피부를 보호하는데 도움을 주는 제품	벤조페논-8	5%
② 주름 개선에 도움을 주는 제품	마그네슘아스코빌포스페이트	2%
③ 체모를 제거하는데 도움을 주는 제품	에칠아스코빌에텔	4.5%
④ 여드름성 피부를 완화하는데 도움을 주는 제품	아스코빌글루코사이드	3%
⑤ 탈모 증상을 완화하는데 도움을 주는 제품	덱스판테놀	2%

73 맞춤형 화장품 관능평가에 사용되는 표준품으로 옳지 않은 것은?

① 제품 표준 견본 : 완제품의 개별 포장에 관한 표준
② 벌크 제품 표준 견본 : 성상, 냄새, 사용감에 관한 표준
③ 충진 위치 견본 : 내용물을 제품 용기에 충진할 때의 액면 위치에 관한 표준
④ 원료 표준 견본 : 원료의 색상, 성상, 냄새 등에 관한 표준
⑤ 색소 원료 표준 견본 : 색상, 성상 등에 관한 표준

74 다음 중 유기농 함량 계산 방법으로 옳은 것은?

① 동물 유래 또는 미네랄 유래 원료는 유기농 함량 비율 계산에 포함하지 않는다.
② 유기농 인증 원료의 경우 해당 원료의 유기농 함량으로 계산한다.
③ 동일한 식물의 유기농과 비유기농이 혼합되어 있는 경우 이 혼합물은 유기농으로 간주하지 않는다.
④ 유기농 함량 비율은 물 비율 + 유기농 원료 + 유기농 유래 원료 비율로 계산한다.
⑤ 신선한 원물로 복원하기 위해서는 실제 건조 비율을 사용하거나 사용하는 총 용매로 나눈다.

75 맞춤형 화장품의 사용방법으로 적절하지 않은 것은?

① 맞춤형 화장품 조제관리사와 전문적인 상담을 통해 제조한 맞춤형 화장품을 사용한다.
② 화장품 사용 중 피부 자극 등 이상 증상이 발생할 경우 즉시 사용을 중단한다.
③ 사용기한 또는 개봉 후 사용기간을 지켜서 사용한다.
④ 맞춤형 화장품 조제관리사로부터 알레르기 유발 물질 함유 유무, 내용물과 원료, 사용 시 주의사항에 대한 설명을 듣고 사용한다.
⑤ 눈 주위에 사용되는 화장품, 두발용 화장품 등 눈에 들어갈 가능성이 있는 제품은 맞춤형 화장품 조제관리사로부터 테스트를 진행하고 의사의 진단서 및 소견서 등 객관적인 입증자료를 구비한다.

76 다음은 맞춤형 화장품 판매장에 방문한 손님들과 맞춤형 화장품 조제관리사의 대화이다. 〈보기〉의 대화 내용으로 옳지 않은 설명은?

> **보 기**
>
> 40대 여자 손님 : 기미, 주근깨에 효과가 좋은 화장품 있을까요? 피부에 잡티가 많은 편이에요.
> 화장하면 거의 가려지는 정도지만 피부가 칙칙해 보이는 거 같아요.
> 조제관리사 : 알부틴과 아데노신이 들어있는 제품을 추천드려요.
> 2중 기능성 화장품이기 때문에 주름에 신경 쓰시는 분들에게도 도움이 될 거예요~
>
> 30대 남자 손님 : 저는 여드름 피부인데 화장품을 무조건 피해야 할까요?
> 조제관리사 : 모든 화장품이 여드름을 유발하는 것은 아니에요.
> 피부 보습이나 피지 조절 기능이 있는 성분은 여드름 예방에 도움이 될 수 있어요.
> 30대 남자 손님 : 어떤 제품이 좋을지 추천 부탁드려요.
> 조제관리사 : 살리실릭애씨드가 함유된 제품을 추천해 드릴게요.

① 식품의약품안전처는 미백 효능을 가진 성분 및 함량을 지정하고 있으며 알부틴의 최대 함량은 5%이다.
② 알부틴은 멜라닌을 만드는데 관련된 효소인 티로시나아제가 활성화되는 것을 막아주는 미백 기능성 원료이다.
③ 살리실릭애씨드를 포함한 여드름성 피부를 완화하는 데 도움을 주는 기능성 화장품의 용법은 "사용한 후 물로 바로 깨끗이 씻어낸다"로 제한한다.
④ 자외선 차단제는 자외선을 차단하거나 자외선을 받은 뒤 멜라닌이 만들어지지 않게 한다.
⑤ 살리실릭애씨드를 포함한 여드름성 피부를 완화하는데 도움을 주는 기능성 화장품의 제형은 액제, 침적 마스크에 한하며 반드시 필요한 영양을 채울 수 있을 정도로만 사용량을 제한한다.

77 〈보기〉는 「화장품 안전기준 등에 관한 규정」에 따른 화장품에 사용상의 제한이 필요한 원료에 대한 내용이다. (　　) 안에 들어갈 함량으로 옳은 것은?

> **보 기**
>
> 땅콩 오일은 사용상 제한이 필요한 원료로 원료 중 땅콩 단백질의 최대 농도는 (㉠)을 초과하지 않아야 한다. 메탄올은 화장품에 사용할 수 없는 원료로 에탄올 및 이소프로필 알코올의 변성제로서만 알코올 중 (㉡)까지 사용할 수 있다.

	㉠	㉡
①	0.1ppm	1%
②	0.5ppm	1%
③	0.5ppm	5%
④	1ppm	5%
⑤	1ppm	10%

78 화장품에 사용상 제한이 필요한 원료와 최대 함량에 대한 내용으로 옳은 것은?

① 페루발삼은 추출물 또는 증류물로서 0.5% 이하이어야 한다.
② 디옥산은 자외선 차단 제품 및 인공선탠 제품에서는 1ppm 이하이어야 한다.
③ 하이드롤라이즈드밀 단백질 원료 중 펩타이드의 최대 평균 분자량은 3.5kDa 이하이어야 한다.
④ 만수국꽃추출물 또는 오일 원료 중 알파 테르티에닐(테르티오펜)함량은 0.50% 이하이어야 한다.
⑤ 만수국아재비꽃추출물 또는 오일 자외선 차단 제품 또는 자외선을 이용한 태닝(천연 또는 인공)을 목적으로 하는 제품에는 0.001%를 초과하지 않아야 한다.

79 맞춤형 화장품 판매업자가 화장품 책임판매업자로부터 제공받은 내용물의 품질성적서이다. 유통 화장품 안전관리 기준에 부적합해 맞춤형 화장품 혼합 · 소분에 사용할 수 없는 내용물을 〈보기〉에서 모두 고른 것은?

〈보 기〉

품목 구분	내용물/벌크 제품	제품명	로션	성상	유화액상

ㄱ	내용량	표기량의 97%
	병원성 미생물	불검출
	pH	6.67
	수은	1㎍/g
	비소	2㎍/g
ㄴ	내용량	표기량의 95%
	총 호기성 생균 수	700개/g(mL)
	pH	6.3
	납	10㎍/g
	비소	2㎍/g
ㄷ	내용량	표기량의 98%
	병원성 미생물	불검출
	pH	6.5
	안티몬	5㎍/g
	수은	1㎍/g
ㄹ	내용량	표기량의 99%
	카드뮴	12㎍/g
	pH	6.8
	납	7㎍/g
	니켈	1㎍/g
ㅁ	내용량	표기량의 97%
	병원성 미생물	불검출
	pH	6.1
	포름알데하이드	800㎍/g
	비소	6㎍/g

① ㄱ, ㄴ
② ㄱ, ㄹ
③ ㄴ, ㄷ
④ ㄴ, ㄹ
⑤ ㄷ, ㄹ

80 다음은 내용물을 공급하는 화장품 책임판매업자가 사전에 고시된 원료를 포함하여 기능성 화장품으로 보고서를 제출한 A와 심사 받은 B의 성분 비율이다. 맞춤형 화장품 조제관리사가 기 심사 받은 내용물 A와 기 보고서를 제출한 내용물 B를 맞춤형 화장품 판매장에서 4:6의 비율로 혼합하여 판매할 때 「화장품법」 제10조의 기준에 맞는 전성분 표시로 옳은 것은?

A	
성 분	함 량
정제수	71.1%
다이프로필렌글라이콜	4.0%
글리세린	2.5%
나이아신아마이드	3.0%
글리세릴스테아레이트	1.8%
아이소세틸미리스테이트	5.0%
스테아릴알코올	1.0%
1,2-헥산다이올	2.0%
피이지-100스테아레이트	0.8%
다이메티콘	2.0%
판테놀	1.0%
베타인	2.0%
클로페네신	0.1%
카보머	0.5%
스쿠알란	3.0%
향료	0.2%

B	
성 분	함 량
정제수	66.7%
다이프로필렌글라이콜	5.0%
글리세린	3.0%
클로페네신	0.1%
호모살레이트	8.0%
글리세릴스테아레이트	3.0%
트라이에틸헥사노인	2.0%
스테아릴알코올	1.0%
1,2-헥산다이올	2.0%
피이지-100스테아레이트	0.4%
다이메티콘	1.0%
판테놀	1.0%
소르비톨	3.0%
잔탄검	1.0%
카보머	0.5%
스쿠알란	2.0%
향료	0.3%

① 정제수, 다이프로필렌글라이콜, 글리세린, 클로페네신, 호모살레이트, 글리세릴스테아레이트, 트라이에틸헥사노인, 스테아릴알코올, 1,2-헥산다이올, 피이지-100스테아레이트, 다이메티콘, 판테놀, 소르비톨, 잔탄검, 카보머, 스쿠알란, 나이아신아마이드, 아이소세틸미리스테이트, 베타인, 향료
② 정제수, 호모살레이트, 다이프로필렌글라이콜, 글리세린, 글리세릴스테아레이트, 스쿠알란, 아이소세틸미리스테이트, 1,2-헥산다이올, 소르비톨, 다이메티콘, 나이아신아마이드, 트라이에틸헥사노인, 판테놀, 스테아릴알코올, 잔탄검, 베타인, 피이지-100스테아레이트, 카보머, 향료, 클로페네신
③ 정제수, 호모살레이트, 다이프로필렌글라이콜, 글리세린, 아이소세틸미리스테이트, 소르비톨, 글리세릴스테아레이트, 나이아신아마이드, 스쿠알란, 트라이에틸헥사노인, 1,2-헥산다이올, 베타인, 다이메티콘, 판테놀, 스테아릴알코올, 잔탄검, 피이지-100스테아레이트, 카보머, 향료, 클로페네신
④ 정제수, 나이아신아마이드, 스쿠알란, 글리세린, 트라이에틸헥사노인, 1,2-헥산다이올, 호모살레이트, 다이프로필렌글라이콜, 아이소세틸미리스테이트, 클로페네신, 소르비톨, 글리세릴스테아레이트, 피이지-100스테아레이트, 베타인, 다이메티콘, 판테놀, 스테아릴알코올, 잔탄검, 카보머, 향료
⑤ 정제수, 판테놀, 스테아릴알코올, 잔탄검, 카보머, 나이아신아마이드, 스쿠알란, 글리세린, 트라이에틸헥사노인, 1,2-헥산다이올, 글리세릴스테아레이트, 아이소세틸미리스테이트, 클로페네신, 소르비톨, 피이지-100스테아레이트, 호모살레이트, 다이프로필렌글라이콜, 베타인, 다이메티콘, 향료

81 천연 화장품 또는 유기농 화장품 인증의 유효기간을 연장하려는 경우에는 유효기간 만료 (　　　) 전까지 인증서 원본과 인증받은 제품이 최신의 인증기준에 적합함을 입증하는 서류를 첨부하여 인증을 한 해당 인증기관에 제출하여야 한다. (　　) 안에 들어갈 말을 쓰시오.

82 〈보기〉는 「화장품법 시행규칙」 제18조 1항에 따른 안전용기 · 포장을 사용하여야 할 품목 및 기준이다. ㉠, ㉡에 들어갈 알맞은 성분을 쓰시오.

보 기

- (　㉠　)을(를) 함유하는 네일 에나멜 리무버 및 네일 폴리시 리무버
- 개별 포장당 (　㉡　)을(를) 5% 이상 함유하는 액체 상태의 제품
- 어린이용 오일 등 개별 포장당 탄화수소류를 10% 이상 함유하고 운동점도가 21센티스톡스(섭씨 40도 기준) 이하인 비에멀젼 타입의 액체 상태의 제품

FINAL 4회

83 〈보기〉는 알로에베라겔 베이비 로션의 성분 비율이다. 이를 바탕으로 화장품 포장에 기재 · 표시해야 하는 사항을 모두 쓰시오.

보 기

알로에베라겔
베이비로션

성 분	함 량
정제수	76.36%
스쿠알란	5.0%
글리세릴스테아레이트	2.0%
솔비탄스테아레이트	1.5%
글리세린	4.0%
솔비톨	2.5%
잔탄검	0.3%
알로에베라겔	5.0%
세틸피리디늄클로라이드	0.04%
시어버터	3.0%
향료	0.3%

84 클렌징 워터, 클렌징 오일, 클렌징 로션, 클렌징 크림 등 메이크업 리무버의 화장품 유형을 〈보기〉에서 골라 작성하시오.

보 기

- 만 3세 이하의 영·유아용 제품류
- 목욕용 제품류
- 인체 세정용 제품류
- 눈 화장용 제품류
- 방향용 제품류
- 두발 염색용 제품류
- 체모 제거용 제품류
- 색조 화장용 제품류
- 두발용 제품류
- 손·발톱용 제품류
- 면도용 제품류
- 기초 화장용 제품류
- 체취 방지용 제품류

85 〈보기 1〉은 사용 시 주의사항 중 개별사항이다. 이를 참고하여 ㉠에 들어갈 말과 AHA 성분을 〈보기 2〉에서 모두 골라 쓰시오.

보 기 1

알파-하이드록시애시드(α-hydroxyacid, AHA)(이하"AHA"라 한다. 함유 제품 0.5퍼센트 이하의 AHA가 함유된 제품은 제외한다)

가) 햇빛에 대한 피부의 감수성을 증가시킬 수 있으므로 자외선 차단제를 함께 사용할 것(씻어 내는 제품 및 두발용 제품은 제외한다)
나) 일부에 시험 사용하여 피부 이상을 확인할 것
다) 고농도의 AHA 성분이 들어 있어 부작용이 발생할 우려가 있으므로 전문의 등에게 상담할 것(AHA 성분이 10퍼센트를 초과하여 함유되어 있거나 산도가 (㉠) 미만인 제품만 표시한다)

보 기 2

락틱애씨드, 세틸알코올, 포타슘하이드록사이드, 비즈왁스, 세라마이드, 글리세린, 글라이콜릭애씨드, 스테아릴알코올, 소듐하이드록사이드

86 〈보기〉는 「화장품법」 제10조에 따라 화장품 포장에 기재·표시해야 하는 그 밖에 총리령으로 정하는 사항 중 일부이다. ㉠, ㉡, ㉢에 들어갈 말을 순서대로 쓰시오.

보 기

「화장품법 시행규칙」 제2조 제8호부터 제11호까지 해당하는 기능성 화장품의 경우에는 "질병의 (㉠) 및 (㉡)을(를) 위한 (㉢)이 아님"이라는 문구

87 화장품에 사용되는 성분 중 〈보기 1〉에서 설명하는 폴리올의 종류를 〈보기 2〉에서 골라서 작성하시오.

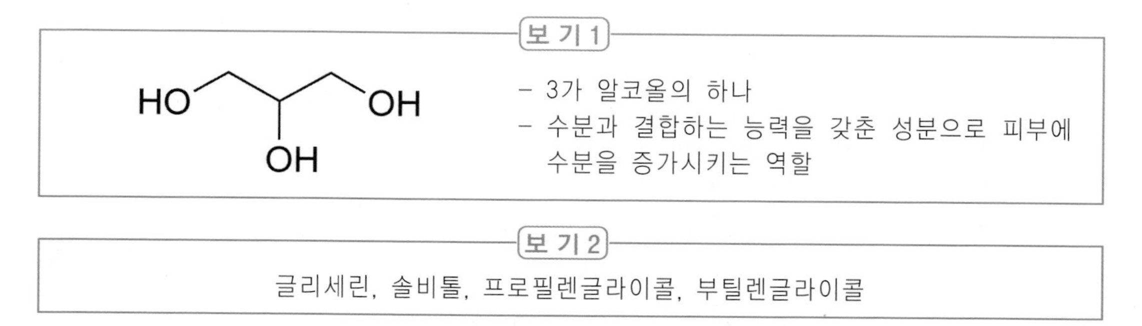

88 「화장품법 시행규칙」에 따라 기능성 화장품의 범위는 〈보기〉와 같이 정의할 수 있다. ㉠, ㉡에 들어갈 말을 쓰시오.

> **보 기**
>
> 책임판매관리자 또는 맞춤형 화장품 조제관리사는 매년 (㉠) 이상 (㉡) 이하 화장품의 안전성 확보 및 품질관리에 관한 집합교육 또는 온라인 교육과정을 이수하여야 한다. 다만, 최초 교육을 받으려는 자는 집합교육 과정을 이수하여야 한다.

89 「화장품법 시행규칙」 제2조 기능성 화장품의 범위에 따라 〈보기〉와 같이 정의할 수 있다. ㉠, ㉡에 들어갈 말을 순서대로 쓰시오.

> **보 기**
>
> - 여드름성 피부를 완화하는데 도움을 주는 화장품. 다만, (㉠) 제품류로 한정
> - (㉡)(으)로 인한 붉은 선을 엷게 하는데 도움을 주는 화장품

90 「기능성 화장품 심사에 관한 규정」에 따라 자외선으로부터 피부를 보호하는데 도움을 주는 자외선 차단지수(SPF)를 표시할 경우 자외선 차단지수는 측정 결과에 근거하여 평균값(소수점 이하 절사)으로부터 (㉠) 이하 범위 내 정수로 표시하되, SPF 50 이상은 "SPF 50+"로 표시한다. ㉠에 들어갈 정수를 쓰시오.

91 〈보기〉는 「화장품 안전기준 등에 관한 규정」 유통 화장품 안전관리에 따른 액상 제품의 pH 기준이다. ㉠, ㉡, ㉢에 들어갈 말을 순서대로 쓰시오.

> **보 기**
>
> - 영 · 유아용 제품류(영 · 유아용 샴푸, 영 · 유아용 린스, 영 · 유아 인체 세정용 제품, 영 · 유아 목욕용 제품 제외), 눈 화장용 제품류, 색조 화장용 제품류, 두발용 제품류(샴푸, 린스 제외), 면도용 제품류(셰이빙 크림, 셰이빙폼 제외), 기초 화장용 제품류(클렌징 워터, 클렌징 오일, 클렌징 로션, 클렌징 크림 등 메이크업 리무버 제품 제외) 중 액, 로션, 크림 및 이와 유사한 제형의 액상제품의 pH 기준은 (㉠)~(㉡)
> - 다만, (㉢)을 포함하지 않는 제품과 사용한 후 곧바로 (㉢)(으)로 씻어 내는 제품은 제외

92 〈보기〉에서 설명하는 성분을 한글로 쓰시오.

> **보 기**
>
> - 비듬 및 가려움을 덜어주고 씻어 내는 제품(샴푸, 린스) 및 탈모 증상의 완화에 도움
> - 사용 후 씻어 내는 제품에 보존제로 사용

93 다음은 화장품의 포장에 추가로 기재 · 표시하여야 하는 성분별 사용 시의 주의사항이다. ( ) 안에 공통으로 들어갈 성분을 쓰시오.

대상 제품	표시 문구
( ) 및 ( ) 생성물질 함유 제품	눈에 접촉을 피하고 눈에 들어갔을 때는 즉시 씻어낼 것

94 〈보기〉의 ( ) 안에 들어갈 용어를 한글로 쓰시오.

> **보 기**
>
> 천연보습인자를 구성하는 수용성의 아미노산(amino acid)은 ( )이 각질층 세포의 하층으로부터 표층으로 이동함에 따라서 각질층 내의 단백 분해 효소에 의해 분해된 것으로 각질층 상층에 이르는 과정에서 아미노펩티데이스(aminopeptidase), 카복시펩티데이스(carboxypeptidase) 등의 활동에 의해서 최종적으로 아미노산으로 분해된다.

95 (㉠)은(는) 피부 분석법 중 하나로 피부 표면에서 증발되는 수분량을 나타내며 건조하거나 손상된 피부는 과도한 수분량의 손실로 피부 건조를 유발하고 피부장벽 기능에 이상을 나타낸다. ㉠에 들어갈 알맞은 용어를 쓰시오.

96 〈보기〉는 화장품에 표시 · 광고할 수 있는 인증 · 보증의 종류 중 일부이다. ( ) 안에 들어갈 용어를 한글로 쓰시오.

보 기

( ), 코셔, 비건 및 천연 유기농 등 국제적으로 통용되거나 그 밖에 신뢰성을 확인할 수 있는 기관에서 받은 화장품 인증

97 다음은 화장품 안전성 정보의 관리에 대한 내용이다. ㉠, ㉡에 들어갈 말을 쓰시오.

보 기

「화장품 안전성 정보관리 규정」은 안전성 정보의 보고 · 수집 · 평가 · (㉠) 등 관리 체계를 명시하고 화장품의 취급 · 사용 시 인지되는 안전성 관련 정보를 체계적이고 효율적으로 수집 · 검토 · 평가하여 적절한 안전대책을 마련함으로써 국민 보건상의 위해를 방지함에 있다. 안전성 정보란 화장품과 관련하여 국민 보건에 직접 영향을 미칠 수 있는 안전성 · (㉡)에 관한 새로운 자료, 유해 사례 정보를 말한다.

98 〈보기〉의 ( ) 안에 들어갈 말을 쓰시오.

보 기

( )은(는) 남성호르몬의 일종인 DHT(Dihydrotestosterone)라는 호르몬이 원인이 되어 나타나며 여성 또한 남성과 같이 유전과 남성호르몬이 주된 원인이다. 여성의 경우 남성호르몬은 신장 옆에 위치한 부신에서 분비되고 난소에서도 영향을 미치는 호르몬을 분비하기 때문에 부신이나 난소의 비정상 과다 분비, 남성호르몬 작용이 있는 약물 복용이 원인이 되는 경우가 있으며 기타 모발공해, 피부질환, 스트레스, 염증성 질환 등 다양한 원인에 의해 나타날 수 있다.

99 다음 〈보기〉의 ㉠, ㉡에 들어갈 용어를 한글로 쓰시오.

보 기

- (㉠)들은 피하지방을 생산하여 몸을 따뜻하게 보호하고 수분을 조절하는 기능과 함께 탄력성을 유지하여 외부의 충격으로부터 몸을 보호하는 기능을 한다.
- 진피에 존재하는 (㉡)은(는) 세포 외 기질(ECM, extracellular matrix)인 교원 섬유(콜라겐)와 탄력 섬유(엘라스틴) 그리고 여러 다양한 기질을 만드는 역할을 한다.

100 다음은 맞춤형 화장품 조제관리사와 맞춤형 화장품을 구입하러 온 고객과의 대화 내용이다. 고객에게 필요한 자외선 차단 지수와 맞춤형 화장품에 혼합할 자외선 차단 성분을 〈보기〉에서 모두 골라 쓰시오.

대 화

고객 : 날씨가 더워지고 햇볕이 따가워지면서 외출 시 자외선을 차단해 줄 수 있는 제품을 찾고 있어요.
조제관리사 : 혹시 기존에 사용하시던 제품이 있나요?
고객 : 건조하고 예민한 피부라 잘 안 바르는 편이에요.
지난번에 사용한 선크림도 눈이 시리고 가려웠어요.
조제관리사 : 성분을 확인해 보셨나요?
고객 : 자외선 차단 성분 중 에칠헥실디메칠파바, 부틸메톡시디벤조일메탄이 함유되어 있었어요.
피부가 많이 건조한 편인데 이 제품을 바르면 당김이 바로 느껴져서 힘들었어요.
제 피부를 보호할 수 있는 제품이 있을까요?
조제관리사 : 야외 활동이 많은 편이신가요?
고객 : 생활 자외선으로 하루에 활동 시간은 4시간 정도예요.
최근 골프를 치면서 과다한 자외선 노출로 색소 침착이 발생한 것 같아서 미백 효능이 있었으면 좋겠어요.
조제관리사 : 따로 원하시는 향이 있나요?
고객 : 알레르기 피부라서 향료나 색소는 들어가지 않았으면 좋겠어요.
제게 추천할 만한 성분이 들어갈 선크림을 조제해 주실 수 있을까요?
조제관리사 : 네~ 고객님의 요구를 반영해서 자외선 차단 제품을 조제해 드리겠습니다.

보 기

정제수, 사이클로헥사실록산, 징크옥사이드, 티타늄디옥사이드, 에칠헥실메톡시신나메이트, 프로판다이올, 1,2헥산다이올, 에칠아스코빌에텔, 소르비탄세스퀴올리에이트, 소듐하이알루로네이트, 판테놀, 녹차추출물, 세라마이드, 호호바오일, 부틸렌글라이콜, 스테아릭애씨드, 아크릴레이트코폴리머, 토코페롤, 폴리에톡실레이티드레틴아마이드

이현주 저자

(현) 광주여자대학교 화장품과학과 겸임교수
(현) 바이오텐(주) 사외이사
(현) TopNature 컴퍼니 대표
맞춤형화장품 조제관리사
조선대학교 교육학 석사
전남대학교 향장학 박사

저서

2020 맞춤형화장품 조제관리사 실전모의고사 800제(크라운)
2020 맞춤형화장품 조제관리사 실전모의고사 1100제(크라운)

2021 맞춤형화장품 조제관리사 FINAL 실전모의고사 1400제

www.marunabook.com

발 행 일 : 2021년 6월 25일 초판 1쇄 발행
저 자 : 이현주
발 행 처 : 마루나출판사
발 행 인 : 배연수
신고번호 : 제 2021-000025
주 소 : 서울특별시 강동구 상암로 210, 209호
문의사항 : maruna_book@naver.com

ISBN : 979-11-974-5250-5 (13590)
정 가 : 33,000원

국내 대학
화장품학과
전공과목
교재 채택

2021 최신판!

맞춤형화장품 조제관리사
FINAL 실전모의고사 1400제

✔ 출제경향 반영!
최신 식약처 가이드 완벽 반영

✔ 최고의 적중률!
실전 모의고사 10회차 수록

✔ 출제유형 반영!
Final 모의고사 4회차 수록

합격을 위한 최고의 선택!

MARUNA

발 행 일 2021년 6월 25일 초판 1쇄 발행
발 행 처 마루나출판사 발 행 인 배연수
주 소 서울특별시 강동구 상암로 210, 209호
신고번호 제 2021-000025
문의사항 maruna_book@naver.com
홈페이지 www.marunabook.com

정가 **33,000**원
13590

9 791197 452505
ISBN 979-11-974-5250-5

2021
최신판

국내 대학 화장품학과
전공과목 교재 채택

No.1
수험서

맞춤형화장품 조제관리사

FINAL 실전모의고사 1400제

정답 & 해설편

이현주 저

출제경향 반영!
최신 식약처
가이드 완벽 반영

최고의 적중률!
실전 모의고사
10회차 수록

출제유형 반영!
Final 모의고사
4회차 수록

마루나

PART 3 정답 & 해설

실전모의고사 정답 & 해설

선다형

1	2	3	4	5	6	7	8	9	10
③	①	①	⑤	②	④	③	③	②	④
11	12	13	14	15	16	17	18	19	20
⑤	④	②	②	⑤	③	④	④	③	④
21	22	23	24	25	26	27	28	29	30
②	④	①	④	①	①	⑤	⑤	④	②
31	32	33	34	35	36	37	38	39	40
⑤	⑤	①	⑤	①	⑤	②	①	⑤	③
41	42	43	44	45	46	47	48	49	50
③	⑤	②	⑤	③	②	⑤	①	①	②
51	52	53	54	55	56	57	58	59	60
①	⑤	②	②	②	②	①	③	⑤	⑤
61	62	63	64	65	66	67	68	69	70
②	③	⑤	④	⑤	④	⑤	②	①	④
71	72	73	74	75	76	77	78	79	80
⑤	①	④	③	②	④	②	③	⑤	③

단답형

81	㉠ 에스텔류	91	유전독성
82	㉠ 안전성, ㉡ 5년	92	㉠ 합성, ㉡ 생산
83	㉠ 위험성 결정, ㉡ 위해도 결정	93	인체 외 시험
84	ㄱ, ㅁ	94	㉠ 아미노산
85	완제품	95	타르 색소
86	㉠ 프로필렌글리콜	96	㉠ 제조번호
87	㉠ 제형	97	밀봉
88	유리알칼리	98	모수질
89	보존제	99	개봉 후 안정성 시험
90	4.5~9.6	100	ㄱ, ㄷ, ㄹ

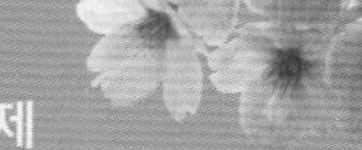

01

마약류의 중독자와 정신질환자는 화장품 제조업을 등록할 수 없다. 다만, 전문의가 화장품 제조업자로서 적합하다고 인정하는 사람은 제외한다.

02

① 화장품 책임판매업자 및 맞춤형 화장품 판매업자는 어린이가 화장품을 잘못 사용하여 인체에 위해를 끼치는 사고가 발생하지 아니하도록 안전용기 · 포장을 사용하여야 한다.
② 배타성을 띤 "최고" 또는 "최상" 등의 절대적 표현의 표시 · 광고를 하지 말아야 한다.
③ 포장 및 기재 · 표시사항이 훼손(단, 맞춤형 화장품 판매를 위하여 필요한 경우는 제외) 또는 위조 · 변조한 화장품은 판매하거나 판매할 목적으로 보관 또는 진열하여서는 안 된다.
④ 화장품 책임판매업자가 소비자에게 그대로 유통 · 판매할 목적으로 제조 또는 수입한 화장품은 맞춤형 화장품 혼합 · 소분에 내용물로 사용할 수 없다.
⑤ 손을 닦는 용도 등으로 사용할 수 있도록 포장된 물티슈는 화장품 유형에서 제외한다.

03

화장품의 품질은 인체에 대한 안전성(피부 자극, 알레르기, 독성 등이 없을 것), 제품 안정성, 유용성, 사용감과 소비자의 다양한 기호에 따른 향기, 색상, 디자인 등이 그 구성 요소이다.

04

⑤ 두발 염색용 제품류(염모제, 탈염 · 탈색용 제품) / 두발용 제품류(퍼머넌트 웨이브)

05

▣ 개인정보 보호의 원칙
ㄴ. 개인정보처리자는 개인정보의 처리 목적에 필요한 범위에서 적합하게 개인정보를 처리하여야 하며, 그 목적 외의 용도로 활용하여서는 안 된다.
ㄹ. 개인정보처리자는 개인정보의 처리 목적에 필요한 범위에서 개인정보의 정확성, 완전성 및 최신성이 보장되도록 하여야 한다.
ㅁ. 개인정보처리자는 개인정보 처리방침 등 개인정보의 처리에 관한 사항을 공개하여야 하며, 열람청구권 등 정보 주체의 권리를 보장하여야 한다.

06

식품의약품안전처장(자격시험 업무를 위탁받은 자를 포함) 또는 식약처장의 권한을 위임받는 자는 「개인정보 보호법」에 따른 민감정보 및 고유식별정보의 자료를 처리할 수 있다.

07

▣ 「화장품법」에 따른 화장품 정의
– 목적 : 인체를 청결 · 미화하여 매력 증진, 용모를 밝게 변화, 피부 · 모발의 건강을 유지 또는 증진
– 범위 : 인체에 대한 작용이 경미한 것, 「약사법」 제2조 제4호의 의약품에 해당하는 물품 제외

▣ 「약사법」에 따른 의약품 정의
– 목적 : 사람이나 동물의 질병을 진단 · 치료 · 경감 · 처치 또는 예방, 사람이나 동물의 구조와 기능에 약리학적 영향
– 범위 : 기구 · 기계 또는 장치가 아닌 것, 대한민국약전에 실린 물품 중 의약외품이 아닌 것

08

사용 후 씻어 내는 제품에 0.01% 초과, 사용 후 씻어 내지 않는 제품에는 0.001% 초과 함유하는 경우에 한함

09

「화장품 안전기준 등에 관한 규정」 제4조에는 화장품에 사용상의 제한이 필요한 원료 및 그 사용기준이 고시되어 있으며 명시된 원료 외의 보존제, 자외선 차단제 등은 사용할 수 없다.

10

▣ **제모제(치오글라이콜릭애씨드 함유 제품에만 표시) 사용 시 주의사항 중 사용하지 말아야 하는 사람(부위)**
① 생리 전후, 산전, 산후, 병후의 환자
② 얼굴, 상처, 부스럼, 습진, 짓무름, 기타의 염증이 있는 피부
③ 반점 또는 자극이 있는 피부
⑤ 약한 피부, 유사 제품에 부작용이 나타난 적이 있는 피부

11

글자의 크기는 5포인트 이상, 혼합 원료는 혼합된 개별 성분의 명칭, 착향제는 향료로 표시할 수 있으나 착향제 구성 성분 중 식약처장이 고시한 알레르기 유발 성분이 있는 경우에는 향료로 표시할 수 없고 해당 성분의 명칭을 기재 · 표시해야 한다. 비누화반응을 거치는 성분은 비누화반응에 따른 생성물로 기재 · 표시해야 한다.

12

④ 수렴제는 피부에 조이는 느낌을 주고 아린감을 부여하는데 사용되는 물질이다.

13

ㄴ. 페녹시에탄올 : 1.0%, ㄹ. 클로로펜(2-벤질-4-클로로페놀) : 0.05%

14

② 포장작업 전에는 이물질의 혼입이 없도록 작업 구역 정리가 필요하며 작업 시 확인 및 점검한다.

15

▣ **안전성 신속보고 / 안전성 정기보고**
- 안전성 정보의 신속보고: 정보를 알게 된 날로부터 15일 이내 신속히 보고
- 안전성 정보의 정기보고 : 매 반기 종료 후 1개월 이내
  ※ 안전성 정보 정기 보고 예외 대상 : 상시근로자수가 2인 이하로서 직접 제조한 화장비누만을 판매하는 화장품 책임판매업자

16

① 피부의 미백에 도움을 주는 기능성 화장품 - 유용성감초추출물 - 0.05%
② 체모를 제거하는 기능을 가진 기능성 화장품 - 치오글리콜산 80% - 4.5%
④ 주름 개선에 도움을 주는 기능성 화장품 - 레티놀 - 2,500IU/g
⑤ 여드름성 피부를 완화하는데 도움을 주는 기능성 화장품 - 살리실릭애씨드 - 0.5%

17

「화장품 사용 시의 주의사항 및 알레르기 유발 성분 표시에 관한 규정」에서 정한 25종의 성분 중 사용 후 씻어 내는 제품에 0.01% 초과, 사용 후 씻어 내지 않는 제품에는 0.001% 초과 함유하는 경우에 한함

18

콜타르의 성분을 원료로 하여 합성된 유기 합성 색소(타르 색소)는 순도가 높아 색조가 풍부하고 선명하다. 착색력이나 피복력이 우수하고 빛, 열, 산소에 노출되었을 때 안정적이며 화장품에 사용할 수 있는 종류, 사용 부위 및 사용 한도가 정해져 있다. 동식물에서 채취되는 천연 색소는 인체 안전성이 높고 색조는 선명하지만 타르 색소에 비하여 착색력이 약하다. 황색을 띄는 β-카로틴은 인삼에서 추출되며 립스틱이나 기초 화장품에 사용된다.

19

표시 · 광고할 수 있는 인증 · 보증의 종류 : 비건 및 천연, 유기농 등 국제적으로 통용되거나 그 밖에 신뢰성을 확인할 수 있는 기관에서 받은 화장품 인증 · 보증

20

일반적으로 화장품에 배합되는 색소는 유기 합성 색소(타르 색소), 천연 색소, 무기 안료로 구분되고 화장품의 색소 종류와 기준 및 시험 방법은 「화장품의 색소 종류와 기준 및 시험 방법」에서 확인할 수 있으며 사용기준이 지정 고시된 원료 외의 색소는 사용할 수 없다.

21

안전성 정보란 화장품과 관련하여 국민 보건에 직접 영향을 미칠 수 있는 안전성 · 유효성에 관한 새로운 자료, 유해 사례 정보 등을 말한다.

22

고객에게 추천할 제품은 두피의 오래된 각질을 제거하고 수분을 원활히 공급할 수 있는 제품이다.
ㄱ : 천연 색소, ㄴ : 탈모 증상 완화, ㄷ : 보습, ㄹ : 각질 제거, ㅁ : 미백

23

② 시녹세이트 5%, ③ 디로메트리졸 1%, ④ 옥토크릴렌 10%, ⑤ 에칠헥실디메칠파바 8%

24

④ 살리실릭애씨드 및 그 염류는 천연 화장품 및 유기농 화장품 허용 합성 원료(보존제)로 사용할 수 있다.

25

ㄷ. 혼합 · 소분 전에 내용물 및 원료의 사용기한 또는 개봉 후 사용기간을 확인하고, 사용기한 또는 개봉 후 사용기간이 지난 것은 사용하지 않는다.
ㄹ. 회수 대상임을 인지한 경우 해당 화장품에 대하여 즉시 판매중지 등의 필요한 조치를 취한다.

26

위해성 "나"등급(①), 위해성 "다" 등급(②, ③, ④, ⑤)

27

식품의약품안전처장은 국내외에서 유해물질이 포함되어 있는 것으로 알려지는 등 국민 보건상 위해 우려가 제기되는 화장품 원료 등에 대한 위해 평가를 실시하며 위해 평가가 완료된 원료의 사용기준을 지정한다.

28

⑤ 개인 사물은 현장에 반입하지 않고 작업 중에는 패물 착용 및 휴대를 금한다.

29

①,⑤ 청정도 1등급 : 청정도를 엄격 관리해야 하는 시설(Clean bench)은 낙하균 10개/hr 또는 부유균 20개/㎥
②,④ 청정도 2등급 : 화장품 내용물이 노출되는 작업실(제조실)은 낙하균 30개/hr 또는 부유균 200개/㎥
③ 청정도 3등급 : 화장품 내용물이 노출 안 되는 곳(포장실)은 갱의, 포장재의 외부 청소 후 반입

30

pH시험은 유통되고 있는 제품의 품질 변화, 안전성 등 화장품의 품질을 확인하기 위함.
유통 화장품 액상 제품의 pH 기준 3.0~9.0(단, 물을 포함하지 않는 제품과 사용한 후 곧바로 물로 씻어 내는 제품류는 제외)

31

비의도적으로 유래된 사실이 객관적 자료로 확인되고 기술적으로 완전한 제거가 불가능한 경우 검출 허용 물질 : 납, 니켈, 비소, 수은, 안티몬, 카드뮴, 디옥산, 메탄올, 포름알데하이드, 프탈레이트류(디부틸프탈레이트, 부틸벤질프탈레이트 및 디에칠헥실프탈레이트에 한함)

32

- 식품의약품안전처장은 국내외에서 유해물질이 포함되어 있는 것으로 알려지는 등 국민 보건상 위해 우려가 제기되는 화장품 원료 등에 대해 "위험성 확인-위험성 결정-노출 평가-위해도 결정" 과정을 거쳐 위해 평가를 실시한다.
- 단, 해당 화장품 원료 등에 대하여 국내외의 연구·검사기관에서 이미 위해 평가를 실시하였거나 위해 요소에 대한 과학적 시험·분석 자료가 있는 경우 그 자료를 근거로 위해 여부를 결정할 수 있다.

33

▣ 세척 후 판정 방법
육안 판정, 닦아내기 판정, 린스 정량법, 표면 균 측정법(surface sampling methods)

34

⑤ 검체 채취 시기는 시험 의뢰 접수 후 가능한 즉시 또는 1일 이내에 검체를 채취한다.

35

과태료는 법률상의 질서를 유지하기 위하여 법령 위반에 대해 과해지는 금전벌로 대통령령으로 정하는 바에 따라 식품의약품안전처장이 부과·징수한다.(① 100만원, ② 50만원, ③ 50만원, ④ 50만원, ⑤ 50만원)

36

- 검체 채취 절차서 포함 요소(오염과 변질을 방지하기 위해 필요한 예방조치를 포함한 검체 채취 방법, 검체 채취를 위해 사용될 설비·기구, 채취량, 검체 확인 정보, 검체 채취 시기 또는 빈도)
- 시험용 검체 용기 기재 사항(명칭 또는 확인코드, 제조번호, 검체 채취 일자)

37

② 개방할 수 있는 창문은 만들지 않으며 창문은 차광하고 야간에 빛이 새어나가지 않게 한다.

38

① 사용상의 제한이 필요한 보존제, ② 유연제, ③ 점증제, ④ 보습제, ⑤ 계면활성제

39

① 재입고할 수 없는 제품의 폐기 처리 규정을 작성하여야 하며 폐기 대상은 따로 보관하고 규정에 따라 신속하게 폐기하여야 한다.
② 재작업은 그 대상이 다음 각 호를 모두 만족한 경우에 할 수 있다.
  - 변질·변패 또는 병원미생물에 오염되지 아니한 경우
  - 제조일로부터 1년이 경과하지 않았거나 사용기한이 1년 이상 남아있는 경우
③ 원료와 포장재, 벌크 제품과 완제품이 적합 판정 기준을 만족시키지 못할 경우 "기준 일탈 제품"으로 지칭한다. 기준 일탈 제품이 발생했을 때는 미리 정한 절차를 따라 확실한 처리를 하고 실시한 내용을 모두 문서에 남긴다.
④ 재작업의 절차 중 품질이 확인되고 품질보증책임자의 승인을 얻을 수 있을 때까지 재작업품은 다음 공정에 사용할 수 없고 출하할 수 없다.

40

① 페녹시에탄올 1.0% ② 엠디엠하이단토인 0.2%
④ 우레아 10% ⑤ 살리실릭애씨드 0.5%

41

자료 제출이 생략되는 기능성 화장품 중 "피부의 미백에 도움을 주는 제품", "피부의 주름 개선에 도움을 주는 제품"의 제형은 로션제, 액제, 크림제 및 침적마스크에 한한다.

42

⑤ 제품에 대한 위해 평가는 개개 제품에 따라 다를 수 있으나 일반적으로 화장품의 위험성은 각 원료 성분의 독성 자료에 기초한다. 과학적 관점에서 모든 원료 성분에 대해 독성 자료가 필요한 것은 아니며 현재 활용 가능한 자료가 우선적으로 검토될 수 있다.

43

▣ 「우수 화장품 제조 및 품질관리 기준(CGMP)」 폐기 처리
품질에 문제가 있는 원료의 폐기 여부는 품질보증책임자에 의해 승인되어야 하며 기준 일탈 원료가 발생했을 때는 미리 정한 절차를 따라 확실한 처리를 하고 실시한 내용을 모두 문서에 남긴다.

44

자외선 차단지수(SPF)는 자외선 차단제를 바른 피부와 바르지 않은 피부에 자외선을 조사하였을 때 나타나는 피부의 최소홍반량(Minimum Erythemal Dose, MED)의 비로 측정한다. 최소홍반량(MED)는 UV-B를 사람의 피부에 조사한 후 16~24시간의 범위 내에 조사 영역이 전 영역에 홍반을 나타낼 수 있는 최소한의 자외선 조사량을 말한다.

45

ㄱ. 10mL(g) 초과 50mL(g) 이하 소용량인 경우 생략 가능, ㄹ. 방향용 제품 제외,
ㅂ. 만 3세 이하 영 · 유아용 제품류, 만 4세 이상~만 13세 이하까지 어린이 사용 제품

46

피부의 미백에 도움을 주는 식약처 고시 원료(①, ③, ④, ⑤)

47

맞춤형 화장품 판매업자가 작성 · 보관하여야 하는 판매 내역서 포함 사항(제조번호, 사용기한 또는 개봉 후 사용기간, 판매일자 및 판매량)

48

화장품의 안정성 시험 자료 보관 : 최종 제조된 제품의 사용기한이 만료되는 날부터 1년간 보존
- 레티놀(비타민 A) 및 그 유도체, 아스코빅애시드(비타민 C) 및 그 유도체, 토코페롤(비타민 E), 과산화화합물, 효소 성분을 0.5% 이상 함유하는 제품

49

천연 화장품 및 유기농 화장품 세척제에 사용 가능한 원료(②, ③, ④, ⑤)

50

① 여드름성 완화 성분 - 살리실릭애씨드 - 0.5% ③ 자외선 차단 성분 - 호모살레이트 - 10%
④ 주름 개선 성분 - 아데노신 - 0.04% ⑤ 체모 제거 성분 - 치오글리콜산 80% - 3.0~4.5%

51

② 수은 1㎍/g 이하
③ 카드뮴 5㎍/g 이하
④ 포름알데하이드 - 물휴지는 20㎍/g 이하
⑤ 비소 10㎍/g 이하

52

① 일반 작업실, 내용물 완전 폐색(포장재 보관소, 원료 보관소, 갱의실, 일반 시험실) : 관리 기준 없음
② 화장품 내용물이 노출되는 작업실(제조실, 성형실, 충전실, 내용물 보관소, 원료 칭량실, 미생물 시험실) : 낙하균 30개/hr 또는 부유균 200개/㎥, Pre, Med filter, 필요시 HEPA-filter
③ 청정도 엄격 관리(클린 벤치) : 낙하균 10개/hr 또는 부유균 20개/㎥, Pre, Med, HEPA-filter
④ 화장품 내용물이 노출 안 되는 곳(갱의, 포장재의 외부 청소 후 반입)

53

화장품 제조에 사용할 수 없는 원료 : 방사성 물질(토륨)과 국소마취제(리도카인) 및 항히스타민제(디페닐피랄린, 독실아민)

54

① 피부 노화, 시력 손상, 백내장, 피부암 등 각종 질환의 원인, ③ UV-C, ④ UV-B(290㎚~320㎚의 중파장), ⑤ UV-A

55

① 피부 반응 평가, ③ 안점막 자극성 평가, ④ UV-A/B에서 피부 반응 평가, ⑤ 홍반, 부종 평가

56

탈모 증상의 완화에 도움을 주는 기능성 고시 원료(덱스판테놀, 비오틴, 엘-멘톨, 징크피리치온)

57

표피는 크게 각화세포(Keratinocyte)와 수상세포(멜라닌세포, 랑게르한스세포, 머켈세포)로 나눌 수 있고, 진피는 대식세포(macrophage), 지방세포, 섬유아세포 등으로 나눌 수 있다.

58

모발용 샴푸(①), 외음부 세정제(②, ④), 알파-하이드록시애시드(AHA)(⑤)

59

화학적 변화 현상(변색, 퇴색, 변취, 오염, 결정, 석출 등)

60

원료 및 내용물 수불 일지 작성 : 원료명, 원료의 유형, 입고일, 입고 수량/중량, 사용량, 사용일, 재고량 등

61

식품의약품안전처장이 고시하는 알레르기 유발 성분을 함유하고 있을 경우 해당 성분의 명칭을 표시하여야 하며, 알레르기 유발 성분을 함유하고 있지 않은 경우에는 기존대로 '향료'로 표시할 수 있다.

62

유효성 또는 기능에 관한 자료(효력시험 자료, 인체 적용시험 자료, 염모 효력시험 자료)

63

영업자 및 판매자가 행한 표시 · 광고 중 사실과 관련한 사항에 대한 실증의 대상은 화장품 광고의 매체 또는 수단에 의한 표시 · 광고 중 사실과 다르게 소비자를 속이거나 소비자가 잘못 인식하게 할 우려가 있어 식품의약품안전처장이 실증이 필요하다고 인정하는 표시 · 광고로 한다.

64

④ 품질 · 효능 등에 관하여 객관적으로 확인될 수 없거나 확인되지 않았음에도 불구하고 이를 광고하거나 화장품의 범위를 벗어나는 표시 · 광고를 하지 말아야 한다.

65

⑤ 피부장벽은 체액의 손실을 막고 외부 환경으로부터 인체를 보호하는 1차 방어선이며 피부장벽을 이루는 주요 요소는 세포 간 지질, 천연보습인자(NMF), 각질세포 등이다.

66

④ 자외선 B(290~320㎚)

67

유해 사례 평가는 시험 매 회 문진과 육안으로 유해 사례(홍반, 부종, 인설 생성, 가려움, 자통, 작열감, 뻣뻣함, 따끔거림)나 다른 이상이 발생하는 정도를 평가하고 약한 정도인지, 중간 정도인지, 심한 정도인지를 구분하여 기록한다.

68

ㄴ. 항히스타민제(사용할 수 없는 원료)
ㄹ. 영 · 유아 · 어린이 사용 화장품 제품별 안전성 자료 작성 및 보관(책임판매업자), 맞춤형 화장품에 사용할 수 없는 원료(살리실릭애씨드)

69

수중유형은 유상이 수상에 분산된 형태로 흡수가 빠르고 사용감이 산뜻하며 가볍다.

70

영 · 유아 또는 어린이 사용 화장품의 실태조사는 5년마다 실시한다. 제품별 안전성 자료의 작성 및 보관 현황, 소비자의 사용실태, 영 · 유아 또는 어린이 사용 화장품에 대한 표시 · 광고의 현황 및 추세에 대한 사항이 포함되어야 하고 실태조사의 대상, 방법 및 절차 등에 필요한 세부사항은 식품의약품안전처장이 정한다.

71

연속상에 분산된 에멀젼은 본질적으로 불안정한 것으로 장기간 방치하면 그 구조가 변한다.(크리밍, 응집, 합일, 파괴)

72

노화에 따른 피부 생리학적 변화(②, ③, ④, ⑤)

73

④ 기능성 화장품의 경우 과학적 근거가 있으면 일부 시험항목을 생략할 수 있다.

74

내용량이 10 밀리리터 이하 또는 10그램 이하인 화장품 포장 또는 판매의 목적이 아닌 제품의 선택 등을 위하여 미리 소비자가 시험 · 사용하도록 제조 또는 수입된 화장품의 포장에 한한다.

75

인체 적용시험 자료 제출 시 허용되는 표시 · 광고 [여드름성 피부 사용에 적합, 항균(인체 세정용 제품에 한함), 피부 노화 완화, 일시적 셀룰라이트 감소, 붓기, 다크서클 완화 등]

76

- 로션제 : 유화제 등을 넣어 유성 성분과 수성 성분을 균질화하여 점액상으로 만든 것
- 액제 : 화장품에 사용되는 성분을 용제 등에 녹여서 액상으로 만든 것

78

맞춤형 화장품 사용과 관련된 부작용 발생 사례에 대해서는 지체 없이 식품의약품안전처장에게 보고한다.

80

충진(충전)은 빈 곳에 집어넣어서 채운다는 의미로, 화장품의 경우 일정한 규격의 용기에 내용물을 넣어서 채우는 1차 포장작업으로 충진기는 화장품 포장 시 사용한다.

81

산과 알코올의 탈수반응으로 생긴 화합물

82

최근 화장품을 사용하는 연령이 낮아지면서 어린이를 대상으로 표시 또는 광고하는 화장품이 증가함에 따라 화장품 책임판매업자에게 제품별 안전성 자료(1. 제품 및 제조 방법에 대한 설명 자료, 2. 화장품의 안전성 평가 자료, 3. 제품의 효능 · 효과에 대한 증명자료)를 작성 · 보관하도록 의무를 부과하고, 식약처장은 주기적인 실태조사 및 소비자 교육 · 홍보를 할 수 있도록 하여 영 · 유아 어린이 화장품의 안전성을 확보하고 소비자 우려를 최소화한다.

83

식품의약품안전처장은 위해 평가 결과를 근거로 위해 여부를 결정하여 화장품 원료 등을 화장품의 제조에 사용할 수 없는 원료로 지정하거나 그 사용기준을 지정하여야 한다.

84

ㄱ : 여드름성 피부 완화, ㄴ : 유성 원료(연화제), ㄷ : 미백, ㄹ : 유성 원료(장벽 대체제), ㅁ : 항염

85

화장품 책임판매관리자의 업무(품질관리 기준에 따른 품질관리, 책임판매 후 안전관리기준에 따른 안전 확보, 원료 및 자재의 입고부터 완제품의 출고에 이르기까지 필요한 시험 · 검사 또는 검정에 대하여 제조업자 관리 · 감독)

87

- 이미 심사를 받은 기능성 화장품의 효능 · 효과를 나타나게 하는 성분 제2조 제4호 및 제5호(강한 햇볕을 방지하여 피부를 곱게 태워주는 기능을 가진 화장품, 자외선을 차단 또는 산란시켜 자외선으로부터 피부를 보호하는 기능을 가진 화장품)
- 식품의약품안전처장이 고시한 효능 · 효과를 나타나게 하는 성분 제2조 제1호~제3호(피부에 멜라닌 색소가 침착하는 것을 방지하여 기미 · 주근깨 등의 생성을 억제함으로써 피부의 미백에 도움을 주는 기능 화장품, 피부에 침적된 멜라닌 색소의 색을 엷게 하여 피부의 미백에 도움을 주는 기능을 가진 화장품, 피부에 탄력을 주어 피부의 주름을 완화 또는 개선하는 기능을 가진 화장품)

89

▣ **사용기준이 지정 · 고시된 보존제의 함량 기재 · 표시**
- 만 3세 이하의 영 · 유아용 제품류인 경우
- 만 4세 이상부터 만 13세 이하까지의 어린이가 사용 제품임을 특정하여 표시 · 광고하려는 경우

91

- 안전성 시험 자료 : 「비임상 시험관리 기준」(식품의약품안전처 고시)에 따라 시험한 자료
- 인체 세포 · 조직 배양액 제조자가 자체적으로 구성한 안전성 평가 위원회의 심의를 거쳐 적정성을 평가하고 그 평가 결과를 기록 · 보존

92

진피에 존재하는 세포는 결합조직 내에 널리 분포된 섬유아세포(fibroblast)가 주종을 이룬다.

93

실증자료의 시험 결과 : 인체 적용시험 자료, 인체 외 시험 자료 또는 같은 수준 이상의 조사자료

94

아미노산 〉 젖산염 〉 요소 〉 염소 〉 암모니아

95

"타르 색소"라 함은 색소 중 콜타르, 그 중간생성물에서 유래되었거나 유기합성하여 얻은 색소 및 그 레이크, 염, 희석제와의 혼합물을 말한다.

96

▣ **1차 포장 필수 기재사항**
- 화장품의 명칭
- 영업자의 상호
- 제조번호
- 사용기한 또는 개봉 후 사용기간(개봉 후 사용기간을 기재할 경우에는 제조 연월일을 병행 표기)
- 소용량 화장품 포장 등의 기재 : 표시 예외

100

ㄱ. 공통사항
ㄴ. 미세한 알갱이가 함유되어 있는 스크러브 세안제 개별사항
ㄷ. 알파-하이드록시애씨드(AHA) 개별사항
ㄹ. 살리실릭애씨드 성분 함유 제품 표시 문구
ㅁ. 스테아린산 아연 성분 함유 제품 표시 문구(기초 화장용 제품류 중 파우더 제품에 한함)
ㅂ. 알루미늄 및 그 염류 성분 함유 제품 표시 문구(체취 방지용 제품류에 한함)

실전모의고사 정답 & 해설

선다형

1	2	3	4	5	6	7	8	9	10
①	⑤	③	③	①	⑤	④	①	②	①
11	12	13	14	15	16	17	18	19	20
③	①	④	②	②	①	④	③	④	②
21	22	23	24	25	26	27	28	29	30
③	①	④	③	①	③	③	⑤	①	④
31	32	33	34	35	36	37	38	39	40
②	⑤	②	⑤	③	⑤	②	①	③	③
41	42	43	44	45	46	47	48	49	50
①	④	①	②	③	②	③	⑤	④	②
51	52	53	54	55	56	57	58	59	60
⑤	⑤	②	④	②	②	⑤	④	②	③
61	62	63	64	65	66	67	68	69	70
⑤	②	②	④	⑤	②	⑤	②	⑤	③
71	72	73	74	75	76	77	78	79	80
⑤	④	①	②	④	③	③	④	④	④

단답형

81	㉠ 민감, ㉡ 주민등록번호	91	㉠ 직사광선, ㉡ 어린이
82	㉠ 변색 방지, ㉡ 0.5%	92	화장품 생산시설
83	제조번호	93	가용화
84	㉠ 필라그린	94	염모 효력시험
85	화장비누	95	아니스알코올
86	㉠ 벌크 제품, ㉡ 반제품	96	㉠ 인체 적용시험, ㉡ 인체 외 시험
87	㉠ 안전성, ㉡ 안전 확보	97	노출량
88	㉠ 제품표준서, ㉡ 제조관리기준서	98	ㅅ – ㅂ – ㄷ – ㅁ – ㄴ – ㄱ – ㄹ
89	이황화(disulfide)	99	퇴행기
90	㉠ 재평가	100	제모제, 치오글라이콜릭애씨드

01

개인정보처리자는 정보 주체 또는 제3자의 이익을 부당하게 침해할 우려가 있을 때를 제외하고는 개인정보를 목적 외의 용도로 이용하거나 이를 제3자에게 제공할 수 있다.

02

손 · 발톱용 제품류(탑코트)

04

③ 모발의 색상 변화 · 제거 또는 영양 공급에 도움을 주는 제품 – 모발의 색상을 변화(탈염(脫染) · 탈색(脫色)을 포함)시키는 기능을 가진 화장품(일시적으로 모발의 색상을 변화시키는 제품은 제외)

05

① 개인정보처리자는 보유기간 경과, 처리 목적 달성 등 그 개인정보가 불필요하게 되었을 때에는 지체 없이 그 개인정보를 파기해야 한다.

07

어린이(만 4세 이상부터 만 13세 이하까지) 사용 화장품의 경우 "방문 광고 또는 실연(實演)에 의한 광고"는 제외

08

맞춤형 화장품의 경우 혼합 · 소분일도 각각 구별이 가능하도록 기재 · 표시

09

① 위해 평가 결과 보고서는 가능한 쉽게 이해하고 활용할 수 있는 서식으로 작성하고 이해 관계자들이 검토할 수 있도록 평가 결과를 공개한다.
③ 노출 평가 시에는 여러 상황을 고려하여 현실적인 노출 시나리오를 작성하고 평가 대상 물질에 민감한 집단 및 고위험 집단의 경우 급성, 만성, 누적, 복합적 영향을 고려하며, 임산부, 어린이 등 취약집단의 경우에는 보다 신중한 자료 조사 및 분석이 필요하고 시나리오 작성 시 충분히 상황을 고려한다.
④ 위해 평가는 위험성 확인, 위험성 결정, 노출 평가, 위해도 결정의 4단계에 따라 수행한다.
⑤ 위해 평가 결과 보고서는 관련 자료의 불확실성 등을 고려하여 정량적 또는 정성적으로 표현할 수 있으나 과학적으로 가능한 범위 내에서 정량화 한다.

10

② 탈모 증상 완화에 도움, ③ 여드름성 피부 완화에 도움, ④ 모발의 색상을 변화, ⑤ 주름 개선에 도움

12

▣ 「기능성 화장품 심사에 관한 규정」 [별표 4] 자료 제출이 생략되는 기능성 화장품의 종류
1. 피부를 곱게 태워주거나 자외선으로부터 피부를 보호하는데 도움을 주는 제품
2. 피부의 미백에 도움을 주는 제품
3. 피부의 주름 개선에 도움을 주는 제품
4. 모발의 색상을 변화(탈염 · 탈색 포함)시키는 기능을 가진 제품
5. 제모를 제거하는 기능을 가진 제품
6. 여드름성 피부를 완화하는데 도움을 주는 제품
– 기원 및 개발 경위, 안전성, 유효성 또는 기능에 관한 자료 제출을 면제

13

일반적으로 화장품에 배합되는 색소는 유기 합성 색소(타르 색소), 천연 색소, 무기 안료로 구분된다.

14

▣ **일시적 착색 유도 제품의 특성** : 물리적 마찰, 땀, 비 등에 떨어지지 않는 강한 부착성을 지닐 것
두발 염색용 제품은 두발의 색상을 변화시키는 화장품으로 색상 변화의 정도에 따라 영구적인 색상 변화를 유도하는 염모제 및 탈염 · 탈색용 제품이 존재하며, 일시적으로 두발에 착색을 유도하는 헤어 틴트 및 헤어 컬러스프레이로 분류할 수 있다.

15

「화장품 사용 시의 주의사항 및 알레르기 유발 성분 표시에 관한 규정」에 따라 화장품의 안전 정보와 관련하여 추가로 기재 · 표시해야 하는 함유 성분별 사용 시의 주의사항 표시 문구

16

노출 평가는 위험에 노출된 대상이나 노출 경로에 대해 보다 명확한 판단을 위해 노출 시나리오를 설정하고 노출량을 평가한다. 노출 시나리오 작성 시 고려사항(1일 사용횟수, 1회 사용량 또는 1일 사용량, 피부 흡수율, 소비자 유형, 제품 접촉 피부 면적, 적용 방법)

17

내용량이 10mL(g)~50mL(g)인 화장품 포장에 기재 · 표시해야 하는 성분
– 타르 색소, 금박, 샴푸와 린스에 들어있는 인산염의 종류, 과일산(AHA), 기능성 화장품의 경우 그 효능 · 효과가 나타나게 하는 원료, 식품의약품안전처장이 사용 한도를 고시한 화장품의 원료

18

③ 피토스테롤(천연 원료에서 석유화학 용제를 이용해 추출한 원료)
①,②,④,⑤ 사용할 수 없는 원료

19

① 식약처장이 정한 기준에 적합한 천연 화장품 및 유기농 화장품은 인증을 받고 총리령이 정하는 인증 표시를 할 수 있다.
② 표시 및 포장 전 상태의 유기농 화장품은 다른 화장품과 구분하여 보관하여야 한다.
③ 유기농 화장품을 제조하기 위한 유기농 원료는 다른 원료와 명확히 표시 및 구분하여 보관하여야 한다.
⑤ 화장품 책임판매업자는 천연 화장품 또는 유기농 화장품으로 표시 · 광고하여 제조, 수입 및 판매할 경우 입증 자료를 구비하고, 제조일(수입일 경우 통관일)로부터 3년 또는 사용기한 경과 후 1년 중 긴 기간 동안 보존하여야 한다.

20

① 8%, ③ 10%, ④ 25%, ⑤ 10%

21

ㄱ. 안전용기 · 포장 사용 제외 품목(분무용기 제품)
ㄴ. 알레르기 유발 성분(리모넨, 유제놀, 리날룰)
ㄷ. 고압가스를 사용하는 에어로졸 제품 사용 시의 주의사항
ㄹ. 사용상의 제한이 필요한 자외선 차단 성분(부틸메톡시벤조일탄, 옥토크릴렌)
ㅁ. 염모제 사용 전 주의사항

22

① 사용성이 높고 미생물의 발육과 성장을 촉진시키지 않아야 한다.

23

고객에게 추천할 제품은 모피질 중에 혼합되어 유연성을 주고 모발에 윤기가 나게 하여 모표피에 소수성막을 만들어 광택을 줌으로써 마찰을 감소시키고 손상을 막아주는 유성 원료 함유 제품이다.
ㄱ : 각질 제거, ㄴ : 자외선 차단, ㄷ : 수분 증발 차단, 컨디셔닝 부여, ㄹ : 수분 증발 차단, 소수성 막을 형성, ㅁ : 미백

24

③ 양쪽성 계면활성제는 음이온과 양이온 성질을 모두 갖고 있으며 산성에서는 양이온 활성을, 알칼리에서는 음이온 특성을 나타낸다.

25

② 주름 개선 – 레티닐팔미테이트 – 10,000IU/g
③ 자외선 차단 – 페닐벤즈이미다졸설포닉애씨드 – 4%
④ 여드름 완화 – 살리실릭애씨드 – 0.5%
⑤ 미백 – 나이아신아마이드 – 2~5%

26

③ 금지되는 제조공정 : 탈취, 탈색(동물 유래) 공정, 방사선(알파선, 감마선) 조사 공정
– 물리적 공정 시 물이나 자연에서 유래한 천연 용매로 추출해야 한다.

27

ㄴ. 원료와 원료의 혼합은 제조, ㄷ. 사용기간 또는 개봉 후 사용기한이 지난 원자재는 사용 금지

28

평가하여야 할 위해 요소 : 화장품 제조에 사용된 성분, 화학적, 물리적, 생물학적 요인 등

29

시험용 검체는 오염되거나 변질되지 아니하도록 채취하고, 채취한 후에는 원상태에 준하는 포장을 해야 하며, 시험용 검체의 용기에는 명칭 또는 확인코드, 제조번호, 채취일자를 기재하여야 한다.

30

밸브나 배관, 전선 코드들의 청결 여부 / 작업 전 청소 여부 / 기계, 기구류의 수리 이동 시 사후 청소 여부 / 작업에 불필요한 물품의 반입 여부 / 쥐, 곤충 등의 침입 예상 여부 등을 점검한다.

32

과징금은 식품의약품안전처장 또는 지방식품의약품안전청장이 화장품법을 위반한 자에 대해 업무정지 처분에 갈음한 부과처분을 하는 경우에 적용하며 화장품 제조업자의 소재지 변경은 과징금 부과 대상에서 제외한다.

33

▣ 「화장품 안전기준 등에 관한 규정」 제6조 유통 화장품의 안전관리 기준
비의도적 유래 물질 검출 허용 한도, 사용할 수 없는 원료가 비의도적으로 검출 시 조치사항, 미생물의 한도, 내용량 기준, 액상 제품의 pH 기준, 기능성 화장품 중 기능성을 나타내는 주원료의 함량 기준, 퍼머넌트 웨이브용 및 헤어 스트레이트너 제품의 안전관리 기준, 유리알칼리 관리 기준

34

상시근로자가 2인 이하로서 직접 제조한 화장비누만을 판매하는 화장품 책임판매업자의 경우에 한한다.

36

화장품에 사용되는 고분자 화합물(①, ②, ③, ④)

37

① 규정 준수 감사, ③ 내부 감사, ④ 시스템 감사, ⑤ 사후 감사
- 감사는 품질 시스템의 효과를 측정하고 개선을 필요로 하는 영역을 부각시키기 위한 수단으로 제품 품질에 영향을 미칠 수 있는 기능들에 대한 심사로 인지되어야 하며 감사의 종류에는 규정 준수 감사, 제품 감사, 시스템 감사, 내부 감사, 외부 감사 등이 있다.

38

이미 포장(1차 포장)된 완제품을 세트포장하기 위한 경우에는 완제품 보관소의 등급 이상으로 관리하면 무방하다.

39

① 출입제한(포장재 보관 창고 출입자 관리를 통한 오염 방지)
② 오염 방지(시설 대응, 동선관리 필요)
④ 방충방서 대책(벌레 및 쥐에 대비한 보관 장소)
⑤ 온도, 습도(필요시 설정, 물리적 환경의 적합도 숙지), 제품표준서 등을 토대로 제품마다 설정

40

① 100만원, ② 50만원, ③ 과징금 부과 대상(「화장품법」 제10조~제12조 기재 · 표시 위반), ④ 50만원, ⑤ 100만원

41

① 니트로사민은 오염물질로 천연 화장품 및 유기농 화장품에 사용할 수 없다.

42

④ 세제 · 세척제는 잔류하거나 표면 이상을 초래하지 않는 것을 사용한다.

43

① 외음부 세정제 사용 시 주의사항(개별사항)

44

「기능성 화장품 심사에 관한 규정」에 따라 자외선 차단지수(SPF) 및 자외선 A 차단등급(PA) 설정의 근거자료 제출이 면제 되는 경우 : 자외선 차단지수(SPF) 10 이하 제품의 경우

45

③ 해당 품목 판매업무정지 2개월
①,②,④,⑤ 해당 품목 판매업무정지 3개월

46

② 중대하지 않은 일탈

47

③ 품질 열화하기 쉬운 원료는 재사용하지 않는다.

48

포장재 입고 시 관능검사(재질, 용량, 치수, 외관, 인쇄 내용, 이물질 오염 등)로 위생 상태 점검

49

「기능성 화장품 심사에 관한 규정」 [별표 4] 피부를 곱게 태워주거나 자외선으로부터 피부를 보호하는데 도움을 주는 제품은 화장품 유형 중 영·유아용 로션, 크림 및 오일, 기초 화장용 제품류, 색조 화장용 제품류에 한한다.

50

화장품 안정성 시험은 화장품의 저장 방법 및 사용기한을 설정하기 위하여 경시 변화에 따른 품질의 안정성을 평가하는 시험으로 유통 경로나 제형 특성에 따라 적절한 시험조건을 설정하여야 하며 가속시험은 일반적으로 장기보존시험의 지정 저장 온도보다 15℃ 이상 높은 온도에서 시험한다.

51

① 수중유형은 물(외상)이 오일(내상) 성분이 섞여있는 형태
② 수중유형은 유동성을 낮추기 위해 증점제가 사용
③ 유중수형은 O/W형 에멀젼보다 유분이 많아 피부로부터 수분 손실 방지를 도움
④ 유중수형은 물과 혼합되지 않으며 대개 끈적한 크림 형태로 피부에서 불순물 제거에 유용(클렌징 크림, 헤어 크림 등)

52

화장품은 대개 서로 잘 섞이지 않은 물질들을 일시적으로 혼합시킨 불균일한 계인 경우가 많다. 보관 및 유통 과정에서 여러 가지 불안정화 현상들이 나타날 수 있는데, 그 주요 요인으로는 온도, 일광, 미생물 등이 있다.

53

② 사용상의 제한이 필요한 보존제 성분(페녹시에탄올 사용 한도 1%)

54

모발은 케라틴(80~90%), 멜라닌 색소(3%), 지질(1~8%), 수분(13%), 미량원소(0.6~1%)로 구성

55

- 화장품의 안정성 시험 자료 보관 의무 대상 : 레티놀(비타민 A) 및 그 유도체, 아스코빅애시드(비타민 C) 및 그 유도체, 토코페롤(비타민 E), 과산화화합물, 효소 성분을 0.5% 이상 함유하는 제품
- 안정성 시험 자료 보존기간 : 최종 제조된 제품의 사용기한이 만료되는 날부터 1년간 보존

56

모유두는 모세혈관과 감지신경이 연결되어 있고 모세혈관을 통해 영양소나 산소를 모구에 공급함으로써 세포가 생성되며 모발의 발생과 성장을 돕는다.

57

- 촉감적 요소(매끄러움, 뽀드득함, 촉촉함, 보송보송함, 부드러움, 딱딱함, 탄력이 있음, 부드러워짐, 끈적임 등)
- 시각적 요소(윤기, 커버력, 투명감, 매트함, 화장 지속력, 뭉침, 번짐, 번들거림 등)

58

④ 베이비 파우더(의약외품)

59

"인체 적용 제품"이란 사람이 섭취·투여·접촉·흡입 등을 함으로써 인체에 영향을 줄 수 있는 것으로 「화장품법」 제2조에 따른 화장품을 말한다.

60

③ 이온성 계면활성제의 물에 대한 용해도가 급격히 상승하는 온도를 크라프트점이라고 하며 계면활성제의 수화 결정이 수중에서 녹는 온도로 이때 미셀이 형성된다.

61

자연 노화 시에는 멜라노사이트 세포가 균일하고 광노화 시에는 멜라노사이트 세포가 다양하다.

62

대식세포, 섬유아세포는 진피층을 구성하는 세포이다.

63

사용상의 제한이 필요한 보존제 성분 : 사용 후 씻어 내는 제품에만 사용 가능(①, ③, ④, ⑤)

64

① 나이가 듦에 따라 콜라겐과 엘라스틴 등이 감소하고 파괴되면서 피부 탄력과 신축성, 수분 보유력이 저하
② 피부 표면에는 늘어짐과 주름 형태가 나타나며 각질세포는 약 4주를 간격으로 새로운 세포로 교체
③ 머리가 빠지고 백발이 증가하며 피부는 황색으로 변함
⑤ 광노화로 인해 피부가 두꺼워지고 변성된 탄력 섬유의 축적에 의한 탄성 섬유증이 나타남

65

① 표피 증식 및 염증 발생
② 피부의 온도 상승 시 표피의 수분 손실을 증가
③ 자극성 접촉 피부염 빈도가 증가, 피부장벽 기능 약화
④ 당질코르티코이드가 증가되어 피부장벽 회복을 억제

66

▣ 맞춤형 화장품에 제외되는 기재 · 표시
- 식품의약품안전처장이 정하는 바코드
- 수입 화장품인 경우 제조국의 명칭(「대외무역법」에 따른 원산지를 표시한 경우 제조국의 명칭 생략 가능), 제조회사명 및 그 소재지

67

⑤ 모수질(medulla)은 모발 중심에 존재하며 벌집 모양의 다각형 세포로 보온의 역할을 하고 모발 굵기에 따라 유무가 달라진다.

68

세라마이드 〉 콜레스테롤 〉 기타(인지질 등) 〉 콜레스테롤 에스터 〉 지방산

70

얼굴, 생식기 부위, 각질층이 없는 점막 등 피부의 두께가 얇을수록 흡수가 잘되고 온도를 높이면 열이 각질층의 모공을 확장시켜 흡수가 잘된다. 피부의 습도를 높이고 수분량을 증가시키면 각질층이 부드러워져 투과가 용이하게 된다.

71

일광 노출로 인해 몇 시간 내에 즉시 피부가 검게 되는 것은 자외선 A(320~400㎚)에 의한 것이다.

72

SPF(sun protection factor)는 UV-B를 차단하는 제품의 차단 효과를 나타내는 지수이며 PA는 UV-A 약칭으로 UV-A 차단 효과 정도를 의미한다. 최소홍반량(MED)는 UV-B를 사람의 피부에 조사한 후 16~24시간에서 조사영역의 전 영역에 홍반을 나타낼 수 있는 최소한의 자외선량을 말하며 최소지속형즉시흑화량(MPPD)는 UV-A 조사 후 2시간에서 4시간 내에, 조사영역의 전 영역에 기본적으로 희미한 흑화가 인식되는 최소 자외선 조사량을 말한다. 제품 도포 부위와 무도포 부위의 MPPD의 비를 자외선 A 차단지수(PFA)라 한다.

73

① 지성 피부는 피지 분비량이 많아 번들거리므로 유분감이 많은 제품은 피한다.

74

기능성 화장품 심사 시 제출해야 하는 유효성 또는 기능에 관한 자료 - 인체 적용시험 자료, 효력시험 자료

75

이미 심사를 받은 기능성 화장품[책임판매업자가 같거나 제조업자(제조업자가 제품을 설계 · 개발 · 생산하는 방식으로 제조한 경우만 해당한다)가 같은 기능성 화장품만 해당한다]과 그 효능 · 효과를 나타내게 하는 원료의 종류, 규격 및 분량(액상인 경우 농도), 용법 · 용량이 동일하고 각 호 어느 하나에 해당하는 경우 기원 및 개발 경위, 안전성, 유효성 또는 기능을 입증하는 자료 제출을 면제한다.

1. 효능 · 효과를 나타나게 하는 성분을 제외한 대조군과의 비교실험으로써 효능을 입증한 경우
2. 착색제, 착향제, 현탁화제, 유화제, 용해보조제, 안정제, 등장제, pH 조절제, 점도 조절제, 용제만 다른 품목의 경우. 다만, 「화장품법 시행규칙」 제2조 제10호(피부장벽 개선에 도움) 및 제11호(튼 살에 도움)에 해당하는 기능성 화장품은 착향제, 보존제만 다른 경우에 한한다.

76

③ 유통 화장품 안전기준 액, 로션, 크림 및 이와 유사한 제형의 액상 제품의 pH 기준 : 3.0~9.0. 다만, 물을 포함하지 않은 제품과 사용한 후 곧바로 물로 씻어 내는 제품은 제외

77

화학적 요인(ㄱ), 환경적 요인(ㄷ), 생리적 요인(ㅁ)

78

④ 내부적인 요인(유화제의 종류 및 사용량, 에멀젼의 점도, 분산 입자의 크기와 분포 상태 등)

79

관능평가의 종류 - 소비자에 의한 평가, 전문가 패널에 의한 평가, 전문가에 의한 평가 등

80

인체 세포 · 조직 배양액의 품질을 확보하기 위하여 인체 세포 · 조직 배양액 품질관리기준서를 작성하고 이에 따라 품질검사(성상, 무균시험, 마이코플라스마 부정시험, 외래성 바이러스 부정시험, 확인시험, 순도시험)를 실시하고 시험성적서를 보존하여야 한다.

81

- 민감정보의 유형
  · 사상 · 신념, 노동조합 · 정당의 가입 · 탈퇴, 정치적 견해, 건강, 성생활 등에 관한 정보
  · 그 밖에 정보 주체의 사생활을 현저히 침해할 우려가 있는 개인정보로서 대통령령으로 정하는 정보
- 민감정보의 범위 : 유전정보, 범죄경력 자료에 해당하는 정보, 개인의 신체적, 생리적, 행동적 특징에 관한 정보로써 특정 개인을 알아볼 목적으로 일정한 기술적 수단을 통해 생성한 정보, 인종이나 민족에 관한 정보
- 주민등록번호 처리의 제한 : 주민등록번호 처리가 불가피한 경우로서 보호위원회가 고시로 정하는 경우

83

맞춤형 화장품 판매업자 준수사항 : 맞춤형 화장품 판매 내역서(전자문서 포함)를 작성 · 보관

84

천연보습인자(NMF)를 구성하는 수용성의 아미노산(amino acid)은 필라그린(filaggrin)이 각질층 세포의 하층으로부터 표층으로 이동함에 따라서 각질층 내의 단백 분해 효소에 의해 분해된 것으로 각질층 상층에 이르는 과정에서 아미노펩티데이스(aminopeptidase), 카복시펩티데이스(carboxypeptidase) 등의 활동에 의해서 최종적으로 아미노산으로 분해된다.

87

화장품 책임판매업자는 화장품 책임판매 후 안전관리에 관한 기준을 갖추어야 하며 이를 수행하고 관리할 수 있는 책임판매관리자를 두어야 한다.

88

- 제품에 대한 설명 자료 : 제품에 대한 기본 정보를 정리한 내용
- 제조 방법에 대한 설명 자료 : 전체적인 흐름을 확인 가능한 내용을 포함(세부 정보를 모두 포함해야 하는 것은 아님)

89

이황화결합(disulfide bond, -S-S-)은 2개의 황 원자 간의 공유결합으로 모발에서 2개의 아미노산 시스테인 분자들이 산화 과정을 통해 1개의 시스틴 분자로 변화할 때를 말한다.

91

화장품의 1차 또는 2차 포장에 기재 · 표시하여야 하는 사용 시의 주의사항 중 공통사항

93

미셀(micelle)의 크기는 가시광선의 파장보다 작아서 빛을 투과시키므로 투명(미스트, 향수 등)하다.

94

▣ 「기능성 화장품 심사에 관한 규정」 유효성 또는 기능에 관한 심사 자료
- 「화장품법 시행규칙」 제2조 제6호 화장품(모발의 색상 변화)은 염모 효력시험 자료만 제출한다.
- 효력시험 자료, 인체 적용시험 자료, 염모 효력시험 자료(모발의 색상을 변화시키는 화장품에 한함)
  · 염모 효력시험 자료 : 인체 모발을 대상으로 효능 · 효과에서 표시한 색상을 입증하는 자료

96

「화장품 표시 · 광고 실증에 관한 규정」에서 정하는 표시 · 광고는 정해진 실증자료를 합리적인 근거로 인정

98

원료와 포장재, 벌크 제품과 완제품이 적합 판정 기준을 만족시키지 못할 경우 "기준 일탈 제품"으로 지칭한다.

99

모발은 태어날 때 이미 그 숫자가 결정된 모유두에서 발생하여 성장하고 퇴화 과정을 거쳐 자연 탈모된다.

100

제모제(치오글라이콜릭애씨드 함유 제품에만 표시함)

실전모의고사 정답 & 해설

선다형

1	2	3	4	5	6	7	8	9	10
①	②	①	②	②	③	②	②	④	②
11	12	13	14	15	16	17	18	19	20
④	②	①	①	③	③	⑤	④	⑤	⑤
21	22	23	24	25	26	27	28	29	30
②	①	④	⑤	①	④	③	②	②	①
31	32	33	34	35	36	37	38	39	40
⑤	②	②	③	②	②	①	③	①	③
41	42	43	44	45	46	47	48	49	50
④	①	②	④	③	①	④	④	②	⑤
51	52	53	54	55	56	57	58	59	60
④	②	⑤	①	④	⑤	⑤	②	②	⑤
61	62	63	64	65	66	67	68	69	70
③	②	④	③	①	⑤	③	③	②	⑤
71	72	73	74	75	76	77	78	79	80
②	④	④	②	①	③	④	②	②	⑤

단답형

번호	정답	번호	정답
81	㉠ 0.5%, ㉡ 안정성	91	파네솔, 신나밀알코올
82	ㄷ, ㅁ, ㅂ	92	㉠ 경피 흡수
83	㉠ 생물학적, ㉡ 독성	93	ㄹ
84	㉠ 염료(dye), ㉡ 레이크(lake)	94	인체 적용시험 자료
85	㉠ 화장품 책임판매업자, ㉡ 품질성적서	95	㉠ 유통 화장품, ㉡ 미생물
86	㉠ 보존제	96	㉠ p-클로로-m-크레졸, ㉡ 점막
87	㉠ 흡수, ㉡ 산란	97	ㄱ 〉 ㄷ 〉 ㄴ 〉 ㄹ 〉 ㅁ
88	ㄷ	98	㉠ 포도상구균
89	ㄱ, ㄹ, ㅁ	99	흡광도
90	㉠ 기호형, ㉡ 분석형	100	세라마이드엔피, 참나무이끼추출물, 아데노신

01

ㄷ. 판매업무정지 1개월, ㄹ. 시정명령

02

「화장품법」 제10조 제1항 및 「화장품법 시행규칙」 제19조 제4항 그 밖에 총리령으로 정하는 사항
- 성분명을 제품 명칭의 일부로 사용한 경우 그 성분명과 함량을 기재 · 표시(방향용 제품은 제외)

03

회수 대상 화장품 : 국민보건에 위해를 끼치거나 끼칠 우려가 있는 것으로 「화장품법」 제9조(안전용기 · 포장 등), 제15조(영업의 금지), 제16조 제1항(판매 등의 금지)에 위반되는 화장품

04

- 화장품을 약사법에서 의약품 등의 범위에 포함하여 의약품과 동등하거나 유사하게 규제
- 화장품 특성에 부합되는 적절한 동 산업의 경쟁력 배양을 위한 제도의 도입이 요망
- 약사법 중 화장품과 관련된 규정을 분리하여 별도의 화장품 법을 제정(1999.9.7.)

05

ㄱ. 의약품 잘못 인식 우려(질병을 진단 · 치료 · 경감 · 처치 또는 예방, 의학적 효능 · 효과 관련)
ㄴ. 의약품 잘못 인식 우려(피부 관련 표현)
ㄹ. 소비자를 속이거나 소비자 잘못 인식 우려(화장품의 범위를 벗어나는 광고)

06

천연 및 유기농 화장품 작업장과 제조 설비의 세척제(과산화수소, 식물성 비누, 락틱애씨드, 에탄올, 계면활성제, 석회장석유, 소듐카보네이트, 소듐하이드록사이드, 시트릭애씨드, 열수와 증기, 정유, 무기산과 알칼리)

07

유효성 또는 기능에 관한 자료(ㄷ. 염모 효력시험 자료, ㅂ. 인체 적용시험 자료)

08

「화장품 안전기준 등에 관한 규정」 [별표 1] 화장품에 사용할 수 없는 원료(페놀, 안트라센 오일, 퓨란)

09

④ 사용상의 제한이 필요한 성분(우레아, 토코페롤)이 포함되어 있다. 우레아는 피부를 부드럽게 해주는 피부 연화제로 보습, 각질 용해, 항균 작용 등이 있으나 고농도로 사용 시에는 주의해야 한다.

10

- 「화장품법」 제4조에 따라 해당 원료(알부틴, 티타늄디옥사이드)를 포함하여 기능성 화장품에 대한 심사를 받거나 보고서를 제출하면 사용 가능(단, 기능성 화장품의 효능 · 효과를 나타내는 원료는 내용물과 원료의 최종 혼합 제품을 기능성 화장품으로 이미 심사(또는 보고)받은 경우에 한하여, 이미 심사(또는 보고)받은 조합 · 함량 범위 내에서만 사용 가능)
- 사용상의 제한이 있는 보존제 성분(ㄴ. 클로로부탄올, ㄹ. 클로로자이레놀, ㅁ. 벤조익애씨드)

12

- 회수 결과 공개 시점 및 방법 : 회수 종료 후 식품의약품안전처 홈페이지에 공개
- 공개 대상 : 생산(수입)량, 출고량, 회수 대상량, 회수량

13

① 인체 위해의 유의한 증거가 없음을 검증하기 위하여 위해 평가가 필요하다.

14

② 4-메칠벤질리덴캠퍼 : 4%, ③ 멘틸안트라닐레이트 : 5%, ④ 벤조페논-3 : 5%, ⑤ 벤조페논-4 : 5%

15

③ 세틸피리디늄클로라이드 : 0.08%

16

① 정지 처분 기간의 3분의 2 이하의 범위에서 경감, ② 업무정지 2개월 이상 6개월 이하의 범위에서 처분, ④ 업무정지 3개월 이상 6개월 이하의 범위에서 처분, ⑤ 정지 처분 기간의 2분의 1 이하의 범위에서 경감

17

화장품에 사용할 수 없는 원료(① 나프탈렌, ② 니켈, ③ 니코틴), ④ 수성 원료

18

「화장품 사용 시의 주의사항 및 알레르기 유발 성분 표시에 관한 규정」에 따라 착향제 구성성분 중 해당 성분의 명칭을 기재·표시해야 하는 알레르기 유발 성분의 종류는 25종이며 사용 후 씻어 내는 제품에서 0.01% 초과, 사용 후 씻어 내지 않는 제품에서 0.001% 초과하는 경우에 한한다.

19

화장품 안정성 시험은 화장품 원료가 성상이나 품질의 변화 없이 최적의 품질로 사용할 수 있는 사용기간 및 저장방법을 설정하기 위해 경시변화에 따른 제품 품질의 안정성을 평가하는 시험이다.

20

글루코코르티코이드, 리도카인, 비타민 L_1, L_2는 의약품 성분으로 사용할 수 없다

21

ㄷ. 습윤제(수분 증가), ㅁ. 금속이온 봉쇄제, ㅂ. 연화제(피부 윤기, 유연성 제공)

22

① 향료에 포함된 알레르기 성분을 표시토록 하는 것은 향료 성분에 대한 정보를 제공하여 알레르기가 있는 소비자의 안전을 확보하기 위한 것이다.

23

「화장품 안전성 정보관리 규정」에 따른 신속보고는 식품의약품안전처 홈페이지를 통해 보고하거나 전화·우편·팩스·정보통신망 등의 방법으로 할 수 있다.

24

⑤ 비의도적 유래 물질 수은 검출 허용 한도 1㎍/g

25

알레르기 유발 성분의 표시 기준 산출 방법은 해당 알레르기 유발 성분이 내용량에서 차지하는 함량의 비율로 계산한다. 사용 후 씻어 내지 않는 바디로션(250g) 제품에 리모넨이 0.05g 포함 시 0.05g ÷ 250g × 100 = 0.02% → 0.001% 초과이므로 표시 대상이다.

26

화장품에 먼지나 미생물의 유입 방지를 위해 사용 후 항상 뚜껑을 꼭 닫아서 보관하고 화장품을 여러 사람이 같이 사용하면 감염, 오염의 위험이 있으므로 주의하고, 판매장의 테스트용 제품은 사용할 때 일회용 도구 사용을 권장한다.

27

제품표준서는 화장품 제조에 필요한 내용을 표준화한 것으로 작업상 착오가 없도록 하여 항상 동일한 수준의 제품을 생산하도록 유지하고 생산 단계별로 적합성을 보장하는 데 목적이 있다.

28

제조관리기준서는 원료의 입고에서부터 완제품 출고에 이르기까지 각 공정(제조공정에 따른 원료 칭량~최종 완제품의 포장 및 창고 입고까지 공정 전반에 걸친 품질 관련 중요사항을 표준화된 방법으로 수행하는 것을 원칙)에서의 관리 방법을 명확히 하여 우수 화장품 제조 및 품질관리를 위함이다.

29

제조 위생관리기준서는 직원의 건강관리, 작업원의 위생, 복장 규정, 작업실 청소 및 평가, 제조시설의 청소 및 평가, 곤충, 해충 및 쥐를 막는 방법 및 점검주기에 관한 기준서로 맞춤형 화장품 혼합 · 소분 장소는 판매 장소와 구분 · 구획하여 관리한다.

30

품질관리기준서는 원료, 반제품 및 완제품의 품질관리를 위한 시험항목, 검체의 채취 방법, 보관조건 등 제조 공정 중 불량품을 발생시키는 원인을 미연에 제거함으로써 품질 유지와 향상을 위한 기준서이다.

31

① 제조단위(Batch)를 대표하는 검체를 채취
② 품질관리기준서에 작성하고 보관
③ 보관용 검체는 적절한 보관조건 하에 지정된 구역 내에서 제조단위별로 사용기한 경과 후 1년간 보관 (다만, 개봉 후 사용기간을 기재하는 경우에는 제조일로부터 3년간 보관)
④ 시험용 검체는 일반적으로 제품 시험이 종료되고 그 시험 결과가 승인되면 폐기

32

② 포장재가 재포장될 경우 원래의 용기와 동일하게 표시되어야 한다.

33

반제품은 품질이 변하지 아니하도록 적당한 용기에 넣어 지정된 장소에서 보관해야 하며 용기에 명칭 또는 확인코드, 제조번호, 완료된 공정명, 필요한 경우에는 보관조건을 표시해야 한다.

34

③ 제조실 내에 설치되어 있는 배수로 및 배수구는 월 1회 락스 소독 후 내용물, 잔류물, 기타 이물 등을 완전히 제거하여 깨끗이 청소한다.

35

ㄷ. 벌크의 재보관 ㅁ. 제조번호는 각각의 완제품에 지정되어야 한다.

36

② 손이 마른 상태에서 손 소독제를 모든 표면을 다 덮을 수 있도록 충분히 적용한다.

37

포장지시서 포함 사항(제품명, 포장 설비명, 포장재 체크 리스트, 상세한 포장 생산공정, 포장 생산 수량)

38

출고할 제품은 원자재, 부적합품 및 반품된 제품과 구획된 장소에서 보관하여야 한다. 다만 서로 혼동을 일으킬 우려가 없는 시스템에 의하여 보관되는 경우에는 예외로 한다.

39

② 시험 기록은 검토한 후 시험 결과 적합, 부적합, 보류를 판정하여야 한다.
③ 기준 일탈이 된 경우는 책임자에게 보고한 후 조사해야 한다.
④ 기준 일탈의 조사 결과는 책임자에 의해 일탈, 부적합, 보류를 명확히 판정하여야 한다.
⑤ 정해진 보관 기간이 경과된 원자재 및 반제품은 재평가하여 품질기준에 적합한 경우 제조에 사용될 수 있다.

40

표준품과 시약용기 기재 사항(명칭, 개봉일, 보관조건, 사용기한, 역가, 제조자의 성명)

41

④ 정제수로 2차 세척한 후 UV로 처리한 깨끗한 수건이나 부직포 등을 이용하여 물기를 완전히 제거한다.

42

청정도(공기 청정기), 실내 온도(열 교환기), 습도(가습기), 기류(송풍기)는 공기 조절의 4대 요소로 공기 조절의 목적은 제품과 직원에 대한 오염 방지이나 한편으로는 오염의 원인이 되기도 한다.

43

외부와 연결된 창문은 가능한 열리지 않도록 하고 작업소 내의 외관 표면은 가능한 매끄럽게 설계하고 청소, 소독제의 부식이 없어야 한다. 수세실과 화장실은 접근이 용이하나 생산 구역과 분리되어야 한다.

44

④ 위탁업체는 수탁업체의 감사를 실시해야 하며 수탁업체는 위탁업체가 확립한 제조공정의 실시를 보증해야 한다.(위탁업체는 수탁업체가 수행한 제조공정 또는 시험을 평가하고 감사한다.)

45

재작업이란 뱃치 전체 또는 일부에 추가 처리를 하여 부적합품을 적합품으로 가공하는 일이다.

46

① 품질보증책임자가 부적합된 원인 조사를 지시

47

④ 기술 개발은 위탁계약 이전에 수탁회사에서 이루어지는 행위이다.
- 위 · 수탁 제조 절차(수탁업체 평가 → 기술 확립 → 계약 체결 → 기술 이전 → CGMP 체계 확립 → 제조 또는 시험 개시 → 위탁업체에 의한 수탁업체 평가 및 감사)

48

ㄱ. 물의 품질은 정기적으로 검사해야 하고 필요시 미생물학적 검사를 실시해야 한다.
ㄷ. 기준 일탈이 된 완제품 또는 벌크 제품은 재작업할 수 있다.
ㄹ. 품질에 문제가 있거나 회수 · 반품된 제품의 폐기 또는 재작업 여부는 품질보증책임자에 의해 승인되어야 한다.

49

다른 제조번호의 제품에도 영향이 없는지 점검한다.

50

화장품 회수는 원칙적으로 화장품 책임판매업자가 실시하여야 하는 사항이나 제조업자가 제조한 화장품에 대한 회수 필요성이 인식될 경우 다음 사항을 이행하는 회수 책임자를 두어야 한다.

▣ 회수책임자 역할

1. 전체 회수 과정에 대한 책임판매업자와의 조정
2. 결함 제품의 회수 및 관련 기록 보존
3. 소비자 안전에 영향을 주는 회수의 경우 회수가 원활히 진행될 수 있도록 필요한 조치 수행
4. 회수된 제품은 확인 후 제조소 내 격리 보관 조치(필요시에 한함)
5. 회수 과정의 주기적인 평가(필요시에 한함)

51

④ 변경이 제품 품질이나 제조공정에 영향을 미친다면 그 변경에 의하여 다른 제품 또는 제조공정이 되므로 규제 정부나 제조업자 등과 서로 논의해야 한다.

52

낙하균 측정법은 실내외를 분문하고 대상 작업장에서 오염된 부유 미생물을 직접 평판 배지 위에 일정 시간 자연 낙하시켜 측정하는 방법이다. 특별한 기기의 사용 없이 언제, 어디서라도 실시할 수 있는 간단하고 편리한 방법이지만 공기 중의 전체 미생물을 측정할 수 없다는 단점이 있다.

53

화장품에 사용할 수 있는 색소 종류, 사용부위 및 사용 한도는 「화장품의 색소 종류와 기준 및 시험 방법」 [별표 1]에서 확인할 수 있으며 화장품에 사용할 수 있는 색소 기준 및 시험 방법은 [별표 2]에서 확인할 수 있다.

54

② 눈 화장용 제품은 35㎍/g 이하, ③ 색조 화장용 제품은 35㎍/g 이하, ④ 색조 화장용 제품은 35㎍/g 이하, ⑤ 그 밖의 제품은 10㎍/g 이하

55

유통 화장품 안전관리 기준 비의도적 유래 비소의 검출 허용 한도 : 10㎍/g 이하

56

손톱과 발톱은 표피성의 반투명한 각질세포(케라틴)로 구성되어 있다. 4~5개의 층으로 뭉쳐있는 구조로서 그 사이에 수분이 함유되어 있다. 손톱 일부분에는 모세혈관과 말초신경관이 많이 위치한다.

57

⑤ 암모니아는 모표피를 손상시켜 염료와 과산화수소가 속으로 잘 스며들 수 있도록 하는 역할을 한다.

58

② 물휴지 미생물 한도 : 세균 및 진균 수는 각각 100개/g(mL) 이하

59

「화장품 안전기준 등에 관한 규정」 유통 화장품 안전관리 기준에 따른 미생물 한도
- 대장균(Escherichia coli), 녹농균(pseudomonas aeruginosa), 황색포도상구균(staphylococcus aureus) 불검출

60

유통 화장품 안전관리 기준 비의도적 유래 포름알데하이드의 검출 허용 한도 : 20㎍/g 이하

61

멜라닌은 멜라노좀에서 합성되며 티로신(tyrosine)을 시작 물질로 유멜라닌(eumelanin, brownish black)과 페오멜라닌(pheomelanin, reddish yellow)으로 만들어진다.

62

온열성 발한은 우리 몸의 체온을 36.5℃로 유지하기 위한 반응이다. 소한선의 땀도 피부에서 증발할 때 증발열을 빼앗아 날아가고, 우리 피부는 체온이 떨어진다.

63

④ 피부 감작성(알레르기성 접촉 피부염)이란 지연성 접촉 과민반응으로써 이전의 노출에 의해 활성화된 면역체계에 의한 알레르기성 반응이다.

64

고객에게 추천할 제품은 보습, 각질 제거, 미백 제품이다. 각질 제거 효능이 있는 화장품은 색소 침착된 표피의 각질 세포를 탈락시킨다.
ㄱ : 각질연화, ㄴ : 보존, ㄷ : 보습, ㄹ : 항균, ㅁ : 미백

65

① 각질층의 pH는 4.5~5.5(약산성)

66

표피 자체의 pH가 아니라 땀샘으로부터 분비된 땀과 피지선으로부터 분비된 피지가 혼합되어 피부를 덮고 있는 피부 지방막의 pH이다. 피부의 pH는 사람마다 또는 신체 부위마다 약간의 차이가 있고 계절과 호르몬에 따라 달라진다.

67

③ UV-C(200~290㎚) 피부 노화의 주원인 〈 UV-B(290~320㎚) 〈 UV-A(320~400㎚) 오존층에서 흡수

68

각질 제거제는 색소 침착된 표피의 각질 세포를 탈락시킨다. 풀루란은 천연고분자로 보습효과와 함께 필름 형성 기능이 있다.

69

단백질 합성 효소뿐 아니라 호르몬 및 비타민, 미네랄 등의 보조 체적요소의 결핍으로 인한 기능의 저하에 의해 모유두의 기능이 저하하고 탈모의 원인이 된다. 자율신경이 원활한 활동을 하지 못하면 원형 탈모증이 된다.

70

⑤ Vitamin E는 항산화제이며 섭취 시 화학 요법에 의한 탈모 예방에 도움을 줄 수 있고, Vitamin A는 부족 시 두피 건성화가 나타나고 심각한 경우에는 모공각화증이 발생되며 과다 섭취 시 탈모를 유발하기도 한다.

71

① 에피 큐티클　　③ 엔도 큐티클
④ 에피 큐티클　　⑤ 엔도 큐티클

72

내모근초는 내측의 두발 주머니로 모구부에서 발생한 두피를 완전히 각화가 종료될 때까지 보호하고 표피까지 운송하는 역할을 다한 후에는 비듬이 되어 두피에서 떨어진다.

73

① 단회 투여 독성시험법, ② 안자극시험법, ③ 단회 투여 독성시험법, ⑤ 피부 감작성시험법

74

② 모경지수는 모발의 곱슬거리는 정도를 나타내는 수치로서 100일 경우의 모발은 직모를 나타낸다.

75

모발 단백질은 아미노산의 축합 중합체로서 구성 아미노산의 비율은 시스틴, 글루탐산, 아르기닌, 로이신, 세린, 프롤린의 순으로 존재한다.

76

안료는 염색성은 없지만 표면을 피복하는 힘은 가지고 있다. 물, 에탄올, 기름에 녹지 않지만 여러 종류의 색조를 착색시킬 수 있다. 이에 반해 염료는 물, 에탄올, 기름에 잘 녹고 모발 조직 중에 침투시킬 수 있지만 모발의 색에 따라 착색이 불가능할 수 있다.

77

① 사용기준이 지정·고시된 원료 외의 보존제, 색소, 자외선 차단제 등은 사용할 수 없다.{단, 원료의 품질 유지를 위해 원료에 보존제가 포함되었으면 예외적으로 허용, 원료의 경우 개인 맞춤형으로 추가되는 색소, 향, 기능성 원료 등이 해당하며 이를 위한 원료의 조합(혼합 원료)도 허용}
② 맞춤형 화장품 판매장에서 맞춤형 화장품의 내용물이나 원료의 혼합 또는 소분 업무는 맞춤형 화장품 조제관리사만 가능하다.
③ 수집된 개인정보는 개인정보보호법에 따라 정보 주체의 동의 없이 제3자에게 정보를 공개하여서는 아니 된다.
⑤ 화장품에 사용상의 제한이 필요한 원료는 맞춤형 화장품의 혼합에 사용할 수 없다.

78

맞춤형 화장품에서는 유전자 분석 기술을 통해 색소 침착 정도, 노화 정도 등의 타고난 피부 특성을 파악하고 라이프 스타일 검사와 사소한 생활 습관 및 외부 환경으로부터 받는 피부 영향을 분석하여 특정 개인에 맞는 화장품을 정한다.

79

ㄴ. 유중수형(W/O type)은 수중유형(O/W type)보다 더 기름기가 있어 건성 피부용 제품 제조에 사용
ㄷ. 수중유형 타입은 지성, 여드름 피부에 사용 시 효과적으로 모공이 넓은 피부에 좋고 청량감이 뛰어남

80

⑤ 화장품 단회투여독성 동물 대체시험법(시험물질을 정해진 투여용량으로 동물에 경구투여한 후 동물의 사망 여부를 평가하는 시험법으로 컴퓨터 전용 프로그램을 이용하여 시험물질의 급성경구독성을 판정하는 방법)

81

- 화장품의 안정성 시험 자료 보관 의무 대상 : 레티놀(비타민 A) 및 그 유도체, 아스코빅애시드(비타민 C) 및 그 유도체, 토코페롤(비타민 E), 과산화화합물, 효소 성분을 0.5% 이상 함유하는 제품
- 안정성 시험 자료 보존 기간 : 최종 제조된 제품의 사용기한이 만료되는 날부터 1년간 보존

82

고유식별정보의 범위 (주민등록법에 따른 주민등록번호, 여권법에 따른 여권번호, 도로교통법에 따른 운전면허의 면허번호, 출입국관리법에 따른 외국인 등록번호)

83

「인체 적용 제품의 위해성 평가 등에 관한 규정」에 따른 인체 적용 제품이란 사람이 섭취 · 투여 · 접촉 · 흡입 등을 함으로써 인체에 영향을 줄 수 있는 것으로서 「화장품법」 제2조에 따른 화장품을 말한다.

84

염료(dye)는 물, 알코올, 오일 등의 용매에 용해되고 화장품 기제 중에 용해 상태로 존재하며 색채를 부여하는 물질로 수용성 염료와 유용성 염료로 구분할 수 있다.

85

맞춤형 화장품 판매업자는 맞춤형 화장품의 내용물 및 원료 입고 시 화장품 책임판매업자가 제공하는 품질 성적서를 구비하고 품질관리 여부를 확인 시 품질성적서를 주의 깊게 검토하여야 한다.

86

보존제는 화장품이 보관 및 사용되는 동안 미생물의 성장을 억제하거나 감소시켜 제품의 오염을 막아주는 특성을 가진 성분을 총칭하며 보존제의 종류마다 균에 대한 효과의 다양성이 존재한다.

87

자외선 차단제는 자외선 흡수제(화학적 작용)와 자외선 산란제(물리적 작용)로 구분할 수 있다.

88

ㄱ. "나" 등급, ㄴ. "나" 등급, ㄷ. "가" 등급, ㄹ. "다" 등급

89

ㄴ. 성상, 냄새, 사용감에 관한 표준, ㄷ. 색소의 색조에 관한 표준

90

관능평가는 화장품에 적합한 관능 품질을 확보하기 위하여 외관 · 색상 검사, 향취 검사, 사용감 검사 등을 수행하며 기호형과 분석형 2가지 종류가 있다.

91

식품의약품안전처장이 정하여 고시한 알레르기 유발 성분이 있는 경우 향료로 표시할 수 없고 해당 성분의 명칭을 기재 · 표시해야 한다.

93

▣ 화장비누에만 사용 가능한 타르 색소(식품의약품안전처 고시)

피그먼트 적색 5호, 피그먼트 자색 23호, 피그먼트 녹색 7호

94

영업자 또는 판매자는 자기가 행한 표시 · 광고 중 사실과 관련한 사항에 대하여 실증할 수 있어야 한다. "여드름 피부 사용에 적합, 항균(인체 세정용 제품에 한함), 일시적 셀룰라이트 감소, 붓기, 다크서클 완화, 피부 혈행 개선"의 경우 인체 적용시험 자료를 합리적인 근거(실증자료)로 인정한다.

95

맞춤형 화장품 간 혼입이나 미생물 오염 등을 방지할 수 있는 시설 또는 설비 등을 확보하여야 한다.

96

사용상의 제한이 필요한 보존제(p-클로로-m-크레졸 사용 한도 0.04%) : 점막에 사용되는 제품에는 사용 금지

97

지상에 미치는 광선의 약 52%가 가시광선이며 약 42%가 적외선이고 약 6%가 자외선이다.
ㄱ. 적외선 780~1,000㎚
ㄴ. 자외선 A 320~400㎚
ㄷ. 가시광선 380~750㎚
ㄹ. 자외선 B 290~320㎚
ㅁ. 자외선 C 200~290㎚

98

피부 상재균 중 가장 흔하게 보이는 것이 포도상구균이다.

99

▣ 기능성 화장품 심사를 위해 제출해야 하는 안전성에 관한 자료
(다만, 과학적인 타당성이 인정되는 경우에는 구체적인 근거자료를 첨부하여 일부 자료를 생략 가능)
1. 단회 투여 독성시험 자료
2. 1차 피부 자극시험 자료
3. 안점막 자극 또는 기타 점막 자극시험 자료
4. 피부 감작성시험 자료
5. 광독성 및 광감작성시험 자료(흡광도 시험 자료를 제출하는 경우에는 면제)
6. 인체 첩포시험 자료
7. 인체 누적 첩포시험 자료(인체 적용시험 자료에서 안전성 문제가 우려된다고 판단되는 경우에 한함)
- 흡광도 시험은 자외선을 흡수할 수 있는 물질이 자외선을 흡수한 후 나타나는 변화로 그 이전에 나타나지 않던 독성과 감작성(알러지)을 일으키는지 확인하는 실험이다.

100

기재 · 표시 사항
- 성분명을 제품 명칭의 일부로 사용한 경우 그 성분명과 함량(방향용 제품 제외)
- 알레르기 유발 성분
- 내용량 10mL(g) 초과 50mL(g) 이하 기능성 화장품의 경우 심사 받거나 보고한 효능 · 효과가 나타나게 하는 원료

실전모의고사 정답 & 해설

선다형

1	2	3	4	5	6	7	8	9	10
③	④	③	③	⑤	①	②	⑤	④	④
11	12	13	14	15	16	17	18	19	20
③	④	④	①	④	①	②	①	③	④
21	22	23	24	25	26	27	28	29	30
③	⑤	①	②	③	⑤	②	①	①	①
31	32	33	34	35	36	37	38	39	40
①	⑤	⑤	④	⑤	⑤	②	⑤	④	②
41	42	43	44	45	46	47	48	49	50
①	⑤	④	③	②	③	⑤	⑤	③	⑤
51	52	53	54	55	56	57	58	59	60
②	⑤	⑤	⑤	⑤	①	②	④	③	①
61	62	63	64	65	66	67	68	69	70
①	④	②	④	③	⑤	③	⑤	⑤	⑤
71	72	73	74	75	76	77	78	79	80
①	③	④	④	⑤	⑤	⑤	①	⑤	⑤

단답형

번호	정답	번호	정답
81	㉠ 품질관리, ㉡ 영업자	91	㉠ 피지선
82	㉠ 5일, ㉡ 15일, ㉢ 30일	92	㉠ 자극, ㉡ 알레르기
83	ㄷ – ㄴ – ㄱ – ㄹ	93	㉠ 안전성
84	메틸 살리실레이트	94	모표피
85	㉠ 만 5세, ㉡ 52개월	95	㉠ 제조번호, ㉡ 판매량
86	㉠ 항상성	96	ㄱ, ㄴ, ㄷ
87	ㄱ	97	㉠ 로션제, ㉡ 겔제
88	케라틴	98	징크옥사이드 25%, 페녹시에탄올 1%
89	광감작성	99	ㄱ, ㄴ, ㄹ
90	㉠ 1차 오염, ㉡ 2차 오염, ㉢ 피부상재균	100	국소림프절 시험법(LLNA)

01

③ 클렌징 워터, 클렌징 오일, 클렌징 로션, 클렌징 크림 등 메이크업 리무버 제품의 효과

02

④ 화장품 책임판매업자는 유통 전 제조번호별로 품질검사를 철저히 한 후 유통시킨다.

03

책임판매관리자 및 맞춤형 화장품 조제관리사는 화장품의 안전성 확보 및 품질관리에 관한 교육을 매년 받아야 한다.

04

③ 화장품 제조업

05

화장품법은 화장품의 제조, 수입, 판매 및 수출 등에 관한 사항을 규정함으로써 국민 보건 향상과 화장품 산업의 발전에 기여함을 목적으로 한다.

06

누구든지 불특정 다수가 이용하는 시설(목욕탕, 화장실, 발한실, 탈의실 등)인 경우 개인의 사생활을 현저히 침해할 우려가 있는 장소의 내부를 볼 수 있는 영상정보처리기기를 설치 · 운영하여서는 안 된다.

07

▣ 민감정보의 유형

1. 사상 · 신념, 노동조합 · 정당의 가입 · 탈퇴, 정치적 견해, 건강, 성생활 등에 관한 정보
2. 그 밖에 정보 주체의 사생활을 현저히 침해할 우려가 있는 개인정보로써 대통령령으로 정하는 정보(유전자 검사 등의 결과로 얻어진 유전정보, 「형의 실효 등에 관한 법률」에 따른 범죄경력 자료에 해당하는 정보, 개인의 신체적 · 생리적 · 행동적 특징에 관한 정보로써 특정 개인을 알아볼 목적으로 일정한 기술적 수단을 통해 생성한 정보, 인종이나 민족에 관한 정보)

08

사용할 수 없는 원료(벤젠, 나프탈렌, 페놀과 같은 유기 용매류)

09

▣ 위해 평가가 불필요한 경우

1. 불법으로 유해물질을 화장품에 혼입한 경우
2. 안전성, 유효성이 입증되어 기허가 된 기능성 화장품
3. 위험에 대한 충분한 정보가 부족한 경우

10

① 오염물질, ② 사용할 수 없는 원료, ③ 오염물질, ⑤ 사용할 수 없는 원료

11

③ 부형제(주로 물, 오일, 왁스 등을 사용) : 유탁액을 만드는 데 사용, 제품에서 가장 많은 부피를 차지

12

④ 크로스컷트 : 화장품 용기 소재인 유리, 금속, 플라스틱의 유기 또는 무기 코팅막 또는 도금층의 밀착성 측정하는 시험으로 규정된 점착테이프를 압착한 후 떼어내어 코팅층의 박리 여부를 확인한다.

13

④ 폴리올은 극성인 하이드록시(-OH)가 물과 결합해 보습제로 사용되고 고체 성분이 액상에 녹을 수 있도록 도와주는 가용화제로 사용된다.

14

① 낮은 농도에서 다양한 균에 대한 효과를 나타내며, 자연계에서 쉽게 분해되고 분해산물에 독성이 없어야 한다.

15

화장품은 사용 목적에 적합한 효능 · 효과를 나타내는 유효성, 인체에 대한 안전성, 품질을 결정하는 중요한 특성인 안정성, 사용감과 소비자의 다양한 기호에 따른 향기, 색상, 디자인 등이 그 구성요소이다.

16

② 손 · 발의 피부 연화 제품(요소제제의 핸드크림 및 풋크림), ③ 외음부 세정제, ④ 외음부 세정제,
⑤ 퍼머넌트 웨이브 제품 및 헤어 스트레이너 제품

17

② 체취 방지용 제품

18

② 드로메트리졸 1.0%
③ 디갈로일트리올리에이트 5%
④ 디소듐페닐디벤즈이미다졸테트라설포네이트 - 산으로써 10%
⑤ 메칠렌비스-벤조트리아졸릴테트라메칠부틸페놀 10%

20

④ 화장품에 사용할 수 없는 원료(헥산)

21

유해 사례란 화장품의 사용 중 발생한 바람직하지 않고 의도되지 아니한 징후, 증상 또는 질병을 말하며 해당 화장품과 반드시 인과관계를 가져야 하는 것은 아니다.

22

「화장품 안전성 정보관리 규정」에 따른 화장품 안전성 정보의 관리체계(보고 · 수집 · 평가 · 전파)

23

「화장품의 색소 종류와 기준 및 시험 방법」에 지정 고시된 원료 이외의 색소는 사용할 수 없다.

24

사용 후 씻어 내는 제품에 0.01% 초과, 사용 후 씻어 내지 않은 제품에서 0.001% 초과하는 경우에 한한다.

25

③ 알루미늄 및 그 염류 함유 제품(체취 방지용 제품류에 한한다)

26

화장품 보관 온도는 약 11~15℃가 적절하다.

27

원료 및 제형에 따라 불필요한 항목은 생략 가능[시성치(ㄴ) 및 기능성 시험(ㅁ) 항목은 필요에 따라 기재]

28

① 같은 부위에 연속해서 3초 이상, 눈 주위 또는 점막 등에 분사하지 말 것

29

▣ 소용량 또는 비매품 맞춤형 화장품의 기재사항

화장품의 명칭, 맞춤형 화장품 판매업자의 상호, 가격, 제조번호와 사용기한 또는 개봉 후 사용기간(개봉 후 사용기간의 경우 제조 연월일 병기)

30

「화장품법 시행규칙」 제11조(화장품 제조업자의 준수사항)에 따라 화장품 제조업자가 제조관리기준서 · 제품표준서 · 제조관리기록서 및 품질관리기록서 중 품질관리를 위하여 필요한 사항을 화장품 책임판매업자에게 제출하지 않을 수 있는 경우

1. 화장품 제조업자와 화장품 책임판매업자가 동일한 경우
2. 화장품 제조업자가 제품을 설계 · 개발 · 생산하는 방식으로 제조하는 경우로서 품질 · 안전관리에 영향이 없는 범위에서 화장품 제조업자와 화장품 책임판매업자 상호 계약에 따라 영업 비밀에 해당하는 경우

31

① 탱크(tanks)는 세척을 위해 부속품 해체가 용이하여야 하고 가는 관을 연결하여 사용하는 것은 물리적/미생물 또는 교차오염 문제를 일으킬 수 있다.

32

⑤ 설정된 보관기한이 지나면 사용의 적절성을 결정하기 위해 재평가시스템을 확립하여야 하며, 동 시스템을 통해 보관기한이 경과한 경우 사용하지 않도록 규정하여야 한다.

33

① 「화장품법」 제9조에 따라, 화장품 책임판매업자 및 맞춤형 화장품 판매업자가 화장품을 판매할 때는 안전용기 · 포장을 사용하여야 한다.

② 「제품의 포장재질 · 포장 방법에 관한 기준 등에 관한 규칙(환경부령)」 [별표 2]에 따라 포장차수(1차 및 2차) 또는 내부 · 외부 포장재별로 주된 재질을 표시한다.

③ 「제품의 포장재질 · 포장 방법에 관한 기준 등에 관한 규칙(환경부령)」 제11조에 따라 제품의 제조 또는 수입하는 자, 대규모점포 및 면적이 33제곱미터 이상인 매장에서 포장된 제품을 판매하는 자는 포장되어 생산된 제품을 재포장하여 제조 · 수입 · 판매해서는 안 된다.

④ 「화장품법」 제10조(화장품의 표시) 규정, 「분리배출에 관한 지침(환경부 고시)」 제5조에 따라 외포장된 상태로 수입되는 화장품의 경우 용기 등의 기재사항과 함께 분리배출 표시를 할 수 있다. (분리배출 표시의 기준일은 제품의 제조일로 적용)

34

제품 3개를 가지고 시험할 때 그 평균 내용량이 표기량에 대하여 97% 이상, 기준치를 벗어날 경우 6개를 더 취하여 시험할 때 9개의 평균 내용량이 97% 기준치 이상(화장비누의 경우 건조중량을 내용량으로 함)

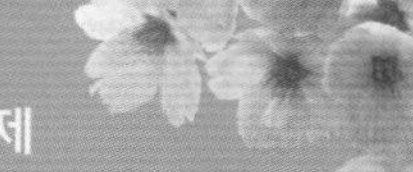

35

⑤ 방문객과 훈련받지 않은 직원이 생산, 관리, 보관 구역 출입 시에는 기록서에 성명과 입·퇴장 시간 및 자사 동행자 기록해야 한다.

36

맞춤형 화장품 판매업자가 맞춤형 화장품의 내용물 및 원료 입고 시 화장품 책임판매업자가 제공하는 품질 성적서를 구비하여야 하며, 원료 품질관리 여부를 확인할 때 품질성적서에 명시된 제조번호, 사용기한 등을 주의 깊게 검토하여야 한다.

38

소독제란 병원미생물을 사멸시키기 위해 인체의 피부, 점막의 표면이나 기구, 환경의 소독을 목적으로 사용하는 화학 물질 총칭으로 소독 전에 존재하던 미생물을 최소한 99.9% 이상 사멸하여야 한다.

39

▣ 모발의 색상을 변화(탈염·탈색)시키는 기능을 가진 제품의 효능·효과

1) 염모제
2) 탈색·탈염제
3) 염모제의 산화제
4) 염모제의 산화제 또는 탈색제·탈염제의 산화제
5) 염모제의 산화보조제
6) 염모제의 산화보조제 또는 탈색제·탈염제의 산화보조제

40

② 에어로졸 용기, 립스틱 케이스 등에 사용되는 금속은 철, 알루미늄 등이 해당되며 기계적 강도가 크다.

- 플라스틱은 열가소성 수지(PET, PP, PS, PE, ABS 등)와 열경화성 수지(페놀, 멜라민, 에폭시 수지 등)로 나뉨
  - 장점 : 가공이 용이, 가볍고 튼튼, 자유로운 착색이 가능, 투명성이 좋음, 전기절연성, 내수성, 단열성 등
  - 단점 : 열에 약함, 변형되기 쉬움, 표면에 흠집이 잘 생기고 오염되기 쉬움, 강도가 금속에 비해 약함, 가스나 수증기 등의 투과성, 용제에 약함

41

① 품질관리 업무 시 필요에 따라 제조업자, 맞춤형 화장품 판매업자 등 관계자에게 문서로 연락하거나 지시

42

「화장품법 시행규칙」 제2조 제8호부터 제11호까지 해당하는 기능성 화장품의 경우(탈모 완화, 여드름 완화, 피부장벽 완화, 튼 살 완화)에는 "질병의 예방 및 치료를 위한 의약품이 아님"이라는 문구를 표시하여야 한다.

43

- 세척 방법
  - 제품이 잔류하지 않을 때까지 온수로 세척하고 스펀지와 세척제를 이용하여 닦아 낸 다음 상수와 정제수를 이용하여 헹군다. 필터를 통과한 깨끗한 공기로 건조시킨 설비는 잔류하는 제품이 있는지 확인하고, 필요에 따라 위의 방법 반복한다.
- 소독 방법
  - 70% 에탄올에 10분간 침적시킨 설비는 꺼내어 필터를 통과한 깨끗한 공기로 건조하거나 UV로 처리한 수건이나 부직포 등을 이용하여 닦아 낸다. 세척된 설비는 다시 조립하고, 비닐 등을 씌워 2차 오염이 발생하지 않도록 보관한다.
- 점검 방법
  - 점검 책임자는 육안으로 세척 상태를 점검하고, 그 결과를 점검표에 기록하며 품질관리 담당자는 매 분기별로 세척 및 소독 후 마지막 헹굼수를 채취하여 미생물 유무를 시험한다.

44

③ 맞춤형 화장품 혼합·소분 장소와 판매 장소는 구분·구획하여 관리하여야 한다.

45

- 시험용 검체는 오염되거나 변질되지 아니하도록 채취하고 검체가 채취되었음을 표시하여야 한다.
- 시험용 검체 용기 기재사항(명칭 또는 확인코드, 제조번호, 검체 채취 일자)

46

① 각 제조단위를 대표하는 검체를 채취해야 한다.
② 따로 규정된 것을 제외하고는 극단의 고온다습이나 저온저습을 피하고 제품 유통 시 환경조건에 준하는 조건(실온)으로 보관한다.
④ 개봉 후 사용기간을 기재하는 경우에는 제조일로부터 3년간 보관하여야 한다.
⑤ 제조단위, 제조번호(또는 코드) 그리고 날짜로 확인되어야 한다.

47

모든 작업장은 월 1회 이상 전체 소독을 실시하고 청소도구함을 별도로 설치하여 청소도구, 소독액 및 세제 등을 보관관리하며, 청소 용수로는 일반용수와 정제수를 사용한다.

48

⑤ 일단 부적합 제품의 재작업은 쉽게 허락할 수는 없으며 먼저 제조책임자에 의한 원인 조사가 필요하다.

49

ㄱ. 손이 마른 상태에서 손 소독제를 모든 표면을 다 덮을 수 있도록 충분히 적용하고 손의 모든 표면이 마를 때까지 문지른다.
ㄹ. 깨끗한 흐르는 물에 손을 적신 후, 비누를 충분히 적용한다. 뜨거운 물을 사용하면 피부염 발생 위험이 증가하므로 미지근한 물을 사용한다.

50

⑤ 칼슘카보네이트(기계적 작용에 의한 세정효과를 증대시켜주는 연마제 성분)

51

ㄴ. 납 20ppm 이하, ㄹ. 수은 1ppm 이하

52

① 딱딱함, 투명, 광택, 치수 안정성 우수, 내약품성이 나쁨(콤팩트, 스틱 용기, 캡 등)
② 반투명, 광택, 내약품성 우수, 내충격성 우수, 잘 부러지지 않음(원터치 캡)
③ 투명, 성형 가공성 우수, 천연 및 유기농 화장품의 용기와 포장에 사용 불가능(리필, 샴푸, 린스 용기 등)
④ 딱딱함, 투명성 우수, 광택, 내약품성 우수(스킨, 로션, 크림, 샴푸, 린스 등의 용기)

53

피부는 방어막 역할을 할 뿐 아니라 동시에 외부의 물질을 체내로 투과시키고 흡수하는 작용도 함께 한다. 경피 흡수는 외부에서 접촉된 물질이 모세혈관을 통하여 피부의 심부로 흡수되는 현상을 의미한다.

54

직모에 가까울수록 모경지수는 100에 가깝고 곱슬모의 모경지수는 점점 작아진다. 모경지수가 50이면 아주 심한 곱슬모라 할 수 있다.

55

파운데이션 화장품을 관능평가할 때 색, 점도, 감촉, 입자감은 물론 중요하지만 파우더와의 밀착감, 화장 상태(자연스러움), 화장 지속력, 펴 발림성, 커버력이 중요 특성 강도이다.

56

① 감각기관(후각, 시각, 미각, 촉각 등)을 통하여 원료의 신선도 판정

57

모발의 피질과 표피는 수천만 개의 폴리펩티드 고리들로 만들어져 있다. 시스틴 결합은 각화 현상 동안 형성되고 모발에서 가장 강력한 교차결합이다. 시스틴 결합, 염 결합 및 수소 결합은 모두 모발의 교차하는 힘의 약 1/3씩 기여하고 염 결합과 수소 결합은 물에 의해 파괴된다.

58

티로신은 티로시나제에 의해 도파가 되고 도파 또한 티로시나아제에 의해 도파퀴논이 된다. 도파퀴논은 도파크롬 – 멜라닌이 되어 피부에 멜라닌 색소 침착이라는 것이 발생한다. 모피질에 있는 멜라닌 색조 알갱이로써 유멜라닌은 가장 흔하고 제일 진한 색소로 갈색과 검정색의 모발을 만든다.

59

모발은 살아있는 세포가 아니기 때문에 손상의 자기회복이 불가능하다. 그래서 건강한 모발은 손상되지 않도록, 손상모는 손상된 부분이 그 이상 진행되지 않도록 보호하는 것이 중요하다. 이런 목적으로 사용되는 것이 트리트먼트제이다.

60

고객에게 추천할 제품은 미백, 자외선 차단 제품이다.
ㄱ : 자외선 차단, ㄴ : 미백, ㄷ : 보습, ㄹ : 보습, ㅁ : 주름

61

① 퍼머넌트 웨이브제 알칼리 성분

62

진피층에 존재하며 면적 1㎠에 평균 100개 정도가 존재한다. 큰 기름샘은 얼굴의 T영역, 털, 등, 가슴에 위치해있고 작은 기름샘은 손바닥, 발바닥을 제외한 전 신체에 존재하며 손바닥과 발바닥에는 기름샘이 없다. 피지선에서 생성된 피지는 모공과 연결된 관을 통해 피부 표면으로 배출된다.

63

진피의 콜라겐 섬유의 생성 저하로 피부의 탄력이 저하하고 주름이 생긴다. 햇빛의 강도가 더 강하면 표피에 영양분을 공급하지 못하여 피부가 얇고 건조해진다.

64

▣ 맞춤형 화장품 1차 포장 표시 · 기재사항

1. 화장품의 명칭
2. 영업자의 상호
3. 제조번호
4. 사용기한 또는 개봉 후 사용기간(개봉 후 사용기간의 경우 제조 연월일 병기)

65

③ 용제성이 높은 성분 배합 화장품의 경우 안경, 빗, 스펀지, 세면대 등의 재질에의 침식성, 내구성 등의 품질을 보증할 필요가 있다.

66

⑤ 각질형성세포로 전달된 멜라노좀은 표피의 기저층 윗부분으로 확산되어 자외선에 의해 기저층의 세포가 손상되는 것을 막아주며 최종적으로 각질층에서 탈락된다.

67

고객에게 추천할 제품은 피부거칠음을 진정, 미백 제품이다.
ㄱ : 천연색소, ㄴ : 진정, ㄷ : 보습, ㄹ : 피지선에서 일어나는 지질생합성 억제를 통해 피지생성을 조절, ㅁ : 미백

68

⑤ 지루성 탈모증은 피지 분비량이 비정상적으로 증가해서 증가한 피지가 두피 내의 모공을 막아 두피의 영양 공급 및 순환 기능이 저하되어 나타나는 탈모증이다.

69

가용화(solubilization)는 물에 대한 용해도가 아주 낮은 물질을 계면활성제(surfactant)의 일종인 가용화제(solubilizer)가 물에 용해될 때 일정 농도 이상에서 생성되는 미셀(micelle)을 이용하여 용해도 이상으로 용해시키는 기술이다.

70

접촉 피부염은 피부에 자극을 줄 수 있는 화학 물질이나 물리적 자극물질에 일정 농도 이상으로 일정 시간 이상 노출이 되면 모든 사람에게 일어날 수 있는 피부염으로 다양한 물질이 자극 접촉 피부염을 일으킬 수 있으며 항원(알레르겐)은 알레르기(allergy)를 일으킨다.

71

② 용해 상태 불량, 침전, 부유물 등이 발생 가능
③ 미세한 기포 발생
④ 유화 입자의 크기가 달라지면서 외관 성상 또는 점도가 달라지거나 원료의 산패
⑤ 유화 입자가 커지면서 외관 성상 또는 점도가 달라질 수 있음

72

레오메터(rheometer)는 액체 및 반고형 제품의 유동성을 측정할 때 사용되는 분석기기이다.

73

유통 화장품 안전관리에서 액, 로션, 크림 및 이와 유사한 제형의 액상 제품은 pH 기준이 3.0~9.0이어야 하며 물을 포함하지 않는 제품과 사용한 후 곧바로 물로 씻어 내는 제품은 제외한다.

74

「화장품 안전기준 등에 관한 규정」눈 화장용 제품의 니켈 검출 허용 한도 35μg/g 이하

75

납, 비소, 안티몬, 카드뮴 동시 분석 시험법(유도결합플라즈마-질량분석법 ; ICP-MS)

76

① 디옥산 100g/g 이하, ② 비소 10g/g 이하, ③ 수은 1g/g 이하, ④ 카드뮴 5g/g 이하

77

관능평가를 할 때에는 각 개인의 심리상황, 기호성이나 그 장소의 환경, 평가 방법 등 많은 변동 요인이 내포되어 있으며 평가 시의 환경, 평가 방법을 일정하게 제한하더라도 그 밖의 변동 요인에 따라 크게 좌우될 수 있다.

78

모발은 모근과 모간으로 구분된다. 모구의 아랫부분은 움푹 들어가 있고 모유두는 뾰족한 형태를 하고 있어 모발은 쉽게 빠지지 않는다. 이는 모구가 모유두와 꽉 들러붙어 있기 때문인데 모유구의 활동이 저하되면 모발은 빠지기 쉬워진다. 즉 탈모가 진행된다.

79

모발이 곱슬거린다는 것은 모발의 올소코텍스와 파라코텍스에 의해 이루어진다. 웨이브진 외측에 올소코텍스, 내측에 파라코텍스가 존재한다. 이들의 케라틴 성분은 각각 다르며 이것을 섬유의 이중(bilateral) 구조라고 한다.

80

⑤ 판매 가격 표시 의무자는 매장 크기에 관계없이 가격 표시를 아니하고 판매하거나 판매할 목적으로 진열 · 전시하여서는 안 된다.

81

영업자(화장품 제조업자, 화장품 책임판매업자, 맞춤형 화장품 판매업자)

83

위해 평가는 위험성 확인 – 위험성 결정 – 노출 평가 – 위해도 결정의 4단계에 따라 실시한다.

84

▣ 어린이 안전용기 · 포장 대상 예외 품목
일회용 제품, 용기 입구 부분이 펌프 또는 방아쇠로 작동되는 분무용기 제품, 압축 분무용기 제품(에어로졸 제품 등) 제외

87

「화장품 사용 시의 주의사항 및 알레르기 유발 성분 표시에 관한 규정」에 따라 화장품 안전 정보와 관련하여 포장에 추가로 기재 · 표시하도록 고시된 함유 성분별 사용 시의 주의사항 표시 문구
ㄱ. 영유아용 제품류 및 기초 화장용 제품류(만 3세 이하 어린이 제품 중 씻어내지 않는 제품에 한함)

88

성분의 80~90%가 케라틴이고, 멜라닌 색소 3%, 지질 1~8%, 수분 13%, 미량원소 0.6~1% 정도로 구성되어 있다.

90

손이나 얼굴에도 다량의 균(피부상재균)이 존재한다.

91

면적 1㎠에 평균 100개 정도가 존재한다. 큰 기름샘은 얼굴의 T영역, 털, 등, 가슴에 위치해있고 작은 기름샘은 손바닥, 발바닥을 제외한 전신체에 존재한다.

92

자극(irritation)은 피부 조직의 선천성 면역체계와 연계된 국소 염증 반응에 의해 일어나고 알레르기(allergy)는 외부에서 침입한 이물질에 대해 체내의 면역계가 지나치게 이상 반응을 보이는 현상으로 Immunoglobulin(IgE)을 자극하는 일종의 면역 반응을 총칭한다.

93

다만, 유효성 또는 기능 입증자료 중 인체 적용시험 자료에서 피부 이상 반응 발생 등 안전성 문제가 우려된다고 식품의약품안전처장이 인정하는 경우에는 그러하지 아니하다.

94

모표피가 전체 모발에서 차지하는 비율은 10~15%이며 양이 많으면 모발은 딱딱해지고 굵어진다. 모표피는 무색투명하고 멜라닌 색소 또한 없다.

95

판매 내역서 포함 사항(1. 제조번호, 2. 사용기한 또는 개봉 후 사용기간, 3. 판매일자 및 판매량)

96

ㄹ. 실증자료의 내용은 광고에서 주장하는 내용과 직접적으로 관계가 있어야 한다.
ㅁ. 실증에 사용되는 시험 또는 조사의 방법은 학술적으로 널리 알려져 있거나 관련 산업 분야에서 일반적으로 인정된 방법 등 과학적이고 객관적인 방법이어야 한다.

97

크림제(유화제 등을 넣어 유성 성분과 수성 성분을 균질화하여 반고형상으로 만든 것)

98

- 사용상의 제한이 필요한 자외선 차단 성분(징크옥사이드 25%)
- 사용상의 제한이 필요한 보존제 성분(페녹시에탄올 1%)

99

납 및 그 화합물, 니켈, 크롬 ; 크로믹애씨드 및 그 염류과 같은 중금속은 사용할 수 없다.

100

광독성시험(In vitro 3T3 NRU), 안자극시험(단시간 노출법 : STE), 피부 감작시험(ARE-Nrf2 루시퍼라아제, 유세포 분석을 이용한 국소림프절 시험법), 단회 투여 독성(고정용량법, 독성등급법, 용량고저법)

실전모의고사 정답 & 해설

선다형

1	2	3	4	5	6	7	8	9	10
③	⑤	③	②	③	①	⑤	④	②	④
11	12	13	14	15	16	17	18	19	20
①	⑤	②	②	④	①	④	②	②	②
21	22	23	24	25	26	27	28	29	30
①	③	④	⑤	④	④	③	①	③	④
31	32	33	34	35	36	37	38	39	40
③	⑤	⑤	②	③	②	⑤	⑤	④	②
41	42	43	44	45	46	47	48	49	50
③	⑤	①	④	④	③	②	⑤	③	③
51	52	53	54	55	56	57	58	59	60
③	④	⑤	①	⑤	③	①	⑤	④	④
61	62	63	64	65	66	67	68	69	70
②	②	⑤	②	②	⑤	⑤	④	①	⑤
71	72	73	74	75	76	77	78	79	80
⑤	⑤	③	⑤	①	③	①	①	①	④

단답형

81	ㄱ, ㄷ, ㄹ	91	㉠ 인체 적용시험
82	ㄱ, ㄴ, ㅁ	92	폴리올
83	비건(Vegan)	93	㉠ 탄력 섬유, ㉡ 섬유아세포
84	㉠ 보존제, ㉡ 색소, ㉢ 자외선 차단제	94	㉠ 에칠헥실트리아존, ㉡ 클로로펜
85	ㄴ, ㄹ	95	레티노이드(retinoid)
86	㉠ 15일, ㉡ 1월, ㉢ 2인	96	㉠ 밀폐, ㉡ 기밀
87	㉠ 안전용기 포장, ㉡ 재봉함	97	ㄴ, ㅁ
88	㉠ 2%	98	비듬
89	ㄷ, ㅁ	99	ㄷ → ㄱ → ㄹ → ㄴ → ㅁ
90	㉠ 천연, ㉡ 95%	100	벤질신나메이트, 쿠마린

01

▣ 「화장품법 시행규칙」 제8조의3(맞춤형 화장품 판매업의 변경 신고)
맞춤형 화장품 판매업자가 변경 신고를 하려면 맞춤형 화장품 판매업 변경신고서에 맞춤형 화장품 판매업 신고필증과 그 변경을 증명하는 서류를 첨부하여 맞춤형 화장품 판매업소의 소재지를 관할하는 지방식품의약품 안전청장에게 제출해야 한다.

02

징역형과 벌금형은 이를 함께 부과할 수 있다.

03

영상정보처리기기를 설치·운영하는 자는 정보 주체가 쉽게 인식할 수 있도록 안내판을 설치하는 등 필요한 조치를 하여야 한다.(설치 목적 및 장소, 촬영 범위 및 시간, 관리책임자 성명 및 연락처)

04

레티놀(비타민 A) 및 그 유도체, 아스코빅애시드(비타민 C) 및 그 유도체, 토코페롤(비타민 E), 과산화화합물, 효소

05

③ 셰이빙 크림(shaving cream)은 턱수염 등을 부드럽게 하여 면도를 용이하게 하거나 면도에 의한 피부 자극을 줄이기 위하여 사용되는 것을 목적으로 하는 제품이다.

06

방취는 땀 냄새 등을 방지하는 목적을 갖고 있다.

07

천연 화장품 및 유기농 화장품 제조에 사용되는 원료는 오염물질(유전자 재조합 농산물, 다이옥신, 폴리염화 비페닐, 방향족 탄화수소)에 의해 오염되어서는 안 된다.

08

「화장품 사용 시의 주의사항 및 알레르기 유발 성분 표시에 관한 규정」 [별표 2] 착향제의 구성 성분 중 성분명을 기재·표시해야 하는 알레르기 유발 성분의 종류(단, 사용 후 씻어 내는 제품에는 0.01% 초과, 사용 후 씻어 내지 않는 제품에서 0.001% 초과 함유하는 경우에 한한다)

09

「기능성 화장품 심사에 관한 규정」 제6조(제출 자료의 면제 등)에 따라 자료 제출이 생략되는 기능성 화장품 종류에서 성분·함량을 고시한 품목의 경우에는 기원 및 개발 경위에 관한 자료, 안전성에 관한 자료, 유효성 또는 기능에 관한 자료 제출을 면제한다.

10

「화장품 사용 시의 주의사항 및 알레르기 유발 성분 표시에 관한 규정」 [별표 1] "그 밖에 화장품의 안전 정보와 관련하여 기재·표시하도록 식품의약품안전처장이 정하여 고시하는 사용 시의 주의사항"

11

3년 이하의 징역 또는 3천만원 이하의 벌금 대상자(②, ③, ④, ⑤)

12

염모제 사용 전의 주의(①, ②, ③, ④)

13

화장품 제조에 사용된 모든 성분 중 인체에 무해한 소량 함유 성분, 총리령으로 정하는 성분은 기재 · 표시를 생략할 수 있다.

14

② 프리셰이브 로션(preshave lotion) : 면도용 제품류

15

④ 천연 향료(제라늄)

16

① 액취는 땀이나 피지가 세균에 의하여 분해됨으로써 생성, 제한제(Antiperspirant)는 액취 방지용 성분

17

알레르기 유발 성분(아니스알코올), 소비자 오인 우려(무첨가, 안심 사용)

18

「화장품 사용 시의 주의사항 및 알레르기 유발 성분 표시에 관한 규정」 [별표 1]에 따라 알루미늄 및 그 염류를 함유한 제품(체취 방지용 제품류에 한함)은 "신장질환이 있는 사람은 사용 전에 의사, 약사, 한의사와 상의할 것"을 화장품의 포장에 추가로 기재 · 표시하여야 한다.

19

② 응고점이 낮고 저휘발성이어야 한다.

20

② 사용상의 제한이 필요한 기타 원료{비타민 E(토코페롤) 20%}

21

① 살리실릭애씨드 및 그 염류 : 영 · 유아용 제품류 또는 만 13세 이하 어린이가 사용할 수 있음을 특정하여 표시하는 제품에서 보존제로 사용 금지(샴푸는 제외)

22

③ 헥세티딘, 소듐아이오데이트(사용 후 씻어 내는 제품에 0.1%, 기타 제품에는 사용 금지)

23

▣ 「화장품 표시 · 광고 실증에 관한 규정」에 따라 인체 적용시험 자료를 실증자료로 인정하는 표현 범위

1. 여드름성 피부에 사용에 적합
2. 항균(인체 세정용 제품에 한함)
3. 일시적 셀룰라이트 감소
4. 붓기 완화
5. 다크서클 완화
6. 피부 혈행 개선
6. 피부장벽 손상의 개선에 도움
7. 피부 피지 분비 조절
8. 미세먼지 차단, 미세먼지 흡착 방지

24

화장품 제조회사에서는 용도에 맞는 품질의 물을 사용해야 하며 정제수를 사용할 때에는 그 품질기준을 정해 놓고 사용할 때마다 품질을 측정해서 사용한다.

25

총 호기성 생균 수 = 세균 수 + 진균 수

26

알파-비사보롤(미백, 지용성), 아데노신(주름, 수용성), 레티닐팔미테이트(주름, 지용성)

27

① 화장품 "제조"란 원료 물질의 칭량부터 혼합, 충전(1차 포장), 2차 포장 및 표시 등의 일련의 작업을 말한다.
② '일탈'이란 제조 또는 품질관리 활동 등의 미리 정하여진 기준을 벗어나 이루어진 행위를 말한다.
④ '오염'이란 제품에서 화학적, 물리적, 미생물학적 문제 또는 이들이 조합되어 나타내는 바람직하지 않은 문제의 발생을 말한다.
⑤ '불만'이란 제품이 규정된 적합 판정 기준을 충족시키지 못한다고 주장하는 외부 정보를 말한다.

28

▣ 화장품의 품질보증을 담당하는 부서의 책임자(품질보증책임자) 이행사항

1. 품질에 관련된 모든 문서와 절차의 검토 및 승인
2. 품질검사가 규정된 절차에 따라 진행되는지의 확인
3. 일탈이 있는 경우 이의 조사 및 기록
4. 적합 판정한 원자재 및 제품의 출고 여부 결정
5. 부적합품이 규정된 절차대로 처리되고 있는지의 확인
6. 불만 처리와 제품 회수에 관한 사항의 주관

29

③ 제품과 설비가 오염되지 않도록 배관 및 배수관을 설치하며 배수관은 역류되지 않아야 하고 제품 및 청소 소독제와 화학반응을 일으키지 않아야 한다.

30

④ 개방할 수 있는 창문은 만들지 않는다.

31

주요 설비 및 자동화장치는 계획을 수립하여 정기적으로 성능점검을 하고 기록한다. 사용이 불가능한 설비는 고장 등의 표시를 하고 세척한 설비는 다음 사용 시까지 오염되지 않도록 관리해야 한다.

32

⑤ 감사자는 감사 대상과는 독립적이어야 하며, 자신의 업무에 대하여 감사를 실시하여서는 안 된다.

33

국제규격인증업체 또는 품질보증 능력이 있다고 인정되는 업체에서 제공된 원료·자재는 제공된 적합성에 대한 기록의 증거를 고려하여 검사의 방법과 시험항목을 조정할 수 있으며 식품의약품안전처장은 우수 화장품 제조 및 품질관리 기준 적합 판정을 받은 업소에 대해 정기 수거검정 및 정기 감시 대상에서 제외할 수 있다.

34

① 기록 문서를 수정하는 경우에는 수정하려는 글자 또는 문장 위에 선을 그어 수정 전 내용을 알아볼 수 있도록 하고 수정된 문서에는 수정 사유, 수정 연월일 및 수정자의 서명이 있어야 한다.
③ 모든 기록 문서는 적절한 보존 기간이 규정되어야 한다.
④ 작성 및 폐기 등에 관한 사항이 포함된 문서관리 규정을 작성하고 유지한다.
⑤ 문서를 개정할 때에는 개정 사유 및 개정 연월일 등을 기재하고 권한을 가진 사람의 승인을 받아야 하며 개정 번호를 지정해야 한다.

35

모든 직원의 교육 · 훈련의 필요성을 명확하게 하고 이에 알맞은 교육일정, 내용, 대상들을 정한다. 교육훈련 규정, 실시기록을 작성하고 교육훈련 평가 결과를 문서로 보고한다.

36

화장품 생산시설이란 화장품을 생산하는 설비와 기기가 들어있는 건물, 작업실, 건물 내의 통로, 갱의실, 손을 씻는 시설 등을 포함하여 원료, 포장재, 완제품, 설비, 기기를 외부와 주변 환경 변화로부터 보호하는 것이다.

37

⑤ "청정도 2등급", 청정공기 순환 10회/hr 이상 또는 차압관리, Pre-filter, Med-filter(필요시 HEPA filter), 분진 발생실, 주변 양압, 제진시설

38

ㄱ. 외부와 연결된 창문은 가능한 열리지 않도록 할 것, ㄷ. 접근이 쉬워야 하나 생산 구역과 분리되어 있을 것

39

ㄱ. 부식성 및 반응성이 없으며 효력 범위가 넓을 것, ㅁ. 수용성이며 경제적일 것

40

ㄷ. 사용 기구를 정하고 기록에 남긴다.
ㅂ. 세제를 사용한다면 사용하는 세제명을 정해놓고 기록한다.

41

③ 제품의 품질에 영향을 줄 수 있는 결함을 보이는 포장재는 결정이 완료될 때까지 보류 상태로 있어야 한다.

42

공정관리 및 각종 작업은 모두 절차서에 따라 실시하고 제조에 관련된 모든 작업에 절차서를 작성한다.
절차서를 변경하고자 할 경우에는 작성, 검토, 승인, 갱신, 배포 및 교육을 통해 개정할 수 있다.

43

ㄷ. 원료와 포장재, 벌크 제품과 완제품이 적합 판정 기준을 만족시키지 못할 경우 "기준 일탈 제품"으로 지칭한다. 기준 일탈 제품이 발생했을 때는 미리 정한 절차에 따라 확실한 처리를 하고 실시한 내용을 모두 문서에 남긴다.
ㅁ. 품질에 문제가 있거나 회수 · 반품된 제품의 폐기 또는 재작업 여부는 품질보증책임자에 의해 승인되어야 한다.

44

개봉할 수 없는 용기로 되어 있는 제품(스프레이 등), 일회용 제품 등은 개봉 후 안정성 시험을 수행할 필요가 없다.

45

④ 식품의약품안전처장은 우수 화장품 제조 및 품질관리 기준(CGMP) 적합 판정을 받은 업소에 대하여 정기 수거검정 및 정기 감시 대상에서 제외할 수 있다.

46

「기능성 화장품 심사에 관한 규정」에 따른 자외선 차단 성분(옥토크릴렌 10%, 드로메트리졸 1%), 사용상의 제한이 필요한 보존제 성분(살리실릭애씨드 0.5%)

47

차광용기는 광선의 투과를 방지하는 용기 또는 투과를 방지하는 포장을 한 용기를 말한다.

48

⑤ 피부의 생합성 기능(자외선에 의한 비타민 D의 합성은 피부에서 나타남)

49

ㄴ. 혼합 · 소분에 사용되는 장비 또는 기구 등은 사용 전에 그 위생 상태를 점검하고, 사용 후에는 오염이 없도록 세척할 것
ㄷ. 혼합 · 소분에 사용되는 내용물 및 원료의 사용기한 또는 개봉 후 사용기간을 확인하고, 사용기한 또는 개봉 후 사용기간이 지난 것은 사용하지 아니할 것
ㄹ. 맞춤형 화장품 조제에 사용하고 남은 내용물 및 원료는 밀폐를 위한 마개를 사용하는 등 비의도적인 오염을 방지할 것

50

③ 과립층에서는 세포의 수분을 줄여서 점차 세포를 납작하게 만들고 세포의 핵을 죽이는 작용을 하여 외부 자극으로부터 피부를 보호한다.

51

「화장품법 시행규칙」 제2조 8호부터 11호까지 기능성 화장품(탈모, 여드름, 피부장벽, 튼 살)의 경우에는 "질병의 예방 및 치료를 위한 의약품이 아님"이라는 문구를 화장품의 포장에 기재 · 표시하여야 한다.

52

모발의 측쇄 결합 중 가장 강한 시스틴 결합은 황으로 연결되어 케라틴 분자를 고정하고 강도, 탄력 등의 특성을 나타낸다. 이 결합을 절단하지 않으면 콜드 웨이브를 형성시킬 수 없다.

53

멜라닌은 사람의 피부색을 결정하는 가장 큰 요인의 색소로 멜라닌세포 분포, 밀도는 인종에 따라 차이가 없지만 멜라노좀의 생성 능력과 표피로 이동한 멜라노좀의 수, 성숙도, 존재 양상은 인종에 따라 달라져 피부색이 달라지게 된다.

55

피부의 산도가 낮으면 산화효소의 작용이 활발해져 멜라닌 색소 형성이 왕성하다. 건성 피부는 pH가 알칼리를 보이고 피부 질환이 있을 때는 pH 수치에 변동이 생긴다.

56

대부분의 모든 물질은 각질층을 통한 삼투 현상에 의하여 흡수가 일어나며, 특히 모공과 땀샘(에크린 선)을 통하여 흡수된다. 투과 물질의 산도에 따라 피부의 pH를 변화시켜 흡수력이 상승할 수 있다.

57

① 자외선 차단 성분(에틸헥실메톡시신나메이트, 에틸헥실살리실레이트, 옥토크릴렌),
② 비소의 검출 허용 한도는 10㎍/g 이하, ③ 알레르기 유발 성분(쿠마린), ④ 미백 성분(아스코빌글루코사이드)

58

품질검사기관(보건환경연구원, 화장품 시험 · 검사기관, 한국의약품수출입협회, 시험실을 갖춘 제조업자)

59

염색약을 두발에 잘 도포한 후에 충분한 시간을 두는 것은 멜라닌 색소의 파괴와 그 안의 염료가 자리를 잡을 수 있는 충분한 시간을 주기 위해서이다. 암모니아는 화장품 안전기준에 관한 규정 사용상의 제한이 필요한 원료로 사용 한도는 6%이다.

60

노화에 따른 피부 조직학적 변화(①, ②, ③, ⑤)

62

고객에게 추천할 제품은 진정, 항균 작용과 각질 제거 제품이다.
ㄱ : 각질 연화, ㄴ : 재생, ㄷ : 자외선 차단, ㄹ : 항균, ㅁ : 자외선 차단

63

⑤ 원료의 품질관리 여부를 확인할 때에는 품질성적서에 명시된 제조번호, 사용기한 등을 주의 깊게 검토해야 한다.

64

Sebumeter는 특수한 반투명 지질 흡수 테이프를 피부에 부착한 후 묻어나오는 피지량을 광학적 반사 원리로 측정하는 기기(photometric reflection)이다.

65

② 고급 알코올류

66

탄소원자와 수소원자들로만 구성된 유성 성분을 탄화수소류라고 하며 화장품에는 주로 탄소수가 15 이상인 포화 탄화수소를 사용하고 있다. 솔비톨은 보습 효과가 우수한 보습제이다.

67

피질 케라틴 분자의 모임 방식에 의해 물리적·화학적 성질이 다르다. 이 각화 섬유세포에는 결정체 부분과 비결정체 부분이 결합해 존재하고 있으며 화학약품에 의해 손상 받기 쉽다.

68

모수질은 두발의 중심 부근에 공동 부위로 모발에 따라서 존재 유무가 다르다. 벌집 모양의 다각형(밀랍형)의 세포가 길이 방향으로 나열되어 있고 시스틴의 함량은 모피질보다 적다.

69

① 명료하고 이해하기 쉽게 작성되어야 한다. 표준작업절차서(SOP)는 작업을 실시할 때마다 작업하는 사람이 사용하는 문서로 관련 직원이 쉽게 이용할 수 있어야 한다.

70

광선에 의한 손상은 환경적 요인에 의한 손상으로 자외선은 모발의 시스틴 결합을 파괴시킨다. 모발의 끝 부분 중 자외선을 많이 쬐는 부분은 시스틴 함유량이 적으며 끝이 갈라지는 현상과 강도, 탄력이 저하되며 케라틴 변성을 가져온다.

71

인모 케라틴과 양모 케라틴은 비슷한 아미노산 조성을 보이지만 시스틴의 함량은 인모 쪽이 40~50% 많게 되어 있다. 인모라도 유전, 생활환경, 음식문화, 미용술에 따라 아미노산 특히 시스틴의 함량이 다르다.

72

⑤ 크산텐계 염료는 매우 선명한 색조가 많아 립스틱용 색소로써 중요하다.

73

③ 침투는 한 층에서 다른 층으로 통과하는 것을 말하며 이때 두 개의 층은 기능 및 구조적으로 다르다.

74

화장품의 안정성은 화장품 제형(액, 로션, 크림, 립스틱, 파우더 등)의 특성, 성분의 특성(경시변화가 쉬운 성분의 함유 여부 등), 보관용기, 보관조건 등 다양한 변수에 대한 예측과 이미 평가된 자료 및 경험을 바탕으로 하여 과학적이고 합리적인 시험조건에서 평가된다.

75

물리적 변화로 분리, 응집, 침전, 발분, 발한, 균열, 고화 등이 나타난다. 이 현상들은 사용감뿐만 아니라 제품 품질 수명에도 영향을 준다.

76

▣ **맞춤형 화장품의 부작용 사례 보고**(「화장품 안전성 정보관리 규정」에 따른 절차 준용)
맞춤형 화장품 사용과 관련된 중대한 유해 사례 등 부작용 발생 시 그 정보를 알게 된 날로부터 15일 이내 식품의약품안전처 홈페이지를 통해 보고하거나 우편, 팩스, 정보통신망 등의 방법으로 보고

77

②,⑤ 입/출고 관리, ③ 원료 사용량 예측, ④ 원료 거래처 관리

78

▣ **비매품 또는 소용량인 맞춤형 화장품의 1차 또는 2차 포장 기재 · 표시사항**
1. 화장품의 명칭
2. 맞춤형 화장품 판매업자의 상호
3. 가격
4. 제조번호와 사용기한 또는 개봉 후 사용기간(개봉 후 사용기간의 경우 제조 연월일 병기)

79

① 혼합 · 소분 전에 내용물 및 원료의 사용기한 또는 개봉 후 사용기간을 확인하고, 사용기한 또는 개봉 후 사용 기간이 지난 것은 사용하지 않는다.

80

- 1차 위반 시 판매 또는 해당 품목 판매업무정지 15일
- 2차 위반 시 판매 또는 해당 품목 판매업무정지 1개월
- 3차 위반 시 판매 또는 해당 품목 판매업무정지 3개월
- 4차 이상 위반 시 판매 또는 해당 품목 판매업무정지 6개월

81

ㄴ. 고객 정보를 입력 시에는 아이디는 공유하지 않고 업무상 필요한 직원만 사용한다.
ㅁ. 필요한 최소한의 정보만 수집하고 보유 기간이 만료된 개인정보는 삭제한다.

82

영 · 유아(만 3세 이하), 어린이(만 4세 이상부터 만 13세 이하까지)

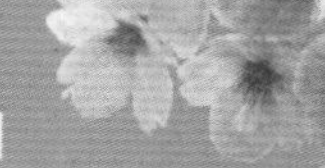

83

「화장품법」 제2조 1호에 따른 화장품에 관한 것으로서 표시 · 광고할 수 있는 인증 보증(지정, 공인, 추천, 상훈 등의 유사한 표현이나 이를 암시하는 내용을 포함)의 종류

84

사용기준이 지정 · 고시된 원료 외의 보존제, 색소, 자외선 차단제 등은 사용할 수 없다.

85

ㄱ : 위해성 "나" 등급, ㄷ : 위해성 "가" 등급

86

안전성 정보 정기보고 예외 대상 : 상시근로자수가 2인 이하로서 직접 제조한 화장비누만을 판매하는 화장품 책임판매업자

88

「화장품 사용 시의 주의사항 및 알레르기 유발 성분 표시에 관한 규정」 [별표 2] 화장품의 안전 정보와 관련하여 포장에 추가로 기재 · 표시해야 하는 사용 시의 주의사항

89

ㄱ. 고형 비누 등 화장비누(고체 형태의 세안용 비누)는 맞춤형 화장품에서 제외된다.
ㄴ. 맞춤형 화장품 판매업은 조제관리사가 소비자에게 적합한 제품을 추천 · 판매하는 영업으로 맞춤형 화장품 조제관리사가 아닌 자가 판매장에서 혼합 · 소분하는 것은 허용되지 않는다.
ㄷ. 일반 화장품의 경우 최종 맞춤형 화장품의 제품명이 공급받은 내용물의 제품명과 반드시 같아야 함을 규정하고 있지 않다.
ㄹ. 적색 207호는 눈 주위 및 입술에 사용할 수 없는 색소이다.
ㅁ. 기능성 화장품의 경우 책임판매업자가 심사 또는 보고 받은 내용과 동일(제품명 포함)하게 표시 · 광고할 수 있다.

90

천연 화장품은 중량 기준으로 천연 함량이 전체 제품에서 95% 이상으로 구성되어야 한다.

91

실증자료는 표시 · 광고에서 주장한 내용 중에서 사실과 관련한 사항이 진실임을 증명하기 위하여 작성된 자료(시험 결과 또는 조사 결과)로 영업자 및 판매자는 자기가 행한 표시 · 광고 중 사실과 관련한 사항에 대하여는 이를 실증할 수 있어야 한다.

92

▣ 폴리올(Polyol)의 사용 목적
1. 고체 성분이 액상에 녹을 수 있도록 도와주는 가용화제로 사용
2. 보습제 및 제형 조절제로도 사용
3. 약하게나마 균의 증식을 억제하는 방부력이 존재
4. 동결을 방지하는 원료로도 사용

93

진피에 존재하는 세포는 결합조직 내에 널리 분포된 섬유아세포(fibroblast)가 주종을 이루는데 이들 섬유아세포는 세포 외 기질(ECM, extracellular matrix)인 교원 섬유(collagen fiber)와 탄력 섬유(elastic fiber) 그리고 여러 다양한 기질을 만드는 역할을 하며 상처 치유의 역할을 하는 것은 교원 섬유이다.

94

사용상의 제한이 필요한 자외선 차단 성분(에칠헥실트리아존, 사용 한도 5%), 사용상의 제한이 필요한 보존제 성분(클로로펜 0.05%)

95

비타민 A는 빛에 의해 불안정한 물질로 변질되기 쉽다. 레티닐팔미테이트(retinyl palmitate)는 레티놀에 지방산이 붙은 에스테르 형태로, 레티놀 대비 안정성이 높으며 인체 흡수 뒤 레티놀로 가수분해 되고 폴리에톡실레이티드 레틴아마이드(polyethoxylated retinamide)는 레티놀에 PEG를 결합한 형태이며, 레티놀 대비 안정성이 높다.

96

기밀용기라 함은 일상의 취급 또는 보통 보존 상태에서 액상 또는 고형의 이물 또는 수분이 침입하지 않고 내용물을 손실, 풍화, 조해 또는 증발로부터 보호할 수 있는 용기를 말한다. 기밀용기로 규정되어 있는 경우에는 밀봉 용기도 쓸 수 있다.

97

ㄱ. 인증 사업자가 인증의 유효기간을 연장 받으려는 경우에는 유효기간 만료 90일 전까지 그 인증을 한 인증기관에 식품의약품안전처장이 정하여 고시하는 서류를 갖추어 제출해야 한다(다만, 그 인증을 한 인증기관이 폐업, 업무정지 또는 그 밖의 부득이한 사유로 연장 신청이 불가능한 경우에는 다른 인증기관에 신청할 수 있다.)

ㄹ. 인증의 유효기간이 경과한 천연 및 유기농 화장품에 대하여 인증 표시를 한 영업자는 200만원 이하의 벌금에 처한다.

98

말라쎄지아라는 진균류가 방출하는 분비물이 표피층을 자극하여 비듬이 발생하기도 한다.

99

▣ 멜라닌 합성 과정

멜라노사이트 분화 및 생성 → 멜라노사이트 증식 → 멜라노좀, 멜라닌 생성 → 멜라노좀 이동 → 멜라닌 축적 및 분해

100

알레르기 유발 성분(벤질신나메이트, 쿠마린)

실전모의고사 정답 & 해설

선다형

1	2	3	4	5	6	7	8	9	10
⑤	⑤	①	③	②	①	③	③	①	①
11	12	13	14	15	16	17	18	19	20
②	⑤	③	④	④	②	③	②	②	④
21	22	23	24	25	26	27	28	29	30
④	①	⑤	⑤	②	③	③	③	②	⑤
31	32	33	34	35	36	37	38	39	40
③	①	⑤	③	①	④	①	④	④	⑤
41	42	43	44	45	46	47	48	49	50
②	②	①	⑤	④	④	②	②	④	⑤
51	52	53	54	55	56	57	58	59	60
①	④	①	①	③	④	①	①	①	④
61	62	63	64	65	66	67	68	69	70
②	⑤	②	②	⑤	③	⑤	④	⑤	②
71	72	73	74	75	76	77	78	79	80
②	①	⑤	①	④	①	⑤	②	⑤	⑤

단답형

81	㉠ 책임판매관리자	91	화장비누
82	㉠ 일회용, ㉡ 분무용기	92	부작용(side effect)
83	ㄱ, ㅁ	93	콜레스테롤
84	㉠ 착색제, ㉡ 알레르기, ㉢ 비누화반응	94	㉠ 에크린땀샘
85	의약외품	95	0.05~4%
86	ㄱ, ㄹ	96	㉠ 절대점도, ㉡ 운동점도
87	실마리 정보(signal)	97	탄화수소류
88	음이온	98	㉠ 교소체
89	㉠ 사용기한, ㉡ 보관	99	벤질알코올, 아이소유제놀
90	㉠ 여드름성, ㉡ 0.5%	100	㉠ 미백, ㉡ 알부틴, ㉢ 구진

01

⑤ 화장품을 약사법에서 의약품 등의 범위에 포함하여 의약품과 동등하거나 유사하게 규제하고 있어 약사법 중 화장품과 관련된 규정을 분리하여 별도의 화장품법을 제정하였다.

02

「화장품법」에서 사용하는 "표시"란 화장품의 용기 · 포장에 기재하는 문자, 숫자, 도형 또는 그림을 말한다.

03

고유식별정보의 범위는 「주민등록법」에 따른 주민등록번호, 「여권법」에 따른 여권번호, 「도로교통법」에 따른 운전면허의 면허번호, 「출입국관리법」에 따른 외국인 등록번호이다.

04

① 목욕용 제품류, ② 체취 방지용 제품류, ④ 눈 화장용 제품류, ⑤ 두발 염색용 제품류

05

① 화장품 제조업, ③ 화장품 제조업, ④ 맞춤형 화장품 판매업, ⑤ 화장품 제조업

06

② 안전성, ③ 유효성, ④ 안전성, ⑤ 사용성

07

▣ 제품별 안전성 자료 보관 기간

- 화장품의 1차 포장에 사용기한을 표시하는 경우 : 영 · 유아 또는 어린이가 사용할 수 있는 화장품임을 표시 · 광고한 날부터 마지막으로 제조 · 수입된 제품의 사용기한 만료일 이후 1년까지의 기간(제조는 화장품의 제조번호에 따른 제조일자를 기준으로 하며, 수입은 통관일자를 기준으로 함)
- 화장품의 1차 포장에 개봉 후 사용기간을 표시하는 경우 : 영 · 유아 또는 어린이가 사용할 수 있는 화장품임을 표시 · 광고한 날부터 마지막으로 제조 · 수입된 제품의 제조 연월일 이후 3년까지의 기간(제조는 화장품의 제조번호에 따른 제조일자를 기준으로 하며, 수입은 통관일자를 기준으로 함)

08

③ 유성 성분을 제품 내 배합 시 지방의 산화를 막기 위해 항산화 기능을 가지는 성분{예 비타민 E(토코페롤)}을 같이 배합할 수 있고, 비타민 A는 빛에 의해 불안정한 물질로 변질되기 쉬우므로 유도체화하여 상대적으로 안정한 레티닐팔미테이트가 사용되기도 한다.

09

② 화장품 성분은 경우에 따라 단독 또는 혼합물일 수 있다.
③ 사용하고자 하는 성분은 식약처장이 화장품의 제조 등에 사용할 수 없는 원료로 지정 · 고시한 것이 아니어야 하고 사용 한도에 적합하여야 한다.
④ 피부를 투과한 화장품 성분은 국소 및 전신작용에 영향을 미칠 수 있다.
⑤ 화장품 성분의 안전성은 노출 조건에 따라 달라질 수 있으며 감작성 평가에는 성분 자체만이 아니라 매질 등도 영향을 미칠 수 있다.

10

① 물리적 유효성은 물리적 특성(물리적 자외선 차단 성분 ; 티타늄디옥사이드, 징크옥사이드 등)을 기반으로 한 효과

11

화장품 내 사용되는 내용물 및 원료의 입고 시 품질관리 여부를 확인하고 품질성적서를 구비한다.

12

「우수 화장품 제조 및 품질관리 기준」에서는 4대 기준서에는 반드시 포함되어야 하는 사항이 정해져 있으며, 각 기준서의 세부사항들은 관련 규정 또는 지침에 적합하게 작성되어야 한다.

13

착향제 구성 성분 중 알레르기 유발 성분(아밀신남알, 시트랄, 시트로넬올, 메틸2-옥티노에이트)

14

① 향료에 포함된 알레르기 성분을 표시토록 하는 것의 취지는 전성분 표시제의 표시 대상 범위를 확대한 것으로 소비자의 안전을 확보하기 위한 것이며 사용 시의 주의사항에 기재될 사항이 아니다.
② 식물의 꽃 · 잎 · 줄기 등에서 추출한 에센스 오일이나 추출물이 착향의 목적으로 사용되었거나 또는 해당 성분이 착향제의 특성이 있는 경우 표시 · 기재하여야 한다.
④ 표시 면적이 부족한 사유로 생략이 가능하나 해당 정보는 홈페이지 등에서 확인할 수 있도록 해야 하고 표시 면적이 확보되는 경우 표시하는 것을 권장한다.
⑤ 해당 알레르기 유발 성분을 제품에 표시하는 경우 원료 목록 보고에도 포함하여야 한다.

15

사용 후 씻어 내는 제품에는 0.01% 초과, 사용 후 씻어 내지 않는 제품에는 0.001% 초과 함유하는 경우에 한하여 식품의약품안전처장이 고시하는 알레르기 유발 성분을 함유하고 있을 경우 해당 성분의 명칭을 표시하여야 한다.

16

판매의 목적이 아닌 제품의 선택 등을 위하여 미리 소비자가 시험 · 사용하도록 제조 또는 수입된 화장품의 포장의 경우 가격이란 견본품이나 비매품 등의 표시를 말한다.

17

① 식품의약품안전처장 또는 화장품 책임판매업자에게 보고할 수 있음
② 지체 없이 식품의약품안전처장에게 보고
④ 정보를 알게 된 날로부터 15일 이내 신속히 보고
⑤ 안전성 정보 정기보고 예외 대상(상시근로자수가 2인 이하로서 직접 제조한 화장비누만을 판매하는 화장품 책임판매업자)

18

② 보존제를 함유하지 않은 화장품은 오염을 최소화하기 위해 냉장 보관하는 것이 좋다.

19

▣ 10mL(g) 초과 50mL(g) 이하 화장품 포장에 기재 · 표시해야 하는 성분
타르 색소, 금박, 샴푸와 린스에 들어있는 인산염, 과일산(AHA), 기능성 화장품의 경우 그 효능 · 효과가 나타나게 하는 원료, 식품의약품안전처장이 사용 한도를 고시한 화장품의 원료

20

▣ 위해 화장품의 공표 사항
회수한다는 내용의 표제, 제품명, 회수 대상 화장품의 제조번호, 사용기한 또는 개봉 후 사용기간(제조 연월일 병행 표기), 회수 사유 및 방법, 회수하는 영업자의 명칭 · 전화번호 · 주소, 그 밖에 회수에 필요한 사항

21

④ 눈에 들어갔을 때는 즉시 씻어낼 것(두발용, 두발 염색용 및 눈 화장용 제품류, 모발용 샴푸)

22

「화장품 사용 시의 주의사항 및 알레르기 유발 성분 표시에 관한 규정」 [별표 1]에 화장품의 포장에 안전 정보와 관련하여 사용 시의 주의사항을 추가로 기재 · 표시하여야 하는 성분별 표시 문구를 명시하고 있다.

23

① 스테아린산아연(기초 화장용 제품류 중 파우더 제품에 한함) 함유 제품
② 살리실릭애씨드 및 그 염류(샴푸 등 사용 후 바로 씻어 내는 제품 제외), IPBC(목욕용 제품, 샴푸류 및 바디 클렌저 제외) 함유 제품
③ 과산화수소 및 과산화수소 생성물질 함유 제품, 벤잘코늄클로라이드, 벤잘코늄브로마이드 및 벤잘코늄사카리네이트 함유 제품
④ 알루미늄 및 그 염류 함유 제품(체취 방지용 제품류에 한함)

24

⑤ 만수국꽃추출물 또는 오일은 위해 평가 결과 광독성 우려가 있는 사용상의 제한이 필요한 원료이다.

25

「화장품 안전기준 등에 관한 규정」에 따른 사용상의 제한이 필요한 보존제 성분 중 점막에 사용되는 제품에 사용 금지 원료(벤제토늄클로라이드, p-클로로-m-크레졸)

26

유기 안료는 아조계 안료(적색 221호, 적색 228호, 적색 404호, 등색 203호, 등색 204호), 인디고계 안료(청색 201호, 적색 226호), 프탈로시아닌계 안료(청색 404호)로 분류할 수 있다.

27

③ 메칠이소치아졸리논(사용상의 제한이 필요한 보존제) - 사용 후 씻어 내는 제품에 0.0015%(단, 메칠클로로이소치아졸리논과 메칠이소치아졸리논 혼합물과 병행 사용 금지)

28

③ 연화제는 탈락하는 각질세포 사이의 틈을 메꿔주는 역할을 가진 물질(글리세릴스테아레이트, 호호바오일, 실리콘오일, 시어버터 등)로 피부의 윤기와 유연성을 제공한다.

29

화장품 생산시설이란 화장품을 생산하는 설비와 기기가 들어있는 건물, 작업실, 건물 내의 통로, 갱의실, 손을 씻는 시설 등을 포함하여 원료, 포장재, 완제품, 설비, 기기를 외부와 주위 환경 변화로부터 보호하는 것이다.

30

알루미늄 및 그 염류 함유 제품(체취 방지용 제품류에 한함) - 신장질환이 있는 사람은 사용 전에 의사, 약사, 한의사와 상의할 것

31

위해 평가 결과 감작성 우려가 있는 사용상의 제한이 필요한 원료(ㄴ, ㅁ), 광독성 우려가 있는 사용상의 제한이 필요한 원료(ㄷ, ㄹ)

32

① 15%, ② 10%, ③ 7.5%, ④ 12%, ⑤ 10%

33

⑤ 공기조화장치는 제품 또는 사람의 안전에 해로운 오염물질의 이동을 최소화시키도록 설계되어야 한다.

34

ㄱ. 맞춤형 화장품 혼합 · 소분 장소와 판매 장소는 구분 · 구획하여 관리
ㄹ. 혼합 전 · 후 작업자의 손 세척 및 장비 세척을 위한 세척시설을 구비

35

직원의 위생관리는 화장품 제조에 직접 종사하는 직원의 청결 및 위생을 다루는 것이다.
② 신입 사원 채용 시에는 건강 진단을 받아 화장품을 오염시킬 수 있는 질병이 없으며, 업무 수행에 지장이 없는 자를 채용한다.
③ 직원을 작업장에 배치할 때에는 항상 건강 상태를 점검한다.
④ 화장실 출입 후에는 반드시 손을 씻어야 한다.
⑤ 작업장 출입 시에는 반드시 손을 씻거나 소독하여야 한다.

36

④ 사용 목적에 적합하고, 청소가 가능하며, 필요한 경우 위생 · 유지관리가 가능하여야 한다.(자동화시스템을 도입한 경우도 동일)

37

② 모든 드럼의 윗부분은 필요한 경우 이송 전 또는 칭량 구역에서 개봉 전에 검사한다.
③ 원료 취급 구역의 바닥은 깨끗하고 부스러기가 없는 상태로 유지되어야 한다.
④ 원료 용기들은 실제로 칭량하는 원료인 경우를 제외하고는 적합하게 뚜껑을 덮어 놓아야 한다.
⑤ 원료의 포장이 훼손된 경우에는 봉인하거나 즉시 별도 저장조에 보관한 후 품질상의 처분 결정을 위해 격리해 둔다.

38

세제의 구성 성분은 계면활성제, 살균제, 금속이온 봉쇄제, 유기폴리머, 용제, 연마제 및 표백 성분으로 구성

39

ㄴ. 화장품 제조설비의 세척용으로 적당한 세제를 선정하여 사용한다.
ㄹ. 가능하면 세제를 사용하지 않는다.
ㅁ. 부품을 분해할 수 있는 설비는 분해해서 세척한다.

40

⑤ 노출시설은 공중 부유 미생물 수의 많고 적음에 따라 결정되며 청정도가 높은 시설은 30분 이상 노출시키고 청정도가 낮고 오염도가 높은 시설(복도, 창고 등)은 측정 시간을 단축한다.

41

② 조도 540룩스 이상의 별도 공간에서 원료의 샘플링을 실시한다.

42

화장품 용기에 필요한 특성(품질 유지성으로 내용물 보호 기능, 내용물과의 재료 적합성 및 용기 소재의 안전성, 기능성으로 사용상의 기능, 사용상의 안전성, 경제성 및 디자인 등, 상품성 및 실용성의 판매촉진성이 요구됨)

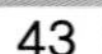

43

▣ 1차 포장 필수 기재 · 표시사항
1. 화장품의 명칭
2. 영업자의 상호
3. 제조번호
4. 사용기한 또는 개봉 후 사용기간(개봉 후 사용기간의 경우 제조 연월일 병기)

44

⑤ 세제는 사용이 편리하고 유용해야 하며 중성에서 약알칼리성 사이의 다목적 세제는 범용 제품으로 물과 상용성이 있는 모든 표면에 적용한다.

45

④ 탱크는 제품과의 반응으로 부식되거나 분해를 초래하는 반응이 있어서는 안 된다.

46

① 모든 작업장은 월 1회 이상 전체 소독 실시
② 모든 작업장 및 보관소는 작업 종료 후 청소 실시
③ 청소도구는 사용 후 세척하여 건조 또는 필요 시 소독하여 오염원이 되지 않도록 함
⑤ 청소용수는 일반 용수와 정제수를 사용

47

알코올 70% 소독액을 이용하여 세척실 배수로 및 내부를 소독한다. 소독 시에는 소독 중이라는 표지판을 출입구에 부착하고 모든 작업장은 월 1회 이상 전체 소독을 실시한다.

48

② 비소 10㎍/g 이하, 디옥산 100㎍/g 이하, 프탈레이트류 100㎍/g 이하
「화장품 안전기준 등에 관한 규정」 제6조에 따라 유통 화장품은 1. 비의도적 유래 물질 검출허용 한도, 2. 사용할 수 없는 원료가 비의도적으로 검출되었으나 검출 허용 한도가 설정되지 않은 경우 위해 평가 후 위해 여부 결정, 3. 미생물 한도, 4. 내용량의 관리 기준에 적합하여야 하고, 5. 액상 제품의 pH 기준, 6. 기능성 화장품 중 기능성을 나타내는 주원료의 함량, 7. 퍼머넌트 웨이브용 및 헤어 스트레이트너 제품, 8. 유리알칼리 관리 기준에 추가적으로 적합하여야 한다.

49

ㄱ. 혼합 · 소분 전에 내용물 및 원료의 사용기한 또는 개봉 후 사용기간 및 혼합 · 소분된 제품을 담을 포장 용기의 오염 여부를 확인한다.
ㅁ. 「우수 화장품 제조 및 품질관리 기준(CGMP)」 방문객과 훈련받지 않은 직원이 생산, 관리, 보관 구역 출입 시 동행이 필요하며 성명과 입 · 퇴장 시간 및 자사 동행자를 기록서에 기록한다.

50

일탈(Deviation)은 규정된 제조 또는 품질관리 활동 등의 기준(기준서, 표준작업지침 등)을 벗어나 이루어진 행위이다.

51

가혹시험은 가혹조건에서 화장품의 분해 과정 및 분해 산물 등을 확인하기 위한 시험을 말한다. 일반적으로 개별 화장품의 취약성, 예상되는 운반, 보관, 진열 및 사용 과정에서 뜻하지 않게 일어나는 가능성 있는 가혹한 조건에서 품질 변화를 검토하기 위해 이와 같은 시험(진동시험)을 수행한다.

52

천연 화장품 및 유기농 화장품 제조에 유전자 변형 원료 배합은 금지 공정이다.

53

색소(커큐민), 사용상의 제한이 필요한 보존제 성분(디메칠옥사졸리딘, 메텐아민, 벤질알코올, 페녹시에탄올)

54

① 약산성 : 약 3~5(액성을 구체적으로 표시할 때에는 pH값을 쓴다)

55

③ 혼합 · 소분에 사용되는 장비 또는 기구 등은 사용 전에 그 위생 상태를 점검하고 사용 후에는 오염이 없도록 세척한다.(혼합 · 소분 안전관리 기준)

56

① 10㎍/g 이하, ② 10㎍/g 이하, ③ 100㎍/g 이하, ⑤ 5㎍/g 이하

57

호모믹서, 호모게나이저 또는 균질화기(homogenizer)라도고 한다. 터빈형의 회전 날개가 원통으로 둘러싸인 형태로 내용물에 내용물을 또는 내용물에 특정 성분을 혼합 및 분산 시 사용한다.(일반적으로 유화 공정 설비)

58

② 소독은 오염 미생물 수를 허용 수준 이하로 감소시키기 위해 수행하는 과정이다.
③ 문서화된 절차에 따라 수행하고, 관련 문서는 잘 보관해야 하며, 세척 및 소독된 모든 장비는 건조시켜 보관해야 제조설비의 오염을 방지할 수 있다.
④ 세척과 소독 주기는 주어진 환경에서 수행된 작업의 종류에 따라 결정되므로, 자격을 갖춘 담당자가 각 구역을 정기적으로 점검해야 한다.
⑤ 청소하는 동안 공기 중의 먼지를 최소화하도록 주의하고, 쏟은 원료나 제품은 즉시 완벽하게 청소한다.

59

과거 화장품에 알레르기 반응을 보인 적이 있는 고객에게 추천할 제품은 미백, 탄력 함유 제품이다. 알부틴 2% 이상 함유 제품은 「인체 적용시험 자료」에서 구진과 경미한 가려움이 보고된 예가 있다.
ㄱ : 탄력, ㄴ : 미백, ㄷ : 자외선 차단, ㄹ : 미백, ㅁ : 유연

60

일반 화장품 사용 시 나타날 수 있는 부작용이 맞춤형 화장품 사용 시 나타날 수 있으며 유분 함량이 높은 제품으로 인해 모공이 막히면 뾰루지가 발생할 수 있다.

61

"단위 제품"이란 1회 이상 포장한 최소 판매 단위의 제품을 말하고 "종합 제품"이란 같은 종류 또는 다른 종류의 최소 판매 단위의 제품을 2개 이상 함께 포장한 제품을 말한다.
– 인체 및 두발 세정용 제품류, 세제류 : 15% 이하, 그 밖의 화장품류(방향제 포함) : 10% 이하(향수 제외)

62

식약처장이 고시한 기능성 화장품의 효능 · 효과를 나타내는 성분과 사용상의 제한이 필요한 성분은 맞춤형 화장품 원료로 사용할 수 없다.

63

① 진피는 표피를 지지
③ 온도가 낮으면 입모근에 의해 털이 수직 방향으로 세워지고 소름이 돋음
④ 피지선은 손바닥, 발바닥을 제외한 전신의 피부에 존재
⑤ 입모근의 잦은 수축은 피지 분비를 촉진

64

햇빛 속 자외선은 진피층의 콜라겐 섬유 생성에 영향을 미쳐 피부가 탄력을 잃고 피부 지방의 비타민 D를 파괴시킨다. 피부의 피지막에는 다량의 불포화지질이 함유되어 있고 활성산소에 의해 산화되어 과산화지질이 되며 이것들이 세포에 손상을 주어 건조해지는 등 노화의 원인이 된다.

65

모발은 추위와 자외선, 외부 자극으로 두피를 보호한다. 모근 부위에는 지각신경이 분포되어 있어 자극에 반응하는 촉각의 기능이 있으며 모발을 통해 혈액 내에 존재하는 유해한 성분을 배출시킨다.

66

모모세포는 모유두로부터 영양분을 공급받아 분열, 내모근초를 따라 성장하게 되며 모발의 기원이 되는 세포이다.

68

④ 색소 합성세포인 멜라노사이트 내의 멜라노좀에서 합성된다.

69

① 가용화제(solubilizer)가 물에 용해될 때 일정 농도 이상에서 생성되는 마이셀(micelle)을 이용하여 물에 대한 용해도가 아주 낮은 물질을 용해도 이상으로 용해시키는 기술
② 서로 섞이지 않는 두 액체 중에서 하나의 액체가 다른 액체에 미세한 입자 형태로 균일하게 분산된 현상
③ 수중유형(O/W type)은 수분량이 많고 흐름이 있음
④ W/O type은 O/W type 보다 더 오일감이 있어 건성 피부용 크림이나 유액 등을 제조할 때 사용하는 유화 방식

70

▣ **기능성 화장품 기준 및 시험 방법 기재 항목**(원료 및 제형에 따라 불필요한 항목은 생략 가능)

1. 명칭
2. 구조식 또는 시성식
3. 분자식 및 분자량
4. 기원
5. 함량기준
6. 성상
7. 확인시험
8. 시성치
9. 순도시험
10. 건조감량, 강열감량 또는 수분
11. 강열잔분, 회분 또는 산불용성회분
12. 기능성 시험
13. 기타 시험
14. 정량법(제제는 함량시험)
15. 표준품 및 시약 · 시액

71

콜로이드는 분산상과 연속상의 상태(기체, 액체 혹은 고체)에 따라 분류된다. 콜로이드의 종류로는 안개, 연기나 미스트처럼 기체에 액체방울이나 고체가 분산된 에어로졸(aerosol), 우유처럼 액체에 액체방울이 분산된 에멀젼(emulsion), 액체에 고체 입자가 분산된 졸(sol)이 있다.

72

화장품에 사용할 수 없는 원료(니트로펜, 펜치온, 히드로퀴논, 헥사클로로벤젠)

73

고급 알코올은 유성 원료, 일부 용제(용매), 연화제의 목적으로 사용되며 피부가 건조해지는 것을 막아 피부를 부드럽고, 윤기 나게 개선해 주기 위해 사용된다.

74

관능평가에는 좋고 싫음을 주관적으로 판단하는 기호형과, 표준품 및 한도품 등 기준과 비교하여 합격품, 불량품을 객관적으로 평가, 선별하거나 사람의 식별력 등을 조사하는 분석형의 2가지 종류가 있다.

75

영·유아용 제품류 및 눈 화장용 제품류의 경우 총 호기성 세균 수 500개/g(mL) 이하, 물휴지의 경우 진균 수 100개/g(mL) 이하, 대장균, 녹농균, 황색포도상구균은 불검출되어야 한다.

76

모발은 두피 바깥 부분인 모간부와 눈에 보이지 않는 두피의 안쪽 부분인 모근부로 나누며 모간부는 모표피, 모피질, 모수질로 구성되어 있다.

77

금지되는 제조공정 : 탈색-탈취(동물 유래), 방사선 조사(알파선, 감마선), 설폰화, 에틸렌 옥사이드, 프로필렌 옥사이드 또는 다른 알켄 옥사이드 사용, 수은화합물을 사용한 처리, 포름알데하이드 사용

78

화장품을 일반 소비자에게 소매 점포에서 판매하는 경우 소매업자(직매장을 포함)가 표시의무자가 된다. 다만, 「방문 판매 등에 관한 법률」에서 규정한 방문 판매업·후원 방문 판매업,「전자상거래 등에서의 소비자보호에 관한 법률」에서 규정한 통신판매업의 경우에는 그 판매업자가, 「방문 판매 등에 관한 법률」에서 규정한 다단계 판매업의 경우에는 그 판매자가 판매 가격을 표시하여야 하며 화장품 책임판매업자, 화장품 제조업자는 그 판매 가격을 표시하여서는 안 된다.

79

고객에게 추천할 제품은 피지 조절, 노폐물 흡착 제품이다.
ㄱ : 보습(유연), ㄴ : 미백, ㄷ : 자외선 차단, ㄹ : 피지선에서 일어나는 지질생합성 억제를 통해 피지 생성을 조절, ㅁ : 피부 노폐물 흡착

80

「기능성 화장품 심사에 관한 규정」에 따라 자료 제출이 생략되는 기능성 화장품의 종류에서 성분·함량을 고시한 품목의 경우에는 기원 및 개발에 관한 자료, 안전성에 관한 자료, 유효성 또는 기능에 관한 자료 제출을 면제한다.
- 체모를 제거하는 기능을 가진 제품의 성분(치오글리콜산 80%), pH 범위(7.0 이상 12.7 미만), 함량(치오글리콜산으로서 3.0~4.5%)

81

화장품 책임판매관리자의 업무(품질관리 기준에 따른 품질관리, 책임판매 후 안전관리 기준에 따른 안전 확보, 원료 및 자재의 입고부터 완제품의 출고에 이르기까지 필요한 시험·검사 또는 검정에 대하여 제조업자 관리·감독)

82

안전용기 · 포장은 성인이 개봉하기는 어렵지 아니하나 만 5세 미만의 어린이가 개봉하기는 어렵게 된 것이어야 하며 일회용 제품, 용기 입구 부분이 펌프 또는 방아쇠로 작동되는 분무용기 제품, 압축 분무용기 제품(에어로졸 제품)은 제외한다.

83

맞춤형 화장품 제외 기재 · 표시사항 : 식품의약품안전처장이 정하는 바코드, 수입 화장품인 경우에는 제조국의 명칭(대외무역법에 따른 원산지를 표시한 경우에는 제조국의 명칭을 생략 가능), 제조회사명 및 그 소재지

84

〈보기〉는 화장품 포장의 제조에 사용된 성분 표시기준 및 표시 방법이다.

85

「화장품법 시행규칙」 [별표3] 화장품의 유형에서 의약외품은 제외한다.

86

눈에 접촉을 피하고 눈에 들어갔을 때는 즉시 씻어낼 것(ㄴ, ㅂ), 사용 시 흡입되지 않도록 주의할 것(ㄷ), 신장질환이 있는 사람은 사용 전에 의사, 약사, 한의사와 상의할 것(ㅁ)

89

안정성 시험은 사용기한을 입증할 수 있는 과학적 · 합리적으로 타당성이 인정되는 시험이어야 하며 외국에서 시험한 품목별 안정성 시험이 상기 규정에 적합한 경우에는 해당 시험 결과를 인정할 수 있다.

90

여드름성 피부를 완화하는데 도움을 주는 제품의 성분(살리실릭애씨드) 및 함량(0.5%)

91

화장비누의 내용량 기준(건조중량), 유리알칼리 관리 기준(화장비누에 한해 0.1% 이하)

92

「의약품 등의 안전에 관한 규칙」에서 정의하는 부작용(side effect)이란 의약품 등을 정상적인 용량에 따라 투여할 경우 발생하는 모든 의도되지 않은 효과를 말하며, 의도되지 않은 바람직한 효과를 포함한다.

93

세포 간 지질의 주성분은 세라마이드(ceramide), 포화지방산, 콜레스테롤(cholesterol)의 혼합으로 이루어져 있다. MMP(Matrix metalloproteinase)는 단백질 분해효소의 일종으로 열이나 자외선을 받게 되면 생성되며 주름을 생성시킨다.

94

땀샘은 에크린땀샘과 아포크린땀샘으로 구분된다.

95

화장품 제조에 사용된 성분은 함량이 많은 것부터 기재 · 표시한다. 다만, 1% 이하로 사용된 착향제 또는 착색제는 순서에 상관없이 기재 · 표시할 수 있다.
- 기능성 화장품 자외선 고시 성분(에칠헥실메톡시신나메이트 7.5%, 페닐벤즈이미다졸설포닉애씨드 4%)
- 사용상의 제한이 필요한 보존제(클로로펜 0.05%)

96

절대 점도의 단위로는 포아스 또는 센티포아스를 쓰고 운동점도의 단위로는 스톡스 또는 센티스톡스를 쓴다.

97

탄화수소류는 크게 파라핀계(포화)와 나프텐계(불포화)로 구분한다. 가격이 저렴하나 유분감이 강하고 정제가 불충분하며 피부 과학적으로 트러블을 유발할 가능성이 있다.

98

교소체(desmosome)의 형태는 과도한 장력을 이겨내는데 적합한 구조로, 물리적 자극을 많이 받는 조직에 특히 발달해 피부 결합력을 높인다. 교소체 자체에 이상이 생기면 세포와 세포 사이의 접착이 풀어지는 피부 질환(세포해리증, acantholysis) 발생의 원인이 된다.

99

착향제 구성 성분 중 알레르기 유발 성분(벤질알코올, 아이소유제놀)

100

맞춤형 화장품 판매업자의 준수사항
- 혼합 소분에 사용된 내용물·원료의 내용 및 특성과 사용 시의 주의사항을 소비자에게 설명할 것
- 피부 미백에 도움을 주는 기능성 고시 성분(알부틴), 함량(2~5%)
  · 알부틴 2% 이상 함유 제품 사용 시 주의사항 : 알부틴은 「인체 적용시험 자료」에서 구진과 경미한 가려움이 보고된 예가 있음

실전모의고사 정답 & 해설

선다형

1	2	3	4	5	6	7	8	9	10
⑤	④	④	③	②	⑤	①	⑤	②	②
11	12	13	14	15	16	17	18	19	20
④	③	③	②	②	①	⑤	②	①	⑤
21	22	23	24	25	26	27	28	29	30
③	④	②	③	④	④	①	②	①	⑤
31	32	33	34	35	36	37	38	39	40
③	②	⑤	①	⑤	②	③	④	③	③
41	42	43	44	45	46	47	48	49	50
③	②	⑤	⑤	⑤	⑤	④	①	②	⑤
51	52	53	54	55	56	57	58	59	60
②	①	①	②	①	④	⑤	⑤	③	①
61	62	63	64	65	66	67	68	69	70
③	④	⑤	③	②	②	⑤	①	④	⑤
71	72	73	74	75	76	77	78	79	80
②	①	①	④	⑤	③	①	②	④	①

단답형

81	분산	91	우레아
82	영업 비밀	92	㉠ 교차오염
83	㉠ 유해 사례	93	㉠ 탄력 섬유(elastic fiber)
84	ㄴ, ㄹ, ㅁ	94	㉠ UV-A
85	균질화기(homogenizer)	95	폴리에톡실레이티드레틴아마이드, 0.2% 이상
86	㉠ 안전성, ㉡ 위해 평가	96	㉠ 알카로이드
87	ㄱ, ㄷ, ㅁ	97	대장균, 녹농균
88	㉠ 판매일자, ㉡ 판매량	98	천연보습인자
89	양쪽성	99	㉠ 부형제, ㉡ 산화 방지제
90	㉠ 판매 가격, ㉡ 표시의무자(판매자), ㉢ 한자	100	솔비톨, 글리세린, 카프릴릭카프릭트리글리세라이드

01

「화장품법」 제2조 기능성 화장품이란 피부의 미백에 도움을 주는 제품, 피부의 주름 개선에 도움을 주는 제품, 피부를 곱게 태워주거나 자외선으로부터 피부를 보호하는 데에 도움을 주는 제품, 모발의 색상 변화 · 제거 또는 영양 공급에 도움을 주는 제품, 피부나 모발의 기능 약화로 인한 건조함, 갈라짐, 빠짐, 각질화 등을 방지하거나 개선하는 데에 도움을 주는 제품 중 어느 하나에 해당되는 것으로서 총리령으로 정하는 화장품을 말한다.

02

- 개인정보가 유출된 경우 개인정보처리자는 정보 주체에게 지체 없이 1. 유출된 개인정보의 항목, 2. 유출된 시점과 그 경위, 3. 유출로 인해 발생할 수 있는 피해를 최소화하기 위하여 정보 주체가 할 수 있는 방법 등에 관한 정보, 4. 개인정보처리자의 대응조치 및 피해 구제 절차, 5. 정보 주체에게 피해가 발생한 경우 신고 등을 접수할 수 있는 담당부서 및 연락처를 알려야 한다.
- 천명 이상의 정보 주체에 관한 개인정보가 유출된 경우, 그 사실의 통지 및 조치결과를 즉시 개인정보보호위원회 또는 한국인터넷진흥원에 신고해야 한다.

03

금고 이상의 형을 선고받고 그 집행이 끝나지 아니하거나 그 집행을 받지 아니하기로 확정되지 아니한 자는 화장품 제조업, 화장품 책임판매업 등록 및 맞춤형 화장품 판매업을 신고할 수 없다.

04

1차 포장 필수 기재사항 – 소용량 화장품 포장 등의 기재(표시 예외)

05

① 인증 제품을 판매하는 책임판매업자 또는 인증 제품의 명칭이 변경된 경우 그 인증을 한 인증기관에 보고
③ 거짓이나 부정한 방법으로 인증받은 자는 3천만원 이하의 벌금 또는 3년 이하의 징역
④ 인증의 유효기간은 인증을 받은 날부터 3년
⑤ 인증의 유효기간을 연장하려는 경우 유효기간 만료 90일 전까지 인증기준에 적합함을 입증하는 서류를 첨부하여 인증을 한 해당 인증기관에 제출

06

▣ 화장품 책임판매업자의 유통 · 판매 금지 대상

동물 실험 실시 화장품, 동물 실험을 실시한 화장품 원료를 사용하여 제조 또는 수입한 화장품
- 예외 적용 : 특별히 사용상의 제한이 필요한 원료(보존제, 색소, 자외선차단제 등)에 대하여 그 사용기준을 지정, 국민 보건상 위해 우려가 제기되는 화장품 원료 등에 대한 위해 평가를 하기 위하여 필요한 경우, 동물 대체시험법이 존재하지 아니하여 동물 실험이 필요한 경우, 화장품 수출을 위하여 수출 상대국의 법령에 따라 동물 실험이 필요한 경우, 수입하려는 상대국의 법령에 따라 제품 개발에 동물 실험이 필요한 경우, 다른 법령에 따라 동물 실험을 실시하여 개발된 원료를 화장품의 제조 등에 사용하는 경우, 그 밖에 동물 실험을 대체할 수 있는 실험을 실시하기 곤란한 경우로서 식품의약품안전처장이 정하는 경우

07

화장품 책임판매업자는 정보를 알게 된 날부터 15일 이내에 신속히 보고(안전성 정보의 신속 보고)

08

① 금속이온 봉쇄제는 화장품의 안전성을 유지하기 위해 원료 중에 혼입되어 있는 이온을 제거할 목적으로 사용
② 유성 원료는 물에 녹지 않는 특성(비극성), 수분 증발을 억제하는 성질
③ 점증제는 화장품의 점도를 조절하기 위해 사용, 계면활성제는 계면의 자유에너지를 낮추어 줌
④ 고분자 화합물은 수분과의 결합 및 수분의 이동 억제를 통해 점성을 나타내는 특징을 나타내며 유화 입자가 분리되는 것을 방지, 보습제란 피부의 건조를 막아 피부를 매끄럽고 부드럽게 해주는 물질의 총칭

09

▣ **내용량이 10mL(g) 초과 50mL(g) 이하 화장품 포장에 기재 · 표시해야 하는 성분**
타르 색소, 금박, 샴푸와 린스에 들어있는 인산염의 종류, 과일산(AHA), 기능성 화장품의 경우 그 효능 · 효과가 나타나게 하는 원료, 식품의약품안전처장이 사용 한도를 고시한 화장품의 원료

10

품질성적서는 내용물 및 원료의 품질검사(시험) 결과를 판정한 것이다.

11

위해 평가(위험성 확인 · 위험성 결정 · 노출 평가 · 위해도 결정 과정을 거쳐 실시)

12

화장품 책임판매업자는 화장품의 제조과정에 사용된 원료의 목록을 화장품의 유통 · 판매 전까지 보고해야 하며 보고한 목록이 변경된 경우에도 또한 같다.

13

▣ **지정 · 고시되지 않은 원료의 사용기준을 지정 · 고시하거나 지정 · 고시된 원료의 사용기준을 변경해 줄 것을 신청하려는 경우 제출해야 하는 서류**
1. 제출 자료 전체의 요약본
2. 원료의 기원, 개발 경위, 국내 · 외 사용기준 및 사용 현황 등에 관한 자료
3. 원료의 특성에 관한 자료
4. 안전성 및 유효성에 관한 자료(유효성에 관한 자료는 해당하는 경우에만 제출)
5. 원료의 기준 및 시험 방법에 관한 시험성적서

14

화장품 책임판매관리자의 품질관리 업무(품질관리 업무를 총괄할 것)

15

내용량이 소량(10밀리미터 이하 또는 10그램 이하)인 화장품은 화장품의 명칭, 화장품 책임판매업자 및 맞춤형 화장품 판매업자 상호, 가격, 제조번호, 사용기한 또는 개봉 후 사용기간(개봉 후 사용기간을 기재할 경우에는 제조 연월일을 병행 표기)만을 기재 · 표시할 수 있다.

16

「화장품 안전기준 등에 관한 규정」 사용상의 제한이 필요한 원료(엠디엠하이단토인, 만수국꽃추출물 또는 오일, 만수국아재비꽃추출물 또는 오일, 하이드롤라이즈드밀단백질)

17

천연 원료에서 석유화학 용제의 사용 시 반드시 최종적으로 모두 회수되거나 제거되어야 하며 방향족, 니트로젠 유래 용제는 사용이 불가하다.

18

화장품 책임판매업자의 준수사항 – 책임판매 후 안전관리 기준(화장품 책임판매관리자의 업무)

19

화장품 책임판매업자는 제조업자로부터 받은 제품표준서 및 품질관리기록서 보관해야 하며 제조 또는 품질검사 위탁 시 수탁자에 대한 관리 · 감독 및 제조 및 품질관리에 관한 기록을 받아 유지 · 관리한다.

20

① 1차 또는 2차 포장의 무게가 포함되지 않은 용량 또는 중량
② 등록필증 또는 신고필증에 적힌 소재지 또는 반품 · 교환 업무를 대표하는 소재지
③ 혼합 · 소분일도 각각 구별이 가능하도록 기재 · 표시
④ 공정별로 2개 이상의 제조소에서 생산된 화장품의 경우 일부 공정을 수탁한 화장품 제조업자의 상호 및 주소의 기재 · 표시를 생략 가능

21

사용상의 제한이 필요한 기타 성분(레조시놀, 비타민 E, 트랜스-로즈-케톤, 글라이옥살)

22

▣ 「화장품 안전관리 등에 관한 기준」 사용할 수 없는 원료
미세플라스틱 : 세정, 각질 제거 등의 제품에 남아있는 5mm 크기 이하의 고체 플라스틱
1. 영 · 유아용 화장품(영 · 유아용 샴푸, 린스, 인체 세정용 제품, 목욕용 제품)
2. 목욕용 제품류
3. 인체 세정용 제품류
4. 두발용 제품류(헤어 컨디셔너, 샴푸 · 린스, 그 밖의 씻어 내는 두발용 제품류)
5. 남성용 탈컴(사용 후 씻어 내는 제품에 한함), 셰이빙 크림, 셰이빙 폼, 그 밖의 면도용 제품류
6. 팩, 마스크(사용 후 씻어 내는 제품에 한함), 손 · 발의 피부 연화 제품(사용 후 씻어 내는 제품에 한함), 클렌징 워터, 클렌징 로션, 클렌징 크림 등 메이크업 리무버, 그 밖의 사용 후 씻어 내는 기초 화장용 제품류

23

▣ 위해 화장품 회수 절차
회수인지 → 회수계획 제출(지방식품의약품안전청장) → 회수계획 통보(회수의무자는 통보 사실을 입증할 수 있는 자료를 회수 종료일부터 2년간 보관) → 회수 화장품의 폐기 → 회수 종료

24

① 팩, ② 손 · 발의 피부 연화 제품(요소제제의 핸드크림 및 풋크림), ④ 염모제, ⑤ 모발용 샴푸

25

화장품 원료로 가장 많이 사용되는 것은 C_{15} 이상의 포화 탄화수소로 석유에서 얻는 파라핀, 페트롤라튬, 토양에서 얻는 세레신 등이 있으며 유분감이 강하기 때문에 다른 유성 원료와 병행하여 사용한다.

26

- 천연 원료(유기농, 식물, 동물성, 미네랄 원료)
- 천연 유래 원료(유기농 유래, 식물 유래, 동물성 유래, 미네랄 유래 원료)
- 사용할 수 없는 원료(시마진), 미네랄 유래원료(탈크, 골드, 마이카, 알루미늄)

27

화장품 색소(피로필라이트, 구아이아줄렌, 리보플라빈, 클로로필류)

28

① 화장품 제조업자는 제품표준서를 작성 및 보관, 화장품 책임판매업자는 제품표준서를 보관
③ 제조 위생관리기준서
④ 품질관리기준서
⑤ 원료 품질성적서

29

「우수 화장품 제조 및 품질관리 기준(CGMP)」 제21조에 따라 완제품의 보관용 검체는 적절한 보관조건 하에 지정된 구역 내에서 제조단위별로 사용기한 경과 후 1년간 보관, 개봉 후 사용기간을 기재하는 경우에는 제조일로부터 3년간 보관하여야 한다.

30

①, ③, ④ 3년 이하의 징역 또는 3천만원 이하의 벌금
② 1년 이하의 징역 또는 1천만원 이하의 벌금
⑤ 과태료 부과 대상(50만원)

31

① 플라스틱은 거의 모든 화장품 용기에 이용되고 있으며, 열가소성 수지(PET, PP, PS, PE, ABS 등)와 열경화성 수지(페놀, 멜라민, 에폭시수지 등)로 구분
② 세라믹은 화장품 병, 마개, 장식재로 사용
④ 금속은 철, 스테인리스강, 놋쇠, 알루미늄, 주석 등이 해당하며, 화장품 용기의 튜브, 뚜껑, 에어로졸 용기, 립스틱 케이스 등에 사용
⑤ 유리는 주로 유리병의 형태로 이용

32

품질보증이란 제품이 적합 판정 기준에 충족될 것이라는 신뢰를 제공하는데 필수적인 모든 계획되고 체계적인 활동을 말한다.

33

⑤ 푹신아황산법(메탄올 시험법)

34

② 항온 안정성 시험(신제품, 벌크 제품에 실시)
③ 장기 보존 시험(완제품에 실시)
④ 가혹 시험
⑤ 화장품 사용 시에 일어날 수 있는 오염 등을 고려한 사용기한을 설정하기 위하여 장기간에 걸쳐 물리·화학적 미생물학적 안정성 및 용기 적합성을 확인하는 시험을 말하며 개봉할 수 없는 용기로 되어 있는 제품(스프레이 등), 일회용 제품 등은 개봉 후 안정성 시험을 수행할 필요가 없다.

35

⑤ 무기산과 약산성 세척제(산성에 녹는 물질이나 금속 산화물 제거에 효과적)

36

① 1인이 겸직하지 못함
③ 품질 단위의 독립성을 나타내어야 함
④ 단위를 분리하거나 하나의 단위로 하여 책임을 맡을 수 있음
⑤ 독립된 제조부서와 품질보증부서를 두어야 함

37

▣ 맞춤형 화장품의 혼합에 사용할 수 없는 원료
식품의약품안전처장이 고시한 기능성 화장품의 효능·효과를 나타내는 원료. 다만, 「화장품법」에 따라 해당 원료를 포함하여 기능성 화장품에 대한 심사를 받거나 보고서를 제출하면 사용 가능

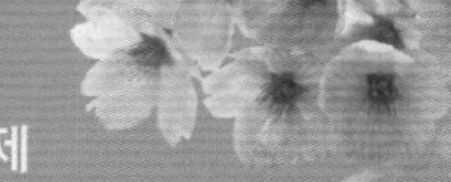

38

재작업이란 적합 판정 기준을 벗어난 완제품 또는 벌크 제품을 재처리하여 품질이 적합한 범위에 들어오도록 하는 것이다.

39

「화장품 사용 시의 주의사항 및 알레르기 유발 성분 표시에 관한 규정」 "그 밖에 화장품의 안전 정보와 관련하여 기재 · 표시하도록 식품의약품안전처장이 정하여 고시하는 사용 시의 주의사항"

40

오일, 지방, 왁스, 안료, 탄닌, 규산염, 탄산염(석회물질), 산화물(금속가루, 녹), 검댕이, 부식 성분 등이 석재, 콘크리트, 금속, 목재, 유리, 플라스틱, 페인트 도장과 같은 다양한 표면 물질에 서로 다른 함량과 다양한 숙성 조건으로 결합되어 있기 때문에 적정한 세제를 선정한다.

42

원료와 원료를 혼합하는 것은 맞춤형 화장품의 혼합이 아닌 '화장품 제조'에 해당하며 맞춤형 화장품의 혼합 · 소분에 사용할 목적으로 화장품 책임판매업자로부터 받은 내용물을 사용하여야 한다.

43

⑤ 판매 가격이 변경되었을 경우에는 기존의 가격 표시가 보이지 않도록 변경 표시하여야 한다. 다만, 판매자가 기간을 특정하여 판매 가격을 변경하기 위해 그 기간을 소비자에게 알리고, 소비자가 판매 가격을 기존 가격과 오인 · 혼동할 우려가 없도록 명확히 구분하여 표시하는 경우는 제외한다.

44

① 문서 접근 제한 및 개인위생 규정 준수
② 부적합 발생 등에 대해 보고
③ 자신의 업무 범위 내에서 기준을 벗어난 행위에 대해 보고
④ 정해진 책임과 활동을 위한 교육훈련 이수

45

영업상의 이유, 신입 사원 교육 등을 위하여 안전 위생의 교육훈련을 받지 않은 사람들이 생산, 관리, 보관 구역으로 출입하는 경우 안전 위생의 교육훈련 자료를 사전 작성하고 출입 전에 직원용 안전대책, 작업 위생 규칙, 작업복 등의 착용, 손 씻는 절차를 포함한 교육훈련을 실시한다.

46

① 칭량실
② 제조실, 충전실, 반제품 보관실 및 미생물 실험실
③ 클린벤치
④ 제조실, 충전실, 반제품 보관실 및 미생물 실험실

47

④ 제조하는 화장품의 종류나 제형에 따라 적절히 구획 · 구분되어 있어야 하고 통로는 사람과 물건이 이동하는 구역으로서 교차오염의 우려가 없어야 한다.

48

업소에서 자체적으로 포장재에 대한 기준 규격을 설정하고 1차 포장 용기의 청결성 확보한다.

49

ㄴ. 포장지시서(1. 제품명, 2. 포장 설비명, 3. 포장재 리스트, 4. 상세한 포장공정, 5. 포장 생산 수량)
ㄷ. 주기적으로 재고 점검
ㅁ. 구획된 장소에서 보관, 다만 서로 혼동을 일으킬 우려가 없는 시스템에 의하여 보관되는 경우에는 그러하지 아니할 수 있음

50

① 손 씻기(상수)
② 제조설비 세척(상수, 정제수)
③ 미생물 관리는 기본적으로 소독에 의존
④ 사용수의 품질은 주기별로 시험항목을 설정해 시험

51

제품명, 작성 연월일, 효능 · 효과, 제조 시 사용된 원료 분량, 공정, 원료 · 반제품 · 완제품의 기준 및 시험방법, 시설 및 기기, 사용기한 및 개봉 후 사용기간 등 일체의 제품 제조 및 관리 기준에 요구되는 항목들이 기록되어 있는 문서이다.

52

② 사용되는 내용물의 사용기한을 초과하여 맞춤형 화장품의 사용기한을 정하지 말 것
③ 맞춤형 화장품 조제에 사용하고 남은 내용물 및 원료는 밀폐를 위한 마개를 사용하는 등 비의도적인 오염을 방지할 것
④ 소비자의 선호도 등을 확인하지 않고 맞춤형 화장품을 미리 소분하여 보관하지 말 것
⑤ 혼합 · 소분 전에 혼합 · 소분된 제품을 담을 포장 용기의 오염 여부를 확인할 것

53

원료 수불 일지 작성(원료명, 원료의 유형, 입고일, 입고 수량/중량, 사용량, 사용일, 재고량 등)

54

식품의약품안전처장이 고시한 기능성 화장품 효능 · 효과를 나타내는 원료(알부틴)와 사용상의 제한이 필요한 원료(우레아, 하이드롤라이즈드밀단백질, 살리실릭애씨드 및 그 염류)는 맞춤형 화장품의 혼합에 사용할 수 없다. 다만, 「화장품법」 제4조에 따라 해당 원료를 포함하여 기능성 화장품에 대한 심사를 받거나 보고서를 제출하면 사용 가능

55

피부를 구성하고 있는 층은 가장 바깥쪽에서부터 표피 - 진피 - 피하지방이다.

56

진피에는 섬유아세포 외에 대식세포(macrophage), 비만세포(mast cell)가 존재한다.

57

비타민 C는 콜라겐 합성에 필요로 하는 물질이다.

58

멜라닌형성세포(melanocyte)는 대부분 기저층에 위치하며 멜라닌형성세포 내 멜라노좀(melanosome)에서 만들어진 멜라닌은 세포돌기를 통하여 각질형성세포로 전달된다.

59

기능성 화장품 심사 제외 품목(1호)으로 보고서를 제출하기 위해서는 효능 · 효과가 나타나게 하는 성분의 종류 · 함량, 효능 · 효과, 용법 · 용량, 기준 및 시험 방법이 식품의약품안전처장이 고시한 품목에 해당되어야 하나 아직 탈모 제품에 대해 고시한 품목이 없어 1호 보고를 할 수 없다.

60

고객에게 추천할 제품은 주름 개선, 자외선 차단 제품이다.
ㄱ : 자외선 차단, ㄴ : 미백, ㄷ : 주름 개선, ㄹ : 항염, ㅁ : 미백

61

피부상재균인 포도상구균이 너무 없으면 다른 미생물의 침투가 일어나고, 적당한 포도상구균의 증식은 피부의 pH가 5.5 정도의 약산성이기에 가능하다.

62

건성 피부는 피부의 보호막 역할을 해주는 산성 피지막이 얇아서 온도 및 기계적 자극에 노출된 경우에 민감한 반응을 나타내지만, 지성 피부의 경우에는 약산성 피지막이 외부의 열기가 피부에 직접적으로 자극을 주는 것을 완화시킨다.

63

고객에게 추천할 제품은 노폐물 흡착, 보습 제품이다.
ㄱ : 재생, ㄴ : 미백, ㄷ : 피부 노폐물 흡착, ㄹ : 보습, ㅁ : 주름 개선

64

- 총 호기성 생균 수는 영 · 유아용 제품류 및 눈 화장용 제품류의 경우 500개/g(mL) 이하
- 물휴지의 경우 세균 및 진균 수 각각 100개/g(mL) 이하
- 기타 화장품의 경우 1,000개/g(mL) 이하

65

피하지방층은 진피에서 내려온 섬유가 엉성하게 결합되어 형성된 망상조직으로 그 사이사이에 벌집 모양으로 많은 수의 지방세포들이 자리잡고 있다.

66

0.9 × 30mL = 27그램(비중 × 부피 = 질량)

67

각질층은 NMF라고도 불리는 '천연보습인자(Natural Moisturizing Factors)'라는 물질에 수분을 저장한다. 주로 단백질의 기본 단위인 '아미노산'으로 이루어져 있으며 아미노산은 물과 잘 결합하므로 수분을 잘 머금을 수 있다. 피부의 산성막은 해로운 박테리아나 곰팡이가 피부에서 번식하지 않도록 막아주는 역할을 하고 건강한 피부는 천연보습인자를 통해서 알칼리성 물질에 노출되어도 스스로 pH를 낮춰서 산성 상태로 회복할 수 있다.

68

피부 지방막은 외부의 습윤, 건조에 의한 직접적인 영향과 이물질의 침입으로부터 피부를 보호한다. 미생물들은 대체로 알칼리성의 성질을 갖고 있어 산성막에 의해 활동이 어려워진다.

69

① 전기적 성질을 이용해 유효 성분의 흡수를 촉진시키는 방법
② 피부를 랩이나 막으로 감싸 밀봉시키는 방법
③ 피부 침투가 어려운 수용성 물질을 리포좀으로 만들어 흡수시키는 방법
④ 이온화를 촉진시켜 흡수를 어렵게 함
⑤ 피부 흡수를 촉진하는 화학물질로 각질층을 분해하고 피부 수분량을 증가

70

⑤ 천연 색조 원료는 오래전부터 식용 등으로 사용되어 왔으며 최근 인체에 대한 안전성과 약리적인 효과들이 알려지면서 화장품 분야에서의 도입이 활발히 검토되고 있다.

71

② 비맹검 사용 시험(Concept use test)은 제품의 정보를 제공하고 제품에 대한 인식 및 효능이 일치하는지를 조사하는 시험으로 소비자에 의한 관능평가 방법이다.

72

① 보존제(사용 후 씻어 내는 제품에 0.5%), ② 보습제, ③ 점증제, ④ 기능성 추출물, ⑤ 미백제

74

화장품에 사용할 수 없는 원료(디옥산, 붕산, 안트라센 오일, 부톡시에탄올)

75

⑤ 딱딱하고 부서지기 쉽기 때문에 물리적인 자극에 약하다.

76

소비자의 피부 상태나 선호도 등을 확인하지 아니하고 맞춤형 화장품을 미리 혼합 · 소분하여 보관하거나 판매할 수 없으며 혼합 · 소분에 사용될 내용물이나 원료에 포함된 보존제 여부를 확인하여야 한다. 알부틴 2% 이상 함유 제품은 화장품 안전 정보와 관련하여 사용 시의 주의사항을 식약처장이 정하여 고시하고 있다. 폴리에톡실레이티드레틴아마이드(주름 개선 기능성 성분), 수렴제(피부에 조이는 느낌을 주고 아린감을 부여)

77

피부에 상처가 생기면 섬유아세포는 상처 난 부위를 메우기 위해서 열심히 단백질을 만들어내며 나이가 들수록 콜라겐이 감소하는 것은 노화에 따라서 섬유아세포의 수가 줄어들고, 콜라겐을 만들어내는 능력이 줄어들었기 때문이다.

78

② 모수질은 모발 중심에 존재하며 벌집 모양 다각형 세포로 모발의 굵기에 따라 유무가 달라진다.
간충물질은 세포 간 결합물질로 섬유와 섬유 사이를 강하게 연결하고 있다. 시스틴 함유량이나 측쇄의 긴 염결합이 많아 부드러우며, 화학적인 작용에 순응하기 쉬운 구조로 형성되어 있다.

79

납(점토를 원료로 사용한 분말 제품 : 50㎍/g 이하, 그 밖의 제품 : 20㎍/g 이하), 니켈(눈 화장용 제품 : 35㎍/g 이하, 색조 화장용 제품 : 30㎍/g 이하, 그 밖의 제품 : 10㎍/g 이하), 비소(10㎍/g 이하), 수은(1㎍/g 이하), 안티몬(10㎍/g 이하), 카드뮴(5㎍/g 이하), 디옥산(100㎍/g 이하), 메탄올(0.2(v/v)% 이하), 포름알데하이드(2,000㎍/g 이하)

80

사용 전·후 세척 등을 통해 오염 방지하고 세척한 작업 장비 및 도구는 잘 건조하여 다음 사용 시까지 오염을 방지한다. 자외선 살균기 이용 시, 충분한 자외선 노출을 위해 적당한 간격을 두고 장비 및 도구가 서로 겹치지 않게 한 층으로 보관한다.

81

넓은 의미로 분산(dispersion)은 분산매가 분산상이 퍼져있는 혼합계(mixed system)를 말하며 화장품에서 분산(suspension)은 고체 입자가 액체에 균일하게 분산, 분포된 상태를 의미한다.

84

티타늄디옥사이드는 사용상의 제한이 필요한 자외선 차단 성분으로 맞춤형 화장품에서 사용할 수 없다.

85

균질화기는 일반적으로 유화할 때 사용하는 기기이며 오버헤드스테러(over head stirrer), 아지믹서(agi-mixer), 분산기(disper mixer)는 혼합·분산 시 사용하는 기기로 봉 끝 부분에 다양한 모양의 회전 날개가 붙어 있다.

87

제조에 사용된 함량이 많은 것부터 기재·표시한다. 다만, 1% 이하로 사용된 성분, 착향제 또는 착색제는 순서에 상관없이 기재·표시할 수 있다. 착향제의 구성 성분 중 식약처장이 정하여 고시한 알레르기 유발 성분이 있는 경우에는 향료로 표시할 수 없고, 해당 성분의 명칭을 기재·표시해야 한다.

88

맞춤형 화장품 판매업자 준수사항(맞춤형 화장품 판매 내역서 작성·보관)

89

양쪽성 계면활성제는 물에 용해할 때 친수기 부분이 양이온과 음이온을 동시에 갖는 계면활성제이다.

90

「화장품법 시행규칙」에 따른 화장품의 가격 표시상 준수사항(한글로 읽기 쉽도록 기재·표시할 것, 다만, 한자 또는 외국어를 함께 적을 수 있고, 수출용 제품 등의 경우에는 그 수출 대상국의 언어로 적을 수 있다.)

91

사용상의 제한이 필요한 기타 성분(우레아 사용 한도 10%)

93

엘라스틴은 이름에서 나타내듯이 탄성력을 갖고 있어 기계적 충격으로부터 인체를 보호한다.

94

일반적으로 선탠을 하여 피부를 갈색으로 그을린 후 선탠을 중지하면, 다시 피부가 원래의 상태로 되돌아온다. 이는 UV-A(320mn~400㎚)가 피부에 조사될 경우, 즉각적으로 피부를 갈색으로 그을리게 하기 때문이다.

95

▣「화장품 사용 시의 주의사항 및 알레르기 유발 성분 표시에 관한 규정」[별표 1]
폴리에톡실레이티드레틴아마이드 0.2% 이상 함유 제품 : 폴리에톡실레이티드레틴아마이드는「인체 적용시험 자료」에서 경미한 발적, 피부 건조, 화끈감, 가려움, 구진이 보고된 예가 있음

96

알카로이드(alkaloids)의 종류는 다양하며 식물 유래 화장품 원료에 포함된 알카로이드는 암 유발 가능성, 신경계 자극, 구토, 어지러움 등 잠재적 유해성으로 인해 안전성 검증의 필요성이 대두되고 있다.

97

대장균, 녹농균, 황색포도상구균은 불검출되어야 한다.

98

천연보습인자는 주로 단백질의 기본 단위인 '아미노산'으로 이루어진 수분 저장고이다. 과도한 수분량의 손실은 피부장벽 기능(skin barrier function)의 이상을 나타내는 것으로 피부 건조를 유발한다.

99

화장품에 사용되는 주요 성분은 기능적으로 부형제(주로 물, 오일, 왁스, 유화제), 유효 성분(기능성), 첨가제(보존제, 산화 방지제), 착향제로 분류할 수 있다. 산화 방지제는 산소를 흡수하여 변질되는 산패 현상을 억제하고 장기간 안정성을 유지하기 위해 사용하는 물질이다.

100

보습(솔비톨, 글리세린), 유연(카프릴릭/카프릭트라이글리세라이드), 수렴(에탄올), 각질 연화(살리실릭애씨드), 피지 흡착(벤토나이트)

실전모의고사 정답 & 해설

선다형

1	2	3	4	5	6	7	8	9	10
⑤	②	①	③	④	③	①	④	①	③
11	12	13	14	15	16	17	18	19	20
④	③	②	①	⑤	①	③	①	②	①
21	22	23	24	25	26	27	28	29	30
③	⑤	④	①	⑤	①	①	①	②	①
31	32	33	34	35	36	37	38	39	40
⑤	②	①	③	②	⑤	⑤	④	②	⑤
41	42	43	44	45	46	47	48	49	50
⑤	④	⑤	①	①	③	①	④	⑤	③
51	52	53	54	55	56	57	58	59	60
②	③	⑤	①	①	①	④	②	③	②
61	62	63	64	65	66	67	68	69	70
④	④	③	⑤	④	①	⑤	①	⑤	④
71	72	73	74	75	76	77	78	79	80
⑤	①	②	①	④	②	④	④	①	④

단답형

번호	정답	번호	정답
81	㉠ 방향용, ㉡ 원료	91	㉠ 피부의 미백에 도움을 준다. ㉡ 유용성감초추출물, 함량 : 0.05%
82	㉠ 촬영 범위	92	위해 평가 후 위해 여부 결정
83	㉠ 책임판매관리자, ㉡ 4, ㉢ 8	93	소르빅애씨드
84	9,100개/g(mL) / 부적합	94	용량고저법
85	㉠ 3년, ㉡ 90일	95	㉠ 운점, ㉡ 전상온도
86	㉠ 위험성 확인, ㉡ 노출 평가	96	씻어 내는 제품, 두발용 제품
87	제조번호	97	화장비누, 내용량 기준 : 건조중량
88	최소홍반량(MED)	98	㉠ 알칼리염, ㉡ 글리세린
89	ㄱ, ㄴ	99	㉠ 비누, ㉡ 붕산수
90	㉠ 케라틴, ㉡ 시스틴	100	㉠ 3.5%, ㉡ 0.1%, ㉢ 0.01%

01

화장품 제조업 또는 화장품 책임판매업을 하려는 자는 각각 총리령으로 정하는 바에 따라 식품의약품안전처장에게 등록하여야 하고 화장품 책임판매업을 등록하려는 자는 책임판매관리자를 두어야 한다.

02

개인정보처리자는 개인정보가 유출된 경우 지체 없이 정보 주체에게 사실을 알려야 한다.(유출된 시점과 그 경위, 유출된 개인정보의 항목, 유출로 인해 발생할 수 있는 피해를 최소화하기 위하여 정보 주체가 할 수 있는 방법 등에 관한 정보, 개인정보처리자의 대응조치 및 피해 구제절차, 정보 주체에게 피해가 발생한 경우 신고 등을 접수할 수 있는 담당부서 및 연락처)

03

② 여드름성 피부를 완화하는 데 도움을 주는 화장품(다만, 인체 세정용 제품류로 한정)
③ 튼 살로 인한 붉은 선을 엷게 하는데 도움을 주는 화장품
④ 모발의 색상을 변화(탈염 · 탈색을 포함)시키는 기능을 가진 화장품(다만, 일시적으로 모발의 색상을 변화시키는 제품은 제외)
⑤ 체모를 제거하는 기능을 가진 화장품(다만, 물리적으로 체모를 제거하는 제품은 제외)

04

화장품 책임 판매업자는 제품별 안전성 자료(1. 제품 및 제조 방법에 대한 설명 자료, 2. 화장품의 안전성 평가 자료, 3. 제품의 효능 · 효과에 대한 증명 자료)를 작성 및 보관하여야 한다.

05

「화장품법」은 화장품의 제조 · 수입 · 판매 및 수출 등에 관한 사항을 규정함으로써 국민 보건 향상과 화장품 산업의 발전에 기여함을 목적으로 한다.

06

천연 함량이 중량 기준 95% 이상이어야 하고 물 + 천연 원료 + 천연 유래 원료로 구성되어야 한다. 제조하는 작업장 및 제조설비는 교차오염이 발생하지 않도록 충분히 청소 및 세척하고 천연 화장품 및 유기농 화장품 인증을 받으려는 화장품 제조업자, 화장품 책임판매업자, 총리령으로 정하는 대학, 연구소 등은 식품의약품안전처장에게 인증을 신청하여야 한다.

07

① 식품의약품안전처장은 단체 또는 관련 업무를 수행하는 기관 등을 지정하여 화장품의 판매, 표시, 광고, 품질 등에 대하여 모니터링하게 할 수 있다.

08

보습제는 보습의 특성에 따라 습윤제, 밀폐제, 연화제, 장벽 대체제로 나눌 수 있다.

09

② 위해성 "다" 등급, ③ 위해성 "나" 등급, ④ 위해성 "다" 등급, ⑤ 위해성 "가" 등급

10

계면활성제는 계면에 흡착하여 계면의 성질을 현저히 변화시키는 물질이다.

11

유기농 유래, 식물 유래, 동물성 유래 원료는 천연 유래 원료이다.

12

맞춤형 화장품 판매업자는 맞춤형 화장품의 내용물 및 원료 입고 시 화장품 책임판매업자가 제공하는 품질 성적서를 구비하여야 하며, 원료 품질관리 여부를 확인할 때 품질성적서에 명시된 제조번호, 사용기한 등을 주의 깊게 검토하여야 한다.

13

② 누구든지 세포나 조직을 주고받으면서 금전 또는 재산상의 이익을 취할 수 없다.

14

사용상의 제한이 필요한 원료(디메칠옥사졸리딘, 벤제토늄클로라이드, 디엠디엠하이단토인, 알킬이소퀴놀리늄브로마이드)

15

단위 제품, 화장품류 중 인체 및 두발 세정용 제품류를 제외한 그 밖의 화장품류(방향제 포함, 향수 제외) : 포장 공간 비율 10% 이하, 포장 횟수 2차 이내 / 세제류 : 포장 공간 비율 15% 이하, 포장 횟수 2차 이내

16

① 크로스컷트는 화장품 용기 소재인 유리, 금속, 플라스틱의 유기 또는 무기 코팅막 또는 도금층의 밀착성을 측정하는 것으로 시험 방법은 규정된 점착테이프를 압착한 후 떼어내어 코팅층의 박리 여부를 확인한다.

17

제품의 사용 시의 주의사항에 미세한 알갱이가 함유되어 있는 스크러브 세안제류의 개별 주의사항(알갱이가 눈에 들어갔을 때에는 물로 씻어내고 이상이 있는 경우에는 전문의와 상담할 것)이 기재되어 있다.

18

① 프로피오닉애씨드(사용상 제한이 필요한 보존제 0.9%)

19

② 암모니아(사용상의 제한이 필요한 기타 성분, 사용 한도 6%)

20

② 알부틴 2% 이상 함유 제품 : 알부틴은 인체 적용시험 자료에서 구진과 경미한 가려움이 보고된 예가 있음
③ 과산화수소 및 과산화수소 생성물질 함유 제품 : 눈에 접촉을 피하고 눈에 들어갔을 때는 즉시 씻어 낼 것
④ 실버나이트레이트 함유 제품 : 눈의 접촉을 피하고 눈에 들어갔을 때는 즉시 씻어낼 것
⑤ 코치닐추출물 함유 제품 : 코치닐추출물 성분에 과민하거나 알레르기가 있는 사람은 신중히 사용할 것

21

맞춤형 화장품 혼합 · 소분은 맞춤형 화장품 조제관리사만 가능하며 아세톤을 함유하는 네일에나멜 리무버는 안전용기 · 포장을 사용하여야 한다. 「제품의 포장재질 · 포장 방법에 관한 기준 등에 관한 규칙(환경부령)」에 따라 제품의 제조 또는 수입하는 자, 대규모 점포 및 면적이 33제곱미터 이상인 매장에서 포장된 제품을 판매하는 자는 포장되어 생산된 제품을 재포장하여 제조 · 수입 · 판매해서는 안 된다.

22

① 알파-하이드록시애시드 함유 제품, ② 팩, ③ 모발용 샴푸, 두발용, 두발염색용 및 눈 화장용 제품류, ④ 손 · 발의 피부 연화 제품(요소제제의 핸드크림 및 풋크림)

24

사용 후 씻어 내는 제품에 0.01% 초과, 사용 후 씻어 내지 않은 제품에서 0.001% 초과하는 경우에 한한다.

25

식품의약품안전처장 또는 지방식품의약품안전청장은 안전성 정보의 검토 및 평가 결과에 따라 실마리 정보로 관리 또는 시험 · 검사 등 기타 필요한 조치를 할 수 있다.

26

식품의약품안전처장이 제품의 효능 · 효과를 나타내는 성분 · 함량을 고시한 품목의 경우에는 1. 기원 및 개발 경위에 관한 자료, 2. 안전성에 관한 자료, 3. 유효성 또는 기능에 관한 자료, 4. 자외선 차단지수 및 자외선 A 차단등급 설정의 근거자료(자외선을 차단 또는 산란시켜 자외선으로부터 피부를 보호하는 기능을 가진 화장품의 경우만 해당) 제출을 생략할 수 있다.

27

① 손 · 발의 피부 연화 제품(요소제제의 핸드크림 및 풋크림) 사용 시의 주의사항(개별사항)

28

제품의 경우 같은 제조단위 또는 뱃치로 하기 위해서는 균질성을 갖는다는 것을 나타내는 과학적 근거가 있어야 한다.

29

만 3세 이하의 영 · 유아용 제품류인 경우 또는 만 4세 이상부터 만 13세 이하까지의 어린이가 사용할 수 있는 제품임을 특정하여 표시 · 광고하려는 경우 「화장품법」 제8조 제2항에 따라 사용기준이 지정 · 고시된 원료 중 보존제의 함량을 화장품의 포장에 기재 · 표시해야 한다.

30

② 오물이 묻은 걸레는 사용 후에 버리거나 세탁한다.
③ 제조공정과 포장에 사용된 설비 및 도구들은 세척한다.
④ 공조시스템에 사용된 필터는 규정에 의해 청소하거나 교체한다.
⑤ 청소에 의한 오염이 제품 품질에 위해를 끼칠 것 같은 경우에는 작업 동안에 하지 않는다.

31

세척한 설비는 다음 사용 시까지 오염되지 않도록 관리하고 제조관련 설비는 승인된 자만이 접근 사용한다.

32

작업소 위생관리 점검사항(작업에 불필요한 물품 반입 여부)

33

② 혼합 전 · 후 손 소독 및 세척(다만, 혼합 · 소분 시 일회용 장갑을 착용하는 경우 예외)
③ 혼합 · 소분 전에 내용물 및 원료의 사용기한 또는 개봉 후 사용기간을 확인
④ 맞춤형 화장품 조제에 사용하고 남은 내용물 및 원료는 밀폐를 위한 마개를 사용하는 등 비의도적인 오염을 방지
⑤ 피부 외상 및 증상이 있는 직원은 건강 회복 전까지 혼합 · 소분 행위 금지

34

ㄱ. 칭량실 바닥은 작업 후 진공청소기로 청소하고 물걸레로 닦는다.
ㅁ. 원료 창고 바닥은 월 1회 진공청소기 등으로 먼지를 청소하고 물걸레로 닦는다.(상수만 이용)
ㅂ. 미생물 실험실의 클린 벤치는 작업 전, 작업 후 70% 에탄올로 소독한다.

35

ㄴ. 건물 외부로 통하는 출입문은 틈새가 생기지 않도록 하여 쥐의 침입을 막음
ㄹ. 쥐가 잡혔을 경우 이를 즉시 수거하여 폐기

36

① 미생물 또는 교차오염 문제를 일으킬 수 있으므로 주형 물질은 화장품에 추천되지 않음
② 이송파이프 밸브는 일반적인 오염원이기 때문에 최소의 숫자로 설계
③ 가는 관을 연결하여 사용하는 것은 물리적/미생물 또는 교차오염 문제를 일으킬 수 있으며 청소하기 어려움
④ 호스 부속품과 호스는 작동의 전반적인 범위의 온도와 압력에 적합하여야 함

37

⑤ 검정 결과 허용오차를 초과하는 온 · 습도계의 경우 폐기 후 재구매하여 사용한다.

38

부적합되지 않도록 하기 위해 손상 정도, 보관 온도, 다른 제품과의 접근성, 습도 등을 관리하여야 한다.

40

⑤ 재작업품 합격 결정은 품질보증책임자가 결정한다.

41

⑤ 각 제조 구역별 청소 및 위생관리 절차에 따라 효능이 입증된 세척제 및 소독제를 사용해야 한다.

42

① 미리 정해 놓고 그림으로 제시하고 판정 결과를 기록서에 기재
② 천의 종류를 결정, 설비 내부 표면을 닦아 낸 후 잔류물 유무로 세척 결과 판정
③ 수치로 결과를 확인할 수 있으나 잔존하는 불용물을 장량화 할 수 없으므로 신뢰도는 떨어짐
⑤ 미생물을 배양하고 증식된 집락 수를 측정하는 면봉 시험법과 콘택트 플레이트법이 있음

43

사용상의 제한이 필요한 원료는 맞춤형 화장품에 사용할 수 없다.

44

② 제조공정 중 적합 판정 기준의 충족을 보증하기 위하여 출하공정을 모니터링 하거나 조정하는 모든 작업
③ 제조공정 단계에 있는 것으로 필요한 제조공정을 더 거쳐야 벌크 제품이 되는 것
④ 제조 또는 품질관리 활동 등의 미리 정하여진 기준을 벗어나 이루어진 행위
⑤ 원료 물질의 칭량부터 혼합, 충전(1차 포장), 2차 포장 및 표시 등의 일련의 작업

45

① 제조소별 독립된 제조부서와 품질보증부서를 두어야 한다.

46

③ 양이온 계면활성제는 무향, 높은 안정성 및 세정 작용이 우수하고 부식성 없으며 물에 용해되어 단독으로 사용 가능하다.

47

원가 절감, 생산성 향상, 품질보증으로 인해 최대 경영이익 추구, 경쟁력 강화, 기업의 이미지 재고 등을 기대해 볼 수 있다.

48

▣ 「화장품 안전기준 등에 관한 규정」 제6조(유통 화장품의 안전관리 기준)에 따른 미생물 한도
영·유아용 및 눈 화장용 제품류 : 500개/g(mL) 이하, 기타 화장품 : 1,000개/g(mL) 이하

49

제조 위생관리기준서 내 제조시설의 청소 및 세척평가 사항(책임자 지정, 세척 및 소독 계획, 세척 방법과 세척에 사용되는 약품과 기구, 제조시설의 분해 및 조립 방법, 이전 작업 표시 제거 방법, 청소상태 유지 방법, 작업 전 청소 상태 확인 방법)

50

혼합·소분에 사용되는 내용물의 사용기한 또는 개봉 후 사용기간을 초과하여 맞춤형 화장품의 사용기한 또는 개봉 후 사용기간을 정하지 말아야 한다.

51

화장품을 회수하거나 회수하는 데에 필요한 조치를 하려는 회수 의무자는 해당 화장품에 대하여 즉시 판매 중지 등의 필요한 조치를 하여야 하고, 회수 대상 화장품이라는 사실을 안 날부터 5일 이내에 회수계획서에 1) 해당 품목의 제조·수입기록서 사본, 2) 판매처별 판매량·판매일 등의 기록, 3) 회수 사유를 적은 서류를 첨부하여 지방식품의약품안전청장에게 제출하여야 한다.

52

- 액제 : 화장품에 사용되는 성분을 용제 등에 녹여서 액상으로 만든 것
- 분말제 : 균질하게 분말상 또는 미립상으로 만든 것

53

「화장품 안전기준 등에 관한 규정」 제6조(유통 화장품 안전관리 기준)에 따라 화장품을 제조하면서 인위적으로 첨가하지 않았으나, 제조 또는 보관 과정 중 포장재로부터 이행되는 등 비의도적으로 유래된 사실이 객관적인 자료로 확인되고 기술적으로 완전한 제거가 불가능한 경우 해당 물질의 검출 허용 한도를 정한다.

54

영·유아 또는 어린이 사용 화장품 책임판매업자는 인쇄본 또는 전자매체를 이용하여 제품별 안전성 자료를 안전하게 보관하여야 하며 자료의 훼손 또는 손실에 대비하기 위해 사본, 백업자료 등을 생성·유지할 수 있다.

55

사용상의 제한이 필요한 보존제(클로페네신 0.3%, 살리실릭애씨드 0.5%, 메텐아민 0.15%) 및 자외선 차단제(징크옥사이드 25%)는 맞춤형 화장품에 사용할 수 없다.

56

수중유형(O/W) 형태는 물을 외상으로 하고 그 안에 기름이 분산되어 있다. 가용화는 난용성 물질이 계면활성제에 의해 용매 중에 투명하게 용해되고 임계미셀농도(CMC) 이상에서 나타나며 틴들 현상을 나타내므로 일반적인 용액과 쉽게 식별 가능하다.

57

「기능성 화장품 기준 및 시험 방법」 탈모 증상의 완화에 도움을 주는 기능성 화장품
- 덱스판테놀, 엘-멘톨, 징크피리치온, 비오틴

58

시험군에서 회수한 균 수가 대조군에서 회수한 균 수의 50% 이상일 경우 총 호기성 생균 수 시험법이 적절하다고 판정하며, 각 특정 미생물 시험법의 단계별 양성 반응을 확인하여 미생물 발육 저지 물질 존재 유무를 확인한다.

59

① 점토를 원료로 사용한 분말 제품은 50㎍/g 이하, 그 밖의 제품은 20㎍/g 이하
② 100㎍/g 이하
④ 10㎍/g 이하
⑤ 5㎍/g 이하

60

피지선은 진피의 망상층에 존재하고 남성호르몬인 안드로겐 영향을 받는다. 아포크린선은 노화가 진행되어도 기능이 감소되는 경우는 거의 없고 독특한 냄새가 나는 땀이 분비된다.

61

고객에게 추천할 제품은 주름 개선과 미백 제품이다.
ㄱ : 자외선 차단, ㄴ : 미백, ㄷ : 보습, ㄹ : 보습, ㅁ : 주름 개선

62

① 피부는 알칼리 중화 기능을 가지고 표면 pH를 약산성으로 일정하게 유지한다.
② 피부 손상이 표피에 한정될 경우 기저세포가 남아있으면 기저층으로부터 재생되어 회복된다.
③ 표피, 모낭과 피지선으로 체내에 흡수될 수 있다.
⑤ 피부의 수분량은 연령이 높아질수록 감소되어 거의 60%에 이르게 된다.

63

입모근은 모낭 측면에 위치하며 기모근이라고도 한다.

64

알러지 반응은 처음 에센셜 오일을 사용해서는 일어나지 않는다. 알러지 반응 유형 중 단백질과 결합하여 알러지 반응을 일으키는 Allergic contact dermatitis(제4형 과민반응)로 에센셜 오일은 단백질이 아니기 때문에 피부의 단백질과 화학적으로 결합한 complex를 만들어 면역체계에 인식되고 이에 알러지 반응을 일으킨다.

65

메칠클로로이소치아졸리논과 메칠이소치아졸리논(사용상의 제한이 필요한 보존제 성분) : 사용 후 씻어 내는 제품에 0.0015%, 메칠이소치아졸리논과 병행 사용 금지

66

「자원의 절약과 재활용 촉진에 관한 법률」 제14조 분리배출 표시에 따라 폐기물의 재활용을 촉진하기 위하여 분리수거 표시를 하는 것이 필요한 제품 · 포장재로서 대통령령으로 정하는 제품 · 포장재의 제조자 등은 그 제품 · 포장재에 분리배출 표시를 해야 하며 외포장된 상태로 수입되는 화장품의 경우 용기 등의 기재사항과 함께 분리배출 표시를 할 수 있다.(분리배출 표시의 기준일은 제품의 제조일로 적용)
- 분리배출 표시 적용 예외 포장재 : 표면적 50㎠ 미만, 내용물 용량 30mL(g) 이하

67

① 소분 도구, ② 특정 분석 기기, ③ 소분 기기, ④ 특정 분석 기기

68

사용할 수 없는 원료(히드로퀴논, 요오드, 클로로에탄, 피크릭애씨드, 아트라놀, 시클로메놀, 알릴이소치오시아네이트)

69

기능 품질(미용 효과, 사용성), 관능 품질(감각에 의한 관능 특성), 감정 품질(심리적인 것), 보증 품질(안전성, 방부성)

70

▣ 맞춤형 화장품 판매업자 준수사항

1) 혼합 · 소분 안전관리 기준
2) 유통 화장품 안전관리 기준
3) 설명 의무
4) 포장 및 기재 사항
5) 맞춤형 화장품 판매 내역서 관리
6) 원료 및 내용물의 입고, 사용, 폐기 내역 관리
7) 부작용 발생 사례 보고
8) 개인정보 보호
9) 원료 목록 및 생산실적 관리

71

고객에게 추천할 제품은 주름 개선과 보습 제품이다.
ㄱ : 자외선 차단, ㄴ : 미백, ㄷ : 보습, ㄹ : 보습, ㅁ : 주름 개선

72

② 건성 피부는 유 · 수분 함유량이 적다.
③ 복합성 피부는 얼굴 부위에 각기 다른 피부 유형이 공존한다.
④ 정상 피부는 모공이 작고 부드럽다.
⑤ 민감성 피부는 환경과 온도, 작은 자극에도 민감하게 반응한다.

73

① 화학적 원인(탈색, 화학 제품의 과다 사용 등), ② 물리적 원인(드라이어의 뜨거운 바람 등),
③ 환경적 원인(일광, 대기오염, 건조, 미세먼지 등)

74

② 모든 화장품(기능성 화장품을 포함)
③ 내용량이 15밀리리터 이하 또는 15그램 이하인 제품의 용기 또는 포장, 맞춤형 화장품, 견본품, 시공품 등 비매품에 대하여는 화장품 바코드 표시 생략 가능
④ 화장품 판매업소를 통하지 않고 소비자의 가정을 직접 방문하여 판매하는 등 폐쇄된 유통 경로를 이용하는 경우에는 자체적으로 마련한 바코드 사용 가능
⑤ 화장품 책임판매업자 등은 화장품 품목별 · 포장단위별로 개개의 용기 또는 포장에 바코드 심벌을 표시해야 함

75

위해 요소 : 인체의 건강을 해치거나 해칠 우려가 있는 화학적 · 생물학적 · 물리적 요인
- 화장품의 위해 평가에서 평가해야 할 위해 요소는 제조에 사용된 성분, 화학적 요인, 물리적요인, 미생물적 요인 등이다.

76

① 자외선 B는 표피와 진피의 상부까지 침투하며 색소 침착 및 화상 유발, ③ 자외선 C는 피부암의 원인,
④ 자외선 A 차단 효과의 정도에 따라 4단계로 나뉨, ⑤ 수치가 클수록 자외선 A 차단 효과가 크다.

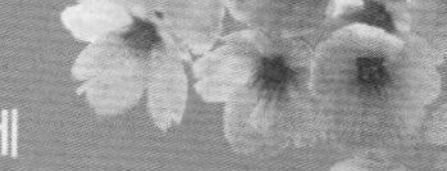

77

영업자의 결격사유에 해당하는 경우 또는 업무정지 기간에 업무를 한 경우(광고 업무에 한정하여 정지를 명한 경우 제외) 식품의약품안전처장은 등록을 취소한다.
- 광고의 업무정지 기간에 광고 업무를 한 경우 행정처분 : 1차 위반(시정명령), 2차 위반(판매업무정지 3개월)

78

착향제 : 화장품에서 좋은 향이 나도록 돕는 향료
- 착향제 구성 성분 중 식품의약품안전처장이 고시하는 알레르기 유발 성분을 함유하고 있을 경우 해당 성분의 명칭을 표시해야 하며, 알레르기 유발 성분을 함유하고 있지 않은 경우에는 기존대로 '향료'로 표시

79

「천연 화장품 및 유기농 화장품의 기준에 관한 규정」 천연 및 유기농 화장품 용기와 포장에 사용할 수 없는 소재 : 폴리염화비닐(PVC), 폴리스티렌폼(Polystyrene foam)

80

ㄷ. 유통 화장품 안전관리 기준에 적합하지 않은 화장품(기능성 화장품의 기능성을 나타나게 하는 주원료 함량이 기준치에 부적합한 경우)
ㅁ. 「화장품법」 제16조(판매 등의 금지) 1항에 위반되는 화장품

81

▣ 그 밖에 총리령으로 정하는 사항
1) 식품의약품안전처장이 정하는 바코드
2) 기능성 화장품의 경우 심사 받거나 보고한 효능 · 효과, 용법 · 용량
3) 성분명을 제품 명칭의 일부로 사용한 경우 그 성분명과 함량(방향용 제품은 제외)
4) 인체 세포 · 조직 배양액이 들어있는 경우 그 함량
5) 화장품에 천연 또는 유기농으로 표시 · 광고하려는 경우에는 원료의 함량
6) 수입 화장품인 경우에는 제조국의 명칭(대외무역법에 따른 원산지를 표시한 경우에는 제조국의 명칭 생략 가능), 제조회사명 및 그 소재지
7) 다음에 해당하는 기능성 화장품의 경우에는 "질병의 예방 및 치료를 위한 의약품이 아님"이라는 문구(탈모 증상의 완화, 여드름성 피부 완화, 피부장벽 기능을 회복, 튼 살)
8) 다음 각 목의 어느 하나에 해당하는 경우 「화장품법」에 따라 사용기준이 지정 · 고시된 원료 중 보존제의 함량(만 3세 이하의 영 · 유아용 제품 또는 만 4세 이상부터 만 13세 이하까지의 어린이가 사용할 수 있는 제품임을 특정하여 표시 · 광고하려는 경우)

82

안내판 포함 사항(설치 목적 및 장소, 촬영 범위 및 시간, 관리책임자 성명 및 연락처)

83

「화장품 법령 · 제도 등 교육 실시기관 지정 및 교육에 관한 규정」에 따른 책임판매관리자 자격기준 인정 품목

84

- 총 호기성 생균 수 계수 방법(평판도말법) : (X1 + X2 + X3... + Xn) ÷ n × d ÷ 배지에 접종한 부피(ml)
  (X : 각 배지(평판)에서 검출된 집락 수, n : 배지(평판)의 개수, d : 검액의 희석 배수)
  세균 수 : {(64 + 58) ÷ 2} × 10 ÷ 0.1 = 6,100 / 진균 수 : {(32 + 28) ÷ 2} × 10 ÷ 0.1 = 3,000
  총 호기성 생균 수 : 세균 수 + 진균 수 : 6,100 + 3,000 = 9,100개
- 유통 화장품 안전관리 포마드(기타 화장품) 적합 기준 미생물 한도 1,000개/g(mL) 이하

실전 8회

85

천연 화장품 및 유기농 화장품 인증의 유효기간 : 인증을 받은 날부터 3년
- 인증의 유효기간을 연장하려는 경우에는 유효기간 만료 90일 전까지 인증서 원본, 인증받은 제품이 최신의 인증기준에 적합함을 입증하는 서류를 첨부하여 인증을 한 해당 인증기관에 제출

86

▣ 「인체 적용 제품의 위해 평가 등에 관한 규정」에 따른 위해 평가
위해 요소의 인체 내 독성을 확인하는 위험성 확인 과정 - 위해 요소의 인체 노출 허용량을 산출하는 위험성 결정 과정 - 위해 요소가 인체에 노출된 양을 산출하는 노출 평가 과정 - 위험성 확인, 위험성 결정, 노출 평가 과정까지의 결과를 종합하여 인체에 미치는 위해 영향을 판단하는 위해도 결정 과정을 거쳐 실시

87

GS1-128 바코드에 GS1 응용식별자 체계에 따라 3개 데이터 입력
- (01)화장품 코드 구분자 : 숫자 14자리, (17)사용기한 구분자 : 숫자 6자리(YYMMDD), (10)제조번호 구분자 : 숫자/문자 가능, 최대 20자리
- 최대 사용 가능 자리수 : 숫자, 문자 포함 48자리수 이하

88

SPF는 290~320nm의 파장을 가진 UVB를 차단하는 효과를 나타내는 지수로 수치가 클수록 자외선 차단 효과가 크다.

89

녹색 3호, 녹색 201호, 적색 201호는 제한 없이 화장품에 사용할 수 있는 타르 색소이다.

90

모발은 케라틴 단백질(80~90%), 멜라닌 색소(3%), 수분(10~15%) 등으로 구성, 케라틴은 시스틴(14~18%)을 함유

91

▣ 「기능성 화장품 심사에 관한 규정」 [별표 4] 자료 제출이 생략되는 피부의 미백에 도움을 주는 제품
제형은 로션제, 액제, 크림제, 침적마스크에 한하며 효능 · 효과는 "피부 미백에 도움을 준다"로, 용법 · 용량은 "본 품 적당량을 취해 골고루 펴 바른다. 또는 본 품을 붙이고 10~20분 후 지지체를 제거한 다음 남은 제품을 골고루 펴 바른다(침적마스크에 한함)"로 제한한다.

92

「화장품법 시행규칙」 제17조에 따라 위해 평가 후, 위해 여부를 결정한다.

93

소르빅애씨드(천연 화장품 및 유기농 화장품 허용 합성 보존제 원료)

94

용량고저법 시험 방법은 한계시험(limit test)과 본시험(main test)으로 나뉜다. 한계시험은 낮은 독성을 가질 것으로 예상되는 시험물질을 식별하는 시험법으로, 최대 5마리의 동물을 순차적으로 사용한다. 본시험은 시험물질의 투여 용량을 한 단계씩 증감하는 시험법으로, 시험 동물의 사망 여부를 관찰하여 다음 단계의 투여 여부 및 투여 용량을 결정하고, 시험 종료 시점(처음으로 역전 반응이 일어난 이후)에서 컴퓨터 전용 프로그램을 사용하여 모든 동물의 상태에 따라 최종 LD50의 추정치와 신뢰구간을 계산한다.

95

- 화장품 혼합 시 제형의 안정성을 감소시키는 요인
  · 원료 투입 순서, 가용화 공정, 유화 공정, 회전속도, 진공 세기
- HLB (hydor philic-lipophilic balance)는 유화제의 친수성과 친유성의 균형을 나타낸 것으로 HLB값은 비이온성 유화제인 경우 가장 친유성을 0, 친수성을 20으로 하여 수치가 높을수록 친수성 성질이 크다.

96

알파-하이드록시애시드(α-hydroxyacid,AHA) 함유 제품(0.5퍼센트 이하 AHA 함유 제품 제외)
- 햇빛에 대한 피부의 감수성을 증가시킬 수 있으므로 자외선 차단제를 함께 사용할 것
  (씻어 내는 제품 및 두발용 제품 제외)
- 일부에 시험, 사용하여 피부 이상을 확인
- 고농도의 AHA 성분이 들어있어 부작용이 발생할 우려가 있으므로 전문의 등에게 상담할 것
  (AHA 성분 10퍼센트를 초과 함유, 산도가 3.5 미만 제품만 표시)

98

비누는 지방산 금속염의 총칭으로 유지를 수산화 알칼리로 비누화하거나, 지방산을 알칼리로 중화시켜 만들며 물속에서 가수분해하여 용액의 pH는 일반적으로 9가 넘는다. 비누화반응은 고급 지방산 에스터와 강한 염기가 만나 알코올과 비누 덩어리가 생성되는 반응(R-COO-R' + XOH → R-COO-X + R'OH)으로 이때 생기는 글리세롤은 수분을 흡수하는 작용을 하기 때문에 비누에 그대로 혼합되어 보습제 역할을 한다.

99

제모제(치오글라이콜릭애씨드 함유 제품에만 표시)의 사용상의 주의사항에는 사용하지 말아야 할 피부 및 신체 상태, 사용하는 동안 주의해야 할 약이나 화장품의 사용, 피부 반응, 그 밖의 주의사항이 세부적으로 구분 · 명시되어 있다.

100

▣ 「화장품 안전기준 등에 관한 규정」에 따른 사용상의 제한이 필요한 원료의 사용 한도
- 만수국꽃 추출물 또는 오일, 만수국아재비꽃 추출물 또는 오일(광독성 우려)
  · 원료 중 알파 테르티에닐(테르티오펜) 함량은 0.35% 이하
  · 사용 후 씻어 내는 제품에 0.1%, 사용 후 씻어 내지 않는 제품에 0.01%
  · 혼합 사용 시 사용 후 씻어 내는 제품에 0.1%, 사용 후 씻어 내지 않는 제품에 0.01%를 초과하지 않을 것
  · 자외선 차단 제품 또는 자외선을 이용한 태닝(천연 또는 인공)을 목적으로 하는 제품에 사용 금지

실전모의고사 정답 & 해설

선다형

1	2	3	4	5	6	7	8	9	10
⑤	②	④	①	③	③	④	④	①	⑤
11	12	13	14	15	16	17	18	19	20
③	③	①	④	④	⑤	③	②	⑤	⑤
21	22	23	24	25	26	27	28	29	30
⑤	③	⑤	③	⑤	①	①	①	③	③
31	32	33	34	35	36	37	38	39	40
④	⑤	②	②	⑤	①	⑤	⑤	③	④
41	42	43	44	45	46	47	48	49	50
③	①	①	①	②	⑤	⑤	③	④	①
51	52	53	54	55	56	57	58	59	60
③	③	③	⑤	①	④	⑤	⑤	⑤	④
61	62	63	64	65	66	67	68	69	70
⑤	④	②	①	②	④	③	②	④	①
71	72	73	74	75	76	77	78	79	80
③	②	①	②	③	②	③	③	③	④

단답형

번호	정답	번호	정답
81	㉠ 인체 적용	91	㉠ 레이크
82	㉠ 회수 · 폐기	92	㉠ 교차오염, ㉡ 청소
83	㉠ 만 3세, ㉡ 만 4세, ㉢ 보존제	93	㉠ 액상 제품, ㉡ 3.0~9.0
84	피하지방	94	콜레스테롤
85	㉠ 제품표준서, ㉡ 품질관리기록서	95	㉠ 판매 내역서, ㉡ 주의사항
86	ㄱ, ㄹ, ㅁ	96	모피질
87	㉠ 산화 방지제, ㉡ 금속이온 봉쇄제	97	ㄱ, ㄷ, ㄹ
88	유리지방산	98	모경지수
89	ㄱ, ㄴ, ㄹ, ㅂ	99	㉠ 5년, ㉡ 저감화
90	대장균, 녹농균, 황색포도상구균	100	침적마스크

01

▣ 유통 화장품의 내용량 기준
- 제품 3개 시험 결과 평균 내용량이 표기량의 97% 이상(상기 기준치를 벗어날 경우 제품 6개를 추가 시험하여 총 9개의 평균 내용량이 표기량에 대하여 97% 이상)
- 예외 적용 : 화장비누의 내용량 기준(건조중량)
- 그 밖의 특수한 제품 : 대한민국약전(식품의약품안전처 고시) 준수

02

개인정보를 당초 수집한 목적의 범위를 벗어나 이용하거나 제3자에게 제공하고자 하는 경우 정보 주체의 동의를 받아야 하지만 정보 주체 또는 제3자의 이익을 부당하게 침해할 우려가 없는 경우 제3자에게 제공할 수 있다.

▣ 정보 주체의 동의 없이 당초 수집한 목적 범위를 벗어나 이용하거나 제3자에게 제공할 수 있는 경우
- 다른 법률에 특별한 규정이 있는 경우
- 정보 주체 또는 그 법정대리인이 의사표시를 할 수 없는 상태에 있거나 주소불명 등으로 사전 동의를 받을 수 없는 경우로서 명백히 정보 주체 또는 제3자의 급박한 생명, 신체, 재산의 이익을 위하여 필요하다고 인정되는 경우
- 통계 작성 및 학술연구 등의 목적을 위하여 필요한 경우로서 특정 개인을 알아볼 수 없는 형태로 제공하는 경우
- 개인정보를 목적 외의 용도로 이용하거나 이를 제3자에게 제공하지 아니하면 다른 법률에서 정하는 소관 업무를 수행할 수 없는 경우로서 보호위원회의 심의 · 의결을 거친 경우
- 조약, 그 밖의 국제협정의 이행을 위하여 외국 정부 또는 국제기구에 제공하기 위하여 필요한 경우
- 범죄의 수사와 공소의 제기 및 유지를 위하여 필요한 경우
- 법원의 재판 업무 수행을 위하여 필요한 경우
- 형(刑) 및 감호, 보호처분의 집행을 위하여 필요한 경우

03

① 업무 목적이 아님, ② 개인정보 취급자, ③ 업무 목적이 아님, ⑤ 다른 사람이 처리하고 있는 개인정보를 단순히 전달, 전송, 통과만 시켜주는 행위는 개인정보 처리가 아님

04

① 색조 화장용 제품류{바디 페인팅(body painting), 페이스 페인팅(face painting), 분장용 제품} : 얼굴 및 몸에 일시적으로 색조 효과를 주기 위해 사용하는 제품(그림이나 이미지 등을 삽입한 스트커형 또는 피부에 침습적으로 작용하는 문신용 염료는 제외)

05

▣ 내용량이 10밀리리터 이하 또는 10그램 이하인 화장품의 포장 기재 · 표시사항

화장품의 명칭, 화장품 책임판매업자 및 맞춤형 화장품 판매업자의 상호, 가격, 제조번호와 사용기한 또는 개봉 후 사용기간(개봉 후 사용기간을 기재할 경우 제조 연월일 병행 표기)만을 기재 · 표시

06

▣ 「화장품법」 제13조 부당한 표시 · 광고 행위 등의 금지
- 의약품으로 잘못 인식할 우려가 있는 표시 또는 광고
- 기능성 화장품이 아닌 화장품을 기능성 화장품으로 잘못 인식할 우려가 있거나 기능성 화장품의 안전성 · 유효성에 관한 심사 결과와 다른 내용의 표시 또는 광고
- 천연 화장품 또는 유기농 화장품이 아닌 화장품을 천연 화장품 또는 유기농 화장품으로 잘못 인식할 우려가 있는 표시 또는 광고
- 그 밖에 사실과 다르게 소비자를 속이거나 소비자가 잘못 인식하도록 할 우려가 있는 표시 또는 광고

07

① 맞춤형 화장품 판매업을 하려는 자는 신고하여야 한다.
② 수입 대행형 거래를 목적으로 화장품을 알선 · 수여할 수 있는 영업자는 화장품 책임판매업자이다.
③ 단순 소분한 화장비누(고체 형태의 세안용 비누)는 맞춤형 화장품에서 제외된다.
⑤ 맞춤형 화장품 판매업을 하려는 자는 맞춤형 화장품 판매업소 소재지를 관할하는 지방식품의약품안전청에 영업을 신고하여야 한다.

08

① 주름 개선(아데노신)
④ 착향제 구성 성분 중 알레르기 유발 성분(유게놀)
⑤ 소비자 오인 우려

09

▣ **안전성 정보의 신속보고** : 화장품 책임판매업자는 정보를 알게 된 날로부터 15일 이내 보고
- 중대한 유해 사례 또는 이와 관련하여 식약처장이 보고를 지시한 경우
- 판매중지나 회수에 준하는 외국 정부의 조치 또는 이와 관련하여 식약처장이 보고를 지시한 경우

※ 중대한 유해 사례
- 사망을 초래하거나 생명을 위협하는 경우
- 입원 또는 입원 기간의 연장이 필요한 경우
- 지속적 또는 중대한 불구나 기능 저하를 초래하는 경우
- 선천적 기형 또는 이상을 초래하는 경우
- 기타 의학적으로 중요한 사항

10

▣ **내용량이 10ml(g) 초과 50ml(g) 이하 화장품의 포장인 경우 기재 · 표시를 생략할 수 있는 성분**
[타르 색소, 금박, 과일산(AHA), 기능성 화장품의 경우 그 효능 · 효과가 나타나게 하는 원료, 식품의약품안전처장이 사용 한도를 고시한 화장품의 원료 성분]을 제외한 성분

11

① 맞춤형 화장품 판매업장에서 혼합 · 소분할 수 있는 자는 맞춤형 화장품 조제관리사
② 원료와 원료를 혼합하는 것은 맞춤형 화장품의 혼합이 아닌 '화장품 제조'에 해당
④ 동물 실험을 실시한 원료를 사용하여 제조 또는 수입한 화장품 유통 · 판매 금지
⑤ 혼합 · 소분에 사용된 내용물 및 원료의 특성과 사용 시 주의사항에 대하여 소비자에게 설명

12

「화장품 안전기준 등에 관한 규정」 [별표 2] 화장품에 사용상의 제한이 필요한 성분(보존제, 자외선 차단제, 염모제 등)

13

「화장품 안전기준 등에 관한 규정」에 따라 맞춤형 화장품에 사용할 수 없는 사용상의 제한이 있는 원료
(ㄷ. 아이오도프로피닐부틸카바메이트(IPBC), ㄹ. 살리실릭애씨드, ㅁ. 페녹시에탄올)

14

① 포마드
② 헤어스프레이 · 무스 · 왁스 · 젤
③ 퍼머넌트 웨이브
⑤ 헤어토닉

15

ㄱ. 소비자의 피부 상태나 선호도 등을 확인하지 아니하고 맞춤형 화장품을 미리 혼합·소분하여 보관하거나 판매하지 말 것
ㄷ. 소용량 또는 비매품 기재사항{화장품의 명칭, 맞춤형 화장품 판매업자의 상호, 가격, 제조번호와 사용기한 또는 개봉 후 사용기간(제조 연월일 병기)}, 비매품(판매의 목적이 아닌 제품) 판매 금지
ㅁ. 기능성 화장품의 효능·효과를 나타내는 원료는 내용물과 원료의 최종 혼합 제품을 기능성 화장품으로 이미 심사(또는 보고) 받은 경우에 한하여, 이미 심사(또는 보고) 받은 조합·함량 범위 내에서만 사용 가능

16

① 착향제의 구성 성분 중 식약처장이 고시한 25종의 알레르기 유발 성분이 있는 경우에는 향료로 표시할 수 없고 추가로 해당 성분의 명칭을 기재해야 한다.
② 표시 대상 성분은 화장품 사용 후 씻어 내는 제품에서 0.01% 초과, 씻어 내지 않는 제품에서 0.001% 초과하는 경우에 한한다.
③ 알레르기 유발 성분 함량에 따른 표시 방법이나 순서를 별도로 정하고 있지는 않으나 전성분 표시 방법을 권장한다.
④ 향료의 포함된 알레르기 성분을 표시토록 하는 것의 취지는 전성분에 표시된 성분 외에도 추가적으로 향료 성분에 대한 정보를 제공하여 알레르기가 있는 소비자의 안전을 확보하기 위한 것으로 사용 시의 주의사항에 기재될 사항이 아니다.

17

③ 위험성 결정은 위해 요소에 노출되었을 경우 유해한 영향이 나타나지 않는 것으로 판단되는 인체 노출 안전기준을 설정하는 과정으로 화장품 동물 실험 결과 등으로부터 독성 기준값을 결정한다.

18

퍼머넌트 웨이브 제품 및 헤어 스트레이트너 제품 사용 시의 주의사항(개별사항)

19

유성 원료 : 물에 녹지 않는 특성(비극성) 또는 기름에 녹는 성분
① 고급 알코올, ② 동물성 오일, ③ 실리콘 오일, ④ 고급 지방산

20

▣ 「화장품법 시행규칙」 제19조 제4항 그 밖의 총리령으로 정하는 사항

1. 식품의약품안전처장이 정하는 바코드
2. 기능성 화장품의 경우 심사 받거나 보고한 효능·효과, 용법·용량
3. 성분명을 제품 명칭의 일부로 사용한 경우 그 성분명과 함량(방향용 제품은 제외한다)
4. 인체 세포·조직 배양액이 들어있는 경우 그 함량
5. 화장품에 천연 또는 유기농으로 표시·광고하려는 경우에는 원료의 함량
6. 수입 화장품인 경우에는 제조국의 명칭(「대외무역법」에 따른 원산지를 표시한 경우에는 제조국의 명칭을 생략할 수 있다), 제조회사명 및 그 소재지
7. 시행규칙 제2조 제8호~제11호까지(탈모, 여드름, 피부장벽, 튼 살)에 해당하는 기능성 화장품의 경우에는 "질병의 예방 및 치료를 위한 의약품이 아님"이라는 문구
8. 보존제 성분 (만 3세 이하의 영·유아용 제품, 만 4세 이상부터 만 13세 이하까지의 어린이가 사용할 수 있는 제품임을 특정하여 표시·광고하려는 경우)

21

⑤ 인증기관의 장은 식품의약품안전처장의 승인을 받아 결정한 수수료를 신청인으로부터 받을 수 있다.

22

③ 모발용 샴푸 사용 시의 주의사항(개별사항)

23

품질관리란 화장품 책임판매 시 필요한 제품의 품질을 확보하기 위해 실시하는 것으로 제조업자 및 제조에 관련된 업무에 대한 관리 · 감독, 화장품 시장 출하에 관한 관리에 필요한 업무를 말한다.

24

「화장품 사용 시의 주의사항 및 알레르기 유발 성분 표시에 관한 규정」에 따라 화장품의 안전 정보와 관련하여 추가로 기재 · 표시해야 하는 함유 성분별 사용 시의 주의사항 표시 문구

25

책임판매업자는 알레르기 유발 성분이 기재된 제조증명서나 제품표준서를 구비하여야 하며, 또는 알레르기 유발 성분이 제품에 포함되어 있음을 입증하는 제조사에서 제공한 신뢰성 있는 자료인 시험성적서, 원료 규격서 등을 보관해야 한다.

26

② 식물 원료
③ 미네랄 원료
④ 이 고시에서 허용하는 물리적 공정에 따라 가공한 화장품 원료를 말한다.
⑤ 국제 유기농업 운동연맹에 등록된 인증기관으로부터 유기농 원료로 인증받거나 이를 이 고시에서 허용하는 물리적 공정에 따라 가공한 화장품 원료를 말한다.

27

「화장품 사용 시의 주의사항 및 알레르기 유발 성분 표시에 관한 규정」 [별표 2] : 착향제의 구성 성분 중 해당 성분의 명칭을 기재 · 표시 하여야 하는 알레르기 유발 성분

28

- 화장품에 사용상의 제한이 필요한 원료(토코페롤 사용 한도 20%)
- 식품의약품안전처 고시 미백 원료(알부틴, 알파-비사보롤), 주름 개선 원료(레티놀, 아데노신)

29

CGMP 3대 요소(미생물 오염 및 교차오염으로 인한 품질 저하 방지, 인위적인 과오의 최소화, 고도의 품질 관리체계 확립)

30

기준 일탈이란 규정된 합격 판정 기준에 일치하지 않는 검사, 측정 또는 시험 결과를 말한다.

31

「우수 화장품 제조 및 품질관리 기준(CGMP)」 제17조(공정관리) 반제품은 품질이 변하지 아니하도록 적당한 용기에 넣어 지정된 장소에 보관해야 하며 용기에는 명칭 또는 확인코드, 제조번호, 완료된 공정명, 필요한 경우 보관조건을 표시해야 한다.

32

「식품의약품안전처 과징금 부과처분 기준 등에 관한 규정」에 따라 업무정지처분으로 인해 이용자에게 심한 불편을 초래하는 경우 또는 그 밖에 특별한 사유가 인정되는 경우 과징금을 부과할 수 있으며 화장품 제조업자 또는 화장품 책임판매업자가 시행규칙 제5조 제1항에 따른 변경 등록(단, 화장품 제조업자의 소재지 변경은 제외)을 하지 않은 경우 과징금 부과 대상이다.

33

② 저울은 칭량의 기능을 손상시키지 않기 위해서 부식성, 먼지로부터 적절히 보호되어야 하며 먼지 등의 제거는 부드러운 브러시 등을 활용해 제거한다.

34

② 브러시 : 설비, 기구류의 이물 제거

35

화장품 생산시설이란 화장품을 생산하는 설비와 기기가 들어있는 건물, 작업실, 건물 내의 통로, 갱의실, 손을 씻는 시설들을 포함하여 원료, 포장재, 완제품, 설비, 기기를 외부와 주위 환경 변화로부터 보호하는 것이다.

36

내용물이 노출되는 시설(제조실, 성형실, 충전실, 내용물 보관소, 원료 칭량실, 미생물 실험실)은 청정도 2등급(관리 기준 : 낙하균 30개/hr 또는 부유균 200개/㎥)으로 환기가 잘되고 청결해야 한다.

37

① 제조, 관리 및 보관 구역 내의 바닥, 벽, 천장 및 창문은 항상 청결하게 유지
② 제조시설이나 설비는 적절한 방법으로 청소하고 필요한 경우 위생관리 프로그램을 운영
③ 제조시설이나 설비의 세척에 사용되는 세제 또는 소독제는 효능이 입증된 것을 사용하고 잔류하거나 적용하는 표면에 이상을 초래하지 않을 것

38

① 낙하균 30개/hr 또는 부유균 200개/㎥
② 청정도 2등급, 공기 순환 10회/hr 또는 차압관리
③ 낙하균 30개/hr 또는 부유균 200개/㎥
④ Pre-filter, 온도 조절

39

ㄱ. 살충제 살포는 반드시 방제 전문업체의 전담자와 위생관리 담당자가 동행해 실시하도록 한다.(방충)
ㄹ. 살서제는 작업소 내부에 월 1회 살포하며 기후, 발생 주기 등에 따라 조정된다.(방서)
ㅂ. 작업소 외부와 관련된 모든 창문에는 방충망을 설치한다.(방충)

40

① 정제수를 이용해 제조
② 물의 정체와 오염을 피할 수 있도록 설치
③ 염이 함유된 정제수를 사용하면 제품의 향, 안정성, 투명도에 결정적 영향을 미치게 됨으로 철저히 관리
⑤ 정제수에 대한 품질검사는 원칙적으로 매일 제조 작업 실시 전에 실시하는 것이 좋음

41

① 개봉 후 사용기한을 기재하는 제품의 경우 제조일부터 3년간 보관
② 적절한 보관 조건 하에 지정된 구역 내에서 제조단위별로 사용기간 경과 후 1년간 보관
④ 원자재는 필요에 따라 보관 기간을 연장 가능
⑤ 원자재는 검사가 완료되어 합부 판정이 완료되면 폐기하는 것을 원칙으로 함

42

책임 내용을 명확히 한다.(입장 제한, 철저한 사용 제한 등을 실시) 설비는 생산 책임자가 허가한 사람 이외의 사람이 가동할 수 없고 담당자 이외의 사람이나 외부자가 접근하거나 작동시킬 수 있는 상황을 피한다.

43

① 입고된 원자재는 "적합,", "부적합", "검사 중" 등으로 상태를 표시하여야 한다.

44

유통 화장품의 내용량 기준 평균 내용량이 표기량의 97% 이상
- 100% 충전 시 : 비중(1.1) = 질량(g)/부피(1,000ml) → 바디워시 질량 = 1,100g
- 97% 충전 시 : 1,100g × 0.97 = 1,067g

45

ㄷ. 각 작업소는 청정도 별로 구분하여 온도, 습도 등을 관리하고 기록 및 유지
ㄹ. 쥐, 해충을 막을 수 있는 방충방서 시설을 갖추어야 함
ㅂ. 시설이나 설비 세척에는 효능이 입증된 세척제 및 소독제를 사용

46

알코올은 피부에 적용 시 신속한 사멸 효과를 나타내나 지속 효과는 없다. 눈에 보이는 오염물이 없을 경우 일반 비누로 손을 씻는 것보다 미생물 전파를 예방하는 효과가 더 크다. 보습제가 없는 알코올 제제의 반복적 사용은 피부 건조를 야기할 수 있으며 드물게 접촉성 피부염이나 접촉성 두드러기가 발생할 수 있다.

47

① 충진기는 제품을 1차 용기에 넣기 위해 사용되며 제품의 물리적 및 심미적 성질이 충진기에 의해 영향을 받을 수 있음
② 탱크는 설비 부품들 사이에 전기 화학 반응을 최소화하도록 고안되어야 함
③ 믹서는 제품과 분리되어 있는 내부 패킹과 윤활제를 사용하며 윤활제가 새서 제품을 오염시키지 않아야 함
④ 호스의 투명한 재질은 청결과 깨짐 같은 문제에 대한 검사를 용이하게 하나 호스의 일반 건조 제재는 강화된 식품 등급의 고무 또는 네오프렌, 폴리에칠렌, 또는 폴리프로필렌, 나일론 등이 사용됨

48

물리적 소독제(스팀, 온수, 직열)

49

재작업이란 부적합품을 적합품으로 다시 가공하는 일로 기준 일탈이 된 완제품 또는 벌크 제품은 재작업을 할 수 있다.

50

라벨기기는 용기 또는 다른 종류의 포장에 라벨 또는 포장의 손상 없이 라벨을 붙이는데 이용된다.

51

맞춤형 화장품에는 식품의약품안전처장이 고시하는 기능성 화장품의 효능·효과를 나타내는 원료를 사용할 수 없다. 주름개선에 도움(①), 자외선으로부터 보호하는데 도움(②), 미백에 도움(④, ⑤)

52

아이크림 = 사용 후 씻어 내지 않는 제품(0.001% 초과하는 경우 알레르기 유발 성분 기재)
- %는 용액 100g 속에 녹아있는 용질의 질량 : 농도(%) = {용질의 질량(g) / 용액의 질량(g)} × 100
- 사용 후 씻어 내지 않는 제품 바디로션(200g)에 0.001% 초과 함유하는 경우 → 바디로션 200g × 0.001 × 0.01 = 0.002g 〈보기〉에서 함량이 0.002g 이상인 성분을 찾는다.

53

원자재 시험 기록서에는 제품명, 공급자명, 수령일자, 제조번호가 필수적으로 기재되어야 한다.

54

관능평가란 여러 가지 품질을 인간의 오감에 의하여 평가하는 제품검사로, 화장품에 적합한 관능 품질을 확보하기 위하여 외관 · 색상 검사, 향취 검사, 사용감 검사 등을 수행한다.

55

① 계면에 흡착하여 계면장력을 현저히 저하시키는 물질이다.

56

유리알칼리 관리 기준 – 0.1% 이하(화장비누에 한함)

57

보관(적절한 조건하의 정해진 장소) – 검체 채취(시험용 및 보관용 검체를 채취) – 보관용 검체(재시험 및 제품의 사용 중에 발생할지도 모르는 재검토 작업에 대비) – 제품시험(설정된 시험 방법에 따라 관리) – 합격 · 출하 판정(뱃치에서 취한 검체가 합격 기준에 부합했을 때만 완제품의 뱃치를 불출) – 출하(시험 결과 적합으로 판정되고 품질보증부서 책임자가 출고 승인한 것만을 출고) – 재고관리(주기적으로 재고점검 수행) – 반품(출고할 제품, 원자재, 부적합품 및 반품된 제품과 구획된 장소에서 보관)

58

⑤ UV-A(320~400㎚)는 진피층까지 침투해 색소 침착 및 콜라겐 섬유를 손상시킨다.

59

유기 자외선 차단 성분(벤조페논), 미백 성분(히드로퀴논, 코직산), 무기 자외선 차단 성분(이산화티탄, 징크옥사이드)

60

④ 인체 세포 · 조직 배양액을 제조하는 배양시설은 청정등급 1B(Class 10,000) 이상의 구역에 설치

61

화장품 제조에 사용된 함량이 많은 것부터 기재 · 표시한다. 다만, 1% 이하로 사용된 성분, 착향제 또는 착색제는 순서에 상관없이 기재 · 표시할 수 있다.

- 정제수(74.23%), 알로에베라겔(5.05%), 부틸렌글라이콜(4.5%), 글리세린(4.0%), 베타-글루칸(2.5%), 죽엽추출물(1.0%), 알부틴(1.0%), 알지닌(0.6%), 하이드록시에틸셀룰로오스(0.55%), 베타인(0.5%), 벤질알코올(0.5%), 향료(0.25%), 소듐하이알루로네이트(0.25%), 폴리소르베이트(0.25%), 카보머(0.1%), 다이소듐이디티에이(0.1%), 알란토인(0.05%), 토코페릴아세테이트(0.05%), 아데노신(0.02%)

62

- 물은 유기농 함량 비율 계산에 포함하지 않는다.
- 수용성 추출물 유기농 함량 비율 계산 방법
  - 1단계 : 비율(ratio) = [신선한 유기농 원물 / (추출물 – 용매)], 비율이 1 이상인 경우 1로 계산
    → 80 / (100 – 60) = 2
  - 2단계 : 유기농 함량 비율(%) = {[비율(ratio) × (추출물 – 용매) / 추출물] + [유기농 용매 / 추출물]} × 100
    → {[1 × (100 – 60) / 100] + [40 / 100]} × 100 = 80(%)

63

100개의 유효 성분을 피부에 도포했다면 그중 10~20개만 피부 속으로 흡수된다. 이 같이 효율이 낮은 이유는 피부의 흡수 작용을 막는 피지막, 각질, 수분 저지막, 기저세포막의 방해 요인 때문이다.

64

① 진피는 표피와 피하지방층 사이에 위치하며 피부의 90% 이상을 차지하며 표피 두께의 10~40배 정도이다.

65

② 혼합 · 소분 전에 내용물 및 원료의 사용기한 또는 개봉 후 사용기간을 확인하고, 사용기한 또는 개봉 후 사용기간이 지난 것은 사용하지 않는다.

66

기미는 주로 노화 피부에 발생하며 표피 맨 아래의 기저층에 있는 멜라노사이트가 기미의 원인이 되는 멜라닌을 만들어 낸다. 몽고반점은 유전 특성이다.

67

탈모의 원인은 다양하다. 특정 의약품, 물리적 마찰, 정신적 충격, 두피의 심한 자극 등이 원인이 될 수 있으며 테스토스테론은 고환에서 추출되는 스테로이드계 남성호르몬이다.

68

피부 지방막은 피지선에서 나온 지질 즉, 지방산(카프론산/카프린산/프로피온산)과 젖산염 및 아미노산(표피 세포 구성물)으로 구성된다.

69

가시광선(400㎚~700㎚), UV-A (320~400㎚), UV-B(290~320㎚), UV-C(200~290㎚)
UV-C는 가장 강한 자외선으로 유리를 통과하지 못하며, 피부색과는 상관없지만 세포에 손상을 주는 인체에 해로운 자외선으로 피부암을 일으킨다. 각종 박테리아, 바이러스, 곰팡이에 대한 살균작용을 지녔으며 세포 DNA의 이중 나선 염기구조인 티민(Thymine)의 분자구조를 집중적으로 파괴해 DNA의 정보 전달 및 복제기능을 방해함으로써 생명체 기능을 정지하는데 관여한다.

70

① 겨드랑이 부위에는 아포크린 땀샘이 다수 있다.(주로 사춘기 이후 땀샘의 활동이 활발, 호르몬 영향)

71

영 · 유아 또는 어린이 사용 화장품 안전성 자료 작성 · 보관 위반 시 행정처분(판매 또는 해당 품목 판매업무 정지) : 1차 위반(1개월), 2차 위반(3개월), 3차 위반(6개월), 4차 위반(12개월)

72

② 겔제란 액체를 침투시킨 분자량이 큰 유기분자로 이루어진 반고형상을 말한다.

73

인체 적용시험 자료 또는 인체 외 시험 자료를 실증자료로 인정하는 표시 · 광고
- 화장품의 효능 · 효과에 관한 내용(피부결 20% 개선, 2주 경과 후 피부 톤 개선)
- 시험 · 검사와 관련된 표현(피부과 테스트 완료, ㅁㅁ시험 검사기관의 △△효과 입증)
- 타 제품과 비교하는 내용의 표시 · 광고(○○보다 지속력이 5배 높음)

74

▣ 황색포도상구균 특정 미생물 시험
검액 증균 배양(육안으로 균의 증식이 확인되는 경우) → 세트리미드 한천배지 배양(녹색 형광물질의 집락이 확인되는) → 녹농균 한천배지 P,F 배양 및 자외선 하 관찰(플루오레세인 검출용 녹농균 한천배지 F집락이 자외선 하 황색으로 확인되고, 피오시아닌 검출용 녹농균 한천배지 P의 집락이 자외선 하 청색으로 확인되는 경우) → 옥시다제 시험 및 양성 판정(5~10초 이내에 보라색이 나타날 경우 녹농균 양성 의심, 동정 시험 수행)

75

장기보존시험 : 화장품의 저장 조건에서 사용기한을 설정하기 위하여 장기간에 걸쳐 물리 · 화학적 미생물학적 안정성 및 용기 적합성을 확인하는 시험
③ 가혹시험 조건(광선, 온도, 습도 3가지 조건을 검체의 특성을 고려하여 결정)

76

두피는 세 개의 층으로 구성되어 있으며, 동맥, 정맥, 신경들이 분포한 외피와 두개골을 둘러싼 근육과 연결된 신경조직인 두개피, 얇고 지방층이 없고 이완된 두개 피하조직으로 이루어져 있다.

77

고객에게 추천할 제품은 보습과 유연(에몰리언트) 제품이다.
ㄱ : 천연 색소, ㄴ : 유연(표피 각질층의 지질막 성분의 하나), ㄷ : 보습, ㄹ : 피지선에서 일어나는 지질생합성 억제를 통해 피지 생성을 조절, ㅁ : 주름 개선

78

「기능성 화장품 심사에 관한 규정」에 따라 이미 심사 받은 기능성 화장품은 책임판매업자가 같거나 제조업자(제조업자가 설계, 개발, 생산하는 방식으로 제조한 경우)가 같은 기능성 화장품만 해당한다.

79

일상의 취급 또는 보통의 보존상태에서 기체 또는 미생물이 침입할 염려가 없는 용기(밀봉용기), 액상 또는 고형의 이물 또는 수분이 침입하지 않고 내용물을 손실, 풍화, 조해 또는 증발로부터 보호할 수 있는 용기(기밀용기)

80

화장품에 사용할 수 없는 원료(리도카인, 히드로퀴논, 아크릴로니트릴, 요오드)

81

모발의 색상을 변화시키는 기능을 가지는 화장품은 기능성 화장품 심사 시 염모 효력시험 자료만 제출한다.

82

▣ 위해 화장품 회수
「화장품법」 제9조, 제15조 또는 제16조제1항에 위반되어 국민 보건에 위해(危害)를 끼치거나 끼칠 우려가 있는 화장품이 유통 중인 사실을 알게 된 경우에는 지체 없이 해당 화장품을 회수 또는 폐기 조치

83

연령 기준 : 영 · 유아(만 3세 이하), 어린이(만 4세 이상부터 만 13세 이하까지)

84

피하지방층은 벌집 모양으로 많은 수의 지방세포들이 자리잡고 있으며 이 지방세포들은 피하지방을 생산해 몸을 따뜻하게 보호하고 수분 조절 및 탄력성을 유지해 외부의 충격으로부터 몸을 보호한다.

85

기준서에는 반드시 포함되어야 하는 사항이 정해져 있으며 지침에 적합하게 작성되어야 한다.

86

의약외품(베이비 파우더, 손 소독제), 식품위생법(손을 닦는 용도로 등으로 사용할 수 있도록 포장된 물티슈)

87

- 산화 방지제는 공기 중에 산소에 의한 산화를 방지하는 물질로 대표적인 천연 산화 방지제는 레시틴, 비타민 C, 비타민 E 등이 있고 합성 산화 방지제로는 뷰틸하이드록시 아니솔(BHA), 다이뷰틸하이드록시 톨루엔(BHF) 등이 있다.
- 금속이온 봉쇄제는 금속이온과 결합해 불활성화시키는 성분으로 대표적인 종류로는 디소듐이디티에이(disodium EDTA), 테트라소듐이디티에이(tetrasodium EDTA) 등이 있다.

89

고객에게 추천할 제품은 미백, 보습, 자외선 차단 제품이다.
ㄱ : 자외선 차단, ㄴ : 미백, ㄷ : 향료, ㄹ : 보습, ㅂ : 보습

91

타르 색소는 색소 중 콜타르, 그 중간 생성물에서 유래되었거나 유기합성하여 얻은 색소 및 그 레이크, 염, 희석제와의 혼합물을 말한다.

94

280~320㎚ 파장 영역에 해당하는 UVB는 체내 비타민 D 합성에 관여한다.

96

모간부는 모표피, 모피질, 모수질로 구성되어 있다. 간충물질(matrix)이 화학적 물리적 요인에 의하여 유실되면 모발은 쉽게 건조해지며 피브릴과 피브릴의 지탱력의 손실로 인해 모발이 쉽게 갈라진다. 간충물질의 보충은 퍼머넌트 웨이브와 모발 염색을 시술할 때 결정적인 역할을 한다.

97

ㄱ. 요소(우레아) 제제의 핸드크림 개별사항
ㄴ. (벤잘코늄클로라이드, 벤잘코늄브로마이드 및 벤잘코늄사카리네이트) 함유 제품 표시 문구
ㄷ. 공통사항
ㄹ. 공통사항
ㅁ. (두발용, 두발 염색용 및 눈 화장용 제품류, 모발용 샴푸) 개별사항

98

모경지수가 100이면 완전히 원형이며 작으면 타원형에서 편평하게 된다. '모경지수=모발의 단모발의 장경×100' 동양인의 경우 75~85로서 원형에 가깝고, 흑인은 50~60으로 편평하게 되어 있다. 즉 모경지수가 100에 가까우면 직모가 된다.

99

식품의약품안전처장은 실태조사의 효율적 실시를 위해 필요하다고 인정하는 경우 화장품 관련 연구기관 또는 법인 · 단체 등에 실태조사를 의뢰하여 실시할 수 있고 위해 요소 저감화 계획을 수립하는 경우에는 실태조사에 대한 분석 및 평가 결과를 반영해야 하며 그 내용을 식품의약품안전처 인터넷 홈페이지에 공개해야 한다.

실전모의고사 정답 & 해설

선다형

1	2	3	4	5	6	7	8	9	10
②	③	③	⑤	⑤	⑤	⑤	④	③	①
11	12	13	14	15	16	17	18	19	20
③	①	②	④	⑤	②	②	③	②	④
21	22	23	24	25	26	27	28	29	30
⑤	④	③	④	①	③	③	④	①	③
31	32	33	34	35	36	37	38	39	40
⑤	④	⑤	④	②	②	③	①	④	⑤
41	42	43	44	45	46	47	48	49	50
②	①	②	①	③	⑤	④	②	③	②
51	52	53	54	55	56	57	58	59	60
③	④	②	④	④	①	⑤	④	⑤	②
61	62	63	64	65	66	67	68	69	70
③	①	⑤	④	②	③	⑤	②	④	②
71	72	73	74	75	76	77	78	79	80
⑤	⑤	①	⑤	③	⑤	⑤	③	①	⑤

단답형

81	㉠ 아세톤, ㉡ 비에멀젼	91	㉠ 티로시나아제(tyrosinase)
82	㉠ 안전성, ㉡ 유효성	92	㉠ 영 · 유아용, ㉡ 눈 화장용
83	고형 비누	93	비듬
84	㉠ 성분 · 함량	94	㉠ 안전성, ㉡ 인체 적용시험
85	ㄱ, ㄴ, ㅁ	95	아스코빌테트라이소팔미테이트
86	20~25%	96	효능 · 효과
87	㉠ 회수의무자, ㉡ 환경, ㉢ 2년	97	톨유사수용체(TLR)
88	ㄱ − ㄷ − ㅂ − ㄴ − ㅁ − ㄹ	98	㉠ 헥실신남알, ㉡ 0.001%, ㉢ 0.5%
89	㉠ 과징금	99	㉠ 안전성, ㉡ 15일
90	㉠ 미셀(micelle), ㉡ 임계미셀농도(CMC), ㉢ 가용화	100	클로로자이레놀 / 0.5%

실전 10회

01

▣ 동의서 중요한 내용 작성 방법

법령에서 정한 중요한 내용들은 글씨 크기를 최소한 9포인트 이상, 다른 내용보다 20% 이상 크게 하여야 하고, 동시에 글씨의 색깔, 굵기 또는 밑줄 등을 통하여 그 내용을 명확하게 표시

- 개인정보의 수집 · 이용 목적 중 재화나 서비스의 홍보 또는 판매 권유 등을 위하여 해당 개인정보를 이용하여 정보 주체에게 연락할 수 있다는 사실
- 처리하려는 개인정보의 항목 중 민감정보, 고유식별정보(여권 번호, 운전면허의 면허번호 및 외국인등록번호)
- 개인정보의 보유 및 이용 기간(제공 시에는 제공받는 자의 보유 및 이용 기간)
- 개인정보를 제공받는 자와 제공받는 자의 개인정보 이용 목적

02

① 유기농 인증 원료의 경우 해당 원료의 유기농 함량으로 계산한다.
② 유기농 함량 비율은 유기농 유래 원료에서 유기농 부분에 해당되는 함량 비율로 계산한다.
④ 유기농 함량 확인이 불가능한 경우 물, 미네랄 또는 미네랄 유래 원료는 유기농 함량 비율 계산에 포함하지 않는다.
⑤ 유기농 함량 확인이 불가능한 화학적으로 가공한 원료의 최종 물질이 1개 이상인 유기농 함량 비율은 분자량으로 계산한다.

03

기능성 화장품 유효성에 관한 심사는 「화장품법」 제2조 2호에 규정된 효능 · 효과에 한하여 실시한다.

- 피부의 미백에 도움을 주는 제품
- 피부의 주름 개선에 도움을 주는 제품
- 피부를 곱게 태워주거나 자외선으로부터 피부를 보호하는데 도움을 주는 제품
- 모발의 색상 변화 · 제거 또는 영양 공급에 도움을 주는 제품
- 피부나 모발의 기능 약화로 인한 건조함, 갈라짐, 빠짐, 각질화 등을 방지하거나 개선하는 데에 도움을 주는 제품

04

⑤ 통계 작성, 과학적 연구, 공익적 기록보존 등을 위하여 정보 주체의 동의 없이 가명 정보를 처리할 수 있으며 가명 정보를 제3자에게 제공하는 경우에는 특정 개인을 알아보기 위하여 사용될 수 있는 정보를 포함해서는 안 된다.(단, 가명 정보를 처리하는 과정에서 특정 개인을 알아볼 수 있는 정보가 생성된 경우에는 즉시 해당 정보의 처리를 중지하고, 지체 없이 회수 · 파기)

05

개인정보처리자는 정보 주체의 동의를 받을 때에는 개인정보의 수집 · 이용 목적, 수집하려는 개인정보의 항목, 개인정보의 보유 및 이용기간, 동의를 거부할 권리가 있다는 사실과 동의 거부에 따른 불이익이 있는 경우에는 그 불이익의 내용을 알려야 한다.

06

식약처장은 업무정지 처분을 갈음하여 10억원 이하의 과징금을 부과할 수 있다.

07

▣ 부당한 표시 · 광고 행위 등의 금지

- 의약품으로 잘못 인식할 우려가 있는 표시 · 광고
- 기능성 화장품이 아닌 화장품을 기능성 화장품으로 잘못 인식할 우려가 있거나 기능성 화장품의 안전성 · 유효성에 관한 심사 결과가 다른 내용의 표시 · 광고
- 천연 화장품 또는 유기농 화장품이 아닌 화장품을 천연 화장품 또는 유기농 화장품으로 잘못 인식할 우려가 있는 표시 · 광고
- 그 밖에 사실과 다르게 소비자를 속이거나 소비자가 잘못 인식하도록 할 우려가 있는 표시 · 광고

08

매니큐어, 마스카라, 리퀴드 아이라이너 등은 쉽게 굳으므로 공기와의 접촉을 피하기 위해 잦은 펌핑은 피하고 화장도구는 수시로 미지근한 물에 중성 세제로 세탁한다. 내용물의 색상이 변하거나 불쾌한 냄새가 나거나 층이 분리되는 경우 즉시 버리는 것이 현명하다.

09

① 산패 방지제, ② 유성 원료, ④ 고분자 화합물, ⑤ 금속이온 봉쇄제

10

▣ **사용기준이 지정 · 고시된 보존제 함량 기재 · 표시**
- 만 3세 이하의 영 · 유아용 제품류
- 만 4세 이상부터 만 13세 이하까지의 어린이가 사용할 수 있는 제품임을 특정하여 표시 · 광고하려는 경우

11

탈염 · 탈색제 사용 시 주의사항(개별사항) 항목 : 다음 분들은 사용하지 마십시오, 다음 분들은 신중히 사용하십시오, 사용 전의 주의, 사용 시의 주의, 사용 후 주의, 보관 및 취급상의 주의

12

기능성 화장품 심사를 위하여 제출하여야 하는 유효성 또는 기능에 관한 자료(인체 적용시험 자료, 효력시험 자료) 중 인체 적용시험 자료를 제출할 경우 효력시험 자료 제출을 면제할 수 있다. 이 경우 효력시험 자료의 제출을 면제받은 성분에 대해서는 효능 · 효과를 기재 · 표시할 수 없다.

13

▣ **기능성 화장품 심사를 위하여 제출하여야 하는 자료**
기원 및 개발 경위에 관한 자료, 안전성에 관한 자료, 유효성 또는 기능에 관한 자료, 자외선 차단지수, 내수성 차단지수 및 자외선 A 차단등급 설정의 근거자료, 기준 및 시험 방법에 관한 자료(검체 포함)

14

④ 식품의약품안전처장은 위해 평가가 완료된 원료의 사용기준을 지정할 수 있다.

15

⑤ 에칠렌옥사이드(화장품에 사용할 수 없는 원료)

16

인증기관의 대표자가 변경된 경우 변경 사유가 발생한 날부터 30일 이내에 식품의약품안전처장이 정하여 고시하는 서류를 갖추어 변경 신청을 해야 한다.

17

▣ **회수 대상 화장품의 기준** : 국민 보건에 위해(危害)를 끼치거나 끼칠 우려가 있는 것
- 「화장품법」 제9조(안전용기 · 포장 등)에 위반되는 화장품
- 「화장품법」 제15조(영업의 금지)에 위반되는 화장품
- 「화장품법」 제16조(판매 등의 금지) 제1항에 위반되는 화장품

18

미백 기능성 성분(나이아신아마이드 사용 한도 2~5%) 주름 개선 기능성 성분(아데노신 사용 한도 0.04%)

실전 10회

19

① 위해 평가는 위험성 확인, 위험성 결정, 노출 평가, 위해도 결정의 4단계에 따라 수행한다.
③ 노출 평가 시에는 현실적인 노출 시나리오를 작성한다.
④ 결과 보고서는 정량적 또는 정성적으로 표현할 수 있으나 과학적으로 가능한 범위 내에서 정량화한다.
⑤ 위해 평가 결과에 따라 사용기준 변경

20

사용상의 제한이 있는 자외선 차단 성분(호모살레이트, 티타늄디옥사이드, 징크옥사이드)

21

⑤ 회수한 화장품은 구분하여 일정 기간 보관한 후 폐기 등의 적정한 방법으로 처리하고 회수 내용을 적은 기록은 작성한 후 화장품 책임판매업자에게 문서로 보고할 것

22

화장품 제형에 나타날 수 있는 불안정한 현상은 보관, 유통 과정 및 품질관리가 필요한 환경 중에 온도, 일광 및 미생물과 같은 요인에 의해 발생한다.

23

① 양이온 계면활성제
② 양쪽성 계면활성제
④ 음이온 계면활성제
⑤ 천연물 유래 계면활성제 중 천연물질로 가장 많이 사용되고 있는 것은 대두, 난황 등에서 얻어지는 레시틴으로 그 외 천연물 유래 콜레스테롤 및 사포닌 등도 천연 계면활성제로 사용된다.

24

미생물은 주로 수용성에서 증식한다.

25

① 분자량에 따라 다양한 점도를 가진 것을 얻을 수 있다.

26

쿼터늄-15(0.2%), 알클록사(1%), p-클로로-m-크레졸(0.04%), 암모니아(6%), 이소베르가메이트(0.1%), 페릴알데하이드(0.1%)

27

▣ 화장품법 시행규칙 제10조(보고서 제출 대상 등)
- 1호 보고 : 효능 · 효과가 나타나게 하는 성분의 종류 · 함량, 효능 · 효과, 용법 · 용량, 기준 및 시험 방법이 식품의약품안전처장이 고시한 품목과 같은 기능성 화장품
- 기능성 화장품 심사에 관한 규정(식약처 고시)중 피부의 미백에 도움을 주는 제품의 용법 · 용량은 "본 품 적당량을 취해 피부에 골고루 펴 바른다 또는 본 품을 피부에 붙이고 10~20분 후 지지체를 제거한 다음 남은 제품을 골고루 펴 바른다(침적마스크에 한함)"로 제한한다.

28

④ Cutometer를 이용하여 볼 부위의 피부 탄력을 측정한다.
- Cutometer는 측정시간 동안 지속적으로 프로브에 음압을 가해 프로브 속으로 피부가 빨려 들어가도록 한 후 음압이 제거되면 피부가 원래의 모습으로 돌아가는 원리를 이용한 탄력을 측정하는 장비이다.

29

작업원의 건강관리 및 건강 상태의 파악 · 조치 방법, 청소 상태의 평가 방법, 제조시설의 세척 및 평가

30

정확한 제조 및 품질관리 능력 그리고 기술축적(know-how)과 활용을 기대할 수 있다.

31

⑤ 자신의 위치, 업무, 책임을 자각하고 정해진 책임과 활동을 위한 교육훈련을 이수한다.

32

화장품의 품질보증을 담당하는 부서의 책임자로 품질에 관련된 모든 문서와 절차를 검토하고 승인한다. 불만 처리와 제품 회수에 관한 사항을 주관하고 부적합품이 규정된 절차대로 처리되고 있는지 확인하며 적합 판정한 원자재 및 제품의 출고 여부를 결정한다. 이때 완제품 출하 승인은 위임 불가능하다.

33

⑤ 시판용 제품 형태와 동일하여야 한다. 제품 규격에 따라 충분한 수량을 채취하고 제조단위, 제조번호(또는 코드) 그리고 날짜로 확인되어야 한다.

34

④ 교육훈련을 실시했을 때는 객관적이고 정확하게 교육훈련 평가를 실시하여야 한다.

35

적절한 위생관리 기준(작업 시 복장, 직원 건강 상태 확인, 직원에 의한 제품의 오염 방지에 관한 사항, 직원의 손 씻는 방법, 직원의 작업 중 주의사항, 방문객 및 교육 · 훈련 받지 않은 직원의 위생관리 등) 및 절차를 마련하고 제조소 내의 모든 직원은 이를 준수한다.

36

건물은 제품 보호, 청소 용이, 필요할 경우 위생관리 및 유지관리가 가능하도록 해야 하고 제품, 원료 및 포장재 등의 혼동이 없도록 설계, 건축 및 이용되어야 한다. 또한 제품의 제형, 현재 상황 및 청소를 고려해 설계해야 한다.

37

ㄱ. 제조하는 종류 · 제형에 따라 적절히 구획 · 구분
ㄴ. 작업소 내의 외관 표면은 가능한 매끄럽게 설계하고 청소, 소독제의 부식성에 저항력이 있을 것
ㅁ. 작업소 전체에 적절한 조명을 설치
ㅂ. 청소 및 위생관리 절차에 따라 효능이 입증된 세척제와 소독제를 사용할 것

38

설비는 수시로 점검과 정비를 통해 설비 결함의 발생 빈도를 감소시켜야 한다. 선의, 악의에 관계없이 제조 조건이나 제조 기록이 마음대로 변경되는 일이 없도록 하고 설비의 가동 조건을 변경했을 때에는 충분한 변경 기록을 남기거나 자동시스템은 액세스 제한 및 고쳐쓰기 방지 대책을 시행한다.

39

▣ 황색포도상구균 특정 미생물 시험

검액 증균 배양(육안으로 균의 증식이 확인되는 경우) → 베어드파카 한천배지 선별 배양 및 그람 염색(황색 투명대를 가진 검정색의 집락이 검출되고 그람 양성균이 확인되는 경우) → 응고 효소 시험(양성인 경우 황색포도상구균 양성 의심, 동정 시험 수행)

40

① 제조번호가 없는 경우에는 관리번호를 부여하여 보관한다.
② 화장품 책임판매업자가 정한 기준에 따라서 사용 전에 관리한다.
③ 원료 선적 용기에 대하여 확실한 표기 오류, 용기 손상, 봉인 파손, 오염 등에 대해 육안으로 검사하고 필요하다면, 운송 관련 자료에 대한 추가적인 검사를 수행한다.
④ 입고를 보류하고 격리 보관 및 폐기하거나 원자재 공급업자에게 반송한다.

41

▣ **원자재 용기 및 시험 기록서의 필수 기재 사항**
원자재 공급자가 정한 제품명, 공급자명, 수령일자, 제조번호 또는 관리번호

42

판매장에서 제공되는 맞춤형 화장품에 대한 미생물 오염관리를 철저히 할 것(예 주기적 미생물 샘플링 검사)

43

- 유기농 함량 비율(%) = {(투입되는 유기농 원물 - 회수 또는 제거되는 유기농 원물) / (투입되는 총 원료 - 회수 또는 제거되는 원료)} × 100
※ 최종 물질이 1개 이상인 경우 분자량으로 계산한다.
- 유기농 글리세린 = 유기농 부분/전체 = (Mw 글리세린 - Mw 3 수소) / Mw 글리세린
= {(92 - 3) / (92)} × 100 = 96.7%

44

화장품 제조공장에서는 제품에 사용하는 물 뿐만 아니라 설비 세척수, 시설 등을 청소하는 물, 손 씻는 물, 직원이 마시는 물 등 많은 종류의 물을 사용하며 이들 용도에 맞는 품질의 물을 사용하고 사용하는 물의 품질을 목적별로 정해 놓는다.

45

① Pressure (inches of water) : 0.05(= 1.27mmH2O, 12Pa), ② Filter required : HEPA,
④ Humidity range : 55 ± 20%, ⑤ Air changes per hour : 20~30

46

① 작업 전에 손 세정을 실시하고 작업장 입실 전에는 분무식 소독기를 사용하여 손 소독 및 작업한다.
② 입실 전 수세 설비가 비치된 장소에서 손 세정 후 입실한다.
③ 상수로 손을 깨끗이 헹구고 종이 타월 또는 드라이어를 이용하여 건조시킨다.
④ 작업 중 손이 오염되었을 때에는 비누를 이용하여 손을 세척한다.

47

① 건강이 양호해지거나 의사 소견이 있기 전까지 화장품과 직접 접촉되지 않도록 격리
② 성명과 입·퇴장 시간 및 자사 동행자 기록
③ 안전 위생의 교육훈련 자료 사전 작성, 출입 전에 교육훈련 실시
⑤ 적절한 지시에 따라야 하고, 필요한 보호 설비 구비, 동행 필요

48

- 내용량(g) = 건조 전 무게(g) × [100 - 검조감량(%)] / 100
- 건조감량(%) = 수분(%) = {가열 전 접시와 검체의 무게(g) - 가열 후 접시와 검체의 무게(g) / 가열 전 접시와 검체의 무게(g) - 접시의 무게(g)} × 100 = {(160 - 130) / (160 - 10)} × 100 = 20(%)

49

① 표면 균 측정법 중 면봉 시험법 또는 콘택트 플레이트법을 실시
② 잔존물의 유무를 판정하기 위해서 박층 크로마토그래프법(TLC)에 의한 간편 정량법을 실시
④ 천 표면의 잔류물 유무로 세척 결과 판정(흰 천이나 검은 천)
⑤ 린스 액 중의 총 유기 탄소를 총 유기 탄소(Total Organic Carbon, TOC) 측정기로 측정

50

불만처리담당자는 불만 처리 서식을 기록 · 유지(제품 결함의 경향을 파악하기 위해 주기적으로 검토)
- 불만 접수 연월일, 불만 제기자의 이름과 연락처, 제품명, 제조번호 등을 포함한 불만내용, 불만조사 및 추적조사 내용, 처리결과 및 향후 대책, 다른 제조번호의 제품에도 영향이 없는지 점검

51

원료가 적합 판정 기준을 만족시키지 못할 경우 "기준 일탈 제품"으로 지칭하며 기준 일탈이 된 완제품 또는 벌크 제품은 재작업할 수 있다.

52

① 우수 화장품 제조 및 품질관리 기준 적합 판정을 받은 업소에서 위탁 제조하는 것을 권장한다.
② 위탁업체와 수탁업체는 상하 또는 대등한 관계가 아니라 다른 역할을 지닌 파트너다.
③ 제조품의 품질보증을 수탁업체에게 추구하는 위탁업체는 잘못된 것이다.
⑤ 제조공정의 확립이나 원료 공급업자의 결정을 수탁업체에게 위탁할 수 있으나, 그 결정 책임까지 위탁할 수는 없다.

53

① 혼합 · 소분 전 손을 소독하거나 세정, 다만 혼합 · 소분 시 일회용 장갑을 착용하는 경우 예외
③ 원료 및 내용물 입고 시 품질관리 여부를 확인하고 품질성적서를 구비
④ 밀폐를 위한 마개를 사용하는 등 비의도적인 오염을 방지
⑤ 소용량 또는 비매품일 경우를 제외하고 1차 또는 2차 포장에 기재

54

① 화장품 책임판매업자(제품별 안전성 자료를 작성 및 보관)
② 영 · 유아(만 3세 이하), 어린이(만 4세~만 13세)
③ 실태조사를 5년마다 실시, 저감화 계획 수립(실태조사 분석 및 평가 내용 반영) 후 인터넷 홈페이지에 공개
⑤ 영 · 유아 또는 어린이 사용 화장품 책임판매업자는 보관기한이 경과한 제품별 안전성 자료를 책임판매관리자의 책임하에 폐기

55

▣ 비매품 또는 소용량 맞춤형 화장품 1차 또는 2차 포장 기재 · 표시
화장품의 명칭, 맞춤형 화장품 판매업자의 상호, 가격, 제조번호와 사용기한 또는 개봉 후 사용기간(개봉 후 사용기간을 기재할 경우에는 제조 연월일을 병행 표기)
※ 맞춤형 화장품의 가격 표시는 개별 제품에 판매 가격을 표시하거나, 소비자가 가장 쉽게 알아볼 수 있도록 제품명, 가격이 포함된 정보를 제시하는 방법으로 표시할 수 있음

56

▣ 분산계에 대해 화장품이라는 상품적인 특수성으로 인해 요구되는 기능
- 목적으로 하는 색채, 색조, 명도, 채도를 갖고 피부에서 우수한 피복력 및 양호한 퍼짐성을 나타낼 것
- 양호한 부착성을 갖고 땀이나 비, 기타 영향에 의해 화장이 잘 지워지지 않을 것
- 피부에 대해 사용감이 부드럽고 이물감을 주지 않을 것
- 분산 상태의 안정성이 양호하며 경시 변화가 적고 상품적 기능이 저하되지 않을 것

57

모발 아미노산에는 C, H, O, N 이외에 S가 들어있다. 이는 모발을 구성하는 아미노산 중에 황이 들어있는 시스틴이 다량, 메티오닌이 소량 함유되어 있기 때문이다.

58

「기능성 화장품 기준 및 시험 방법」 [별표 6]에 따른 모발의 색상을 변화시키는데 도움을 주는 기능성 고시 원료(몰식자산, 과붕산나트륨일수화물, 레조시놀, 모노에탄올아민)

59

맞춤형 화장품에서 제외되는 기재 · 표시
- 식품의약품안전처장이 정하는 바코드
- 수입 화장품인 경우에는 제조국의 명칭(대외무역법에 따른 원산지를 표시한 경우에는 제조국의 명칭을 생략 가능), 제조회사명 및 그 소재지

60

피부 표면에서부터 각질층, 투명층, 과립층, 유극층, 기저층의 표피 조직이 있고 이후 진피로 이어진다.

61

고객에게 필요하고 맞춤형 화장품 조제관리사 추천 성분은 주름 개선, 미백 제품이다.
ㄱ : 자외선 차단, ㄴ : 미백, ㄷ : 탄력, ㄹ : 보습, ㅁ : 주름 개선

62

위해성이 높은 순서에 따라 가등급, 나등급, 다등급으로 구분
- 가등급 : 화장품에 사용할 수 없는 원료를 사용한 화장품(금염)

63

피부에 자외선을 조사하거나 열 자극을 주어도 비만세포가 활성화되며 비만세포는 햇빛에 의한 주름살 형성을 촉진한다. 따라서 비만세포 억제제는 비만세포의 세포막을 안정화시켜 주름살 생성을 예방할 수 있다. MMP는 단백질 분해 효소의 일종으로 열이나 자외선을 받게 되면 생성되는데 이는 주름을 생성시키며 콜레스테롤은 MMP의 합성을 억제한다.

64

각질층에는 세포 간 지질이 존재하고 라멜라 구조라 불리는 여러 층의 지질막 형태를 나타내고 있으며 특히 세라마이드 성분이 각질세포 간 지질의 기능에 중요한 역할을 한다.(세라마이드 〉 포화지방산 〉 콜레스테롤)

65

기능성 시험(타이로시네이즈 : 멜라닌을 생성시키는 효소)
타이로시네이즈 억제율(%) = {공시험액에서 얻은 흡광도 - (검액에서 얻은 흡광도 - 색보정에서 얻은 흡광도) / 공시험에서 얻은 흡광도} × 100

66

▣ 모발의 생성 및 주기(성장기 - 퇴행기 - 휴지기)
퇴행기는 성장기 이후 2~3주 기간이며 모낭이 위축되기 시작하고 모근이 점점 노화되는 시기에 해당한다. 성장기가 끝나고 모발의 형태를 유지하면서 대사 과정이 느려지는 시기로 천천히 성장하며, 세포분열은 정지한다. 이 단계에서는 케라틴을 만들어 내지는 않으며, 퇴행기의 수명은 2~3주이고 전체 모발의 약 1%가 이 시기에 해당된다.

67

pH 3 이하에서 가수분해, pH 3~5.5에서 수렴 및 경화, pH 7.5~9.5에서 팽윤 · 연화되며 pH 13 이상(강알칼리)에서 용해(녹아버림)가 일어난다.

68

즉시 유발 색소 침착은 피부의 탄력을 없애 피부가 늘어나게 함으로써 주름이 생기는 것과 같은 영향을 미치며 멜라노좀 양이 많을수록 일어나기가 쉽고 멜라노좀의 크기에는 변화가 없는 것이 특징이다.

69

① W/O(water in oil) 형태의 유화 제품 제조 시 수상의 투입 속도를 빠르게 할 경우 제품의 제조가 어렵거나 안정성이 극히 나빠질 가능성이 있음(원료 투입 순서)
② 제조 온도가 설정된 온도보다 지나치게 높을 경우 가용화제의 친수성과 친유성의 정도를 나타내는 HLB가 바뀌면서 운점(cloud point) 이상의 온도에서는 가용화가 깨져 제품의 안정성에 문제가 생길 수 있음(유화 공정)
③ 유화 제품의 제조 시에는 미세한 기포가 다량 발생하게 되는데, 이를 제거하지 않으면 제품의 점도, 비중, 안정성 등에 영향을 미칠 수 있음(진공 세기)
⑤ 믹서의 회전 속도가 느린 경우 원료 용해 시 용해 시간이 길어지고, 유화 입자가 커지면서 외관 성상 또는 점도가 달라지거나 안정성에 영향을 미칠 수 있음(회전속도)

70

- 화장품에 사용할 수 없는 원료(리누론, 레조시놀)
- 화장품에 사용상의 제한이 필요한 원료(벤질알코올, 징크옥사이드)

71

화장품 원료 중 성분명이 "PEG, 폴리에칠렌, 폴리에칠렌글라이콜, 폴리옥시칠렌, -eth- 또는 -옥시놀-"을 포함(세정제, 기포제, 유화제 또는 용제 등으로 사용되며 디옥산이 생성될 수 있는 계면활성제)

72

⑤ N-아세틸-L-시스테인은 L-시스테인과 비교할 때 동일 농도, 동일 pH에서 웨이브 생성력이 약하다.

73

① 기능성 화장품 보고 품목은 변경 절차가 없음, 보고한 이후 변경사항 발생 시에는 취하 후 재보고

74

⑤ 피지의 분비로 모공 속을 늘 피지로 채우며 땀과 균일하게 유화되어 지방성 막을 형성한다. 이는 피부의 수분 증발을 막으며 피부의 유연성과 이물질의 침투를 막고 세균 번식을 억제한다.

75

각질층에 존재하는 수용성 보습인자는 필라그린의 분해 산물인 아미노산과 그 대사물로 이루어져 있다. 필라그린은 필라멘트가 뭉쳐져 있는 단백질로 각질형성세포에서 2~3일 안에 아미노산으로 완전히 분해되어 천연 보습인자를 형성한다.

76

⑤ 에어로졸 제품은 용기에 충전된 분사제를 포함한 양을 내용량 기준으로 하여 시험한다.

77

피부의 지질(Lipid)에는 지방산, 스쿠알렌, 트리글리세라이드, 왁스, 콜레스테롤 등이 있다.

78

폴리펩타이드 분자량(약 100~약 1,000) - 아미노산 수(여러 개) - 침투성(좋음)
분자량(약 1,000~약 10,000) - 아미노산 수(여러 개~70개 정도) - 침투성(보통)

79

「화장품 안전관리 기준 등에 관한 규정」 [별표 2]에 사용상의 제한이 필요한 자외선 차단 성분으로 고시되었더라도 변색 방지를 목적으로 0.5% 미만 사용 시에는 자외선 차단 제품으로 인정하지 않는다.

80

비타민 A(Retinol), 비타민 B군(B_3 Niacin, Nicotinic Acid, Niacinamide / B_6 Pyridoxin), 비타민 D(Erfocalciferol), 비타민 H(Biotin), 비타민 E(Tocopherol, DL-α-Tocopherol)

81

- 개봉하기 어려운 정도의 구체적인 기준 및 시험 방법
  : 어린이 보호 포장 대상 공산품의 안전기준(산업통상부 고시)
- 어린이 안전용기 · 포장 대상 예외 품목 : 일회용 제품, 용기 입구 부분이 펌프 또는 방아쇠로 작동되는 분무용기 제품, 압축 분무용기 제품(에어로졸 제품 등) 제외

82

「기능성 화장품 심사에 따른 기준」에 따라 자외선 차단 기능성 화장품의 자료 제출이 면제되는 경우

83

고형 비누 등 총리령으로 정하는 화장품 : 화장비누(고체 형태의 세안용 비누)

84

「기능성 화장품 심사에 관한 규정」에 따라 성분 · 함량을 고시한 품목의 경우 면제되는 제출 자료

85

ㄱ. 사용 시 주의사항(공통사항), ㄴ. 체취 방지용 제품(개별사항), ㅁ. 성분별 사용 시의 주의사항 표시 문구(알란토인클로로하이드록시알루미늄 ; 알클록사)

86

화장품 제조에 사용된 함량이 많은 것부터 기재(전제조건 : 최대 사용 한도로 제조)
- 자외선 차단 고시 성분(티타늄디옥사이드 25%), 사용상의 제한이 필요한 원료(토코페롤 20%)

87

▣ 위해 화장품의 회수 절차

회수의무자는 해당 화장품에 대하여 즉시 판매중지 등의 필요한 조치 - 회수계획 제출 - 회수계획 통보 - 회수 화장품의 폐기 - 회수 종료

88

여드름의 원인은 여러 가지가 있으나 대표적으로 피지선의 비대, 모낭공의 각화 항진, 세균의 영향 등을 들 수 있으며 피지 억제제(남성호르몬에 길항작용을 갖는 난포 호르몬을 사용), 각질 박리 · 용해제(여드름 발생 시에는 각화가 항진하고 면포가 생김), 살균제(여드름 간균은 여드름 발생 요인 중에서도 가장 중요), 기타(염증 억제 목적) 등의 성분을 조합하여 사용한다.

89

식품의약품안전처장이 영업자에게 업무정지 처분을 할 경우에는 그 업무정지 처분을 갈음하여 10억원 이하의 과징금을 부과할 수 있으며 판매 업무 또는 제조 업무의 정지 처분을 갈음하여 과징금 처분을 하는 경우에는 처분일이 속한 연도의 전년도 모든 품목의 1년간 총생산 금액 및 총 수입금액을 기준으로 한다.

90

가용화는 난용성 물질이 미셀 내부 또는 표면에 흡착되어 용해되는 것과 같아 보이는 현상으로 가용화력과 미셀 형성과는 밀접한 관계를 가진다.

91

멜라닌 색소의 생성을 억제하는 방법은 자외선이나 염증 등 외부 자극을 줄이고 이 외부 자극이 멜라노사이트로 전달되는 신호를 차단하는 방법 등이 있다.

92

총 호기성 생균 수 시험 : 화장품 안에 들어있는 총 호기성 세균과 진균 수를 확인하는 시험

93

모발은 보통 서양인은 약 12만개, 동양인은 약 10만개 전후이다. 정상적인 모발의 성장 주기에서 자라는 숫자보다 빠지는 숫자가 많은 상태가 지속되는 과정을 탈모라고 하며 안드로겐의 과잉 분비는 피지선의 활동을 촉진시키고 지루성 비듬을 발생시켜 탈모 증상을 악화시킨다.

95

▣ 미백에 도움을 주는 기능성 화장품 원료
닥나무추출물, 알부틴(로션, 액, 크림, 침적마스크), 에칠아스코빌에텔(로션, 액, 크림, 침적마스크), 유용성감초추출물(로션, 액, 크림, 침적마스크), 아스코빌글루코사이드(액, 크림, 침적마스크), 마그네슘아스코빌포스페이트, 나이나신아마이드(로션, 액, 크림, 침적마스크), 알파-비사보롤(로션, 액, 크림, 침적마스크), 아스코빌테트라이소팔미테이트(로션, 액, 크림, 침적마스크)

96

안전성 자료 : 제품 및 제조 방법에 대한 설명자료, 화장품의 안전성 평가자료, 효능·효과에 대한 증명자료

97

톨유사수용체(Toll-like receptor, TLR)는 선천 면역기능을 시작하는 1차 방어선으로 인체에는 10종류 이상 존재한다.

98

- 사용 후 씻어 내지 않는 제품에 0.001% 초과 함유하는 경우 알레르기 유발 성분 기재(헥실신남알)
- 미백에 도움을 주는 기능성 고시 원료(알파-비사보롤, 사용 한도 0.5%)

99

▣ 맞춤형 화장품의 부작용 사례 보고(「화장품 안전성 정보관리 규정」에 따른 절차 준용)
- 중대한 유해 사례 또는 이와 관련하여 식품의약품안전처장이 보고를 지시한 경우
- 판매 중지나 회수에 준하는 외국 정부의 조치 또는 이와 관련하여 식품의약품안전처장이 보고를 지시한 경우

100

사용상의 제한이 필요한 보존제 성분(클로로자이레놀 사용 한도 0.5%)

1 회차

FINAL 모의고사 정답 & 해설

선다형

1	2	3	4	5	6	7	8	9	10
⑤	③	③	⑤	②	②	③	③	③	③
11	12	13	14	15	16	17	18	19	20
②	③	③	①	②	②	④	③	②	②
21	22	23	24	25	26	27	28	29	30
④	①	⑤	③	①	⑤	⑤	⑤	④	③
31	32	33	34	35	36	37	38	39	40
③	②	⑤	⑤	⑤	②	③	①	③	④
41	42	43	44	45	46	47	48	49	50
②	②	①	③	②	①	④	①	⑤	②
51	52	53	54	55	56	57	58	59	60
③	②	②	①	⑤	②	③	②	⑤	③
61	62	63	64	65	66	67	68	69	70
⑤	①	③	④	④	②	②	③	⑤	③
71	72	73	74	75	76	77	78	79	80
②	⑤	④	②	④	③	①	④	⑤	②

단답형

81	염류	91	1% 이하
82	안전성	92	제조번호
83	㉠ 노출 평가, ㉡ 위해도 결정	93	인체 외 시험
84	㉠ 2차 포장, ㉡ 1차 포장	94	㉠ 세라마이드
85	㉠ 벌크	95	ㄹ. 알파-비사보롤
86	알파-하이드록시애시드(AHA)	96	차광
87	타르 색소	97	실마리 정보
88	효력시험	98	모피질
89	0.1%	99	㉠ 벤질알코올, ㉡ 1.0%
90	알레르기	100	㉠ 멜라노사이트, ㉡ 멜라노좀

01

▣ 「화장품법」 제3조의3(결격사유)에 따라 맞춤형 화장품 판매업을 신고할 수 없는 경우
- 피성년후견인 또는 파산선고를 받고 복권되지 아니한 자
- 「화장품법」 또는 「보건범죄 단속에 관한 특별조치법」을 위반하여 금고 이상의 형을 선고받고 그 집행이 끝나지 아니하거나 그 집행을 받지 아니하기로 확정되지 아니한 자
- 등록이 취소되거나 영업소가 폐쇄된 날부터 1년이 지나지 아니한 자

02

▣ 판매금지 대상(판매 또는 판매 목적의 보관 또는 진열 금지)
- 등록을 하지 아니한 자가 제조한 화장품 또는 제조 · 수입하여 유통 · 판매한 화장품
- 신고를 하지 아니한 자가 판매한 맞춤형 화장품
- 맞춤형 화장품 조제관리사를 두지 아니하고 판매한 맞춤형 화장품
- 화장품의 기재사항, 가격 표시, 기재 · 표시상의 주의사항에 위반되는 화장품 또는 의약품으로 잘못 인식할 우려가 있게 기재 · 표시된 화장품
- 판매의 목적이 아닌 제품의 홍보 · 판매촉진 등을 위하여 미리 소비자가 시험 · 사용하도록 제조 또는 수입된 화장품(소비자 판매 화장품에 한함)
- 화장품의 포장 및 기재 · 표시사항을 훼손(맞춤형 화장품 판매 제외) 또는 위조 · 변조한 것

▣ 누구든지 화장품의 용기에 담은 내용물의 소분 판매금지
- 맞춤형 화장품 판매업자, 소분 판매를 목적으로 하는 화장비누의 소분 판매자 제외

▣ 책임판매업자의 유통 · 판매금지 대상
- 동물 실험 실시 화장품 유통 · 판매금지
- 동물 실험을 실시한 화장품 원료를 사용하여 제조 또는 수입한 화장품 유통 · 판매금지

03

화장품 품질 요소(안전성, 유효성, 안정성, 사용성)

04

① 의약외품, ② 기초 화장용 제품류, ③ 두발용 제품류, ④ 눈 화장용 제품류

05

▣ 개인정보를 수집 · 이용할 수 있는 경우
(1) 정보 주체의 동의를 받은 경우
(2) 법률에 특별한 규정이 있거나 법령상 의무를 준수하기 위하여 불가피한 경우
(3) 공공기관이 법령 등에서 정하는 소관 업무의 수행을 위해 불가피한 경우
(4) 정보 주체와의 계약의 체결 및 이행을 위하여 불가피하게 필요한 경우
(5) 정보 주체 또는 그 법정대리인이 의사표시를 할 수 없는 상태에 있거나 주소불명 등으로 사전 동의를 받을 수 없는 경우로서 명백히 정보 주체 또는 제3자의 급박한 생명, 신체, 재산의 이익을 위하여 필요하다고 인정되는 경우
(6) 개인정보처리자의 정당한 이익을 달성하기 위하여 필요한 경우로서 명백하게 정보 주체의 권리보다 우선하는 경우(개인정보처리자의 정당한 이익과 상당한 관련이 있고 합리적인 범위를 초과하지 아니하는 경우에 한함)

06

▣ 개인정보 보호의 원칙
- 개인정보처리자는 개인정보의 처리 목적을 명확하게 하여야 하고 그 목적에 필요한 범위에서 최소한의 개인정보만을 적법하고 정당하게 수집하여야 함

- 개인정보처리자는 개인정보의 처리 목적에 필요한 범위에서 적합하게 개인정보를 처리하여야 하며, 그 목적 외의 용도로 활용하여서는 안 됨
- 개인정보처리자는 개인정보의 처리 목적에 필요한 범위에서 개인정보의 정확성, 완전성 및 최신성이 보장되도록 하여야함
- 개인정보처리자는 개인정보의 처리 방법 및 종류 등에 따라 정보 주체의 권리가 침해받을 가능성과 그 위험 정도를 고려하여 개인정보를 안전하게 관리하여야 함
- 개인정보처리자는 개인정보 처리방침 등 개인정보의 처리에 관한 사항을 공개하여야 하며, 열람청구권 등 정보 주체의 권리를 보장하여야 함
- 개인정보처리자는 정보 주체의 사생활 침해를 최소화하는 방법으로 개인정보를 처리하여야 함
- 개인정보처리자는 개인정보를 익명 또는 가명으로 처리하여도 개인정보 수집 목적을 달성할 수 있는 경우 익명 처리가 가능한 경우에는 익명에 의하여, 익명 처리로 목적을 달성할 수 없는 경우에는 가명에 의하여 처리될 수 있도록 하여야 함
- 개인정보처리자는 이 법 및 관계 법령에서 규정하고 있는 책임과 의무를 준수하고 실천함으로써 정보 주체의 신뢰를 얻기 위하여 노력하여야 함

07

화장품법은 화장품의 제조 · 수입 · 판매 및 수출 등에 관한 사항을 규정함으로써 국민 보건 향상과 화장품 산업 발전에 기여함을 목적으로 하며 "화장품"이란 인체를 청결 · 미화하여 매력을 더하고 용모를 밝게 변화시키거나 피부 · 모발의 건강을 유지 또는 증진하기 위하여 인체에 바르고 문지르거나 뿌리는 등 이와 유사한 방법으로 사용되는 물품으로서 인체에 대한 작용이 경미한 것을 말한다. 다만, 「약사법」 의약품에 해당하는 물품 제외

08

식품의약품안전처장은 보존제, 색소, 자외선 차단제 등과 같이 특별히 사용상의 제한이 필요한 원료에 대하여는 그 사용기준을 지정하여 고시하여야 하며, 사용기준이 지정 · 고시된 원료 외의 보존제, 색소, 자외선 차단제 등은 사용할 수 없다.

09

착향제의 구성 성분 중 알레르기 유발 성분이 있는 경우에는 향료로 표시할 수 없고 해당 성분의 명칭을 기재 · 표시하여야 한다.(다만, 사용 후 씻어 내는 제품에는 0.01% 초과, 사용 후 씻어 내지 않는 제품에는 0.001% 초과 함유하는 경우에 한한다)

10

① 팩, ② 모발용 샴푸, ④ 외음부 세정제, ⑤ 손 · 발의 피부 연화 제품(요소제제의 핸드크림 및 풋크림)

11

계면활성제는 계면에 흡착하여 계면의 성질을 현저히 변화시키고 유성 원료는 피부로부터 수분의 증발을 억제, 사용 감촉을 향상시킨다. 자외선 차단제는 자외선으로부터 피부를 보호하는데 도움을 주고 금속이온 봉쇄제는 원료 중에 혼입되어 있는 이온을 제거할 목적으로 사용된다.

12

① 화장품 제조에 사용된 함량이 많은 것부터 기재 · 표시한다.
② 1퍼센트 이하로 사용된 성분, 착향제 또는 착색제는 순서에 상관없이 기재 · 표시할 수 있다.
④ 산성도(pH)조절 목적으로 사용된 성분은 그 성분을 표시하는 대신 중화반응에 따른 생성물로 기재 · 표시할 수 있고 비누화반응을 거치는 성분은 비누화반응에 따른 생성물로 기재 · 표시할 수 있다.
⑤ 착향제는 향료로 표시할 수 있지만 식약처장이 고시한 알레르기 유발 성분이 있는 경우에는 향료로 표시할 수 없고, 해당 성분의 명칭을 기재 · 표시해야 한다.

13

▣ 화장품 책임판매업자 안전성 정보 신속 보고 / 안전성 정보 정기보고

- 신속 보고 : 정보를 알게 된 날로부터 15일 이내 신속히 보고
  · 중대한 유해 사례 또는 이와 관련하여 식약처장이 보고를 지시한 경우
  · 판매중지나 회수에 준하는 외국 정부의 조치 또는 이와 관련하여 식약처장이 보고를 지시한 경우
- 정기보고 : 신속보고 되지 아니한 화장품 안전성 정보를 매 반기 종료 후 1월 이내에 보고
- 정기보고 예외 대상
  · 상시 근로자 수가 2인 이하로서 직접 제조한 화장비누만을 판매하는 화장품 책임판매업자

14

② 주름 개선 화장품 - 아데노신 - 0.04%, ③ 자외선 차단 화장품 - 징크옥사이드 - 25%,
④ 여드름 완화 화장품 - 살리실릭애씨드 - 0.5%, ⑤ 미백 화장품 - 유용성감초추출물 - 0.05%

15

입고 시 품질관리 여부를 확인하고 품질성적서를 구비하여 보관한다. 원료 등은 품질에 영향을 미치지 않는 장소에서 보관하고 사용기한이 지난 내용물 및 원료는 폐기한다.

16

① 사용할 수 없는 원료, ③ 사용할 수 없는 원료, ④ 사용 후 씻어 내는 제품에 0.5%(기타 제품에는 사용 금지),
⑤ 사용상의 제한이 필요한 보존제 0.5%[영유아 제품류 또는 어린이 제품류 사용 금지(삼푸 제외)]

17

① 알코올은 탄화수소의 수소 원자를 수산기(-OH)로 치환한 화합물로 저급 알코올은 물과 잘 혼합된다. 에탄올은 저급 알코올로 화장품에 많이 사용되며 향료, 색소, 유기 성분을 용해시키는 용매이자 청량감을 내고 살균 작용을 한다.
② 탄소수가 6 이상인 것을 고급 지방산이라 하고 유지로 다른 왁스 또는 오일과 혼용하여 사용한다. 유화제 또는 보조 유화제로 사용하기도 하며 스테아린산과 팔미틱산 등이 있다.
③ 왁스는 고급 지방산과 1가 고급 알코올의 에스터로 광택을 부여하고 사용감을 향상시키기 위해 사용되며 비즈왁스, 칸데릴라왁스, 카르나우바왁스 등이 있다.
⑤ 실리콘은 규소를 함유하는 유기화합물로서 실록산 결합을 갖고 실키한 사용 감촉을 나타내며 디메치콘, 사이클로펜타실록산 등이 있다.

18

소듐하이드록사이드(pH 조절제), 페녹시에탄올(보존제), 소르빅애씨드(보존제), 벤질알코올(보존제), 에칠헥실글리세린(컨디셔닝제), 포타슘소르베이트(살균, 보존제)

19

식품의약품안전처 고시 탈모 증상의 완화에 도움을 기능성 화장품 원료(덱스판테놀, 비오틴, 엘-멘톨, 징크피리치온)

20

염료는 용제에 녹는 물질로 색을 가진 물질이며, 안료는 용제에 녹지 않는 물질이다. 레이크 안료는 염료를 안료와 반응시켜 용제에 녹지 않게 만든 것으로 무기 안료에 비해 안정성은 부족하나 채도가 높다.

21

고객에게 추천할 제품은 보습과 주름 개선 제품이다.
ㄱ : 미백, ㄴ : 재생, ㄷ : 보습, ㄹ : 주름 개선, ㅁ : 미백

22

- 신속보고(화장품 책임판매업자, 15일 이내에 식약처장에게 신속히 보고)
  · 중대한 유해 사례 또는 이와 관련하여 식약처장이 보고를 지시한 경우
  · 제조금지, 판매금지, 사용 중지, 회수 등의 조치를 한 제품이 국내에 유통되는 경우
  · 국제기구, 주요국 정부 기관에서 기존 사용 중인 성분의 발암성, 유전독성 등을 새롭게 확인해 발표한 경우
- 정기보고(화장품 책임판매업자, 매 반기 종료 후 1개월 이내 식약처장에게 보고)
  · 화장품의 국내외 새롭게 발견된 정보 등 사용 현황과 안전성에 관련된 정보

23

① 1.0%, ② 10%, ③ 5%, ④ 25%

24

① 합성 원료는 사용할 수 없으며 허용 합성 원료는 5% 이내에서 사용
② 천연 함량(물 + 천연 원료 + 천연유래 원료)
④ 유기농 화장품을 제조하기 위한 유기농 원료는 다른 원료와 명확히 표시 및 구분하여 보관
⑤ 유기농 화장품은 유기농 함량이 전체 제품에서 10% 이상이어야 하며 유기농 함량을 포함한 천연 함량이 전체 제품에서 95% 이상으로 구성되어야 한다.

25

회수 대상 화장품의 위해성 등급 : 위해성이 높은 순서에 따라 가등급, 나등급, 다등급으로 구분
① 위해성 "나"등급, ② 위해성 "다"등급, ③ 위해성 "다"등급, ④ 위해성 "다"등급, ⑤ 위해성 "다"등급

26

원료와 원료를 혼합하는 것은 맞춤형 화장품의 혼합이 아닌 화장품 제조에 해당한다. 기능성 화장품의 효능·효과를 나타내는 원료는 내용물과 원료의 최종 혼합 제품을 기능성 화장품으로 기심사 또는 보고 받은 경우에 한하여 기심사 또는 보고 받은 조합·함량 범위 내에서만 사용 가능하며 사용상의 제한이 필요한 원료는 사용할 수 없고 화장비누(고체 형태의 세안용 비누)를 단순 소분한 화장품은 제외한다.

27

회수 대상 화장품의 기준 : 국민 보건에 위해(危害)를 끼치거나 끼칠 우려가 있는 것
- 「화장품법」 제9조(안전용기 포장 등)에 위반, 제15조(영업의 금지)에 위반되는 화장품, 제16조(판매 등의 금지) 제1항에 위반되는 화장품

28

신규직원에 대하여 위생교육을 실시하며 기존 직원에 대해서도 정기적으로 교육을 실시한다. 직원은 필요한 경우 마스크와 장갑을 착용하고 별도의 지역에 의약품을 포함한 개인적인 물품을 보관해야 하며 제조 구역별 접근 권한이 없는 작업원은 가급적, 제조, 관리 및 보관 구역 내에 들어가지 않도록 한다.

29

외부와 연결된 창문은 가능한 열리지 않도록 하고 공기조화시설 등 적절한 환기 시설을 갖추어야 한다. 수세실과 화장실은 접근이 쉬워야 하나 생산 구역과 분리되어 있어야 하고 바닥, 벽, 천장은 청소, 소독제의 부식성에 저항력이 있어야 한다.

30

제품의 1차 포장의 형태로 보관하고 각 제조 단위를 대표하는 검체를 보관한다. 제품이 가장 안정한 조건에 보관하는 것을 원칙으로 따로 규정된 것을 제외하고는 극단의 고온다습이나 저온저습을 피하고 제품 유통 시의 환경 조건에 준하는 조건(실온)으로 보관한다.

31

중대한 위반품이 발견되었을 때에는 일탈 처리를 하고 설정된 보관기한이 지나면 사용의 적절성을 결정하기 위해 재평가 시스템을 확립하여야 한다. 바닥과 벽에 닿지 않도록 보관하고 원료와 포장재가 재포장될 경우, 원래의 용기와 동일하게 표시되어야 한다.

32

pH 기준 3.0~9.0 제외 제품(클렌징 오일, 셰이빙 크림, 클렌징 로션)

▣ 유통 화장품 중 액상 제품의 pH 기준

- 영·유아용 제품류(영·유아용 샴푸, 영·유아용 린스, 영·유아 인체 세정용 제품, 영·유아 목욕용 제품 제외), 눈 화장용 제품류, 색조 화장용 제품류, 두발용 제품류(샴푸, 린스 제외), 면도용 제품류(셰이빙 크림, 셰이빙폼 제외), 기초 화장용 제품류(클렌징 워터, 클렌징 오일, 클렌징 로션, 클렌징 크림 등 메이크업 리무버 제품 제외) 중 액, 로션, 크림 및 이와 유사한 제형의 액상 제품의 pH 기준은 3.0~9.0
- 다만, 물을 포함하지 않는 제품과 사용한 후 곧바로 물로 씻어 내는 제품은 제외

33

▣「화장품 안전기준 등에 관한 규정」제6조 유통 화장품의 안전관리 기준

화장품을 제조하면서 인위적으로 첨가하지 않았으나, 제조 또는 보관 과정 중 포장재로부터 이행되는 등 비의도적으로 유래된 사실이 객관적인 자료로 확인되고 기술적으로 완전한 제거가 불가능한 경우에 해당 물질의 검출 허용 한도를 정함

- 납, 니켈, 비소, 수은, 안티몬, 카드뮴, 디옥산, 메탄올, 포름알데하이드, 프탈레이트류

34

⑤ 특정 집단에 노출 가능성이 클 경우 어린이 및 임산부 등 민감 집단 및 고위험 집단을 대상으로 위해 평가를 실시할 수 있으며 민감한 집단 및 고위험 집단의 경우 복합적 영향을 고려한다.

35

포장재가 입고되면 발주서와 거래명세표를 참고하여 포장재 규격, 수량, 납품처, 청결 여부를 확인하고 포장재 성적서를 구비한다.

36

제품의 안정성을 고려해야 한다. 물리적인 오염물질 축적의 육안 식별이 용이해야 하고 설비의 아래와 위에 먼지의 퇴적을 최소화해야 한다. 부품 및 받침대의 위와 바닥에 오물이 고이는 것을 최소화하고 제품에 첨가되거나 흡수되지 않아야 한다.

37

① 과태료 50만원, ② 과태료 50만원, ③ 과태료 100만원, ④ 과태료 50만원, ⑤ 과태료 50만원

38

- 사용기한 : 화장품이 제조된 날부터 적절한 보관 상태에서 제품이 고유의 특성을 간직한 채 소비자가 안정적으로 사용할 수 있는 최소한의 기한「화장품법」제2조 5호
  · 내용물 및 원료의 사용기한 : 제조 또는 입고 시 적절한 보관 상태에서 제품의 고유의 특성을 유지한 채 완제품의 원료로 안정적으로 사용될 수 있는 최대한의 기한
- 원료 및 내용물의 사용기한 확인
  · 원칙적으로 원료공급처의 사용기한을 준수하여 보관기한을 설정하여야 하며, 사용기한 내에서 자체적인 재시험 기간과 최대 보관기한을 설정·준수해야 하며 사용기한이 정해지지 않은 원료(색소 등)는 자체적으로 사용기한을 정함.
- 원료 및 내용물의 사용기한 확인 판정
  · 표시 기재된 사용기한을 육안으로 확인, 사용기한 확인 일자 표기

39

③ 세제는 설비 내벽에 남기 쉽고 잔존한 세척제는 제품에 악영향을 미칠 수 있으므로 세제(계면활성제)를 사용한 설비 세척은 권장하지 않는다.

40

▣ 「화장품 안전기준 등에 관한 규정」 제6조 유통 화장품 안전관리 기준에 따른 미생물 한도
- 물휴지 : 세균 및 진균 수는 각각 100개/g(mL) 이하
- 총 호기성 생균 수 : 영·유아용 및 눈 화장용 제품류 500개/g(mL) 이하 / 기타 화장품 1,000개/g(mL) 이하
- 병원성균 : 대장균, 녹농균, 포도상구균 불검출

41

① 니켈 – 눈 화장용 제품 35㎍ 이하, 색조 화장용 제품 30㎍ 이하, 그 밖의 제품 10㎍ 이하
③ 미생물 – 물휴지 세균 및 진균 수 각각 100개/g(mL) 이하
④ 대장균, 녹농균, 황색포도상구균 불검출
⑤ 기능성 화장품 중 기능성을 나타나게 하는 주원료의 함량이 심사 또는 보고한 기준

42

개방할 수 있는 창문을 만들지 않고 문하부에는 스커트를 설치한다. 공기조화장치를 이용해 실내압을 외부보다 높게 하고 골판지, 나무 부스러기를 방치하지 않는다.

43

▣ 어린이 안전용기·포장 대상 품목 및 기준
- 아세톤을 함유하는 네일 에나멜 리무버 및 네일 폴리시 리무버
- 어린이용 오일 등 개별 포장당 탄화수소류를 10퍼센트 이상 함유하고 운동점도가 21센티스톡스(40℃ 기준) 이하 비에멀젼 타입의 액체 상태의 제품
- 개별 포장당 메틸 살리실레이트를 5퍼센트 이상 함유하는 액체 상태의 제품

▣ 어린이 안전용기·포장 대상 예외 품목

일회용 제품, 용기 입구 부분이 펌프 또는 방아쇠로 작동되는 분무용기 제품, 압축 분무용기 제품(에어로졸 제품 등) 제외

44

① 유해물질에 대한 위해 평가 전략은 물질의 발암 위해 평가와 비발암 위해 평가로 구분하고 독성 여부에 따라 결정한다.
② 위해 평가는 위험성 확인, 위험성 결정, 노출 평가, 위해도 결정 등 4단계로 수행되며, 단계별 목적, 평가 방법 및 결과 분석에 대한 내용을 기술한다. 수행된 위해 평가 결과 등을 보고서 양식에 따라 문서화하며 목적에 따른 관리 대안을 제시한다.
④ 위해 평가는 화장품 등의 제조공정을 포함하여 공급 및 사용단계 전반에 사용되는 분석 방법, 시료 채취 및 시험, 노출 빈도 등을 고려한다.
⑤ 위해 평가는 복합적인 여러 상황을 고려한다.

45

- 맞춤형 화장품에 사용할 수 없는 원료
  · 화장품에 사용할 수 없는 원료(페닐파라벤, 요오드, 이소프렌), 사용상 제한이 필요한 원료(벤질알코올)

46

② 체모 제거(3.0~4.5%), ③ 주름 개선(0.04%), ④ 미백(2%), ⑤ 주름 개선(10,000IU/g)

47

▣ 「화장품법」 제10조 제1항 및 「화장품법 시행규칙」 제19조 제4항에 따른 기재사항
1. 화장품의 명칭
2. 영업자의 상호 및 주소
3. 내용물의 용량 또는 중량
4. 제조번호
5. 제조에 사용된 모든 성분(인체에 무해한 소량 함유 성분 등 총리령으로 정하는 성분 제외)
6. 사용기한 또는 개봉 후 사용기간(개봉 후 사용기간을 기재 시 제조 연월일 병행 표기)
7. 가격(소비자에게 화장품을 직접 판매하는 자가 표시)
8. 사용할 때의 주의사항
9. "기능성 화장품"이라는 글자 또는 기능성 화장품을 나타내는 도안(기능성 화장품의 경우)
10. 그 밖에 총리령으로 정하는 사항
   - 식품의약품안전처장이 정하는 바코드
   - 기능성 화장품의 경우 심사 받거나 보고한 효능 · 효과, 용법 · 용량
   - 성분명을 제품 명칭의 일부로 사용한 경우 그 성분명과 함량(방향용 제품은 제외)
   - 인체 세포 · 조직 배양액이 들어있는 경우 그 함량
   - 화장품에 천연 또는 유기농으로 표시 · 광고하려는 경우에는 원료의 함량
   - 수입 화장품인 경우 제조국의 명칭(대외무역법에 따른 원산지를 표시한 경우 제조국의 명칭 생략 가능), 제조회사명 및 그 소재지
   - 다음에 해당하는 기능성 화장품의 경우에는 "질병의 예방 및 치료를 위한 의약품이 아님"이라는 문구
     · 탈모 증상의 완화에 도움을 주는 화장품. 다만, 코팅 등 물리적으로 모발을 굵게 보이게 하는 제품은 제외
     · 여드름성 피부를 완화하는 데 도움을 주는 화장품. 다만, 인체 세정용 제품류로 한정
     · 피부장벽의 기능을 회복하여 가려움 등의 개선에 도움을 주는 화장품
     · 튼 살로 인한 붉은 선을 엷게 하는 데 도움을 주는 화장품
   - 「화장품법」 제8조 제2항에 따라 사용기준이 지정 · 고시된 원료 중 보존제의 함량(만 3세 이하의 영 · 유아용 제품류, 만 4세 이상부터 만 13세 이하까지의 어린이 제품)

48

② 0.5%, ③ 20%, ④ 10%, ⑤ 6%

49

유도결합플라즈마-질량분석기(ICP-MS)

50

기준 일탈 제품 : 원료와 포장재, 벌크제품과 완제품이 적합 판정 기준을 만족시키지 못할 경우

▣ **기준 일탈 제품 발생 시**
- 모두 문서에 남김
- 기준 일탈이 된 완제품 또는 벌크제품은 재작업할 수 있음
- 폐기하는 것이 가장 바람직하며 재작업 여부는 품질 보증 책임자에 의해 승인되어 진행
- 먼저 권한 소유자(부적합 제품의 제조 책임자)에 의한 원인 조사가 필요함
- 다음 재작업을 해도 제품 품질에 악영향을 미치지 않는 것을 예측함

51

ㄱ. pH 기준 3.0~9.0(단, 물을 포함하지 않는 제품과 사용한 후 곧바로 물로 씻어 내는 제품은 제외)
ㅁ. 제품 3개의 시험 결과 기준치를 벗어날 경우 추가 시험하여 총 9개의 평균 내용량이 표기량에 97% 이상

52

- 청정도 엄격 관리(클린 벤치) - 낙하균 10개/hr 또는 부유균 30개/㎥,
- 화장품 내용물이 노출되는 작업실(제조실 · 원료 칭량실) - 낙하균 30개/hr 또는 부유균 200개/㎥
- 화장품 내용물이 노출 안 되는 곳(포장실) - 갱의, 포장재의 외부 청소 후 반입

53

▣ 화장품의 안정성 시험 자료 보관 의무 대상
레티놀(비타민 A) 및 그 유도체, 아스코빅애시드(비타민 C) 및 그 유도체, 토코페롤(비타민 E), 과산화화합물, 효소 성분을 0.5% 이상 함유하는 제품
- 안정성 시험 자료 보존 기간 : 최종 제조된 제품의 사용기한이 만료되는 날부터 1년간 보존

54

미백 성분(알부틴, 알파-비사보롤), 여드름 완화 성분(살리실릭애씨드), 주름 개선 성분(아데노신, 레티닐팔미테이트), 탈모 증상 완화 성분(덱스판테놀, 엘-멘톨)

55

⑤ 비타민 E(토코페롤) 사용상의 제한이 있는 기타 원료 : 사용 한도 20%

56

최소홍반량(MED)는 UV-B를 사람의 피부에 조사한 후, 조사 영역의 전 영역에 홍반을 나타낼 수 있는 최소한의 자외선 조사량을 말한다. 피부가 약하고 민감할수록 최소홍반량(MED)은 낮아지고 검은 피부일수록 최소홍반량(MED)이 높다.

57

③ 첩포시험법 : 적정한 부위를 폐쇄 첩포하고 24시간 후 patch를 제거한다. 제거에 의한 일과성의 홍반 소실을 기다린 후 홍반, 부종 등의 정도를 피부과 전문의 또는 이와 동등한 자가 판정하고 평가한다.

58

균질화(homogenizer)는 터빈형의 회전 날개가 원통으로 둘러싸인 형태로 내용물에 내용물을 또는 내용물에 특정 성분을 혼합 및 분산 시 사용한다. 회전 날개의 고속 회전으로 분산기(disper mixer), 아지믹서(agi-mixer)보다 강한 에너지를 주며 일반적으로 유화할 때 사용된다.

59

① 프탈레이트류 100㎍/g 이하, ② 안티몬 10㎍/g 이하, ③ 디옥산 100㎍/g 이하, ④ 메탄올 - 0.2(v/v)% 이하, 물휴지 0.002(v/v)% 이하, ⑤ 납 - 점토를 원료로 사용한 분말 제품 외 20㎍/g 이하

60

화장품에 사용할 수 없는 원료(페닐파라벤, 디알레이트)

61

사용 시의 주의사항(개별사항)
① 모발용 샴푸, ② 외음부 세정제, ③ 팩, ④ 외음부 세정제

62

비중 x 부피 = 중량(0.8 x 300mL = 240mL)

63

화학적 변화 현상(ㄱ. 변취, ㅁ. 결정)

64

▣ **천연 및 유기농 함량 계산 방법**
- 천연 함량 비율(%) = 물 비율 + 천연 원료 비율 + 천연 유래 원료 비율
- 유기농 함량 비율은 유기농 원료 및 유기농 유래 원료에서 유기농 부분에 해당하는 함량 비율로 계산
- 유기농 인증 원료의 경우 해당 원료의 유기농 함량으로 계산
- 유기농 함량 확인이 불가능한 경우, 물, 미네랄 또는 미네랄 유래 원료는 유기농 함량 비율 계산에 포함하지 않고 유기농 원물만 사용하거나 유기농 용매를 사용하여 유기농 원물을 추출한 경우 해당 원료의 유기농 함량 비율은 100%로 계산한다. 화학적으로 가공한 원료의 경우 최종 물질이 1개 이상인 경우에는 분자량으로 계산한다.

65

ㄱ. 상피조직, 진피, 피하조직 및 근조직에 존재
ㄷ. 손바닥, 발바닥 등 털이 없는 부분을 제외한 거의 모든 피부 진피에 존재

66

일시적으로 모발의 색상을 변화시키는 제품은 기능성 화장품 범위에서 제외한다.

67

▣ **천연 및 유기농 화장품 제조에 사용되는 합성 보존제 및 변성제**(허용 합성 원료는 5% 이내에서 사용)
벤조익애씨드 및 염류, 벤질알코올, 살리실릭애씨드, 소르빅애씨드 및 그 염류, 데하이드로아세틱애씨드 및 그 염류, 이소프로필알코올, 테트라소듐글루타메이트디아세테이트, [데나토늄벤조에이트, 3급부탈알코올, 기타 변성제(프탈레이트류제외) : 에탄올에 변성제로 사용된 경우에 한함]

68

안전성에 관한 자료(①, ②, ④, ⑤), 유효성 또는 기능에 관한 자료(효력시험 자료, 인체 적용시험 자료)

69

맞춤형 화장품 제조에 사용하고 남은 내용물 및 원료는 밀폐를 위한 마개를 사용하고 맞춤형 화장품을 미리 혼합·소분하여 보관하거나 판매하지 말아야 하며 맞춤형 화장품 판매 내역서를 작성하고 보관한다.

70

맞춤형 화장품 조제관리사는 맞춤형 화장품 판매장에서 소분·혼합 업무에 종사하는 자로 국가자격시험에 합격한 자이다.

71

비타민 B – B_3 (나이아신아마이드), B_5 (판토텐산), B_6 (피리독신) 등, 비타민 A 유도체(레티닐팔미테이트)

72

⑤ 세틸에틸헥사노에이트(유연제)

73

원료 등의 사용기한을 확인한 후 관련 기록을 보관하고, 사용기한이 지난 내용물 및 원료는 폐기한다.

74

내용물 및 원료를 공급하는 화장품 책임판매업자가 혼합 또는 소분의 범위를 검토하여 정하고 있는 경우 그 범위 내에서 혼합 또는 소분하고 최종 혼합된 맞춤형 화장품은 유통 화장품 안전관리 기준에 적합한지 사전에 확인해야 한다. 혼합·소분에 사용되는 내용물 및 원료는 화장품 안전기준 등에 적합한 것을 확인하여 사용한다.

75

의약품으로 잘못 인식할 우려가 있는 내용, 기능성·유기농 또는 천연 화장품이 아님에도 불구하고 제품의 명칭, 제조 방법, 효능·효과 등에 관하여 기능성·유기농 또는 천연 화장품으로 잘못 인식할 우려가 있는 표시·광고를 하지 말아야 한다. 화장품·기능성·유기농·천연·맞춤형 화장품의 정의에 부합되는 인체 적용 시험 결과가 관련 학회 발표 등을 통해 공인된 경우에는 그 범위에서 관련 문헌을 인용할 수 있다.

76

ㄱ. 피부에는 면역에 관계하는 랑게르한스세포가 존재하며 면역반응을 통하여 생체를 방어한다.
ㅁ. 기저층에서는 멜라닌 색소를 생산하는 멜라노사이트가 존재한다.

77

실증자료에서 입증한 내용이 표시·광고에서 주장하는 내용과 관련이 없는 경우(효능이나 성능에 대한 표시·광고에 대하여 일반 소비자를 대상으로 한 설문조사, 그 제품을 소비한 경험이 있는 일부 소비자를 대상으로 한 조사 결과 등)

78

ㄱ. 수중유형으로 수상이 유상에 분산된 형태
ㄹ. 기초 화장용 제품류 중 크림은 pH 기준 3.0~9.0

79

파장이 긴 자외선 A(320~400㎚)는 진피 망상층까지 침투하여 흑화 현상을 일으키고 콜라겐과 엘라스틴을 변형시켜 피부 노화를 유발한다.

80

ㄴ. 화장품에 사용상의 제한이 필요한 원료는 맞춤형 화장품의 혼합에 사용할 수 없다.
ㄹ. 아세톤을 함유하는 네일 에나멜 리무버는 안전용기·포장을 사용하여야 하는 품목이다.

81

염류(염기성과 산성의 화합물)

82

▣ 영·유아·어린이 사용 화장품 관리
- 화장품 1차 포장 또는 2차 포장에 영·유아 또는 어린이가 사용할 수 있는 화장품임을 특정하여 표시하거나 광고 매체·수단에 광고하는 경우(어린이 사용 화장품의 경우 "방문광고 또는 실연(實演)에 의한 광고"는 제외)
- 제품별 안전성 자료 : 제품 및 제조 방법에 대한 설명 자료, 화장품의 안전성 평가 자료, 제품의 효능·효과에 대한 증명 자료

83

- 식품의약품안전처장은 국내외에서 유해물질이 포함되어 있는 것으로 알려지는 등 국민 보건상 위해 우려가 제기되는 화장품 원료 등의 경우에는 위해 요소를 신속히 평가하여 그 위해 여부를 결정하여야 한다.
- 위해 평가 과정 : 위험성 확인 - 위험성 결정 - 노출 평가 - 위해도 결정

84

1차 포장은 내용물과 직접 접촉하는 포장 용기이다.

86

화장품의 1차 또는 2차 포장에 기재·표시하여야 하는 알파-하이드록시애시드 사용 시 주의사항(개별사항)

87

타르 색소는 순도가 높아 색조가 선명하며 빛, 열, 산소에 노출되었을 때 안정하다.

88

「기능성 화장품 심사에 관한 규정」에 따라 유효성 또는 기능에 관한 자료 중 인체 적용시험 자료를 제출하는 경우 효력시험 자료 제출 면제 가능(이 경우에는 효력시험 자료의 제출을 면제받은 성분에 대해서는 효능 · 효과 기재 · 표시 불가)

89

유통 화장품의 안전관리 유리알칼리 관리 기준 : 0.1% 이하(화장비누에 한함)

90

▣ 성분명을 기재 · 표시하여야 하는 알레르기 유발 성분

사용 후 씻어 내는 제품에서 0.01% 초과, 사용 후 씻어 내지 않는 제품에서 0.001% 초과하는 경우에 한함

91

▣ 화장품 제조에 사용된 성분 표시 기준 및 표시 방법

- 글자의 크기는 5포인트 이상
- 화장품 제조에 사용된 함량이 많은 것부터 기재 · 표시(1퍼센트 이하로 사용된 성분 착향제 또는 착색제는 순서에 상관없이 기재 · 표시할 수 있음)
- 혼합 원료는 혼합된 개별 성분의 명칭을 기재 · 표시
- 색조 화장용, 눈 화장용, 두발 염색용 또는 손 · 발톱용 제품류에서 호수별로 착색제가 다르게 사용된 경우 '± 또는+/−'의 표시 다음에 사용된 모든 착색제 성분 함께 기재 · 표시할 수 있음
- 착향제는 "향료"로 표시(착향제의 구성 성분 중 식약처장이 정하여 고시한 알레르기 유발 성분이 있는 경우에는 향료로 표시할 수 없고, 해당 성분의 명칭을 기재 · 표시)
- 산성도(pH) 조절 목적으로 사용되는 성분은 그 성분을 표시하는 대신 중화반응에 따른 생성물로 기재 · 표시, 비누화반응을 거치는 성분은 비누화반응에 따른 생성물로 기재 · 표시할 수 있음

92

▣ 1차 포장 필수 기재사항

화장품의 명칭, 영업자의 상호, 제조번호, 사용기한 또는 개봉 후 사용기간(제조 연월일을 병행 표기)

94

각질층에 존재하는 세포 간 지질은 라멜라 구조라 불리는 여러 층의 지질막 형태를 나타내고 있으며, 특히 세라마이드(50% 정도) 성분이 각질세포 간 지질의 기능에 중요한 역할을 한다.

95

ㄱ : 유기 자외선 차단, ㄴ : 주름 개선, ㄷ : 보습, ㄹ : 미백

96

- 밀폐용기 : 일상의 취급 또는 보통 보존 상태에서 외부로부터 고형의 이물이 들어가는 것을 방지하고 고형의 내용물이 손실되지 않도록 보호할 수 있는 용기. 밀폐용기로 규정되어 있는 경우 기밀용기도 사용 가능
- 기밀용기 : 일상의 취급 또는 보통 보존 상태에서 액상 또는 고형의 이물 또는 수분이 침입하지 않고 내용물을 손실, 풍화, 조해 또는 증발로부터 보호할 수 있는 용기. 기밀용기로 규정되어 있는 경우 밀봉용기도 사용 가능
- 밀봉용기 : 일상의 취급 또는 보통의 보존 상태에서 기체 또는 미생물이 침입할 염려가 없는 용기
- 차광용기 : 광선의 투과를 방지하는 용기 또는 투과를 방지하는 포장을 한 용기

97

- 유해 사례(Adverse Event/Adverse Experience, AE) : 화장품의 사용 중 발생한 바람직하지 않고 의도되지 아니한 징후, 증상 또는 질병으로 당해 화장품과 반드시 인과관계를 가져야 하는 것은 아님
- 실마리 정보(signal) : 유해 사례와 화장품 간의 인과관계 가능성이 있다고 보고된 정보로서 그 인과 관계가 알려지지 아니하거나 입증자료가 불충분한 것

98

▣ 모발의 구조

모표피(에피 큐티클, 엑소 큐티클, 엔도 큐티클) - 모피질 - 모수질

99

사용상의 제한이 필요한 보존제(벤질알코올, 사용 한도 1.0%)

100

멜라닌형성세포(melanocyte)는 표피에 존재하는 세포의 약 5%를 차지하며 대부분 기저층에 위치하며 멜라닌 형성세포 내 멜라노좀(melanosome)에서 만들어진 멜라닌은 세포돌기를 통하여 각질형성세포로 전달된다.

▣ 멜라닌 형성 과정

멜라노사이트 분화 및 생성 → 멜라노사이트 증식 → 멜라노좀, 멜라닌 생성 → 멜라노좀 이동 → 멜라닌 축적 및 분해

2 회차 FINAL 모의고사 정답 & 해설

선다형

1	2	3	4	5	6	7	8	9	10
⑤	④	⑤	②	①	①	⑤	①	⑤	⑤
11	12	13	14	15	16	17	18	19	20
⑤	⑤	①	②	②	②	④	①	④	⑤
21	22	23	24	25	26	27	28	29	30
①	④	③	④	③	②	④	①	②	②
31	32	33	34	35	36	37	38	39	40
⑤	②	④	③	①	⑤	③	③	③	④
41	42	43	44	45	46	47	48	49	50
③	③	⑤	②	①	③	①	④	③	②
51	52	53	54	55	56	57	58	59	60
①	④	⑤	③	①	⑤	④	③	④	②
61	62	63	64	65	66	67	68	69	70
②	①	①	④	①	⑤	⑤	③	②	②
71	72	73	74	75	76	77	78	79	80
②	④	②	①	②	⑤	⑤	③	④	②

단답형

번호	정답	번호	정답
81	인체 세정용	91	㉠ 제품표준서, ㉡ 제조 위생관리기준서
82	금박	92	㉠ 재현성
83	㉠ 반품, ㉡ 교환	93	㉠ 기저층
84	모발용 샴푸	94	카로티노이드
85	㉠ 양이온성, ㉡ 비이온성	95	㉠ 맞춤형 화장품 조제관리사, ㉡ 혼합 · 소분
86	㉠ 토코페롤(비타민 E), ㉡ 효소	96	㉠ 모모세포, ㉡ 케라티노사이트(keratinocyte)
87	㉠ 시장, ㉡ 책임판매관리자	97	휴지기
88	45g	98	기미
89	피부감작성	99	점도(viscosity)
90	황색포도상구균	100	엘-멘톨

01

▣ 화장품 제조업, 책임판매업 등록 및 맞춤형 화장품 판매업 신고 결격사유
「화장품법」 또는 「보건범죄 단속에 관한 특별조치법」을 위반하여 금고 이상의 형을 선고받고 그 집행이 끝나지 아니하거나 그 집행을 받지 아니하기로 확정되지 아니한 자('금고 이상의 형'으로는 사형, 징역, 금고가 있으며, 벌금은 '금고 이상의 형'에 포함되지 않음)

02

▣ 영·유아 어린이 사용 화장품 제품별 안전성 자료 보관 기간
화장품의 1차 포장에 사용기한을 표시하는 경우 : 영·유아 또는 어린이가 사용할 수 있는 화장품임을 표시·광고한 날부터 마지막으로 제조·수입된 제품의 사용기한 만료일 이후 1년까지의 기간(제조는 화장품의 제조번호에 따른 제조일자를 기준으로 하며, 수입은 통관일자를 기준으로 함)

03

① 아세톤을 함유하는 네일 에나멜 리무버 및 네일 폴리시 리무버
②,③ 어린이용 오일 등 개별 포장 당 탄화수소류를 10퍼센트 이상 함유하고 운동점도가 21센티스톡스(섭씨 40도 기준) 이하인 비에멀젼 타입의 액체 상태의 제품
④ 개별 포장당 메틸 살리실레이트를 5퍼센트 이상 함유하는 액체 상태의 제품

04

▣ 정보 주체의 처리정지 요구를 거절할 수 있는 경우
1) 법률에 특별한 규정이 있거나 법령상 의무를 준수하기 위하여 불가피한 경우
2) 다른 사람의 생명·신체를 해할 우려가 있거나 다른 사람의 재산과 그 밖의 이익을 부당하게 침해할 우려가 있는 경우
3) 공공기관이 개인정보를 처리하지 아니하면 다른 법률 등에서 정하는 소관 업무를 수행할 수 없는 경우
4) 개인정보를 처리하지 아니하면 정보 주체와 약정한 서비스를 제공하지 못하는 등 계약의 이행이 곤란한 경우로서 정보 주체가 그 계약의 해지 의사를 명확하게 밝히지 아니한 경우

05

- 맞춤형 화장품 판매업소의 소재지 변경 미신고(판매업무정지 1개월)
- 맞춤형 화장품 판매업자, 판매업소의 상호, 조제관리사 변경 미신고(시정명령)

06

▣ 개인정보 제3자 제공에 대한 동의를 받을 때 알려야하는 사항
개인정보를 제공받는 자의 개인정보 이용 목적, 개인정보를 제공받는 자, 개인정보를 제공받는 자의 개인정보 보유 및 이용 기간, 제공하는 개인정보의 항목, 동의를 거부할 권리가 있다는 사실 및 동의 거부에 따른 불이익이 있는 경우에는 그 불의익의 내용

07

⑤ 개인정보처리자가 통계 작성, 과학적 연구, 공익적 기록 보존 등을 위하여 정보 주체의 동의 없이 처리한 가명 정보를 제3자에게 제공할 수 있으며 이 경우에는 특정 개인을 알아보기 위하여 사용될 수 있는 정보를 포함해서는 아니 된다.

08

ㄴ. 광고 업무정지 기간에 광고 업무를 한 경우 1차 위반(시정명령), 2차 위반(판매업무정지 3개월)
ㄷ,ㄹ. 판매 또는 제조업무정지 1개월

09

■ 위해 평가 절차 및 방법
- 위험성 확인(위해 요소의 인체 내 독성 확인) - 위험성 결정(위해 요소의 인체 노출 허용량 산출) - 노출 평가 과정(위해 요소의 인체 노출량 산출) - 위해도 결정 과정(위험성 확인, 위험성 결정 및 노출 평가 과정의 결과를 종합하여 인체에 미치는 위해 영향 판단)
- 해당 화장품 원료 등에 대하여 국내외의 연구 · 검사기관에서 이미 위해 평가를 실시하였거나 위해 요소에 대한 과학적 시험 · 분석 자료가 있는 경우 그 자료를 근거로 위해 여부를 결정할 수 있다.

10

⑤ 책임판매관리자는 안전 확보 조치를 실시하고 책임판매업자에게 문서로 보고한 후 보관할 것

11

⑤ 유기농 화장품은 유기농 함량을 포함한 천연 함량이 전체 제품에서 95% 이상에서 구성되어야 한다.

12

⑤ 라다넘오일(향료)

13

체질 안료는 색상에는 영향을 주지 않으며 착색 안료의 희석제로써 색조를 조정하고 제품의 전연성, 부착성 등 사용 감촉과 제품의 제형화 역할을 한다.(마이카, 탈크, 카올린, 울트라마린, 칼슘카보네이트)

14

천연 화장품 및 유기농 화장품의 용기와 포장에 폴리염화비닐(Polyvinyl chloride (PVC)), 폴리스티렌폼(Polystyrene foam)은 사용할 수 없다.

15

ㄴ. 비이온 계면활성제, ㄷ. 양이온 계면활성제, ㅁ. 비이온 계면활성제

16

실리콘 오일(①, ③), 광물성 오일(④, ⑤)

17

화장품 제조에 사용된 성분은 함량이 많은 것부터 표시한다.
- 「기능성 화장품 심사에 관한 규정」에 따른 미백에 도움을 주는 성분(닥나무추출물, 사용 한도 2%)
- 사용상의 제한이 필요한 보존제(페녹시에탄올, 사용 한도 1%)

18

② 고급 알코올, ③ 사용상 제한이 필요한 원료, ④ 향료, ⑤ 보습제

19

팩(③), AHA(①, ②, ⑤), AHA성분이 10% 초과 함유되어 있거나 산도가 3.5 미만인 제품만 표시(④)

20

⑤ 메이크업베이스는 피부에 색조 효과를 주고 피부의 결함을 감추며 건조 방지를 위하여 화장 전에 사용되는 색조 화장용 제품이다.

21

- 유기합성 색소(염료, 레이크, 유기 안료)
  · 염료(dye) : 물, 알코올, 오일 등의 용매에 용해되고 화장품 기제 중에 용해 상태로 존재하며 색채를 부여하는 물질로 수용성 염료와 유용성 염료로 구분된다.
- 무기 안료인 체질 안료는 색상에는 영향을 주지 않으며 착색 안료의 희석제로써 색조를 조정하고 제품의 전연성, 부착성 등 사용 감촉과 제품의 제형화 역할을 한다.(탈크, 카올린, 칼슘카보네이트, 마이카)

22

테르펜(terpene)은 이소프렌(C_5H_8)이 앞 끝과 뒤 끝에서 결합한 기본 골격(C_5H_8)n을 가진 화합물의 총칭으로 천연 향료의 주체가 되는 식물 정유의 주성분이다. 모노 화합물은 수증기 증류로 유출하는데, 모노테르펜계 화합물은 방향이 있다.(리모넨, 피넨, 미르센, 시트랄, 시트로넬올, 리날룰 등)

23

① 스테아린산아연 함유 제품(기초 화장용 제품류 중 파우더 제품에 한함)
  - 사용 시 흡입되지 않도록 주의할 것
② 과산화수소 및 과산화수소 생성물질 함유 제품
  - 눈에 접촉을 피하고 눈에 들어갔을 때는 즉시 씻어낼 것
④ 알루미늄 및 그 염류 함유 제품(체취 방지용 제품에 한함)
  - 신장질환이 있는 사람은 사용 전에 의사, 약사, 한의사와 상의할 것
⑤ 포름알데하이드 0.05% 이상 검출된 제품
  - 포름알데하이드 성분에 과민한 사람은 신중히 사용할 것

24

유통 중인 화장품이 표시 기준에 맞지 않거나 부당한 표시·광고를 한 경우 관할 행정관청에 신고하거나 그에 관한 자료 제공하고 행정처분 이행 여부 확인 등의 업무를 지원한다.

25

- 식품의약품안전처에서 지정한 교육실시기관(대한화장품협회, 한국의약품수출입협회, 대한화장품산업연구원)
- 화장품 제조 시 품질검사를 위탁할 수 있는 기관(보건환경연구원, 화장품 시험·검사 기관, 한국의약품수출입협회)

26

살리실릭애씨드(인체 세정용 제품류 2%, 사용 후 씻어내는 두발용 제품류 3%)

27

④ 벤조페논-3 : 5%

28

① 책임판매업자는 제조번호별 품질검사를 철저히 한 후 그 결과를 기록한다.
※ 품질검사 예외 경우 : 화장품 제조업자와 화장품 책임판매업자가 같은 경우로 화장품 제조업자 또는 「식품의약품 분야 시험 검사 등에 관한 법률」에 따른 식약처장이 지정한 화장품 시험검사 기관에서 품질검사를 위탁하여 제조번호별 품질검사 결과가 있는 경우

29

사용상 제한이 필요한 보존제(벤제토늄클로라이드 0.1%), 자료 제출 생략 주름 개선 기능성 성분(폴리에톡실레이티드레틴아마이드 0.05~2%) - 0.2% 이상 함유된 제품에만 성분별 사용 시 주의사항 표시

30

① 사용한도 내에서 사용되었을 시 회수 대상 아님, ③ 가등급, ④ 다등급, ⑤ 다등급

31

⑤ 안전 위생의 교육훈련을 받지 않은 사람들이 생산, 관리, 보관 구역으로 출입하는 경우 안전 위생의 교육훈련 자료를 사전에 작성하고 출입 전 교육훈련을 실시한다.

32

② 물의 품질은 정기적으로 검사해야 하고 필요시 미생물학적 검사를 실시한다.

33

공기조화장치(청정도-공기정화기, 실내 온도-열 교환기, 습도-가습기, 기류-송풍기)

34

메탄올 시험법(푹신아황산법, 기체크로마토그래프법, 기체크로마토그래프-질량분석기법)

35

ㄱ. 적외부스펙트럼측정법

36

⑤ 화장실, 탈의실 및 손 세척 설비가 직원에게 제공되어야 하고 작업 구역과 분리되어야 하며 쉽게 이용할 수 있어야 한다.

37

ㄴ. 제조, 관리 및 보관 구역 내의 바닥, 벽, 천장 및 창문은 항상 청결하게 유지되어야 한다.

38

재작업은 1) 변질 · 변패 또는 병원미생물에 오염되지 아니한 경우, 2)제조일로부터 1년이 경과하지 않았거나 사용기한이 1년 이상 남아있는 경우를 모두 만족한 경우에 할 수 있다.

39

미리 정한 절차에 따라 확실한 처리를 하고 실시한 내용은 모두 문서에 남긴다.

40

④ 입고된 원자재 상태(적합, 부적합, 검사 중 등) 표시 후 검사 중, 적합, 부적합에 따라 각각의 구분된 공간에 별도 보관하고 필요한 경우 부적합된 원료를 보관하는 공간은 잠금장치를 추가한다.

42

원자재는 품질에 나쁜 영향을 미치지 아니하는 조건에서 보관해야 하며 바닥과 벽에 닿지 않도록 하고 선입선출에 의해 출고할 수 있도록 보관해야 한다.

43

영 · 유아용 제품류 및 눈 화장용 제품류는 500개/g(mL) 이하, 기타 화장품은 1,000개/g(mL) 이하, 물휴지는 세균 수 및 진균 수 각각 100개/g(mL) 이하

44

화장비누의 경우 건조중량을 내용량으로 한다.

45

납, 비소, 안티몬, 카드뮴 동시 분석 시험법(유도결합플라즈마-질량분석법 ; ICP-MS)

46

다이설파이드(disulfide bond, -S-S-)은 2개의 황(S)원자들 간의 공유 결합이다. 두발에서는 2개의 아미노산 시스테인 분자들이 산화 과정을 통해 1개의 시스틴 분자로 변화할 때를 말한다. 즉 1개의 황을 가진 시스테인이 각각의 황을 만나 이황이 되는 것이다. 모근 세포에는 다량의 시스테인이 있지만 세포들이 모낭 속으로 이동해 올라갈 때 대부분 시스테인에서 시스틴으로 바뀌고 이때 이황화 결합이 형성되며 이것은 모발에서 가장 강력한 교차 결합이다.

47

화학적 각질 제거제는 하이드록시기(-OH)와 카르복시기(-COOH)가 같은 탄소에 결합해 있는 알파-하이드록시 애씨드, 하이드록시기(-OH)와 카르복시기(-COOH)가 이웃해 있는 탄소원자에 결합해 있는 베타-하이드록시 애씨드가 있다.

48

특정 미생물 시험이란 화장품 안에 대장균, 녹농균, 포도상구균이 존재하는지 확인하는 시험이다.

49

③ 닥나무추출물(피부 미백에 도움을 주는 기능성 고시 원료, 2%)

50

② 마그네슘아스코빌포스페이트(피부 미백에 도움을 주는 기능성 고시 원료, 3%)

51

- 습윤제 성분 기반 보습제(솔비톨, 프로필렌글라이콜)는 피부에 도포 시, 가볍고 산뜻한 느낌을 유발한다.
- 밀폐제 성분 기반 보습제(시어버터, 스쿠알렌, 미네랄 오일)는 피부에 도포 시, 다소 두꺼운 느낌과 기름진 느낌을 유발한다.
- 각질층 내 세포 간 지질(세라마이드, 지방산, 콜레스테롤)을 보습제 성분(장벽 대체제)으로 처방하여 피부 장벽 기능의 유지와 회복에 관여함으로써, 피부 보습력 유지를 증가시킬 수 있다.
- 녹차추출물과 알란토인은 피부를 진정시키고 보호하는 성분이다.

52

① 화장품에 사용되는 정제수는 투명, 무취, 무색으로 오염되지 않아야 하고 금속이온이 없는 고순도 물을 사용하되 만약을 대비하여 제품 내 금속이온 봉쇄제(EDTA 등)를 첨가한다.
② 원료는 건조한 곳에 보관하여 미생물 오염을 방지한다.
③ 항산화 기능을 가지는 성분인 토코페롤(비타민 E)과 같이 배합한다.
⑤ 비타민 A는 빛에 의해 불안정한 물질로 변질되기 쉬우므로 유도체화하여 상대적으로 안정한 레티닐팔미테이트가 사용되기도 한다.

53

⑤ 화장품 책임판매업자는 안전하고 품질이 균일한 인체 세포 · 조직 배양액이 제조될 수 있도록 실시 기관에 대한 관리 · 감독을 철저히 하여야 한다.

54

ㄱ. 실온 1~30℃, ㄷ. 냉수 10℃ 이하, ㄹ. 미산성 약 5~6.5

55

「영 · 유아 또는 어린이 사용 화장품 안전성 자료의 작성 보관에 관한 규정」
- 안전성 자료(제조관리기준서 사본, 제품표준서 사본, 수입관리기록서 사본(수입품에 한함), 제품 안전성 평가 결과, 사용 후 이상 사례 정보의 수집 · 검토 · 평가 및 조치 관련 자료, 제품의 효능 · 효과에 대한 증명 자료)

56

개봉할 수 없는 용기로 되어 있는 제품(스프레이 등), 일회용 제품 등은 개봉 후 안정성 시험을 수행할 필요가 없다.

57

① 사용 후 씻어 내는 제품에 0.5%(기타 제품 사용 금지), ② 1.0%, ③ 0.6%, ④ 0.5%, 사용 후 씻어 내는 제품 2.5%, ⑤ 사용 후 씻어 내는 제품에 0.1%(기타 제품 사용 금지)

58

지용성 미백 성분(알파비사보롤), 수용성 주름 개선 성분(아데노신)

59

밀폐제 성분 기반 보습제는 건조한 피부, TEWL을 감소시키는데 효과적이나 피부에 도포 시 다소 두껍고 기름진 느낌을 유발한다.(미네랄 오일, 실리콘 오일, 파라핀, 스쿠알렌, 왁스 등)

60

▣ 맞춤형 화장품 1차 포장 기재 · 표시사항
명칭, 영업자(제조업자, 책임판매업자, 맞춤형 화장품 판매업자)의 상호, 제조번호, 사용기한 또는 개봉 후 사용기간(개봉 후 사용기간의 경우 제조 연월일 병기)

61

눈 주위 및 입술에 사용할 수 없는 색소(황색 202호, 적색 205호, 적색 206호, 등색 206호)

62

② Skicon은 피부 표면 부위에 탐침을 접촉하여 전기장이 형성되면 피부의 수분량을 측정하는 비침습적 방법(non-invasive way)을 사용하며 높은 수분 상태에서 세밀하게 측정되는 반면 낮은 수분 상태에서 corneometer의 사용이 유용하다.

③ in vivo에서 경표피 수분 증발량(TEWL,trans epidermal water loss)은 피부장벽의 손상 및 회복 과정에 중요한 생리학적 지표가 되고 피부 자극, 급성 혹은 만성 피부염 혹은 피부의 건조 상태에서 역동적으로 변화하는 표피의 생리를 직접적으로 측정하는 Tewameter는 통상 30~50초 이내에 신속하게 결과를 얻을 수 있다.

④ Evoporimeter는 피부를 통한 수분의 손실을 측정하는 기계이며 Skin-pH-meter는 전기화학에 근거하여 탐침을 피부에 직접 접촉시켜 피부 손상에 따른 피부 산도의 변화를 실시간으로 측정한다.

⑤ 피부의 유분량은 광도측정법에 근거한 Sebumeter를 사용하여 유분함유 정도를 ㎛/㎠로 나타내며 피부 표면 보습 정도나 수분량에 영향을 받지 않고 유분 정도만을 선택적으로 계측한다.

63

자극과 알러지는 발적, 가려움, 열감, 두드러기 등 초기 반응이 유사하다. 자극은 몇 시간 내 사라지고 알러지는 며칠~몇 주간 지속되거나 다른 부위로 퍼질 수 있다. 자극은 농도에 따라 나타나지만 알러지 반응은 농도 차이와 관계가 없고 allergen만 있으면 세포 면역이 작용하여 자극 반응이 일어난다.

64

「기능성 화장품 기준 및 시험 방법」 일반시험법 중 'pH 측정법'에 따라 유리전극을 단 pH메터로 pH를 측정한다.

65

미셀(micelle)이 형성되기 시작하는 농도를 임계미셀농도(critical micelle concentration, CMC)라 한다.

66

맞춤형 화장품 판매업에는 제조 유형이 없으며 화장비누(고체 형태의 세안용 비누)는 맞춤형 화장품에서 제외

67

맞춤형 화장품 판매업소의 상호 또는 소재지 변경, 맞춤형 화장품 조제관리사의 변경은 변경 신고가 필요한 사항으로 새로운 소재지를 관할하는 지방식품의약품안전청장에게 신고한다.(단, 맞춤형 화장품 판매업자의 소재지는 변경 대상 아님)

68

판매 내역서 기재사항(제조번호, 사용기한 또는 개봉 후 사용기간, 판매일자 및 판매량)

69

① 수분량 측정 후 보습 성분 추천
③ 혼합 · 소분 업무는 조제관리사만 가능
④ 식품의약품안전처장이 고시한 기능성 원료는 맞춤형 화장품에 사용 불가(책임판매업자가 해당 원료를 포함하여 기능성 화장품에 대한 심사를 받거나 보고서를 제출한 경우는 제외)
⑤ 미백 성분(에칠아스코빌아텔)

70

총 호기성 생균 수 – 영 · 유아용 화장품은 500개/g(mL) 이하, 일반 화장품이 1000개/g(mL) 이하

71

경피 수분 손실량(tewl, transepidermal water loss)이란 피부 표면에서 증발되는 수분량을 나타내는 것으로 건조한 피부나 손상된 피부는 정상인에 비해 높은 값을 이며 이는 피부장벽 기능(skin barrier function)의 이상을 나타내는 것으로 과도한 수분량의 손실로 피부의 건조를 유발한다.

72

– 성분을 혼합 · 분산, 점증제를 물에 분산 설비(아지믹서, 분산기, 오버헤드스테러)
– 파우더 혼합 · 분산(헨셀믹서, 3단 롤 밀)

73

인체 적용시험 자료를 실증자료를 제출할 때 인체 세정용 제품(항균)에 한해 허용되는 표시 · 광고이나 항염은 의약품으로 잘못 인식할 우려가 있는 표시 · 광고에 해당한다.

74

UVA(320~400㎚), UVC는 200~290㎚ 파장을 가진 자외선으로 과량 노출 시 화상에 해당하는 피부 홍반을 일으키며 피부암을 유발할 수 있으나 오존층의 필터 효과에 의해 지표에 도달하지 못한다.

75

② 두발 염색용 제품류(탈색제)

76

자외선은 피부 손상을 초래하는 주요 환경요인으로 자외선과 피부 구성 물질 간의 상호작용이 일어나 광노화라고 하는 변화를 가져오게 하는데 피부에 만성적으로 자외선을 쪼이면 MMP의 생성이 증가한다. MMP는 아연 의존적인 단백질 분해 효소로 염증, 종양 전이, 피부 노화 등 여러 과정에서 중요한 역할을 한다.

77

⑤ 착색제 중 식품의약품안전처장이 지정하는 색소(황색 4호 제외)를 배합하는 경우에는 성분명을 '식약처장 지정 색소'라고 기재할 수 있다.

78

한계시험(Limit test)은 급성 독성시험으로 미리 정해진 최대 용량에서 이상 반응이 관찰되지 않을 경우 더 이상의 고용량 시험을 시행하지 않는 것이다.

79

① 미백(알파-비사보롤), 주름 개선(아데노신) 2중 기능성 화장품
② 총 호기성 생균 수 1,000개/g(mL) 이하
③ 알레르기 유발 물질(리모넨)

80

고객에게 추천할 성분 : 미백(ㄷ), 유기 자외선 차단(ㄱ, ㅁ)
ㄱ. 유기 자외선 차단 기능성 화장품 고시 원료 5%
ㄴ. 강력한 항산화 작용(주로 산화 방지제로 사용)
ㄷ. 비타민 C 유도체로 미백 기능성 화장품 고시 원료 1~2%
ㄹ. 무기 자외선 차단 기능성 화장품 고시 원료 25%
ㅁ. 유기 자외선 차단 기능성 화장품 고시 원료 3%

81

「화장품법 시행규칙」 [별표 3] 화장품 유형
- 만 3세 이하의 영·유아용 제품류(영·유아용 샴푸, 린스 / 영·유아용 오일 / 영·유아용 로션, 크림 / 영·유아 인체 세정용 제품 / 영·유아 목욕용 제품)

82

▣ 화장품 제조에 사용된 성분 중 기재·표시 예외
- 내용량이 10밀리리터 이하 또는 10그램 이하인 화장품의 포장
- 판매 목적이 아닌 제품의 선택 등을 위해 미리 소비자가 시험·사용하도록 제조 또는 수입된 화장품의 포장
- 내용량이 10mL(g) 초과 50mL(g) 이하인 화장품의 포장인 경우 다음 각 목의 성분을 제외한 성분(타르 색소, 금박, 샴푸와 린스에 들어있는 인산염의 종류, 과일산, 기능성 화장품의 경우 그 효능·효과가 나타나게 하는 원료, 식품의약품안전처장이 사용 한도를 고시한 화장품의 원료)

83

수입 화장품의 경우에는 추가로 기재·표시하는 제조국의 명칭·제조회사명 및 그 소재지를 국내 화장품 제조업자와 구분하여 기재·표시해야 한다.

84

공통사항(1~3), 개별사항(4~5)

85

비이온성 계면활성제(솔비탄라우레이트, 솔비탄팔미테이트, 솔비탄세스퀴올리에이트, 폴리솔베이트20 등)

86

▣ **화장품의 안정성 시험 자료**(최종 제조된 제품의 사용기한이 만료되는 날부터 1년간 보존)
보관 의무 대상 : 레티놀(비타민 A) 및 그 유도체, 아스코빅애시드(비타민 C) 및 그 유도체, 토코페롤(비타민 E), 과산화화합물, 효소 성분을 0.5% 이상 함유하는 제품

87

시장 출하란 화장품 책임판매업자가 그 제조 등(타인에게 위탁 제조 또는 검사를 하는 경우를 포함, 타인으로부터 수탁 제조 또는 검사하는 경우 제외)을 하거나 수입한 화장품의 판매를 위해 출하하는 것을 말한다.

88

0.9 × 50mL = 45g(비중 × 부피 = 질량)

89

과학적인 타당성이 인정되는 경우 구체적인 근거자료를 첨부하여 안전성에 관한 일부 자료를 생략 가능
- 자외선에서 흡수가 없음을 입증하는 흡광도 시험 자료를 제출하는 경우 광독성 및 광감작성시험 자료를 면제
- 인체 적용시험 자료에서 피부 이상 반응 발생 등 안전성 문제가 우려된다고 판단하는 경우에만 인체 누적 첩포시험 자료 제출

90

화장품 내 미생물[총 호기성 생균(세균, 진균)], 특정 미생물(대장균, 녹농균, 황색포도상구균)

91

▣ **「우수 화장품 제조 및 품질관리 기준」에서 제시하는 4대 기준서**(제품표준서, 제조관리기준서, 품질관리기준서 및 제조 위생관리기준서)
- 화장품 제조업자는 제품표준서, 품질관리기준서, 제조관리기준서를 작성 및 보관
- 화장품 책임판매업자는 제품표준서, 품질관리기준서를 보관
- 맞춤형 화장품 판매업자는 맞춤형 화장품의 내용물 및 원료 입고 시 화장품 책임판매업자가 제공하는 품질 성적서를 구비

92

재현성(Reproducibility) : 동일한 방법으로 동일한 물질을 시험하였을 때 나온 결과의 일치

93

기저층은 단일층으로 구성된 타원형의 핵을 가진 살아있는 세포로 활발한 세포분열을 통해 각질형성세포를 생성한다. 각질형성세포는 유극층, 과립층, 각질층으로 분화하면서 죽은 각질세포(corneocyte)로 분화하여 최종적으로 피부장벽(skin barrier)을 형성한다.

94

헤모글로빈은 적혈구에 존재하며 정맥혈 중의 환원형 헤모글로빈은 푸른 홍색을 나타내고 여기에 4분자의 산소가 결합한 동맥혈 중의 산화형 헤모글로빈은 선홍색을 띠고 있다.

96

모모세포는 모유두 조직 내에 있으면서 두발을 만들어 내는 세포이다. 모낭 밑에 있는 모유두에 흐르는 모세혈관으로부터 영양분을 흡수하고 분열 · 증식하여 모발을 형성한다.

97

▣ 모발의 생성 주기(성장기 – 퇴행기 – 휴지기)
휴지기 단계에서 모모세포가 활동을 시작하면 새로운 모발로 대체된다.

98

색소 침착이란 생체 내에 색소가 과도하게 침착되어 정상적인 피부가 갈색이나 흑갈색으로 변하는 색소 변성을 뜻한다. 기미는 가장 흔하게 나타는 피부질환으로 여성의 경우 임신기간이나 폐경기에 보다 더 흔하게 발생되며 남성보다는 여성에게 더 많이 나타난다.

99

절대점도를 같은 온도의 그 액체의 밀도로 나눈 값을 운동점도라고 말하고 그 단위로는 스톡스 또는 센티스톡스를 쓴다.

100

「기능성 화장품 기준 및 시험 방법」 [별표 9] 탈모 증상 완화에 도움을 주는 원료
– 덱스판테놀, 비오틴, 엘-멘톨, 징크피리치온

3 회차 FINAL 모의고사 정답 & 해설

선다형

1	2	3	4	5	6	7	8	9	10
②	①	⑤	③	①	④	②	②	③	⑤
11	12	13	14	15	16	17	18	19	20
①	①	④	④	④	②	⑤	②	④	①
21	22	23	24	25	26	27	28	29	30
⑤	②	②	②	③	②	④	①	④	⑤
31	32	33	34	35	36	37	38	39	40
①	⑤	②	④	②	③	③	①	④	④
41	42	43	44	45	46	47	48	49	50
③	⑤	④	③	④	①	③	④	⑤	④
51	52	53	54	55	56	57	58	59	60
②	⑤	④	②	③	⑤	②	②	⑤	⑤
61	62	63	64	65	66	67	68	69	70
④	①	②	③	①	②	④	④	②	④
71	72	73	74	75	76	77	78	79	80
①	①	①	③	③	⑤	①	④	④	①

단답형

81	㉠ 3, ㉡ 4, ㉢ 13	91	㉠ 0.01, ㉡ 0.001
82	㉠ 10	92	미생물
83	촬영 범위	93	㉠ 기능성 화장품
84	㉠ 5.0%, ㉡ 2.5%	94	메르켈 소체
85	㉠ 흡광도, ㉡ 10	95	제모(체모의 제거)
86	㉠ 모발, ㉡ 표시	96	인체 적용
87	모노테르펜(Monoterpene)	97	각질층
88	㉠ 오염, ㉡ 판매 내역서	98	㉠ D, ㉡ 콜레스테롤
89	화장품 책임판매업자	99	㉠ 범위, ㉡ 품질, ㉢ 안전성
90	1	100	8,800개/g(mL), 부적합

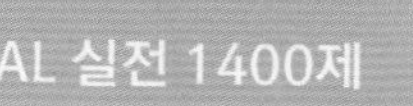

01

■ **맞춤형 화장품 판매업소 소재지 변경 신고 위반 시 행정처분 기준**
1차(판매업무정지 1개월), 2차(판매업무정지 2개월), 3차(판매업무정지 3개월), 4차(판매업무정지 4개월)

02

② 피부에 멜라닌 색소가 침착하는 것을 방지하여 기미 · 주근깨 등의 생성을 억제함으로써 피부의 미백에 도움을 주는 기능을 가진 화장품(화장품법 시행규칙 제2조)
③ 주름 개선에 도움을 주는 원료(아데노신, 레티놀, 레티닐팔미테이트, 폴리에톡실레이티드레틴아마이드)
④ 모발의 색상을 변화[탈염, 탈색 포함]시키는 기능을 가진 화장품(일시적인 제품은 제외)
⑤ 자외선 분류(200~290㎚ ; UVC), (290~320㎚ ; UVB), (320~400㎚ ; UVA)

03

■ **1차 포장 필수 기재사항**
화장품의 명칭, 영업자의 상호, 제조번호, 사용기한 또는 개봉 후 사용기간(개봉 후 사용기간을 기재할 경우에는 제조 연월일을 병행 표기)

04

⑤ 손 소독제(의약외품)

05

① 사용상 제한이 필요한 보존제 벤잘코늄클로라이드(사용 후 씻어 내는 제품 0.1%, 기타 제품 0.05%)
② 밀폐제(페트롤라툼, 왁스)
③ 멘틸안트라닐레이트(자외선 차단제 5%)
④ 미백(나이아신아마이드 2~5%)
⑤ 벤잘코늄클로라이드(눈에 접촉을 피하고 눈에 들어갔을 때는 즉시 씻어낼 것)

06

개인정보를 파기할 때에는 전자적 파일 형태인 경우 복원이 불가능한 방법으로 영구삭제하고 그 외의 기록물, 인쇄물, 서면, 그 밖의 기록 매체인 경우에는 파쇄 또는 소각한다.

07

ㄱ. 동물 대체시험법
ㄷ. 판매 목적이 아닌 홍보 · 판매촉진을 위해 소비자가 사용하도록 제조된 화장품은 누구든지 판매하거나 판매할 목적으로 보관 · 진열 금지(판매 등의 금지)
ㄹ. 영 · 유아 또는 어린이 사용 화장품에 표시 · 광고하려는 경우 보존제의 함량 표시 · 기재를 의무화
ㅁ. 맞춤형 화장품 사용과 관련된 부작용 발생 시에는 지체 없이 식약처장에게 보고

08

양이온 계면활성제는 일반적으로 분자량이 적으면 보존제로 이용되고 알킬디메틸암모늄클로라이드, 베헨트리모늄클로라이드, 벤잘코늄염 등이 있다.

09

① 반드시 인증을 받아야 하는 것은 아니며 식약처 고시 「천연 화장품 및 유기농 화장품 기준에 관한 규정」 기준에 적합할 경우 표시 · 광고할 수 있다.
② 해외 인증기관의 인증을 받은 경우, 그 인증기준이 식약처장이 정한 상기 기준과 동등하거나, 그 이상인 경우에 한하여 천연 화장품 또는 유기농 화장품으로 표시 · 광고할 수 있다.

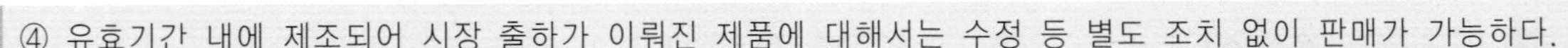

④ 유효기간 내에 제조되어 시장 출하가 이뤄진 제품에 대해서는 수정 등 별도 조치 없이 판매가 가능하다.
⑤ 인증의 유효기간이 경과한 화장품은 오버레이블링 등의 방법으로 화장품 법령에 적합하게 표시 · 기재하고, 판매할 목적으로 제조 · 보관하고 있는 수량에 대해서는 수정 · 변경한다.

10

알레르기 유발 성분은 제품의 내용량에서 차지하는 함량의 비율로 계산한다. 사용 후 씻어 내지 않는 바디로션 250g에 착향제 0.05g 포함 시 0.05g ÷ 250g x 100 = 0.02%(0.001% 초과하므로 표시 대상)
250g x 0.001 x 0.01 = 0.0025, 0.0025g 이상 함유된 경우 알레르기 유발 성분 명칭을 기재

11

10g(mL) 초과 50g(mL) 이하 화장품의 포장에 대해 착향제 성분의 표시 · 기재는 생략이 가능하며 영 · 유아용 또는 어린이 사용 화장품에는 식약처장이 고시한 보존제의 함량을 표시하여야 한다.

12

② 눈 화장용 제품류(아이브로 펜슬), ③ 색조 화장용 제품류(파운데이션, 메이크업 베이스, 립밤, 립글로스), ④ 기초 화장용 제품류(클렌징, 마스크, 팩), ⑤ 인체 세정용 제품류(청결제)

13

① 화장품 책임판매업자 및 맞춤형 화장품 판매업자가 화장품을 판매할 때에는 어린이가 화장품을 잘못 사용하여 인체에 위해를 끼치는 사고가 발생하지 않도록 안전용기 · 포장을 사용
② 성인이 개봉하기는 어렵지 아니하나 만 5세 미만의 어린이가 개봉하기는 어렵게 된 것
③ 일회용 제품, 용기 입구 부분이 펌프 또는 방아쇠로 작동되는 분무용기 제품, 압축 분무용기 제품(에어로졸 제품 등)은 제외

14

- 프로필렌글리콜(Propylene glycol) 함유 표시 제품
  · 탈염 · 탈색제, 요소제제의 핸드크림 및 풋크림, 외음부 세정제, 염모제
- 치오글라이콜릭애씨드 함유 제품에만 표시(제모제)

15

제조업자는 제조 유형이 변경되었음에도 30일 안에 변경 등록을 하지 않았다. 제조유형을 변경 등록하지 않은 제조업자에 대한 1차 위반 시 처분 기준은 제조업무정지 1개월이다.

16

1차 피부 자극시험은 화장품을 발랐을 때 따끔거리는 느낌을 주거나 그것이 심해져 각종 트러블을 일으키게 되는 가능성을 테스트하는 것으로 화장품을 30분, 24시간, 48시간 폐쇄 첩포 후 발생하는 홍반이나 부종 등의 정도를 판정하고 평가한다.

17

밀폐용기로 규정되어 있는 경우에는 기밀용기도 쓸 수 있고 기밀용기로 규정되어 있는 경우에는 밀봉용기도 쓸 수 있으며 밀봉용기는 일상의 취급 또는 보통의 보존 상태에서 기체 또는 미생물이 침입할 염려가 없는 용기를 말한다.

18

허용되는 물리적 공정(①), 허용되는 화학적 · 생물학적 공정(③, ④, ⑤)

19

회수의무자가 지방식약청으로 폐기 신청서를 제출하고 관계 공무원 입회하에 폐기를 실시하며 환경 관련 법령에서 정하고 있는 적정 폐기물 처리업자 여부, 폐기물 처리업자로부터 폐기 장소, 일자, 방법, 폐기물 처리업자에게 양도, 해당 제품의 제품명과 실물 동일 여부, 회수 확인서 및 포장 단위별 폐기량을 확인한다.

20

천연 원료에서 석유화학 용제를 이용하여 추출할 수 있으나 반드시 최종적으로 모두 회수되거나 제거되어야 하며 방향족, 알콕실레이트화, 할로겐화, 니트로젠 용제는 사용이 불가하고 천연 원료에서 석유화학 용제를 이용해 추출한 앱솔루트는 천연 화장품 제조에만 허용된다.

21

위해 평가는 위험성 확인 - 위험성 결정 - 노출 평가 - 위해도 결정 과정을 거쳐 실시한다.

22

① 보존제, 색소, 자외선 차단제 등 특별히 사용상의 제한이 필요한 원료에 대하여 그 사용기준을 지정하는 경우
③ 동물 실험을 대체할 수 있는 실험을 실시하기 곤란한 경우로서 식품의약품안전처장이 정하는 경우
⑤ 토끼의 눈은 해부학적, 생리학적 인간과 차이가 있음, 인체의 위해성을 평가하는데 한계가 있기도 하므로 안자극 동물 대체 시험이 필요하다.

23

ㄴ. 주름 개선(아데노신 0.04%), ㄹ. 체모 제거(치오글리콜산 3.0~4.5%)

24

ㄱ. 판매 내역서 작성 등을 목적으로 고객 개인정보를 수집할 경우 「개인정보보호법」에 따라 개인정보 수집 및 이용 목적, 수집 항목 등에 관한 사항을 안내하고 동의를 받아야 한다.
ㄴ. 기능성 화장품의 경우 심사 또는 보고 내용과 동일한 제품명을 사용하여야 한다.
ㅁ. 의약품으로 잘못 인식할 우려가 있는 내용(세포를 활성화, 가려움증 완화, 노화 방지, 피부 재생 및 건조에 도움, 세포 재생 주기의 정상화)

25

① 200만원 이하의 벌금에 처한다.
② 위반 행위를 방지하기 위해 상당한 주의와 감독을 게을리하지 아니한 경우에는 양벌규정을 제외한다.
③ 법인의 대표자나 법인 또는 개인의 대리인, 사용인, 그 밖이 종업원이 그 법인 또는 개인의 업무에 관하여 벌칙에 해당하는 위반 행위를 하면 그 행위자를 벌하는 외에 그 법인 또는 개인에게도 벌금형을 과(科)한다.
④ 100만원 이하의 과태료를 부과한다.
⑤ 함께 부과할 수 있다.

26

식약처가 고시한 착향제 구성 성분 중 알레르기 유발 성분은 알레르기 유발 성분 자체는 해롭거나 피해야할 성분이 아니며, 특정 성분에 알레르기가 있는 소비자의 건강을 지켜주기 위한 정보이다. 자극은 농도에 따라 나타나지만 알러지는 농도가 낮아도 반응이 일어날 수 있고 allergen만 있으면 세포 면역이 작용하여 자극 반응 일어난다.

27

② 트리브로모에칠알코올(사용상의 제한이 필요한 보존제, 사용한도 0.15%)
- 화장품에 사용할 수 없는 원료(2,4-디클로로벤질알코올, 2,4-디아미노페닐알코올, 부톡시에탄올)

28

① 국민 보건, 수요 · 공급, 그 밖에 공익상 필요하다고 인정된 경우 행정 처분을 1/2까지 감경하거나 면제
– 처분의 2분의 1까지 감경할 수 있는 경우(②, ③), 영업 등록의 취소(④, ⑤)

29

①, ②, ③, ⑤ : 위해성 "다"등급, ④ : 위해성 "가"등급

30

사용할 수 없는 원료(에칠아크릴레이트)를 판매의 목적으로 제조하여 판매할 경우 식약처장은 등록 취소, 영업소 폐쇄를 명하거나 품목의 제조 · 수입 및 판매의 금지를 명하거나 1년의 범위에서 기간을 정하여 그 업무의 전부 또는 일부에 대한 정지를 명할 수 있다.

31

② 5㎍/g 이하, ③ 2㎍/g 이하, ④ 4.5~9.6, ⑤ 0.1N 염산의 소비량은 검체 1mL에 대하여 7.0mL 이하

32

⑤ 인체 세포 · 조직 배양액의 품질검사를 위한 시험 검사는 매 제조번호마다 실시하고 그 시험성적서를 보존하여야 한다.

33

「우수 화장품 제조 및 품질관리 기준(CGMP)」 "출하"란 주문 준비와 관련된 일련의 작업과 운송 수단에 적재하는 활동으로 제조소 외로 제품을 운반하는 것을 말한다.

34

① 포장재는 제외
② 재작업은 그 대상이 다음 각 호를 모두 만족한 경우 가능 1) 변질 · 변패 또는 병원미생물에 오염되지 아니한 경우, 2) 제조일로부터 1년이 경과하지 않았거나 사용기한이 1년 이상 남아있는 경우
③,⑤ 품질보증책임자에 의해 승인

35

화장품의 1차 포장에 개봉 후 사용기간을 표시하는 경우 : 영 · 유아 또는 어린이가 사용할 수 있는 화장품임을 표시 · 광고한 날부터 마지막으로 제조 · 수입된 제품의 제조 연월일 이후 3년까지의 기간(제조는 화장품의 제조번호에 따른 제조일자를 기준으로 하며, 수입은 통관일자를 기준으로 함)

36

③ 인체 세포 · 조직 배양액 기록서 포함사항(세포 또는 조직의 처리 취급 과정)

37

③ 그람음성간균으로 플루로레세인 검출용 녹농균 한천배지 F의 집락을 자외선 하에 관찰하여 황색이 나타나고 P에서 청색이 검출되면 옥시다제시험을 실시한다.

38

ㄱ. 10㎍/g 이하
ㄴ. 10㎍/g 이하
ㄷ. 5㎍/g 이하
ㄹ. 1㎍/g 이하
ㅁ. 100㎍/g 이하
ㅂ. 물휴지 0.002(v/v)% 이하

39

① 설비의 세척은 제조하는 화장품의 종류, 양, 품질에 따라 변화하며 제조하는 제품의 전환 시뿐만 아니라 연속해서 제조하고 있을 때에도 적절한 주기로 제조설비를 세척해야 한다.
② 가능한 한 세제를 사용하지 않고 위험성이 없는 용제(물이 최적)로 세척한다.
③ 분해할 수 있는 설비는 분해 세척하고 세척 후에는 반드시 판정한다.
⑤ 유효기간이 지난 설비는 재세척하여 사용하고 지워지기 어려운 잔류물에는 에탄올 등의 유기용제를 사용한다.

40

① 첫 번째 핵심 단계를 다루는 펩티드 반응성 시험법(DPRA)
② 인공 태양광이 조사된 시험물질에서 생성된 활성산소종을 측정하여 시험물질의 광반응성을 평가하는 시험법
③ T-세포 증식을 나타내는 네 번째 핵심 단계인 유세포 분석을 이용한 국소 림프절 시험법(LLNA)
④ 피부 감작성 독성발현경로의 두 번째 핵심 단계인 각질세포의 활성화에 대한 생체 외 시험(ARE-Nrf2 루시퍼라아제 LuSens)
⑤ 피부 감작 독성 발현 경로에서 분자 수준의 초기 현상인 피부 단백질의 반응성을 평가하는 방법으로 피부 감작 물질과 비감작 물질을 구별하는 화학적 시험법(ADRA)

41

〈개인정보보호법 위반〉
①,② 2년 이하의 징역 또는 2천만원 이하의 벌금
③ 5천만원 이하의 과태료
④ 3년 이하의 징역 또는 3천만원 이하의 벌금
⑤ 10년 이하의 징역 또는 1억원 이하의 벌금

42

⑤ 사용성 시험은 벌크가 방부력 시험을 통과한 경우에만 진행하고, 방부력 시험 결과 판정 기준은 균 접종 후 시간의 경과에 따른 균 감소율에 따라 적합 여부를 판단한다.

43

① 낙하균 30개/hr 또는 부유균 200개/㎥(화장품 내용물이 노출되는 작업실)
②,③,⑤ 관리 기준 없음 [일반 작업실(내용물 완전 폐색)]

44

③ 치오글리콜산염 및 시스테인의 웨이브 효과는 알칼리성에서는 강하고 산성에서는 약하다.

45

화장품에 사용할 수 없는 프탈레이트류 : 디부틸프탈레이트, 디에칠헥실프탈레이트, 부틸벤질프탈레이트, 비스프탈레이트, 디이소펜틸프탈레이트 등

46

- 미생물 한도 시험 절차 : 검체 전처리(검액 제조) - 적합성 시험 - 본 시험
- 검체(화장품)에 희석제, 분산제 등을 넣어 검액을 제조하고 시험에 들어가기 전, 시험법이 제품에 적용하기 적합한지 확인하기 위하여 시험법 적합성 시험을 수행한다. 부적합일 경우(1/2미만) 적절한 희석 및 중화제를 사용하여 시험법 적합성 시험을 재수행하고 대조군에서 접종 미생물의 충분한 회수가 되지 않는 경우 배지 성능의 문제를 확인한다. 시험법이 적합하다고 판단되면 검체내 미생물 오염 수준을 확인하기 위한 총 호기성 생균 수 시험과 특정 미생물 시험을 수행한다.

47

독성시험은 「의약품 등 독성시험 기준」 또는 경제협력개발기구(OECD)에서 정하고 있는 독성시험 방법에 따라 실시하고 필요한 경우 위원회의 자문을 거쳐 독성시험의 절차 · 방법을 다르게 정할 수 있다.

48

화장품법에서는 맞춤형 화장품의 혼합 · 소분 업무에 종사하는 자를 맞춤형 화장품 조제관리사로 규정하고 있다.

49

① 인체 세포 · 조직 배양액을 제조하는 배양시설은 청정등급 1B(Class 10,000) 이상의 구역에 설치
③ 제조시설 및 기구는 정기적으로 점검하여 관리, 작업에 지장이 없도록 배치
④ 배양시설은 HEPA 필터를 사용하고, 온도 18.8~27.7℃, 습도 55±20% 범위를 유지

50

④ 스쿠알란(유성 원료)

51

1차 피부 자극시험(Patch test), 광독성시험(In vitro 3T3 NRU), 안자극시험(단시간노출법 ; STE), 피부 감작시험(ARE-Nrf2 루시퍼라아제), 단회 투여 독성(고정용량법, 독성등급법, 용량고저법)

52

⑤ 기기 시험은 기기 사용에 대해 교육을 받은 숙련된 기술자가 실시하고 통제된 실험실 환경에서 피험자를 대상으로 실시한다.(예 피부의 보습, 거칠기, 탄력의 측정이나 자외선 차단지수 등의 측정)

53

④ 피부를 곱게 태워주거나 자외선으로부터 피부를 보호하는데 도움을 주는 기능성 고시 원료(에칠헥실살리실레이트 5%), 피부의 미백에 도움을 주는 기능성 고시 원료(알파-비사보롤 0.5%)

54

- 맞춤형 화장품 판매 내역서 포함사항(제조번호, 사용기한 또는 개봉 후 사용기간, 판매일자 및 판매량)
- 맞춤형 화장품 판매업자 준수사항 중 판매 내역서 작성 · 보관을 이행하지 않은 경우
  · 1차 처분 기준(시정명령), 2차 처분 기준(판매 또는 해당 품목 판매업무정지 1개월), 3차 처분 기준(판매 또는 해당 품목 판매업무정지 3개월), 4차 처분 기준(판매 또는 해당 품목 판매업무정지 6개월)

55

미셀이 형성되기 시작하는 계면활성제의 농도를 임계미셀농도(critical micelle concentration ; CMC)라고 하며 미셀이 형성된 효과에 의해 임계미셀농도에서는 계면활성제 용액의 물리적인 성질이 급격하게 변하게 된다.

56

1차 포장에는 화장품 제조업자, 화장품 책임판매업자, 맞춤형 화장품 판매업자의 상호를 기재하고 1차 또는 2차 포장에는 화장품 제조업자, 화장품 책임판매업자, 맞춤형 화장품 판매업자의 상호 및 주소를 기재해야 하며 제품에 프로필렌글리콜이 함유되었을 경우 사용 시의 주의사항에 '(8) 이 제품에 첨가제로 함유된 프로필렌글리콜에 의하여 알레르기를 일으킬 수 있으므로 이 성분에 과민하거나 알레르기 반응을 보였던 적이 있는 분은 사용 전에 의사 또는 약사와 상의하여 주십시오' 정보를 기재해야 한다.

57

ㄱ. 시험은 피험자의 등에 한다. 시험 부위는 피부 손상, 과도한 털, 또는 색조에 특별히 차이가 있는 부분을 피하여 선택하여야 하고, 깨끗하며 마른 상태이어야 한다.
ㅁ. 자외선 차단지수의 95% 신뢰 구간은 자외선 차단지수(SPF)의 ±20% 이내이어야 한다.

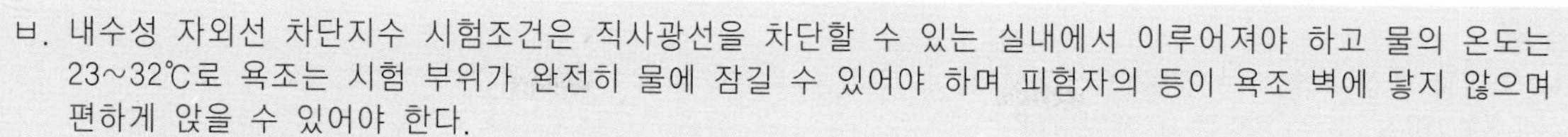

ㅂ. 내수성 자외선 차단지수 시험조건은 직사광선을 차단할 수 있는 실내에서 이루어져야 하고 물의 온도는 23~32℃로 욕조는 시험 부위가 완전히 물에 잠길 수 있어야 하며 피험자의 등이 욕조 벽에 닿지 않으며 편하게 앉을 수 있어야 한다.

ㅅ. 내수성 제품 시험 방법은 20분간 입수 후 20분간 물 밖에 나와 쉬면서 자연 건조되도록 하고, 다시 20분간 입수 후 물 밖에 나와 완전히 마를 때까지 15분 이상 자연 건조한다. 지속 내수성 제품 시험 방법은 20분간 입수 후 20분간 물 밖에 나와 쉬면서 자연 건조되도록 3번 반복하고 다시 20분간 입수 후 물 밖에 나와 완전히 마를 때까지 15분 이상 자연 건조한다.

58

제품 유형이 기능성 화장품일 경우 당초 심사 또는 보고서 제출 시 신고한 제조처와 새로이 제조하고자 하는 제조처가 상이하므로 변경 심사를 진행하여야 하며 이 경우 화장품법 시행규칙에 따른 시설의 명세서 서류가 필요하다.

59

ㄱ. 과산화수소 12%, ㄴ. 니트로-p-페닐렌디아민 3.0%, ㄷ. p-아미노페놀 3.0%, ㄹ. 레조시놀 2.0%,
ㅁ. 사용상 제한이 필요한 기타 성분(퀴닌염으로 샴푸 0.5%, 헤어로션 0.2%), ㅂ. 퍼머넌트 웨이브 성분

60

⑤ 휴업 기간이 1개월 미만이거나 그 기간 동안 휴업하였다가 다시 그 업을 재개하려는 경우에는 신고하지 않아도 된다.

61

공통(맞춤형 화장품 판매업 변경 신고서 · 신고필증), 판매업자 변경(사업자등록증, 양도 · 양수 또는 합병의 경우 증빙서류, 상속의 경우 가족관계증명서)

62

② 피부 주름 분석, ③ 신체 성분 분석, ④ 입가 볼 부위의 안면 처짐 분석, ⑤ 피부 색소 침착 분석

63

① 비교 표시 · 광고는 금지
② 피부 관련 금지 표현(가려움을 완화한다). 단, 보습을 통해 피부 건조에 기인한 가려움의 일시적 완화에 도움을 준다는 표현은 제외
③ 피부 관련 금지 표현
④ 화장품의 범위를 벗어나는 광고
⑤ 특정인 또는 기관의 지정, 공인 관련 금지

64

보습제는 보습의 특성에 따라 습윤제, 밀폐제, 연화제, 장벽 대체제로 나눌 수 있음
- 밀폐제(페트롤라툼, 미네랄 오일, 실리콘 오일, 파라핀, 스쿠알렌, 왁스 등), 연화제(글리세릴스테아레이트, 호호바 오일, 실리콘 오일, 시어버터 등)

65

② 전이 효소, ③ 이성질화 효소, ④ 합성 효소, ⑤ 가수분해 효소

66

내용량이 10mL(g) 초과 50mL(g) 이하 화장품의 포장인 경우에는 식품의약품안전처장이 사용 한도를 고시한 화장품의 원료를 기재 · 표시해야 한다.

67

ㄴ. 6개월 이상 시험하는 것을 원칙으로 하나, 화장품 특성에 따라 따로 정할 수 있다.
ㄹ. 15℃ 이상 높은 온도에서 시험한다.

68

① 2중 기능성 화장품으로 주름 개선(아데노신), 미백(에칠아스코빌에텔)에 효과
② 주름 개선(아데노신)에 큰 효과
③ 납 검출 허용 한도(20㎍) 적합 → (나) 색조 화장용 제품 판매 가능
④ 메탄올(0.002%(v/v) 이하) 검출 허용 한도 부적합
⑤ 메탄올 부적합, 포름알데하이드(2,000㎍/g 이하) 적합 → (다) 물휴지 판매 불가능

69

② 사용상 제한이 필요한 보존제(테트라브로모-o-크레졸 0.3%)

70

ㄴ. 맞춤형 화장품 혼합 · 소분에 사용되는 내용물은 책임판매업자가 소비자에게 그대로 판매할 목적으로 제조한 화장품에 해당하지 않아야 한다.
ㄷ. 사용상의 제한이 필요한 원료는 맞춤형 화장품에 사용할 수 없다.

71

인체 세포 · 조직 배양액을 제조할 때에는 세균 · 진균, 바이러스 등을 비활성화 또는 제거하는 처리를 해야 한다. 보관되었던 세포 및 조직에 대해서는 세균, 진균, 바이러스, 마이코플라즈마 등에 대하여 적절한 부정 시험을 행한 후 인체 · 세포 조직 배양액 제조에 사용해야 한다.

72

기저층의 줄기세포(keratinocyte stem cell)에서 유래한 각질형성세포가 유극층, 과립층, 각질층으로 분화하면서 죽은 각질세포(corneocyte)로 분화하여 최종적으로 피부장벽(skin barrier)을 형성한다.

73

ㄱ. 공통사항
ㄴ. 부틸파라벤 함유 제품 표시 문구
ㄷ. 팩(개별사항)
ㄹ. AHA(락틱애씨드) 함유 제품(씻어 내는 제품, 두발용 제품 제외)
ㅁ. 체취 방지용 제품(개별사항)
ㅂ. 알부틴 2% 이상 함유 제품 표시 문구

74

- 구리는 과산화물 제거 효소(Superoxide dismutase,SOD)로써 과산화 자유기(superoxide radical, free radical)를 과산화수소(hydrogen peroxide)로 전환시키는 항산화제로 작용한다.
③ 아연은 세포의 증식과 성장, 유리기 제거에 관여하는 효소의 구성 성분으로 효소가 생리적 활성을 나타내는 데 필요하고 면역기능에 관여하여 생체막의 구조와 기능을 정상적으로 유지한다.

75

피부 자극(Skin irritation)과 염증반응의 주요 임상 증상은 홍반, 부종, 가려움, 통증을 포함하는 가역적인 반응이 주된 특징이며 화학 물질에 의한 피부 자극은 홍반과 부종이 주요 특징이다.

76

⑤ 번들거림 - 광택계, 화장 지속력이 좋음 - 분광측색계

77

② 멜라닌형성세포(melanocyte)는 표피(A)에 존재하며 세포의 약 5%를 차지하고 대부분 기저층에 위치한다.
③ 경피 수분 손실량(tewl, transepidermal water loss)은 피부 표면에서 증발되는 수분량으로 건조한 피부나 손상된 피부는 정상인에 비해 높은 값을 보인다.
④ 피부가 노화됨에 따라 진피(B)의 교원 섬유는 감소하고 탄력 섬유는 변성된다.
⑤ 진피(B)에는 섬유아세포, 대식세포(macrophage), 비만세포(mast cell)가 존재한다.

78

④ 자외선 조사, 바람; 열 등의 외적인 요소는 피부 노화를 촉진시키며 지속적인 자외선 조사는 표피와 진피에 심각한 영향을 미친다.

79

리포폴리사카라이드는 내독소로 알려져 있으며 염증 반응을 유발시킨다. 키네신은 멜라노좀을 세포 내에서 떠오르게 해 색소세포를 운반(멜라닌을 표피 세포로 운송)하고 par-3는 멜라노사이드와 각질형성세포 사이에서 멜라닌 합성과 피부 색소 침착 촉진시킨다.

80

ㄴ. 미백에 고시 원료(알부틴), ㄷ. 알부틴 2% 이상 함유 제품 표시 문구, ㄹ. 알레르기 유발 성분(리모넨)

81

화장품 책임판매업자는 영·유아 또는 어린이가 사용할 수 있는 화장품임을 표시·광고하려는 경우 제품별로 안전과 품질을 입증할 수 있는 안전성 자료를 작성 및 보관해야 한다.

82

- 어린이 안전용기·포장 : 만 5세 미만의 어린이가 개봉하기는 어렵게 설계·고안된 용기나 포장
- 어린이 안전용기·포장 대상 예외 품목
  · 일회용 제품, 용기 입구 부분이 펌프 또는 방아쇠로 작동되는 분무용기 제품, 압축 분무용기 제품(에어로졸 제품 등) 제외

83

- 영상정보처리기기를 설치·운영하는 자는 정보 주체가 쉽게 인식할 수 있도록 안내판을 설치하는 등 필요한 조치를 하여야 함(군사시설, 국가중요시설, 그 밖에 대통령으로 정하는 시설 제외)

▣ 안내판 포함사항

설치 목적 및 장소, 촬영 범위(예 주 출입구 등 매장 주요시설) 및 시간, 관리책임자 성명 및 연락처

84

베헨트리모늄클로라이드, 세트리모늄클로라이드는 양이온을 띠는 성질로 모발에 달라붙어 두발용 제품이나 두발용 염색 제품에 사용(피부 자극 위험성으로 함량이 제한됨)

85

흡광도 시험은 자외선을 흡수할 수 있는 물질이 자외선을 흡수한 후 나타나는 변화로 그 이전에 나타나지 않던 독성과 감작성(알러지)을 일으키는지 확인하는 시험이다.

86

▣ 「화장품법」 제2조(정의)에 따른 화장품 사용 목적

인체를 청결·미화하여 매력 증진, 용모를 밝게 변화, 피부·모발의 건강을 유지 또는 증진
- 사용 방법 : 인체에 바르고 문지르거나 뿌리는 등의 유사한 방법으로 사용
- 작용 범위 : 인체에 대한 작용이 경미한 것, 「약사법」에 따른 의약품에 해당하는 물품 제외

FINAL 3회

87

모노테르펜(Monoterpene)은 탄화수소 화합물이며 식물의 꽃, 잎, 줄기, 뿌리, 수지로부터 얻은 휘발성의 오일을 정유(essential oil)라 한다.

88

- 맞춤형 화장품 판매업자의 준수사항(맞춤형 화장품 판매 내역서의 작성 · 보관)

▣ 맞춤형 화장품 판매 내역서 기재 사항

제조번호, 사용기한 또는 개봉 후 사용기간, 판매일자 및 판매량

89

▣ 화장품 바코드 표시 및 관리 요령

- 표시 의무자 : 국내에서 화장품을 유통 · 판매하고자 하는 화장품 책임판매업자
- 표시 대상 : 표시 대상 품목은 국내에서 제조되거나 수입되어 국내에 유통되는 모든 화장품(기능성 화장품 포함). 단, 내용량이 15밀리리터 이하 또는 15그램 이하인 제품의 용기 또는 포장이나 견본품, 시공품 등 비매품에 대하여는 화장품 바코드 표시 생략 가능

90

- 화장품 제조소의 소재지 변경을 등록하지 않은 경우 → 1차 행정처분(제조업무정지 1개월)
- 책임판매관리자를 두지 않은 경우 → 1차 행정처분(판매업무정지 1개월)

91

「화장품 사용 시의 주의사항 및 알레르기 유발 성분 표시에 관한 규정」 [별표 2]

- 착향제의 구성 성분 중 해당 성분의 명칭을 기재 · 표시해야 하는 알레르기 유발 성분의 종류

92

최종 혼합 · 소분된 맞춤형 화장품 「화장품법」 제8조 및 「화장품 안전기준 등에 관한 규정(식약처 고시)」 제6조에 따른 유통 화장품의 안전관리 기준을 준수할 것, 특히 판매장에서 제공되는 맞춤형 화장품에 대한 미생물 오염관리를 철저히 할 것(예 주기적 미생물 샘플링 검사)

93

맞춤형 화장품 판매업자에게 원료를 공급하는 화장품 책임판매업자가 「화장품법」 제4조에 따라 해당 원료를 포함하여 기능성 화장품에 대한 심사를 받거나 보고서를 제출한 경우는 사용할 수 있다.

94

메르켈 소체는 촉각 수용기로 표피 기저층의 변형된 세포인 메르켈세포(Merkel's cell)와 뉴런의 복합체이다.

95

모발의 단백질 결합을 약화시켜 제모를 쉽게 하도록 도와주는 식약처 고시 기능성 원료(치오글리콜산)

96

- 인체 적용시험 : 화장품의 표시 · 광고 내용을 증명할 목적으로 해당 화장품의 효과 및 안전성을 확인하기 위하여 사람을 대상으로 실시하는 시험 또는 연구
- 화장품 실증의 대상은 제조업자, 책임판매업자 또는 판매자가 자기가 행한 표시 · 광고 중 사실과 관련한 사항으로 사실과 다르게 소비자를 속이거나 소비자가 잘못 인식하게 할 우려가 있어 식약처장이 실증이 필요하다고 인정하는 표시 · 광고로 「화장품 표시 · 광고 실증에 관한 규정」에 따라 실증자료의 시험 결과는 인체 적용시험 자료, 인체 외 시험 자료 또는 같은 수준 이상의 조사자료가 필요

97

각질층의 기능 : 외부 방어 및 피부 보습 유지

98

비타민 D는 피부 세포에 있는 7-디하이드로콜레스테롤이 햇빛 속 자외선을 받아 형성된다. UVB는 체내 비타민 D 합성에 관여하며 자외선 B가 피부에 닿을 때 피부 세포에 존재하는 콜레스테롤 유사분자의 전구체인 프로비타민 D가 프리비타민 D_3를 생성하고 이후 1,25-하이드록시비타민 D 분자 형태로 활성화된다.

99

▣ **맞춤형 화장품 판매업자의 준수사항(혼합 · 소분 안전관리 기준)**
- 맞춤형 화장품 조제에 사용하는 내용물 및 원료의 혼합 · 소분 범위에 대해 사전에 품질 및 안전성을 확보할 것
- 내용물 및 원료를 공급하는 화장품 책임판매업자가 혼합 또는 소분의 범위를 검토하여 정하고 있는 경우 그 범위 내에서 혼합 또는 소분할 것
- 혼합 · 소분에 사용되는 내용물 및 원료는 「화장품법」 제8조의 화장품 안전기준 등에 적합한 것을 확인하여 사용할 것

100

- 총 호기성 세균 수 = 세균 수 + 진균 수
- 세균(진균)수 측정법 = {(각 평판에서 검출된 집락 수) ÷ 평판의 개수} × 검액의 희석 배수
  · 세균 수 : 50(평균값) × 10(검액의 희석 배수) = 500 ÷ 0.1(평판에 접종한 검액) = 5,000개
  · 진균 수 : 38(평균값) × 10(검액의 희석 배수) = 380 ÷ 0.1(평판에 접종한 검액) = 3,800개
  ※ 총 호기성 생균 수 = 5,000 + 3,800 = 8,800개
- 유통 화장품 안전관리 기타 화장품의 총 호기성 생균 수 적합 기준은 1,000개/g(mL) 이하이므로 8,800개/g(mL)가 검출된 로션은 안전관리 기준에 부적합하다.

4 회차 FINAL 모의고사 정답 & 해설

선다형

1	2	3	4	5	6	7	8	9	10
④	④	①	②	①	⑤	⑤	①	⑤	④
11	12	13	14	15	16	17	18	19	20
①	⑤	④	①	⑤	⑤	⑤	②	④	③
21	22	23	24	25	26	27	28	29	30
③	⑤	⑤	②	①	④	③	④	②	②
31	32	33	34	35	36	37	38	39	40
⑤	①	④	⑤	⑤	②	④	④	③	①
41	42	43	44	45	46	47	48	49	50
④	②	②	④	②	③	⑤	①	③	①
51	52	53	54	55	56	57	58	59	60
④	②	③	③	⑤	③	④	②	②	②
61	62	63	64	65	66	67	68	69	70
②	④	③	②	④	③	①	④	④	②
71	72	73	74	75	76	77	78	79	80
⑤	①	⑤	②	⑤	⑤	③	③	④	②

단답형

81	90일	91	㉠ 3.0, ㉡ 9.0, ㉢ 물
82	㉠ 아세톤, ㉡ 메틸 살리실레이트	92	징크피리치온
83	0.04%, 알로에베라겔 5%	93	과산화수소
84	기초 화장용 제품류	94	필라그린
85	㉠ 3.5 / 글라이콜릭애씨드, 락틱애씨드	95	㉠ 경피수분손실량 (TEWL, transepidermal water loss)
86	㉠ 예방, ㉡ 치료, ㉢ 의약품	96	할랄
87	글리세린	97	㉠ 전파, ㉡ 유효성
88	㉠ 4시간, ㉡ 8시간	98	탈모
89	㉠ 인체 세정용, ㉡ 튼 살	99	㉠ 지방세포, ㉡ 섬유아세포(fibroblast)
90	㉠ −20%	100	SPF 24 / 징크옥사이드, 티타늄디옥사이드

01

유기농 유래 원료란 유기농 원료를 이 고시에서 허용하는 화학적 또는 생물학적 공정에 따라 가공한 원료를 말하며 천연 원료에서 석유화학 용제의 사용 시 반드시 최종적으로 모두 회수되거나 제거되어야 하며 방향족, 알콕실레이트화, 할로겐화, 니트로젠 또는 황(DMSO 예외) 유래 용제는 사용이 불가하다.

02

"천연" 또는 "유기농" 화장품으로 표시 · 광고하려는 경우에는 원료의 함량을 표시 · 기재

03

① 업무상 알게 된 고객의 개인정보를 누설하거나 권한 없이 다른 사람이 이용하도록 제공하는 행위는 금지

04

- 공표 주체 : 회수 의무자
- 공표 방법 : 전국을 보급지역으로 하는 1개 이상의 일반 일간신문 및 해당 영업자의 인터넷 홈페이지에 게재, 식품의약품안전처의 인터넷 홈페이지에 게재 요청, 위해성 "다"등급의 경우 일반 일간신문에 게재 생략 가능

05

② 사용할 수 없는 원료
③ 사용상의 제한이 필요한 보존제 0.9%
④ 사용상의 제한이 필요한 보존제 0.5%
⑤ 사용상의 제한이 필요한 보존제 0.5%

06

식약처장은 영업자로부터 회수계획을 보고받은 때 그 사실의 공표를 명한다. 회수의무자가 회수한 화장품을 폐기하려는 경우, 폐기 신청서 및 첨부 서류를 지방식약청장에게 제출하고 관계 공무원의 참관하에 환경 관련 법령에서 정하는 바에 따라 폐기하고 회수의무자는 회수 대상 화장품의 회수 완료 시, 회수 종료 신고서 및 첨부 서류를 지방식약청장에게 제출한다.

07

홍보 · 마케팅 업무를 위탁하는 경우, 위탁자가 과실 없이 서면 등의 방법으로 위탁하는 업무의 내용과 수탁자를 정보 주체에게 알릴 수 없는 경우에는 해당 사항을 홈페이지에 30일 이상 게재하여야 한다. 다만, 인터넷 홈페이지를 운영하지 않는 위탁자의 경우에는 사업장 등의 보기 쉬운 장소에 30일 이상 게시하여야 한다.

08

① 주름 개선 0.05~0.2%, ② 미백 3%, ③ 미백 2~5%, ④ 미백 1~2%, ⑤ 미백 2~5%

09

색소 등 특별히 사용상의 제한이 필요한 원료에 대하여는 그 사용기준을 지정하여 고시하고 있으며, 사용기준이 지정 · 고시된 원료 외의 색소는 사용할 수 없다.

10

- CGMP는 품질이 보장된 우수한 화장품을 제조 · 공급하기 위한 제조 및 품질관리에 관한 기준으로 직원, 시설, 장비 및 원자재, 반제품, 완제품 등의 취급과 실시 방법을 정한 것
- CGMP 3대 요소
  · 인위적인 과오의 최소화, 미생물 오염 및 교차오염으로 인한 품질 저하 방지, 고도의 품질관리 체계 확립
- 화장품 제조업체에서 CGMP 이행을 통해 전반적으로 발생할 수 있는 위험과 잠재적인 문제를 감소시켜 품질 확보에 따른 소비자 보호 및 국민 보건 향상에 기여할 수 있을 것으로 기대, 생산성 향상 기대

11

ㄹ. 외음부 세정제(프로필렌 글리콜 함유 제품만 표시), ㅁ. 체취 방지용 제품(개별사항)

12

① 영 · 유아용 제품류, ② 방향용 제품류, ③ 기초 화장용 제품류, ④ 면도용 제품류

13

살리실릭애시드(0.5%), 클로페네신(0.3%), 페녹시이소프로판올(1.0%), 프로피오닉애씨드(0.9%), 포믹애씨드(0.5%), 쿼터늄-15(0.2%)

14

화장품 제조업자가 화장품의 일부 공정만을 제조하거나 ② 품질검사를 위한 실험실을 갖춘 제조업자, ③ 「보건환경연구원법」에 따른 보건환경연구원, ④ 「식품 · 의약품 분야 시험 · 검사 등에 관한 법률」에 따른 화장품 시험 · 검사기관, ⑤ 「약사법」에 따라 조직된 사단법인 한국의약품수출입협회 등에 원자재 및 제품에 대한 품질검사를 위탁하는 경우에는 품질검사에 필요한 시설 및 기구를 갖추지 아니할 수 있다.

15

⑤ 트라이에틸렉사노인(Triethylhexanoin)은 고급 지방산과 다가알코올의 에스터로 수분증발방지, 착향제, 헤어 컨디셔닝제로 사용된다.

16

⑤ 착향제 중 포함된 알레르기 유발 성분은 "전성분 표시제"의 표시 대상 범위를 확대한 것으로 사용 시의 주의사항에 기재될 사항은 아니다.

17

① 유화제, ② 분산제, ③ 세정제, ⑤ 점증제(덱스트란, 카라기난), 필름 형성제(나이트로셀룰로오스)

18

알부틴을 2%이상 함유한 제품은 인체 적용시험 자료에서 구진과 경미한 가려움이 보고된 예가 있다.

19

나등급 : 유통 화장품 안전관리 기준에 적합하지 아니한 화장품(기능성 화장품의 기능성을 나타나게 하는 주원료 함량이 기준치에 부적합한 경우는 제외)

20

합성 색소(울트라마린, 인디고, 우라닌, 페릭페로시아나이드)

21

알레르기 유발 성분(벤질살리실레이트, 부틸페닐메틸프로피오날, 메틸2-옥티노에이트)
100g × 0.001 × 0.01 = 0.001%, 사용 후 씻어 내지 않는 에센스(100g)에, 0.001% 초과하면 표시 대상
벤질살리실레이트 0.03%, 부틸페닐메틸프로피오날 0.1%, 메틸2-옥티노에이트 0.05% → 모두 표시 대상

22

납(눈 화장용 제품 35㎍/g 이하, 그 밖의 제품 20㎍/g 이하), 비소 10㎍/g 이하, 수은 1㎍/g 이하, 디옥산 100㎍/g 이하, 안티몬 : 10㎍/g 이하, 카드뮴 : 5㎍/g 이하, 포름알데하이드(2,000㎍/g 이하, 물휴지 0.002%(v/v) 이하)

23

- 냉2욕식 퍼머넌트 웨이브 제1제(환원제) : 치오글라이콜릭애씨드 또는 그 염류, 시스테인, 아세틸세스테인, 시스테인염류
- 퍼머넌트 웨이브 제2제(산화제) : 브롬산나트륨, 과산화수소

24

① 사용기준이 지정·고시된 보존제의 함량 표시(만 3세 이하의 영·유아용 제품류 또는 만 4세 이상부터 만 13세 이하까지의 어린이가 사용할 수 있는 제품임을 특정하여 표시·광고한 경우)
② 내용량 10mL(g) 초과 50mL(g) 이하 소용량 화장품은 표시·기재 면적이 부족한 사유로 생략이 가능하나 해당 정보는 홈페이지 등에서 확인할 수 있도록 해야 한다.
③ 무알콜 표시를 위해서는 에탄올, 페녹시에탄올 등 어떠한 종류의 알코올도 함유되어서는 안 된다.
④ 주름 개선 기능성 성분(폴리에톡실레이티드레틴아마이드), 배타성을 띤 최고, 최상 등 절대적 표현 사용 금지(최고의 보습 시간 '48시간의 보습')
⑤ 제품에 이상이 있거나 부작용 발생 경우 즉시 사용을 중단해야 하고 맞춤형 화장품 판매업자는 지체 없이 식품의약품안전처장에게 보고해야 한다.

25

화장품의 함유 성분별 사용 시의 주의사항 표시 문구
- 스테아린산아연 함유 제품(기초 화장용 제품류 중 파우더 제품에 한함) : 사용 시 흡입되지 않도록 주의할 것

26

유성 원료(②, ③) 수성 원료(①, ⑤)

27

회수 필요성이 인지되면 1) 회수 대상, 2)회수 대상 화장품에 대한 판단 기준, 3) 위해성 등급의 평가 기준에 따라 회수 여부를 판단한다.

28

구분은 선, 그물망, 줄 등으로 충분한 간격을 주어 착오나 혼동이 일어나지 않도록 되어 있는 상태로 제조실과 원자재 보관소는 벽, 칸막이, 에어커튼 등으로 구획하여 교차오염 및 외부 오염물질의 혼입이 방지될 수 있도록 해야 한다.

29

② 맞춤형 화장품 조제에 사용하고 남은 내용물 및 원료는 밀폐를 위한 마개를 사용하는 등 비의도적인 오염을 방지한다.

30

제조 탱크는 정기적으로 교체해야 하는 부속품들에 대해 연간계획을 세워 시정 실시(망가지고 나서 수리하는 일)하지 않도록 한다.

31

① 탱크는 제품과의 반응으로 부식되거나 분해를 초래하는 반응이 있어서는 안 된다.
② 탱크의 모든 용접 및 결합 부위는 가능한 한 매끄러우며 평면을 유지한다.
③ 호스는 작동의 전반적인 범위의 온도와 압력에 적합하여야 하고 위생적인 측면이 고려되어야 한다.
④ 칭량 장치는 정확성과 정밀성의 유지관리를 확인하기 위해 조사되어야 하고 일상적으로 검정되어야 한다.

32

▣ 「화장품 안전기준 등에 관한 규정」 [별표 1] 사용할 수 없는 원료
디옥산, 디하이드로쿠마린, 브롬, 아트라놀, 헥산, 히드로퀴논, 니트로메탄, 메칠렌글라이콜, 니켈, 에스트로겐, 디에칠설페이트, 요오드

33

▣ 「화장품 안전기준 등에 관한 규정」 제6조 유통 화장품의 안전관리 기준
1. 비의도적 유래 물질 검출 허용 한도
   - 납(점토를 원료로 사용한 분말 제품 : 50㎍/g 이하, 그 밖 : 20㎍/g 이하), 비소(10㎍/g 이하)
   - 니켈(눈 화장용 : 35㎍/g 이하, 색조 화장용 : 30㎍/g 이하, 그 밖 : 10㎍/g 이하), 수은(1㎍/g 이하)
   - 안티몬(10㎍/g 이하), 카드뮴(5㎍/g 이하), 메탄올(0.2(v/v)% 이하, 물휴지 0.002%(v/v) 이하)
   - 디옥산(100㎍/g 이하), 포름알데하이드(2,000㎍/g 이하, 물휴지는 20㎍/g 이하)
   - 프탈레이트류(총합 100㎍/g 이하(디부틸프탈레이트, 부틸벤질프탈레이트, 디에칠헥실프탈레이트)
2. 사용할 수 없는 원료가 비의도적으로 검출 시 조치사항 : 위해 평가 후, 위해 여부를 결정
3. 미생물 한도
   - 총 호기성 생균 수(영 · 유아용 및 눈 화장용 : 500개/g(mL) 이하), 기타(1,000개/g(mL) 이하)
   - 물휴지(세균 및 진균 수: 각각 100개/g(mL) 이하), 병원성균(대장균, 녹농균, 황색포도상구균 불검출)
4. 내용량 기준 : 표기량의 97% 이상(화장비누의 내용량 기준: 건조중량)
5. 액상 제품의 pH 기준 : 3.0~9.0
   - 물을 포함하지 않는 제품과 사용한 후 곧바로 물로 씻어 내는 제품은 제외
6. 기능성 화장품 중 기능성을 나타내는 주원료의 함량 기준 : 심사 또는 보고한 기준
7. 퍼머넌트 웨이브용 및 헤어 스트레이트너 제품의 안전관리 기준 : 제6조 제8항
8. 유리알칼리 관리 기준 : 0.1% 이하(화장비누에 한함)

34

- 품질관리는 제품에 대한 적합 기준을 마련하고 적합한 것을 확인하기 위해 문서화되고 적절한 시험 방법을 사용한다. 설정된 시험 결과는 시험물질이 적합 또는 부적합인지 아니면 추가 시험 동안 보류될 것인지 결정하기 위해 평가되어야 한다.
- 검체 채취는 품질관리 과정에서 핵심 요소로 시험용 검체 용기는 파손 및 내용물에 대한 악영향의 가능성이 없는 용기를 선택하고 명칭 또는 확인코드, 제조번호 또는 제조단위, 검체 채취 날짜 또는 기타 적당한 날짜, 가능한 경우, 검체 채취 지점(point)을 기재하여야 한다.

35

⑤ 피부 외상 및 증상이 있는 직원은 건강 회복 전까지 혼합 · 소분 행위를 금지한다.

36

- 입고관리
  · 원자재의 입고 시 구매 요구서, 원자재 공급업체 성적서 및 현품이 서로 일치하여야 하며 필요한 경우 운송 관련 자료를 추가적으로 확인
  · 육안으로 물품 결함 발견 시 입고를 보류, 격리 보관 및 폐기하거나 공급업자에게 반송
  · 입고된 원자재는 "적합", "부적합", "검사 중" 등으로 상태를 표시
- 보관관리
  · 원료의 허용 가능한 보관기한을 결정하기 위한 문서화된 시스템 확립
  · 정해진 보관기한이 지나면, 해당 물질을 재평가하여 사용 적합성을 결정하는 단계들을 포함
  (원칙적으로 원료 공급처의 사용기한을 준수하여 보관기한을 설정, 사용기한 내에서 자체적인 재시험 기간과 최대 보관기한을 설정)

37

화장품 생산시설은 화장품을 생산하는 설비와 기기가 들어있는 건물, 작업실, 건물 내의 통로, 갱의실, 손을 씻는 시설 등을 포함하여 원료, 포장재, 완제품, 설비, 기기를 외부와 주위 환경 변화로부터 보호하는 것이다.
④ 화장실, 탈의실 및 손 세척 설비는 작업 구역과 분리되어야 하며 쉽게 이용할 수 있어야 한다.

38

④ 일탈이란 제조 또는 품질관리 활동 등의 미리 정하여진 기준을 벗어나 이루어진 행위를 말한다.

39

③ 입고 절차 중 육안 확인 시 물품에 결함이 있을 경우 입고를 보류하고 격리 보관 및 폐기하거나 공급업자에게 반송하여야 한다.

40

① 품질보증부서 책임자가 출고 승인한 것만을 출고하여야 한다.

41

④ 포장재의 폐기 기준을 설정하는 것은 완제품의 완성도를 높이며 소비자의 안전한 사용을 위해 필요하다.

42

손 세정에 사용되는 소독제 성분 : 트리클로산, 알코올, 클로르헥시딘디글루코네이트, 클로록시레놀, 헥사클로로펜, 4급 암모늄 화합물, 일반비누

43

▣ 낙하균 측정법(koch법)
실내외를 불문하고 작업장에서 오염된 부유 미생물을 직접 평판 배지 위에 일정 시간 자연 낙하시켜 측정하는 방법으로 특별한 기기의 사용 없이 언제, 어디서라도 실시할 수 있는 간단하고 편리한 방법이지만 공기 중의 전체 미생물을 측정할 수 없다는 단점이 있다.

44

린스 정량법은 상대적으로 복잡한 방법이지만 수치로서 결과를 확인할 수 있으며 린스 액의 최적 정량을 위해 HPLC법을 이용하고 잔존물 유무를 판정하기 위해서 박층 크로마토그래프법(TLC)에 의한 간편 정량법을 실시한다.

45

위험성이 없는 용제(물이 최적)로 세척, 증기 세척은 좋은 방법으로 분해할 수 있는 설비는 분해해서 세척하고 세척 후에는 반드시 판정하고 판정 후의 설비는 건조 · 밀폐해서 보존한다.

46

페이스 파우더(색조 화장용 제품류)
- 납(점토를 원료로 사용한 분말 제품 50㎍/g 이하, 그 밖 20㎍/g 이하), 포름알데하이드(2,000㎍/g 이하), 수은(1㎍/g 이하), 니켈(색조 화장용 : 30㎍/g 이하), 비소 · 안티몬(10㎍/g 이하), 디옥산(100㎍/g 이하)

47

총 호기성 생균 수(영 · 유아용 및 눈 화장용 : 500개/g(mL) 이하), 물휴지(세균 수 및 진균 수 각각 100개/g(mL) 이하)

48

원료와 포장재의 용기는 밀폐되어, 청소와 검사가 용이하도록 충분한 간격으로, 바닥과 떨어진 곳에 보관되어야 한다. 출고 시에는 특별한 경우를 제외하고 가장 오래된 재고가 제일 먼저 불출되도록 선입선출한다.

49

재고의 신뢰성을 보증하고, 모든 중대한 모순을 조사하기 위해 주기적인 재고조사를 시행
- 장기 재고품의 처분 및 선입선출 규칙의 확인을 목적으로 원료 및 포장재는 정기적으로 재고조사하고 중대한 위반품이 발견되었을 때에는 일탈 처리한다.

50

기능성 화장품 중 기능성을 나타내는 주원료의 함량 기준은 「화장품법」 제4조 및 같은 법 시행규칙 제9조 또는 제10조에 따라 심사 또는 보고한 기준에 적합하여야 한다.

51

적합 판정 기준을 만족시키지 못할 경우 기준 일탈 제품으로 지칭하고 기준 일탈된 벌크, 완제품은 재작업할 수 있다. 보관기간, 유효기간 경과 시 업소 자체 규정에 따라 폐기한다. 포장 중 불량품 발견 시 정상 제품과 구분하여 불량 포장재 인수 · 인계 또는 별도 장소로 이송하고 부적합한 불량 포장재는 창고 이송 후 반품 또는 폐기 처리하거나 해당 업체에 시정 요구 등 필요 조치를 취한다.

52

화장품 제조업자는 작업소에서 국민 보건 및 환경에 유해한 물질이 유출되거나 방출되지 않도록 하고 맞춤형 화장품 판매업자는 맞춤형 화장품 판매장 시설 · 기구를 정기적 점검해 보건위생상 위해가 없도록 관리한다. 화장품의 성분을 표시하는 경우에는 표준화된 일반명을 사용하고 한글로 읽기 쉽도록 기재 · 표시한다.

53

맞춤형 화장품 판매의 범위, 위생상 주의사항, 소비자 안내 요령, 판매 사후관리 등에 대한 내용을 법제화하여 정함으로써 소비자의 안전관리를 확보하는 범위 내에서 맞춤형 화장품 판매 행위가 이루어지도록 관리하고 즉석에서 제품을 혼합 · 소분하여 판매하는 소량 생산 방식이다.

54

- 알레르기 유발 성분 : 알파-아이소메틸아이오논, 벤질살리실레이트
- 착향제 : 아세틸트라이에틸시트레이트, 하이드록시이소헥실3-사이클로헥센카복스알데하이드(HICC), 메칠페닐부탄올, 리날릴아세테이트
- 보습제 : 글라이코실트레할로오스

55

개봉할 수 없는 용기로 되어 있는 제품(스프레이 등), 일회용 제품 등은 개봉 후 안정성 시험을 수행할 필요가 없다.

56

ㄴ. 레티놀(비타민 A)은 항산화 효능 및 주름 개선 기능성 화장품 고시 원료로 사용되지만 열과 공기에 매우 불안정한 특징으로 레티놀의 안정화된 유도체인 레티닐팔미테이트가 사용된다.
ㄷ. 미백(비타민 C 유도체인 에칠아스코빌에텔)과 주름 개선(레티놀 유도체인 레티닐팔미테이트) - 식약처장이 고시한 기능성 화장품의 효능 · 효과를 나타내는 원료
ㄹ. 착향제 구성 성분 중 식약처장이 고시한 알레르기 유발 성분이 있는 경우 해당 성분의 명칭을 기재한다.

57

각질형성세포에서의 분화 과정은 (1) 세포의 분열 과정, (2) 유극세포에서의 합성, 정비 과정, (3) 과립세포에서의 자기분해 과정, (4) 각질세포에서의 재구축 과정의 4단계에 걸쳐서 일어나고 분화의 마지막 단계로 각질층이 형성되며 이와 같은 과정을 각화(keratinization) 과정이라 한다.

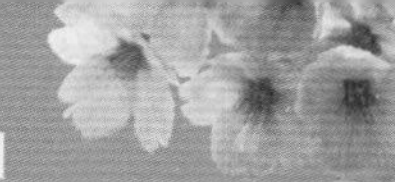

58

맞춤형 화장품 조제관리사 자격증을 잃어버린 경우(분실 사유서 첨부), 자격증을 못 쓰게 된 경우(원본 첨부)에는 재발급 신청서에 서류를 첨부하여 식품의약품안전처장에게 제출한다. 수수료는 현금, 현금의 납입을 증명하는 증표 또는 정보통신망을 이용한 전자화폐나 전자결제 등의 방법으로 내야 한다.

59

탈모 증상의 완화에 도움을 주는 화장품은 기능성 화장품이며 코팅 등 물리적으로 모발을 굵게 보이게 하는 제품은 제외한다. 맞춤형 화장품에는 식약처장이 고시한 기능성 화장품의 효능·효과를 나타내는 원료의 혼합이 원칙적으로 금지되어 있으며 알부틴 사용함량은 2~5%이다.

60

① 현재 화장품법령상 화장품의 내용물은 화장품 책임판매업자만 수입할 수 있으므로 맞춤형 화장품에 사용될 내용물을 수입하는 경우 수입 단계부터 화장품 책임판매업자가 공급하여야 한다.
② 맞춤형 화장품 혼합에 사용되는 원료는 화장품법령상 수입자의 제한은 없다.
③ 원료와 원료를 혼합하는 것은 화장품 제조에 해당한다.
⑤ 화장품 책임판매업자가 소비자에게 그대로 유통·판매할 목적으로 제조한 화장품은 맞춤형 화장품 내용물로 사용할 수 없다.

61

② 혼합·소분 장비 및 도구 세척 시에 사용되는 세제·세척제는 잔류하거나 표면 이상을 초래하지 않는 것을 사용한다.

62

유통 화장품 안전관리 내용량 기준
- 예외 적용 : 화장비누의 내용량 기준(건조중량), 그 밖의 특수한 제품 : 「대한민국약전」(식약처 고시)

63

ㄱ. 탈염·탈색제 사용 전의 주의, ㅁ. 모발용 샴푸(개별사항)

64

일반 매장 직원은 맞춤형 화장품의 혼합·소분 업무를 담당할 수 없으며 조제관리사가 아닌 자가 판매장에서 혼합·소분하는 것은 허용되지 않는다. 이·미용 전문가가 소비자에게 판매할 목적으로 제품을 혼합·소분하는 행위는 맞춤형 화장품의 적용 대상이 될 수 있다.

65

「기능성 화장품 기준 및 시험 방법」 통칙에 따른 화장품 제형의 정의
- 로션제란 유화제 등을 넣어 유성 성분과 수성 성분을 균질화하여 점액상으로 만든 것을 말한다.

66

① 혼합·소분의 안전을 위해 식약처장이 정하여 고시하는 사항을 준수
② 맞춤형 화장품 사용과 관련된 부작용 발생 사례에 대해서는 지체 없이 식약처장에게 보고
④ 혼합·소분 전에 혼합·소분에 사용되는 내용물 또는 원료에 대한 품질성적서를 확인
⑤ 혼합·소분 전에 손을 소독하거나 세정하고(일회용 장갑을 착용하는 경우는 예외), 혼합·소분에 사용되는 장비 또는 기구 등은 사용 전에 그 위생 상태를 점검하고 사용 후에는 오염이 없도록 세척

67

① 화장품 포장재 소재 중 거의 모든 화장품 용기에 이용(플라스틱 중 열가소성 수지-PET)

68

영 · 유아용 또는 어린이 사용 제품 금지 색소 : 적색 2호, 적색 102호

69

닥나무추출물 기능성 시험은 공시험액, 검액, 색보정액에서 얻은 흡광도로 각각의 흡광도(A), (B), (C)를 측정하고 식에 따라 [A − (B − C) ÷ A] × 100 타이로시네이즈 억제율(%)을 구한다.

70

① 가시광선, ③ UVB, ④ UVC, ⑤ UVC

71

피부를 통하여 여러 가지 물질들이 체내로 흡수되고 흡수 경로는 표피를 통한 흡수와 모낭의 피지선으로의 흡수(스테로이드성 호르몬이나 지용성 비타민류)가 있다. 지용성 물질과 수용성 물질에 있어 피부 흡수에 대한 차이 발생하며 지용성이고 입자가 작으며 광산란도가 큰 물질이 피부에 잘 흡수된다.

72

미백에 도움을 주는 제품(마그네슘아스코빌포스페이트 3%, 에칠아스코빌에텔 1~2%, 아스코빌글루코사이드 2%)

73

⑤ 색소 원료 견본은 색소의 색조에 관한 표준을 나타낸다.

74

① 물, 미네랄, 미네랄 유래 원료는 유기농 함량 비율 계산에 포함하지 않는다.
③ 동일한 식물의 유기농과 비유기농이 혼합되어 있는 경우 이 혼합물은 유기농으로 간주하지 않는다.
④ 유기농 원료 및 유기농 유래 원료에서 유기농 부분에 해당되는 함량 비율로 계산한다.
⑤ 실제 건조 비율을 사용(증빙자료 필요)하거나 중량에 일정 비율을 곱한다.

75

알레르기나 피부 자극이 일어날 경우 즉시 사용 중지하고 눈 주위에 사용되는 화장품, 두발용 화장품 등 눈에 들어갈 가능성이 있는 제품은 맞춤형 화장품 조제관리사로부터 특별한 주의사항을 안내받는다.

76

⑤ 살리실릭애씨드를 포함한 여드름성 피부를 완화하는데 도움을 주는 기능성 화장품의 제형은 액제, 로션제, 크림제(부직포 등에 침적된 상태는 제외함)에 한한다.

77

▣ 「화장품 안전성 정보관리 규정」 [별표 2] 사용상의 제한이 필요한 원료
땅콩 오일, 추출물 및 유도체 : 원료 중 땅콩 단백질의 최대 농도는 0.5ppm을 초과하지 않아야 함

78

① 사용할 수 없는 원료 : 페루발삼[다만, 추출물(extracts) 또는 증류물(distillates)로서 0.4% 이하인 경우는 제외], ② 사용할 수 없는 원료, ④ 0.35% 이하, ⑤ 사용 금지

79

ㄴ. 내용량은 표기량에 대하여 97% 이상, ㄹ. 카드뮴 5㎍/g 이하

80

맞춤형 화장품 최종 성분 비율			
성 분	함 량	성 분	함 량
정제수	68.46	나이아신아마이드	1.2
호모살레이트	4.8	트라이에틸헥사노인	1.2
다이프로필렌글라이콜	4.6	판테놀	1.0
글리세린	3.0	스테아릴알코올	1.0
글리세릴스테아레이트	2.52	잔탄검	0.6
스쿠알란	2.4	베타인	0.6
아이소세틸미리스테이트	2.0	피이지-100스테아레이트	0.56
1,2-헥산다이올	2.0	카보머	0.5
소르비톨	1.8	향료	0.26
다이메티콘	1.4	클로페네신	0.1

81

천연 화장품 및 유기농 화장품 인증의 유효기간은 인증을 받은 날부터 3년으로 한다.

82

■ **어린이 안전용기 · 포장 대상 품목 및 기준**
- 아세톤을 함유하는 네일 에나멜 리무버 및 네일 폴리시 리무버
- 어린이용 오일 등 개별 포장당 탄화수소류를 10퍼센트 이상 함유하고 운동점도가 21센티스톡스(40℃ 기준) 이하 비에멀젼 타입의 액체 상태의 제품
- 개별 포장당 메틸 살리실레이트를 5퍼센트 이상 함유하는 액체 상태의 제품

■ **어린이 안전용기 · 포장 대상 예외 품목**

일회용 제품, 용기 입구 부분이 펌프 또는 방아쇠로 작동되는 분무용기 제품, 압축 분무용기 제품(에어로졸 제품 등) 제외

83

성분명을 제품 명칭의 일부로 사용한 경우 그 성분명과 함량, 만3세 이하의 영 · 유아용 제품류인 경우 사용기준이 지정 · 고시된 원료 중 보존제의 함량은 화장품 포장에 기재 · 표시해야 한다.

84

■ **「화장품법 시행규칙」 [별표 3] 화장품 유형**
- 기초 화장용 제품류
  1) 수렴 · 유연 · 영양 화장수(face lotions)
  2) 마사지 크림
  3) 에센스, 오일
  4) 파우더
  5) 바디 제품
  6) 팩, 마스크
  7) 눈 주위 제품
  8) 로션, 크림
  9) 손 · 발의 피부 연화 제품
  10) 클렌징 워터, 클렌징 오일, 클렌징 로션, 클렌징 크림 등 메이크업 리무버
  11) 그 밖의 기초 화장용 제품류

85

글라이콜릭애씨드(글리코릭산)는 주로 사탕수수에서 추출, AHA중 분자량이 가장 적고 피부 침투력이 뛰어나며 락틱애씨드(락틱산 = 젖산)는 우유, 치즈 등에서 추출, 발효유 제품에 많다.

86

▣「화장품법 시행규칙」 제19조 제4항에 따른 그 밖에 총리령으로 정하는 사항
- 식품의약품안전처장이 정하는 바코드
- 기능성 화장품의 경우 심사 받거나 보고한 효능 · 효과, 용법 · 용량
- 성분명을 제품 명칭의 일부로 사용한 경우 그 성분명과 함량(방향용 제품은 제외)
- 인체 세포 · 조직 배양액이 들어있는 경우 그 함량
- 화장품에 천연 또는 유기농으로 표시 · 광고하려는 경우에는 원료의 함량
- 수입 화장품인 경우 제조국의 명칭(대외무역법에 따른 원산지를 표시한 경우 제조국의 명칭 생략 가능), 제조회사명 및 그 소재지
- 다음에 해당하는 기능성 화장품의 경우에는 "질병의 예방 및 치료를 위한 의약품이 아님"이라는 문구
  · 탈모 증상의 완화에 도움을 주는 화장품. 다만, 코팅 등 물리적으로 모발을 굵게 보이게 하는 제품은 제외
  · 여드름성 피부를 완화하는 데 도움을 주는 화장품. 다만, 인체 세정용 제품류로 한정
  · 피부장벽의 기능을 회복하여 가려움 등의 개선에 도움을 주는 화장품
  · 튼 살로 인한 붉은 선을 엷게 하는 데 도움을 주는 화장품
-「화장품법」 제8조 제2항에 따라 사용기준이 지정 · 고시된 원료 중 보존제의 함량
  (만 3세 이하의 영 · 유아용 제품류, 만 4세 이상부터 만 13세 이하까지의 어린이 제품)

87

산소 원자 하나와 수소원자 하나가 결합한 하이드록시기는 물 분자와 잘 결합하는 성질이 있다. 글리세린은 극성인 하이드록시(-OH)의 3개 이상 존재로 물을 끌어당기려는 성질이 강하고 수분이 쉽게 증발하는 것을 막는 역할을 한다. 단, 글리세린의 농도가 지나치게 높을 경우 피부 표피 각질의 수분을 오히려 뺏어오는데 이 과정에서 따가울 수 있기 때문에 주의해야 한다.

88

▣ 화장품 책임판매관리자 등의 교육
- 교육 주기 : 매년 1회
- 교육 내용 : 화장품 관련 법령 및 제도 관련 사항, 안전성 확보 및 품질관리에 관한 사항
- 교육 시간 : 매년 4시간 이상, 8시간 이하

89

▣「화장품법 시행규칙 」제2조(기능성 화장품의 범위)
- 피부에 멜라닌 색소가 침착하는 것을 방지하여 기미 · 주근깨 등의 생성을 억제함으로써 피부의 미백에 도움을 주는 기능을 가진 화장품
- 피부에 침착된 멜라닌 색소의 색을 엷게 하여 피부의 미백에 도움을 주는 기능을 가진 화장품
- 피부에 탄력을 주어 피부의 주름을 완화 또는 개선하는 기능을 가진 화장품
- 강한 햇볕을 방지하여 피부를 곱게 태워주는 기능을 가진 화장품
- 자외선을 차단 또는 산란시켜 자외선으로부터 피부를 보호하는 기능을 가진 화장품
- 모발의 색상을 변화(탈염(脫染) · 탈색(脫色)을 포함한다)시키는 기능을 가진 화장품. 다만, 일시적으로 모발의 색상을 변화시키는 제품은 제외
- 체모를 제거하는 기능을 가진 화장품. 다만, 물리적으로 체모를 제거하는 제품은 제외
- 피부나 모발의 기능 약화로 인한 건조함, 갈라짐, 빠짐, 각질화 등을 방지하거나 개선하는 데에 도움을 주는 제품
- 탈모 증상의 완화에 도움을 주는 화장품. 다만, 코팅 등 물리적으로 모발을 굵게 보이게 하는 제품은 제외
- 여드름성 피부를 완화하는 데 도움을 주는 화장품. 다만, 인체 세정용 제품류로 한정
- 피부장벽(피부의 가장 바깥쪽에 존재하는 각질층의 표피를 말한다)의 기능을 회복하여 가려움 등의 개선에 도움을 주는 화장품
- 튼 살로 인한 붉은 선을 엷게 하는 데 도움을 주는 화장품

90

▣ 자외선 차단지수(SPF) 또는 자외선 A 차단등급(PA) 표시 기준
- SPF는 측정 결과에 근거하여 평균값으로부터 -20% 이하 범위 내 정수
- PA는 PFA(자외선 A 차단지수) 값의 소수점 이하는 버리고 정수로 표시

91

▣ 「화장품 안전기준 등에 관한 규정」 제6조 유통 화장품의 안전관리 기준 중 액상 제품의 pH 기준
- 영 · 유아용 제품류(영 · 유아용 샴푸, 영 · 유아용 린스, 영 · 유아 인체 세정용 제품, 영 · 유아 목욕용 제품 제외), 눈 화장용 제품류, 색조 화장용 제품류, 두발용 제품류(샴푸, 린스 제외), 면도용 제품류(셰이빙 크림, 셰이빙 폼 제외), 기초 화장용 제품류(클렌징 워터, 클렌징 오일, 클렌징 로션, 클렌징 크림 등 메이크업 리무버 제품 제외) 중 액, 로션, 크림 및 이와 유사한 제형의 액상 제품의 pH 기준은 3.0~9.0.
- 다만, 물을 포함하지 않는 제품과 사용한 후 곧바로 물로 씻어 내는 제품은 제외

92

- 비듬 및 가려움을 덜어주고 씻어 내는 제품(샴푸, 린스) 및 탈모 증상의 완화에 도움을 주는 화장품에 총 징크피리치온으로서 사용 한도 1.0%(기타 제품에는 사용 금지)
- 사용 후 씻어 내는 제품에 보존제 0.5% 사용(기타 제품에는 사용 금지)

93

▣ 「화장품 사용 시의 주의사항 및 알레르기 유발 성분 표시에 관한 규정」 [별표 1]
화장품의 안전 정보와 관련하여 추가로 기재 · 표시해야 하는 함유 성분별 사용 시의 주의사항 표시 문구

94

천연보습인자(NMF)는 각질층에 존재하는 수용성 보습인자의 총칭으로 필라그린의 분해 산물인 아미노산과 그 대사물로 이루어져 있다. 필라그린은 필라멘트가 뭉쳐진 단백질로 각질형성세포에서 2~3일 안에 아미노산으로 완전히 분해되어 천연보습인자를 형성한다.

95

TEWL(transepidermal water loss)는 경피 수분 손실도, 피부를 통해 손실되는 수분량(단, 땀을 통한 수분 배출은 제외)으로 TEWL이 높을수록 피부의 수분도가 낮아짐을 의미한다.

96

할랄 화장품, 천연 화장품 또는 유기농 화장품 등을 인증 보증하는 기관으로서 식품의약품안전처장이 정하는 기관 - 「화장품에 표시 · 광고를 위한 인증 보증기관의 신뢰성 인정에 관한 규정」 제2조

97

▣ 안전성 정보
- 화장품과 관련하여 국민 보건에 직접 영향을 미칠 수 있는 안전성 · 유효성에 관한 새로운 자료, 유해 사례 정보
- 안전성 보고의 종류
  · 신속보고 : 화장품 책임판매업자는 정보를 알게 된 날로부터 15일 이내 신속히 보고(중대한 유해 사례 또는 이와 관련하여 식약처장이 보고를 지시한 경우, 판매 중지나 회수에 준하는 외국 정부의 조치 또는 이와 관련하여 식약처장이 보고를 지시한 경우)
  · 정기보고 : 화장품 책임판매업자는 신속보고 되지 아니한 화장품 안전성 정보를 매 반기 종료 후 1개월 이내에 보고

98

▣ **탈모의 원인**
- 유전 : 탈모를 일으키는 유전자는 상염색체성 유전, 어머니 쪽의 유전자가 더 중요한 의미
- 호르몬 : 모발과 관계있는 호르몬은 뇌하수체, 갑상선, 부신피질, 난소나 고환에서 분비되는 호르몬으로 그 중에서도 남성호르몬에 의하여 발생하는 남성형 탈모증이 탈모의 대부분을 차지
- 모발 공해 : 파마, 드라이, 염색, 대기오염 등으로 인하여 열과 알칼리에 약한 모발 성분이 손상
- 스트레스, 식습관, 지루성 피부염, 건선, 아토피와 같은 피부질환 또는 항암제 치료, 방사선 요법, 염증성 질환 등

99

지방세포가 분포하여, 피하지방층을 구성하며 진피에는 섬유아세포(fibroblast) 외에 대식세포(macrophage), 비만세포(mast cell)가 존재한다.

100

- SPF 지수 1 : 백인 기준 10분, 황인 기준 15~20분(일광화상에 도달하는 최소 차단 효과)
  · SPF × 시간은 일광화상으로부터 피부를 보호받을 수 있는 유효시간
  · 1 MED : 일반 피부를 광원에 노출 시 일반 화상(홍반)을 일으키는 최소의 자외선 양(시간)
  · SPF = 4시간(240분) 차단 = 240분 / 10 = SPF 24(백인 기준)
  4시간(240분) 차단 = 240분 / 15~20 = SPF 12~16(황인 기준)
  ※ SPF 15 기준 자외선 차단율 93.3%, 피부가 흡수하는 자외선 양 6.7%
  SPF 30 기준 자외선 차단율 96.6%, 피부가 흡수하는 자외선 양 3.4%
- 고객이 불편함을 느낀 자외선 차단 성분은 유기 자외선 차단 성분(에칠헥실디메칠파바, 부틸메톡시디벤조일메탄)으로 맞춤형 화장품으로 무기 자외선 차단 성분을 혼합(징크옥사이드, 티타늄디옥사이드)한다.

연 습 장